Un curso de

Geometría Diferencial

Textos Universitarios
51

María de los Ángeles Hernández Cifre
José Antonio Pastor González

Un curso de

Geometría Diferencial

Teoría, problemas, soluciones
y prácticas con ordenador

3.ª edición revisada y aumentada

CONSEJO SUPERIOR DE INVESTIGACIONES CIENTÍFICAS
Madrid, 2025

Cómo citar: M.ª Á. Hernández Cifre y J. A. Pastor González, *Un curso de Geometría Diferencial*, CSIC, Madrid, 2025, 3.ª ed. rev. y aum.

Primera edición: 2010
Segunda edición revisada y aumentada: 2019
Tercera edición revisada y aumentada: 2025

Catálogo de Publicaciones de la Administración General del Estado: https://cpage.mpr.gob.es

Editorial CSIC: *https://editorial.csic.es* (correo: *editorialcsic@csic.es*)

GOBIERNO DE ESPAÑA
MINISTERIO DE CIENCIA, INNOVACIÓN Y UNIVERSIDADES
CSIC Consejo Superior de Investigaciones Científicas
EDITORIAL CSIC

ISBN: 978-84-00-11511-1
e-ISBN: 978-84-00-11512-8
NIPO: 155-25-156-X
e-NIPO: 155-25-157-5
Depósito legal: M-21266-2025

Corrección y coordinación editorial: Enrique Barba Gómez (Editorial CSIC)
Maquetación: María de los Ángeles Hernández Cifre y José Antonio Pastor González
Impresión y encuadernación: Imprenta Roal, S. L.
Impreso en España. *Printed in Spain*

En esta edición se ha utilizado papel ecológico sometido a un proceso de blanqueado ECF, cuya fibra procede de bosques gestionados de forma sostenible.

A Salvador, nuestro Maestro,
quien nos mostró la belleza de la
Geometría Diferencial

Sumario

Prefacio a la tercera edición

El misterio es la cosa más bonita que podemos experimentar.
Es la fuente de todo arte y ciencia verdadera.

ALBERT EINSTEIN

Seis años después de la segunda edición de este volumen, los autores recibimos una llamada de Editorial CSIC en la cual nos anunciaban que, de nuevo, cada vez eran más escasos los ejemplares en depósito y estaban considerando afrontar la tercera edición del mismo.

Otra vez se nos presentaba la disyuntiva entre llevar a cabo una simple reimpresión, corrigiendo erratas gruesas y haciendo cambios menores, u optar por entrar a fondo en la estructura y los contenidos del libro para mejorar, fortalecer y enriquecer, según nuestro criterio personal, todos aquellos puntos que no habían quedado suficientemente explicados o que, en algunos casos, ni siquiera habían sido abordados.

Muy pronto, los autores tuvimos claro que este ofrecimiento era una oportunidad inmejorable para reforzar y mejorar uno de nuestros proyectos más queridos. Así, aceptamos sin reparos el desafío mayor que podemos resumir en tres puntos clave:

1) corregir y mejorar pequeños errores, imprecisiones y erratas, así como dar una mayor coherencia a la notación;
2) afrontar una revisión a fondo de aquellas partes del libro susceptibles de ser manifiestamente mejoradas y actualizadas; y, finalmente,
3) añadir nuevos contenidos que, en la primera y segunda ediciones, no tuvieron cabida por diversas cuestiones, pero cuya pertinente inclusión, tras el paso de los años, hemos visto ahora con mucha más claridad con objeto de completar el volumen.

Yendo al detalle, en esta tercera edición, hemos abordado el primer ítem tras una revisión exhaustiva de los contenidos, facilitada, en gran medida, por los errores y las imprecisiones detectados por muchos profesores y estudiantes que han hecho uso del libro. Desde aquí queremos agradecer la participación de todos ellos en la mejora del volumen.

Por otra parte, y en relación con el segundo punto, hemos completado la sección dedicada a las superficies minimales. Así, hemos escrito la demostración que ilustra el hecho de que estas superficies siempre minimizan, al menos localmente, el área. Esta prueba nos la enseñó, de su puño y letra, el profesor Bennett Palmer, de la Universidad del Estado de Idaho en EE.UU. Aprovechamos aquí también para agradecerle su aportación y buena disposición a la hora de explicarnos esta bonita demostración.

Finalmente, en cuanto al tercer ítem, en esta tercera edición hemos añadido un capítulo completo dedicado a la geometría riemanniana. Nuestro objetivo con la inclusión de estos nuevos contenidos ha sido tender un puente desde la clásica geometría de curvas y superficies hasta la sofisticada geometría de Riemann que se estudia en cursos posteriores.

Para ello, hemos presentado una definición de superficie riemanniana mucho más sencilla que la habitual, centrada exclusivamente en la noción de métrica arbitraria en el ámbito de abiertos del plano. A partir de ahí, desarrollamos conceptos como derivada covariante, geodésicas y curvatura, ilustrando estas nuevas definiciones con abundantes ejemplos y presentando el plano hiperbólico como estrella principal de esta nueva clase de superficies.

Debemos remarcar que, en todo momento, hemos intentado relacionar estas nuevas construcciones con sus correspondientes en el caso de superficies regulares. De esta forma, queremos colmar nuestra aspiración de llevar de la mano al estudiante novel desde el ambiente natural y amigable de las superficies regulares hasta el universo abstracto y repleto de posibilidades de la geometría riemanniana. Ojalá que hayamos conseguido, al menos, parte de este propósito.

Quisiéramos terminar este prefacio dando las gracias a todos nuestros compañeros del Área de Geometría y Topología de la Universidad de Murcia por su constante apoyo y por la ayuda en el laborioso proceso de la elaboración de esta tercera edición. Tampoco podemos olvidarnos del personal de Editorial CSIC, que ha creído siempre en este proyecto, desde el primer momento, y nos ha ofrecido la oportunidad de mejorarlo y extenderlo. Sinceramente, esperamos haberlo conseguido.

María de los Ángeles Hernández Cifre
José Antonio Pastor González

Prólogo

Aceptar la realización del prefacio de una obra como esta supone una íntima satisfacción producto de la generosidad de sus autores, a quienes conozco desde hace años y de quienes solo puedo tener palabras de agradecimiento por la deferencia con que me han obsequiado. Intentaré corresponderles de la mejor manera que sé: haciendo un juicio tan imparcial y objetivo como el libro merece.

Los doctores María de los Ángeles Hernández Cifre y José Antonio Pastor González, primero investigadores y docentes en Geometría Diferencial y ahora autores de *Un curso de Geometría Diferencial (teoría, problemas, soluciones y prácticas con ordenador),* a pesar de su juventud, ya gozan de un merecido reconocimiento en sus ámbitos de trabajo. Puesto que les triplico en el tiempo dedicado a estos menesteres universitarios, ellos pensaron que sería una buena razón para que les diera mi visión sobre su obra, es decir, querían contrastar mi larga experiencia con la suya, sobre todo, supongo, por los muchos textos que sobre esta materia han pasado por mis manos y cuyo contenido he evaluado en aras de lograr los mejores resultados docentes.

Y, en efecto, así ha sido, pues el campo de la geometría diferencial, quizá el de mayor reconocimiento internacional de la matemática española, ha tenido un desarrollo espectacular en las últimas tres décadas y quienes participamos activamente en la forja del éxito que ahora disfrutamos apenas disponíamos del «libro de tapas negras» del profesor Vidal Abascal. La llegada a nuestras manos de la obra del profesor do Carmo fue un acontecimiento tan excitante como novedoso y eficaz; una especie de ruptura temporal que marcó un antes y un después en la enseñanza de la geometría de las curvas y superficies. Un hito, digamos, que perdura en nuestros días y que sigue siendo referencia obligada para nuestros estudiantes. Después vinieron otras obras, como la excelente de Montiel y Ros, y otras muchas, producto de la gran vitalidad de este campo. Con todo, se hacía difícil una nueva incursión en esta empresa, un reto, diría yo, pero el amor por la docencia y el trabajo bien hecho, unido a una fe ciega en lograr un producto final de calidad contrastada y suficientemente original, han conducido al éxito.

Se trata de una obra sobre curvas y superficies que no pretende ni más ni menos que eso, pero vistas desde un escalón superior: la geometría de Riemann. Existen muchos y buenos libros sobre esta materia, la mayoría citados por los autores, pero como este es muy especial y, sin duda, se encuentra entre los mejores, me limitaré a destacar los aspectos más novedosos que introduce y que resumo en siete puntos.

- El concepto de *superficie minimal,* tanto desde el punto de vista teórico como aplicado, así como por la gran actividad investigadora que genera, es de suma importancia y así lo han entendido los autores, que lo han abordado, extensamente y con esmero al final del capítulo 4.

- La propiedad minimizante de las geodésicas (teorema 5.3.9) es otro detalle muy cuidado y digno de ser resaltado, pues la demostración suele quedar muy oscura, si no eliminada, en la mayoría de los textos. Aquí se ha atacado con valentía y resuelto con mucha destreza.
- *La holonomía* (6.1.2) es la sorpresa más deliciosa del texto. En efecto, la experiencia docente e investigadora de los autores les permite considerar este concepto, así como sus implicaciones geométricas y aplicaciones, con una naturalidad y soltura que, a buen seguro, servirá de disfrute a los lectores.
- El Teorema de Gauss-Bonnet está muy bien tratado y sus consecuencias (6.3) nos introducen de lleno en la belleza misma del resultado, que no es otra que la propia de la geometría.
- El último capítulo, la geometría diferencial global, no tiene desperdicio alguno, pues es donde se aprecia la potente herramienta del binomio geometría-topología para lograr los resultados más redondos que uno puede encontrar en el universo matemático.
- La mejor forma de que la materia «entre por los ojos» es hacer que el estudiante vea los objetos que está considerando y clasificando y que sobre las gráficas analice sus propiedades. Para lograr ese objetivo los autores han elegido el programa `Mathematica`®, y sobre él han construido unas prácticas muy bien diseñadas y útiles, para que el lector visualice todo lo estudiado y que al mismo tiempo le den libertad para ejercitar su imaginación con sus propios proyectos.
- La colección de ejercicios es la guinda que corona el pastel. Jamás se ha visto un texto de estas características con todos los ejercicios resueltos. ¡Qué suerte la de los estudiantes que llegan ahora! Es fácil adivinar las alabanzas que dedicarán a los autores.

En resumen, un excelente trabajo que muy pronto dará sus frutos y que perdurará en la mente de los matemáticos del futuro. Obras como esta, que «hacen Matemática» y crean vocaciones, bienvenidas sean.

No comenzaré felicitando a los autores, pero sí a la dirección de Editorial CSIC por el acierto de su nueva política editorial y de la selección de esta obra. También al Área de Geometría y Topología del Departamento de Matemáticas de la Universidad de Murcia, quienes comparten el café de las once con los doctores Hernández-Cifre y Pastor, pues seguro que este libro «huele un poquito a expreso». Y muy especialmente a los estudiantes, ya físicos, ya ingenieros, ya arquitectos, ya biólogos, ya cualesquiera que sean, pues enseguida apreciarán «la Geometría bien hecha». Mi felicitación a los autores irá a través de ellos.

MANUEL BARROS DÍAZ
Catedrático de Geometría y Topología
Universidad de Granada

Introducción

> Para mí no hay emoción o satisfacción comparable a la que produce la actividad creadora, tanto en ciencia como en arte, literatura u otras ocupaciones del intelecto humano. Mi mensaje, dirigido sobre todo a la juventud, es que si sienten inclinación por la ciencia, la sigan, pues no dejará de proporcionarles satisfacciones inigualables.
>
> SEVERO OCHOA

La Geometría Diferencial es una disciplina presente en el núcleo central de todos los estudios de Matemáticas, así como una herramienta básica en el desarrollo de otras ciencias, como Física, Biología, Arquitectura e Ingeniería. En este libro presentamos un Curso de Geometría Diferencial de Curvas y Superficies, que es el resultado de nuestra experiencia en dicho campo como docentes e investigadores.

Para el estudio de esta disciplina se requiere un cierto grado de madurez científica. Los primeros aspectos que se deben tener presentes son los requisitos de la asignatura: Topología, Cálculo, Álgebra y Ecuaciones Diferenciales fundamentalmente. Conscientes de esta situación y de estos requerimientos previos, hemos pretendido elaborar un texto lo más didáctico y autocontenido posible, dentro de nuestras competencias como profesores de Geometría y Topología. Así, con un lenguaje claro, directo y sencillo, con el desarrollo de demostraciones detalladas y, finalmente, con una exhaustiva relación de ejercicios (incluyendo también la resolución de estos y el uso de *software* específico como instrumento para ayudar a comprender muchos de los contenidos), pensamos que el estudiante tiene en este libro una buena herramienta para encarar el aprendizaje de esta singular rama de las Matemáticas, verdadero puente que comunica y relaciona diferentes disciplinas como la Topología, el Álgebra y el Análisis.

En relación con los contenidos, hemos tenido que resolver el compromiso entre abarcar el mayor número de tópicos posibles, por un lado, y, por otro, desarrollar con suficiente claridad y detalle cada uno de los temas tratados. Creemos haber encontrado un equilibrio más o menos razonable: los contenidos son los estándares en la mayoría de los cursos de Geometría Diferencial, y los tópicos cuyos desarrollos, por diversas razones, no han tenido cabida en el libro, se nombran e interrelacionan con los que sí aparecen. Además, para estos temas proporcionamos una extensa bibliografía con objeto de satisfacer a los estudiantes más avanzados.

Este curso se inspira en los dos mejores libros, a juicio de los autores, sobre Geometría de Curvas y Superficies que existen editados en castellano: el clásico libro de do Carmo [20] y el original Montiel y Ros [49]. Estos dos textos son radicalmente distintos: el primero, mucho más antiguo, ofrece un tratamiento clásico de la mayor parte de problemas (decimos *clásico,* aunque en su momento fue evidentemente novedoso). Se trata de un texto enfocado al alumno de nivel medio y hace referencia continuamente a aspectos y temas no contenidos explícitamente en el libro (resultados de ecuaciones diferenciales y tópicos sobre topología de superficies). El segundo es un libro con un tratamiento más moderno y está inspirado directamente en la experiencia de los autores como investigadores de primera fila. Este hecho hace que la manera de afrontar los distintos tópicos sea, con frecuencia, novedosa y audaz. Aun así, tal aproximación se nos antoja en ocasiones ciertamente compleja para un alumno que está cursando sus primeros años como graduado, y la vemos más conveniente para estudios más avanzados.

Inspirados en el espíritu de ambos textos, y teniéndolos como referencia, hemos pretendido elaborar nuestra propuesta recogiendo las que, a nuestro juicio, consideramos que son las mejores características de ambos. Es la *ventaja* de ir por detrás: que uno hereda todo lo bueno que hubo antes. Esperamos haberlo conseguido y, en cualquier caso, queremos remarcar de nuevo el hecho de que estamos ante un Curso de Geometría, esto es, un libro cuya única pretensión (como si fuera poca) es ser un buen libro de texto para que los estudiantes aprendan.

No queremos terminar esta introducción sin hacer referencia al período crucial en el que nos encontramos a nivel universitario, con una reforma pendiente de gran calado como resultado de la adaptación de nuestros estudios al ámbito europeo. En este sentido, este es un libro de texto enfocado a satisfacer tanto la demanda de los futuros graduados como las necesidades de los estudiantes de postgrado en Matemáticas. Recordemos que los contenidos de las nuevas titulaciones se organizan en materias y estas, a su vez, se desglosan en asignaturas. A modo de ejemplo, tal y como recomienda el Libro Blanco para el Título de Grado en Matemáticas, dentro de los contenidos obligatorios del grado debe figurar la materia «Topología y Geometría Diferencial», con una carga lectiva que oscilará entre los 12,5 y los 17,5 créditos ECTS, según estipule cada universidad en sus proyectos de grado. A día de hoy, prácticamente todos los proyectos presentados para su verificación desglosan esta materia en dos o más asignaturas, en las que la Geometría Diferencial aparece como la protagonista indiscutible. Así pues, y sin temor a equivocarnos, podemos decir que se trata de una materia de *paso obligado* para todos los futuros graduados y estudiantes de postgrado, que jugará un papel decisivo en su formación como profesionales de las Matemáticas.

Con independencia de su lógica ubicación dentro de los estudios de Matemáticas, este curso puede utilizarse como libro de consulta en otras disciplinas científicas, debido al carácter transversal e interdisciplinar de la Geometría Diferencial. Así, en los estudios de Física, una de las materias más frecuentes es la Teoría de la Relatividad y sus diversas consecuencias e implicaciones. Las Matemáticas que se utilizan en estas disciplinas son fundamentalmente Geometría Diferencial, y los centros que imparten actualmente la licenciatura de Física (y que impartirán también los futuros grados y másteres) introducen en sus *curricula* asignaturas con nombres dispares (Métodos Matemáticos para la Física, Álgebra y Geometría, Geometría Diferencial, etc.) cuyo cuerpo central de estudio está ampliamente tratado en este libro. En este sentido, este curso de Geometría Diferencial es también una herramienta idónea, ya que el carácter básico del texto y sus numerosos ejemplos hacen de él un eficaz instrumento para el estudiante de Ciencias Físicas.

Finalmente, en lo que respecta a carreras como Biología, Arquitectura e Ingeniería, el libro trata algunos temas puntuales que aparecen en estas disciplinas como tópicos avanzados (la geometría del ADN, formas óptimas de la naturaleza, configuraciones geométricas aplicadas a la arquitectura, geodesia, cartografía, topografía, etc.). Así, pensamos también que este curso puede ser muy útil para estudiantes avanzados de estas carreras técnicas que necesitan consultar, al menos puntualmente, un texto sobre Geometría.

Con el deseo de que nuestra aportación signifique un acercamiento enriquecedor a la Geometría Diferencial por parte de los alumnos de Matemáticas y de todas estas otras disciplinas científicas, nos despedimos, no sin antes agradecer a nuestros compañeros, los profesores Luis José Alías Linares, Pascual Lucas Saorín, Miguel Ángel Meroño Bayo y Pablo Mira Carrillo, la ayuda prestada, los buenos consejos y las acertadas indicaciones, correcciones y sugerencias en la redacción de este libro. Muy especialmente, queremos manifestar nuestra gratitud al profesor Ángel Ferrández Izquierdo, pues apostó decididamente por este proyecto desde sus inicios, facilitándonos enormemente la tarea de convertir, lo que era un sueño sencillo, en un ambicioso proyecto editorial.

MARÍA DE LOS ÁNGELES HERNÁNDEZ CIFRE
JOSÉ ANTONIO PASTOR GONZÁLEZ

Terminología básica

A lo largo de este texto, $\mathbb{R}^n$ será el espacio euclídeo n-dimensional, esto es, el espacio vectorial $\mathbb{R}^n$ dotado del producto escalar usual $\langle\cdot,\cdot\rangle$ con su correspondiente norma euclídea $|\cdot|$. Indistintamente veremos $\mathbb{R}^n$ como espacio afín o como espacio vectorial. En el primer caso, representaremos sus puntos (bien de $\mathbb{R}^n$, bien de nuestras curvas y superficies), en general, con letras minúsculas, p, mientras que cuando veamos $\mathbb{R}^n$ como espacio vectorial, los vectores (de $\mathbb{R}^n$ o de planos tangentes a superficies) se denotarán en negrita, $\mathbf{v}$. El producto vectorial de dos vectores se escribirá $\mathbf{v}\wedge\mathbf{w}$, el complemento ortogonal $\mathbf{v}^{\perp}$, y el espacio generado por ellos $\operatorname{span}\{\mathbf{v},\mathbf{w}\}$. Además, dados $p,q\in\mathbb{R}^n$, representaremos por $[p,q]=\{(1-\lambda)p+\lambda q : 0\leq\lambda\leq 1\}$ el segmento (cerrado) que determinan ambos puntos, y de forma análoga, (p,q), $(p,q]$ o $[p,q)$ serán los correspondientes segmentos abierto o semiabiertos, es decir, los conjunto de puntos $(1-\lambda)p+\lambda q$ con $0<\lambda<1$, $0<\lambda\leq 1$ y $0\leq\lambda<1$, respectivamente. Cuando trabajemos en el plano, $D(q,r)=\{q'\in\mathbb{R}^2 : |q'-q|<r\}$ denotará el disco (abierto) en $\mathbb{R}^2$ de centro $q\in\mathbb{R}^2$ y radio $r>0$, y $S(q,r)=\{q'\in\mathbb{R}^2 : |q'-q|=r\}$ será su frontera.

También representaremos por $\mathbb{S}^k(r)\subset\mathbb{R}^{k+1}$ la esfera euclídea k-dimensional de radio r, es decir,

$$\mathbb{S}^k(r)=\{(x_1,\ldots,x_{k+1})\in\mathbb{R}^{k+1} : x_1^2+\cdots+x_{k+1}^2=r^2\},$$

siendo $\mathsf{N}=(0,\ldots,0,r)$ y $\mathsf{S}=(0,\ldots,0,-r)$ los *polos norte* y *sur* de la misma, respectivamente. Cuando el radio sea unitario, escribiremos simplemente $\mathbb{S}^k$.

Consideremos ahora un espacio vectorial euclídeo V de dimensión 2 (el espacio V bien puede ser $\mathbb{R}^2$ o un plano tangente a una superficie) orientado por una base $\{\mathbf{v}_1,\mathbf{v}_2\}$. Sin pérdida de generalidad, podemos pensar que $\{\mathbf{v}_1=\mathbf{e}_1,\mathbf{v}_2=\mathbf{e}_2\}$ es una base ortonormal. Consideremos la aplicación lineal R_θ cuya matriz respecto a $\{\mathbf{e}_1,\mathbf{e}_2\}$ viene dada por

$$\begin{pmatrix}\cos\theta & -\operatorname{sen}\theta\\ \operatorname{sen}\theta & \cos\theta\end{pmatrix}.$$

Se puede demostrar sin dificultad que la aplicación R_θ es un isomorfismo lineal que además conserva el producto escalar. Más aún, R_θ es una isometría lineal que preserva la orientación y que, de forma intuitiva, rota el plano un ángulo de θ radianes en el siguiente sentido: siguiendo el «camino más corto» que lleva el vector $\mathbf{e}_1$ al vector $\mathbf{e}_2$. Otras propiedades básicas de sencilla verificación son las siguientes: R_θ tiene inversa, siendo $R_\theta^{-1}=R_{-\theta}$; además, $R_{\theta_1}\circ R_{\theta_2}=R_{\theta_1+\theta_2}$, con $R_0=1_V$ y $R_\pi=-1_V$. Por último, es usual representar por $\mathrm{J}=R_{\pi/2}$.

Sea ahora $\mathbf{u} \in V$ un vector no nulo, que suponemos unitario. Expresamos $\mathbf{u}$ en la base $\{\mathbf{e}_1, \mathbf{e}_2\}$ de suerte que $\mathbf{u} = u_1\mathbf{e}_1 + u_2\mathbf{e}_2$. Por ser $\mathbf{u}$ unitario se cumple que $u_1^2 + u_2^2 = 1$, luego existe un único ángulo θ (salvo múltiplos enteros de 2π) tal que

$$\mathbf{u} = \cos\theta\mathbf{e}_1 + \operatorname{sen}\theta\mathbf{e}_2 = R_\theta(\mathbf{e}_1).$$

Se define así el *ángulo orientado de* $\mathbf{e}_1$ *a* $\mathbf{u}$, y lo denotamos por $\text{áng}(\mathbf{e}_1, \mathbf{u})$, como cualquier determinación del ángulo θ verificando la ecuación anterior. Además, si $\mathbf{v}$ es otro vector (no nulo), que podemos tomar de nuevo unitario, se define el *ángulo (orientado) de* $\mathbf{u}$ *a* $\mathbf{v}$, y lo denotamos por $\text{áng}(\mathbf{u}, \mathbf{v})$, como $\text{áng}(\mathbf{e}_1, \mathbf{v})$, siendo $\mathbf{e}_1 = \mathbf{u}$ y $\mathbf{e}_2 = \mathrm{J}(\mathbf{u})$. Obsérvese que $\text{áng}(\mathbf{u}, \mathbf{u}) = 0$ y $\text{áng}(\mathbf{u}, \mathbf{v}) = -\,\text{áng}(\mathbf{v}, \mathbf{u})$.

A efectos prácticos, en la mayoría de las ocasiones es irrelevante la elección de la determinación del ángulo, ya que las conclusiones no se ven afectadas si, por ejemplo, en lugar de trabajar con θ lo hacemos con $\theta + 2k\pi$, para k un entero arbitrario. No obstante, en momentos puntuales es necesario eliminar esta ambigüedad en la elección. En tales circunstancias, precisaremos en el texto el intervalo en el cual elegimos nuestra determinación. Dicho intervalo suele ser con frecuencia $[0, 2\pi)$, aunque también pueden aparecer otros como $(-\pi, \pi]$.

Para terminar, existen situaciones en las que en lugar de aparecer un único vector, tenemos una aplicación continua de la forma $\mathbf{u} : I \longrightarrow \mathbb{S}^1$ de suerte que $\mathbf{u}(s)$ es un vector unitario para todo s. Podemos elegir así, para cada $s \in I$, un ángulo $\theta(s)$ tal que

$$\mathbf{u}(s) = \cos\theta(s)\mathbf{e}_1 + \operatorname{sen}\theta(s)\mathbf{e}_2.$$

La elección de la función $\theta(s)$ es tan arbitraria como se quiera, pero si le exigimos continuidad entonces siempre es posible construir una determinación continua del ángulo, esto es, una función $\theta : I \longrightarrow \mathbb{R}$ continua, verificando la ecuación anterior. Dicha función está unívocamente determinada con la elección de un único valor del ángulo en un punto concreto $s_0 \in I$.

Salvo que especifiquemos lo contrario, en las funciones reales supondremos que estas tienen derivadas continuas de todos los órdenes. Además, para una función $f : \mathbb{R}^n \longrightarrow \mathbb{R}$, escribiremos indistintamente $\partial f / \partial x_i$ o f_{x_i} para representar la derivada parcial de f respecto a su variable x_i y, como es usual en la literatura, utilizaremos Δf para denotar el laplaciano de f, esto es,

$$\Delta f = \sum_{i=1}^{n} \frac{\partial^2 f}{\partial x_i^2}.$$

Finalmente, dado un campo vectorial $\xi = (\xi_1, \ldots, \xi_n)$ en $\mathbb{R}^n$, usaremos $\operatorname{div}\xi$ para representar el operador divergencia en coordenadas canónicas $(x_1, \ldots, x_n)$, es decir,

$$\operatorname{div}\xi = \frac{\partial \xi_1}{\partial x_1} + \frac{\partial \xi_2}{\partial x_2} + \cdots + \frac{\partial \xi_n}{\partial x_n}.$$

Aunque no somos especialistas en el tema, nos permitimos sugerir, como referencias generales para el Cálculo de una y varias variables, [5, 6, 64, 65] entre los muchos y excelentes textos existentes; para la Teoría de Ecuaciones Diferenciales, mencionamos [13, 33, 68].

En lo que respecta a la Topología, dado un conjunto $S \subset \mathbb{R}^n$, representaremos por $\mathrm{cl}\,S$, $\mathrm{int}\,S$, $\mathrm{bd}\,S$ y $\mathbb{R}^n \backslash S$ su clausura, interior, frontera y complementario (en $\mathbb{R}^n$), respectivamente. En el caso de que el conjunto S sea un subconjunto de otro subconjunto mayor $\widetilde{S}$ en $\mathbb{R}^n$, entonces especificaremos en el texto si la clausura, interior, frontera y complementario se refieren a $\widetilde{S}$ o $\mathbb{R}^n$. Por último, dado un punto $p \in \mathbb{R}^n$, escribiremos con frecuencia $V(p)$ cuando queramos remarcar que el entorno V contiene a p. Nuestra referencia básica en lo que a Topología se refiere será siempre [52].

Finalmente, y como es usual, denotaremos por $\mathrm{SO}(n)$ el subgrupo especial ortogonal, es decir, el subgrupo de las matrices reales $A \in \mathbb{R}^{n\times n}$ con determinante $\det A = 1$. Si $A \in \mathrm{SO}(n)$, se dice que A es una *transformación ortogonal positiva*. Así, un *movimiento rígido directo* M es la composición de una transformación ortogonal positiva y una traslación: $Mx = Ax + b$, con $A \in \mathrm{SO}(n)$ y $b \in \mathbb{R}^n$. Por otra parte, si $A \in \mathbb{R}^{n\times n}$ es una matriz con $\det A = -1$ se dice que A es una *transformación ortogonal negativa*, y los movimientos rígidos que podemos obtener a partir de A, de la forma $Mx = Ax + b$, se llaman *movimientos rígidos inversos*. Como referencias generales para Álgebra Lineal sugerimos [19, 48, 69].

I

Curvas en el plano y en el espacio

El estudio de las curvas arranca desde los comienzos del *Calculus,* cuando se formalizan las nociones de función continua, límite y derivada. Las curvas son el primer elemento de contacto con la Geometría Diferencial clásica y el conocimiento de las mismas ha sido de vital importancia para el desarrollo de esta disciplina con más de doscientos cincuenta años de antigüedad.

En este capítulo introducimos el concepto de *curva* como uno de los objetos de capital importancia en el estudio de la Geometría Diferencial. Comenzamos con una sección dedicada a las curvas parametrizadas que, en definitiva, pueden verse como trayectorias de partículas. Introducimos, además, la noción de *cambio de parámetro* y definimos la *longitud de arco* de una curva como parámetro distinguido.

En las dos secciones siguientes nos centramos en lo que se conoce como *teoría local de curvas en el plano y en el espacio*. Aquí, el concepto *local* se contrapone a la noción de *teoría global,* que se expone en la última sección. Esta contraposición puede precisarse en el siguiente sentido: cuando estudiamos aspectos locales de una curva, nos interesan exclusivamente las propiedades, objetos y características de la curva en un entorno arbitrariamente pequeño. A modo de ejemplo, algunas características locales serían la velocidad, la aceleración, la curvatura (que mide en qué magnitud y sentido se curva la curva, valga la redundancia), etc. Así, en estas dos secciones estudiamos tales conceptos para curvas en el plano y en el espacio. Asimismo, analizamos las diferencias existentes en ambos ambientes: una curva en el espacio tiene más libertad de movimiento y, por ende, su estudio es más complejo.

Si nos referimos a los aspectos globales, cuando estudiamos la teoría global de curvas, el objetivo es contemplar la curva como un todo e intentar relacionar aspectos locales de la misma con características globales. Como botón de muestra, se puede probar que una curva plana y cerrada (propiedad topológica, no geométrica, global) con curvatura no nula (propiedad local, que depende de la curva en entornos arbitrariamente pequeños) encierra un dominio convexo en el plano (propiedad global). En la última sección presentamos algunos resultados globales de gran importancia histórica, como la desigualdad isoperimétrica o el teorema de los cuatro vértices.

1.1. CURVAS PARAMETRIZADAS. LA LONGITUD DE ARCO

Una primera idea intuitiva que podríamos tener de lo que es una curva sería, por ejemplo, el verla como la «trayectoria de una partícula», lo cual nos ofrece una primera aproximación a una definición *geométrica* de curva. También podemos definir una curva como «una aplicación que, en cada instante de tiempo, da una posición en el espacio». Esta última idea engloba algo más que la mera trayectoria o traza, pues encierra a su vez las nociones de *curva orientada* y de *velocidad de la curva*. Veámoslo con un ejemplo.

Consideremos la aplicación que asocia, a cada t, el punto $(\cos t, \operatorname{sen} t) \in \mathbb{R}^2$. Es bien conocido que la curva que se obtiene de esta forma es una circunferencia con centro el origen de coordenadas $\mathbf{0}$ y radio 1. Ésa sería su traza. Pero la circunferencia así definida nos proporciona mucha más información: partimos del punto $(1,0)$ (cuando $t = 0$), la recorremos en el sentido contrario a las agujas del reloj, y volvemos de nuevo al $(1,0)$ cuando $t = 2\pi$ (esto nos indica, además de una orientación precisa, una cierta «velocidad de movimiento»). Pensemos ahora en la aplicación que asocia, a cada t, el punto $(\operatorname{sen} t, \cos t) \in \mathbb{R}^2$, lo que nos da de nuevo la circunferencia de centro $\mathbf{0}$ y radio 1. La traza es por tanto la misma, pero ahora partimos del punto $(0,1)$ y la recorremos en el sentido de las agujas del reloj: ha cambiado la orientación (además del punto inicial). Y un último ejemplo. Si tomamos la aplicación $t \rightsquigarrow (\cos(2t), \operatorname{sen}(2t))$, obtenemos otra vez la misma circunferencia, partiendo del mismo punto y con la misma orientación que en el primer caso. Sin embargo, algo ha cambiado: la velocidad con que recorremos la circunferencia es mucho mayor, pues, cuando $t = \pi$, la partícula ya ha dado una vuelta completa.

En este sentido, presentamos la siguiente definición.

Definición 1.1.1. *Una **curva parametrizada diferenciable** en $\mathbb{R}^n$ es una aplicación $\alpha : I \longrightarrow \mathbb{R}^n$, con $I \subset \mathbb{R}$ un intervalo abierto, que es C^∞, es decir, que admite derivadas continuas de todos los órdenes.*

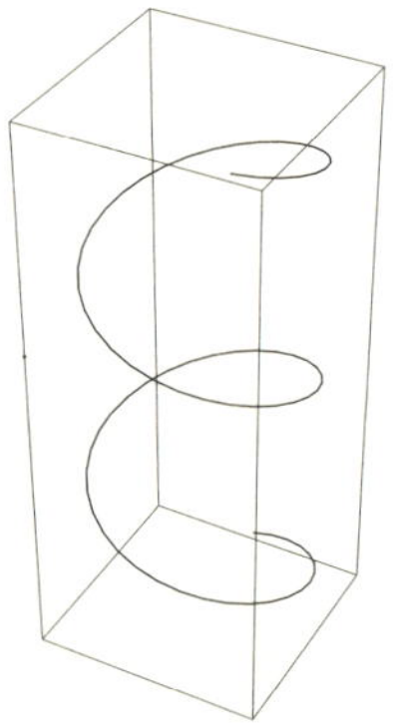

Figura 1.1: La hélice cilíndrica.

El adjetivo «parametrizada» hace referencia, precisamente, a que no solo consideramos la traza de la curva, sino también la manera que tenemos de «recorrerla» mediante un determinado parámetro.[1]

Tenemos así, en definitiva, una aplicación $\alpha(t) = (\alpha_1(t), \ldots, \alpha_n(t))$, donde las funciones $\alpha_i(t)$ admiten derivadas continuas de todos los órdenes. Además, t se denomina el *parámetro* de la curva, el subconjunto imagen $\alpha(I) \subset \mathbb{R}^n$ la *traza* de α, y la aplicación $\alpha' : I \longrightarrow \mathbb{R}^n$ definida de la forma $\alpha'(t) = (\alpha_1'(t), \ldots, \alpha_n'(t))$, su *vector velocidad* o *vector tangente*.

Ejemplo 1.1 (Curvas alabeadas). La curva $\alpha(t) = (a\cos t, a\operatorname{sen} t, bt)$, con $a, b > 0$ es la *hélice cilíndrica* de paso $2\pi b$ construida sobre el cilindro $x^2 + y^2 = a^2$ (véase la figura 1.1). Este es un ejemplo de *curva alabeada*, esto es, una curva que no está contenida en un plano. ♢

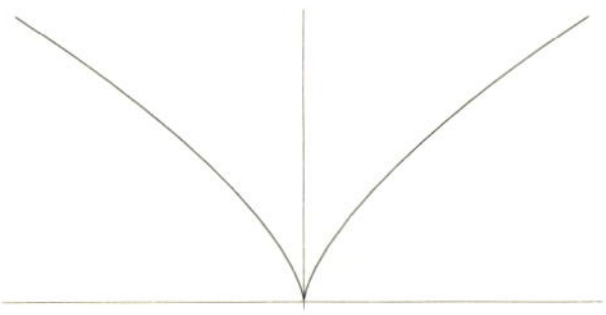

Figura 1.2: $\alpha(t) = (t^3, t^2)$.

Ejemplo 1.2 (Situaciones a considerar). La curva $\alpha(t) = (t^3, t^2)$, representada en la figura 1.2, es claramente diferenciable, pero $\alpha'(0) = (0,0)$: el vector velocidad en

---

[1] Esta situación contrastará con la definición de superficie regular que estudiaremos en el capítulo 2, donde nos interesará únicamente la imagen como subconjunto del espacio, y no la forma en la que estemos parametrizando dicho objeto.

$t = 0$ existe, aunque no tiene dirección. Esta es una de las situaciones que excluiremos en nuestro estudio de las curvas.[2]

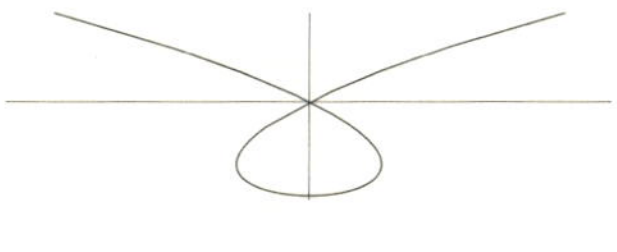

Figura 1.3: $\alpha(t) = (t^3 - 4t, t^2 - 4)$.

Otra situación que, en ocasiones, debe ser contemplada, la encontramos, por ejemplo, en la curva $\alpha(t) = (t^3 - 4t, t^2 - 4)$, véase la figura 1.3. Claramente α no es inyectiva, pues $\alpha(2) = \alpha(-2) = (0,0)$: se dice entonces que $\alpha(t)$ presenta una *autointersección* o que la curva no es *simple* (véase la definición 1.4.1 para una definición precisa).

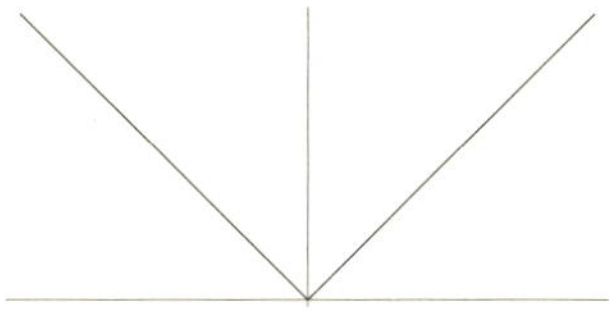

Figura 1.4: $\alpha(t) = (t, |t|)$.

Por supuesto, el ya conocido ejemplo de la función valor absoluto (véase la figura 1.4), nos muestra una curva parametrizada, $\alpha(t) = (t, |t|)$, que no es diferenciable y que, por tanto, nunca contemplaremos en nuestro estudio. $\diamondsuit$

A la vista de estos ejemplos, nos podemos plantear algunas cuestiones: ¿por qué tenemos especial interés en que nuestra curva sea diferenciable? ¿Por qué queremos evitar que el vector tangente se anule en un punto? La respuesta está implícita en la siguiente definición.

Definición 1.1.2. *Se dice que una curva parametrizada diferenciable $\alpha : I \longrightarrow \mathbb{R}^n$ es* ***regular*** *si $\alpha'(t) \neq \mathbf{0}$ para todo $t \in I$.*

Si $\alpha : I \longrightarrow \mathbb{R}^n$ es una curva parametrizada diferenciable con $\alpha'(t) \neq \mathbf{0}$, podemos considerar la *recta tangente* a α en el punto $\alpha(t)$, es decir, la recta que pasa por $\alpha(t)$ y tiene como vector director $\alpha'(t)$ (aquí es esencial que la curva sea regular).

Si por el contrario $t_0 \in I$ es tal que $\alpha'(t_0) = \mathbf{0}$, se dice entonces que α presenta un *punto singular* en t_0. Nosotros, en este capítulo y salvo que precisemos lo contrario, estudiaremos únicamente curvas simples y regulares, esto es, curvas que no presentan singularidades ni autointersecciones.

1.1.1. El cambio de parámetro y la longitud de arco

Tal y como ya hemos anticipado, una curva puede recorrerse de varias formas. Eso es lo que vamos a estudiar en este epígrafe, y recordemos que, desde nuestro punto de vista, la misma (imagen de una) curva recorrida de manera distinta, resulta ser una curva completamente diferente.

Definición 1.1.3. *Si $\alpha : I \longrightarrow \mathbb{R}^n$ es una curva parametrizada diferenciable, se denomina* ***cambio de parámetro*** *a cualquier difeomorfismo $h : J \longrightarrow I$, donde $J \subset \mathbb{R}$ es un intervalo abierto. La curva $\beta = \alpha \circ h : J \longrightarrow \mathbb{R}^n$ se llama* ***reparametrización*** *de α.*

Claramente, como $\beta'(t) = \alpha'\big(h(t)\big)h'(t)$, si α es regular, entonces cualquier reparametrización de α también lo es, pues $h'(t) \neq 0$ siempre. Además, de la conexión

[2] Aunque el concepto de *reparametrización* lo vamos a presentar en el siguiente epígrafe, lo que está ocurriendo en este ejemplo es que es posible recorrer la curva de una manera en la que la aplicación no es diferenciable. Recíprocamente, determinadas curvas no diferenciables en un punto admiten una *reparametrización* que las hace diferenciables, pero cuyo vector velocidad se anula precisamente en el punto en el que hemos *corregido* la diferenciabilidad.

de I se tiene que, o bien $h'(t) > 0$ para todo $t \in J$, o bien $h'(t) < 0$ para todo $t \in J$. Diremos entonces que el cambio de parámetro h *conserva la orientación* si $h'(t) > 0$, y que *invierte la orientación* si $h'(t) < 0$.

Obsérvese que un cambio de parámetro puede modificar tanto la orientación como la velocidad de una curva, pero *nunca* su trayectoria.

Ejemplo 1.3. Si consideramos la ya conocida circunferencia $\alpha(t) = (\cos t, \operatorname{sen} t)$, el cambio de parámetro $h(s) = 2s$ conserva la orientación, mientras que $h(s) = -s$ la invierte. Además, el primero de ellos no preserva la velocidad, pues $\beta'(s) = 2\alpha'(2s)$; el segundo tampoco, aunque sí conserva su módulo. $\diamondsuit$

Es momento ahora de plantearnos cómo estudiar la longitud de una curva. Sean $\alpha : I \longrightarrow \mathbb{R}^n$ una curva parametrizada diferenciable, $[a,b] \subset I$ y $\mathscr{P}\big([a,b]\big)$ el conjunto de las particiones de $[a,b]$. Dada $P = \{a = t_0 < t_1 < \ldots < t_m = b\} \in \mathscr{P}\big([a,b]\big)$, tomamos la correspondiente familia de puntos de la traza $\big\{\alpha(t_0), \alpha(t_1), \ldots, \alpha(t_m)\big\}$, familia que determina una poligonal inscrita en la curva. La *longitud de α asociada a la partición P* viene dada por $L(\alpha, P) = \sum_{i=1}^m \big|\alpha(t_i) - \alpha(t_{i-1})\big|$. Obsérvese que, cuanto más fina es la partición (cuantos más puntos consideremos como vértices) más se ajusta la poligonal a la curva.

Por lo tanto, resulta razonable definir la longitud de α entre $\alpha(a)$ y $\alpha(b)$ como $L_a^b(\alpha) = \lim_{|P| \to 0, P \in \mathscr{P}([a,b])} L(\alpha, P)$, donde $|P| = \max\{t_i - t_{i-1}, i = 1, \ldots, m\}$ es la norma de la partición. La siguiente proposición permitirá dar una definición más útil y operativa que la anterior de la longitud de una curva.

Proposición 1.1.4. *Sea $\alpha : I \longrightarrow \mathbb{R}^n$ una curva parametrizada diferenciable y sea $[a,b] \subset I$. Entonces*

$$\lim_{\substack{|P| \to 0 \\ P \in \mathscr{P}([a,b])}} L(\alpha, P) = \int_a^b \big|\alpha'(t)\big| \, dt.$$

En consecuencia, podemos definir la *longitud* de α entre $\alpha(a)$ y $\alpha(b)$ como

$$L_a^b(\alpha) = \int_a^b \big|\alpha'(t)\big| \, dt. \tag{1.1}$$

Demostración de la proposición 1.1.4. Vamos a demostrar que, dado $\varepsilon > 0$, existe $\delta > 0$ tal que, si $|P| < \delta$, entonces $\Big|L(\alpha, P) - \int_a^b \big|\alpha'(t)\big| \, dt\Big| < \varepsilon$.

Supongamos que $\alpha(t) = \big(\alpha_1(t), \ldots, \alpha_n(t)\big)$, y sea $P = \{a = t_0 < t_1 < \ldots < t_m = b\}$ una partición del intervalo $[a,b]$. Entonces,

$$L(\alpha, P) = \sum_{i=1}^m \big|\alpha(t_i) - \alpha(t_{i-1})\big| = \sum_{i=1}^m \sqrt{\textstyle\sum_{j=1}^n \big(\alpha_j(t_i) - \alpha_j(t_{i-1})\big)^2}.$$

Como $\alpha_j(t)$ son funciones C^∞, podemos aplicar el teorema de los valores intermedios en $[t_{i-1}, t_i]$: para todo $i = 1, \ldots, m$, existen $\eta_i^1, \ldots, \eta_i^n \in (t_{i-1}, t_i)$ tales que

$$\alpha_j(t_i) - \alpha_j(t_{i-1}) = \alpha_j'(\eta_i^j)(t_i - t_{i-1}) \qquad \text{para todo } j = 1, \ldots, n.$$

Así, definiendo $f : \mathbb{R}^n \longrightarrow \mathbb{R}$ por $f(s_1, \dots, s_n) := \sqrt{\sum_{j=1}^n \alpha_j'(s_j)^2}$, podemos escribir

$$L(\alpha, P) = \sum_{i=1}^m \sqrt{\sum_{j=1}^n \alpha_j'(\eta_i^j)^2}\,(t_i - t_{i-1}) = \sum_{i=1}^m f(\eta_i^1, \dots, \eta_i^n)(t_i - t_{i-1}). \tag{1.2}$$

Por otro lado,

$$\int_a^b \left|\alpha'(t)\right| dt = \sum_{i=1}^m \int_{t_{i-1}}^{t_i} \left|\alpha'(t)\right| dt = \sum_{i=1}^m \left|\alpha'(v_i)\right| (t_i - t_{i-1}) = \sum_{i=1}^m f(v_i, \dots, v_i)(t_i - t_{i-1}), \tag{1.3}$$

para ciertos $v_i \in (t_{i-1}, t_i)$, aplicando el teorema del valor medio del cálculo integral. En consecuencia, de (1.2) y (1.3) obtenemos que

$$\left| L(\alpha, P) - \int_a^b \left|\alpha'(t)\right| dt \right| \leq \sum_{i=1}^m \left| f(\eta_i^1, \dots, \eta_i^n) - f(v_i, \dots, v_i) \right| (t_i - t_{i-1}).$$

Además, f es una función continua en $\mathbb{R}^n$, cuyo dominio de definición $[a,b]^n \subset I^n$ es un compacto. Por tanto, f es uniformemente continua en $[a,b]^n$. Esto implica que, dado $\varepsilon > 0$, existe un $\delta > 0$ tal que, si $|s_j - s_j'| < \delta$ para todo $j = 1, \dots, n$, entonces $|f(s_1, \dots, s_n) - f(s_1', \dots, s_n')| < \varepsilon$. Eligiendo una partición $P \in \mathscr{P}([a,b])$ con $|P| < \delta$, podemos asegurar que $|\eta_i^j - v_i| < \delta$ para todo $j = 1, \dots, n$, ya que $\eta_i^j, v_i \in (t_{i-1}, t_i)$, $j = 1, \dots, n$. En consecuencia,

$$\begin{aligned} \left| L(\alpha, P) - \int_a^b \left|\alpha'(t)\right| dt \right| &\leq \sum_{i=1}^m \left| f(\eta_i^1, \dots, \eta_i^n) - f(v_i, \dots, v_i) \right| (t_i - t_{i-1}) \\ &\leq \sum_{i=1}^m \varepsilon (t_i - t_{i-1}) = \varepsilon (b - a), \end{aligned}$$

como se quería demostrar. □

Es un sencillo ejercicio probar el siguiente corolario.

Corolario 1.1.5. *La longitud de una curva parametrizada diferenciable es independiente de su parametrización.*

De entre todas las parametrizaciones posibles para (la imagen de) una curva, existe una (salvo orientación) cuyas propiedades son especialmente importantes. Se trata de parametrizar la curva de modo que el módulo de la velocidad sea constante e igual a la unidad.

Definición 1.1.6. *Se dice que una curva parametrizada regular $\alpha : I \longrightarrow \mathbb{R}^n$ está* ***parametrizada por la longitud de arco*** *si $|\alpha'(t)| = 1$ para todo $t \in I$.*

La razón de tal calificativo es clara: cuando $|\alpha'(t)| = 1$, el parámetro t de la curva mide (salvo una constante) la longitud de la misma entre un punto fijo (o inicial, si suponemos $t_0 = 0$) y $\alpha(t)$; en efecto,

$$L_0^t(\alpha) = \int_0^t \left|\alpha'(s)\right| ds = \int_0^t ds = t.$$

En lo que sigue, utilizaremos *p.p.a.* como abreviatura para indicar que una curva α está parametrizada por la longitud de arco. Además, cuando esto sea así, usaremos s como el parámetro arco de la curva, en lugar de t.

Desde una perspectiva física, la aceleración de una curva p.p.a. no posee componente tangencial (la velocidad no cambia en módulo y la partícula no experimenta aceleración en la dirección del movimiento), por lo que, si existe aceleración, esta es siempre perpendicular a la velocidad (y por ende, a su trayectoria). En términos matemáticos se tiene

$$0 = \frac{d}{ds}\left|\alpha'(s)\right|^2 = 2\langle \alpha'(s), \alpha''(s)\rangle,$$

lo que prueba que la aceleración y la velocidad son ortogonales (obsérvese que no es necesario que el módulo de la velocidad sea unitario, basta con que sea constante).

El siguiente teorema es fundamental para el desarrollo de toda la teoría de curvas, tanto en el plano como en el espacio. Enseguida veremos por qué.

Teorema 1.1.7. *Toda curva parametrizada regular admite una reparametrización por la longitud de arco con un cambio de parámetro que conserva la orientación.*

Demostración. Sea $\alpha : I \longrightarrow \mathbb{R}^n$ una curva parametrizada regular con parámetro arbitrario t. Fijamos $t_0 \in I$ y definimos $g : I \longrightarrow \mathbb{R}$ como la aplicación

$$g(t) = \int_{t_0}^{t} \left|\alpha'(u)\right| du = L_{t_0}^{t}(\alpha),$$

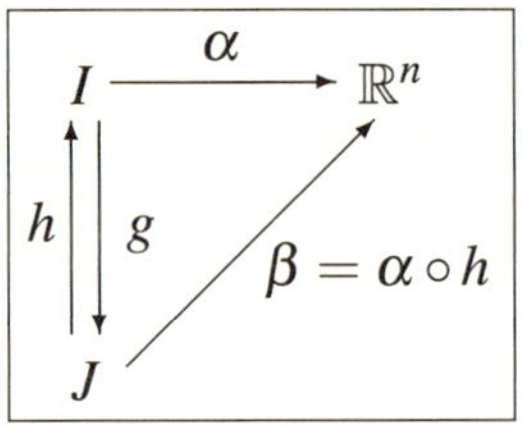

que es una función diferenciable. Además, como $\alpha'(u) \neq \mathbf{0}$ para todo $u \in I$, entonces $g'(t) = \left|\alpha'(t)\right| > 0$ para todo $t \in I$, siendo $I \subset \mathbb{R}$ abierto. El teorema de la función inversa nos asegura entonces que $J = g(I)$ es también un intervalo abierto de $\mathbb{R}$, y que $g : I \longrightarrow J$ es un difeomorfismo. Representamos por $h := g^{-1}$, $h : J \longrightarrow I$. Claramente, $(h \circ g)(t) = t$ y $(g \circ h)(s) = s$. Por tanto, $h'\big(g(t)\big)g'(t) = 1$, de donde se obtiene que

$$h'\big(g(t)\big) = \frac{1}{g'(t)} = \frac{1}{\left|\alpha'(t)\right|} > 0;$$

es decir, el cambio de parámetro h conserva la orientación. Finalmente, es fácil ver que la reparametrización $\beta(s) = \alpha\big(h(s)\big)$ es una curva p.p.a.:

$$\left|\beta'(s)\right| = \left|\alpha'\big(h(s)\big)\right| \left|h'(s)\right| = \left|\alpha'\big(h(s)\big)\right| \frac{1}{\left|\alpha'\big(h(s)\big)\right|} = 1. \qquad \square$$

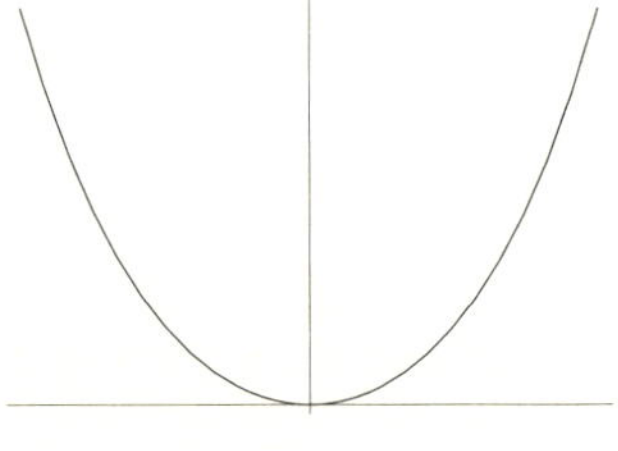

Figura 1.5: La catenaria.

Este teorema nos dice que toda curva parametrizada regular *siempre* puede reparametrizarse por la longitud de arco. El «problema» radica en que, en la práctica, encontrar la reparametrización no siempre es posible. Veamos algunos ejemplos.

Ejemplo 1.4 (La catenaria). Tomemos la curva parametrizada $\alpha(t) = (t, \cosh t)$. Esta recibe el nombre de *catenaria*, pues es la curva que adopta una cadena ideal perfectamente flexible, con masa, suspendida por sus extremos y sometida a la acción de un campo gravitatorio uniforme (véase la figura 1.5).

Los primeros matemáticos que abordaron el problema supusieron que la curva era una parábola. Christian Huygens, a los diecisiete años, demostró que no lo era, aunque no encontró la ecuación de la catenaria. Esta fue obtenida por Gottfried Leibnitz, Huygens y Johann Bernoulli en 1691, en respuesta al desafío planteado por Jakob Bernoulli. Si se desarrolla en serie de Taylor la función $\cosh t$, se obtiene $\cosh t = 1 + t^2/2 + O^4(t)$, que corresponde a la ecuación de una parábola más un término de cuarto orden. Es por este motivo por el que las gráficas son tan parecidas en un entorno de cero. Una curva catenaria invertida es el trazado perfecto para un arco en la arquitectura, forma que fue aplicada, entre otros y fundamentalmente, por Antoni Gaudí, su descubridor.

Un rápido cálculo permite obtener el que será el parámetro arco:

$$s = g(t) = \int_0^t \left|\alpha'(u)\right| du = \int_0^t \cosh u \, du = \operatorname{senh} t;$$

luego el cambio de parámetro que reparametriza α por la longitud de arco viene dado por $t = h(s) = \operatorname{arg\,senh} s$. Por lo tanto,

$$\beta(s) = \alpha\big(h(s)\big) = \big(\operatorname{arg\,senh} s, \cosh(\operatorname{arg\,senh} s)\big) = \left(\operatorname{arg\,senh} s, \sqrt{1+s^2}\right)$$

es la reparametrización por la longitud de arco de la catenaria. ◇

Ejemplo 1.5. Consideremos la circunferencia $\alpha(t) = p + (r\cos t, r\operatorname{sen} t)$. La reparametrización por la longitud de arco de esta curva es muy sencilla de obtener:

$$s = g(t) = \int_0^t \left|\alpha'(u)\right| du = \int_0^t r \, du = rt,$$

luego el cambio de parámetro buscado es $t = h(s) = s/r$, y la reparametrización por la longitud de arco,[3] $\beta(s) = \alpha\big(h(s)\big) = p + \big(r\cos(s/r), r\operatorname{sen}(s/r)\big)$. ◇

Ejemplo 1.6. Sea $\alpha(t) = (2\cos t, \operatorname{sen} t)$. En este caso, la integral que aparece a la hora de calcular el cambio de parámetro h no puede resolverse, pues es una integral elíptica, que no tiene primitiva:

$$s = g(t) = \int_0^t \sqrt{4\operatorname{sen}^2 u + \cos^2 u}\, du = 2\int_0^t \sqrt{1 - \tfrac{3}{4}\cos^2 u}\, du.$$

Luego no es posible dar explícitamente la reparametrización por el arco. ◇

Ejemplo 1.7. Consideremos la curva $\alpha(t) = (t, t^2)$. En este caso, la integral que define $g(t)$ puede resolverse sin problemas:

$$s = g(t) = \int_0^t \sqrt{1+4u^2}\, du = \frac{1}{4}\operatorname{Ln}\left(2t + \sqrt{1+4t^2}\right) + \frac{t}{2}\sqrt{1+4t^2};$$

sin embargo, es imposible despejar t en la ecuación anterior. Por tanto, tampoco puede darse explícitamente la reparametrización por el arco. ◇

---

[3] El mismo cambio de parámetro sirve para cualquier curva con velocidad constante.

Como hemos visto, no siempre es factible reparametrizar una curva por la longitud de arco (realmente, en la mayoría de los casos no va a ser posible). Sin embargo, esto no plantea ningún inconveniente, pues es suficiente saber que, teóricamente, gracias al teorema 1.1.7, siempre podemos suponer la curva p.p.a., lo que permite desarrollar la llamada *Teoría de curvas*, que pasamos a estudiar a continuación.[4]

1.2. TEORÍA LOCAL DE CURVAS PLANAS

La teoría local de curvas planas, tal y como indica su nombre, se ocupa del estudio de curvas que están contenidas en un plano. Desde una perspectiva puramente local, una curva plana p.p.a. tiene «muy poca libertad para moverse» en el sentido de que, o bien gira hacia la izquierda, o bien lo hace hacia la derecha. Este giro (y su intensidad) puede ser descrito con una función que llamaremos curvatura y que, esencialmente, caracteriza la curva salvo movimientos rígidos dentro del plano.

1.2.1. La curvatura y el diedro de Frenet

Si $\alpha : I \longrightarrow \mathbb{R}^2$ es una curva regular p.p.a., su *vector tangente* $\mathbf{t}(s) = \alpha'(s)$ es unitario. Esto permite construir una base ortonormal de $\mathbb{R}^2$ de la siguiente forma:

Definición 1.2.1. *El* ***vector normal*** *a una curva plana regular* $\alpha : I \longrightarrow \mathbb{R}^2$ *p.p.a. es el vector* $\mathbf{n}(s) = \mathrm{J}\big(\mathbf{t}(s)\big)$*, donde* $\mathrm{J} = R_{\pi/2}$ *es la* ***estructura compleja*** *en* $\mathbb{R}^2$*, esto es, la rotación positiva de ángulo* $\pi/2$ *(para más detalles véase el epígrafe 3.2.2).*

Por tanto, los vectores $\big\{\mathbf{t}(s), \mathbf{n}(s)\big\}$ forman una base ortonormal positivamente orientada del plano euclídeo para cada s, que recibe el nombre de *diedro de Frenet*.

Nos preguntamos entonces de manera natural: ¿cómo varían los vectores tangente y normal a una curva? Claramente, por ser $\big\{\mathbf{t}(s), \mathbf{n}(s)\big\}$ una base ortonormal,

$$\begin{aligned} \mathbf{t}'(s) &= \big\langle \mathbf{t}'(s), \mathbf{t}(s) \big\rangle \mathbf{t}(s) + \big\langle \mathbf{t}'(s), \mathbf{n}(s) \big\rangle \mathbf{n}(s) \quad \text{y} \\ \mathbf{n}'(s) &= \big\langle \mathbf{n}'(s), \mathbf{t}(s) \big\rangle \mathbf{t}(s) + \big\langle \mathbf{n}'(s), \mathbf{n}(s) \big\rangle \mathbf{n}(s). \end{aligned}$$

Además, como $\big|\mathbf{t}(s)\big|^2 = 1 = \big|\mathbf{n}(s)\big|^2$, es evidente que $\big\langle \mathbf{t}'(s), \mathbf{t}(s) \big\rangle = 0 = \big\langle \mathbf{n}'(s), \mathbf{n}(s) \big\rangle$. En definitiva,

$$\mathbf{t}'(s) = \big\langle \mathbf{t}'(s), \mathbf{n}(s) \big\rangle \mathbf{n}(s) \quad \text{y} \quad \mathbf{n}'(s) = \big\langle \mathbf{n}'(s), \mathbf{t}(s) \big\rangle \mathbf{t}(s).$$

Por otro lado, la ortogonalidad de los vectores $\mathbf{t}(s)$ y $\mathbf{n}(s)$ nos permite asegurar que $\big\langle \mathbf{t}'(s), \mathbf{n}(s) \big\rangle = -\big\langle \mathbf{t}(s), \mathbf{n}'(s) \big\rangle$, lo que conduce a la siguiente definición:

---

[4] Es importante reseñar que, cuando parametrizamos una curva por el arco, estamos considerando un parámetro estándar que, de alguna manera, encaja la curva en el *entramado métrico* del espacio en el que está. Por ejemplo, si tenemos dos circunferencias y queremos compararlas, la estrategia consiste en tomar un parámetro homogéneo y *común* a ambas, en el sentido de que refleje la longitud de la curva en ambos casos. Eso es el parámetro arco, y es lo que permite hablar de curvatura.

Definición 1.2.2. *Se llama* ***curvatura*** *de una curva plana regular $\alpha : I \longrightarrow \mathbb{R}^2$ p.p.a. a la función $k : I \longrightarrow \mathbb{R}$ definida por*

$$k(s) := \big\langle \alpha''(s), \mathrm{J}\big(\alpha'(s)\big)\big\rangle. \tag{1.4}$$

Además, si $k(s) > 0$ se llama ***radio de curvatura*** *al valor $\rho(s) = 1/\left|k(s)\right|$.*

En definitiva, hemos obtenido que

$$\begin{cases} \mathbf{t}'(s) = k(s)\mathbf{n}(s), \\ \mathbf{n}'(s) = -k(s)\mathbf{t}(s), \end{cases} \tag{1.5}$$

ecuaciones que reciben el nombre de *fórmulas de Frenet* de una curva plana p.p.a.

Obsérvese que estas fórmulas nos aseguran que la componente tangencial del vector aceleración de la curva α, $\alpha''(s) = \mathbf{t}'(s)$ es cero. Así pues, la aceleración solo tiene componente normal, y es el valor absoluto de la curvatura el que mide cuánto vale: $\left|k(s)\right| = \left|k(s)\right| \left|\mathbf{n}(s)\right| = \left|\mathbf{t}'(s)\right| = \left|\alpha''(s)\right|$. Ahora bien, el signo de la curvatura $k(s)$ también ofrece información sobre la curva: nos dice el sentido de giro, es decir, en qué sentido rota el vector velocidad $\alpha'(s) = \mathbf{t}(s)$ conforme se recorre la curva. La figura 1.6 refleja claramente este hecho. Observemos además que un cambio de orientación cambia el signo de la curvatura, pero no su magnitud.

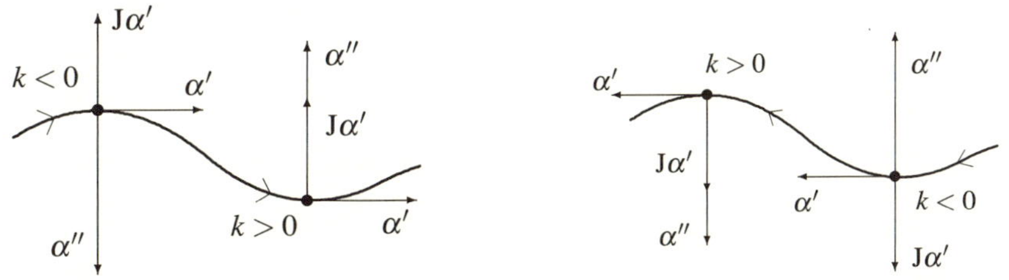

Figura 1.6: El signo de la curvatura permite conocer el sentido del movimiento en una curva.

Observación 1.1. Otro modo de calcular la curvatura de una curva plana regular p.p.a. es el siguiente: si $\alpha : I \longrightarrow \mathbb{R}^2$ tiene coordenadas $\alpha(s) = \big(x(s), y(s)\big)$, un rápido cálculo muestra que

$$\begin{aligned} k(s) = \big\langle \alpha''(s), \mathrm{J}\alpha'(s)\big\rangle &= \big\langle \big(x''(s), y''(s)\big), \big(-y'(s), x'(s)\big)\big\rangle \\ &= -x''(s)y'(s) + y''(s)x'(s) = \det\big(\alpha'(s), \alpha''(s)\big), \end{aligned}$$

lo que nos da una fórmula para $k(s)$, directamente en función de la curva α y sus derivadas. ◇

Ejemplo 1.8. Una parametrización por la longitud de arco de la circunferencia de centro p y radio r es $\alpha(s) = p + r\big(\cos(s/r), \mathrm{sen}(s/r)\big)$ (véase el ejemplo 1.5). Un sencillo cálculo demuestra que $k(s) = \big\langle \mathbf{t}'(s), \mathbf{n}(s)\big\rangle = 1/r$. Por tanto, la curvatura de una circunferencia es siempre constante, en valor absoluto coincide con el inverso de su radio y, tal y como la hemos parametrizado en este caso, es positiva. Esto se podía deducir rápidamente del hecho de que $\mathrm{J}\alpha'(s) = \big(-\cos(s/r), \mathrm{sen}(s/r)\big)$ es colineal con $\alpha''(s) = \big(-\cos(s/r), \mathrm{sen}(s/r)\big)/r$, véase la figura 1.6. ◇

Ejemplo 1.9. La curva $\alpha(s) = \big(\operatorname{arg\,senh} s, \sqrt{1+s^2}\big)$ es la parametrización por el arco de la catenaria, curva estudiada en el ejemplo 1.4. Es fácil ver que su curvatura vale $k(s) = 1/(1+s^2)$, estrictamente positiva y con límite (para $s \longrightarrow \infty$) cero. $\diamondsuit$

El problema que se plantea a continuación es cómo calcular la curvatura de una curva plana regular si esta no está parametrizada por la longitud de arco, pues, como ya sabemos, en muchas ocasiones es materialmente imposible encontrar la parametrización por el arco de una curva.

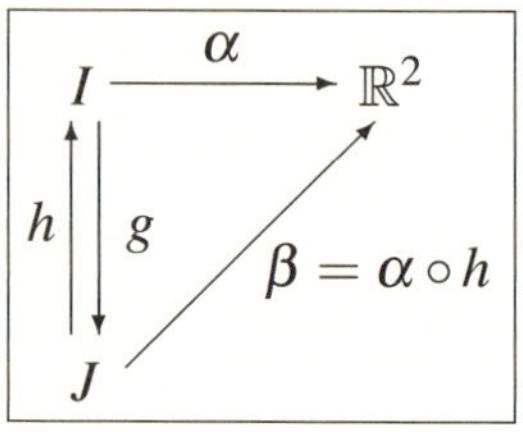

Sea $\alpha : I \longrightarrow \mathbb{R}^2$ una curva plana regular con parámetro arbitrario t, y consideremos $\beta(s) = (\alpha \circ h)(s)$ su reparametrización por la longitud de arco. Recuérdese que $h = g^{-1}$, donde $g : I \longrightarrow J$ es la aplicación dada por

$$g(t) = \int_{t_0}^{t} \big|\alpha'(u)\big|\, du.$$

Es evidente que la curvatura de una curva no debe depender de su parametrización (siempre y cuando esta conserve la orientación) pues es un concepto geométrico que debe dar información sobre cómo es la traza de α y cuál es el sentido de movimiento. Por tanto, se define la *curvatura de* α, simplemente, como la curvatura de su reparametrización por el arco: $k_\alpha(t) := k_\beta\big(g(t)\big)$.

Proposición 1.2.3. *Sea* $\alpha : I \longrightarrow \mathbb{R}^2$ *una curva parametrizada regular. Entonces*

$$k_\alpha(t) = \frac{\big\langle \alpha''(t), \mathrm{J}\alpha'(t) \big\rangle}{\big|\alpha'(t)\big|^3}. \tag{1.6}$$

Demostración. Como $k_\alpha(t) = k_\beta\big(g(t)\big)$, calculamos $k_\beta(s) = \Big\langle \mathbf{t}'_\beta(s), \mathbf{n}_\beta(s) \Big\rangle$.

$$\begin{aligned}
\mathbf{t}_\beta(s) &= \beta'(s) = \alpha'\big(h(s)\big)h'(s),\\
\mathbf{n}_\beta(s) &= \mathrm{J}\mathbf{t}_\beta(s) = h'(s)\mathrm{J}\alpha'\big(h(s)\big),\\
\mathbf{t}'_\beta(s) &= \alpha''\big(h(s)\big)h'(s)^2 + h''(s)\alpha'\big(h(s)\big).
\end{aligned}$$

Sustituyendo en la fórmula de la curvatura se obtiene el resultado deseado:

$$\begin{aligned}
k_\beta(s) &= \big\langle \alpha''\big(h(s)\big)h'(s)^2, h'(s)\mathrm{J}\alpha'\big(h(s)\big) \big\rangle\\
&= h'(s)^3 \big\langle \alpha''\big(h(s)\big), \mathrm{J}\alpha'\big(h(s)\big) \big\rangle = \frac{1}{\big|\alpha'\big(h(s)\big)\big|^3} \big\langle \alpha''\big(h(s)\big), \mathrm{J}\alpha'\big(h(s)\big) \big\rangle. \quad \square
\end{aligned}$$

A partir de ahora suprimiremos a menudo el parámetro de la curva en muchas expresiones, para evitar así fórmulas excesivamente engorrosas, siempre y cuando no haya lugar a confusión.

1.2.2. Teorema fundamental de la teoría local de curvas planas

El llamado *teorema fundamental de la Teoría Local de curvas planas* establece que una curva plana regular viene determinada unívocamente por su función curvatura (salvo movimientos rígidos). Enunciémoslo con mayor precisión.

Teorema 1.2.4 (fundamental de curvas planas). *Sea $k : I \longrightarrow \mathbb{R}$ una función diferenciable. Entonces, existe una curva plana regular $\alpha : I \longrightarrow \mathbb{R}^2$ p.p.a. tal que $k_\alpha(s) = k(s)$ para todo $s \in I$. Además, si $\beta : I \longrightarrow \mathbb{R}^2$ es otra curva regular p.p.a. con curvatura $k_\beta(s) = k(s)$ para todo $s \in I$, entonces existe un movimiento rígido directo $M : \mathbb{R}^2 \longrightarrow \mathbb{R}^2$, $Mx = Ax + b$ con $A \in \mathrm{SO}(2)$ y $b \in \mathbb{R}^2$, tal que $\beta = M \circ \alpha$.*

Demostración. Comenzamos demostrando la existencia de α, para lo cual construimos explícitamente la curva.

EXISTENCIA: Sea $s_0 \in I$ fijo. Definimos la función $\theta : I \longrightarrow \mathbb{R}$

$$\theta(s) = \int_{s_0}^{s} k(u)\,du,$$

y construimos la curva (diferenciable, por serlo $k(s)$ y, por tanto, $\theta(s)$)

$$\alpha(s) := \left(\int_{s_0}^{s} \cos\theta(u)\,du, \int_{s_0}^{s} \operatorname{sen}\theta(u)\,du \right). \tag{1.7}$$

Veamos que $\alpha(s)$ es la curva buscada.

Como $\alpha'(s) = \big(\cos\theta(s), \operatorname{sen}\theta(s)\big)$, claramente $|\alpha'(s)| = 1$; luego $\alpha(s)$ está parametrizada por la longitud de arco y es regular. Además, su curvatura vale

$$k_\alpha(s) = \langle \mathbf{t}'_\alpha(s), \mathbf{n}_\alpha(s) \rangle = \theta'(s)\operatorname{sen}^2\theta(s) + \theta'(s)\cos^2\theta(s) = \theta'(s) = k(s).$$

UNICIDAD: Supongamos que existen dos curvas $\alpha : I \longrightarrow \mathbb{R}^2$ y $\beta : I \longrightarrow \mathbb{R}^2$ con la misma curvatura, $k_\alpha(s) = k(s) = k_\beta(s)$. Fijamos de nuevo $s_0 \in I$. Representamos por $\{\mathbf{t}_\alpha, \mathbf{n}_\alpha\}$ y $\{\mathbf{t}_\beta, \mathbf{n}_\beta\}$, respectivamente, los diedros de Frenet de α y β. Consideramos los vectores $\mathbf{t}_\alpha(s_0)$ y $\mathbf{t}_\beta(s_0)$ de $\mathbb{R}^2$. Entonces, existe una única transformación $A \in \mathrm{SO}(2)$, es decir, una única rotación, tal que $A\mathbf{t}_\alpha(s_0) = \mathbf{t}_\beta(s_0)$. Claramente, por la ortogonalidad de los vectores de la base y por ser A una matriz ortogonal con determinante positivo, $A\mathbf{n}_\alpha(s_0) = \mathbf{n}_\beta(s_0)$.

Definimos $b := \beta(s_0) - A\alpha(s_0)$ y tomamos el movimiento rígido $Mx := Ax + b$. Sea $\gamma = M \circ \alpha$. Viendo que $\gamma \equiv \beta$, concluirá la demostración. Desde luego,

$$\gamma(s_0) = M\alpha(s_0) = A\alpha(s_0) + b = \beta(s_0) \qquad \text{y}$$
$$\mathbf{t}'_\gamma(s_0) = \gamma'(s_0) = \big(A\alpha + b\big)'(s_0) = A\alpha'(s_0) = A\mathbf{t}_\alpha(s_0) = \mathbf{t}_\beta(s_0),$$

esto es, tanto las curvas como sus vectores tangentes coinciden en s_0. Además,

$$k_\gamma = \langle \gamma'', \mathrm{J}\gamma' \rangle = \langle A\alpha'', \mathrm{J}A\alpha' \rangle = \langle A\alpha'', A\mathrm{J}\alpha' \rangle = \langle \alpha'', \mathrm{J}\alpha' \rangle = k_\alpha.$$

Definimos ahora la función $f(s) := \left|\mathbf{t}_\beta(s) - \mathbf{t}_\gamma(s)\right|^2/2$, que verifica $f(s_0) = 0$. Un sencillo cálculo permite comprobar que

$$f'(s) = \left\langle \mathbf{t}'_\beta - \mathbf{t}'_\gamma, \mathbf{t}_\beta - \mathbf{t}_\gamma \right\rangle = \langle k_\beta \mathbf{n}_\beta - k_\gamma \mathbf{n}_\gamma, \mathbf{t}_\beta - \mathbf{t}_\gamma \rangle = -k\big(\langle \mathbf{n}_\beta, \mathbf{t}_\gamma \rangle + \langle \mathbf{n}_\gamma, \mathbf{t}_\beta \rangle\big) = 0,$$

pues $\langle \mathbf{n}_\beta, \mathbf{t}_\gamma \rangle = \langle \mathbf{J}\mathbf{t}_\beta, \mathbf{t}_\gamma \rangle = -\langle \mathbf{t}_\beta, \mathbf{J}\mathbf{t}_\gamma \rangle = -\langle \mathbf{t}_\beta, \mathbf{n}_\gamma \rangle$. En consecuencia, f es una función constante, y dado que $f(s_0) = 0$, podemos concluir que $f \equiv 0$. Esto nos asegura a su vez que $\mathbf{t}_\beta(s) = \mathbf{t}_\gamma(s)$ para todo $s \in I$, es decir, que $(\beta - \gamma)'(s) = \mathbf{0}$. Y de nuevo utilizamos el mismo argumento: como $\beta - \gamma$ es constante y sabemos que $\beta(s_0) = \gamma(s_0)$, podemos concluir finalmente que $\beta \equiv \gamma$. □

Observación 1.2 (Una interpretación geométrica de la curvatura). Obsérvese que la curva α, tal y como se define en la demostración del teorema, no es algo artificioso. Supongamos dada una curva regular $\alpha : I \longrightarrow \mathbb{R}^2$ p.p.a. Si escribimos $\alpha'(s) = \big(x'(s), y'(s)\big)$, se tiene que $x'(s)^2 + y'(s)^2 = 1$. En consecuencia, existe una función diferenciable $\theta \in C^\infty(I)$ de modo que $x'(s) = \cos\theta(s)$ e $y'(s) = \operatorname{sen}\theta(s)$; esto es, el vector tangente $\mathbf{t}(s)$ es de la forma $\mathbf{t}(s) = \big(\cos\theta(s), \operatorname{sen}\theta(s)\big)$. Es fácil comprobar entonces que la curvatura de α vale $k(s) = \langle \mathbf{t}'(s), \mathbf{n}(s) \rangle = \theta'(s)$.

Este razonamiento permite dar una interpretación geométrica de la curvatura de una curva: para cada $s \in I$, el valor $\theta(s)$ no es otra cosa que el ángulo que forma el vector tangente $\mathbf{t}(s)$ con el eje x; así, la curvatura de α nos dice cómo varía este ángulo respecto al parámetro arco. Y aún más. Si elegimos un valor inicial $s_0 \in I$ y un incremento de este, $s_0 + h$, se tiene que

$$k(s_0) = \theta'(s_0) = \lim_{h \to 0} \frac{\theta(s_0 + h) - \theta(s_0)}{h}.$$

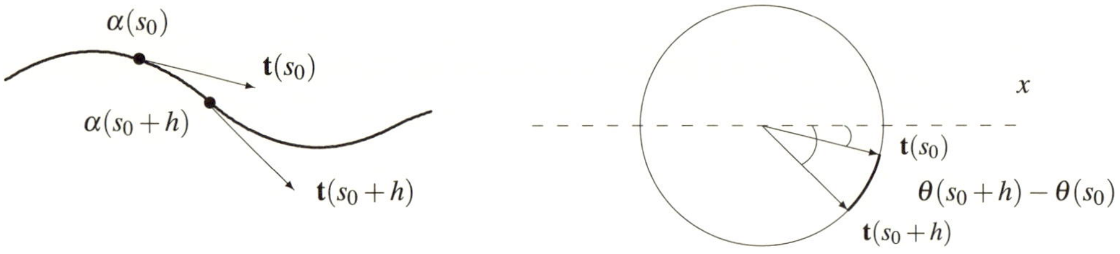

Figura 1.7: Interpretación geométrica de la curvatura de una curva plana.

Ahora bien, trasladando los vectores tangentes $\mathbf{t}(s_0)$ y $\mathbf{t}(s_0 + h)$ (unitarios) a la circunferencia unidad $\mathbb{S}^1$ (véase la figura 1.7) se observa que $\theta(s_0 + h) - \theta(s_0)$ es, precisamente, la longitud de arco en $\mathbb{S}^1$ desde $\mathbf{t}(s_0)$ a $\mathbf{t}(s_0 + h)$, mientras que h es la longitud (de arco) de α entre tales valores. Luego

$$k(s_0) = \lim_{h \to 0} \frac{\text{longitud de arco en } \mathbb{S}^1}{\text{longitud de arco en } \alpha}; \tag{1.8}$$

la curvatura es el límite de un cociente de longitudes. ◇

Definición 1.2.5. *Sea $\alpha : I \longrightarrow \mathbb{R}^2$ una curva plana regular p.p.a. y sea $s_0 \in I$. La función $\theta : I \longrightarrow \mathbb{R}$ dada por*

$$\theta(s) = \int_{s_0}^{s} k(u)\,du$$

recibe el nombre de ***ángulo de rotación*** *de α.*

Tal y como se ha comentado en la observación 1.2, el ángulo de rotación $\theta(s)$ no es otra cosa que el ángulo que forma el vector tangente $\mathbf{t}(s)$ con el eje x (o, en general, con el vector $\mathbf{e}_1$ de una base ortonormal cualquiera $\{\mathbf{e}_1, \mathbf{e}_2\}$ de $\mathbb{R}^2$); así, si escribimos $\alpha'(s) = \big(x'(s), y'(s)\big)$, se tiene que

$$\begin{aligned} &x'(s) = \cos\theta(s) \quad \text{e} \quad y'(s) = \operatorname{sen}\theta(s), \\ &\theta'(s) = k(s). \end{aligned} \tag{1.9}$$

Observación 1.3. Evidentemente, el ángulo de rotación $\theta(s)$ no está determinado de modo único. Cualquier función de la forma $\widetilde{\theta}(s) = \theta(s) + 2\pi m$, con $m \in \mathbb{Z}$, también satisface dicha propiedad. Además, si $\theta(s)$ y $\widetilde{\theta}(s)$ son ángulos de rotación de una curva regular α, entonces se tiene, para todo s, $\cos\theta(s) = \cos\widetilde{\theta}(s)$ y $\operatorname{sen}\theta(s) = \operatorname{sen}\widetilde{\theta}(s)$ simultáneamente, lo cual implica que $\widetilde{\theta}(s) = \theta(s) + 2\pi m(s)$, para una cierta función $m(s)$ que solo toma valores enteros; pero, como $\theta(s)$ y $\widetilde{\theta}(s)$ son funciones continuas definidas en un intervalo conexo, necesariamente $m(s) \equiv m_0 \in \mathbb{Z}$. En definitiva, cualquier ángulo de rotación es de la forma $\theta(s) + 2\pi m$, $m \in \mathbb{Z}$, donde $\theta(s)$ es la función dada por la definición 1.2.5. $\diamondsuit$

1.2.3. Evolutas, involutas y curvas paralelas

Definición 1.2.6. *Un punto $p \in \mathbb{R}^2$ es un **centro de curvatura** de una curva regular $\alpha : I \longrightarrow \mathbb{R}^2$ si existe una circunferencia γ centrada en p, que es tangente a α en un cierto punto $p_0 \in \mathbb{R}^2$, de tal modo que las curvaturas de α y γ coinciden en p_0. La circunferencia γ recibe el nombre de **circunferencia osculatriz**.*

Así pues, si p es un centro de curvatura de $\alpha : I \longrightarrow \mathbb{R}^2$, entonces existe una recta que pasa por p y que corta ortogonalmente a la curva α en un cierto punto $p_0 = \alpha(t_0)$ de modo que la distancia de p a p_0 es, precisamente, el radio de curvatura de α en $\alpha(t_0)$ (véase la figura 1.8).

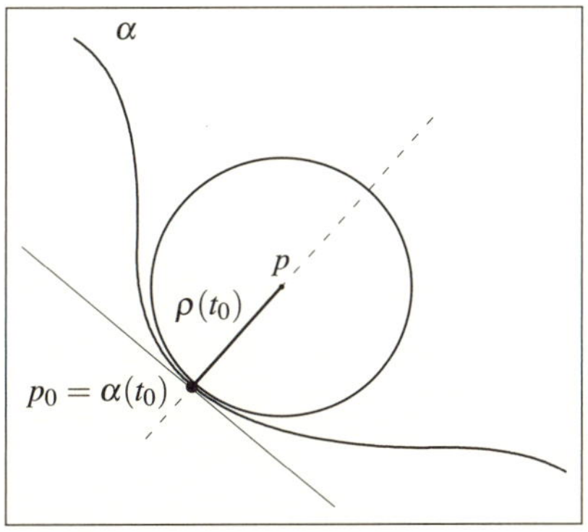

Figura 1.8: El radio y el centro de curvatura de una curva.

Definición 1.2.7. *La **evoluta** de una curva $\alpha : I \longrightarrow \mathbb{R}^2$ parametrizada regular es el lugar geométrico de los centros de curvatura de α, es decir, la curva*

$$\alpha_E(t) := \alpha(t) + \frac{1}{k(t)} \frac{\mathrm{J}\alpha'(t)}{|\alpha'(t)|}. \tag{1.10}$$

*Además, si α_E es la evoluta de α, se dice que α es una **involuta** de α_E.*

Es sencillo demostrar que la definición de evoluta de una curva parametrizada regular plana es independiente de la parametrización (ejercicio 1.11); en consecuencia, a la hora de trabajar con la evoluta de una curva α siempre podremos suponer, si así nos conviene, que la curva original α está p.p.a.

Teorema 1.2.8. *Sea $\alpha : I \longrightarrow \mathbb{R}^2$ una curva parametrizada regular. La evoluta de α es la única curva de la forma $\alpha_E(t) = \alpha(t) + f(t)\mathrm{J}\alpha'(t)$, donde f es una función real diferenciable, de modo que la normal a α coincide con la tangente a α_E en cada valor t del parámetro.*

Demostración. Podemos suponer, sin pérdida de generalidad, que α está p.p.a.; en tal caso, la ecuación de su evoluta es

$$\alpha_E(s) = \alpha(s) + \frac{1}{k_\alpha(s)} \mathrm{J}\alpha'(s) = \alpha(s) + \frac{1}{k_\alpha(s)} \mathbf{n}_\alpha(s),$$

siendo entonces su vector tangente

$$\mathbf{t}_E(s) = \alpha_E'(s) = \mathbf{t}_\alpha(s) + \frac{k_\alpha(s)\mathbf{n}_\alpha'(s) - k_\alpha'(s)\mathbf{n}_\alpha(s)}{k_\alpha(s)^2} = -\frac{k_\alpha'(s)}{k_\alpha(s)^2}\mathbf{n}_\alpha(s).$$

Por tanto, el tangente $\mathbf{t}_E$ a la evoluta está en la dirección del normal $\mathbf{n}_\alpha$ a la curva α.

Recíprocamente, consideremos una curva de la forma $\beta(s) = \alpha(s) + f(s)\mathbf{n}_\alpha(s)$, donde f es una función real diferenciable, de modo que la normal a α coincide con la tangente a β en cada valor s del parámetro. Calculemos la función $f(s)$. Es sencillo comprobar que

$$\beta'(s) = \big(1 - k_\alpha(s) f(s)\big)\mathbf{t}_\alpha(s) + f'(s)\mathbf{n}_\alpha(s).$$

Como por hipótesis β' está en la dirección del vector normal $\mathbf{n}_\alpha$, podemos concluir que $1 - k_\alpha(s)f(s) = 0$; es decir, que $f(s) = 1/k_\alpha(s)$, lo que nos da la ecuación de la evoluta de α. Por tanto, $\beta(s) = \alpha_E(s)$. □

Definición 1.2.9. *Sea $\alpha : I \longrightarrow \mathbb{R}^2$ una curva parametrizada regular. Se denomina* ***curva paralela a α a distancia ρ*** *a la curva*

$$\alpha_\rho^P(t) = \alpha(t) + \rho \frac{\mathrm{J}\alpha'(t)}{|\alpha'(t)|}. \tag{1.11}$$

Es un sencillo ejercicio demostrar que la curva paralela a α a distancia ρ es independiente de cualquier parametrización *que conserve la orientación* (ejercicio 1.11); en consecuencia, siempre que sea conveniente, podremos suponer que la curva original α está p.p.a., ya que este cambio de parámetro conserva la orientación.

Dada la similitud geométrica que tiene una curva paralela con la curva original, cabe preguntarse cómo se podría calcular la curvatura de α_ρ^P en función de la de α. Pensando en circunferencias nos damos cuenta de que dichas funciones no pueden coincidir, pues al tomar la circunferencia paralela a una cierta distancia ρ, el radio varía. El siguiente resultado establece la relación precisa entre ambas curvaturas.

Proposición 1.2.10. *Sean $\alpha : I \longrightarrow \mathbb{R}^2$ una curva parametrizada regular y α_ρ^P su curva paralela a distancia ρ, con curvaturas k_α y $k_{\alpha_\rho^P}$, respectivamente. Entonces,*

$$k_{\alpha_\rho^P}(t) = \frac{k_\alpha(t)}{|1 - \rho k_\alpha(t)|}. \tag{1.12}$$

Demostración. De nuevo, podemos suponer que la curva α está parametrizada por la longitud de arco s, en cuyo caso, $\alpha_\rho^P(s) = \alpha(s) + \rho\mathbf{n}_\alpha(s)$. Claramente,

$$\begin{aligned}
(\alpha_\rho^P)'(s) &= \big(1 - \rho k_\alpha(s)\big)\mathbf{t}_\alpha(s),\\
\mathrm{J}(\alpha_\rho^P)'(s) &= \big(1 - \rho k_\alpha(s)\big)\mathbf{n}_\alpha(s) \quad \text{y}\\
(\alpha_\rho^P)''(s) &= -\rho k_\alpha'(s)\mathbf{t}_\alpha(s) + \big(1 - \rho k_\alpha(s)\big)k_\alpha(s)\mathbf{n}_\alpha(s).
\end{aligned}$$

Por tanto, la curvatura de α_ρ^P vale

$$k_{\alpha_\rho^P}(s) = \frac{\left\langle (\alpha_\rho^P)''(s), \mathrm{J}(\alpha_\rho^P)'(s) \right\rangle}{\left|(\alpha_\rho^P)'(s)\right|^3} = \frac{\left(1-\rho k_\alpha(s)\right)^2 k_\alpha(s)}{\left|1-\rho k_\alpha(s)\right|^3} = \frac{k_\alpha(s)}{\left|1-\rho k_\alpha(s)\right|},$$

como queríamos demostrar. □

1.2.4. Comparación de dos curvas en un punto

En este apartado comenzamos considerando una única curva, que compararemos con su recta tangente en el punto de contacto. Así, sean $\alpha : I \longrightarrow \mathbb{R}^2$ una curva regular p.p.a., y $s_0 \in I$ fijo. Representamos por $p_0 = \alpha(s_0)$ y por $\mathfrak{R} \equiv p_0 + t\alpha'(s_0)$, $t \in \mathbb{R}$, la recta tangente a α en $\alpha(s_0)$. Finalmente, sean $\mathbf{t}_0 = \alpha'(s_0)$ y $\mathbf{n}_0 = \mathbf{n}(s_0)$. Dado $p \in \mathbb{R}^2$ arbitrario, el vector $p - p_0$ puede escribirse, en función de la base $\{\mathbf{t}_0, \mathbf{n}_0\}$, como

$$p - p_0 = \langle p - p_0, \mathbf{t}_0 \rangle \, \mathbf{t}_0 + \langle p - p_0, \mathbf{n}_0 \rangle \, \mathbf{n}_0,$$

donde $\langle p - p_0, \mathbf{n}_0 \rangle = \mathrm{dist}(p, \mathfrak{R})$ no es más que la denominada *distancia orientada* (con signo) de p a la recta $\mathfrak{R}$: si H^+ (respectivamente, H^-) representa el semiplano determinado por $\mathfrak{R}$ hacia al que apunta $\mathbf{n}_0$ (respectivamente, $-\mathbf{n}_0$), entonces

- $\mathrm{dist}(p, \mathfrak{R}) > 0$ si, y solo si, $p \in \mathrm{int} H^+$,
- $\mathrm{dist}(p, \mathfrak{R}) < 0$ si, y solo si, $p \in \mathrm{int} H^-$, y
- $\mathrm{dist}(p, \mathfrak{R}) = 0$ si, y solo si, $p \in \mathfrak{R} = H^+ \cap H^-$.

Ahora estamos en condiciones de demostrar el siguiente resultado.

Proposición 1.2.11. *Sea $\alpha : I \longrightarrow \mathbb{R}^2$ una curva regular p.p.a., con curvatura $k(s)$, y sea $s_0 \in I$. Entonces:*

i) Si $k(s_0) > 0$ (respectivamente, $k(s_0) < 0$), existe un entorno $J(s_0) \subset I$ tal que $\alpha(s) \in H^+$ (respectivamente, $\alpha(s) \in H^-$) para todo $s \in J$.

ii) Si existe un entorno $J(s_0) \subset I$ con $\alpha(s) \in H^+$ (respectivamente, $\alpha(s) \in H^-$) para todo $s \in J$, entonces $k(s_0) \geq 0$ (respectivamente, $k(s_0) \leq 0$).

La discusión del caso $k(s_0) = 0$ está recogida en el ejercicio 1.15.

Demostración. Sea $f : I \longrightarrow \mathbb{R}$ la función $f(s) := \mathrm{dist}\big(\alpha(s), \mathfrak{R}\big) = \big\langle \alpha(s) - p_0, \mathbf{n}_0 \big\rangle$. Entonces $f(s_0) = 0$, $f'(s_0) = \langle \mathbf{t}_0, \mathbf{n}_0 \rangle = 0$ y $f''(s_0) = \big\langle \mathbf{t}'(s_0), \mathbf{n}_0 \big\rangle = k(s_0)$, luego:

i) Si $k(s_0) > 0$, entonces f presenta un mínimo relativo en s_0; en consecuencia, existe un entorno $J(s_0) \subset I$ donde $f(s) \geq f(s_0)$ para todo $s \in J$, lo que se traduce en que $\mathrm{dist}\big(\alpha(s), \mathfrak{R}\big) \geq 0$ para todo $s \in J$. Por tanto, $\alpha(s) \in H^+$ para todo $s \in J$. Si suponemos que $k(s_0) < 0$, deduciríamos de forma análoga que f presenta un máximo relativo en s_0, lo que conduciría a la desigualdad contraria, $\mathrm{dist}\big(\alpha(s), \mathfrak{R}\big) \leq 0$ para todo $s \in J$; es decir, $\alpha(s) \in H^-$ en J.

ii) Supongamos ahora que, para todo $s \in J$, $\alpha(s) \in H^+$. Esto es equivalente a que $\operatorname{dist}(\alpha(s), \mathfrak{R}) \geq 0$, es decir, a que $f(s) \geq f(s_0)$ para todo $s \in J$. Podemos deducir entonces que f presenta un mínimo relativo en s_0, lo cual implica que $f''(s_0) = k(s_0) \geq 0$. De forma análoga se deduce, partiendo de la hipótesis contraria $\alpha(s) \in H^-$, que $k(s_0) \leq 0$. □

Finalmente, pasamos a estudiar el caso de dos curvas que se tocan en un punto, teniendo el mismo vector tangente en dicho punto. Sean $\alpha, \beta : I \longrightarrow \mathbb{R}^2$ dos curvas regulares p.p.a. con curvaturas k_α y k_β, y sea $s_0 \in I$ donde

$$\alpha(s_0) = \beta(s_0) =: p_0 \quad \text{y} \quad \alpha'(s_0) = \beta'(s_0) =: \mathbf{t}_0.$$

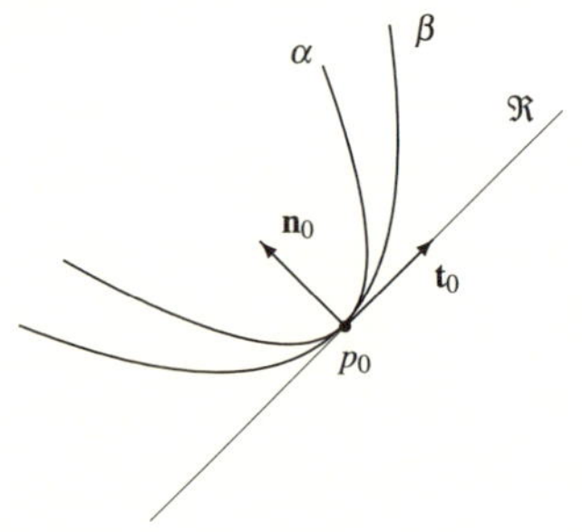

Figura 1.9: Comparación de dos curvas.

De nuevo, representamos por $\mathfrak{R}$ la recta tangente (común) a α y β en p_0. Se dice que α *está por encima de* β en el punto p_0 si existe un entorno J de s_0 de modo que $\operatorname{dist}(\alpha(s), \mathfrak{R}) \geq \operatorname{dist}(\beta(s), \mathfrak{R})$ para todo $s \in J$ (véase la figura 1.9). Consideremos ahora $f : I \longrightarrow \mathbb{R}$ la función dada por

$$\begin{aligned} f(s) :&= \operatorname{dist}(\alpha(s), \mathfrak{R}) - \operatorname{dist}(\beta(s), \mathfrak{R}) = \langle \alpha(s) - p_0, \mathbf{n}_0 \rangle - \langle \beta(s) - p_0, \mathbf{n}_0 \rangle \\ &= \langle \alpha(s) - \beta(s), \mathbf{n}_0 \rangle. \end{aligned}$$

Entonces, $f(s_0) = 0$, $f'(s_0) = 0$ y $f''(s_0) = k_\alpha(s_0) - k_\beta(s_0)$. Un argumento análogo al utilizado en la demostración de la proposición 1.2.11, pero usando ahora la función definida arriba, permite probar el siguiente resultado:

Proposición 1.2.12. *Sean $\alpha, \beta : I \longrightarrow \mathbb{R}^2$ dos curvas regulares p.p.a., con curvaturas $k_\alpha(s)$ y $k_\beta(s)$, respectivamente, y sea $s_0 \in I$.*

i) Si $k_\alpha(s_0) > k_\beta(s_0)$, entonces α está por encima de β.

ii) Si α está por encima de β, entonces $k_\alpha(s_0) \geq k_\beta(s_0)$.

1.3. TEORÍA LOCAL DE CURVAS EN EL ESPACIO

El estudio de curvas en el espacio es, en bastantes aspectos, muy diferente al de curvas en el plano. El motivo principal es que una curva en el espacio tiene mucha más libertad para «moverse». De hecho, tiene una dirección adicional en la que puede curvarse, y su libertad está «menos controlada» que en el caso de una curva plana; recordemos que, esencialmente, estas solo podían curvarse hacia la izquierda o la derecha. Esta exposición es igualmente válida para curvas en dimensión superior: a mayor dimensión, mayor libertad. Siendo exhaustivos, podríamos apuntar tres diferencias fundamentales con respecto a la sección anterior:

i) la curvatura de una curva en el espacio no tiene signo y ofrece menos información que en el caso de curvas planas;

ii) la existencia de un vector normal a la curva no está garantizada;

iii) es necesario contar con una función adicional (la torsión) para explicar y caracterizar cómo se comporta una curva en el espacio.

1.3.1. La curvatura, la torsión y el triedro de Frenet

Sea $\alpha : I \longrightarrow \mathbb{R}^3$ una curva regular p.p.a., de modo que el *vector tangente* $\mathbf{t}(s) = \alpha'(s)$ es unitario. Vamos a ver que, de nuevo, esto permite construir una base ortonormal de $\mathbb{R}^3$. Dado que $\langle \mathbf{t}(s), \mathbf{t}(s) \rangle = 1$, se tiene que $\langle \mathbf{t}'(s), \mathbf{t}(s) \rangle = 0$. Luego $\mathbf{t}'(s)$ es ortogonal al vector tangente a la curva, y mide cómo varía este. Se define entonces la *curvatura* de α en $\alpha(s)$ como

$$k(s) = |\mathbf{t}'(s)| = |\alpha''(s)|.$$

Obsérvese que ahora, $k(s) \geq 0$ siempre, mientras que en el caso de curvas planas la curvatura tenía signo, y este nos ofrecía una información adicional que aquí no tenemos. Por lo tanto, el concepto de curvatura de una curva en $\mathbb{R}^3$ no depende de la orientación de la misma.

Observación 1.4. Es sencillo demostrar que una curva $\alpha : I \longrightarrow \mathbb{R}^3$ parametrizada regular es una línea recta si, y solo si, su curvatura $k(s) \equiv 0$. ◇

Definición 1.3.1. *Sea $\alpha : I \longrightarrow \mathbb{R}^3$ una curva regular p.p.a. Para todo $s \in I$ tal que $k(s) \neq 0$, se define el* ***vector normal*** *(unitario) a α en $\alpha(s)$ como*

$$\mathbf{n}(s) = \frac{\mathbf{t}'(s)}{k(s)} = \frac{\alpha''(s)}{|\alpha''(s)|}.$$

Si $\alpha : I \longrightarrow \mathbb{R}^3$ es una curva regular p.p.a. tal que $k(s) \neq 0$ para todo $s \in I$, se denomina *plano osculador* en $\alpha(s)$ al plano determinado por los vectores $\mathbf{t}(s)$ y $\mathbf{n}(s)$. Obsérvese también que una curva plana en el espacio es una curva cuyo plano osculador se mantiene fijo. A partir de ahora, y salvo que se indique lo contrario, supondremos siempre que $k(s) \neq 0$ en todo punto.

Definición 1.3.2. *Dados $\mathbf{t}(s)$ y $\mathbf{n}(s)$ relativos a una curva regular $\alpha : I \longrightarrow \mathbb{R}^3$ p.p.a., se define el* ***vector binormal*** *(asociado a α) como*

$$\mathbf{b}(s) = \mathbf{t}(s) \wedge \mathbf{n}(s).$$

El vector binormal es, por definición, ortogonal al plano osculador. Además, es unitario, pues $|\mathbf{b}(s)| = |\mathbf{t}(s)|\,|\mathbf{n}(s)|\operatorname{sen}(\pi/2) = 1$. Por tanto, para todo $s \in I$ con $k(s) > 0$, el conjunto $\{\mathbf{t}(s), \mathbf{n}(s), \mathbf{b}(s)\}$ es una base ortonormal de $\mathbb{R}^3$ *positivamente orientada* (esto es, su determinante es positivo), denominada *triedro de Frenet*.

De nuevo estamos interesados en saber cómo varían los vectores tangente, normal y binormal a una curva. Claramente, por la propia noción de vector normal, se tiene que $\mathbf{t}'(s) = k(s)\mathbf{n}(s)$. Por otro lado, si derivamos la expresión $\mathbf{b}(s) = \mathbf{t}(s) \wedge \mathbf{n}(s)$ que define el vector binormal, la relación anterior implica que $\mathbf{b}'(s) = \mathbf{t}(s) \wedge \mathbf{n}'(s)$, de donde se deduce que $\mathbf{b}'(s)$ es ortogonal a $\mathbf{t}(s)$. Además, al ser $\mathbf{b}(s)$ unitario, también se obtiene que $\mathbf{b}'(s)$ y $\mathbf{b}(s)$ son ortogonales. En consecuencia, $\mathbf{b}'(s)$ y $\mathbf{n}(s)$ deben ser colineales, lo que nos permite escribir

$$\mathbf{b}'(s) = \langle \mathbf{b}'(s), \mathbf{n}(s) \rangle \mathbf{n}(s) = \langle \mathbf{t}(s) \wedge \mathbf{n}'(s), \mathbf{n}(s) \rangle \mathbf{n}(s).$$

El factor que aparece en la fórmula anterior nos lleva a la siguiente definición.

Definición 1.3.3. *Se llama **torsión** de una curva regular* $\alpha : I \longrightarrow \mathbb{R}^3$*, p.p.a., con curvatura* $k(s) \neq 0$*, a la función* $\tau : I \longrightarrow \mathbb{R}$ *definida por*

$$\tau(s) := \big\langle \mathbf{t}(s) \wedge \mathbf{n}'(s), \mathbf{n}(s) \big\rangle = \big\langle \mathbf{b}'(s), \mathbf{n}(s) \big\rangle . \tag{1.13}$$

Por lo tanto, $\mathbf{b}'(s) = \tau(s)\mathbf{n}(s)$. Solo resta calcular la derivada del vector normal a α. Para ello, expresando $\mathbf{n}'(s)$ en función de la base $\big\{\mathbf{t}(s), \mathbf{n}(s), \mathbf{b}(s)\big\}$, esto es, $\mathbf{n}'(s) = \big\langle \mathbf{n}'(s), \mathbf{t}(s) \big\rangle \mathbf{t}(s) + \big\langle \mathbf{n}'(s), \mathbf{n}(s) \big\rangle \mathbf{n}(s) + \big\langle \mathbf{n}'(s), \mathbf{b}(s) \big\rangle \mathbf{b}(s)$, y dado que

- $\big\langle \mathbf{n}'(s), \mathbf{n}(s) \big\rangle = 0$ (derivando la relación $\big\langle \mathbf{n}(s), \mathbf{n}(s) \big\rangle = 1$),
- $\big\langle \mathbf{n}'(s), \mathbf{t}(s) \big\rangle = -\big\langle \mathbf{n}(s), \mathbf{t}'(s) \big\rangle = -k(s)$ (derivando $\big\langle \mathbf{n}(s), \mathbf{t}(s) \big\rangle = 0$) y
- $\big\langle \mathbf{n}'(s), \mathbf{b}(s) \big\rangle = -\big\langle \mathbf{n}(s), \mathbf{b}'(s) \big\rangle = -\tau(s)$ (derivando $\big\langle \mathbf{n}(s), \mathbf{b}(s) \big\rangle = 0$),

se tiene finalmente que $\mathbf{n}'(s) = -k(s)\mathbf{t}(s) - \tau(s)\mathbf{b}(s)$. En definitiva, hemos obtenido

$$\begin{cases} \mathbf{t}'(s) = k(s)\mathbf{n}(s), \\ \mathbf{n}'(s) = -k(s)\mathbf{t}(s) - \tau(s)\mathbf{b}(s), \\ \mathbf{b}'(s) = \tau(s)\mathbf{n}(s), \end{cases} \tag{1.14}$$

ecuaciones que reciben el nombre de *fórmulas de Frenet* para una curva del espacio euclídeo $\mathbb{R}^3$. Por otra parte, y al igual que ocurría en el caso de curvas planas, las dos funciones que aparecen en las fórmulas de Frenet también caracterizan (salvo movimientos rígidos) las curvas en el espacio. La demostración de este hecho la presentaremos posteriormente.

La torsión se puede expresar de manera sencilla en función de α y sus derivadas. Basta escribir $\mathbf{t}(s)$ como $\alpha'(s)$ y $\mathbf{n}(s)$ como $\alpha''(s)/\big|\alpha''(s)\big|$. Entonces,

$$\begin{aligned} \tau(s) &= \big\langle \mathbf{t}(s) \wedge \mathbf{n}'(s), \mathbf{n}(s) \big\rangle = \det\big(\mathbf{t}(s), \mathbf{n}'(s), \mathbf{n}(s)\big) \\ &= \det\left(\alpha'(s), \left[\frac{1}{\big|\alpha''(s)\big|}\right]' \alpha''(s) + \frac{\alpha'''(s)}{\big|\alpha''(s)\big|}, \frac{\alpha''(s)}{\big|\alpha''(s)\big|} \right) \\ &= \det\left(\alpha'(s), \frac{\alpha'''(s)}{\big|\alpha''(s)\big|}, \frac{\alpha''(s)}{\big|\alpha''(s)\big|} \right) = -\frac{\det\big(\alpha'(s), \alpha''(s), \alpha'''(s)\big)}{\big|\alpha''(s)\big|^2}. \end{aligned} \tag{1.15}$$

Proposición 1.3.4. *Una curva regular* $\alpha : I \longrightarrow \mathbb{R}^3$ *p.p.a. con curvatura* $k(s) \neq 0$ *es plana si, y solo si, su torsión es nula.*

Obsérvese que, si la curvatura $k(s) \equiv 0$, entonces α es una recta, y por tanto siempre es una curva plana. Este caso se excluye en el enunciado de la proposición porque, si $k(s) = 0$, la torsión no puede definirse, y el resultado no tendría sentido.

Demostración. Supongamos que α es plana, y sea Π el plano que la contiene. En tal caso, ambos vectores $\mathbf{t}(s)$ y $\mathbf{n}(s)$ están contenidos en Π para todo $s \in I$, por lo que $\mathbf{b}(s) = \mathbf{t}(s) \wedge \mathbf{n}(s)$ es constante (Π es el plano osculador, que es constante para todo valor del parámetro s). En consecuencia, $\mathbf{b}'(s) \equiv \mathbf{0}$, lo que demuestra que $\tau(s) \equiv 0$.

Recíprocamente: si $\tau(s) \equiv 0$, entonces $\mathbf{b}'(s) = \tau(s)\mathbf{n}(s) \equiv \mathbf{0}$, es decir, el vector binormal $\mathbf{b}$ es constante. Esto implica que la curva α está contenida en un plano. En efecto, definiendo $f(s) := \langle \alpha(s), \mathbf{b} \rangle$, se tiene que $f'(s) = \langle \mathbf{t}(s), \mathbf{b} \rangle = 0$, es decir, $f(s) \equiv c$ constante; escribiendo entonces $\mathbf{b} = (b_1, b_2, b_3)$ y $\alpha(s) = \big(x(s), y(s), z(s)\big)$, la condición anterior equivale a que α verifique $x(s)b_1 + y(s)b_2 + z(s)b_3 = c$, que es la ecuación de un plano. □

Ejemplo 1.10. Sea α la hélice cilíndrica $\alpha(s) = (a\cos s, a\operatorname{sen} s, bs)$, $a, b > 0$, que suponemos p.p.a. (luego, $|\alpha'(s)|^2 = |(-a\operatorname{sen} s, a\cos s, b)|^2 = a^2 + b^2 = 1$). Es sencillo ver que $k(s) = |\alpha''(s)| = |(-a\cos s, -a\operatorname{sen} s, 0)| = a$, y su triedro de Frenet es $\mathbf{t}(s) = (-a\operatorname{sen} s, a\cos s, b)$, $\mathbf{n}(s) = (-\cos s, -\operatorname{sen} s, 0)$, $\mathbf{b}(s) = (b\operatorname{sen} s, -b\cos s, a)$; finalmente, su torsión vale $\tau(s) = \langle \mathbf{n}(s), \mathbf{b}'(s) \rangle = -b$. ◇

A continuación nos planteamos de nuevo cómo calcular la curvatura y la torsión de una curva en $\mathbb{R}^3$ que no esté parametrizada por la longitud de arco, pues ya sabemos que, en general, no es posible encontrar su reparametrización por el arco.

Sea $\alpha : I \longrightarrow \mathbb{R}^3$ una curva parametrizada regular con parámetro t y consideremos $\beta(s) = (\alpha \circ h)(s)$ su reparametrización por la longitud de arco. Se definen la *curvatura* y la *torsión de* α como la curvatura y la torsión, respectivamente, de su reparametrización por la longitud de arco: $k_\alpha(t) := k_\beta\big(g(t)\big)$ y $\tau_\alpha(t) := \tau_\beta\big(g(t)\big)$, donde, como es ya usual, representamos por $g = h^{-1}$. Buscamos entonces las expresiones adecuadas para $k_\alpha(t)$ y $\tau_\alpha(t)$ que solo involucren a la propia curva α (véase también la proposición 1.2.3).

Proposición 1.3.5. *Sea $\alpha : I \longrightarrow \mathbb{R}^3$ una curva parametrizada regular. Entonces*

$$k_\alpha(t) = \frac{|\alpha'(t) \wedge \alpha''(t)|}{|\alpha'(t)|^3}, \tag{1.16}$$

$$\tau_\alpha(t) = -\frac{\det\big(\alpha'(t), \alpha''(t), \alpha'''(t)\big)}{|\alpha'(t) \wedge \alpha''(t)|^2}. \tag{1.17}$$

Demostración. Obsérvese que $k_\beta(s) = |\beta''(s)| = |\beta'(s) \wedge \beta''(s)|$ (β' y β'' son ortogonales). Además,

$$\begin{aligned}
\beta'(s) &= \alpha'\big(h(s)\big)h'(s), \\
\beta''(s) &= \alpha''\big(h(s)\big)h'(s)^2 + h''(s)\alpha'\big(h(s)\big), \\
\beta'''(s) &= \alpha'''\big(h(s)\big)h'(s)^3 + 3h'(s)h''(s)\alpha''\big(h(s)\big) + h'''(s)\alpha'\big(h(s)\big).
\end{aligned}$$

Sustituyendo en las fórmulas de la curvatura y la torsión, se obtienen las relaciones buscadas:

$$\begin{aligned}
k_\beta(s) = |\beta'(s) \wedge \beta''(s)| &= \Big|\alpha'\big(h(s)\big)h'(s) \wedge \big[\alpha''\big(h(s)\big)h'(s)^2 + h''(s)\alpha'\big(h(s)\big)\big]\Big| \\
&= h'(s)^3 \Big|\alpha'\big(h(s)\big) \wedge \alpha''\big(h(s)\big)\Big| = \frac{\Big|\alpha'\big(h(s)\big) \wedge \alpha''\big(h(s)\big)\Big|}{\big|\alpha'\big(h(s)\big)\big|^3},
\end{aligned}$$

pues, recordemos, $h'(s) = 1/\left|\alpha'(h(s))\right|$ (véase la página 32); para la torsión,

$$\tau_\beta(s) = -\frac{\det(\beta'(s),\beta''(s),\beta'''(s))}{|\beta''(s)|^2} = -\frac{\langle \beta'(s)\wedge\beta''(s),\beta'''(s)\rangle}{|\beta'(s)\wedge\beta''(s)|^2}$$

$$= -\frac{h'(s)^3\left\langle \alpha'(h(s))\wedge\alpha''(h(s)), h'(s)^3\alpha'''(h(s))\right\rangle}{\left|h'(s)^3\left[\alpha'(h(s))\wedge\alpha''(h(s))\right]\right|^2}$$

$$= -\frac{\left\langle \alpha'(h(s))\wedge\alpha''(h(s)),\alpha'''(h(s))\right\rangle}{\left|\alpha'(h(s))\wedge\alpha''(h(s))\right|^2} = -\frac{\det\left(\alpha'(h(s)),\alpha''(h(s)),\alpha'''(h(s))\right)}{\left|\alpha'(h(s))\wedge\alpha''(h(s))\right|^2}.$$

Esto concluye la demostración. □

1.3.2. Teorema fundamental de la teoría local de curvas en el espacio

El *teorema fundamental de la Teoría Local de curvas en el espacio* establece que cualquier curva parametrizada regular en el espacio euclídeo $\mathbb{R}^3$ está determinada unívocamente, salvo movimientos rígidos, por su curvatura y su torsión. Antes de enunciar y demostrar este resultado, necesitamos el siguiente lema.

Lema 1.3.6. *Sean $\alpha : I \longrightarrow \mathbb{R}^3$ una curva regular p.p.a., y $Mx = Ax + b$ un movimiento rígido. Sea $\beta = M\circ\alpha$. Entonces:*

i) β está parametrizada por la longitud de arco;

ii) $k_\beta(s) = k_\alpha(s)$;

iii) $\tau_\beta(s) = \pm\tau_\alpha(s) = (\det A)\tau_\alpha(s)$ (dependiendo de que M sea directo o inverso).

Demostración. Veamos i) y ii): como $\beta'(s) = A\alpha'(s)$ y $\beta''(s) = A\alpha''(s)$, se tiene que

$$|\beta'(s)|^2 = \langle\beta'(s),\beta'(s)\rangle = \langle A\alpha'(s),A\alpha'(s)\rangle = \langle\alpha'(s),\alpha'(s)\rangle = 1,$$

$$k_\beta(s) = |\beta''(s)| = |A\alpha''(s)| = |\alpha''(s)| = k_\alpha(s).$$

Para demostrar el apartado iii), obsérvese que

$$A\mathbf{t}_\alpha(s) = A\alpha'(s) = \beta'(s) = \mathbf{t}_\beta(s),$$

$$A\mathbf{n}_\alpha(s) = A\left(\frac{\alpha''(s)}{k_\alpha(s)}\right) = \frac{A\alpha''(s)}{k_\alpha(s)} = \frac{\beta''(s)}{k_\beta(s)} = \mathbf{n}_\beta(s).$$

¿Qué vale entonces $A\mathbf{b}_\alpha(s)$? Como A es una transformación ortogonal que conserva el producto escalar, llevará bases ortonormales a bases ortonormales; por lo tanto, $\{A\mathbf{t}_\alpha(s), A\mathbf{n}_\alpha(s), A\mathbf{b}_\alpha(s)\} = \{\mathbf{t}_\beta(s),\mathbf{n}_\beta(s),A\mathbf{b}_\alpha(s)\}$ es también una base ortonormal, lo que implica que $A\mathbf{b}_\alpha(s) = \pm\mathbf{b}_\beta(s) = (\det A)\mathbf{b}_\beta(s)$ (vector unitario, ortogonal a $\mathbf{t}_\beta(s)$ y $\mathbf{n}_\beta(s)$), dependiendo de que A sea directo o inverso. Luego

$$\tau_\beta(s) = \left\langle \mathbf{b}'_\beta(s),\mathbf{n}_\beta(s)\right\rangle = \langle\pm A\mathbf{b}'_\alpha(s),\mathbf{n}_\beta(s)\rangle = \pm\langle A(\tau_\alpha(s)\mathbf{n}_\alpha(s)),\mathbf{n}_\beta(s)\rangle$$

$$= \pm\tau_\alpha(s)\langle\mathbf{n}_\beta(s),\mathbf{n}_\beta(s)\rangle = \pm\tau_\alpha(s).$$ □

Teorema 1.3.7 (fundamental de curvas en $\mathbb{R}^3$). *Sean $k,\tau : I \longrightarrow \mathbb{R}$ funciones diferenciables, con $k(s) > 0$ para todo $s \in I$. Entonces existe una curva regular, p.p.a., $\alpha : I \longrightarrow \mathbb{R}^3$, cuya curvatura $k_\alpha(s) = k(s)$ y cuya torsión $\tau_\alpha(s) = \tau(s)$ para todo $s \in I$. Además, si $\beta : I \longrightarrow \mathbb{R}^3$ es otra curva regular p.p.a. con curvatura $k_\beta(s) = k(s)$ y torsión $\tau_\beta(s) = \tau(s)$ para todo $s \in I$, entonces existe un movimiento rígido directo $M : \mathbb{R}^3 \longrightarrow \mathbb{R}^3$, $Mx = Ax + b$ con $A \in \mathrm{SO}(3)$ y $b \in \mathbb{R}^3$, tal que $\beta = M \circ \alpha$.*

Demostración. La prueba de la existencia de α no es constructiva, al contrario de lo que ocurría con el caso de curvas planas. Obsérvese que las fórmulas de Frenet (1.14) pueden verse como un sistema de ecuaciones diferenciales *lineales* en $I \times \mathbb{R}^9$, sin más que considerar como incógnitas las funciones coordenadas de los vectores $\mathbf{t}(s) = \big(t_1(s), t_2(s), t_3(s)\big)$, $\mathbf{n}(s) = \big(n_1(s), n_2(s), n_3(s)\big)$, $\mathbf{b}(s) = \big(b_1(s), b_2(s), b_3(s)\big)$. Fijadas entonces como condiciones iniciales $s_0 \in I$ y una base ortonormal positivamente orientada $\big\{\mathbf{t}_0 = (t_1^0, t_2^0, t_3^0), \mathbf{n}_0 = (n_1^0, n_2^0, n_3^0), \mathbf{b}_0 = (b_1^0, b_2^0, b_3^0)\big\}$, el correspondiente teorema de existencia y unicidad de soluciones de sistemas de ecuaciones diferenciales asegura la existencia de una única aplicación diferenciable $f : I \longrightarrow \mathbb{R}^9$, $f(s) = \big(\mathbf{t}(s), \mathbf{n}(s), \mathbf{b}(s)\big)$, verificando (1.14) y tal que $f(s_0) = (\mathbf{t}_0, \mathbf{n}_0, \mathbf{b}_0)$ (obsérvese que el dominio de definición de f es el propio I, pues el sistema es lineal, véase [20]).

Veamos que la terna $\{\mathbf{t}(s), \mathbf{n}(s), \mathbf{b}(s)\}$ es una base ortonormal para todo $s \in I$. En efecto, utilizando las ecuaciones (1.14) podemos calcular las derivadas de los distintos productos escalares obtenidos con dichos vectores,

$$\begin{aligned}
\frac{d}{ds}\big\langle \mathbf{t}(s), \mathbf{n}(s)\big\rangle &= k(s)\big\langle \mathbf{n}(s), \mathbf{n}(s)\big\rangle - k(s)\big\langle \mathbf{t}(s), \mathbf{t}(s)\big\rangle - \tau(s)\big\langle \mathbf{t}(s), \mathbf{b}(s)\big\rangle, \\
\frac{d}{ds}\big\langle \mathbf{t}(s), \mathbf{b}(s)\big\rangle &= k(s)\big\langle \mathbf{n}(s), \mathbf{b}(s)\big\rangle + \tau(s)\big\langle \mathbf{t}(s), \mathbf{n}(s)\big\rangle, \\
\frac{d}{ds}\big\langle \mathbf{n}(s), \mathbf{b}(s)\big\rangle &= -k(s)\big\langle \mathbf{t}(s), \mathbf{b}(s)\big\rangle - \tau(s)\big\langle \mathbf{b}(s), \mathbf{b}(s)\big\rangle + \tau(s)\big\langle \mathbf{n}(s), \mathbf{n}(s)\big\rangle, \\
\frac{d}{ds}\big\langle \mathbf{t}(s), \mathbf{t}(s)\big\rangle &= 2k(s)\big\langle \mathbf{t}(s), \mathbf{n}(s)\big\rangle, \\
\frac{d}{ds}\big\langle \mathbf{n}(s), \mathbf{n}(s)\big\rangle &= -2k(s)\big\langle \mathbf{t}(s), \mathbf{n}(s)\big\rangle - 2\tau(s)\big\langle \mathbf{n}(s), \mathbf{b}(s)\big\rangle, \\
\frac{d}{ds}\big\langle \mathbf{b}(s), \mathbf{b}(s)\big\rangle &= 2\tau(s)\big\langle \mathbf{n}(s), \mathbf{b}(s)\big\rangle,
\end{aligned}$$

lo que vuelve a ser un sistema de ecuaciones diferenciales cuyas incógnitas son ahora tales productos escalares. Es fácil ver que $\big\langle \mathbf{t}(s), \mathbf{n}(s)\big\rangle \equiv 0$, $\big\langle \mathbf{t}(s), \mathbf{b}(s)\big\rangle \equiv 0$, $\big\langle \mathbf{n}(s), \mathbf{b}(s)\big\rangle \equiv 0$, $\big\langle \mathbf{t}(s), \mathbf{t}(s)\big\rangle \equiv 1$, $\big\langle \mathbf{n}(s), \mathbf{n}(s)\big\rangle \equiv 1$ y $\big\langle \mathbf{b}(s), \mathbf{b}(s)\big\rangle \equiv 1$ es una solución de dicho sistema con condiciones iniciales $0,0,0,1,1,1$ en s_0. Por la unicidad de soluciones, obtenemos que la terna $\{\mathbf{t}(s), \mathbf{n}(s), \mathbf{b}(s)\}$ es una base ortonormal para todo $s \in I$, tal y como se quería demostrar.

Finalmente, la curva buscada $\alpha : I \longrightarrow \mathbb{R}^3$ se define trivialmente como

$$\alpha(s) := \int \mathbf{t}(s)\, ds = \left(\int t_1(s)\, ds, \int t_2(s)\, ds, \int t_3(s)\, ds\right).$$

Es claro que $\alpha'(s) = \mathbf{t}(s)$ (y por tanto que α está p.p.a.) y que $\alpha''(s) = k(s)\mathbf{n}(s)$ (utilizando el sistema (1.14)). En consecuencia, $k(s)$ es la curvatura de α en s. Además, dado que $\alpha'''(s) = k'(s)\mathbf{n}(s) - k(s)^2\mathbf{t}(s) - k(s)\tau(s)\mathbf{b}(s)$, podemos utilizar la fórmula (1.15) y concluir que la torsión de α vale

$$
\begin{aligned}
-\frac{\det\big(\alpha'(s),\alpha''(s),\alpha'''(s)\big)}{|\alpha''(s)|^2} &= -\frac{\langle \alpha'(s)\wedge\alpha''(s),\alpha'''(s)\rangle}{k(s)^2} \\
&= -\frac{\Big\langle \mathbf{t}(s)\wedge\big(k(s)\mathbf{n}(s)\big),\big(k'(s)\mathbf{n}(s)-k(s)^2\mathbf{t}(s)-k(s)\tau(s)\mathbf{b}(s)\big)\Big\rangle}{k(s)^2} \\
&= \tau(s)\langle \mathbf{t}(s)\wedge\mathbf{n}(s),\mathbf{b}(s)\rangle = \tau(s)\det\big(\mathbf{t}(s),\mathbf{n}(s),\mathbf{b}(s)\big) = \tau(s).
\end{aligned}
$$

La demostración de la unicidad sigue las mismas pautas que en el caso de curvas planas. Supongamos por tanto que existen dos curvas $\alpha : I \longrightarrow \mathbb{R}^3$ y $\beta : I \longrightarrow \mathbb{R}^3$ con igual curvatura, $k_\alpha(s) = k(s) = k_\beta(s)$, e idéntica torsión, $\tau_\alpha(s) = \tau(s) = \tau_\beta(s)$. Fijamos $s_0 \in I$. Representamos por $\{\mathbf{t}_\alpha,\mathbf{n}_\alpha,\mathbf{b}_\alpha\}$ y $\{\mathbf{t}_\beta,\mathbf{n}_\beta,\mathbf{b}_\beta\}$, respectivamente, los triedros de Frenet de α y de β. Entonces, existe una única transformación ortogonal positiva $A \in \mathrm{SO}(3)$ del subgrupo especial ortogonal, tal que $A\mathbf{t}_\alpha(s_0) = \mathbf{t}_\beta(s_0)$, $A\mathbf{n}_\alpha(s_0) = \mathbf{n}_\beta(s_0)$ y $A\mathbf{b}_\alpha(s_0) = \mathbf{b}_\beta(s_0)$.

Definimos el vector $b := \beta(s_0) - A\alpha(s_0)$, y construimos el movimiento rígido $Mx := Ax + b$. Sea $\gamma = M\circ\alpha$. Vamos a comprobar que $\gamma \equiv \beta$, lo que concluirá la demostración. Claramente, se satisfacen las siguientes igualdades:

$$
\begin{aligned}
&\gamma(s_0) = M\alpha(s_0) = A\alpha(s_0) + b = \beta(s_0), \\
&\mathbf{t}'_\gamma(s_0) = \gamma'(s_0) = (A\alpha+b)'(s_0) = A\alpha'(s_0) = A\mathbf{t}_\alpha(s_0) = \mathbf{t}_\beta(s_0), \\
&k_\gamma(s) = k_\alpha(s) = k_\beta(s) = k(s) \qquad \text{(lema 1.3.6)}, \\
&\tau_\gamma(s) = \tau_\alpha(s) = \tau_\beta(s) = \tau(s) \qquad \text{(lema 1.3.6, por ser } M \text{ directo)}, \\
&\mathbf{n}_\gamma(s_0) = \frac{\gamma''(s_0)}{k_\gamma(s_0)} = \frac{A\alpha''(s_0)}{k_\alpha(s_0)} = A\left(\frac{\alpha''(s_0)}{k_\alpha(s_0)}\right) = A\mathbf{n}_\alpha(s_0) = \mathbf{n}_\beta(s_0), \\
&\mathbf{b}_\gamma(s_0) = \mathbf{t}_\gamma(s_0)\wedge\mathbf{n}_\gamma(s_0) = \mathbf{t}_\beta(s_0)\wedge\mathbf{n}_\beta(s_0) = \mathbf{b}_\beta(s_0);
\end{aligned}
$$

esto es, tanto las curvas como sus triedros coinciden en s_0, además de coincidir las funciones curvatura y torsión. Definimos ahora la función

$$f(s) := \frac{1}{2}\left(|\mathbf{t}_\beta(s)-\mathbf{t}_\gamma(s)|^2 + |\mathbf{n}_\beta(s)-\mathbf{n}_\gamma(s)|^2 + |\mathbf{b}_\beta(s)-\mathbf{b}_\gamma(s)|^2\right),$$

que verifica $f(s_0) = 0$. Un sencillo cálculo permite comprobar que

$$
\begin{aligned}
f'(s) &= \Big\langle \mathbf{t}'_\beta - \mathbf{t}'_\gamma, \mathbf{t}_\beta - \mathbf{t}_\gamma\Big\rangle + \Big\langle \mathbf{n}'_\beta - \mathbf{n}'_\gamma, \mathbf{n}_\beta - \mathbf{n}_\gamma\Big\rangle + \Big\langle \mathbf{b}'_\beta - \mathbf{b}'_\gamma, \mathbf{b}_\beta - \mathbf{b}_\gamma\Big\rangle \\
&= \langle k\mathbf{n}_\beta - k\mathbf{n}_\gamma, \mathbf{t}_\beta - \mathbf{t}_\gamma\rangle + \langle -k\mathbf{t}_\beta - \tau\mathbf{b}_\beta + k\mathbf{t}_\gamma + \tau\mathbf{b}_\gamma, \mathbf{n}_\beta - \mathbf{n}_\gamma\rangle \\
&\quad + \langle \tau\mathbf{n}_\beta - \tau\mathbf{n}_\gamma, \mathbf{b}_\beta - \mathbf{b}_\gamma\rangle = 0.
\end{aligned}
$$

En consecuencia, f es una función constante, y dado que $f(s_0) = 0$, concluimos que $f \equiv 0$. Esto nos asegura a su vez que, en particular, $\mathbf{t}_\beta(s) = \mathbf{t}_\gamma(s)$ para todo $s \in I$, es decir, que $(\beta-\gamma)'(s) = \mathbf{0}$. Y de nuevo utilizamos el mismo argumento: como $\beta - \gamma$ es constante y $\beta(s_0) = \gamma(s_0)$, podemos concluir finalmente que $\beta \equiv \gamma$. □

1.4. TEORÍA GLOBAL DE CURVAS PLANAS

En esta sección queremos describir algunos resultados que pertenecen a lo que se denomina la *Geometría Diferencial global de curvas*. Hasta ahora, las propiedades que hemos estudiado pueden aplicarse, no a toda la curva, sino a un entorno de un punto de la misma. Los resultados que veremos a continuación son globales: hacen referencia a toda la curva y a propiedades que afectan a la curva vista como un todo.

Definición 1.4.1. *Una curva parametrizada $\alpha : I \longrightarrow \mathbb{R}^2$ es **cerrada** si es periódica, es decir, si existe un número real positivo ρ tal que $\alpha(t+\rho) = \alpha(t)$ para todo $t \in I$. Se llama **periodo** de α al menor número positivo ρ que satisface dicha condición. Una curva es **simple** si, o bien es inyectiva, o bien es periódica de periodo ρ y, en este caso, verifica además que $\alpha(t_1) = \alpha(t_2)$ si, y solo si, $t_2 - t_1 = n\rho$, con $n \in \mathbb{Z}$.*

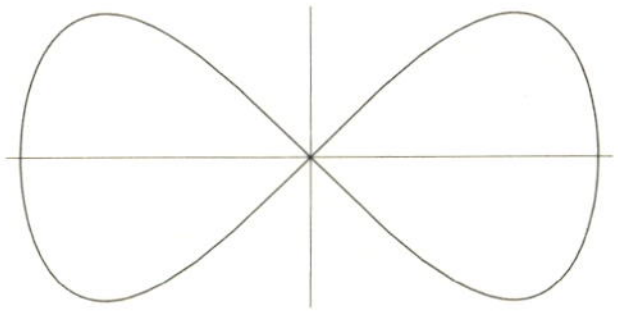

Figura 1.10: La figura ocho.

Ejemplo 1.11. La circunferencia $\alpha(t) = (\cos t, \operatorname{sen} t)$ es una curva cerrada y simple de periodo 2π. Por el contrario, la llamada *figura ocho* es una curva cerrada, con periodo también 2π, que no es simple. Su parametrización es $\alpha(t) = (\operatorname{sen} t, \operatorname{sen} 2t)$, y su representación gráfica puede verse en la figura 1.10. ◇

Uno de los teoremas globales de curvas planas más importantes (en realidad pertenece al ámbito de la Topología) es el *teorema de la curva de Jordan*, cuya demostración, por su complejidad,[5] no incluimos aquí (puede consultarse en [52]).

Teorema 1.4.2 (de la curva de Jordan). *Sea $\alpha : I \longrightarrow \mathbb{R}^2$ una curva cerrada y simple. Entonces, $\mathbb{R}^2 \backslash \alpha(I)$ tiene, exactamente, dos componentes conexas, cuya frontera común es $\alpha(I)$.*

Una de las dos componentes está siempre acotada (denominada *interior* de α) y la otra no (llamada *exterior* de α). Así, cuando hablemos del *área acotada por una curva simple y cerrada α*, estaremos refiriéndonos al área del interior de α.

1.4.1. Curvas convexas

Definición 1.4.3. *Se dice que una curva parametrizada $\alpha : I \longrightarrow \mathbb{R}^2$ es **convexa** si todas las rectas tangentes a α dejan su traza, $\alpha(I)$, totalmente contenida en uno de los dos semiplanos que dichas rectas determinan.*

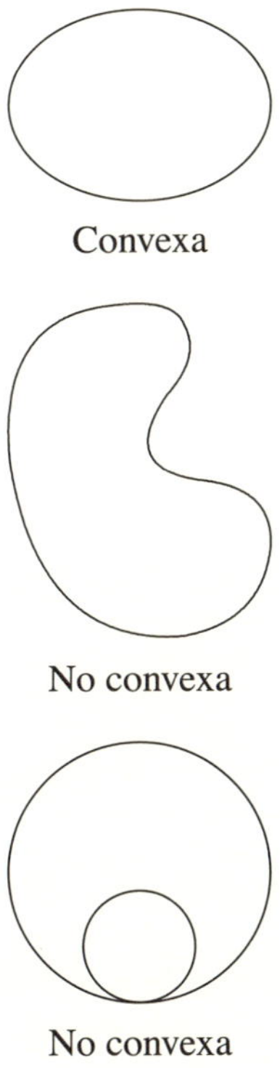

Figura 1.11: Ejemplos de curvas convexas y no convexas.

Si representamos por R la componente interior de una curva $\alpha : I \longrightarrow \mathbb{R}^2$ cerrada y simple, la definición anterior es equivalente a la siguiente (esta equivalencia se demostrará en el teorema 1.4.13 de caracterización de curvas convexas):

Definición 1.4.4. *Una curva parametrizada, cerrada y simple $\alpha : I \longrightarrow \mathbb{R}^2$ es **convexa** si, dados dos puntos cualesquiera de su componente interior R, el segmento que los une está contenido en R. Se dice entonces que R es un **conjunto convexo**.*

[5] Pese al enunciado sencillo, se trata de uno de los teoremas más profundos de una rama de la Topología conocida como *Topología Algebraica*.

Algunas de las medidas geométricas más importantes asociadas a una curva convexa y cerrada son el área, la longitud (o perímetro), el diámetro y la anchura.

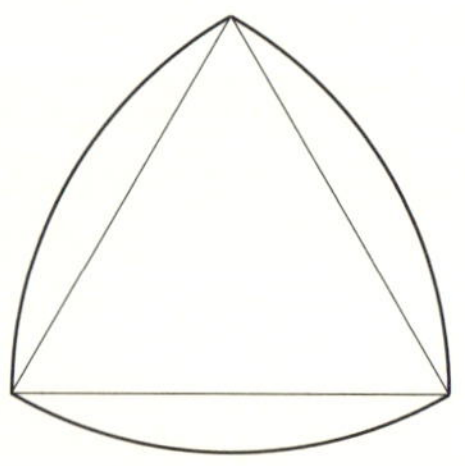

Figura 1.12: El triángulo de Reuleaux.

Definición 1.4.5. *Sea $\alpha : I \longrightarrow \mathbb{R}^2$ una curva convexa y cerrada. Se define la* ***anchura de α en la dirección* u** *como la distancia entre las dos rectas paralelas tangentes a α, que son ortogonales a* **u**. *La mayor de todas estas anchuras es el* ***diámetro*** *de α.*

Es sencillo comprobar que el diámetro de una curva convexa cerrada α coincide con la mayor distancia entre dos puntos cualesquiera de α. Además, se dice que una curva tiene *anchura constante* si su anchura es la misma en cualquier dirección **u**. Existen muchas curvas de anchura constante; entre los ejemplos más conocidos nos encontramos con la circunferencia y los llamados *polígonos de Reuleaux* (estos se obtienen a partir de los polígonos regulares con un número impar de lados, al sustituir cada arista por un arco de circunferencia, con centro el vértice opuesto, y radio la distancia de este a cualquiera de los vértices que determinan dicha arista).

Vamos a calcular a continuación la longitud y el área de una curva parametrizada diferenciable $\alpha : I \longrightarrow \mathbb{R}^2$ convexa y cerrada. Para ello, supongamos que el origen de coordenadas $\mathbf{0}$ es un punto de la componente interior de α.

Consideremos la recta tangente a α en un punto de la curva $(x,y) \in \alpha(I)$, y la perpendicular a dicha recta que pasa por $\mathbf{0}$. Sea φ el ángulo que forma esta perpendicular con el eje x (véase la figura 1.13). La distancia de $\mathbf{0}$ a la recta tangente es una función en φ periódica, y de periodo 2π; representamos esta distancia por $p(\varphi)$. Así, siguiendo esta notación, la ecuación de la recta tangente a α en (x,y) puede escribirse de la forma

$$x\cos\varphi + y\,\mathrm{sen}\,\varphi = p(\varphi). \tag{1.18}$$

Derivando esta igualdad obtenemos $-x\,\mathrm{sen}\,\varphi + y\cos\varphi = p'(\varphi)$, ecuación que, junto con (1.18), determina un sistema de ecuaciones del que podemos obtener las coordenadas x e y en función de φ y $p(\varphi)$. Esto nos da una representación paramétrica de la curva α, con parámetro φ:

$$\alpha(\varphi) = \big(x(\varphi), y(\varphi)\big) \quad \text{con} \quad \begin{cases} x(\varphi) = p(\varphi)\cos\varphi - p'(\varphi)\,\mathrm{sen}\,\varphi, \\ y(\varphi) = p'(\varphi)\cos\varphi + p(\varphi)\,\mathrm{sen}\,\varphi. \end{cases} \tag{1.19}$$

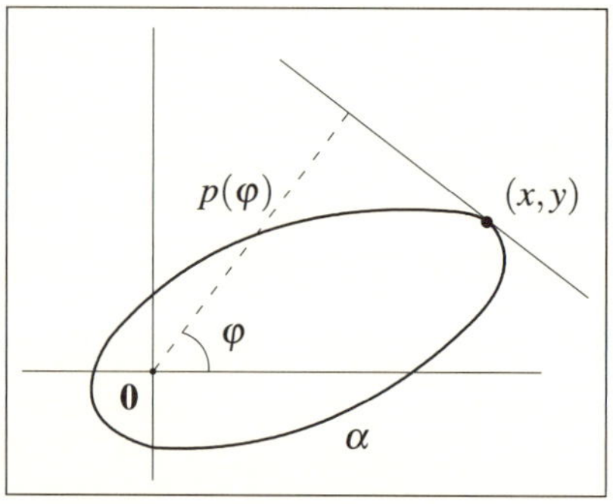

Figura 1.13: Las coordenadas polares tangenciales.

Por tanto, dados φ y $p(\varphi)$, queda determinado un único punto $\big(x(\varphi), y(\varphi)\big)$ en la curva α. Y recíprocamente, dado un punto $(x,y) \in \alpha(I)$, existen φ y $p(\varphi)$ únicos en las condiciones anteriores. El par $\big(\varphi, p(\varphi)\big)$ recibe el nombre de *coordenadas polares tangenciales* del punto (x,y).

Nos encontramos ya en disposición de calcular la longitud y el área de α. Sabemos que la longitud de una curva se obtiene integrando el módulo de su vector velocidad. Así pues, en el caso que nos ocupa, utilizando (1.19) obtenemos que

$$L := L_0^{2\pi}(\alpha) = \int_0^{2\pi} \big|\alpha'(\varphi)\big|\, d\varphi = \int_0^{2\pi} \sqrt{x'(\varphi)^2 + y'(\varphi)^2}\, d\varphi = \int_0^{2\pi} \big(p(\varphi) + p''(\varphi)\big)\, d\varphi;$$

por último, al ser $p'(\varphi)$ una función periódica de periodo 2π (recuérdese que $p(\varphi)$ lo es), llegamos a la expresión final para la longitud de α, relación que se conoce como la *fórmula de Cauchy*:

$$L = \int_0^{2\pi} p(\varphi)\, d\varphi. \tag{1.20}$$

Observación 1.5. Si tenemos una curva convexa $\overline{\alpha}$ cuya traza está contenida en la componente interior de otra curva α (esta última, no necesariamente convexa), es claro que $\overline{p}(\overline{\varphi}) \leq p(\varphi)$; la fórmula de Cauchy nos asegura entonces que la longitud de la primera es siempre menor o igual que la longitud de la segunda. ◇

Calculemos finalmente el área de la curva α, la cual puede obtenerse como la integral de línea (ds representa aquí el elemento de línea)

$$A = \frac{1}{2}\int_\alpha p(\varphi)\, ds = \frac{1}{2}\int_0^{2\pi} p(\varphi)\left|\alpha'(\varphi)\right| d\varphi = \frac{1}{2}\int_0^{2\pi} p(\varphi)\left[p(\varphi)+p''(\varphi)\right] d\varphi.$$

Resolviendo esta integral se llega finalmente a la llamada *fórmula de Blaschke* para el área de una curva cerrada:

$$A = \frac{1}{2}\int_0^{2\pi} \left[p(\varphi)^2 - p'(\varphi)^2\right] d\varphi. \tag{1.21}$$

Ejemplo 1.12. Sea $\alpha : I \longrightarrow \mathbb{R}^2$ diferenciable, convexa y cerrada. Vamos a calcular el área y la longitud de su curva paralela a distancia ρ (definición 1.2.9) en función del área A y la longitud L de α. Si las coordenadas polares tangenciales de α son $\big(\varphi, p(\varphi)\big)$ en un punto, las de la curva paralela α_ρ^P son $\big(\varphi, p_\rho(\varphi)\big) = \big(\varphi, p(\varphi)+\rho\big)$. Por tanto, un sencillo cálculo permite comprobar que la longitud y el área de α_ρ^P valen

$$L_\rho = \int_0^{2\pi} p_\rho(\varphi)\, d\varphi = \int_0^{2\pi} \left[p(\varphi)+\rho\right] d\varphi = \int_0^{2\pi} p(\varphi)\, d\varphi + 2\pi\rho = L + 2\pi\rho,$$

$$\begin{aligned}
A_\rho &= \frac{1}{2}\int_0^{2\pi} \left[p_\rho(\varphi)^2 - p_\rho'(\varphi)^2\right] d\varphi = \frac{1}{2}\int_0^{2\pi} \left[\big(p(\varphi)+\rho\big)^2 - p'(\varphi)^2\right] d\varphi \\
&= \frac{1}{2}\int_0^{2\pi} \left[p(\varphi)^2 - p'(\varphi)^2\right] d\varphi + \frac{1}{2}\int_0^{2\pi} 2\rho\, p(\varphi)\, d\varphi + \frac{1}{2}\int_0^{2\pi} \rho^2\, d\varphi \\
&= A + \rho L + \pi\rho^2.
\end{aligned}$$

Las relaciones obtenidas,

$$L_\rho = L + 2\pi\rho, \qquad A_\rho = A + \rho L + \pi\rho^2, \tag{1.22}$$

se conocen con el nombre de *fórmulas de Steiner*. ◇

Vamos a demostrar un primer resultado global para curvas planas, el llamado *teorema de Rosenthal y Szasz*.

Teorema 1.4.6 (de Rosenthal y Szasz). *Toda curva parametrizada diferenciable, convexa y cerrada, de longitud L y diámetro D, verifica $L \leq \pi D$. La igualdad se alcanza si, y solo si, la curva tiene anchura constante D.*

Demostración. Utilizando la fórmula de Cauchy (1.20), expresamos la longitud de la curva de la forma

$$L=\int_0^{2\pi} p(\varphi)\,d\varphi=\int_0^{\pi} p(\varphi)\,d\varphi+\int_{\pi}^{2\pi} p(\varphi)\,d\varphi=\int_0^{\pi}\left[p(\varphi)+p(\varphi+\pi)\right]d\varphi.$$

Obsérvese que $p(\varphi)+p(\varphi+\pi)$ es, precisamente, la anchura de la curva en la dirección determinada por el ángulo φ; dado que el diámetro es la mayor de todas las anchuras, se tiene claramente que $p(\varphi)+p(\varphi+\pi)\leq D$, luego

$$L=\int_0^{\pi}\left[p(\varphi)+p(\varphi+\pi)\right]d\varphi\leq\int_0^{\pi} D\,d\varphi=\pi D.$$

La igualdad se alcanzará si, y solo si, todas las anchuras son iguales (e iguales a D), esto es, si la curva es de anchura constante D. □

El siguiente resultado es un corolario inmediato al teorema anterior, aunque fue probado independientemente por Joseph-Émile Barbier, por lo que lleva su nombre.

Corolario 1.4.7 (Teorema de Barbier). *Todas la curvas diferenciables, convexas y cerradas, de anchura constante D, tienen la misma longitud: $L=\pi D$.*

1.4.2. La desigualdad isoperimétrica

Uno de los problemas más antiguos de la Geometría es el conocido *problema isoperimétrico*. Su origen es legendario, y se vincula a la fundación de la ciudad de Carthago (llamada por los fenicios Kart-Hadasht) en el siglo VIII a.C.

Según el historiador griego Timaeus (356-260 a.C.), Carthago fue fundada en el año 814 a.C. por una expedición de fenicios de Tiro (Líbano) encabezados por una tal Elyssa quienes, tras desembarcar en Chipre (otra colonia fenicia) ponen rumbo al norte de África, llegando a las costas de la actual Túnez. Sin embargo, la historia se confunde con la tradición y la leyenda, siendo la más conocida la romana, de la que tenemos conocimiento gracias a la *Eneida* de Virgilio:

... His commota fugam Dido sociosque parabat:
conveniunt, quibus aut odium crudele tyranni
aut metus acer erat; navis, quae forte paratae,
corripiunt, onerantque auro: portantur avari
Pygmalionis opes pelago; dux femina facti.

... Dido preparaba su fuga y reunía los que habían de acompañarla, señalados entre los que más detestaban o temían al cruel tirano; apodéranse de unas naves que por dicha estaban aparejadas, y las cargan de oro; las riquezas del avaro Pigmalión van por el mar, y una mujer capitanea la empresa.

Devenere locos ubi nunc ingentia cernis
Moenia surgentemque norae Carthaginis arcem,
Mercatique solum, facti de nomine Bursam,
Taurino quantum possent circumdare tergo...

Llegaron los fugitivos a estos sitios, donde ahora ves las altas murallas y el alcázar, ya comenzado a levantar, de la nueva Carthago, y compraron una porción de terreno, tal que pudiera toda ella cercarse con la piel de un toro, de donde le vino el nombre de Byrsa...

Virgilius, Aeneid I, 360-368.

Esta nos dice que tras una guerra civil en la ciudad fenicia de Tiro, el rey Pigmalión (personaje histórico que gobernó dicha ciudad) vence dando muerte al sumo sacerdote Acerbas (Siqueo, en la leyenda), apoderándose así de sus enormes riquezas. Es entonces cuando la reina Elyssa (Dido, en la leyenda), hermana de Pigmalión y esposa de Acerbas, huye con sus partidarios y encabeza una expedición que atraviesa el Mediterráneo hasta llegar a las costas tunecinas, donde deciden establecerse, fundando así la que fue capital del gran imperio cartaginés. Elyssa-Dido negocia con el rey de la tribu local libia la adquisición de tierras para fundar una ciudad, y este, reacio a la intrusión, les concede la porción de terreno que pudiesen abarcar con una piel de toro. La reina, haciendo gala de un gran ingenio, corta la piel en finísimas tiras y forma una cinta de gran longitud (una curva), con la que consigue delimitar una extensa porción de tierra; para ello, tiene en cuenta además la privilegiada situación de la ciudad: su ubicación junto a las costas del Mediterráneo.

¿Qué curva dibujó Dido con la cinta de que disponía para abarcar un recinto de área máxima, considerando además que se encontraban junto a las costas del Mediterráneo? Los griegos ya conocían el hecho de que, en el plano, la curva que encierra área máxima entre todas las que tienen una longitud fija es la circunferencia, aunque no nos ha llegado a nosotros ninguna demostración de esa época. Esta afirmación es equivalente a decir que si α es una curva cerrada en el plano con área A y longitud L, entonces $L^2 \geq 4\pi A$, dándose la igualdad si, y solo si, α es una circunferencia. Esta relación se conoce como la *desigualdad isoperimétrica clásica*.

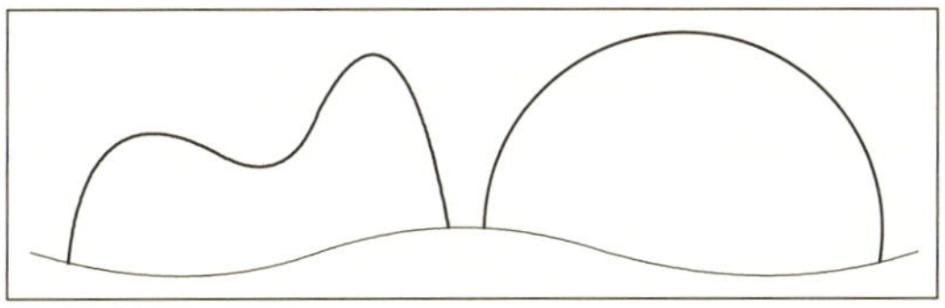

Figura 1.14: El problema clásico de Dido.

Si volvemos al problema de la fundación de Carthago, la solución dada por la reina Dido a la pregunta anterior fue una semicircunferencia con la costa africana como base, a la que corta ortogonalmente. Este tipo de problemas, en los que se fija una curva como parte de la frontera, se conocen como *problemas de tipo Dido*.

A mediados del siglo XIX, Jakob Steiner dio diversas demostraciones de la desigualdad isoperimétrica, aunque no eran rigurosas pues no resolvían el problema en su totalidad; lo que en realidad probaba era que, en caso de existir una curva óptima, debía ser una circunferencia. Karl Weierstrass apuntó la necesidad de demostrar también la existencia de una solución óptima, lo que no está siempre asegurado; de hecho, si se presupone siempre la existencia, se puede incurrir en contradicciones.

La prueba que presentamos resuelve el problema isoperimétrico en el plano (la desigualdad tiene su análogo en dimensión arbitraria), y fue obtenida por Erhard Schmidt en 1939 (véase [66]). Obsérvese que no es necesario que la curva sea convexa.

Teorema 1.4.8 (La desigualdad isoperimétrica). *Entre todas las curvas diferenciables, simples y cerradas de longitud dada L, la que encierra mayor área es la circunferencia. En otras palabras: si A es el área de la región acotada por dicha curva* α*, entonces*

$$L^2 \geq 4\pi A,$$

alcanzándose la igualdad si, y solo si, α *es una circunferencia.*

En su demostración, vamos a utilizar la siguiente fórmula[6] para el área A acotada por una curva $\alpha(t) = (x(t), y(t))$ diferenciable, cerrada, simple y orientada en el sentido contrario a las agujas del reloj, donde $t \in [a,b]$ es un parámetro arbitrario:

$$A = \frac{1}{2}\int_a^b \left[x(t)y'(t) - y(t)x'(t)\right] dt = \int_a^b x(t)y'(t)\,dt = -\int_a^b y(t)x'(t)\,dt. \qquad (1.23)$$

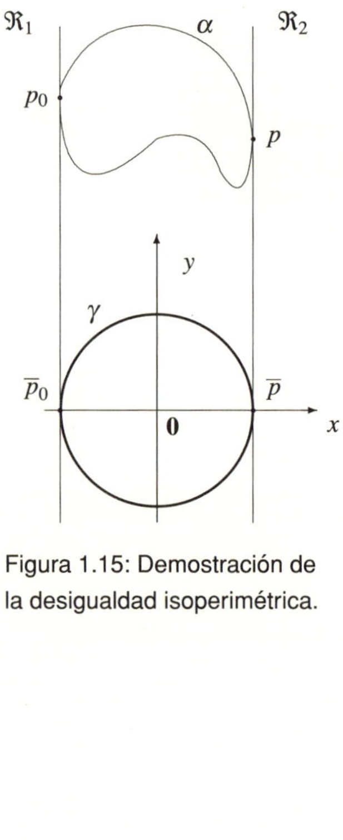

Figura 1.15: Demostración de la desigualdad isoperimétrica.

Demostración. Consideremos dos rectas paralelas que no intersecan a la curva α, las cuales movemos en la dirección ortogonal a las mismas, hasta que sean tangentes a α en dos puntos p_0 y p; llamamos $\mathfrak{R}_1$ y $\mathfrak{R}_2$, respectivamente, a tales rectas (véase la figura 1.15). Sea además γ una circunferencia que no corta a α y que es tangente a $\mathfrak{R}_1$ y $\mathfrak{R}_2$ en los puntos $\overline{p}_0$ y $\overline{p}$, respectivamente. Representaremos por r el radio de dicha circunferencia y por $\mathbf{0}$ su centro.

Tomamos $\mathbf{0}$ como el origen de coordenadas de un sistema de referencia $\mathbf{0}xy$, para el cual el eje x es ortogonal a las rectas $\mathfrak{R}_1$ y $\mathfrak{R}_2$. Suponemos además que α está orientada en sentido contrario a las agujas del reloj, y parametrizada por la longitud de arco, digamos $\alpha(s) = \big(x(s), y(s)\big)$, de forma que $\alpha(0) = \alpha(L) = p$ (la curva es cerrada) y $\alpha(s_0) = p_0$ para un cierto valor del parámetro $s_0 \in (0, L)$. Entonces, parametrizamos la circunferencia γ de la siguiente forma: $\gamma(s) = \big(z(s), \omega(s)\big)$, donde

$$z(s) = x(s), \quad \omega(s) = \begin{cases} \sqrt{r^2 - x(s)^2} & \text{si } 0 \leq s \leq s_0, \\ -\sqrt{r^2 - x(s)^2} & \text{si } s_0 \leq s \leq L. \end{cases}$$

El área encerrada por la circunferencia γ es, claramente, πr^2. Utilizando dos de las expresiones que aparecen en la fórmula (1.23), obtenemos que las áreas de las curvas α y γ se pueden escribir, respectivamente, de la forma

$$A = \int_0^L x(s)y'(s)\,ds, \qquad \pi r^2 = -\int_0^L \omega(s)z'(s)\,ds = -\int_0^L \omega(s)x'(s)\,ds.$$

[6] La primera igualdad se obtiene usando la fórmula de Green (véase el teorema 7.1.4). Las otras son consecuencia inmediata de que $\big(x(t)y(t)\big)' = x'(t)y(t) + x(t)y'(t)$, y de que la curva es cerrada.

Por lo tanto,

$$A+\pi r^2 = \int_0^L \big(x(s)y'(s)-\omega(s)x'(s)\big)\,ds \leq \int_0^L \big|x(s)y'(s)-\omega(s)x'(s)\big|\,ds \qquad (1.24)$$

$$= \int_0^L \Big|\Big\langle \big(x'(s),y'(s)\big), \big(-\omega(s),x(s)\big)\Big\rangle\Big|\,ds$$

$$\leq \int_0^L \big|\big(x'(s),y'(s)\big)\big|\,\big|\big(-\omega(s),x(s)\big)\big|\,ds \qquad (1.25)$$

$$= \int_0^L \sqrt{x'(s)^2+y'(s)^2}\,\sqrt{x(s)^2+\omega(s)^2}\,ds.$$

Como la curva α está p.p.a., se tiene que $x'(s)^2+y'(s)^2=1$, y en consecuencia,

$$A+\pi r^2 \leq \int_0^L \sqrt{x'(s)^2+y'(s)^2}\,\sqrt{x(s)^2+\omega(s)^2}\,ds = \int_0^L \sqrt{x(s)^2+\omega(s)^2}\,ds = rL.$$

Utilizando ahora la desigualdad existente entre las medias geométrica y aritmética de dos números positivos cualesquiera (la primera es menor o igual que la segunda, dándose la igualdad si, y solo si, ambos números son iguales), tenemos que

$$\sqrt{A\pi r^2} \leq \frac{A+\pi r^2}{2} \leq \frac{rL}{2}. \qquad (1.26)$$

Si elevamos al cuadrado los dos miembros de la relación anterior, se obtiene de forma inmediata la desigualdad isoperimétrica: $A\pi r^2 \leq r^2L^2/4$, esto es, $L^2 \geq 4\pi A$.

Para concluir la demostración es necesario probar que la igualdad se alcanza si, y solo si, α es una circunferencia de longitud L. Supongamos que se verifica $L^2=4\pi A$. Entonces, todas las desigualdades que aparecen en la demostración, esto es, (1.24), (1.25) y (1.26), deben ser igualdades.

- La igualdad en (1.26) implica que $A=\pi r^2$, en cuyo caso, $L^2=4\pi^2r^2$. Esto es, $L=2\pi r$, lo que prueba que el radio r es constante, no dependiendo de la elección de las rectas $\mathfrak{R}_1$ y $\mathfrak{R}_2$.
- La igualdad en la desigualdad de Cauchy-Schwarz (1.25) se tiene si, y solo si, los dos vectores son proporcionales. Luego existe una constante c tal que $\big(-\omega(s),x(s)\big)=c\big(x'(s),y'(s)\big)$, de donde se deduce, tomando módulos, la relación $\big|\big(-\omega(s),x(s)\big)\big| = |c|\,\big|\big(x'(s),y'(s)\big)\big|$. En consecuencia, la constante c (su valor absoluto) es

  $$|c| = \sqrt{\omega(s)^2+x(s)^2} = r.$$

  Por otro lado,

  $$x(s)y'(s)-\omega(s)x'(s) = \big\langle \big(-\omega(s),x(s)\big), \big(x'(s),y'(s)\big)\big\rangle = c\big|\big(x'(s),y'(s)\big)\big|^2 = c = \pm r.$$

- La igualdad en (1.24) implica que $x(s)y'(s)-\omega(s)x'(s)>0$, y en consecuencia, por el apartado anterior, que $c=r$.

En particular se tiene que $x(s) = ry'(s)$. Finalmente, debido a que r es constante y no depende de las rectas $\mathfrak{R}_1$ y $\mathfrak{R}_2$, será también independiente de la elección de los ejes coordenados. Podemos por tanto intercambiar $x(s)$ e $y(s)$ en la última relación, obteniéndose así que $y(s) = rx'(s)$. Luego

$$x(s)^2 + y(s)^2 = r^2\big(x'(s)^2 + y'(s)^2\big) = r^2,$$

lo que prueba que $\alpha(s) = \big(x(s), y(s)\big)$ es una circunferencia. Esto concluye la demostración de la desigualdad isoperimétrica. □

Un excelente *survey* sobre el problema isoperimétrico puede encontrarse en [56].

La *desigualdad isodiamétrica* (o *teorema de Bieberbach*) se puede obtener como una sencilla consecuencia de la desigualdad isoperimétrica y del teorema 1.4.6 de Rosenthal y Szasz previamente demostrado:

Corolario 1.4.9 (Teorema de Bieberbach). *Si A es el área de la región encerrada por una curva diferenciable, convexa y cerrada α, de diámetro D, entonces*

$$4A \leq \pi D^2,$$

alcanzándose la igualdad si, y solo si, α es una circunferencia.

Demostración. El teorema 1.4.6 nos asegura que $\pi D \geq L$. Elevando ambos lados de la desigualdad al cuadrado y uniendo la relación resultante a la desigualdad isoperimétrica, obtenemos que $\pi^2 D^2 \geq L^2 \geq 4\pi A$, es decir, $\pi D^2 \geq 4A$. Para que se alcance la igualdad, esta debe darse en las dos desigualdades que entran en juego; por tanto, solo para la circunferencia. □

1.4.3. El teorema de los cuatro vértices

El teorema de los cuatro vértices es otro ejemplo de un resultado global para curvas planas. Este resultado clásico (la primera demostración del mismo apareció en 1909, [51], y se debe al matemático indio Syamadas Mukhopadhyaya) establece que la función curvatura de una curva plana regular, cerrada, simple y convexa tiene al menos cuatro extremos locales. Con el fin de estar en condiciones de llevar a cabo su demostración, necesitamos detenernos un momento en el estudio de otro resultado de gran importancia, el *teorema de rotación de las tangentes*, que también jugará un papel fundamental en el capítulo 7 dedicado al teorema de Gauss-Bonnet.

El teorema de rotación de las tangentes

Recordemos que el ángulo de rotación es una función que mide el «rumbo» de una curva con respecto a una dirección fija del plano. Si sabemos medir el rumbo en cada punto, podemos calcular la variación total de este entre dos instantes dados: se llega así al concepto de ángulo de rotación total, que expresa «cuántas direcciones hemos abarcado» a lo largo de la curva entre ambos puntos. Si además la curva es cerrada (esto es, si volvemos al punto de partida) lo que tenemos entonces es el número de vueltas que hemos dado con respecto a un rumbo fijo, valor (con signo) que se conoce también como el índice de rotación, y que aparece en otras muchas áreas de las Matemáticas (como la Teoría del grado y el Análisis Complejo, por ejemplo). Definamos todos estos conceptos con rigor.

Sea $\alpha : [0,\ell] \longrightarrow \mathbb{R}^2$ una curva regular[7], p.p.a. y sea $\theta(s)$ su ángulo de rotación. Aunque no existe una forma única para determinar el ángulo de rotación de una curva (véase la observación 1.3), la diferencia del ángulo entre los dos extremos de una curva sí está unívocamente determinada, ya que el término extra $2\pi m$ se cancela. Así, tiene sentido la siguiente definición.

Definición 1.4.10. *Se define el* ***ángulo de rotación total*** *de una curva regular, p.p.a.,* $\alpha : [0,\ell] \longrightarrow \mathbb{R}^2$, *como* $\mathrm{Rot}(\alpha) := \theta(\ell) - \theta(0)$.

Por otra parte, si α es una curva cerrada, entonces $\alpha'(0) = \alpha'(\ell)$, y por tanto, $\cos\theta(0) = \cos\theta(\ell)$ y $\operatorname{sen}\theta(0) = \operatorname{sen}\theta(\ell)$. Finalmente, $\theta(\ell) = \theta(0) + 2\pi k$, $k \in \mathbb{Z}$, por lo que $\mathrm{Rot}(\alpha) = 2\pi k$ es siempre un múltiplo entero de 2π.

Ejemplo 1.13. El ángulo de rotación total para cada una de las curvas de la figura 1.16 es $\mathrm{Rot}(\alpha) = 0$, $\mathrm{Rot}(\alpha) = 2\pi$ y $\mathrm{Rot}(\alpha) = 4\pi$, respectivamente.

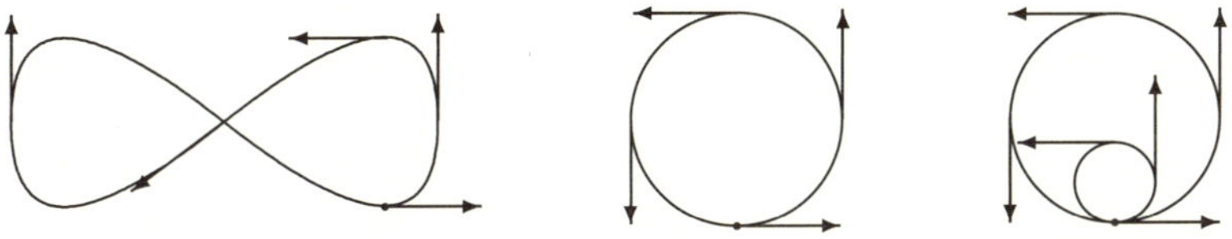

Figura 1.16: El ángulo de rotación para algunas curvas cerradas.

De forma general se verifica que cualquier curva cerrada y simple tiene ángulo de rotación total $\pm 2\pi$, lo cual es consecuencia directa del teorema de rotación de las tangentes 1.4.12 que demostramos a continuación. ◇

Definición 1.4.11. *Se define el* ***índice de rotación*** *de una curva* $\alpha : [0,\ell] \longrightarrow \mathbb{R}^2$ *regular, p.p.a., plana y cerrada, como*

$$i_\alpha = \frac{\mathrm{Rot}(\alpha)}{2\pi} = \frac{\theta(\ell) - \theta(0)}{2\pi}.$$

El índice de rotación es simplemente el número total de vueltas que da la curva con respecto a una dirección fija.

Teorema 1.4.12 (de rotación de las tangentes). *Sea* $\alpha : [0,\ell] \longrightarrow \mathbb{R}^2$ *una curva regular p.p.a, cerrada y simple. Entonces el índice de rotación* $i_\alpha = \pm 1$ *(dependiendo de la orientación de* α*).*

[7] Nuestra definición de curva regular se ha hecho para intervalos abiertos. En esta situación, una curva definida sobre un intervalo cerrado se dice que es regular cuando existen sus derivadas (de cualquier orden), y estas se extienden por continuidad en los extremos del intervalo.

Demostración. Sean $\alpha(s) = \big(x(s), y(s)\big)$ y $C = \alpha\big([0,\ell]\big)$. Como α es cerrada, la aplicación $\mathbf{t}: [0,\ell] \longrightarrow \mathbb{S}^1$ determinada por el tangente a α verifica $\mathbf{t}(0) = \mathbf{t}(\ell)$. Además, dado que el índice de rotación no varía bajo movimientos rígidos del plano, podemos asumir que la coordenada $y(s)$ alcanza un mínimo en $s = 0$, es decir, $y'(0) = 0$. Entonces, tomando $\alpha(0)$ como el origen de coordenadas de nuestro sistema de referencia, e invirtiendo la orientación en caso necesario, tenemos que $\mathbf{t}(0) = \mathbf{t}(\ell) = \mathbf{e}_1$ y que C está contenido en el semiplano superior determinado por $\mathbf{t}(0)$ (véase la figura 1.17). Respecto a la base ortonormal $\{\mathbf{e}_1, \mathbf{e}_2 = \mathbf{J}\mathbf{e}_1\}$, el ángulo de rotación de α satisface $\theta(0) = 0$. Consideremos el triángulo

$$T = \big\{(s_1,s_2) \in \mathbb{R}^2 : 0 \leq s_1 \leq s_2 \leq \ell\big\}$$

y la aplicación $\phi : T \longrightarrow \mathbb{S}^1$ dada por

$$\phi(s_1,s_2) = \begin{cases} \dfrac{\alpha(s_2)-\alpha(s_1)}{|\alpha(s_2)-\alpha(s_1)|} & \text{si } s_1 < s_2 \text{ y } (s_1,s_2) \neq (0,\ell), \\ \mathbf{t}(s_1) & \text{si } s_1 = s_2, \\ -\mathbf{t}(\ell) & \text{si } (s_1,s_2) = (0,\ell). \end{cases}$$

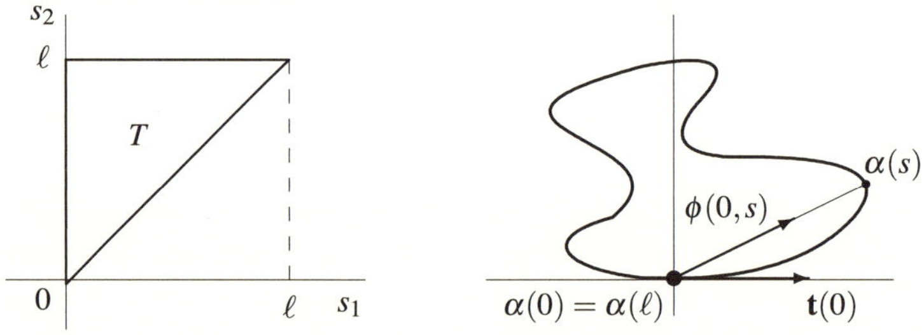

Figura 1.17: Demostrando el teorema de rotación de las tangentes.

Es sencillo comprobar que ϕ es continua en el segmento $s_1 = s_2$: en efecto,

$$\begin{aligned} \lim_{(s_1,s_2)\to(s,s)} \phi(s_1,s_2) &= \lim_{(s_1,s_2)\to(s,s)} \frac{\alpha(s_2)-\alpha(s_1)}{|\alpha(s_2)-\alpha(s_1)|} \\ &= \lim_{(s_1,s_2)\to(s,s)} \frac{\frac{\alpha(s_2)-\alpha(s_1)}{s_2-s_1}}{\left|\frac{\alpha(s_2)-\alpha(s_1)}{s_2-s_1}\right|} = \frac{\alpha'(s)}{|\alpha'(s)|} = \mathbf{t}(s) = \phi(s,s). \end{aligned}$$

La continuidad en $(0,\ell)$ puede demostrarse de forma similar, teniendo en cuenta que α es cerrada y, por tanto, $\alpha(s_1+\ell) = \alpha(s_1)$:

$$\begin{aligned} \lim_{(s_1,s_2)\to(0,\ell)} \phi(s_1,s_2) &= \lim_{(s_1,s_2)\to(0,\ell)} \frac{\alpha(s_2)-\alpha(s_1+\ell)}{|\alpha(s_2)-\alpha(s_1+\ell)|} \\ &= \lim_{(t,s_2)\to(\ell,\ell)} \frac{\alpha(s_2)-\alpha(t)}{|\alpha(s_2)-\alpha(t)|} = \lim_{(t,s_2)\to(\ell,\ell)} \frac{-\frac{\alpha(s_2)-\alpha(t)}{s_2-t}}{\left|\frac{\alpha(s_2)-\alpha(t)}{s_2-t}\right|} \\ &= -\frac{\alpha'(\ell)}{|\alpha'(\ell)|} = -\mathbf{t}(\ell) = \phi(0,\ell), \end{aligned}$$

ya que $t = s_1 + \ell > s_2$.

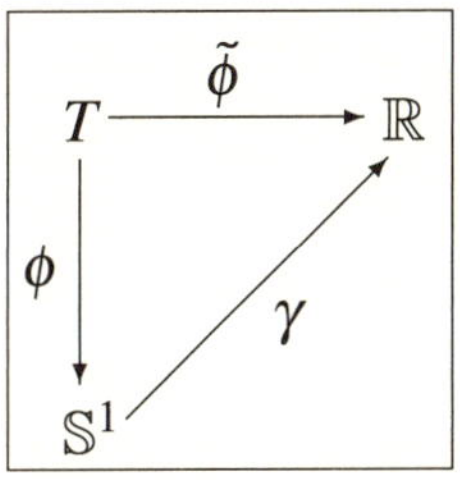

Consideremos la parametrización de la circunferencia $\gamma(s) = (\cos s, \operatorname{sen} s)$. Dado que T es homeomorfo al rectángulo $[0,1] \times [0,\ell]$ y además $\phi(0,0) = \mathbf{t}(0) = \mathbf{e}_1 = \gamma(0)$, existe una única aplicación continua $\tilde{\phi} : T \longrightarrow \mathbb{R}$ tal que $\gamma \circ \tilde{\phi} = \phi$ (es decir, un *levantamiento de* ϕ) verificando $\tilde{\phi}(0,0) = 0$.[8] Obsérvese que la aplicación $\tilde{\phi}$ es una determinación continua del ángulo que forma el vector $\alpha(s_2) - \alpha(s_1)$ con el eje x para todo $(s_1, s_2) \in T$.

Ahora bien, dado que tanto el ángulo de rotación $\theta : [0,\ell] \longrightarrow \mathbb{R}$ como la aplicación $s \longmapsto \tilde{\phi}(s,s)$ son levantamientos de $\mathbf{t}$ (véase (1.9)), y además $\tilde{\phi}(0,0) = 0 = \theta(0)$, la unicidad del levantamiento nos asegura que $\theta(s) = \tilde{\phi}(s,s)$ para todo $s \in [0,\ell]$. En consecuencia,

$$i_\alpha = \frac{\theta(\ell) - \theta(0)}{2\pi} = \frac{\tilde{\phi}(\ell,\ell) - \tilde{\phi}(0,0)}{2\pi} = \frac{\tilde{\phi}(\ell,\ell)}{2\pi}. \tag{1.27}$$

Solo resta determinar el valor de $\tilde{\phi}(\ell,\ell)$, para lo que utilizamos los otros dos lados del triángulo T. Por construcción (véase la figura 1.17), el vector $\alpha(s) - \alpha(0)$ apunta siempre hacia el semiplano superior y, en consecuencia, $\tilde{\phi}(0,s) \in [0,\pi]$ para todo $s \in [0,\ell]$. En particular, y dado que $\phi(0,\ell) = -\mathbf{t}(\ell) = -\mathbf{e}_1$, se tiene que $\tilde{\phi}(0,\ell) = \pi$. Análogamente, $\alpha(\ell) - \alpha(s)$ va a apuntar hacia el semiplano inferior, y como $\tilde{\phi}(0,\ell) = \pi$, entonces $\tilde{\phi}(\ell,s) \in [\pi, 2\pi]$ para todo $s \in [0,\ell]$; finalmente, dado que $\phi(\ell,\ell) = \mathbf{t}(\ell) = \mathbf{e}_1$, concluimos que $\tilde{\phi}(\ell,\ell) = 2\pi$.

En consecuencia, $i_\alpha = 1$ (véase (1.27)), como se quería demostrar. Invirtiendo la orientación se obtendría que el índice de rotación es -1. □

Caracterizando las curvas convexas

Como una primera aplicación del teorema de rotación de las tangentes, vamos a caracterizar las curvas convexas como aquellas cuya curvatura no cambia de signo. Una caracterización adicional de este tipo de curvas será útil además en la demostración del teorema de los cuatro vértices, objetivo final de esta sección.

Teorema 1.4.13 (Caracterización de curvas convexas). *Sea $\alpha : I \longrightarrow \mathbb{R}^2$ una curva regular, cerrada y simple, y sea D la componente interior de α. Son equivalentes:*

i) D es un conjunto convexo (en el sentido de la definición 1.4.4).

ii) Si una recta corta a la traza de la curva, entonces, o bien lo hace en un segmento (que puede degenerar en un punto), o bien en dos puntos.

iii) La curva α es convexa (en el sentido de la definición 1.4.3).

iv) La curvatura k de α no cambia de signo en todo el dominio de definición.

---

[8] Este resultado es bien conocido en Topología: *si X es un espacio topológico homeomorfo al rectángulo $[0,1] \times [0,\ell]$ y $\psi : X \longrightarrow \mathbb{S}^1$ es una aplicación continua, entonces, para cualesquiera $t_0 \in \mathbb{R}$ y $x_0 \in \operatorname{bd} X$ tales que $\gamma(t_0) = \psi(x_0)$, existe un único levantamiento $\tilde{\psi} : X \longrightarrow \mathbb{R}$ de ψ de forma que $\tilde{\psi}(x_0) = t_0$.* Su demostración puede consultarse en [52].

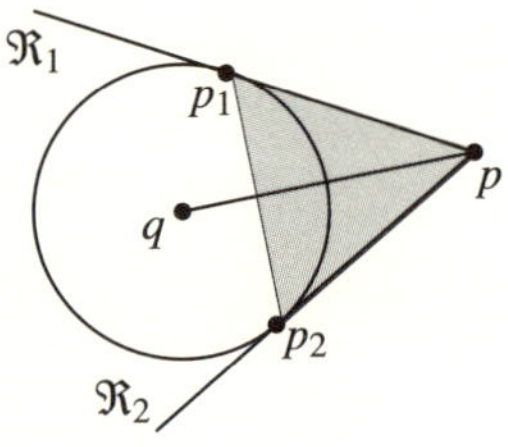

Figura 1.18: Si $q \in \operatorname{int} D$, $p \in \operatorname{bd} D$, entonces $[q,p) \subset \operatorname{int} D$.

Demostración. Veamos que i) implica ii). Para ello, vamos a justificar primero la siguiente propiedad: como D es un conjunto convexo, si $q \in \operatorname{int} D$ y $p \in \operatorname{bd} D$, entonces el segmento semiabierto $[q,p) \subset \operatorname{int} D$. En efecto, por ser $q \in \operatorname{int} D$, existe $r > 0$ tal que el círculo $C(q,r) = \{x \in \mathbb{R}^2 : |x-q| \leq r\}$ de centro q y radio r está contenido en $\operatorname{int} D$, y tomamos r de forma que $p \notin C(q,r)$. Sean $\mathfrak{R}_1, \mathfrak{R}_2$ las rectas tangentes a $C(q,r)$ que pasan por p, y sea $p_i = \mathfrak{R}_i \cap \operatorname{bd} C(q,r)$, $i = 1,2$ (véase la figura 1.18). Claramente, p, p_1 y p_2 determinan un triángulo T que, por la convexidad, está contenido en D. Entonces, cualquier punto de la altura ortogonal al lado $[p_1, p_2]$, salvo p, es un punto del interior de T, de donde podemos concluir que

$$[q,p) \subset C(q,r) \cup \operatorname{int} T \subset \operatorname{int} D.$$

Ahora, dada una recta $\mathfrak{R}$ que corta a D, se tiene que $\mathfrak{R} \cap D$ es un segmento (cerrado) de D, pues este es convexo. Si $\mathfrak{R} \cap D$ no contiene puntos interiores de D, entonces $\mathfrak{R} \cap D \subset \alpha(I) = \operatorname{bd} D$. Supongamos por tanto que $\mathfrak{R} \cap \operatorname{int} D \neq \emptyset$, y que hay tres o más puntos de $\mathfrak{R} \cap D$ en $\operatorname{bd} D$ (o incluso que algún segmento de $\mathfrak{R} \cap D$ está contenido en $\operatorname{bd} D$). Sea entonces $q \in \mathfrak{R} \cap \operatorname{int} D$, y sea $p \in \mathfrak{R} \cap \operatorname{bd} D$ de forma que existe otro punto $p' \in (p,q] \cap \operatorname{bd} D$. Como $[q,p) \subset \mathfrak{R} \cap \operatorname{int} D$ por la propiedad anterior, podemos concluir que $p' \in \operatorname{int} D$, una contradicción. Luego $\mathfrak{R} \cap \operatorname{bd} D$ contiene, a lo sumo, dos puntos, lo que concluye la prueba.

Para demostrar que ii) implica iii) supongamos, en primer lugar, que existe $s_0 \in I$ tal que la curvatura k cambia de signo (y por tanto $k(s_0) = 0$). Entonces, la tangente a α en $\alpha(s_0)$ «cruza» la traza $\alpha(I)$, es decir, en un entorno de s_0, los puntos $\alpha(s)$ se encuentran a cada uno de los lados de la tangente según sea $s < s_0$, o $s > s_0$ (véase el ejercicio 1.15). En consecuencia, con una simple rotación, encontramos una recta que pasa por $\alpha(s_0)$ y corta $\alpha(I)$ en 3 puntos aislados, contradiciendo ii); en la figura 1.19, izquierda, representamos localmente esta situación. Así, podemos asumir que dicho punto de cambio de signo de la curvatura no existe, y la proposición 1.2.11 nos asegura que, *localmente*, la traza de α está contenida siempre a un lado de la recta tangente.

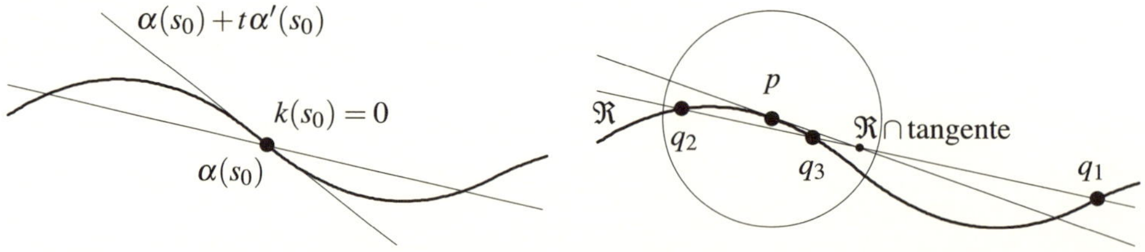

Figura 1.19: Si cualquier recta corta la traza de α en dos puntos o en un segmento, α es convexa.

Bajo esta premisa, vamos ahora a argumentar por reducción al absurdo. Supongamos que existe un punto p de la curva tal que la traza $\alpha(I)$ no está totalmente contenida en uno de los dos semiplanos que determina la recta tangente en p, digamos H^- y H^+. En tal caso, existen $q_1, q_2 \in \alpha(I)$ con $q_1 \in H^-$ y $q_2 \in H^+$. Podemos suponer que q_2 está arbitrariamente cerca de p, y consideramos la recta $\mathfrak{R}$ determinada por q_1 y q_2. Claramente, como q_1, q_2 están en semiplanos diferentes, $\mathfrak{R}$ y la tangente en p no pueden ser paralelas, cortándose en un punto que estará arbitrariamente próximo a p. En consecuencia, existe un punto adicional $q_3 \in \mathfrak{R} \cap \alpha(I)$ cerca de p, con $q_3 \in H^+$ (véase la figura 1.19, derecha, donde de nuevo representamos esta situación localmente). En definitiva, hemos encontrado tres puntos distintos $q_i \in \mathfrak{R} \cap \alpha(I)$, $i = 1, 2, 3$, no estando todo el segmento $[q_1, q_2]$ contenido en la traza, lo que contradice ii).

Para probar que de iii) se deduce iv), supongamos que existe $s_0 \in I$ donde k cambia de signo (y por tanto, $k(s_0) = 0$). Argumentando de modo análogo a como hemos hecho en la implicación anterior se tiene que, rotando la recta tangente a α en $\alpha(s_0)$ de forma adecuada, la recta resultante corta $\alpha(I)$ en 3 puntos aislados: $\alpha(s_0)$ y dos puntos más, uno a cada lado de la tangente; esto contradice iii).

Veamos finalmente que iv) implica i). Podemos asumir, sin pérdida de generalidad, que α está p.p.a., y supongamos, por ejemplo, que $k(s) \geq 0$ para todo $s \in I$. Si D no fuese un conjunto convexo, existirían $p, q \in D$ tales que $[p, q] \not\subset D$; tomando entonces (una paralela a) la recta $\mathfrak{R}$ determinada por ellos, $\mathfrak{R} \cap D$ tendría al menos dos componentes conexas (no unipuntuales), segmentos que vamos a representar por $\big[\alpha(s_1), \alpha(s_2)\big]$ y $\big[\alpha(s_3), \alpha(s_4)\big]$, con $s_1 < s_2 < s_3 < s_4$ (véase la figura 1.20). En cada uno de los diferentes arcos de $\alpha(I)$ determinados por los $\alpha(s_i)$, $i = 1, \ldots, 4$, existen puntos de máxima distancia a $\mathfrak{R}$, concretamente 4, y en los que, por tanto, la tangente a α es paralela a $\mathfrak{R}$; o equivalentemente, en los que el normal $\mathbf{n}(s)$ a la curva es ortogonal a $\mathfrak{R}$ (véase la figura 1.20). En consecuencia, dos de estos vectores normales coinciden, digamos $\mathbf{n}(s') = \mathbf{n}(s'') = \mathbf{n}_0$, no siendo constante la aplicación $\mathbf{n}\big|_{(s', s'')}$. Ahora bien, dado que la curvatura $k(s) = \theta'(s) \geq 0$ (véase (1.9)), la función dada por el ángulo de rotación $\theta : I \longrightarrow \mathbb{R}$ es (monótona) no decreciente, y por el teorema 1.4.12 de rotación de las tangentes, toma valores en el intervalo $[0, 2\pi]$.

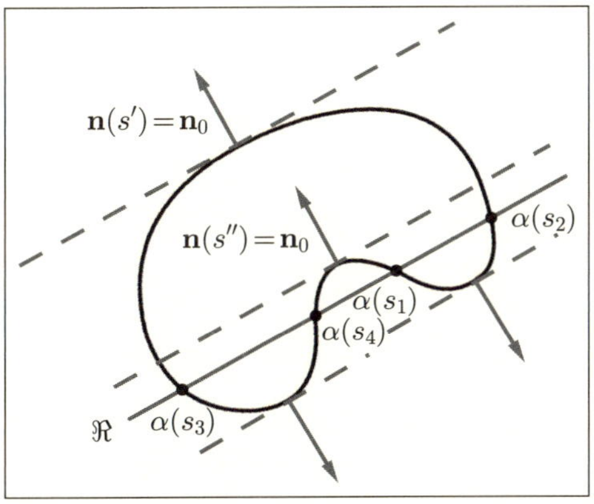

Figura 1.20: Si $k \geq 0$, α determina un conjunto convexo.

La monotonía de θ nos asegura entonces que la imagen inversa de un punto por la aplicación tangente $\mathbf{t} : I \longrightarrow \mathbb{S}^1$, y en consecuencia por la aplicación $\mathbf{n} : I \longrightarrow \mathbb{S}^1$, es siempre un conexo en I; sin embargo, habíamos encontrado un vector $\mathbf{n}_0 \in \mathbb{S}^1$ tal que $s', s'' \in \mathbf{n}^{-1}(\mathbf{n}_0)$ y $[s', s''] \not\subset \mathbf{n}^{-1}(\mathbf{n}_0)$, una contradicción. Esto concluye la prueba. □

El teorema de los cuatro vértices

Comencemos por definir qué se entiende por *vértice* de una curva en el contexto que nos ocupa.[9]

Definición 1.4.14. *Un **vértice** de una curva regular* $\alpha : [a, b] \longrightarrow \mathbb{R}^2$ *es un punto* $\alpha(s)$, $s \in [a, b]$, *tal que* $k'(s) = 0$.

[9] No se debe confundir esta definición con la noción de vértice de una curva regular a trozos, la cual aparecerá posteriormente cuando se estudien curvas en una superficie regular.

A continuación vamos a enunciar y demostrar el teorema de los cuatro vértices para curvas convexas. El resultado sigue siendo cierto en el caso general de curvas no necesariamente convexas, lo que fue demostrado por Adolf Kneser en 1912 utilizando argumentos bastante complejos. En 1985, Robert Osserman desarrolló una prueba más simple y geométrica, basada en las propiedades que presenta el circuncírculo de una curva (esto es, el círculo de menor radio que contiene a la curva). Dicha demostración puede consultarse en [1] y [57].

Teorema 1.4.15 (de los cuatro vértices). *Toda curva plana regular, cerrada, simple y convexa, tiene al menos cuatro vértices.*

En su demostración, vamos a utilizar el siguiente lema.

Lema 1.4.16. *Sea* $\alpha : [0,\ell] \longrightarrow \mathbb{R}^2$, $\alpha(s) = \big(x(s), y(s)\big)$, *una curva regular, p.p.a. y cerrada, con* $\alpha(0) = \alpha(\ell)$, *y sean* $a, b, c \in \mathbb{R}$. *Entonces*

$$\int_0^\ell \big(ax(s) + by(s) + c\big)\, k'(s) ds = 0.$$

Demostración. Ya sabemos que el ángulo de rotación de α verifica que $\theta'(s) = k(s)$, y $x'(s) = \cos\theta(s)$ e $y'(s) = \operatorname{sen}\theta(s)$ (véase (1.9)). Por tanto,

$$\begin{aligned} x''(s) &= -\theta'(s)\operatorname{sen}\theta(s) = -k(s)y'(s), \\ y''(s) &= \theta'(s)\cos(s) = k(s)x'(s). \end{aligned} \tag{1.28}$$

Además, como α es cerrada, es claro que

$$\int_0^\ell k'(s)\, ds = k(\ell) - k(0) = 0,$$

$$\int_0^\ell \big(x(s)k'(s) + k(s)x'(s)\big)\, ds = \int_0^\ell \frac{d(xk)}{ds}(s)\, ds = x(\ell)k(\ell) - x(0)k(0) = 0,$$

$$\int_0^\ell \big(y(s)k'(s) + k(s)y'(s)\big)\, ds = \int_0^\ell \frac{d(yk)}{ds}(s)\, ds = y(\ell)k(\ell) - y(0)k(0) = 0,$$

y utilizando (1.28) podemos deducir que

$$\int_0^\ell x(s)k'(s)\, ds = -\int_0^\ell k(s)x'(s)\, ds = -\int_0^\ell y''(s)\, ds = 0,$$

$$\int_0^\ell y(s)k'(s)\, ds = -\int_0^\ell k(s)y'(s)\, ds = \int_0^\ell x''(s)\, ds = 0.$$

Esto nos permite concluir la tesis del lema:

$$\begin{aligned} &\int_0^\ell \big(ax(s) + by(s) + c\big)\, k'(s)\, ds \\ &\qquad = a\int_0^\ell x(s)k'(s)\, ds + b\int_0^\ell y(s)k'(s)\, ds + c\int_0^\ell k'(s)\, ds = 0. \end{aligned}$$ □

Estamos ya en condiciones de demostrar el teorema de los cuatro vértices para curvas convexas del plano.

Demostración del teorema 1.4.15. Podemos suponer, sin pérdida de generalidad, que $\alpha : [0,\ell] \longrightarrow \mathbb{R}^2$ está p.p.a. Tenemos que encontrar, al menos, cuatro puntos críticos de la función curvatura en $[0,\ell]$, esto es, tales que k' se anule.

Desde luego, si k es constante, no hay nada que probar: todos los puntos serán puntos críticos; luego podemos suponer que k no es constante en $[0,\ell]$. Claramente, como k es una función continua definida en un compacto, va a alcanzar un máximo y un mínimo en $[0,\ell]$, digamos que en s_1 y s_2 respectivamente, con $s_1 < s_2$; por tanto, ya tenemos dos vértices de α, a saber, $\alpha(s_1)$ y $\alpha(s_2)$.

Sea ahora $\mathfrak{R}$ la recta que pasa por $\alpha(s_1)$ y $\alpha(s_2)$ y sea $C = \alpha\big([0,\ell]\big)$. La convexidad de α nos asegura entonces que $C \cap \mathfrak{R} = \{\alpha(s_1), \alpha(s_2)\}$: en efecto, si no fuese así, C contendría el segmento de recta $\overline{\alpha(s_1)\alpha(s_2)}$, en cuyo caso $k(s) = 0$ para todo $s \in [s_1, s_2]$; de hecho, por ser $k(s_1) = 0$ el máximo de la función y $k(s_2) = 0$ su mínimo, se tendría $k \equiv 0$ en todo su dominio, lo que contradiría el hecho de que k no es constante. En particular, esto demuestra que cada uno de los arcos $\beta = \alpha\big|_{(s_1,s_2)}$ y $\gamma = \alpha\big|_{(s_2,\ell]\cup(0,s_1)}$ se encuentra a un lado de $\mathfrak{R}$. Si representamos por $ax+by+c=0$ la ecuación de la recta $\mathfrak{R}$, la propiedad anterior nos asegura que los puntos $\big(x(s), y(s)\big)$ de β satisfacen, por ejemplo, $ax(s)+by(s)+c>0$ y que, por tanto, los de γ verifican la desigualdad contraria $ax(s)+by(s)+c<0$.

Finalmente supongamos, por reducción al absurdo, que no existen más vértices en α. En tal caso, el signo de k' se mantendría constante en cada uno de los arcos β y γ; o más concretamente: dado que $k(s_1)$ es un máximo y $k(s_2)$ es un mínimo, entonces $k(s)$ sería creciente en $[0,s_1] \cup [s_2,\ell]$ y decreciente en el intervalo $[s_1,s_2]$, por lo que tendríamos

$$\begin{aligned} k'(s) &> 0 \quad \text{si} \quad s \in (s_2,\ell] \cup (0,s_1), \\ k'(s) &< 0 \quad \text{si} \quad s \in (s_1,s_2). \end{aligned}$$

En consecuencia, el producto $\big(ax(s)+by(s)+c\big)\,k'(s)$ mantiene signo constante a lo largo de toda la curva (en nuestro caso, por la elección que hemos hecho, negativo), lo que contradice el hecho de que la integral

$$\int_0^\ell \big(ax(s)+by(s)+c\big)\,k'(s)\,ds = 0$$

(lemma 1.4.16). Esta contradicción nos permite concluir que existe un tercer vértice en uno de los arcos, digamos β, en el que $k'(s)$ cambia de signo. Como $k(s_1)$ y $k(s_2)$ son un máximo y un mínimo, respectivamente, de k, forzosamente k' debe cambiar dos veces de signo en β, lo que nos da el cuarto vértice buscado. $\square$

Si consideramos la ya conocida circunferencia $\alpha(t) = (r\cos t, r\,\mathrm{sen}\, t)$, sabemos que su curvatura $k = 1/r$ es constante (véase el ejemplo 1.8); por tanto, $k'(s) = 0$ para todo $s \in [0,2\pi]$, es decir, todos los puntos de la circunferencia son vértices. Existen otros ejemplos en los que el número de vértices es precisamente 4, lo que demuestra que la cota dada por el teorema 1.4.15 es óptima; este es el caso de la *elipse*.

Ejemplo 1.14. La curva $\alpha(t) = (a\,\mathrm{sen}\,t, b\cos t)$ es una parametrización de la *elipse*. Es fácil ver que su curvatura vale

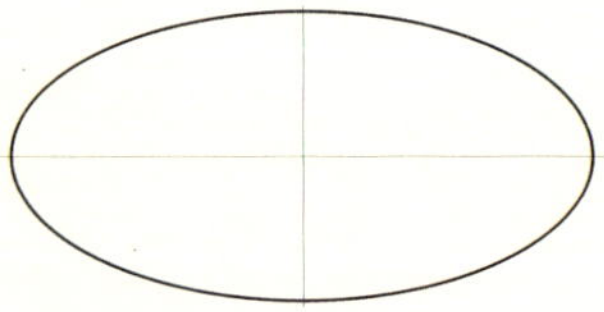

Figura 1.21: La elipse.

$$k(t) = \frac{ab}{\left(a^2\,\mathrm{sen}^2 t + b^2\cos^2 t\right)^{3/2}},$$

siendo su derivada

$$k'(t) = \frac{3ab(b^2-a^2)\,\mathrm{sen}\,t\cos t}{\left(a^2\,\mathrm{sen}^2 t + b^2\cos^2 t\right)^{5/2}}.$$

Por tanto, la elipse tiene exactamente 4 vértices, $(\pm a, 0)$ y $(0, \pm b)$, correspondientes a los valores del parámetro $t = 0, t = \pi/2, t = \pi$ y $t = 3\pi/2$. $\diamondsuit$

EJERCICIOS

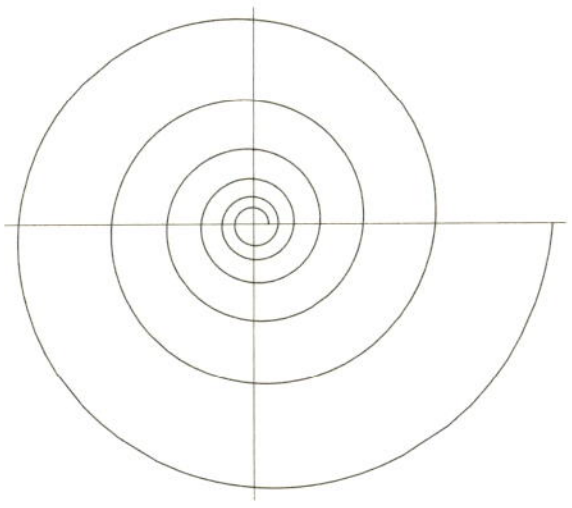

Figura 1.22: Espiral logarítmica.

Ejercicio 1.1 (La espiral logarítmica). Sea $\alpha : \mathbb{R} \longrightarrow \mathbb{R}^2$ la curva parametrizada por $\alpha(t) = ae^{bt}(\cos t, \operatorname{sen} t)$, donde $a > 0$ y $b < 1$. Esta curva recibe el nombre de *espiral logarítmica* (véase la figura 1.22). Calcular la función longitud de arco de α. Reparametrizar α por la longitud de arco.

No es de extrañar que esta espiral sea la forma elegida por la Naturaleza en muy diversas situaciones (véase la figura 1.23) pues, en lo que respecta a la dinámica de poblaciones y la evolución celular, debemos observar que la velocidad de crecimiento siempre es proporcional a la cantidad de efectivos de la población en el instante presente. De ahí resulta, en ausencia de factores que limiten el crecimiento, una sencilla ecuación diferencial cuya solución es la función exponencial que aparece en la fórmula de la espiral logarítmica, donde los números a y b son, sencillamente, las constantes de integración en esta ecuación diferencial.

Figura 1.23: La espiral logarítmica aperece en el mundo vegetal, animal, en las borrascas, las galaxias...

Esta curva fue estudiada por primera vez por René Descartes, y más tarde por Jakob Bernoulli, quien la bautizó como la *Spira Mirabilis* («espiral maravillosa»). Bernoulli quiso que esta curva apareciese grabada en su lápida con la inscripción *Eadem mutata resurgo* («resurjo igual pero cambiada»). Sin embargo, un error hizo que en su lugar se dibujase una *espiral de Arquímedes* (véanse las figuras 1.24 y 1.25).

Figura 1.24: Detalle de la tumba de Jakob Bernoulli en el claustro de la catedral de Basilea, Suiza (foto original).

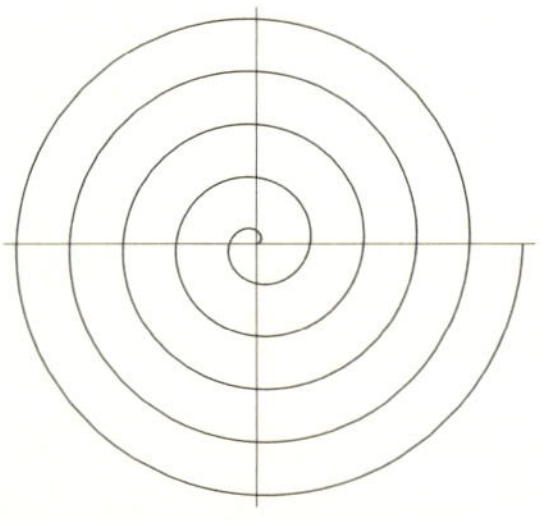

Figura 1.25: La espiral de Arquímedes.

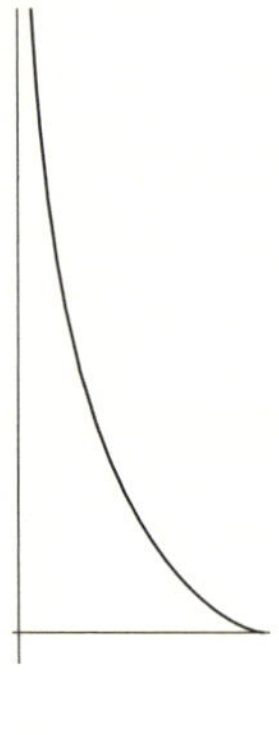

Figura 1.26: La tractriz.

La espiral logarítmica se diferencia de la de Arquímedes en que las distancias entre su brazos aumentan en progresión geométrica, mientras que en la segunda, dichas distancias son constantes (véanse la figura 1.25 y la práctica A.17).

Ejercicio 1.2 (La tractriz). Sea $\alpha : (0,\pi/2) \longrightarrow \mathbb{R}^2$ la curva *tractriz*, dada por $\alpha(t) = \big(\operatorname{sen} t, \cos t + \log \operatorname{tg}(t/2)\big)$ (véase la figura 1.26). Demostrar que la longitud del segmento de recta tangente a la tractriz entre el punto de tangencia y el eje y es constante. Reparametrizar esta curva por la longitud de arco.

La tractriz recibe también el nombre de *curva de la persecución*, pues describe la trayectoria seguida por un objeto que se desplaza a velocidad constante y que persigue de forma óptima a otro objeto que se mueve en línea recta a velocidad (distinta) también constante.[10]

Ejercicio 1.3. Sean $\alpha : I \longrightarrow \mathbb{R}^2$ una curva plana regular p.p.a. y $M : \mathbb{R}^2 \longrightarrow \mathbb{R}^2$, $Mx = Ax + b$, un movimiento rígido. Sea $\beta = M \circ \alpha$. Demostrar que la curva β también está p.p.a., que su longitud $L_a^b(\beta) = L_a^b(\alpha)$ para cualesquiera $a, b \in I$, y que su curvatura $k_\beta(s) = \pm k_\alpha(s) = (\det A) k_\alpha(s)$ para todo $s \in I$.

Ejercicio 1.4. Determinar la curva plana p.p.a. cuya curvatura viene dada por la función $k(s) = 1/s$, $s > 0$.

Ejercicio 1.5. Sea $\alpha : I \longrightarrow \mathbb{R}^2$ una curva regular p.p.a. Probar que α es un segmento de recta o un arco de circunferencia si, y solo si, su curvatura es constante.

Ejercicio 1.6. Sea $\alpha : I \longrightarrow \mathbb{R}^2$ una curva regular p.p.a. Probar que α es un segmento de recta si, y solo si, todas sus rectas tangentes son paralelas, y que α es un arco de circunferencia si, y solo si, todas sus rectas normales pasan por un punto común.

Ejercicio 1.7. Demostrar que una curva regular $\alpha : I \longrightarrow \mathbb{R}^2$ p.p.a. es un segmento de recta o un arco de circunferencia si, y solo si, todas sus rectas tangentes equidistan de un punto fijo.

Ejercicio 1.8. Sea $\alpha : I \longrightarrow \mathbb{R}^2$ una curva plana regular p.p.a. Supongamos que existe $s_0 \in I$ tal que $|\alpha(s)| \leq |\alpha(s_0)|$ para todo $s \in I$. Demostrar que $|\alpha(s_0)| > 0$ y que $|k(s_0)| \geq 1/|\alpha(s_0)|$.

Ejercicio 1.9. Sea $\alpha : I \longrightarrow \mathbb{R}^2$ una curva regular p.p.a. con $k(s) \neq 0$ para todo $s \in I$. Probar que todas las rectas normales a α equidistan de un punto si, y sólo si, existen $a, b \in \mathbb{R}$ tales que $k(s) = \pm 1/\sqrt{as+b}$ para todo $s \in I$.

Ejercicio 1.10 (Determinación del ángulo de rotación). Sean $\alpha : I \longrightarrow \mathbb{R}^2$ una curva regular p.p.a., $s_0 \in I$ y $\{\mathbf{e}_1, \mathbf{e}_2\}$ una base ortonormal cualquiera de $\mathbb{R}^2$. Escribimos $\alpha'(s) = \lambda(s)\mathbf{e}_1 + \mu(s)\mathbf{e}_2$ para ciertas funciones $\lambda, \mu \in C^\infty(I)$, y representamos

[10] La tractriz es la curva que genera la llamada *pseudoesfera*, una superficie de revolución con unas características muy particulares, tal y como veremos más adelante.

por $\theta_0 = \text{áng}(\mathbf{e}_1, \alpha'(s_0)) \in [0, 2\pi)$, el cual satisface $\lambda(s_0) = \cos\theta_0$ y $\mu(s_0) = \operatorname{sen}\theta_0$. Finalmente sea

$$\theta(s) = \theta_0 + \int_{s_0}^{s} (\lambda\mu' - \mu\lambda')(u)\,du.$$

Demostrar que $\theta(s)$ es una función diferenciable verificando que $\theta(s_0) = \theta_0$ y

$$\lambda(s) = \cos\theta(s),$$
$$\mu(s) = \operatorname{sen}\theta(s).$$

La función $\theta(s)$ no es otra cosa que el ángulo de rotación de α estudiado en la definición 1.2.5, solo que ahora no se hace uso de la función curvatura de la curva, demostrándose su existencia directamente.

Ejercicio 1.11. Demostrar que la evoluta de una curva plana parametrizada regular es independiente de la parametrización, mientras que su curva paralela es independiente de cualquier parametrización que conserve la orientación.

Ejercicio 1.12. Supongamos que una curva plana regular $\alpha : I \longrightarrow \mathbb{R}^2$ p.p.a. tiene curvatura positiva y no decreciente. Si $\beta : I \longrightarrow \mathbb{R}^2$ es su evoluta, demostrar que $L_a^s(\beta) = 1/k(a) - 1/k(s)$, donde $a \in I$ es arbitrario y $s \in I$ con $s \geq a$.

Ejercicio 1.13 (La cicloide). La curva *cicloide* $\alpha(t) = (t - \operatorname{sen} t, 1 - \cos t)$ (véase la figura 1.27) es una de las curvas clásicas más importantes, por muy diferentes motivos. Se construye del siguiente modo: un círculo de radio 1 en el plano gira sin deslizarse sobre el eje x; la figura descrita por un punto de la circunferencia es la cicloide (véase la práctica A.35).

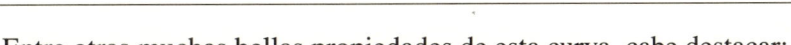

Figura 1.27: La cicloide.

Entre otras muchas bellas propiedades de esta curva, cabe destacar:

- es la solución al problema de la *braquistocrona* (curva que sigue el descenso más rápido cuando existe gravedad);
- resuelve el problema de la *tautocrona* (descubierto por Huygens: si despreciamos el rozamiento e invertimos una cicloide dejando caer un objeto por la misma, por ejemplo una bola, esta llegará a la parte más baja de la curva en un intervalo de tiempo que no depende del punto de partida).

Demostrar que la evoluta de la cicloide también es una cicloide.

Ejercicio 1.14. Probar que la evoluta de la espiral logarítmica es también una espiral logarítmica. En realidad, la espiral logarítmica es la única curva que verifica que su evoluta, su involuta, su *cáustica* y su *podaria*[11] son, a su vez, una espiral logarítmica (de ahí la inscripción elegida por Bernoulli), véase el ejercicio 1.1.

[11] La cáustica y la podaria son dos métodos para derivar una nueva curva a partir de una curva dada y un punto, véanse [17, 28].

Ejercicio 1.15. Sea $\alpha : I \longrightarrow \mathbb{R}^2$ una curva regular p.p.a., con curvatura $k(s)$, y sea $s_0 \in I$ tal que $k(s_0) = 0$.

i) Si k cambia de signo en s_0, entonces la tangente a α en $\alpha(s_0)$ «cruza» la traza $\alpha(I)$, es decir, en un entorno J de s_0, los puntos $\alpha(s)$ se encuentran a cada uno de los lados de la tangente según sea $s < s_0$, o $s > s_0$.

ii) Si k no cambia de signo en un entorno J de s_0, entonces $\alpha(J)$ está contenido en uno de los lados de la recta tangente.

Ejercicio 1.16. Sea $\alpha : I \longrightarrow \mathbb{R}^3$ una curva regular p.p.a. Demostrar que α es un segmento de recta si, y solo si, su curvatura $k \equiv 0$, mientras que α es un arco de circunferencia si, y solo si, $k > 0$ es constante y $\tau \equiv 0$.

Ejercicio 1.17. Sea $\alpha : I \longrightarrow \mathbb{R}^3$ una curva regular p.p.a. con curvatura $k \neq 0$.

i) Demostrar que α es un arco de circunferencia si, y solo si, $k > 0$ es constante y su traza está contenida en un esfera.

ii) Sea $\alpha(t) = (2\cos t, 2\operatorname{sen} t, t)$. Calcular $k(t)$. ¿Es α un arco de circunferencia?

Ejercicio 1.18 (Curvas esféricas). Una curva regular $\alpha : I \longrightarrow \mathbb{R}^3$ (p.p.a.) es una *curva esférica* si su gráfica está contenida en una esfera, esto es, si $\alpha(I) \subset \mathbb{S}^2(r)$.

i) Demostrar que una curva esférica tiene curvatura $k \geq 1/r$.

ii) Se llama *recta binormal* de α en s a la recta que pasa por $\alpha(s)$ con dirección $\mathbf{b}(s)$. Supongamos que todas las rectas binormales de α (curva esférica) son tangentes a $\mathbb{S}^2(r)$. Demostrar que α es un arco de circunferencia máxima.

Ejercicio 1.19 (Teorema de Lancret). Una curva regular $\alpha : I \longrightarrow \mathbb{R}^3$ es una *hélice generalizada* si todas sus rectas tangentes forman un ángulo constante con una dirección fija. Demostrar el *teorema de Lancret* (1802):

Una curva regular $\alpha : I \longrightarrow \mathbb{R}^3$ p.p.a., con curvatura $k > 0$, es una hélice generalizada si, y solo si, existe una constante c tal que $\tau(s) = ck(s)$ para todo $s \in I$.

Ejercicio 1.20. Sea $\alpha : I \longrightarrow \mathbb{R}^3$ una curva regular p.p.a., con curvatura $k > 0$.

i) Demostrar que α es una hélice generalizada si, y solo si, el vector normal $\mathbf{n}$ es ortogonal en todo punto a un vector fijo $\mathbf{u}$ (unitario).

ii) Sea $\beta(s) = \int_0^s \mathbf{b}(t)\,dt$. Probar que β está p.p.a. y calcular su curvatura, torsión y triedro de Frenet, en función de los correspondientes elementos de α.

iii) Concluir que α es una hélice generalizada si, y solo si, β también lo es.

Ejercicio 1.21. Sea $\alpha : I \longrightarrow \mathbb{R}^3$ una curva regular p.p.a., con curvatura $k > 0$ no constante, verificando además $\tau(s) \neq 0$ para todo $s \in I$. Demostrar que α está contenida en una esfera de radio $r > 0$ si, y solo si,

$$\frac{1}{k(s)^2} + \frac{k'(s)^2}{k(s)^4\tau(s)^2} = r^2.$$

Ejercicio 1.22. Sea $\alpha : I \longrightarrow \mathbb{R}^3$ una curva regular p.p.a., con curvatura $k > 0$ no constante y torsión $\tau \equiv \tau_0 \neq 0$ constante. Probar que la traza de α está contenida en una esfera si, y solo si, existen $a, b \in \mathbb{R}$ tales que

$$k(s) = \frac{1}{\big(a\cos(\tau_0 s) + b\,\mathrm{sen}(\tau_0 s)\big)}.$$

Ejercicio 1.23 (La velocidad angular). Sea $\alpha : I \longrightarrow \mathbb{R}^3$ una curva regular p.p.a., con curvatura $k > 0$. Probar que existe una curva $\omega : I \longrightarrow \mathbb{R}^3$ tal que las fórmulas de Frenet de α se pueden expresar de la forma

$$\mathbf{t}'(s) = \omega(s) \wedge \mathbf{t}(s), \qquad \mathbf{n}'(s) = \omega(s) \wedge \mathbf{n}(s), \qquad \mathbf{b}'(s) = \omega(s) \wedge \mathbf{b}(s).$$

El vector $\omega(s)$ se denomina la *velocidad angular* de α en s. Demostrar que α tiene velocidad angular constante si, y solo si, su curvatura y su torsión son constantes.

Ejercicio 1.24. Sea $[p,q]$ un segmento de recta, y sea ℓ un número fijo estrictamente mayor que la longitud del segmento $[p,q]$. Demostrar que la curva α que une p y q de longitud ℓ, tal que α junto con $[p,q]$ acota la mayor área posible, es un arco de circunferencia que pasa por p y q.

Ejercicio 1.25. Sea $\alpha : [a,b] \longrightarrow \mathbb{R}^2$ una curva regular, cerrada y simple, con curvatura $k(t)$, y supongamos que existe una constante $c > 0$ tal que $0 < k(t) \leq c$ para todo $t \in [a,b]$. Demostrar que la longitud de α verifica $L_a^b(\alpha) \geq 2\pi/c$.

II

Las superficies regulares

En este capítulo introducimos el concepto más importante del libro: el de *superficie regular*. Una superficie regular es, intuitivamente, un subconjunto de $\mathbb{R}^3$ que resulta de tomar trozos de planos, doblarlos de forma suave y pegarlos sin que se note dicha unión. La formulación matemática precisa no es trivial y su sofisticación excede, con mucho, a la definición que hemos presentado de curva regular.

La primera sección de este capítulo está dedicada a presentar este nuevo concepto y a estudiar sus primeras propiedades. Así, después de definir una superficie regular, damos varios ejemplos que ilustran dicha definición. Posteriormente, proporcionamos algunos criterios para determinar si un cierto subconjunto de $\mathbb{R}^3$ es, o no, una superficie regular. La necesidad de estos criterios viene dada por la propia definición de superficie: esta no es operativa si tuviéramos que utilizarla para comprobar si un determinado subconjunto es una superficie regular.

A continuación, estudiamos algunas propiedades de las superficies regulares. Se demuestra que, localmente, toda superficie regular es difeomorfa a un abierto del plano. De hecho, este difeomorfismo puede tomarse como el grafo de una función diferenciable. Esta propiedad simplifica bastante todas las cuestiones para superficies que pueden plantearse localmente (en términos de un entorno suficientemente pequeño). El siguiente epígrafe plantea el problema de las coordenadas. Al contrario de lo que ocurre con las curvas (donde existe un parámetro distinguido, la longitud de arco) en superficies no existen parámetros preferentes, por lo que tenemos que dar cabida a toda una familia más o menos amplia de sistemas coordenados. Estos sistemas, pese a su diversidad, tienen la virtud de poder intercambiarse unos con otros sin mayor problema. En términos más precisos, el cambio de unas coordenadas a otras se efectúa mediante un difeomorfismo entre abiertos del plano de suerte que las propiedades más importantes (relativas a la diferenciabilidad, por ejemplo) definidas en términos de coordenadas se conservarán, con independencia de las coordenadas utilizadas.

Las tres siguientes secciones del capítulo están dedicadas al estudio del Cálculo en superficies. Se define así lo que se entiende por una función diferenciable entre superficies y se construye el plano tangente, para dar paso a la diferencial de una aplicación. Presentamos también en esta sección la generalización inmediata de los teoremas estándar del Cálculo en varias variables para superficies regulares.

Finalizamos el capítulo con la sección quinta, que nos introduce de lleno en la Geometría Diferencial de Superficies. La manera de hacer geometría en una superficie consiste en inducir el producto escalar ordinario en los planos tangentes. A partir de aquí puede construirse toda la geometría sobre la superficie: medir longitudes, ángulos y áreas. El producto escalar inducido sobre la superficie (o que hereda la superficie) se denomina «primera forma fundamental» y es la piedra angular sobre la que se va a construir el resto de la teoría de este libro.

2.1. DEFINICIÓN Y PRIMEROS EJEMPLOS

La noción más importante de este texto y de la Geometría Diferencial clásica es la de *superficie regular*. Una superficie regular es, en primera instancia, la generalización a dos dimensiones del concepto de curva regular. No obstante, debemos enfatizar que esta generalización no es directa, ya que requiere un punto de vista radicalmente opuesto al que hemos adquirido con relación a las curvas en el capítulo 1. Así, si en aquel contemplábamos una curva como una aplicación (curva parametrizada), en este veremos una superficie como un objeto dentro de $\mathbb{R}^3$ con una serie de propiedades más o menos restrictivas. Además, dicho objeto admitirá infinitas parametrizaciones siempre y cuando estas cumplan ciertos requisitos.

En otras palabras, si para una curva se hace especial énfasis en que es importante la manera en la que esta se «recorre» (es decir, la parametrización utilizada), para el caso de una superficie nos interesa primordialmente la «traza» o imagen como subconjunto en $\mathbb{R}^3$ de todas las parametrizaciones posibles.[1]

Definición 2.1.1. *Un subconjunto no vacío $S \subset \mathbb{R}^3$ es una **superficie regular** si para todo punto p de S existen un abierto $U \subset \mathbb{R}^2$, un entorno V de p en S (con la topología relativa de $S \subset \mathbb{R}^3$) y una aplicación $X : U \longrightarrow \mathbb{R}^3$, tales que*

S1) *$X(U) = V$ y $X : U \longrightarrow \mathbb{R}^3$ es diferenciable en el sentido ordinario,*

S2) *$X : U \longrightarrow V$ es un homeomorfismo (es decir, la inversa $X^{-1} : V \longrightarrow U$ también es continua) y*

S3) *para todo $q \in U$, la diferencial $dX_q : \mathbb{R}^2 \longrightarrow \mathbb{R}^3$ es inyectiva.*

*La aplicación X se llama **parametrización, carta** o **sistema de coordenadas**. El entorno V se llama **entorno coordenado**.*

Observación 2.1. ¿Qué significan las condiciones anteriores? (véase la figura 2.1).

i) La aplicación $X : U \longrightarrow V$ es diferenciable. Esto significa que si escribimos $X(u,v) = \big(x(u,v), y(u,v), z(u,v)\big)$, las funciones $x, y, z : U \longrightarrow \mathbb{R}$ son derivables con derivadas continuas de todos los órdenes.

ii) Al decir que V es un entorno de p en el subconjunto S con la topología relativa, queremos decir que existe un abierto W de $\mathbb{R}^3$ tal que $V = W \cap S$.

[1] Esta diferencia puede plantear dificultades inicialmente para entender la noción de superficie. Así, algunos textos optan por introducir en primer lugar el concepto de *superficie parametrizada* como una aplicación que extiende de forma natural la noción de curva regular. El problema de esta forma de proceder radica en que una superficie parametrizada es un objeto bastante restrictivo, y excluye muchas superficies regulares comunes como, por ejemplo, la esfera.

iii) A diferencia de las curvas, las cuales hemos definido como aplicaciones, una superficie es un subconjunto de $\mathbb{R}^3$ con unas propiedades muy especiales.

iv) La condición **S1)** nos permite asegurar que la superficie S es suave en el sentido de que no tiene aristas ni vértices.

v) Con la condición **S2)** se evita que la superficie S tenga autointersecciones. Esto es muy importante con vistas a conseguir unicidad a la hora de definir el plano tangente a la superficie en un punto.

vi) La condición **S3)** es esencial para asegurar la existencia del plano tangente en todos los puntos de S. Es una hipótesis similar a que $\alpha'(t) \neq \mathbf{0}$ en el caso de una curva regular. $\diamondsuit$

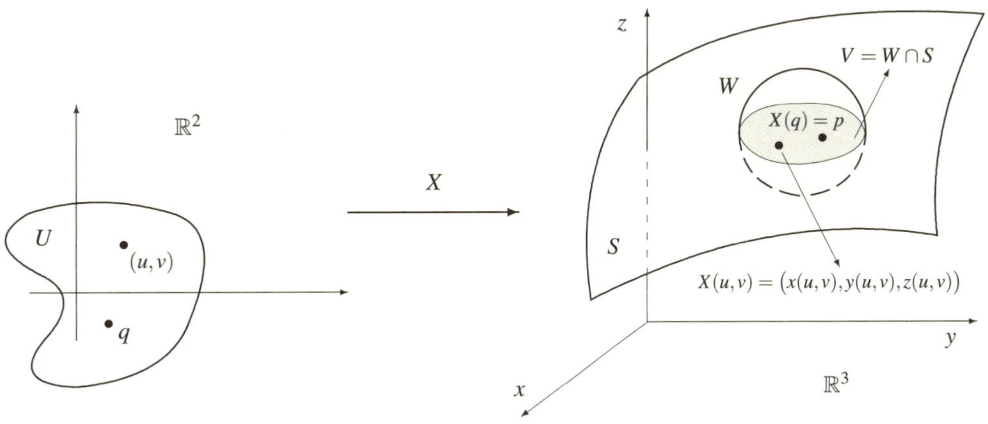

Figura 2.1: Definición de superficie regular.

En definitiva, nos podríamos preguntar: ¿qué es una superficie? De un modo informal, podemos decir que una superficie se obtiene tomando trozos de plano, deformándolos, doblándolos y encajándolos de forma que la figura resultante no tenga vértices, lados o autointersecciones.

Pero indaguemos un poco más en la condición **S3)**. ¿Cómo podemos interpretarla? Dada la parametrización $X : U \longrightarrow V$, su diferencial en un punto q de U es la aplicación $dX_q : \mathbb{R}^2 \longrightarrow \mathbb{R}^3$ dada por

$$dX_q(\mathbf{v}) = JX(q)\begin{pmatrix} v_1 \\ v_2 \end{pmatrix} = \begin{pmatrix} \frac{\partial x}{\partial u}(q) & \frac{\partial x}{\partial v}(q) \\ \frac{\partial y}{\partial u}(q) & \frac{\partial y}{\partial v}(q) \\ \frac{\partial z}{\partial u}(q) & \frac{\partial z}{\partial v}(q) \end{pmatrix}\begin{pmatrix} v_1 \\ v_2 \end{pmatrix} = \begin{pmatrix} x_u(q) & x_v(q) \\ y_u(q) & y_v(q) \\ z_u(q) & z_v(q) \end{pmatrix}\begin{pmatrix} v_1 \\ v_2 \end{pmatrix},$$

para cada vector $\mathbf{v} = (v_1, v_2)$ de $\mathbb{R}^2$. Al ser dX_q una aplicación lineal, esta queda completamente determinada si sabemos cómo actúa sobre los vectores de una base. Así, vamos a escribir

$$X_u(q) = \frac{\partial X}{\partial u}(q) = dX_q(\mathbf{e}_1) = \big(x_u(q), y_u(q), z_u(q)\big),$$
$$X_v(q) = \frac{\partial X}{\partial v}(q) = dX_q(\mathbf{e}_2) = \big(x_v(q), y_v(q), z_v(q)\big).$$

Por tanto, la condición de que dX_q sea inyectiva es equivalente a que el rango de la matriz jacobiana $JX(q)$ sea máximo, es decir, que $\mathrm{rg}\big(JX(q)\big) = 2$. Esto es lo mismo que exigir que los vectores $\big\{X_u(q), X_v(q)\big\}$ sean linealmente independientes, hecho que nos asegurará la existencia del plano tangente (véase el lema 2.3.3).

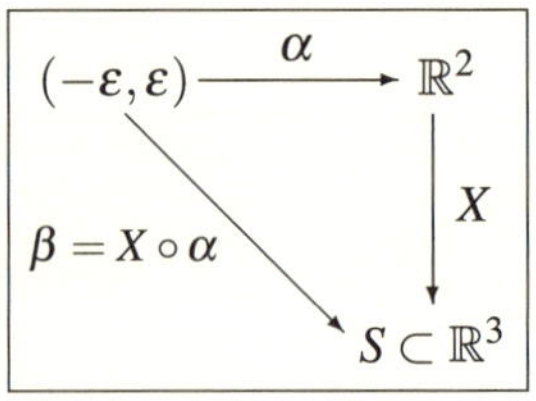

La diferencial de X puede verse de modo alternativo. Dada una curva parametrizada diferenciable $\alpha : (-\varepsilon, \varepsilon) \longrightarrow \mathbb{R}^2$ tal que $\alpha(0) = q$ y $\alpha'(0) = \mathbf{v}$, podemos tomar la curva en la superficie $\beta = X \circ \alpha : (-\varepsilon, \varepsilon) \longrightarrow S$, para la cual $\beta(0) = X\big(\alpha(0)\big) = X(q)$. Aplicando la regla de la cadena se tiene

$$\beta'(0) = (X \circ \alpha)'(0) = \left.\frac{d}{dt}\right|_{t=0} (X \circ \alpha)(t) = dX_{\alpha(0)}\big(\alpha'(0)\big) = dX_q(\mathbf{v}).$$

Obsérvese que es indiferente la elección de la curva α, ya que solo influye su valor en $t = 0$: solamente necesitamos que α sea una curva con condiciones iniciales $\alpha(0) = q$ y $\alpha'(0) = \mathbf{v}$. A efectos prácticos, podemos tomar como α la recta $\alpha(t) = q + t\mathbf{v}$.

A continuación, vamos a ver algunos ejemplos de superficies regulares.

Ejemplo 2.1 (El plano). Sea Π el subconjunto de $\mathbb{R}^3$ dado por

$$\Pi = \big\{(x,y,z) \in \mathbb{R}^3 : ax + by + cz = d\big\},$$

donde a, b, c no se anulan simultáneamente (véase la figura 2.2). Sin pérdida de generalidad, suponemos que $c \neq 0$; entonces, podemos despejar la coordenada z como $z = (d - ax - by)/c$. Tomamos ahora $U = \mathbb{R}^2$, $V = \Pi$ (el entorno coordenado va a ser, en este caso, toda la superficie), y sea $X : U \longrightarrow V$ la aplicación dada por

$$X(u,v) = \left(u, v, \frac{d - au - bv}{c}\right).$$

Entonces se tiene claramente que:

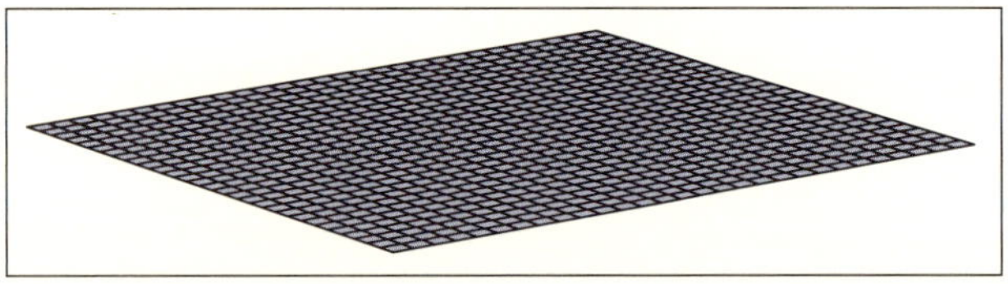

Figura 2.2: El plano.

i) X es diferenciable pues es lineal.

ii) $X^{-1} : \Pi \longrightarrow U$ es la proyección ortogonal sobre el plano $z = 0$, que es claramente continua, y por tanto, X es un homeomorfismo.

iii) Los vectores $X_u = (1, 0, -a/c)$ y $X_v = (0, 1, -b/c)$ son linealmente independientes, y en consecuencia, dX_q es inyectiva para todo q. ♢

Ejemplo 2.2 (La esfera). Sea $\mathbb{S}^2$ el siguiente subconjunto de $\mathbb{R}^3$:

$$\mathbb{S}^2 = \big\{(x,y,z) \in \mathbb{R}^3 : x^2 + y^2 + z^2 = 1\big\}$$

(la esfera unidad, véase la figura 2.3). Definimos $X_1 : U \longrightarrow \mathbb{R}^3$ como

$$X_1(u,v) = \left(u, v, \sqrt{1 - u^2 - v^2}\right),$$

donde $U = \big\{(u,v) \in \mathbb{R}^2 : u^2 + v^2 < 1\big\}$.

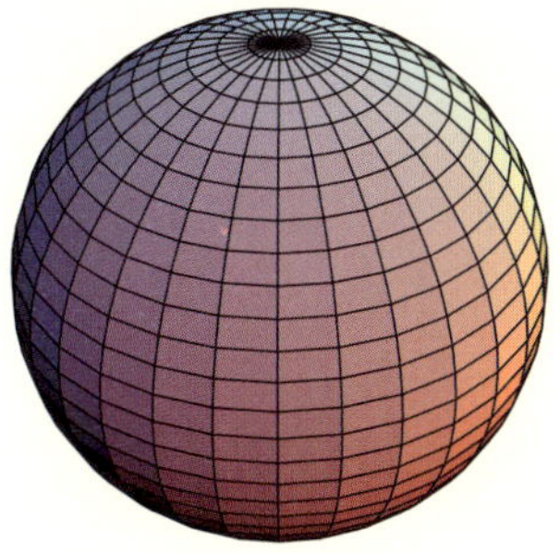

Figura 2.3: La esfera.

Es claro que X_1 es diferenciable en U, por lo que se tiene **S1)**. Además, X_1^{-1} es la proyección ortogonal sobre el plano $z=0$, que también es continua; luego X_1 es un homeomorfismo sobre la imagen $X_1(U)$ y se verifica **S2)**. Por último, se tiene que

$$(X_1)_u = \left(1, 0, \frac{-u}{\sqrt{1-u^2-v^2}}\right), \quad (X_1)_v = \left(0, 1, \frac{-v}{\sqrt{1-u^2-v^2}}\right)$$

son linealmente independientes, por lo que $d(X_1)_q$ es inyectiva y se cumple **S3)**. En consecuencia X_1 es una parametrización. Para ver que $\mathbb{S}^2$ es una superficie regular, hay que comprobar que existen parametrizaciones para todos los puntos de $\mathbb{S}^2$. Con X_1 se cubren todos los puntos que cumplen $z>0$ pero... ¿cuántas necesitamos realmente? La respuesta se obtiene fácilmente.

Si tomamos $X_2(u,v) = \left(u, v, -\sqrt{1-u^2-v^2}\right)$, con $(u,v) \in U$, se comprueba de nuevo que X_2 es una parametrización que cubre todos los puntos de $\mathbb{S}^2$ tales que $z<0$; así pues, con X_1 y X_2 tenemos cubiertos los *hemisferios norte y sur* (abiertos), pero no los puntos del ecuador. Para cubrir toda la esfera $\mathbb{S}^2$ todavía necesitamos las parametrizaciones $X_3(u,v) = \left(u, \sqrt{1-u^2-v^2}, v\right)$ y $X_4(u,v) = \left(u, -\sqrt{1-u^2-v^2}, v\right)$, que completan el cubrimiento de $\mathbb{S}^2$ salvo los dos puntos del ecuador que intersecan al eje x. Finalmente, con las parametrizaciones $X_5(u,v) = \left(\sqrt{1-u^2-v^2}, u, v\right)$ y $X_6(u,v) = \left(-\sqrt{1-u^2-v^2}, u, v\right)$ cubrimos toda la esfera $\mathbb{S}^2$. ◊

Como vemos, no resulta sencillo encontrar todas las parametrizaciones de una superficie cualquiera, incluso cuando esta es tan conocida como la esfera. De hecho, una misma superficie puede ser parametrizada de muy distintas formas, y unas parametrizaciones serán más adecuadas que otras según el fin que estemos persiguiendo. Para ilustrar esta afirmación, veamos otras maneras de parametrizar la esfera.

Ejemplo 2.3 (La esfera –coordenadas geográficas). Consideramos la aplicación $X : U = (0,\pi) \times (0, 2\pi) \longrightarrow \mathbb{S}^2$ dada por

$$X(\theta, \varphi) = (\operatorname{sen}\theta\cos\varphi, \operatorname{sen}\theta\operatorname{sen}\varphi, \cos\theta).$$

El ángulo θ se denomina la *colatitud* y φ la *longitud*. Como ejercicio sencillo, proponemos comprobar que X es una parametrización de la esfera (véase la figura 2.4). No obstante, el abierto $X(U)$ no cubre todo $\mathbb{S}^2$, pues el meridiano $\varphi = 0$ no está incluido. Por ello es necesaria, al menos, una parametrización más, cuya expresión es muy similar a la de X y que, en este caso, deja fuera la mitad del ecuador. ◊

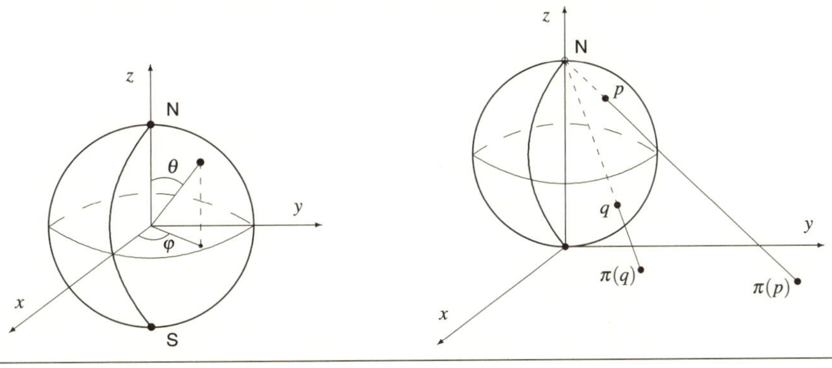

Figura 2.4: Coordenadas geográficas (izquierda) y proyección estereográfica (derecha).

Ejemplo 2.4 (La esfera –proyección estereográfica). Para finalizar con el estudio de la esfera, vamos a definir a continuación la *proyección estereográfica*. Esta determina una parametrización de la esfera que excluye un único punto. Para construirla, consideremos la esfera $\mathbb{S}^2$ dada por la ecuación $x^2+y^2+(z-1)^2=1$, de suerte que el polo sur S es el origen de coordenadas. Sea ahora $\pi : \mathbb{S}^2\backslash\{\mathsf{N}\} \longrightarrow \mathbb{R}^2$, con $\mathsf{N}=(0,0,2)$, la aplicación definida por

$$\pi(x,y,z) = \text{intersección del plano } z=0 \text{ con la recta que pasa por } (x,y,z) \text{ y } \mathsf{N}$$

(véase la figura 2.4). Si llamamos $\pi(x,y,z)=(u,v)$, entonces definimos X de la forma $X=\pi^{-1} : \mathbb{R}^2 \longrightarrow \mathbb{S}^2$, que está dada por

$$X(u,v) = \left(\frac{4u}{u^2+v^2+4}, \frac{4v}{u^2+v^2+4}, \frac{2(u^2+v^2)}{u^2+v^2+4}\right).$$

Un ejercicio sencillo consiste en comprobar que X es una parametrización de la esfera. De forma análoga puede construirse la proyección estereográfica desde cualquier punto. De hecho, no es esencial trabajar con la esfera centrada en el punto $(0,0,1)$, sino que es posible definir la proyección estereográfica para una esfera centrada en el origen, de cualquier radio y proyectando sobre el plano $z=0$. $\diamondsuit$

2.1.1. Criterios prácticos para la determinación de superficies

Como se aprecia en los ejemplos anteriores, puede resultar complicado comprobar si un determinado subconjunto $S \subset \mathbb{R}^3$ es una superficie. En este epígrafe vamos a estudiar algunos criterios para determinar si un cierto subconjunto S es una superficie regular o no, con independencia de las posibles parametrizaciones que admita. El primero de ellos establece que el grafo de una función diferenciable es siempre una superficie regular.

Proposición 2.1.2 (Criterio 1: Grafos). *Sea $f : U \longrightarrow \mathbb{R}$ una función diferenciable con $U \subset \mathbb{R}^2$ abierto. Entonces el conjunto formado por*

$$G(f) = \Big\{ \big(u,v,f(u,v)\big) : (u,v) \in U \Big\}$$

es una superficie regular de $\mathbb{R}^3$. En otras palabras, cualquier grafo de una función diferenciable es una superficie regular.

Demostración. La prueba es inmediata, pues una parametrización global para $G(f)$ viene dada por $X(u,v) = \big(u,v,f(u,v)\big)$ (es claro que X es una parametrización). $\square$

Con objeto de presentar el siguiente criterio, necesitamos una definición previa.

Definición 2.1.3. *Sea $f : V \subset \mathbb{R}^3 \longrightarrow \mathbb{R}$ una función diferenciable definida sobre un abierto V de $\mathbb{R}^3$. Se dice que $p \in V$ es un* ***punto crítico*** *de f si df_p no es sobreyectiva, es decir, si $df_p \equiv 0$. El valor $f(p)$ se denomina* ***valor crítico*** *de f. Si $a \in \mathbb{R}$ no es un valor crítico, se dice que es un* ***valor regular****.*

El siguiente resultado, cuya prueba se basa en el teorema de la función implícita, cubre un gran número de situaciones; por ejemplo, todas las superficies cuádricas.

Proposición 2.1.4 (Criterio 2: Valores regulares). *Sean $f : V \subset \mathbb{R}^3 \longrightarrow \mathbb{R}$ una función diferenciable y a un valor regular de f (es decir, df_p es sobreyectiva para todo $p \in f^{-1}(a)$). Entonces $S = f^{-1}(a)$ es una superficie regular de $\mathbb{R}^3$, denominada* ***superficie de nivel****.*

Demostración. Sea $S = f^{-1}(a)$, donde a es un valor regular de f. Fijamos un punto $p_0 \in S$ (por tanto, $f(p_0) = a$) con $p_0 = (x_0, y_0, z_0)$. Como df_{p_0} es una aplicación lineal sobreyectiva, entonces las derivadas parciales

$$\frac{\partial f}{\partial x}(p_0), \quad \frac{\partial f}{\partial y}(p_0) \quad \text{y} \quad \frac{\partial f}{\partial z}(p_0)$$

no se anulan simultáneamente. Sin pérdida de generalidad, supongamos que la última de ellas cumple $(\partial f/\partial z)(p_0) \neq 0$. Utilizando el teorema de la función implícita (véase [6]), podemos asegurar la existencia de entornos $U(x_0, y_0) \subset \mathbb{R}^2, I(z_0) \subset \mathbb{R}$, y de una función diferenciable $g : U \longrightarrow I$, tales que

i) $g(x_0, y_0) = z_0$,

ii) para todo $(x,y) \in U$, $f\big(x,y,g(x,y)\big) - a = 0$, y

iii) $(U \times I) \cap f^{-1}(a) = \Big\{\big(u,v,g(u,v)\big) : (u,v) \in U\Big\}$.

Definimos entonces la parametrización $X(u,v) = \big(u,v,g(u,v)\big)$, con $(u,v) \in U$. Se tiene entonces por iii) que $X(U) = (U \times I) \cap S = V$, que es abierto en S. Además, por la proposición anterior, $X : U \longrightarrow V$ es un parametrización de S, pues es el grafo de la función diferenciable g. □

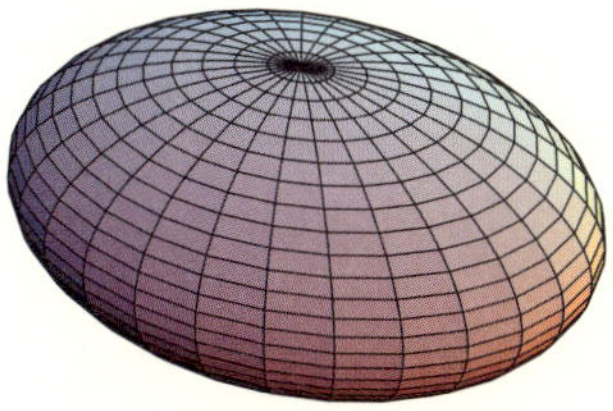

Figura 2.5: El elipsoide.

Ejemplo 2.5 (El elipsoide). Consideremos el subconjunto de $\mathbb{R}^3$ dado por

$$E = \left\{(x,y,z) \in \mathbb{R}^3 : \frac{x^2}{a_1^2} + \frac{y^2}{a_2^2} + \frac{z^2}{a_3^2} = 1\right\}$$

(véase la figura 2.5). Para probar que se trata de una superficie regular, definimos $f : \mathbb{R}^3 \longrightarrow \mathbb{R}$ como

$$f(x,y,z) = \frac{x^2}{a_1^2} + \frac{y^2}{a_2^2} + \frac{z^2}{a_3^2},$$

y buscamos sus puntos críticos. Para ello, observemos que

$$f_x = \frac{2x}{a_1^2}, \quad f_y = \frac{2y}{a_2^2} \quad \text{y} \quad f_z = \frac{2z}{a_3^2},$$

por lo que (x,y,z) es un punto crítico de f si, y solo si, $(x,y,z) = (0,0,0)$ (el origen es el único punto crítico). Calculamos ahora los valores críticos correspondientes a dicho punto crítico, obteniendo $f(0,0,0) = 0$; así, $a = 0$ es el único valor crítico de f, y para todo $a \neq 0$ tendremos que $f^{-1}(a)$ es una superficie regular. En particular, para $a = 1$, obtenemos que el elipsoide $E = f^{-1}(1)$ es una superficie regular. ◇

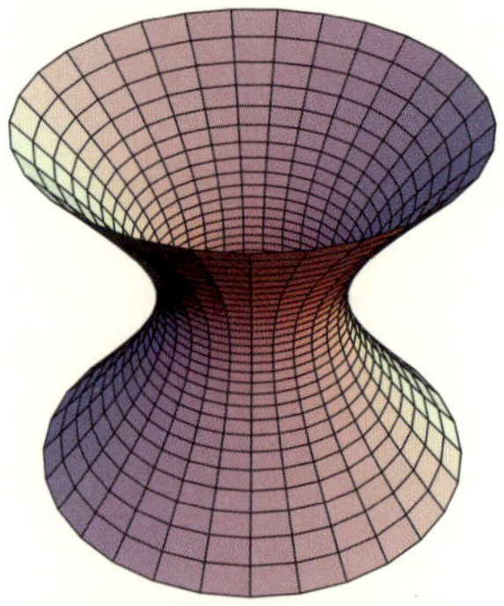

Hiperboloide de 1 hoja

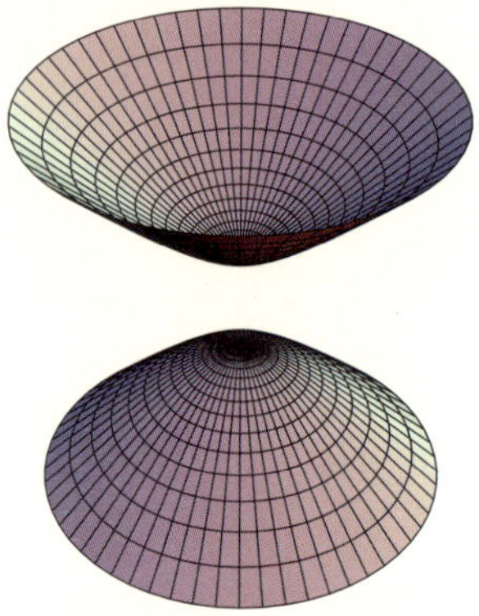

Hiperboloide de 2 hojas

Figura 2.6: Los hiperboloides de una y dos hojas.

Ejemplo 2.6 (Los hiperboloides de una y dos hojas). Se ve fácilmente que los conjuntos (véase la figura 2.6)

$$H = \{(x,y,z) \in \mathbb{R}^3 : x^2 + y^2 - z^2 = 1\} \qquad \text{(hiperboloide de una hoja)}$$
$$H' = \{(x,y,z) \in \mathbb{R}^3 : x^2 + y^2 - z^2 = -1\} \qquad \text{(hiperboloide de dos hojas)}$$

son superficies regulares sin más que utilizar el criterio de los valores regulares para la función

$$f : \mathbb{R}^3 \longrightarrow \mathbb{R} \quad \text{dada por } f(x,y,z) = x^2 + y^2 - z^2.$$

El único valor crítico de f es el 0, por lo que $H = f^{-1}(1)$ y $H' = f^{-1}(-1)$ son superficies regulares.

Los hiperboloides de una y dos hojas son superficies de revolución (véase el ejercicio 2.1) que se obtienen al rotar la hipérbola $y = 1/x$ alrededor de uno de sus dos ejes de simetría: o bien la recta $y = x$, lo que da lugar al hiperboloide de dos hojas, o $y = -x$, obteniéndose entonces el hiperboloide de una hoja. ◇

El criterio de los valores regulares no solo sirve para demostrar que las cuádricas son superficies regulares. He aquí un ejemplo de otra superficie de revolución que también admite la aplicación de dicho criterio.

Ejemplo 2.7 (El toro de revolución). Consideremos la circunferencia $\mathbb{S}^1(r)$ contenida en el plano $x = 0$ y centrada en el punto $(0,a,0)$ con $a > r > 0$. Un punto genérico de esta circunferencia viene dado por $(0,y,z)$ y se tiene que $r^2 = z^2 + d^2$ (véase la figura 2.7). Si rotamos la circunferencia $\mathbb{S}^1(r)$ alrededor del eje z, vamos a obtener una superficie de revolución descrita por la circunferencia en cuestión.

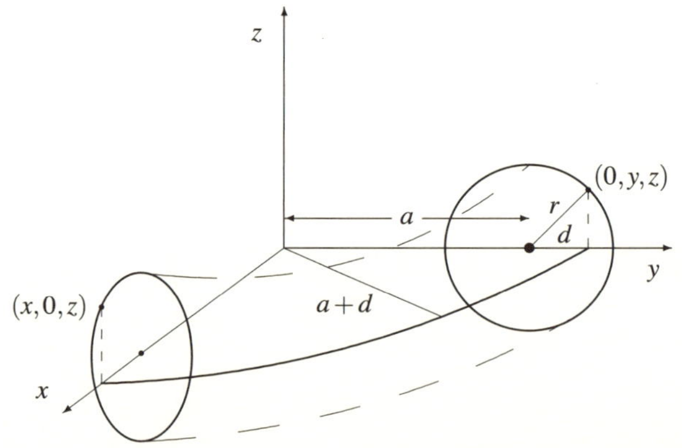

Figura 2.7: Generando el toro de revolución.

Para encontrar una ecuación que describa esta superficie, observemos que el punto $(0,y,z)$ pasa a ser ahora un punto de la forma (x,y,z). Observemos también que, al mantenerse fijo el valor $a+d$ (la distancia del punto al eje de rotación), se cumple la relación $(a+d)^2 = x^2 + y^2$, y de ahí se tiene que $d = \sqrt{x^2+y^2} - a$. Por otro lado, utilizando que $r^2 = z^2 + d^2$ y sustituyendo, se obtiene

$$\left(\sqrt{x^2+y^2} - a\right)^2 + z^2 = r^2,$$

que es la ecuación del *toro de revolución*. Por tanto, podemos definir

$$\mathbb{T}^2 = \left\{(x,y,z) \in \mathbb{R}^3 : \left(\sqrt{x^2+y^2}-a\right)^2 + z^2 = r^2\right\}.$$

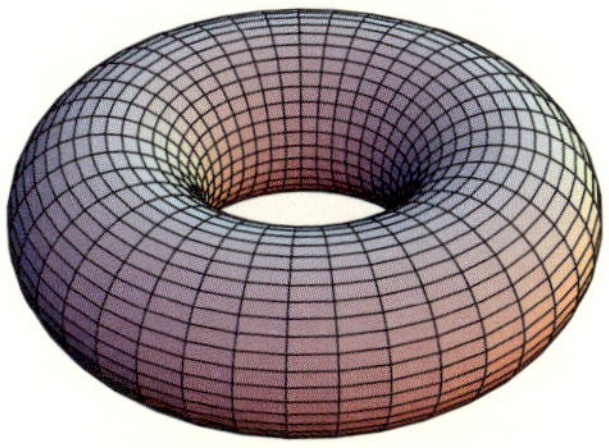
Figura 2.8: El toro de revolución.

Para comprobar que $\mathbb{T}^2$ es, en efecto, una superficie regular, vamos a utilizar el criterio de los valores regulares. Así, definimos la función $f : V \longrightarrow \mathbb{R}$ dada por

$$f(x,y,z) = \left(\sqrt{x^2+y^2}-a\right)^2 + z^2,$$

siendo $V = \mathbb{R}^3 \backslash \{(0,0,z) : z \in \mathbb{R}\}$. Sus derivadas parciales resultan ser

$$\begin{cases} \dfrac{\partial f}{\partial x} = 2\left(\sqrt{x^2+y^2}-a\right)\dfrac{x}{\sqrt{x^2+y^2}}, \\ \dfrac{\partial f}{\partial y} = 2\left(\sqrt{x^2+y^2}-a\right)\dfrac{y}{\sqrt{x^2+y^2}}, \\ \dfrac{\partial f}{\partial z} = 2z. \end{cases}$$

Los puntos críticos son aquellos puntos de V que anulan las tres parciales simultáneamente, es decir, los puntos de la forma $\left(x, \pm\sqrt{a^2-x^2}, 0\right)$. Si evaluamos la función f en dichos puntos, obtenemos $f\left(x, \pm\sqrt{a^2-x^2}, 0\right) = 0$, por lo que el único valor crítico es el 0. Así pues, para $r > 0$ se tiene que $\mathbb{T}^2 = f^{-1}(r^2) \subset V$ es una superficie regular (observemos que, para $r = 0$, lo que se obtiene es una circunferencia contenida en el plano $z = 0$, que no es una superficie regular). $\diamondsuit$

Cuando el criterio de los valores regulares no es aplicable, es imposible *a priori* asegurar si un cierto subconjunto es, o no, una superficie regular. Para ilustrar esta afirmación presentamos los siguientes ejemplos con distintos resultados finales.

Ejemplo 2.8. Consideremos el subconjunto $S \subset \mathbb{R}^3$ dado por

$$S = \{(x,y,z) \in \mathbb{R}^3 : x^2 + y^2 + 2xy = 0\}.$$

Vamos a comprobar si S es una superficie utilizando el criterio de los valores regulares. Para ello, tomamos la función $f(x,y,z) = x^2 + y^2 + 2xy$ y calculamos sus parciales: $f_x = 2x + 2y$, $f_y = 2y + 2x$ y $f_z = 0$, por lo que los puntos críticos son de la forma $(x, -x, z)$, con $x, z \in \mathbb{R}$ arbitrarios. Los valores críticos serán las imágenes de dichos puntos, por lo que se tiene $f(x, -x, z) = 2x^2 - 2x^2 = 0$; así el único valor crítico es el 0. De esta forma, el criterio no nos garantiza que S sea una superficie regular (ni que no lo sea), ya que, precisamente, S viene dada por $S = f^{-1}(0)$. No obstante, es sencillo comprobar que S es el plano de ecuación $x + y = 0$, por lo que, en este caso, sí se trata de una superficie regular. $\diamondsuit$

Ejemplo 2.9. Para terminar, sea ahora el subconjunto $S \subset \mathbb{R}^3$ dado por

$$S = \{(x,y,z) \in \mathbb{R}^3 : x^2 - y^2 = 0\}.$$

Si tomamos la función $f(x,y,z) = x^2 - y^2$ y calculamos sus parciales, obtenemos $f_x = 2x$, $f_y = -2y$ y $f_z = 0$, por lo que los puntos críticos son de la forma $(0,0,z)$ con z arbitrario. De nuevo, el único valor crítico es $f(0,0,z) = 0$ con lo que el criterio no nos sirve para determinar si S es una superficie regular. En este caso, y contrariamente a lo que ocurría en el ejemplo anterior, S es la unión de los planos $x+y=0$ y $x-y=0$, que se cortan, por lo que no es una superficie regular. $\diamond$

2.1.2. Propiedades de las superficies regulares

Comenzamos este epígrafe con un lema técnico que será de mucha utilidad en los resultados posteriores. El lema afirma un hecho bastante intuitivo: cualquier superficie regular puede proyectarse mediante un homeomorfismo, al menos localmente, sobre un abierto de alguno de los planos coordenados.

Lema 2.1.5. *Sean S una superficie regular, $p_0 \in S$ y (U,X) una parametrización de S con $q_0 \in U$, siendo $X(q_0) = p_0$. Entonces, existen un entorno $U'(q_0) \subset U$ y una proyección $\pi : \mathbb{R}^3 \longrightarrow \mathbb{R}^2$ sobre uno de los planos coordenados, de modo que $(\pi \circ X)(U') = U''$ es un abierto de $\mathbb{R}^2$ y la aplicación $\pi \circ X : U' \longrightarrow U''$ es un difeomorfismo entre abiertos de $\mathbb{R}^2$.*

Demostración. Vamos a llamar $V = X(U)$. En primer lugar, observemos que la composición $\pi \circ X : U \longrightarrow \mathbb{R}^2$ es una aplicación diferenciable por ser ambas aplicaciones diferenciables. Por otro lado, al ser X una parametrización, la diferencial dX_{q_0} tiene rango 2 y la matriz

$$\begin{pmatrix} x_u(q_0) & x_v(q_0) \\ y_u(q_0) & y_v(q_0) \\ z_u(q_0) & z_v(q_0) \end{pmatrix}$$

tiene un menor de orden 2 no nulo. Podemos suponer, sin pérdida de generalidad, que dicho menor es el dado por la submatriz

$$\begin{pmatrix} x_u(q_0) & x_v(q_0) \\ y_u(q_0) & y_v(q_0) \end{pmatrix}.$$

Esto significa, en términos geométricos, que el plano generado por $\{X_u(q_0), X_v(q_0)\}$ no es perpendicular al plano $z=0$ (¿qué pasaría si lo fuera?). Por ello, elegimos como proyección π la proyección sobre el plano $z=0$, de suerte que

$$(\pi \circ X)(u,v) = \big(x(u,v), y(u,v)\big).$$

De esta forma, la diferencial $d(\pi \circ X)_{q_0}$ es inyectiva y, en particular, es un isomorfismo de espacios vectoriales. Aplicamos ahora el teorema de la función inversa:[2] así, existe un entorno $U'(q_0) \subset U$ tal que $(\pi \circ X)(U') = U''$ es un abierto de $\mathbb{R}^2$ y la aplicación $\pi \circ X : U' \longrightarrow U''$ es un difeomorfismo. $\square$

---

[2] Sean $U \subset \mathbb{R}^2$ un abierto y $F : U \longrightarrow \mathbb{R}^2$ una función diferenciable. Si $q_0 \in U$ es tal que dF_{q_0} es un isomorfismo, entonces existe $U'(q_0) \subset U$ con $F(U') = U''$ abierto en $\mathbb{R}^2$ y $F : U' \longrightarrow U''$ un difeomorfismo.

La primera consecuencia de este lema es que toda superficie puede expresarse, localmente, como el grafo de una función diferenciable definida sobre (un abierto de) alguno de los planos coordenados.

Proposición 2.1.6. *Sean S una superficie regular y $p_0 \in S$. Entonces existe un entorno $V(p_0) \subset S$ que es el grafo de una función diferenciable de alguno de los tipos $z = f(x,y)$, $x = g(y,z)$ o $y = h(x,z)$ (es decir, es una función definida sobre un abierto contenido en alguno de los planos coordenados).*

Demostración. Por ser S una superficie regular, existe una parametrización (U,X) de S con $q_0 \in U$, siendo $X(q_0) = p_0$. El lema 2.1.5 nos asegura entonces la existencia de un entorno $U'(q_0) \subset U$ y una proyección $\pi : \mathbb{R}^3 \longrightarrow \mathbb{R}^2$ tales que la aplicación $\pi \circ X : U' \longrightarrow (\pi \circ X)(U') = U''$ es un difeomorfismo. Podemos suponer, sin pérdida alguna de generalidad, que $\pi \equiv \pi_z$ es la proyección sobre el plano $z = 0$. Entonces, llamando $V = X(U')$, como $\pi_z \circ X$ es un difeomorfismo, su inversa $(\pi_z \circ X)^{-1}$ también es diferenciable; además, la proyección π_z es inyectiva, ya que podemos escribirla de la forma $\pi_z = (\pi_z \circ X) \circ X^{-1}$, y es composición de aplicaciones inyectivas.

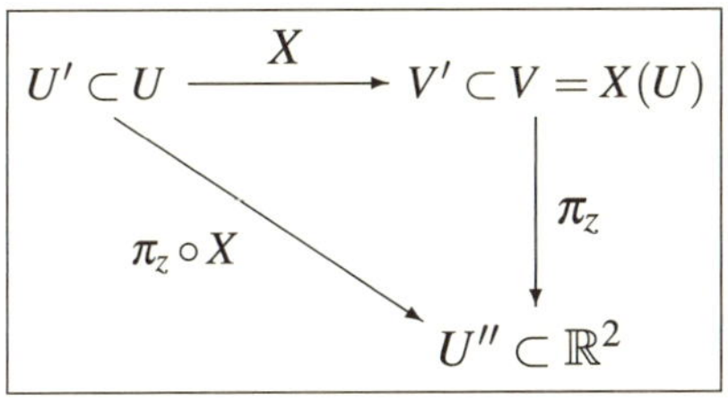

A continuación, consideremos la siguiente composición:

$$\begin{array}{ccccccc} U'' & \xrightarrow{(\pi_z \circ X)^{-1}} & U' & \xrightarrow{X} & V & \xrightarrow{z} & \mathbb{R} \\ (x,y) & \longrightarrow & \big(u(x,y),v(x,y)\big) & \longrightarrow & \big(x(u,v),y(u,v),z(u,v)\big) & \longrightarrow & z\big(u(x,y),v(x,y)\big) \end{array}$$

Llamamos entonces $f(x,y) = z\big(u(x,y),v(x,y)\big)$, y así $z = f(x,y)$. Además, es claro que f es diferenciable por ser composición de funciones diferenciables. $\square$

Para ilustrar la utilidad de estos resultados presentamos los siguientes ejemplos.

Ejemplo 2.10 (El cono). Veamos que el *cono* C dado por

$$C = \left\{(x,y,z) \in \mathbb{R}^3 : x^2 + y^2 = z^2\right\}$$

no es una superficie regular. En primer lugar, vamos a identificar dónde está el problema y, para ello, demostraremos que $C \backslash \big\{\mathbf{0} = (0,0,0)\big\}$ sí es una superficie regular (véase la figura 2.9).

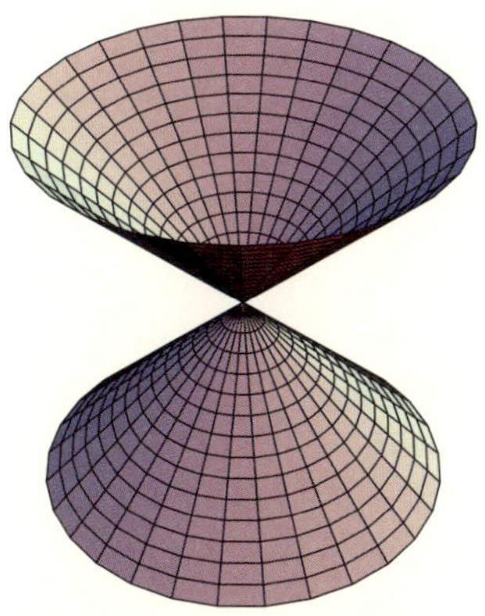
Figura 2.9: El cono de dos hojas.

Sea $f : \mathbb{R}^3 \backslash \{\mathbf{0}\} \longrightarrow \mathbb{R}$ dada por $f(x,y,z) = x^2 + y^2 - z^2$. Es claro que f es diferenciable y que sus parciales valen $f_x = 2x$, $f_y = 2y$ y $f_z = -2z$. Por tanto, el único punto crítico es el origen que, precisamente, no está contenido en $C \backslash \{\mathbf{0}\}$. Así, este conjunto es una superficie regular de $\mathbb{R}^3$.

Obsérvese que si trabajamos con C, el argumento anterior no demuestra que C *no es* una superficie regular. Más bien, no nos permite demostrar que lo es. En este sentido, para poder encontrar una demostración de que C no es una superficie regular vamos a aplicar la proposición 2.1.6. Así, supongamos que C es una superficie regular. Tomamos $\mathbf{0} \in C$ y aplicamos dicho resultado: existe pues un entorno $V \subset C$ del origen $\mathbf{0}$ de manera que V es el grafo de una función diferenciable sobre alguno de los planos coordenados, es decir, V es el grafo de una función de la forma $y = h(x,z)$, $x = g(y,z)$ o $z = f(x,y)$.

Supongamos, por ejemplo, que V es un grafo de la forma $y = h(x,z)$. Además, podemos suponer que $V = B(\mathbf{0},\varepsilon) \cap C$, donde $B(\mathbf{0},\varepsilon)$ representa la bola en $\mathbb{R}^3$ de centro $\mathbf{0}$ y radio ε. Sea $(x,y,z) \in V$ arbitrario, cuya proyección sobre el plano $y = 0$ viene dada por $\pi_y(x,y,z) = (x,z)$. Ahora bien, el punto $(x,-y,z)$ también pertenece a V, ya que está contenido en C y en la bola $B(\mathbf{0},\varepsilon)$. Por tanto, $\pi_y(x,-y,z) = (x,z)$, lo que nos dice que la aplicación π_y no es inyectiva.

Análogamente, se puede demostrar que las proyecciones π_x y π_z no son inyectivas, lo cual contradice el lema 2.1.5. $\diamondsuit$

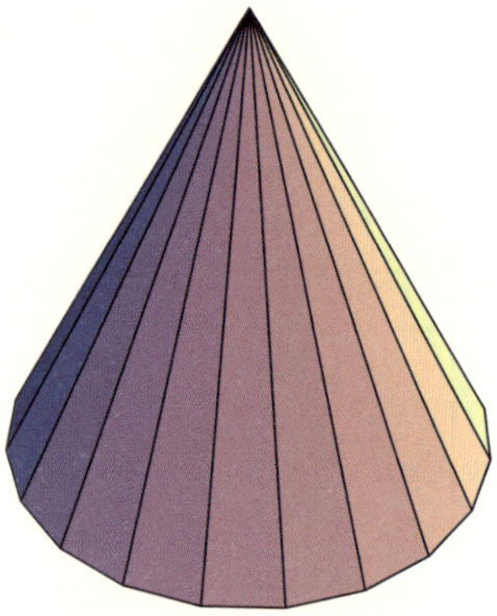

Figura 2.10: El cono de una hoja.

Observación 2.2. Si en lugar de considerar el cono de dos hojas nos quedamos únicamente con el conjunto

$$C = \left\{(x,y,z) \in \mathbb{R}^3 : x^2 + y^2 = z^2,\, z \leq 0\right\}$$

(véase la figura 2.10), tampoco obtenemos una superficie regular (a menos que eliminemos el origen). Para demostrarlo se utiliza un argumento similar al anterior, resultando que las proyecciones π_y, π_x no son inyectivas. En relación a la proyección π_z sobre el plano $z = 0$, esta sí lo es, aunque resulta ser no diferenciable. $\diamondsuit$

Finalizamos este epígrafe con un resultado técnico que economiza esfuerzos a la hora de demostrar si una cierta aplicación es una parametrización de una superficie. Proponemos además un ejemplo para ilustrar esta situación.

Proposición 2.1.7. *Sean S una superficie regular y $p_0 \in S$ un punto arbitrario. Supongamos que $X : U \subset \mathbb{R}^2 \longrightarrow S$, U abierto, es una aplicación que cumple las condiciones* **S1)** *y* **S3)** *de la definición de superficie regular. Entonces, si X es inyectiva, se tiene que X^{-1} es continua (por tanto, X es un homeomorfismo y, finalmente, una parametrización de S).*

Demostración. Tomamos $q_0 \in U$ tal que $X(q_0) = p_0$. Como dX_{q_0} es inyectiva, podemos suponer de nuevo que

$$\begin{vmatrix} x_u(q_0) & x_v(q_0) \\ y_u(q_0) & y_v(q_0) \end{vmatrix} \neq 0.$$

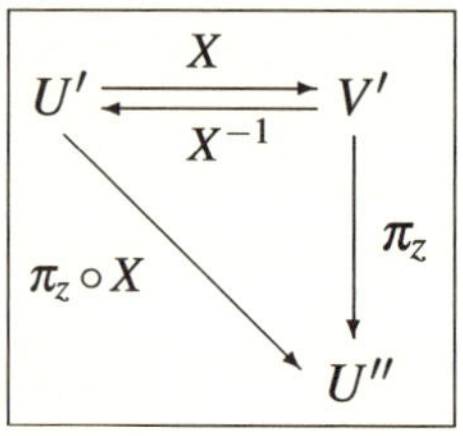

Por el lema 2.1.5, sabemos que la aplicación $\pi_z \circ X : U' \longrightarrow U''$ es un difeomorfismo entre abiertos de $\mathbb{R}^2$ con $U' \subset U$ (observemos que solo se necesitan las condiciones **S1)** y **S3)** para demostrar el lema, y no hace falta que X sea una parametrización). Como X es inyectiva, X es biyectiva en su imagen, que llamamos V'.

Por tanto, existe su inversa $X^{-1} : V' \longrightarrow U'$, y queremos probar que es continua. Para ello, basta observar simplemente que $X^{-1} = (\pi_z \circ X)^{-1} \circ \pi_z$, y que X^{-1} es continua en p_0 al ser composición de aplicaciones diferenciables y continuas. Como el punto p_0 es arbitrario, se tiene que X^{-1} es continua en todo su dominio. $\square$

Ejemplo 2.11. Sea $X : (0,2\pi) \times (0,2\pi) \longrightarrow \mathbb{R}^3$ dada por

$$X(u,v) = \big((r\cos u + a)\cos v, (r\cos u + a)\operatorname{sen} v, r\operatorname{sen} u\big),$$

donde $a > r$. Vamos a ver que la aplicación X es una parametrización del toro $\mathbb{T}^2$ descrito en el ejemplo 2.7 (véase la figura 2.8), aplicando la proposición 2.1.7. Es claro que X es diferenciable, por lo que vamos a comprobar si se verifica la condición **S3**). Observemos que la matriz jacobiana de la diferencial en un punto $q = (u,v)$ arbitrario viene dada por

$$\begin{pmatrix} -r\operatorname{sen} u\cos v & -(r\cos u + a)\operatorname{sen} v \\ -r\operatorname{sen} u\operatorname{sen} v & (r\cos u + a)\cos v \\ r\cos u & 0 \end{pmatrix}.$$

El hecho de que $r\cos u + a \neq 0$ implica que el menor

$$\begin{pmatrix} -r\operatorname{sen} u\cos v & -(r\cos u + a)\operatorname{sen} v \\ -r\operatorname{sen} u\operatorname{sen} v & (r\cos u + a)\cos v \end{pmatrix}$$

tiene determinante no nulo, salvo cuando $\operatorname{sen} u = 0$. En tal caso, $r\cos u = \pm r$, por lo que el determinante de alguno de los menores

$$\begin{pmatrix} -r\operatorname{sen} u\cos v & -(r\cos u + a)\operatorname{sen} v \\ r\cos u & 0 \end{pmatrix} \quad \text{o} \quad \begin{pmatrix} -r\operatorname{sen} u\operatorname{sen} v & (r\cos u + a)\cos v \\ r\cos u & 0 \end{pmatrix}$$

es distinto de cero. En consecuencia, el rango de la diferencial dX_q es 2. Finalmente, y para demostrar **S2**), basta aplicar la proposición 2.1.7 y comprobar que X es inyectiva, ejercicio sencillo que dejamos propuesto para resolver. $\diamondsuit$

2.1.3. El cambio de coordenadas

Dados una superficie regular y un punto de dicha superficie sabemos que, en general, existen varias (en realidad, infinitas) parametrizaciones para cubrir dicho punto y un entorno suyo. Una pregunta razonable es qué ocurre cuando expresamos los puntos de este entorno en unas u otras coordenadas, así como la relación que existe entre ambas expresiones. La respuesta se recoge en esta sección: unas coordenadas se expresan como función de las otras, siendo esta dependencia, naturalmente, diferenciable.[3]

Consideremos entonces S una superficie regular y sea $p \in S$. Dadas dos parametrizaciones (U_1,X_1) y (U_2,X_2) con $p \in X_1(U_1) \cap X_2(U_2) = V$, podemos tomar $q_1 \in U_1$ y $q_2 \in U_2$ de modo que $X_1(q_1) = X_2(q_2) = p$ (véase le figura 2.11).

Además, $X_1^{-1}(V) \subset U_1$ y $X_2^{-1}(V) \subset U_2$ son dos abiertos del plano $\mathbb{R}^2$, por lo que tiene sentido considerar la aplicación $X_2^{-1} \circ X_1 : X_1^{-1}(V) \longrightarrow X_2^{-1}(V)$. Esta aplicación

[3] En otros contextos más amplios como, por ejemplo, para superficies abstractas, esta característica debe asumirse como un axioma, y no es una consecuencia de la definición de superficie, tal y como ocurre aquí.

se denomina *cambio de coordenadas*. Claramente, el cambio de coordenadas es un homeomorfismo entre abiertos de $\mathbb{R}^2$, pues $X_1 : X_1^{-1}(V) \longrightarrow V$ es un homeomorfismo al ser la restricción de un homeomorfismo a un abierto; también $X_2^{-1} : V \longrightarrow X_2^{-1}(V)$ lo es. Además, se tiene el siguiente resultado.

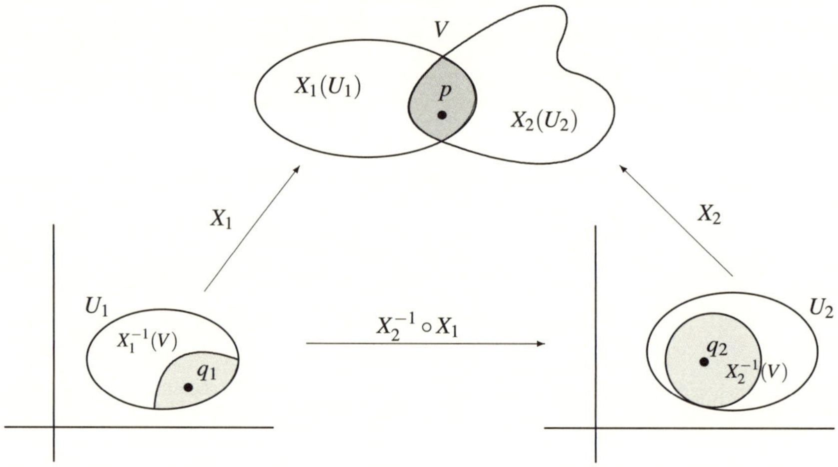

Figura 2.11: La aplicación cambio de coordenadas.

Teorema 2.1.8. *La aplicación cambio de coordenadas dada por $X_2^{-1} \circ X_1$ es un difeomorfismo entre abiertos de $\mathbb{R}^2$.*

Demostración. Vamos a demostrar que la aplicación $X_2^{-1} \circ X_1$ es diferenciable en el abierto $X_1^{-1}(V)$. Por simetría, se tendrá que la aplicación $X_1^{-1} \circ X_2$ es también diferenciable, siendo entonces ambas difeomorfismos.

Recordemos que tomamos $q_i \in U_i$ de modo que $q_i \in X_i^{-1}(V)$ para $i = 1, 2$, y que además se tiene que $X_1(q_1) = X_2(q_2) = p$; luego $(X_2^{-1} \circ X_1)(q_1) = q_2$. Ahora bien, como X_2 es una parametrización, dado $q_2 \in X_2^{-1}(V) \subset U_2$, existirán un entorno $\widetilde{U}_2(q_2) \subset X_2^{-1}(V)$ y una proyección π sobre alguno de los planos coordenados tales que $\pi \circ X_2 : \widetilde{U}_2 \longrightarrow (\pi \circ X_2)\big(\widetilde{U}_2\big)$ es un difeomorfismo. Representamos por F el cambio de coordenadas, esto es, $F = X_2^{-1} \circ X_1$. Entonces, como $F(q_1) = q_2 \in \widetilde{U}_2$, se tiene que $q_1 \in F^{-1}(\widetilde{U}_2) =: \widetilde{U}_1$ que, claramente, es un abierto contenido en $X_1^{-1}(V) \subset U_1$, pues F es un homeomorfismo. A continuación, vamos a demostrar que

$$F|_{\widetilde{U}_1} = (\pi \circ X_2)^{-1} \circ (\pi \circ X_1)|_{\widetilde{U}_1}, \tag{2.1}$$

de donde se tendrá que, al ser composición de aplicaciones diferenciables, $F|_{\widetilde{U}_1}$ también será diferenciable (observemos que, como esto es cierto para cualquier punto $q_1 \in X_1^{-1}(V)$, entonces F es diferenciable en todo su dominio).

Veamos, por tanto, (2.1). Para ello, sea $q \in \widetilde{U}_1$. En tal caso, $F(q) \in \widetilde{U}_2$, pues por definición, $\widetilde{U}_1 = F^{-1}(\widetilde{U}_2)$. Ahora bien, $\widetilde{U}_2$ es el dominio de la aplicación $\pi \circ X_2$, luego

$$\big((\pi \circ X_2) \circ F\big)(q) = (\pi \circ X_2 \circ X_2^{-1} \circ X_1)(q) = (\pi \circ X_1)(q).$$

De esta forma, para todo $q \in \widetilde{U}_1$, dado que $\pi \circ X_2$ es un difeomorfismo, podemos asegurar que $F(q) = \big((\pi \circ X_2)^{-1} \circ (\pi \circ X_1)\big)(q)$, lo que concluye la prueba. □

Observación 2.3. Una vez estudiado el concepto de superficie como un cierto subconjunto S de $\mathbb{R}^3$ con determinadas propiedades, podemos redefinir el concepto de curva de manera similar, esto es, atendiendo únicamente a la curva como *subconjunto del espacio* y no como una aplicación. Así pues, una curva Γ es un subconjunto de $\mathbb{R}^3$ de modo que, para cada punto $p \in \Gamma$, existen un entorno $V(p)$ de p en Γ con la topología relativa, un intervalo abierto $I \subset \mathbb{R}$ y una aplicación $\alpha : I \longrightarrow V$ diferenciable, tales que la diferencial de α es inyectiva para todo $t \in I$. La aplicación α se dice que es una parametrización (local) de la curva Γ.

Si fijamos un punto y lo cubrimos con dos parametrizaciones, se puede demostrar (al igual que en el caso de superficies) que el cambio de parámetro es un difeomorfismo entre intervalos de la recta. A partir de aquí se concluye que existe un parámetro distinguido (la longitud de arco), y que este se expresa de forma precisa en términos de cualquier parametrización (véase [20]). Finalmente, y gracias también al cambio de parámetro, podemos definir los conceptos de curvatura y torsión en términos de un parámetro arbitrario, y demostrar que estos, en realidad, no dependen del parámetro en cuestión, sino que son característicos de la curva con independencia de cómo la estemos recorriendo. $\diamondsuit$

2.2. FUNCIONES DIFERENCIABLES DEFINIDAS EN SUPERFICIES

Con vistas a efectuar cálculo en superficies, necesitamos definir lo que se entiende por función diferenciable en una superficie. Para ello la táctica adoptada consiste en «llevar» los objetos al plano de coordenadas mediante una parametrización cualquiera y aplicar lo que sí conocemos de cálculo elemental en varias variables.

Sean S una superficie regular y $f : S \longrightarrow \mathbb{R}^m$, con $m \geq 1$. Sea (U,X) una parametrización de S. Entonces, la composición $\widetilde{f} = f \circ X : U \longrightarrow \mathbb{R}^m$ es la *expresión en coordenadas de* f *respecto a la parametrización* (U,X).

Definición 2.2.1. *Una función* $f : S \longrightarrow \mathbb{R}^m$ *es* ***diferenciable*** *(sobre S) si, para toda parametrización* (U,X)*, la función* $f \circ X$ *es diferenciable sobre el abierto* U*.*

Naturalmente, esta definición no es operativa, pues necesitaríamos verificar la condición sobre todas las parametrizaciones de la superficie. Por ello, presentamos el siguiente lema que hace uso del cambio de coordenadas como aplicación diferenciable entre abiertos del plano.

Lema 2.2.2. *Una función* $f : S \longrightarrow \mathbb{R}^m$ *es diferenciable en S si, y solo si, para todo* $p \in S$*, existe* (U_p,X_p) *parametrización de S, con* $p \in X_p(U_p)$*, tal que* $f \circ X_p$ *es diferenciable en* U_p*.*

Demostración. La implicación directa es obvia por la propia definición. Supongamos por tanto que, dado $p \in S$, existe una parametrización (U_p,X_p), con $p \in X_p(U_p)$, tal que $f \circ X_p$ es diferenciable en U_p.

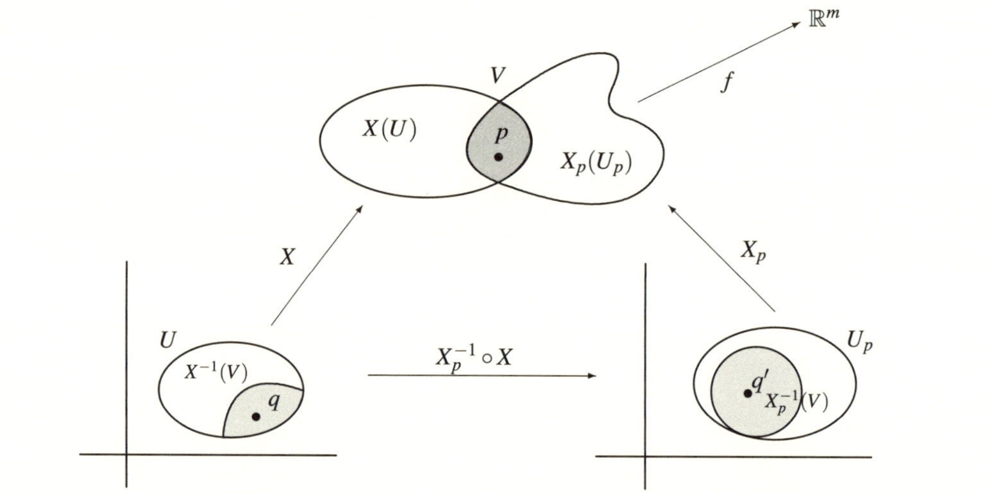

Figura 2.12: Para estudiar la diferenciabilidad es suficiente considerar una parametrización.

Vamos a demostrar que, si (U,X) es una parametrización cualquiera de S (cubriendo p), entonces la composición $f \circ X$ es una función diferenciable sobre U. Para ello, sea $q \in U$ de modo que $p = X(q)$. Elegimos un punto $q' \in U_p$ tal que $X_p(q') = p$, y sea $V = X(U) \cap X_p(U_p)$. Claramente, $p \in V$ y $q \in X^{-1}(V)$. Entonces $f \circ X|_{X^{-1}(V)} = (f \circ X_p) \circ (X_p^{-1} \circ X)\big|_{X^{-1}(V)}$, que es una composición de funciones diferenciables, ya que $f \circ X_p$ lo es por hipótesis, mientras que $X_p^{-1} \circ X$ lo es por ser un cambio de coordenadas. □

Algunas propiedades de las funciones diferenciables definidas sobre una superficie se recogen en la siguiente proposición, cuya demostración proponemos como un sencillo ejercicio.

Proposición 2.2.3. *Sean S una superficie regular y $f : S \longrightarrow \mathbb{R}^m$ una función.*

i) Si existen $W \subset \mathbb{R}^3$ abierto y una función diferenciable $\bar{f} : W \longrightarrow \mathbb{R}^m$ en sentido ordinario tales que $S \subset W$ y la restricción $\bar{f}|_S = f$, entonces f es diferenciable.

ii) Si f es diferenciable, entonces es continua.

iii) Si escribimos $f = (f_1, f_2, \ldots, f_m)$, entonces f es diferenciable si, y solo si, lo es cada una de las funciones componentes f_i para $i = 1, \ldots, m$.

iv) La suma, el producto y el cociente (siempre que tenga sentido) de funciones diferenciables es también una función diferenciable.

A continuación, veamos algunos ejemplos de funciones diferenciables.

Ejemplo 2.12 (La función distancia). Sean $p_0 = (x_0, y_0, z_0) \in \mathbb{R}^3$ y S una superficie regular. Definimos $f : S \longrightarrow \mathbb{R}$ como $f(p) = |p - p_0|^2$, esto es, la función distancia al cuadrado. Esta puede verse como la restricción a S de $g : \mathbb{R}^3 \longrightarrow \mathbb{R}$ dada por

$$g(q) = |q - p_0|^2 = (x - x_0)^2 + (y - y_0)^2 + (z - z_0)^2,$$

donde $q = (x,y,z)$. Observemos que g es una función polinómica y, por tanto, diferenciable. De este modo, f también es diferenciable. Por otro lado, la función distancia (la raíz de f) no sería diferenciable en S si el punto $p_0 \in S$. ◇

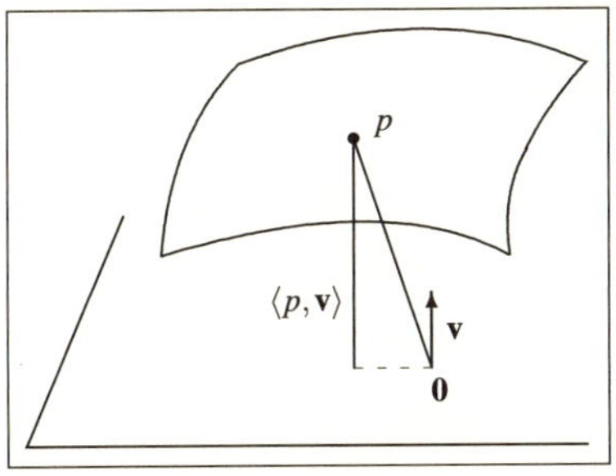

Figura 2.13: La función altura.

Ejemplo 2.13 (La función altura). La función $h : S \longrightarrow \mathbb{R}$, $h(p) = \langle p, \mathbf{v} \rangle$, donde $p = (x,y,z) \in S$ y $\mathbf{v} = (v_1, v_2, v_3)$ es un vector unitario de $\mathbb{R}^3$, se denomina *función altura*, y representa la distancia de p al plano $\mathbf{v}^\perp$ ortogonal al vector $\mathbf{v}$ que pasa por el origen (véase la figura 2.13).

Es claro que $h(p) = h(x,y,z) = xv_1 + yv_2 + zv_3$ es la restricción a S de una función diferenciable sobre todo $\mathbb{R}^3$ (la propia h), por lo que h también es diferenciable. ◇

2.2.1. Aplicaciones diferenciables definidas entre superficies

¿Qué ocurre con la definición de aplicación diferenciable si el espacio de llegada de la función es también una superficie regular? La respuesta a esta pregunta se recoge en este epígrafe.

De modo análogo al caso de una función diferenciable $f : S \longrightarrow \mathbb{R}^m$ sobre una superficie regular, podemos dar una «definición intrínseca» para una aplicación diferenciable entre dos superficies (véase la definición 2.2.1):

Definición 2.2.4. *Sean S_1 y S_2 superficies regulares y $F : S_1 \longrightarrow S_2$ una aplicación. Diremos que F es **diferenciable** si, para todo $p \in S$ y cualesquiera parametrizaciones (U_1, X_1) de S_1 en p y (U_2, X_2) de S_2 en $F(p)$, la **expresión en coordenadas** de F, $\widetilde{F} = X_2^{-1} \circ F \circ X_1$, es diferenciable en el sentido ordinario sobre un abierto $U \subset \mathbb{R}^2$.*

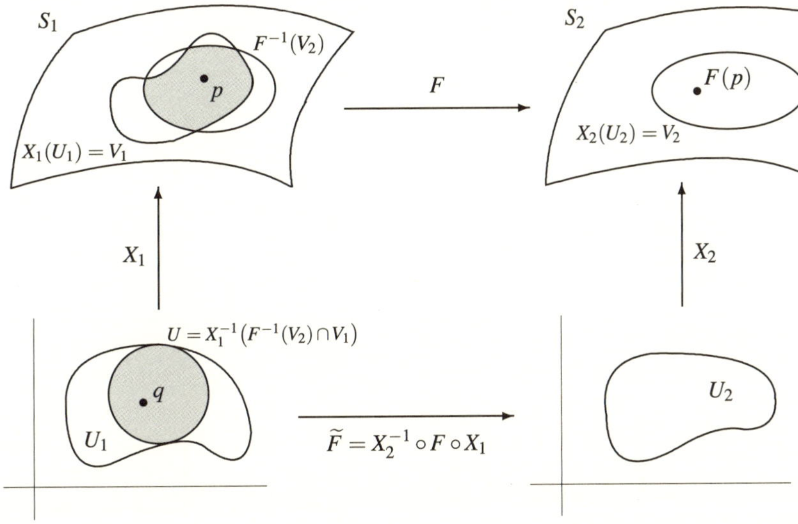

Figura 2.14: Diferenciabilidad de una aplicación entre superficies.

Como puede comprobarse fácilmente (véase la figura 2.14), el abierto U de la definición anterior es $U = X_1^{-1}\left(F^{-1}(V_2) \cap V_1\right)$, donde $V_i = X_i(U_i)$, $i = 1,2$.

Por otro lado, es posible definir la diferenciabilidad de una aplicación entre superficies de un modo extrínseco (obsérvese la analogía con la proposición 2.2.3 i)).

Definición 2.2.5. *Sean S_1 y S_2 dos superficies regulares y $F : S_1 \longrightarrow S_2$ una aplicación. Diremos que F es* ***diferenciable*** *si la aplicación $i \circ F : S_1 \longrightarrow \mathbb{R}^3$ es diferenciable, donde $i : S_2 \longrightarrow \mathbb{R}^3$ representa la inclusión.*

Vamos a demostrar en primer lugar que ambas definiciones son equivalentes.

Proposición 2.2.6. *Las definiciones 2.2.4 y 2.2.5 son equivalentes.*

Demostración. Supongamos en primer lugar que $F : S_1 \longrightarrow S_2$ es una aplicación diferenciable en el sentido de la definición 2.2.4. Tenemos que demostrar que la función $i \circ F : S_1 \longrightarrow \mathbb{R}^3$ es diferenciable, es decir, que para todo $p \in S_1$, existe una parametrización (U_p, X_p) de S_1 en p tal que $i \circ F \circ X_p : U_p \longrightarrow \mathbb{R}^3$ es diferenciable en el sentido ordinario. Sea entonces (U_1, X_1) una parametrización de S_1 en p, y sea (U_2, X_2) una parametrización de S_2 cubriendo $F(p)$. Como F es diferenciable con la definición 2.2.4, su expresión en coordenadas $\widetilde{F} = X_2^{-1} \circ F \circ X_1$ es diferenciable en el sentido ordinario en el abierto U de la definición 2.2.4, y por tanto,

$$(i \circ F \circ X_1)\big|_U = (i \circ X_2 \circ X_2^{-1} \circ F \circ X_1)\big|_U = \big((i \circ X_2) \circ \widetilde{F}\big)\big|_U$$

también lo es, pues es composición de dos funciones diferenciables, la primera de ellas entre abiertos de $\mathbb{R}^2$ y $\mathbb{R}^3$ (por definición de parametrización), y la segunda entre abiertos de $\mathbb{R}^2$. Luego la parametrización buscada es $\big(U_p = U, X_p = X_1\big|_U\big)$.

La demostración del recíproco es más compleja. Supongamos que $F : S_1 \longrightarrow S_2$ es una aplicación diferenciable en el sentido de la definición 2.2.5, es decir, la función $i \circ F : S_1 \longrightarrow \mathbb{R}^3$ es diferenciable (véase la definición 2.2.1).

Vamos a demostrar el siguiente caso particular, a partir del cual se obtiene el resultado buscado fácilmente:

Lema 2.2.7. *Sea $G : \Omega \subset \mathbb{R}^m \longrightarrow S$, $m \geq 1$, una aplicación en una superficie regular S. Si $i \circ G : \Omega \longrightarrow \mathbb{R}^3$ es diferenciable, entonces para cualquier parametrización (U, X) de S (con $V = X(U) \cap G(\Omega) \neq \emptyset$), la expresión en coordenadas $X^{-1} \circ G : \Omega_0 \longrightarrow \mathbb{R}^2$ es diferenciable en el abierto $\Omega_0 = G^{-1}(V)$.*

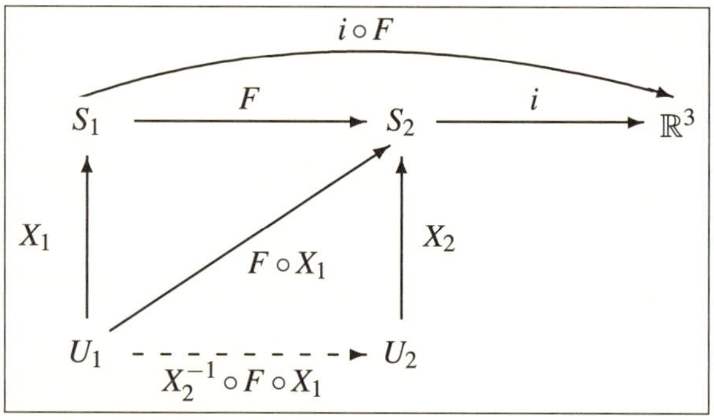

Figura 2.15: Equivalencia entre las dos definiciones de diferenciabilidad.

En efecto, sea (U_1, X_1) una parametrización de S_1 en un punto $p \in S$ arbitrario y consideremos la composición (véase la figura 2.15) $F \circ X_1 : U_1 \subset \mathbb{R}^2 \longrightarrow S_2$. Obsérvese que la función $i \circ F \circ X_1 : U_1 \longrightarrow \mathbb{R}^3$ es diferenciable en sentido ordinario ya que, por hipótesis, $i \circ F$ es una función diferenciable.
El lema 2.2.7 aplicado a $F \circ X_1$ nos asegura entonces que, para cualquier parametrización (U_2, X_2) de S_2 en $F(p)$, la expresión en coordenadas $X_2^{-1} \circ F \circ X_1$ es diferenciable en el abierto adecuado de $U_1 \subset \mathbb{R}^2$, lo que concluiría la demostración.

Demostramos el lema 2.2.7. Supongamos que, dada $G : \Omega \subset \mathbb{R}^m \longrightarrow S$, la composición $i \circ G : \Omega \longrightarrow \mathbb{R}^3$ es diferenciable entre abiertos de $\mathbb{R}^m$ y $\mathbb{R}^3$. Sea (U, X) una parametrización cualquiera de S, para la cual, sin pérdida de generalidad y para simplificar la notación, podemos suponer que $X(U) = G(\Omega)$ (en caso contrario, bastaría restringirse a los abiertos adecuados).

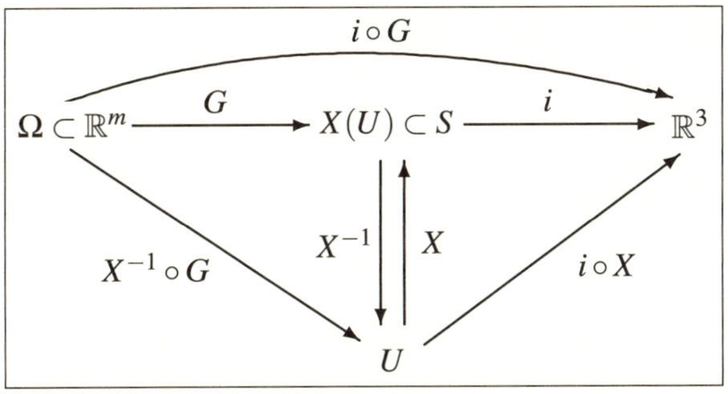

Figura 2.16: Diferenciabilidad de una aplicación entre $\mathbb{R}^m$ y una superficie.

Claramente, $i \circ G = (i \circ X) \circ (X^{-1} \circ G)$ (véase la figura 2.16), de donde se tiene que $X^{-1} \circ G = (i \circ X)^{-1} \circ (i \circ G)$.

Por hipótesis, $i \circ G$ es una función diferenciable entre abiertos de $\mathbb{R}^m$ y $\mathbb{R}^3$; sin embargo, no podemos asegurar lo mismo de $(i \circ X)^{-1}$, ya que su dominio de definición es $V = W \cap S \subset \mathbb{R}^3$ (para un cierto abierto W de $\mathbb{R}^3$), que no es un abierto del espacio euclídeo tridimensional.

Para solventar este problema, vamos a suponer en primer lugar que (U, X) es una parametrización que denominaremos *tipo grafo*, es decir, una parametrización de la forma

$$X(u,v) = \big(u, v, f(u,v)\big), \quad \text{o} \quad X(u,v) = \big(u, f(u,v), v\big), \quad \text{o} \quad X(u,v) = \big(f(u,v), u, v\big),$$

con $(u,v) \in U$, y donde $f : U \longrightarrow \mathbb{R}^2$ es una función diferenciable.[4] Podemos suponer, sin pérdida de generalidad, que $X(u,v) = \big(u, v, f(u,v)\big)$. En tal caso, $(i \circ X)^{-1} = \pi_z\big|_V$, donde, como viene siendo habitual, π_z representa la proyección sobre el plano $z = 0$. Como $\pi_z : W \subset \mathbb{R}^3 \longrightarrow \mathbb{R}^2$ es diferenciable e $(i \circ X)^{-1} = \pi_z\big|_{V = W \cap S}$, podemos concluir que $(i \circ X)^{-1}$ también lo es, lo que prueba el resultado en este caso.

Finalmente, suponemos que (U, X) es una parametrización arbitraria, no necesariamente tipo grafo. Sea entonces (U_0, X_0) una parametrización tipo grafo con $U \cap U_0 \neq \emptyset$, que sabemos siempre existe. Podemos suponer que $U = U_0$ (o bastaría restringirse al abierto $U \cap U_0$). Entonces, $X^{-1} \circ G = (X^{-1} \circ X_0) \circ (X_0^{-1} \circ G)$ es diferenciable en el sentido ordinario por ser composición de funciones diferenciables: $X^{-1} \circ X_0$ lo es entre abiertos de $\mathbb{R}^2$ (es un cambio de coordenadas) y $X_0^{-1} \circ G$ es diferenciable entre abiertos de $\mathbb{R}^m$ y $\mathbb{R}^2$, pues X_0 es una parametrización tipo grafo, para las que ya hemos probado anteriormente que $X_0^{-1} \circ G$ es diferenciable. Esto concluye la demostración del resultado. □

Así, cuando trabajemos con aplicaciones diferenciables entre superficies, podremos utilizar indistintamente las definiciones 2.2.4 o 2.2.5, según convenga. Por ejemplo, el siguiente resultado puede probarse fácilmente utilizando la definición intrínseca 2.2.4 de aplicación diferenciable. Proponemos su demostración como ejercicio.

Corolario 2.2.8. *Supongamos que $F : S_1 \longrightarrow S_2$ y $G : S_2 \longrightarrow S_3$ son aplicaciones diferenciables entre superficies regulares. Entonces la composición $G \circ F : S_1 \longrightarrow S_3$ también es diferenciable.*

Por otro lado, y al igual que ocurría en el caso de funciones diferenciables (véase el lema 2.2.2), se puede demostrar de un modo sencillo, utilizando el cambio de coordenadas, que es suficiente con la existencia de dos cartas (una para cada superficie)

[4] Obsérvese que una parametrización de este tipo siempre existe para cualquier punto de la superficie, lo que está asegurado por la proposición 2.1.6.

que hagan diferenciable la expresión en coordenadas para asegurar que la aplicación original también lo es. El siguiente corolario así lo establece.

Corolario 2.2.9. *Una aplicación* $F : S_1 \longrightarrow S_2$ *es diferenciable si, y solo si, para todo* $p \in S_1$*, existen parametrizaciones* (U_1, X_1) *de* S_1 *en* p *y* (U_2, X_2) *de* S_2 *en* $F(p)$*, tales que* $\widetilde{F} = X_2^{-1} \circ F \circ X_1$ *es diferenciable en el abierto adecuado* U *de* $\mathbb{R}^2$*.*

2.2.2. Difeomorfismos entre superficies

La noción de equivalencia entre objetos y estructuras es una constante en Matemáticas. En lo que respecta a las superficies regulares, la equivalencia se establece con la noción de *difeomorfismo*. Así, un difeomorfismo entre superficies no es otra cosa que un homeomorfismo diferenciable, esto es, una biyección continua y diferenciable, cuya inversa también es continua y diferenciable. Es claro que dos superficies difeomorfas son indistinguibles, no solo desde el punto de vista topológico, sino también diferenciable. Vamos a formalizar estas palabras con la siguiente definición.

Definición 2.2.10. *Se dice que una aplicación* $F : S_1 \longrightarrow S_2$ *entre dos superficies regulares es un* ***difeomorfismo*** *si* F *es un homeomorfismo entre* S_1 *y* S_2*, y además* F *y su inversa son diferenciables (vistas como aplicaciones entre superficies). También diremos que* S_1 *es* ***difeomorfa a*** S_2 *(y se escribirá* $S_1 \approx S_2$*), si existe un difeomorfismo* $F : S_1 \longrightarrow S_2$ *entre ambas superficies.*

Ejemplo 2.14. Sean $S \subset \mathbb{R}^3$ una superficie regular y (U, X) una parametrización de S. Sea $V = X(U) \subset S$. Entonces $X : U \longrightarrow V$ es un difeomorfismo entre superficies. Por tanto, los entornos coordenados de cualquier superficie regular son difeomorfos a los abiertos del plano. Esta situación se expresa también diciendo que toda superficie regular es *localmente difeomorfa* a un plano. Vamos a justificar esta afirmación.

Una primera parte de la prueba (que dejamos como ejercicio) consiste en probar que un abierto $S' \subset S$ es también superficie regular. Entonces, observemos que

i) $U \subset \mathbb{R}^2$ es una superficie (abierto de $\mathbb{R}^2$) y

ii) $V \subset S$ es una superficie (abierto de S).

Además, $X : U \longrightarrow V$ es un homeomorfismo, y por tanto, biyectiva. También sabemos que X es diferenciable. Solo falta comprobar que $X^{-1} : V \longrightarrow U$ es diferenciable como aplicación entre superficies de $\mathbb{R}^3$. Para ello, utilizamos la definición: X^{-1} será diferenciable si $i \circ X^{-1} : V \longrightarrow \mathbb{R}^3$ lo es, con $i : U \longrightarrow \mathbb{R}^3$ la inclusión dada por $i(u, v) = (u, v, 0)$. Veamos entonces si $i \circ X^{-1}$ es diferenciable como aplicación que parte de una superficie hasta $\mathbb{R}^3$: para ello tomamos como parametrización de V la propia X, y así es claro que $(i \circ X^{-1}) \circ X = i : U \longrightarrow \mathbb{R}^3$ es diferenciable. $\diamondsuit$

Terminamos este epígrafe apuntando dos observaciones muy sencillas de comprobar. La primera es que la relación «ser difeomorfa a» es de equivalencia. La segunda es que dos superficies difeomorfas son necesariamente homeomorfas, aunque el recíproco, en general, no es cierto.

2.3. EL PLANO TANGENTE

Una superficie, por el hecho de «estar» en el espacio, admite en cada uno de sus puntos un plano tangente en el sentido más intuitivo del término (como el plano que mejor se adapta a la forma «local» de la superficie en dicho punto). Como ya es habitual, el hecho de admitir una interpretación directa y sencilla contrasta con la complejidad de expresar formalmente esta situación.

La manera de definir el plano tangente a una superficie en un punto concreto consiste en considerar todas las curvas (diferenciables) que pasan por dicho punto. Estas curvas, al pasar por el punto, tienen una velocidad que es un vector tangente a la curva. Dado que la curva está dentro de la superficie, tal vector velocidad también será tangente a la superficie. Finalmente, el plano tangente se construye a partir de todos estos vectores velocidad. Posteriormente, dicho plano se dota de estructura de plano vectorial gracias a las parametrizaciones, y se precisan unas bases destacadas en términos de cada parametrización. Pasamos ahora a formalizar este esquema.

Definición 2.3.1. *Una **curva diferenciable** en una superficie regular S es una aplicación diferenciable $\alpha : I \longrightarrow S$, donde $I \subset \mathbb{R}$ es un intervalo abierto.*

Sean (U,X) una parametrización, $V = X(U)$, y supongamos que $\alpha(I) \cap V \neq \emptyset$. A partir de este momento, y sin pérdida de generalidad, vamos a asumir siempre que $\alpha(I) \cap V$ es conexo. Así, si definimos $J = \{t \in I : \alpha(t) \in V\}$ (que, por tanto, será conexo), la aplicación $\widetilde{\alpha} : J \longrightarrow U$ dada por

$$\widetilde{\alpha}(t) = X^{-1}\big(\alpha(t)\big) = \big(u(t), v(t)\big)$$

es la *expresión en coordenadas de la curva α*. Observemos que dicha aplicación es una curva en $\mathbb{R}^2$ que, en los puntos de J, cumple $\alpha = X \circ \widetilde{\alpha}$.

Definición 2.3.2. *Sea $S \subset \mathbb{R}^3$ una superficie regular y sea $p \in S$. Diremos que $\mathbf{v} \in \mathbb{R}^3$ es un **vector tangente** a S en p, si existe una curva $\alpha : (-\varepsilon, \varepsilon) \longrightarrow S$ diferenciable con $\alpha(0) = p$ y $\alpha'(0) = \mathbf{v}$.*

Observación 2.4. El hecho de tomar $t = 0$ no es restrictivo; se hace así por comodidad. Observemos que, si $\alpha : I \longrightarrow S$ es diferenciable con $\mathbf{v} = \alpha'(t_0)$ tangente a S en $p = \alpha(t_0)$, basta tomar $\beta(s) = \alpha(t_0 + s)$ y entonces $\beta'(s) = \alpha'(t_0 + s)$. De esta forma, se tiene que $\beta(0) = \alpha(t_0) = p$ y $\beta'(0) = \alpha'(t_0) = \mathbf{v}$. Así, siempre podemos tomar una curva tal y como se precisa en la definición. ◊

Vamos a representar por T_pS el conjunto de todos los vectores tangentes a la superficie S en el punto p. Así

$$T_pS = \big\{\mathbf{v} \in \mathbb{R}^3 : \text{existe } \alpha : (-\varepsilon, \varepsilon) \longrightarrow S \text{ diferenciable con } \alpha(0) = p \text{ y } \alpha'(0) = \mathbf{v}\big\}.$$

Lema 2.3.3. *Sean S una superficie regular y $p \in S$. Sea (U,X) una parametrización con $X(q) = p$ y $q \in U$. Entonces, se tiene que*

$$T_pS = dX_q(\mathbb{R}^2).$$

De esta forma, es claro que T_pS es un plano vectorial en $\mathbb{R}^3$ que llamaremos *plano tangente* a S en p. Veamos, a continuación, la demostración de este lema.

Demostración. Veamos primero que $T_pS \supset dX_q(\mathbb{R}^2)$. Para ello sea $\mathbf{v} \in dX_q(\mathbb{R}^2)$; entonces debe existir un vector $\mathbf{w} \in \mathbb{R}^2$ tal que $\mathbf{v} = dX_q(\mathbf{w})$. Tomamos la recta de $\mathbb{R}^2$ dada por $\widetilde{\alpha}(t) = q + t\mathbf{w}$, que es claramente diferenciable. A continuación, consideramos $\alpha = X \circ \widetilde{\alpha}$, que va a ser una curva diferenciable en la superficie S. Además, se tiene que $\alpha(0) = X\big(\widetilde{\alpha}(0)\big) = X(q) = p$. Por último, se cumple que

$$\mathbf{v} = dX_q(\mathbf{w}) = dX_{\widetilde{\alpha}(0)}\big(\widetilde{\alpha}'(0)\big) = \frac{d}{dt}\bigg|_{t=0} (X \circ \widetilde{\alpha})(t) = \alpha'(0),$$

lo que demuestra que $\mathbf{v} \in T_pS$.

Demostremos ahora la inclusión contraria: $T_pS \subset dX_q(\mathbb{R}^2)$. Para ello tomamos $\mathbf{v} \in T_pS$; entonces existe una curva $\alpha : (-\varepsilon, \varepsilon) \longrightarrow S$ diferenciable tal que $\alpha(0) = p$ y $\alpha'(0) = \mathbf{v}$. Como necesitamos una curva en $\mathbb{R}^2$, consideramos su expresión en coordenadas, $\widetilde{\alpha}(t) = (X^{-1} \circ \alpha)(t)$, donde $t \in J = \big\{t \in (-\varepsilon, \varepsilon) : \alpha(t) \in X(U)\big\}$; claramente, $\widetilde{\alpha}(0) = X^{-1}\big(\alpha(0)\big) = X^{-1}(p) = q$. Además, se tiene que

$$\mathbf{v} = \alpha'(0) = \frac{d}{dt}\bigg|_{t=0} (X \circ \widetilde{\alpha})(t) = dX_{\widetilde{\alpha}(0)}\big(\widetilde{\alpha}'(0)\big),$$

y al ser $\widetilde{\alpha}(0) = q$, es claro que $\mathbf{v} \in dX_q(\mathbb{R}^2)$. □

A continuación, nos planteamos encontrar una base del plano tangente T_pS. Para ello, como $\big\{(1,0),(0,1)\big\}$ es una base de $\mathbb{R}^2$, entonces la inyectividad de dX_q implica que $\big\{dX_q(1,0), dX_q(0,1)\big\} = \big\{X_u(q), X_v(q)\big\}$ es una base de T_pS. Por lo tanto,

$$T_pS = \big\{aX_u(q) + bX_v(q) : a, b \in \mathbb{R}\big\},$$

donde, como es habitual, (U, X) es una parametrización de S con $X(q) = p$.

Sea ahora $\alpha : I \longrightarrow S$ una curva diferenciable con $\alpha(I) \subset X(U)$ y tomemos su expresión en coordenadas $\widetilde{\alpha}(t) = (X^{-1} \circ \alpha)(t) = \big(u(t), v(t)\big)$. Para cada t, $\alpha'(t) \in T_{\alpha(t)}S$, y consideremos la base de este plano tangente $\big\{X_u\big(\widetilde{\alpha}(t)\big), X_v\big(\widetilde{\alpha}(t)\big)\big\}$. Entonces,

$$\alpha'(t) = X_u\big(u(t), v(t)\big)u'(t) + X_v\big(u(t), v(t)\big)v'(t) = u'(t)X_u\big(\widetilde{\alpha}(t)\big) + v'(t)X_v\big(\widetilde{\alpha}(t)\big). \quad (2.2)$$

Si escribimos esta última expresión en notación matricial llegamos a

$$\alpha'(t) = \Big(X_u\big(\widetilde{\alpha}(t)\big) \quad X_v\big(\widetilde{\alpha}(t)\big)\Big)\begin{pmatrix} u'(t) \\ v'(t) \end{pmatrix} = dX_{\widetilde{\alpha}(t)}\big(u'(t), v'(t)\big) = dX_{\widetilde{\alpha}(t)}\big(\widetilde{\alpha}'(t)\big).$$

Observación 2.5. Es importante remarcar el hecho de que, en general, y salvo que se especifique lo contrario, nos interesa ver T_pS como un espacio vectorial 2-dimensional (un plano vectorial) y no como un espacio afín. Por otra parte, podemos considerar el complemento ortogonal a T_pS dentro de $\mathbb{R}^3$, $(T_pS)^\perp$, como espacio vectorial euclídeo, y así obtenemos una recta vectorial que llamaremos *recta normal* a S en p. Por tanto, podemos escribir $\mathbb{R}^3 = T_pS \oplus (T_pS)^\perp$. Además, para cada $p \in S$, podemos encontrar un vector unitario $N(p)$ que genera la recta normal a S en p, lo que escribiremos como $(T_pS)^\perp = \operatorname{span}\{N(p)\}$. El vector $N(p)$ está unívocamente determinado (salvo el signo) y se denomina *vector normal (unitario)* a S en p. Finalmente, como $\{X_u(q), X_v(q)\}$ es una base de $T_{X(q)}S$, entonces se tiene que

$$N\big(X(q)\big) = \pm\frac{X_u(q)\wedge X_v(q)}{\big|X_u(q)\wedge X_v(q)\big|},$$

lo que va a permitir calcular este vector de forma explícita. $\diamondsuit$

Siempre y cuando no haya lugar a confusión, utilizaremos la notación del «vector cero» $\mathbf{0}$ para representar indistintamente el origen de coordenadas de cualquier plano tangente T_pS, $p \in S$.

2.4. LA DIFERENCIAL DE UNA APLICACIÓN ENTRE SUPERFICIES

Tal y como ocurría con la noción de diferenciabilidad, en esta sección vamos a generalizar otra noción del cálculo en varias variables a nuestro ambiente de superficies regulares en el espacio. Para ello, haremos uso de la construcción que hemos hecho previamente de los vectores como velocidades de curvas dentro de la superficie. La clave en esta ocasión consiste en demostrar que la definición no depende de la curva escogida. Posteriormente veremos cómo los teoremas más importantes del cálculo en varias variables pueden generalizarse de forma casi directa a superficies regulares.

2.4.1. La diferencial de una función real sobre una superficie

Sean $S \subset \mathbb{R}^3$ una superficie regular y $p \in S$. Consideramos $f : S \longrightarrow \mathbb{R}$ una función diferenciable y definimos la aplicación

$$\begin{aligned} df_p : T_pS &\longrightarrow \mathbb{R} \\ \mathbf{v} &\longrightarrow \left.\frac{d}{dt}\right|_{t=0} (f\circ\alpha)(t), \end{aligned}$$

donde $\alpha : (-\varepsilon, \varepsilon) \longrightarrow S$ es una curva diferenciable con $\alpha(0) = p$ y $\alpha'(0) = \mathbf{v}$. La aplicación df_p recibe el nombre de *diferencial de f en p*.

Lema 2.4.1. *La aplicación df_p está bien definida (es decir, no depende de la curva α elegida) y es lineal.*

Demostración. Como es habitual, tomamos (U, X) una parametrización de la superficie S, $q \in U$ con $X(q) = p$ y $\alpha : I \longrightarrow S$ una curva diferenciable verificando $\alpha(0) = p$ y $\alpha'(0) = \mathbf{v} \in T_pS$ (véase la figura 2.17). A continuación, consideramos la expresión en coordenadas de α, dada por $\widetilde{\alpha}(t) = X^{-1}\big(\alpha(t)\big) = \big(u(t), v(t)\big)$, de modo que $\widetilde{\alpha}(0) = q$. Observemos que el dominio de la curva $\widetilde{\alpha}$ es $\alpha^{-1}\big(X(U)\cap\alpha(I)\big) = J$ y que $0 \in J$. Claramente, $f\circ\alpha = (f\circ X)\circ(X^{-1}\circ\alpha)$, composición que es diferenciable.

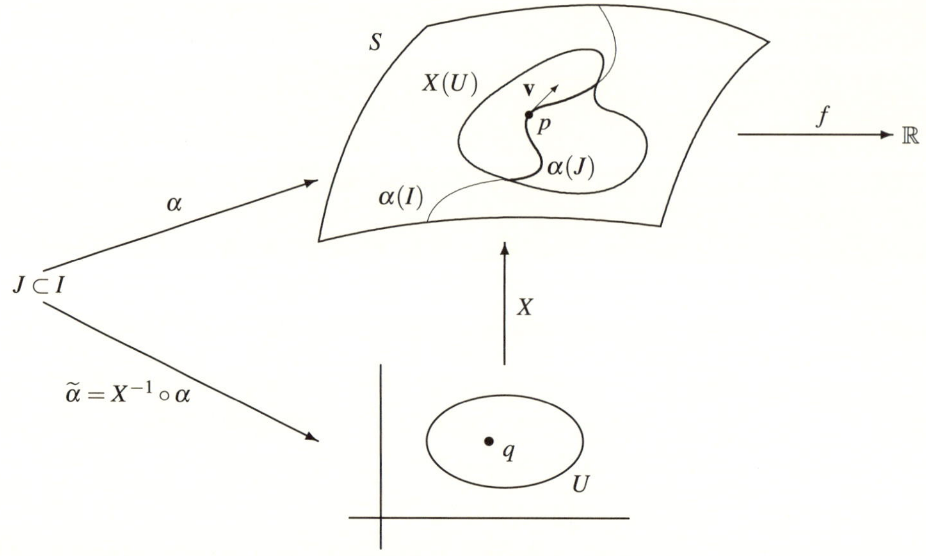

Figura 2.17: La diferencial de una función.

Por tanto, en J, dominio de definición de $\widetilde{\alpha}$, se verificará que $f \circ \alpha\big|_J = \widetilde{f} \circ \widetilde{\alpha}$, que es la composición de las expresiones en coordenadas de f y α. Así

$$df_p(\mathbf{v}) = \left.\frac{d}{dt}\right|_{t=0} (f \circ \alpha)(t) = \left.\frac{d}{dt}\right|_{t=0} (\widetilde{f} \circ \widetilde{\alpha})(t) = \left.\frac{d}{dt}\right|_{t=0} \widetilde{f}\big(u(t), v(t)\big).$$

Si aplicamos ahora la regla de la cadena se obtiene

$$df_p(\mathbf{v}) = d\widetilde{f}_{\widetilde{\alpha}(0)}\big(u'(0), v'(0)\big) = d\widetilde{f}_q\big(u'(0), v'(0)\big).$$

Observemos que la expresión $d\widetilde{f}_q$ no depende de la curva α. Ahora bien, ¿podemos afirmar lo mismo para $\big(u'(0), v'(0)\big)$? Para responder a esta pregunta, obsérvese que

$$\mathbf{v} = \alpha'(0) = u'(0)X_u(q) + v'(0)X_v(q)$$

por (2.2), por lo que los números $u'(0)$ y $v'(0)$ solo dependen del vector $\mathbf{v}$ y de la parametrización (U, X), y no de la curva α elegida. Con esto hemos demostrado que la diferencial está bien definida. Además, utilizando la igualdad anterior se tiene que

$$\begin{aligned} df_p\big(u'(0)X_u(q) + v'(0)X_v(q)\big) &= df_p(\mathbf{v}) = d\widetilde{f}_q\big(u'(0), v'(0)\big) \\ &= \begin{pmatrix} \dfrac{\partial \widetilde{f}}{\partial u}(q) & \dfrac{\partial \widetilde{f}}{\partial v}(q) \end{pmatrix} \begin{pmatrix} u'(0) \\ v'(0) \end{pmatrix}. \end{aligned}$$

En general, para un vector (v_1, v_2) expresado en términos de la base $\big\{X_u(q), X_v(q)\big\}$ se tiene que

$$df_p(v_1, v_2) = \begin{pmatrix} \dfrac{\partial \widetilde{f}}{\partial u}(q) & \dfrac{\partial \widetilde{f}}{\partial v}(q) \end{pmatrix} \begin{pmatrix} v_1 \\ v_2 \end{pmatrix},$$

y esto demuestra que df_p es una aplicación lineal cuya matriz asociada, con respecto a la base $\big\{X_u(q), X_v(q)\big\}$, es

$$\begin{pmatrix} \dfrac{\partial \widetilde{f}}{\partial u}(q) & \dfrac{\partial \widetilde{f}}{\partial v}(q) \end{pmatrix}.$$

□

Veamos a continuación un ejemplo sobre cómo calcular la diferencial de una aplicación que ya hemos estudiado con anterioridad.

Ejemplo 2.15 (La diferencial de la función altura). Consideremos la función altura $h : S \longrightarrow \mathbb{R}$ respecto al vector unitario $\mathbf{v} \in \mathbb{R}^3$, $h(p) = \langle p, \mathbf{v} \rangle$. Ya sabemos (véase el ejemplo 2.13) que h es diferenciable, y lo que queremos calcular ahora es su diferencial; esto es, nos preguntamos por la aplicación $dh_p : T_pS \longrightarrow \mathbb{R}$ donde, dado un vector $\mathbf{w} \in T_pS$, debemos encontrar $dh_p(\mathbf{w})$. Para ello, tomamos $\alpha : I \longrightarrow S$ una curva diferenciable con condiciones iniciales $\alpha(0) = p$ y $\alpha'(0) = \mathbf{w}$. Entonces

$$\begin{aligned} dh_p(\mathbf{w}) &= \left.\frac{d}{dt}\right|_{t=0} (h \circ \alpha)(t) = \left.\frac{d}{dt}\right|_{t=0} h\big(\alpha(t)\big) = \left.\frac{d}{dt}\right|_{t=0} \big\langle \alpha(t), \mathbf{v} \big\rangle \\ &= \big\langle \alpha'(0), \mathbf{v} \big\rangle = \langle \mathbf{w}, \mathbf{v} \rangle. \end{aligned}$$

Por tanto, se tiene que $dh_p(\cdot) = \langle \cdot, \mathbf{v} \rangle$, que es la propia función h, lo cual tiene perfecto sentido ya que h es una aplicación lineal.

Observemos además que, si T_pS y el plano $\Pi = \operatorname{span}\{\mathbf{v}\}^{\perp}$ son paralelos, entonces $\langle \mathbf{w}, \mathbf{v} \rangle = 0$ para todo $\mathbf{w} \in T_pS$, y $dh_p \equiv 0$. $\diamondsuit$

2.4.2. La diferencial de una aplicación entre superficies

En este epígrafe seguimos la misma pauta que en el anterior. Así, sean S_1 y S_2 dos superficies regulares y $F : S_1 \longrightarrow S_2$ una aplicación diferenciable. Si fijamos un punto arbitrario $p \in S_1$, vamos a definir su *diferencial* como

$$\begin{aligned} dF_p : T_pS_1 &\longrightarrow T_{F(p)}S_2 \\ \mathbf{v} &\longrightarrow \left.\frac{d}{dt}\right|_{t=0} (F \circ \alpha)(t), \end{aligned}$$

donde $\alpha : I \longrightarrow S_1$ es cualquier curva diferenciable en S_1 con $\alpha(0) = p$ y $\alpha'(0) = \mathbf{v}$.

Veamos cómo actúa dF_p. Sean (U_1, X_1) y (U_2, X_2) dos parametrizaciones de S_1 y S_2 en p y $F(p)$, respectivamente. Sea $q_1 \in U_1$ tal que $X_1(q_1) = p$ y sea $q_2 \in U_2$ tal que $X_2(q_2) = F(p)$. Representamos por (u, v) las coordenadas en U_1 y por $(\overline{u}, \overline{v})$ las coordenadas en U_2 (véase la figura 2.18).

Por tanto, una base para T_pS_1 viene dada por $\big\{(X_1)_u(q_1), (X_1)_v(q_1)\big\}$, mientras que la correspondiente base para $T_{F(p)}S_2$ será $\big\{(X_2)_{\overline{u}}(q_2), (X_2)_{\overline{v}}(q_2)\big\}$. Si $\mathbf{v} \in T_pS_1$, existe una curva diferenciable $\alpha : I \longrightarrow S_1$ con condiciones iniciales $\alpha(0) = p$ y $\alpha'(0) = \mathbf{v}$, y tomando su expresión en coordenadas $\widetilde{\alpha}(t) = (X_1^{-1} \circ \alpha)(t) = \big(u(t), v(t)\big)$,

$$\begin{aligned} \mathbf{v} = \alpha'(0) &= \left.\frac{d}{dt}\right|_{t=0} (X_1 \circ \widetilde{\alpha})(t) = d(X_1)_{q_1}\big(u'(0), v'(0)\big) \\ &= u'(0)(X_1)_u(q_1) + v'(0)(X_1)_v(q_1). \end{aligned}$$

Ahora bien,

$$dF_p(\mathbf{v}) = \left.\frac{d}{dt}\right|_{t=0} (F \circ \alpha)(t) = \beta'(0),$$

donde $\beta(t) = (F \circ \alpha)(t)$ es una curva en S_2 con $\beta(0) = F(p)$. Claramente, su expresión en coordenadas viene dada por $\widetilde{\beta}(t) = (X_2^{-1} \circ \beta)(t) = \big(\overline{u}(t), \overline{v}(t)\big)$. Luego

$$\beta'(0) = \overline{u}'(0)(X_2)_{\overline{u}}(q_2) + \overline{v}'(0)(X_2)_{\overline{v}}(q_2).$$

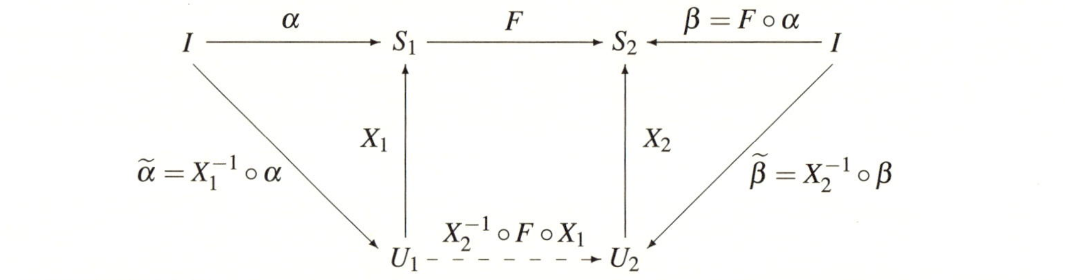

Figura 2.18: La diferencial de una aplicación entre superficies.

Por lo tanto, la diferencial $dF_p : T_pS_1 \longrightarrow T_{F(p)}S_2$ es una aplicación que verifica $dF_p\big(u'(0), v'(0)\big) = \big(\overline{u}'(0), \overline{v}'(0)\big)$, donde $\big(u'(0), v'(0)\big)$ son las coordenadas de $\mathbf{v}$ respecto a la base $\big\{(X_1)_u(q_1), (X_1)_v(q_1)\big\}$, mientras que $\big(\overline{u}'(0), \overline{v}'(0)\big)$ son las coordenadas de $dF_p(\mathbf{v})$ respecto a la base $\big\{(X_2)_{\overline{u}}(q_2), (X_2)_{\overline{v}}(q_2)\big\}$. Consideremos la expresión en coordenadas de F, esto es, $\widetilde{F} = X_2^{-1} \circ F \circ X_1 : U_1 \longrightarrow U_2$. Entonces,

$$\begin{aligned}\widetilde{F}\big(u(t), v(t)\big) &= \widetilde{F}\big(\widetilde{\alpha}(t)\big) = \big(\widetilde{F} \circ X_1^{-1} \circ \alpha\big)(t) = \big(X_2^{-1} \circ F \circ X_1 \circ X_1^{-1} \circ \alpha\big)(t) \\ &= \big(X_2^{-1} \circ F \circ \alpha\big)(t) = (X_2^{-1} \circ \beta)(t) = \widetilde{\beta}(t) = \big(\overline{u}(t), \overline{v}(t)\big).\end{aligned}$$

Ahora bien, como $\widetilde{F}(u, v) = \big(\overline{u}(u, v), \overline{v}(u, v)\big)$, y u y v dependen a su vez de t, podemos escribir $\overline{u}(t) = \overline{u}\big(u(t), v(t)\big)$ y $\overline{v}(t) = \overline{v}\big(u(t), v(t)\big)$; por tanto,

$$\overline{u}'(0) = \frac{\partial \overline{u}}{\partial u}\big(u(0), v(0)\big)u'(0) + \frac{\partial \overline{u}}{\partial v}\big(u(0), v(0)\big)v'(0),$$

$$\overline{v}'(0) = \frac{\partial \overline{v}}{\partial u}\big(u(0), v(0)\big)u'(0) + \frac{\partial \overline{v}}{\partial v}\big(u(0), v(0)\big)v'(0).$$

Teniendo en cuenta que $\big(u(0), v(0)\big) = q_1$ y que

$$J\widetilde{F} = \begin{pmatrix} \dfrac{\partial \overline{u}}{\partial u} & \dfrac{\partial \overline{u}}{\partial v} \\[2ex] \dfrac{\partial \overline{v}}{\partial u} & \dfrac{\partial \overline{v}}{\partial v} \end{pmatrix},$$

se llega finalmente a que

$$\begin{pmatrix} \overline{u}'(0) \\ \overline{v}'(0) \end{pmatrix} = \begin{pmatrix} \dfrac{\partial \overline{u}}{\partial u}(q_1) & \dfrac{\partial \overline{u}}{\partial v}(q_1) \\[2ex] \dfrac{\partial \overline{v}}{\partial u}(q_1) & \dfrac{\partial \overline{v}}{\partial v}(q_1) \end{pmatrix} \begin{pmatrix} u'(0) \\ v'(0) \end{pmatrix} = J\widetilde{F}(q_1) \begin{pmatrix} u'(0) \\ v'(0) \end{pmatrix}.$$

Por tanto, la diferencial dF_p es una aplicación lineal cuya matriz asociada respecto a las bases $\big\{(X_1)_u(q_1), (X_1)_v(q_1)\big\}$ y $\big\{(X_2)_{\overline{u}}(q_2), (X_2)_{\overline{v}}(q_2)\big\}$ es, precisamente, el jacobiano del cambio de coordenadas, $J\widetilde{F}(q_1)$. Además, dF_p está bien definida, esto es, no depende de la curva α.

Ejemplo 2.16 (La rotación de ángulo θ respecto al eje z). Consideremos la aplicación $F : \mathbb{S}^2 \longrightarrow \mathbb{S}^2$ dada por

$$F(x,y,z) = (x\cos\theta - y\operatorname{sen}\theta, x\operatorname{sen}\theta + y\cos\theta, z),$$

que es claramente diferenciable por ser la composición $i \circ F$ la restricción a $\mathbb{S}^2$ de un movimiento rígido de $\mathbb{R}^3$ (una rotación). Vamos a calcular la diferencial de F en un punto p arbitrario. Para ello, tomamos una curva diferenciable $\alpha : I \longrightarrow \mathbb{S}^2$, con $\alpha(0) = p$ y $\alpha'(0) = \mathbf{v} \in T_p\mathbb{S}^2$, y escribimos $\alpha(t) = \big(x(t), y(t), z(t)\big)$. Entonces

$$\begin{aligned} dF_p(\mathbf{v}) &= \left.\frac{d}{dt}\right|_{t=0} \big(x(t)\cos\theta - y(t)\operatorname{sen}\theta, x(t)\operatorname{sen}\theta + y(t)\cos\theta, z(t)\big) \\ &= \big(x'(0)\cos\theta - y'(0)\operatorname{sen}\theta, x'(0)\operatorname{sen}\theta + y'(0)\cos\theta, z'(0)\big) \\ &= F\big(x'(0), y'(0), z'(0)\big) = F(\mathbf{v}). \end{aligned}$$

Por tanto, la diferencial $dF_p(\mathbf{v})$ es la propia aplicación F, lo cual tiene perfecto sentido ya que F es una aplicación lineal.

En ocasiones, el cálculo de la diferencial es conveniente efectuarlo utilizando coordenadas.[5] En este ejemplo concreto, podemos tomar como $X(u,v)$ las coordenadas geográficas de la esfera, siendo u la colatitud y v la longitud. En estos términos, un cálculo sencillo demuestra que $\widetilde{F}(u,v) = (u, v+\theta)$, por lo que su jacobiano es la identidad, de suerte que para un punto $X(u,v) = p$ llegamos a

$$dF_p\big(X_u(u,v)\big) = X_u(u, v+\theta) \quad \text{y} \quad dF_p\big(X_v(u,v)\big) = X_v(u, v+\theta).$$

Observemos que, pese a que el jacobiano es la matriz identidad, esto no significa que la actuación de la diferencial sea la propia identidad. $\diamond$

Ejemplo 2.17. Sea S una superficie regular tal que $\mathbf{0} \notin S$ y consideremos la aplicación $F : S \longrightarrow \mathbb{S}^2$ dada por $F(p) = p/|p|$. Claramente, F es diferenciable, pues la composición $i \circ F$ es la restricción a S de la función $\overline{F}(p) = p/|p|$, definida esta sobre el abierto $\mathbb{R}^3\backslash\{\mathbf{0}\}$ de $\mathbb{R}^3$. Calculemos su diferencial. Para ello, tomemos una curva diferenciable $\alpha : I \longrightarrow S$, con $\alpha(0) = p$ y $\alpha'(0) = \mathbf{v} \in T_pS$. Entonces

$$dF_p(\mathbf{v}) = \left.\frac{d}{dt}\right|_{t=0} \frac{\alpha(t)}{|\alpha(t)|} = \left[\frac{1}{|\alpha(t)|}\alpha'(t) - \frac{\langle \alpha(t), \alpha'(t)\rangle}{|\alpha(t)|^3}\alpha(t)\right]_{t=0} = \frac{1}{|p|}\mathbf{v} - \frac{\langle p, \mathbf{v}\rangle}{|p|^3}p. \ \diamond$$

A continuación vamos a ver algunos resultados estándar del Análisis en varias variables que se extienden sin dificultad a superficies regulares.

Proposición 2.4.2 (Regla de la cadena). *Sean $F : S_1 \longrightarrow S_2$ y $G : S_2 \longrightarrow S_3$ aplicaciones diferenciables entre superficies. Entonces, para cada $p \in S_1$,*

$$d(G \circ F)_p = dG_{F(p)} \circ dF_p.$$

[5] Esto es imprescindible cuando se trabaja con superficies abstractas, de lo que no nos ocuparemos en este libro.

Demostración. Ya sabemos que la composición $G \circ F$ es diferenciable (véase el corolario 2.2.8). Por tanto, sean $p \in S_1$ y $\mathbf{v} \in T_pS_1$, y tomemos una curva diferenciable $\alpha : I \longrightarrow S_1$ con condiciones iniciales $\alpha(0) = p$ y $\alpha'(0) = \mathbf{v}$. Entonces,

$$d(G \circ F)_p(\mathbf{v}) = \left.\frac{d}{dt}\right|_{t=0} (G \circ F)\big(\alpha(t)\big) = \left.\frac{d}{dt}\right|_{t=0} G\big(F(\alpha(t))\big).$$

Vamos a llamar $\beta(t) = F\big(\alpha(t)\big)$, que es una curva en S_2 con condiciones iniciales $\beta(0) = F(p)$ y $\beta'(0) = dF_{\alpha(0)}\big(\alpha'(0)\big) = dF_p(\mathbf{v})$. Por tanto,

$$d(G \circ F)_p(\mathbf{v}) = \left.\frac{d}{dt}\right|_{t=0} G\big(\beta(t)\big) = dG_{\beta(0)}\big(\beta'(0)\big) = dG_{F(p)}\big(dF_p(\mathbf{v})\big). \qquad \square$$

Observación 2.6. Como la noción de espacio tangente en un punto p se basa en los vectores tangentes a las curvas cuando pasan por dicho punto y este concepto es completamente local, resulta sencillo demostrar que si S es una superficie regular y $S' \subset S$ es un abierto de S, entonces $T_pS \equiv T_pS'$ para cada $p \in S'$. $\diamondsuit$

Teorema 2.4.3 (de la función inversa). *Sea $F : S_1 \longrightarrow S_2$ una aplicación diferenciable entre superficies y supongamos que dF_p es un isomorfismo lineal para un cierto $p \in S_1$. Entonces F es un difeomorfismo local en p, esto es, existe un entorno $V(p) \subset S_1$ tal que $F : V \longrightarrow F(V)$ es un difeomorfismo entre superficies.*

Demostración. Consideremos (U_1, X_1) y (U_2, X_2) dos parametrizaciones de S_1 y S_2 en p y $F(p)$, respectivamente. Sean $V_1 = X_1(U_1)$ y $q_1 \in U_1$ tal que $X_1(q_1) = p$. Por otra parte, sean $V_2 = X_2(U_2)$ y $q_2 \in U_2$ tal que $X_2(q_2) = F(p)$. Si tomamos $\widetilde{F}$ la expresión en coordenadas de F respecto a estas parametrizaciones, es claro que el dominio de $\widetilde{F}$ viene dado por $U := X_1^{-1}\big(F^{-1}(V_2) \cap V_1\big)$, donde $U \subset U_1$ es abierto y $q_1 \in U$ (véase el diagrama de la figura 2.14).

Obsérvese que $d\widetilde{F}_{q_1}$ es también un isomorfismo lineal, ya que su matriz jacobiana coincide con la de dF_p. Por tanto, si aplicamos el teorema de la función inversa a la aplicación $\widetilde{F} : U \longrightarrow \widetilde{F}(U)$, deben existir abiertos $\widetilde{U}_1(q_1) \subset U$ y $\widetilde{U}_2(q_2)$ de modo que $\widetilde{F} : \widetilde{U}_1 \longrightarrow \widetilde{U}_2$ es un difeomorfismo entre abiertos del plano. Sea ahora $V = X_1(\widetilde{U}_1)$, que es un abierto de S_1. Claramente, $F\big|_V : V \longrightarrow F(V)$ es un difeomorfismo, ya que $F\big|_V = (X_2 \circ \widetilde{F} \circ X_1^{-1})\big|_V$, que es una composición de tres difeomorfismos. $\square$

A continuación probamos que el recíproco de este resultado también se verifica.

Teorema 2.4.4. *Sea F un difeomorfismo local en p entre dos superficies S_1 y S_2. Entonces la aplicación $dF_p : T_pS_1 \longrightarrow T_{F(p)}S_2$ es un isomorfismo lineal.*

Demostración. Como $F : S_1 \longrightarrow S_2$ es un difeomorfismo local en p, existen abiertos $V_1(p) \subset S_1$ y $V_2\big(F(p)\big) \subset S_2$ de modo que $F : V_1 \longrightarrow V_2$ es un difeomorfismo. Consideremos la inversa de F, dada por $F^{-1} : V_2 \longrightarrow V_1$. Entonces $F^{-1} \circ F$ es la identidad, esto es, $F^{-1} \circ F = 1_{V_1}$. Si hacemos la diferencial en p se obtiene

$$1_{T_pS_1} = 1_{T_pV_1} = d(F^{-1} \circ F)_p = d(F^{-1})_{F(p)} \circ dF_p.$$

Análogamente se prueba que $dF_p \circ d(F^{-1})_{F(p)} = 1_{T_{F(p)}S_2}$. Por tanto, dF_p es invertible y es un isomorfismo lineal. Además, $(dF_p)^{-1} = d\big(F^{-1}\big)_{F(p)}$. □

Definición 2.4.5. *Sea $f : S \longrightarrow \mathbb{R}$ una función diferenciable. Un punto $p \in S$ se dice que es un* **punto crítico** *de f cuando $df_p \equiv 0$.*

Proposición 2.4.6. *Sea $f : S \longrightarrow \mathbb{R}$ una función diferenciable. Se tiene que:*

i) Si $f : S \longrightarrow \mathbb{R}$ es constante, entonces $df_p \equiv 0$ para todo $p \in S$.

ii) Si S es conexa y $df_p \equiv 0$ para todo $p \in S$, entonces f es constante.

iii) Si f presenta un extremo relativo en $p_0 \in S$, entonces $df_{p_0} \equiv 0$.

Demostración. La demostración de i) es inmediata pues, para todo $\mathbf{v} \in T_pS$, si α es una curva diferenciable con condiciones iniciales p y $\mathbf{v}$, se tiene que

$$df_p(\mathbf{v}) = \frac{d}{dt}\bigg|_{t=0} f\big(\alpha(t)\big) = \frac{d}{dt}\bigg|_{t=0} (\text{constante}) = 0.$$

Con respecto a ii), sea $a \in \mathbb{R}$ con $a \in f(S)$ y sea $A = \big\{p \in S : f(p) = a\big\}$. Claramente, $A \neq \emptyset$ pues $a \in f(S)$. Vamos a ver que $A = S$, lo que demostrará que f es una función constante cuyo único valor es a. Para ello utilizaremos el hecho bien conocido de que en un espacio topológico conexo, el único conjunto (no vacío) que es abierto y cerrado a la vez es el espacio total (véase [52]).

En primer lugar, observemos que A es cerrado por ser la imagen inversa de un cerrado en $\mathbb{R}$, el conjunto unipuntual $\{a\}$. Por tanto, bastará comprobar que A es abierto. Sea entonces $p \in A$ y sea (U, X) una parametrización con $p \in V = X(U)$ y U conexo (esto no supone ninguna restricción). Si probamos que $V \subset A$ habremos terminado. Para ello, sea $q \in U$; entonces

$$d(f \circ X)_q = df_{X(q)} \circ dX_q \equiv 0$$

pues, por hipótesis, $df_p \equiv 0$ para todo $p \in S$. Como $f \circ X : U \subset \mathbb{R}^2 \longrightarrow \mathbb{R}$ es una función real cuya diferencial se anula en todos los puntos del abierto conexo U, $f \circ X$ debe ser constante, por lo que $f \circ X \equiv a$ en U. En consecuencia, $f \equiv a$ en $X(U) = V$ y, por tanto, $V \subset A$, con lo que termina la prueba de ii).

Para demostrar iii) supongamos, por ejemplo, que p_0 es un máximo relativo de f (análogamente se haría para un mínimo). Entonces, existe un entorno $V(p_0) \subset S$ de modo que $f(p_0) \geq f(p)$ para todo $p \in V$. Nos planteamos estudiar la aplicación df_{p_0}. Para ello, sea $\mathbf{v} \in T_{p_0}S$ y así

$$df_{p_0}(\mathbf{v}) = \frac{d}{dt}\bigg|_{t=0} (f \circ \alpha)(t),$$

donde $\alpha : I \longrightarrow V \subset S$ es una curva diferenciable en la superficie con condiciones iniciales p_0 y $\mathbf{v}$. Si llamamos $h(t) = (f \circ \alpha)(t)$, entonces $h : I \longrightarrow \mathbb{R}$ es una función real de variable real verificando además que $h(t) = f\big(\alpha(t)\big) \leq f(p_0) = h(0)$ para todo $t \in I$. Por lo tanto, 0 es un máximo de $h : I \longrightarrow \mathbb{R}$ y, en consecuencia, $h'(0) = 0$; luego $df_{p_0}(\mathbf{v}) = 0$ para todo $\mathbf{v} \in T_{p_0}S$. □

2.5. LA PRIMERA FORMA FUNDAMENTAL

Hasta ahora nos hemos ocupado de las superficies regulares y de cuestiones que únicamente atañen al ámbito de lo diferenciable. En esta sección vamos a introducirnos ya en el mundo de la Geometría de Superficies. Ahora bien, ¿cómo podemos hacer geometría, esto es, medir distancias, ángulos y áreas dentro de una superficie? La respuesta a esta cuestión no puede ser más natural: podemos aprovechar que la superficie está a su vez dentro del espacio euclídeo y que este espacio tiene un «entramado métrico» que, por supuesto, también la afecta. A modo de ejemplo, si queremos definir la longitud de una curva de la superficie, podemos contemplar la curva dentro del espacio euclídeo y definir su longitud como la que tiene la propia curva en $\mathbb{R}^3$. Este modo de proceder parece tan obvio que puede parecer superfluo e, incluso, redundante. No obstante, si ahora nos planteamos definir el área de un recinto contenido en la superficie, la situación no es tan clara, porque, aunque veamos dicho recinto dentro de $\mathbb{R}^3$, la estructura euclídea no proporciona herramientas para computar dicha área. ¿Qué hacer entonces en esta situación? Para resolver el problema, la idea consiste en remontarnos a lo esencial de la estructura métrica de $\mathbb{R}^3$. La pregunta sería: ¿qué es lo que permite hacer geometría dentro del espacio euclídeo? Evidentemente, es el producto escalar euclídeo el objeto a partir del cual pueden definirse longitudes, ángulos, áreas y volúmenes. Pues bien, si el ingrediente fundamental de la Geometría Euclídea es el producto escalar, lo que haremos será «inducir» dicho producto en la superficie; esto es, usaremos el producto escalar para medir (hacer geometría) en la superficie.

Así pues, consideremos una superficie regular S y un punto $p \in S$. Sabemos que T_pS es un plano vectorial contenido en el espacio vectorial $\mathbb{R}^3$, luego, dados dos vectores $\mathbf{v}, \mathbf{w} \in T_pS$, vamos a representar por $\langle \mathbf{v}, \mathbf{w} \rangle_p$ el producto escalar usual de $\mathbb{R}^3$ actuando sobre los vectores pertenecientes a T_pS. De esta forma, si $\mathbf{v}, \mathbf{w} \in T_pS$, se tiene que $\langle \mathbf{v}, \mathbf{w} \rangle_p = \langle \mathbf{v}, \mathbf{w} \rangle$. Observemos que $\langle \cdot, \cdot \rangle_p$ es una forma bilineal, simétrica y definida positiva. Vamos a representar por $\mathtt{I}_p$ la forma cuadrática asociada a $\langle \cdot, \cdot \rangle_p$, es decir, la aplicación $\mathtt{I}_p : T_pS \longrightarrow \mathbb{R}$ dada por $\mathtt{I}_p(\mathbf{v}) = \langle \mathbf{v}, \mathbf{v} \rangle_p = \langle \mathbf{v}, \mathbf{v} \rangle = |\mathbf{v}|^2 \geq 0$.

Definición 2.5.1. *La aplicación $\mathtt{I}_p : T_pS \longrightarrow \mathbb{R}$ dada por $\mathtt{I}_p(\mathbf{v}) = \langle \mathbf{v}, \mathbf{v} \rangle_p$ se denomina la **primera forma fundamental** de S.*

En lo que sigue, y salvo que queramos precisar con exactitud el punto sobre el que estamos trabajando, escribiremos simplemente $\langle \cdot, \cdot \rangle$ en lugar de $\langle \cdot, \cdot \rangle_p$.

Sean $\mathbf{v} \in T_pS$ y $\alpha : I \longrightarrow S$ con condiciones iniciales p y $\mathbf{v}$. Tomamos una parametrización (U, X) de S y consideramos $\widetilde{\alpha}(t) = \big(u(t), v(t)\big)$ la expresión en coordenadas de α. Entonces $\mathbf{v} = \alpha'(0) = u'(0)X_u(q) + v'(0)X_v(q) = aX_u(q) + bX_v(q)$, donde a, b son números reales y $X(q) = p$. Si ahora calculamos $\mathtt{I}_p(\mathbf{v})$ obtenemos

$$\mathtt{I}_p(\mathbf{v}) = |aX_u + bX_v|^2 = a^2 \langle X_u, X_u \rangle + 2ab \langle X_u, X_v \rangle + b^2 \langle X_v, X_v \rangle ,$$

donde, por simplicidad, hemos suprimido el punto q en el que se evalúan la parametrización y sus parciales. A partir de ahora, y siempre que no haya lugar a confusión, omitiremos habitualmente las variables (u, v) en las fórmulas.

Denotamos por $E = \langle X_u, X_u \rangle$, $F = \langle X_u, X_v \rangle$ y $G = \langle X_v, X_v \rangle$. Estas tres funciones (toman sus valores en U) son claramente diferenciables y se denominan los *coeficientes de la primera forma fundamental*. Observemos que las funciones E, F y G expresan, de algún modo, cómo varía la manera de medir vectores conforme vamos cambiando de punto en la superficie. Por otra parte, remarcamos el hecho de que E, F y G son objetos dependientes de la parametrización que estemos considerando, tal y como pone de manifiesto la siguiente observación.

Observación 2.7. Dada una superficie S, según la parametrización que estemos utilizando, los coeficientes de la primera forma fundamental serán de una forma u otra (mucho más tarde veremos que una especial combinación de estos y sus derivadas sí es independiente de la parametrización). Como ejemplo sencillo para ilustrar esta afirmación, basta considerar el plano afín $z = 0$. Dicho plano admite como parametrización $X(u,v) = (u\cos v, u \operatorname{sen} v, 0)$; sus coeficientes serían $E = 1, F = 0$ y $G = u^2$. Otra parametrización para este plano es $X(u,v) = (u,v,0)$ cuyos coeficientes son ahora $E = 1, F = 0$ y $G = 1$. ◇

A continuación vamos a presentar varias superficies y sus coeficientes respecto de algunas parametrizaciones.

Ejemplo 2.18 (El plano). Sea Π el plano afín generado por una base arbitraria $\{\mathbf{v} = (v_1, v_2, v_3), \mathbf{w} = (w_1, w_2, w_3)\}$, que pasa por el punto $p = (p_1, p_2, p_3)$. Una parametrización para Π puede ser la dada por $X : \mathbb{R}^2 \longrightarrow \Pi$,

$$X(u,v) = (p_1 + uv_1 + vw_1, p_2 + uv_2 + vw_2, p_3 + uv_3 + vw_3);$$

de esta forma, $X_u = (v_1, v_2, v_3) = \mathbf{v}$ mientras que $X_v = (w_1, w_2, w_3) = \mathbf{w}$. Por tanto, $E = \langle \mathbf{v}, \mathbf{v} \rangle, F = \langle \mathbf{v}, \mathbf{w} \rangle$ y $G = \langle \mathbf{w}, \mathbf{w} \rangle$. Obsérvese que, si la base es ortonormal, entonces $E = G = 1$ y $F = 0$. ◇

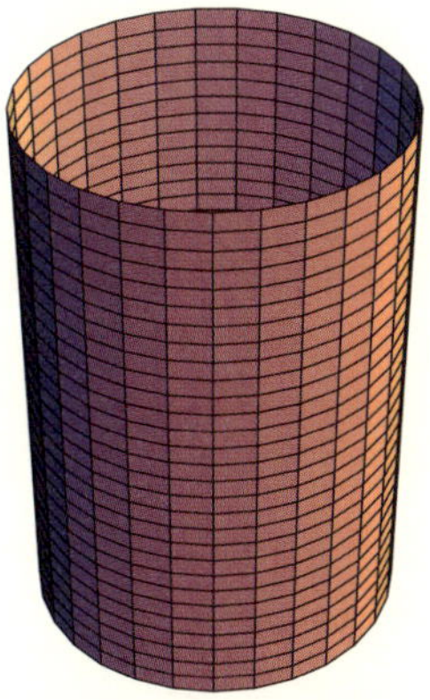

Figura 2.19: El cilindro.

Ejemplo 2.19 (El cilindro). Sea $C = \{(x,y,z) \in \mathbb{R}^3 : x^2 + y^2 = r^2\}$ el *cilindro circular recto* de radio r (véase la figura 2.19). Una parametrización para C sería

$$X(u,v) = (r\cos u, r \operatorname{sen} u, v).$$

Entonces $X_u = (-r \operatorname{sen} u, r\cos u, 0)$ y $X_v = (0,0,1)$. Luego $E = r^2, F = 0$ y $G = 1$ son los coeficientes de su primera forma fundamental respecto a X. ◇

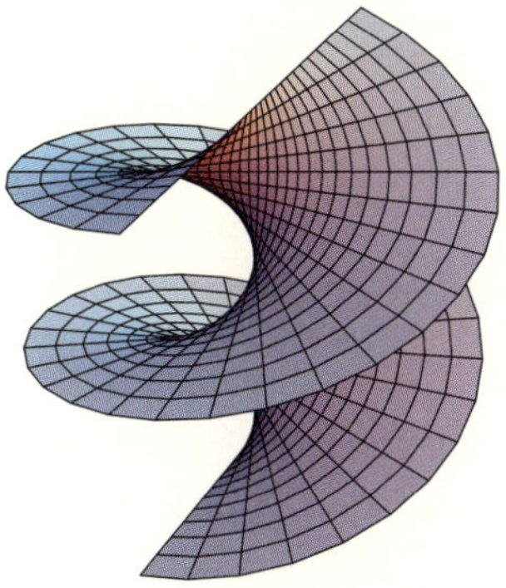

Figura 2.20: El helicoide.

Ejemplo 2.20 (El helicoide). Consideremos la hélice (véase la figura 1.1) parametrizada mediante $\alpha(u) = (\cos u, \operatorname{sen} u, au)$, con $a > 0$. Observemos que esta curva se va *enroscando* alrededor del eje z, por lo que tiene sentido, para cada punto $\alpha(u)$, tomar la recta determinada por este y el punto del eje z con coordenadas $(0,0,au)$. La unión de dichas rectas es una superficie regular que se denomina el *helicoide* (véase la figura 2.20). Una parametrización para esta superficie es

$$X(u,v) = (v\cos u, v \operatorname{sen} u, au), \quad \text{con } u,v \in \mathbb{R}.$$

Así, $X_u = (-v \operatorname{sen} u, v\cos u, a)$ y $X_v = (\cos u, \operatorname{sen} u, 0)$, luego $E = a^2 + v^2$, $F = 0$ y $G = 1$ son los coeficientes de su primera forma fundamental respecto a X. ◇

Veamos a continuación algunas propiedades elementales que verifican los coeficientes de la primera forma fundamental.

Proposición 2.5.2. *Sean S una superficie, (U,X) una parametrización de S y E, F, G los coeficientes de su primera forma fundamental respecto a (U,X). Entonces,*

i) $E,G>0$ *y*

ii) $EG-F^2>0$.

Demostración. La primera propiedad es evidente, ya que $\{X_u,X_v\}$ forman una base del plano tangente y, en particular, son vectores no nulos, por lo que sus módulos son siempre positivos. Con respecto a la segunda, observemos que

$$|X_u\wedge X_v|^2+\langle X_u,X_v\rangle^2=|X_u|^2|X_v|^2\operatorname{sen}^2\theta+|X_u|^2|X_v|^2\cos^2\theta=|X_u|^2|X_v|^2,$$

donde $\theta=\text{áng}(X_u,X_v)$. Por tanto,

$$EG-F^2=|X_u|^2|X_v|^2-\langle X_u,X_v\rangle^2=|X_u\wedge X_v|^2>0,$$

siendo el último término positivo por ser X_u y X_v linealmente independientes. □

2.5.1. Aplicaciones de la primera forma fundamental: midiendo longitudes, ángulos y áreas

Tal y como ya hemos comentado con anterioridad, la primera forma fundamental tiene la cualidad de que con ella podemos efectuar geometría sobre la superficie, es decir, podemos hacer medidas de los objetos que están contenidos en la misma.

Midiendo longitudes

Sea $\alpha:I\longrightarrow S$ una curva diferenciable. Su longitud de arco viene dada por

$$s(t)=\int_0^t|\alpha'(r)|\,dr=\int_0^t\sqrt{\langle\alpha'(r),\alpha'(r)\rangle}\,dr=\int_0^t\sqrt{\mathrm{I}_{\alpha(r)}(\alpha'(r))}\,dr.$$

En particular, si $\alpha(t)=X\big(u(t),v(t)\big)=X\big(\widetilde{\alpha}(t)\big)$, siendo (U,X) una parametrización de S, la longitud de arco se puede expresar como

$$s(t)=\int_0^t\sqrt{E\big(\widetilde{\alpha}(r)\big)u'(r)^2+2F\big(\widetilde{\alpha}(r)\big)u'(r)v'(r)+G\big(\widetilde{\alpha}(r)\big)v'(r)^2}\,dr.$$

Por lo tanto,

$$s'(t)=\sqrt{E\big(\widetilde{\alpha}(t)\big)u'(t)^2+2F\big(\widetilde{\alpha}(t)\big)u'(t)v'(t)+G\big(\widetilde{\alpha}(t)\big)v'(t)^2},$$

es decir,

$$\left(\frac{ds}{dt}(t)\right)^2=E\big(\widetilde{\alpha}(t)\big)\left(\frac{du}{dt}(t)\right)^2+2F\big(\widetilde{\alpha}(t)\big)\frac{du}{dt}(t)\frac{dv}{dt}(t)+G\big(\widetilde{\alpha}(t)\big)\left(\frac{dv}{dt}(t)\right)^2;$$

esto suele escribirse como $(ds)^2=E(du)^2+2F\,du\,dv+G(dv)^2$, y se dice que ds es el *elemento de arco* o *elemento de línea* de S.

Midiendo ángulos

Sean $\alpha : I \longrightarrow S$ y $\beta : I \longrightarrow S$ dos curvas parametrizadas regulares que se cortan en un punto $\alpha(t_0) = \beta(t_0)$, $t_0 \in I$. El ángulo θ que forman (es decir, el ángulo que determinan sus vectores tangente en dicho punto) viene dado por

$$\cos\theta = \frac{\langle \alpha'(t_0), \beta'(t_0) \rangle}{|\alpha'(t_0)||\beta'(t_0)|}.$$

En particular, dada una parametrización (U, X), si tomamos sus *curvas coordenadas* para v_0 y u_0 fijos, esto es, $\alpha(u) = X(u, v_0)$, $\beta(v) = X(u_0, v)$, entonces el ángulo que forman en $X(u_0, v_0)$ vale

$$\theta = \arccos \frac{\langle X_u, X_v \rangle}{|X_u||X_v|}(u_0, v_0) = \arccos \frac{F}{\sqrt{EG}}(u_0, v_0).$$

Observemos que $\theta \geq 0$ y que las curvas coordenadas de X son ortogonales si, y solo si, $F \equiv 0$. En tal caso, se dice que X es una *parametrización ortogonal*.

Midiendo áreas

Para medir áreas necesitamos definir lo que se entiende por una *región* de una superficie regular.

Definición 2.5.3. *Sea $R \subset S$ un subconjunto de una superficie regular S. Diremos que R es una* **región** *de S si es un subconjunto conexo y relativamente compacto de S, cuya frontera (topológica, relativa a S), al descomponerse en (un número finito de) componentes conexas, debe verificar:*

- *cada componente conexa es una curva regular excepto, a lo sumo, en un número finito de puntos;*
- *cada componente conexa es homeomorfa a la circunferencia $\mathbb{S}^1$.*

Como vemos, la definición de región es bastante técnica y, en realidad, para lo que vamos a exponer a continuación, solo se precisa que R sea relativamente compacto. Sin embargo, hemos optado por establecerla de este modo pues, en capítulos posteriores, este concepto volverá a entrar en juego de forma relevante, y allí sí serán necesarias todas las condiciones que se han impuesto en la definición.

Así pues, si $R \subset S$ es una región de una superficie regular S, tal que existe una parametrización (U, X) con $R \subset X(U)$, se define el *área* de R como

$$A(R) = \int_{X^{-1}(R)} |X_u \wedge X_v| \, du dv.$$

El siguiente resultado de carácter técnico prueba que esta es una buena definición.

Lema 2.5.4. *El número $A(R)$ no depende de la parametrización escogida.*

Demostración. Sea $\overline{X} : \overline{U} \longrightarrow S$ otra parametrización de S con $R \subset \overline{X}(\overline{U})$. Consideramos el cambio de coordenadas $h = \overline{X}^{-1} \circ X$, el cual podemos expresar de la forma $h(u,v) = \big(\overline{u}(u,v), \overline{v}(u,v)\big)$ de suerte que

$$X(u,v) = \overline{X}\big(h(u,v)\big) = \overline{X}\big(\overline{u}(u,v), \overline{v}(u,v)\big);$$

entonces,

$$X_u = \overline{X}_{\overline{u}} \frac{\partial \overline{u}}{\partial u} + \overline{X}_{\overline{v}} \frac{\partial \overline{v}}{\partial u}, \quad \text{y} \quad X_v = \overline{X}_{\overline{u}} \frac{\partial \overline{u}}{\partial v} + \overline{X}_{\overline{v}} \frac{\partial \overline{v}}{\partial v}.$$

Multiplicando estos vectores (vectorialmente) y utilizando la antisimetría del producto vectorial, se tiene que

$$\begin{aligned} X_u \wedge X_v &= \frac{\partial \overline{u}}{\partial u}\frac{\partial \overline{v}}{\partial v}(\overline{X}_{\overline{u}} \wedge \overline{X}_{\overline{v}}) + \frac{\partial \overline{v}}{\partial u}\frac{\partial \overline{u}}{\partial v}(\overline{X}_{\overline{v}} \wedge \overline{X}_{\overline{u}}) = \left(\frac{\partial \overline{u}}{\partial u}\frac{\partial \overline{v}}{\partial v} - \frac{\partial \overline{v}}{\partial u}\frac{\partial \overline{u}}{\partial v}\right)(\overline{X}_{\overline{u}} \wedge \overline{X}_{\overline{v}}) \\ &= \det(Jh)\big(\overline{X}_{\overline{u}} \wedge \overline{X}_{\overline{v}}\big). \end{aligned}$$

Luego

$$\big|\overline{X}_{\overline{u}} \wedge \overline{X}_{\overline{v}}\big| = \big|\det(Jh)\big|^{-1} |X_u \wedge X_v| = \big|\det(Jh^{-1})\big|\, |X_u \wedge X_v|.$$

Por tanto, al introducir esta expresión bajo el signo de la integral, obtenemos

$$\begin{aligned} \iint_{\overline{X}^{-1}(R)} \big|\overline{X}_{\overline{u}} \wedge \overline{X}_{\overline{v}}\big|\, d\overline{u}d\overline{v} &= \iint_{\overline{X}^{-1}(R)} |X_u \wedge X_v|\, \big|\det(Jh^{-1})\big|\, d\overline{u}d\overline{v} \\ &= \iint_{X^{-1}(R)} |X_u \wedge X_v|\, dudv, \end{aligned}$$

donde en la última igualdad hemos aplicado el teorema del cambio de variable. Esto concluye la demostración. □

Aunque hemos probado que la definición es buena, es decir, no depende de las coordenadas escogidas, habría que verificar si la definición se corresponde realmente con el concepto que deseamos definir. En otras palabras, deberíamos comprobar si el número $A(R)$ «es» el área de la región R. Para ello, remitimos al lector al capítulo 5 de integración, donde se explica el sentido geométrico de la definición.[6]

Una consecuencia directa del lema 2.5.4 anterior es la siguiente:

Corolario 2.5.5. *El área de una región $R \subset S$ viene dada por la expresión*

$$A(R) = \iint_{X^{-1}(R)} \sqrt{EG - F^2}\, dudv,$$

donde (U,X) es cualquier parametrización de S tal que $R \subset X(U)$.

Desde luego, es natural preguntarse qué ocurre si queremos medir el área de una región $R \subset S$, y no podemos encontrar ninguna parametrización (U,X) de la superficie que la cubra, es decir, tal que $R \subset X(U)$. Este caso necesita un tratamiento específico, algo más complejo, que será estudiado en el capítulo 5 de este libro, donde remitimos al lector.

[6] Suele ocurrir en Geometría que, si uno es capaz de definir un objeto independientemente de las coordenadas, entonces dicho objeto es susceptible de tener algún significado importante. Veremos posteriormente más ejemplos de esta situación.

Ejemplo 2.21 (El área del toro de revolución). Recordemos que el toro de revolución $\mathbb{T}^2$ es una superficie regular (véanse los ejemplos 2.7 y 2.11) que se puede parametrizar de la forma

$$X(u,v) = \big((r\cos u + a)\cos v, (r\cos u + a)\operatorname{sen} v, r\operatorname{sen} u\big),$$

donde $(u,v) \in U = (0,2\pi) \times (0,2\pi)$. Los coeficientes de la primera forma fundamental respecto a esta parametrización vienen dados por $E = r^2, F = 0, G = (a + r\cos u)^2$. Así, $\sqrt{EG - F^2} = r(a + r\cos u)$ y, para toda región R contenida en el entorno coordenado $X(U)$, se tendrá que

$$A(R) = \iint_{X^{-1}(R)} \sqrt{EG - F^2}\, dudv = \iint_{X^{-1}(R)} r(a + r\cos u)\, dudv.$$

Obsérvese que, geométricamente, la parametrización X actúa como se muestra en la figura 2.21, identificando los lados opuestos de un cuadrado de lado 2π.

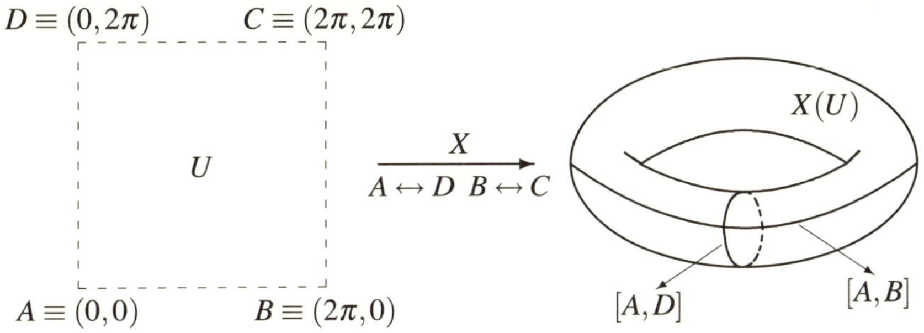

Figura 2.21: La parametrización del toro de revolución.

Como lo que queremos es calcular el área del toro nos fijamos, en primer lugar, en que la parametrización X no cubre todo $\mathbb{T}^2$: un paralelo (el correspondiente a $u = 0$) y un meridiano ($v = 0$) no están en $X(U)$. Así, siendo rigurosos, no podemos aplicar el corolario 2.5.5 para calcular su área. Sin embargo, en este caso podemos actuar del siguiente modo. Si consideramos el cuadrado $(\varepsilon, 2\pi - \varepsilon) \times (\varepsilon, 2\pi - \varepsilon) \subset U$ estrictamente, entonces su imagen

$$R_\varepsilon = X\big((\varepsilon, 2\pi - \varepsilon) \times (\varepsilon, 2\pi - \varepsilon)\big)$$

es una región del toro (véase la figura 2.22) que queda cubierta totalmente por la parametrización X, por lo que podemos calcular su área:

$$\begin{aligned} A(R_\varepsilon) &= \iint_{X^{-1}(R_\varepsilon)} r(a + r\cos u)\, dudv = \int_\varepsilon^{2\pi-\varepsilon} \int_\varepsilon^{2\pi-\varepsilon} r(a + r\cos u)\, dudv \\ &= 4r(\pi - \varepsilon)\big(a(\pi - \varepsilon) - r\operatorname{sen}\varepsilon\big). \end{aligned}$$

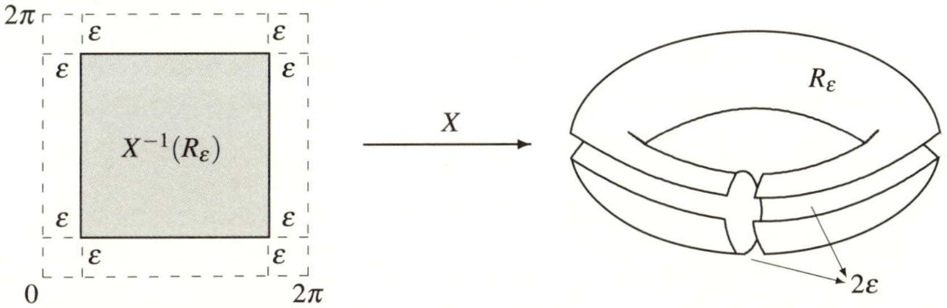

Figura 2.22: Calculando el área del toro de revolución.

Finalmente, tomando límites,

$$A(R) = \lim_{\varepsilon \to 0} A(R_\varepsilon) = \lim_{\varepsilon \to 0} 4r(\pi - \varepsilon)\big(a(\pi - \varepsilon) - r \operatorname{sen} \varepsilon\big) = 4ar\pi^2,$$

ya que, claramente, la función $\varepsilon \longrightarrow A(R_\varepsilon)$ es continua. ◇

En la práctica no va a ser necesario recurrir a este «truco» a la hora de calcular el área de una región (en general, o de una superficie compacta) que se encuentre en una situación análoga, pues si el conjunto que queda sin cubrir por la parametrización tiene medida nula (como es el caso del ejemplo anterior), no va a tener influencia alguna en el resultado final de la integral. Como ya hemos comentado previamente, este tema se tratará con detalle en el apartado 5.2.2. Aun así, hemos querido incluir aquí este ejemplo (véase [20]) por considerarlo muy ilustrativo.

EJERCICIOS

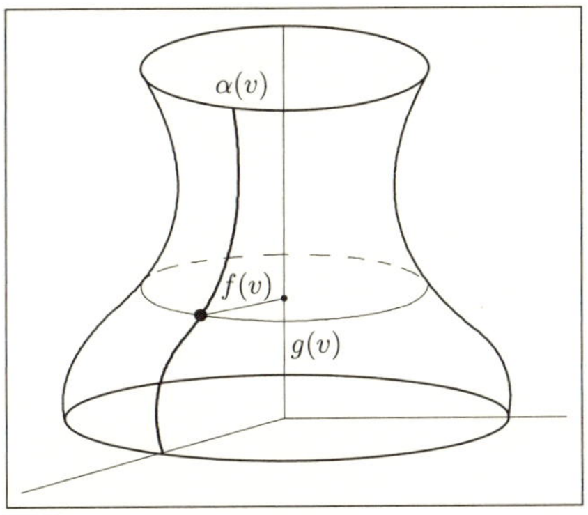

Figura 2.23: La superficie de revolución generada por la curva $\alpha(v) = \big(f(v), 0, g(v)\big)$.

Ejercicio 2.1 (Superficies de revolución). Sea $\alpha : I \longrightarrow \mathbb{R}^3$ la curva parametrizada regular

$$\alpha(v) = \big(f(v), 0, g(v)\big)$$

contenida en el plano $y = 0$, que no corta al eje z, con $f, g : I \longrightarrow \mathbb{R}$. Sea S la figura obtenida al rotar su traza alrededor de dicho eje.

Demostrar que S es una superficie regular, llamada *superficie de revolución*. En ella, los círculos descritos por cada uno de los puntos de α se denominan *paralelos* de S, mientras que cada una de las posiciones de α en S recibe el nombre de *meridiano*.

Demostrar que una superficie de revolución siempre se puede parametrizar de modo que $E = E(v)$, $F = 0$ y $G = 1$.

Ejercicio 2.2. Sean S una superficie regular y $p_0 \in \mathbb{R}^3$. Calcular, cuando sea posible, la diferencial de la función distancia a p_0, $f : S \longrightarrow \mathbb{R}$, $f(p) = |p - p_0|$.

Ejercicio 2.3.

i) Demostrar que la *aplicación antípoda* $A : \mathbb{S}^2 \longrightarrow \mathbb{S}^2$, dada por $A(p) = -p$, es un difeomorfismo y calcular su diferencial.

ii) Demostrar que la aplicación $F(x,y,z) = \big(\sqrt{1+z^2}\,x, \sqrt{1+z^2}\,y, z\big)$ es un difeomorfismo entre el cilindro $C = \big\{(x,y,z) \in \mathbb{R}^3 : x^2 + y^2 = 1\big\}$ y el hiperboloide de una hoja $H = \big\{(x,y,z) \in \mathbb{R}^3 : x^2 + y^2 - z^2 = 1\big\}$.

iii) Estudiar la diferenciabilidad de la aplicación $F : \mathbb{S}^2 \backslash \{\mathsf{N}, \mathsf{S}\} \longrightarrow H$, definida entre la esfera unidad menos los polos y el hiperboloide de una hoja H, que a cada $p \in \mathbb{S}^2 \backslash \{\mathsf{N}, \mathsf{S}\}$ le asigna el punto intersección de H con la semirrecta que pasa por p y corta ortogonalmente al eje z (véase la figura 2.24).

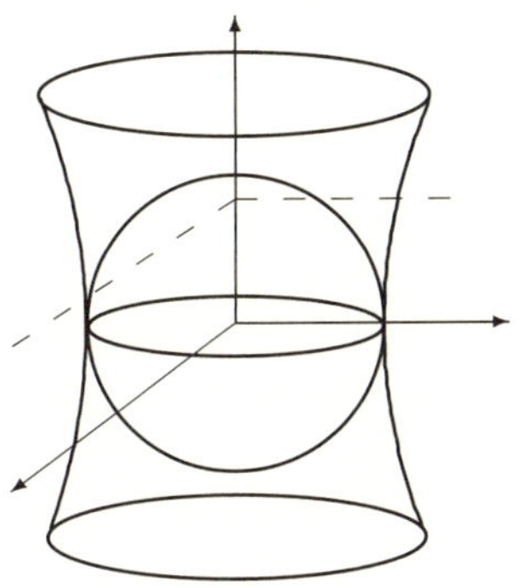

Figura 2.24: Una aplicación entre el hiperboloide y la esfera.

Ejercicio 2.4. Sean S una superficie regular y $p_0 \notin S$. Considérese la aplicación

$$F : S \longrightarrow \mathbb{S}^2 \quad \text{dada por} \quad F(p) = \frac{p - p_0}{|p - p_0|}.$$

Justificar por qué F es diferenciable y calcular su diferencial. Demostrar que un vector no nulo $\mathbf{v} \in T_pS$ está en el núcleo de dF_p si, y solo si, $\mathbf{v} = \lambda(p - p_0)$ para un cierto $\lambda \in \mathbb{R}$. Concluir que F es un difeomorfismo local si, y solo si, no se puede trazar una recta tangente a S desde p_0.

Ejercicio 2.5. Sea $F : \mathbb{S}^2 \backslash \{\mathsf{N}, \mathsf{S}\} \longrightarrow C$ la aplicación, definida entre la esfera unidad menos los polos y el cilindro recto $C = \big\{(x,y,z) \in \mathbb{R}^3 : x^2 + y^2 = 1\big\}$, dada por

$$F(x,y,z) = \left(\frac{x}{\sqrt{1-z^2}}, \frac{y}{\sqrt{1-z^2}}, z\right).$$

i) Justificar que, en efecto, $F\big(\mathbb{S}^2 \backslash \{\mathsf{N}, \mathsf{S}\}\big) \subset C$, y demostrar que es diferenciable.

ii) Calcular la diferencial de F. ¿Tiene F puntos críticos?

Ejercicio 2.6. Sea S una superficie regular que no corta al eje z. Considérese la función $f : S \longrightarrow \mathbb{R}$ dada por $f(p) = 1/\big|p \wedge (0,0,1)\big|$.

i) Justificar por qué f es diferenciable y calcular su diferencial.

ii) Demostrar que $p \in S$ con $\langle p, (0,0,1)\rangle = 0$ es un punto crítico de f si, y solo si, el normal a la superficie en p está en la dirección de p.

Ejercicio 2.7. Sea S una superficie regular y conexa. Demostrar que:

i) todas sus rectas normales son paralelas a una recta fija $\mathfrak{R}$ si, y solo si, S está contenida en un plano ortogonal a $\mathfrak{R}$;

ii) todas sus rectas normales cortan perpendicularmente al eje z si, y solo si, S está contenida en un cilindro circular de la forma $x^2 + y^2 = r^2$;

iii) todas sus rectas normales pasan por un mismo punto fijo p_0, si, y solo si, S está contenida en una esfera centrada en p_0.

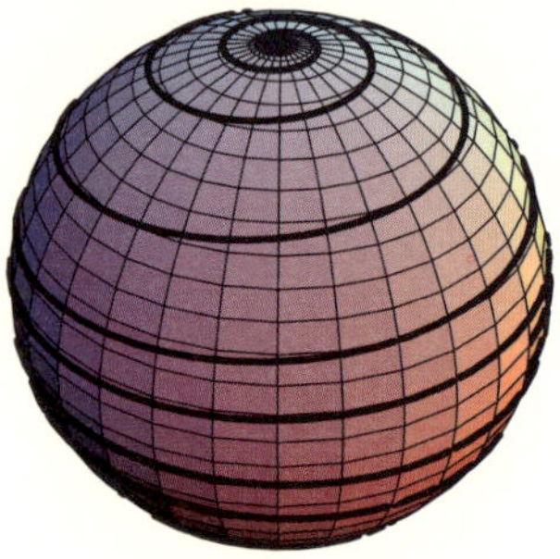

Figura 2.25: Una loxodroma en la esfera.

Ejercicio 2.8 (Loxodromas). Se denomina *loxodroma* o *línea de rumbo fijo* a la curva contenida en una superficie de revolución S que forma un ángulo constante con el meridiano de S en cada punto. Calcular las loxodromas de la esfera.

Ejercicio 2.9. Calcular el área de la región R del *catenoide* (es decir, la superficie de revolución generada por la rotación de una catenaria, véase la figura 5.3) comprendida entre los planos $z = -1$ y $z = 1$.

Ejercicio 2.10 (La pseudoesfera). La *pseudoesfera*[7] (véase la figura 2.26) es una superficie de revolución cuya curva generatriz es la tractriz (véase el ejercicio 1.2). Así pues, una parametrización para esta superficie viene dada por

$$X(u,v) = \Big(\operatorname{sen} u \cos v, \operatorname{sen} u \operatorname{sen} v, \cos u + \log \operatorname{tg} \frac{u}{2}\Big), \quad (u,v) \in \Big(0, \frac{\pi}{2}\Big) \times (0, 2\pi).$$

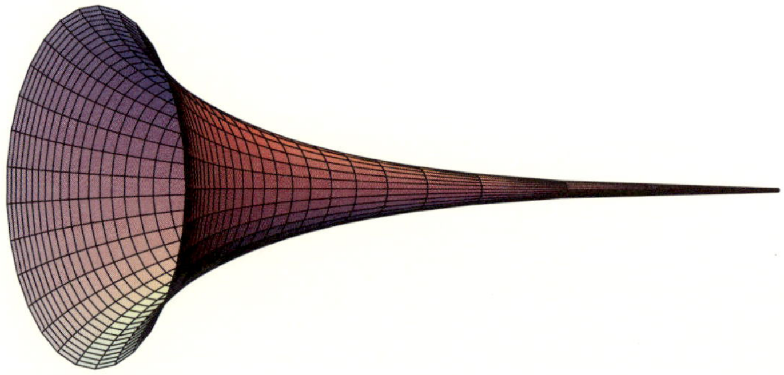

Figura 2.26: La pseudoesfera.

i) Calcular su primera forma fundamental.

ii) Demostrar que, aun no siendo compacta, su área «total» es 2π.

[7] Cuando en el capítulo 3 estudiemos la *curvatura de Gauss*, quedará justificado el porqué de su nombre: la esfera $\mathbb{S}^2$ es una superficie regular con curvatura de Gauss constante e igual a 1; la pseudoesfera tiene curvatura de Gauss *constantemente igual a* -1 (véase el ejercicio 3.3).

Ejercicio 2.11 (Tubo regular). Sea $\alpha : I \longrightarrow \mathbb{R}^3$ una curva regular p.p.a. Se denomina *tubo regular* de radio r alrededor de α a la superficie parametrizada

$$X(s,\theta) = \alpha(s) + r\big(\cos\theta\,\mathbf{n}(s) + \operatorname{sen}\theta\,\mathbf{b}(s)\big), \quad (s,\theta) \in I \times (0,2\pi),$$

donde $r > 0$ es un valor constante adecuado para que $1 - rk(s)\cos\theta > 0$.

i) Calcular su primera forma fundamental.

ii) Demostrar que su área es $2\pi r$ veces la longitud de la curva α.

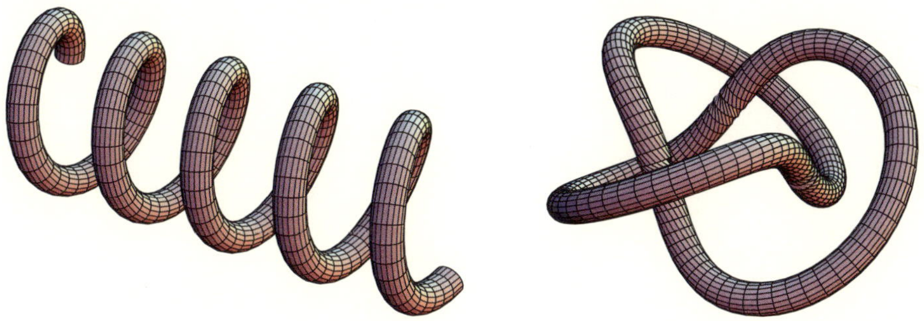

Figura 2.27: Tubos regulares alrededor de una hélice cilíndrica y una curva cerrada.

III

El teorema *Egregium* de Gauss

Este tercer capítulo se adentra en los aspectos fundamentales de la Geometría clásica de superficies. Las primeras secciones se ocupan del estudio de la geometría de la aplicación de Gauss desde distintos puntos de vista.

Así, después de una primera sección dedicada a conocer qué son los campos de vectores sobre una superficie y cómo podemos elegir una parametrización especial asociada, de una determinada forma, a dos campos prefijados, estudiamos la orientabilidad y la noción de *superficie orientable* como aquella en la que es posible definir de forma global y en cada punto un sentido de giro. Una primera formulación de este concepto se puede realizar en términos de la aplicación de Gauss (es decir, de un campo normal y unitario a la superficie). Esto puede hacer pensar que se trata de un concepto extrínseco y perteneciente al ámbito de lo diferenciable. Nada más lejos de la realidad, ya que la orientación es una característica intrínseca, de hecho, estrictamente topológica, de una superficie. No obstante, para nuestros fines esto no es importante. Nosotros nos limitamos a demostrar que se trata de un concepto intrínseco, que se puede definir en términos de las parametrizaciones y cambios de coordenadas. Por tanto, no es necesario recurrir a la aplicación de Gauss para su construcción. Finalmente, presentamos algunas propiedades de las superficies orientables, mostrando diversos ejemplos de superficies orientables y no orientables.

En las siguientes secciones nos dedicamos al estudio de la variación de la aplicación de Gauss utilizando su diferencial. Resulta que la aplicación de Gauss describe cómo se «encuentra» la superficie dentro del espacio euclídeo y cómo se va «curvando» en las distintas direcciones. Aparece así el concepto de *curvatura normal*, que explica cuánto y cómo se curva una superficie en una determinada dirección. Dado que una superficie tiene «todo un plano» de direcciones en cada punto (el plano tangente), efectuamos un estudio de cuánto se curva en cada una de estas direcciones, llegando así a la definición de las curvaturas principales como los valores extremos de la curvatura normal. Las curvaturas principales resultan ser los valores propios de la diferencial de la aplicación de Gauss. A partir de ellas es posible definir dos invariantes importantísimos asociados a dicha aplicación: la curvatura de Gauss y la curvatura media, que se corresponden con el determinante y la traza de la diferencial, respectivamente.

Por otra parte, resulta interesante preguntarnos por aquellas superficies que se «doblan» por igual en todas las direcciones y todo punto. Estas superficies se denominan *totalmente umbilicales*, y presentamos un resultado que caracteriza esferas y planos como las únicas con tal propiedad. Evidentemente, estos conceptos se definen con independencia de la parametrización que estemos usando (o no serían conceptos relevantes). No obstante, y con fines operativos, dedicamos una sección al estudio, en términos de coordenadas, de la aplicación de Gauss, de la curvatura media y de la curvatura de Gauss.

Finalizamos este bloque de secciones dedicadas a la aplicación de Gauss con una interpretación geométrica de la curvatura de Gauss análoga a la que se presentó para la curvatura de una curva plana.

Las últimas tres secciones se centran en aspectos intrínsecos de las superficies relacionados con la aplicación de Gauss y los conceptos que de ella hemos derivado, de ahí su inclusión en este mismo capítulo. Presentamos en primer lugar la noción de *isometría* entre superficies como una aplicación que conserva la primera forma fundamental. Esto significa que la aplicación preserva todos los conceptos métricos definidos a partir de dicha primera forma, a saber, longitudes, ángulos y áreas.

El concepto de *isometría* surge de forma natural, como en otras muchas ramas de las Matemáticas, al estudiar conjuntos equipados con algún tipo de estructura. Así, para cada clase de estructura existe una noción de equivalencia (o isomorfismo) que no es más que una aplicación biyectiva que, en un sentido apropiado, preserva dicha estructura. Una clase particular de estructura determina una disciplina dentro de las Matemáticas: el estudio de los conceptos que se preservan bajo dicha equivalencia. A modo de ejemplo, un espacio topológico es un conjunto equipado con una estructura (su topología), y el estudio de las propiedades que se preservan por homeomorfismos constituye la Topología como disciplina. Análogamente, una superficie regular es un conjunto del espacio euclídeo con una estructura formada por parametrizaciones que cubren todos sus puntos. El estudio de las propiedades que se preservan por isometrías constituye la Geometría Diferencial (intrínseca) de superficies.

Precisamente, una de las secciones finales de este capítulo está dedicada a demostrar el teorema *Egregium* de Gauss, en el que se establece que la curvatura de Gauss es, precisamente, un objeto que se preserva por isometrías. Este resultado es sorprendente desde muchos puntos de vista: recordemos que acabamos de definir la curvatura de Gauss como una función que codifica cómo y cuánto varía la aplicación de Gauss, objeto extrínseco donde los haya, ya que depende de la ubicación de la superficie dentro del espacio. Pues bien, se demuestra entonces que la primera forma fundamental determina por completo dicha curvatura, y resulta ser un caso singular, ya que el resto de curvaturas que hemos definido sí dependen de aspectos extrínsecos. A partir del teorema de Gauss se obtienen consecuencias muy interesantes y que tienen profundas implicaciones en otras ramas de la ciencia. Un ejemplo muy descriptivo se da en la Cartografía. Así, en la última sección del capítulo, justificamos la imposibilidad de construir proyecciones «perfectas» y analizamos las aplicaciones que conservan, al menos, alguna de las características que toda buena proyección debería reflejar. Concretamente, introducimos las aplicaciones conformes (como aquellas proyecciones que conservan ángulos) y las aplicaciones isoareales (preservan áreas).

3.1. CAMPOS DE VECTORES EN SUPERFICIES

Comenzamos este capítulo definiendo lo que se entiende por un campo de vectores sobre una superficie. Este concepto va a ser fundamental a lo largo de todo el texto pues, sin ir más lejos, la aplicación de Gauss (crucial en toda la teoría que se va a desarrollar) no es más que un campo normal (y unitario) a la superficie.

Además, el objetivo principal de esta sección va a ser demostrar un resultado que se revelará clave en diversos momentos del libro: probaremos que dada una superficie regular S, siempre es posible encontrar una parametrización (alrededor de un punto de la misma) cuyas curvas coordenadas son «especiales», lo cual se podrá utilizar en diferentes contextos. En breve veremos a qué nos referimos.

Definición 3.1.1. *Sea S una superficie regular. Un* **campo de vectores** *ξ sobre S es una función vectorial $\xi : S \longrightarrow \mathbb{R}^3$, donde $\xi(p)$ es un vector de $\mathbb{R}^3$ para cada $p \in S$. Diremos que ξ es* **diferenciable** *si lo es como función de S a $\mathbb{R}^3$.*

Definición 3.1.2. *Dado un campo de vectores ξ sobre S, se dice que ξ es un* **campo de vectores tangente** *si $\xi(p)$ es tangente a S en p para todo $p \in S$. Diremos que ξ es* **normal** *a S si $\xi(p)$ es normal a S en p para todo $p \in S$. Por último, diremos que ξ es* **unitario** *si $|\xi(p)| = 1$ para todo $p \in S$.*

Es usual representar por $\mathfrak{X}(S)$ los campos de vectores diferenciables sobre S que son tangentes. Además, denotaremos por $\mathfrak{X}(S)^{\perp}$ los campos de vectores diferenciables y normales sobre S.

Desde luego, un campo de vectores diferenciable y tangente $\xi \in \mathfrak{X}(S)$ admite una expresión local en términos de una parametrización de la superficie S. Así pues, sea (U,X) una parametrización de S y, como viene siendo habitual, escribimos $V = X(U)$ para representar el correspondiente entorno coordenado. Entonces, existen funciones diferenciables $a, b : U \longrightarrow \mathbb{R}$ tales que

$$\xi\big(X(u,v)\big) := \xi(u,v) = a(u,v)X_u(u,v) + b(u,v)X_v(u,v).$$

Los dos últimos conceptos que necesitamos antes de enunciar el resultado principal de esta sección son los siguientes.

Definición 3.1.3. *Sea $\alpha : I \longrightarrow S$ una curva diferenciable en una superficie regular S y sea $\xi \in \mathfrak{X}(S)$. Se dice que α es una* **curva integral de** *ξ si $\alpha'(t) = \xi\big(\alpha(t)\big)$ para todo $t \in I$.*

Definición 3.1.4. *Sea $\alpha : I \longrightarrow S$ una curva diferenciable en una superficie regular S y sea $\xi \in \mathfrak{X}(S)$. Diremos que α es una* **curva en la dirección de** *ξ si $\alpha'(t)$ y $\xi\big(\alpha(t)\big)$ son colineales para todo $t \in I$, es decir, si existe una función $\lambda : I \longrightarrow \mathbb{R}$ diferenciable tal que $\xi\big(\alpha(t)\big) = \lambda(t)\alpha'(t)$.*

Nos encontramos ya en condiciones de enunciar y demostrar el resultado principal de esta sección.

Teorema 3.1.5. *Dados una superficie regular S y un punto $p \in S$, sean $\xi_1, \xi_2 \in \mathfrak{X}(S)$ tales que $\{\xi_1(p), \xi_2(p)\}$ forman una base del tangente T_pS. Entonces existe una parametrización cubriendo p cuyas curvas coordenadas son curvas en las direcciones de ξ_1 y ξ_2, respectivamente.*[1]

Demostración. Sea (U,X) una parametrización cubriendo p. Sin pérdida de generalidad podemos suponer, por un lado, que $p = X(0,0)$ (bastaría hacer una traslación en (u,v)), y por otro, que $X_u(0,0)$ está en la dirección de $\xi_1(p)$ (sin más que efectuar una rotación adecuada), esto es, que $\xi_1(p) = cX_u(0,0)$ para cierto $c > 0$.

Si expresamos ξ_1 en coordenadas (respecto a la parametrización X), podemos asegurar la existencia de $a_1, b_1 : U \longrightarrow \mathbb{R}$ diferenciables tales que

$$\xi_1(u,v) = a_1(u,v)X_u(u,v) + b_1(u,v)X_v(u,v),$$

de suerte que $a_1(0,0) = c \neq 0$ y $b_1(0,0) = 0$. Consideramos entonces la ecuación diferencial en U

$$b_1(u,v)\,du = a_1(u,v)\,dv. \tag{3.1}$$

Una curva diferenciable $\widetilde{\alpha} : I \longrightarrow U$ dada por $\widetilde{\alpha}(t) = \big(u(t), v(t)\big)$ es solución de (3.1) si, y solo si, $b_1(t)u'(t) = a_1(t)v'(t)$, donde estamos utilizando la notación $b_1(t)$ para representar la composición $b_1\big(u(t), v(t)\big)$ (y análogamente para a_1). Esto es equivalente a que

$$\Big\langle \big(u'(t), v'(t)\big), \big(b_1(t), -a_1(t)\big) \Big\rangle = b_1(t)u'(t) - a_1(t)v'(t) = 0,$$

o lo que es lo mismo, a que los vectores $\big(u'(t), v'(t)\big)$, $\big(b_1(t), -a_1(t)\big)$ sean ortogonales y, por tanto, $\big(u'(t), v'(t)\big)$, $\big(a_1(t), b_1(t)\big)$ colineales. Así pues, una solución de (3.1) va a ser una curva $\widetilde{\alpha}(t)$ en la dirección de $\big(a_1(t), b_1(t)\big)$, de donde se tendrá que $X \circ \widetilde{\alpha}$ es una curva *en la dirección de* ξ_1.

Por otro lado, como $a_1(0,0) = c > 0$, tiene sentido considerar el cociente

$$\frac{b_1(u,v)}{a_1(u,v)} = \frac{dv}{du} \tag{3.2}$$

en un entorno del $(0,0)$. La teoría de ecuaciones diferenciales ordinarias nos asegura la existencia de un entorno del $(0,0)$ en el que, para todo (u_0, v_0), existe una *única* función diferenciable $v_1(u) = v_1(u; u_0, v_0)$ verificando (3.2) con $v_1(u_0) = v_0$.

Consideremos ahora la expresión local del campo ξ_2, a saber,

$$\xi_2(u,v) = a_2(u,v)X_u(u,v) + b_2(u,v)X_v(u,v).$$

[1] En general, no es posible conseguir una parametrización tal que las curvas coordenadas *sean las curvas integrales* de los campos dados. En efecto, si esto fuese así, dados $\xi_1, \xi_2 \in \mathfrak{X}(S)$ ortogonales y unitarios, siempre podríamos encontrar una parametrización (U,X) para la cual $E = G = 1$ y $F = 0$; como veremos en el próximo capítulo (teorema 3.8.4) esto no es posible, ya que estaríamos diciendo que todas las superficies son localmente isométricas a un plano.

Por hipótesis, $\{\xi_1(p), \xi_2(p)\}$ es una base del tangente, lo que nos asegura que

$$0 \neq \begin{vmatrix} a_1(0,0) & b_1(0,0) \\ a_2(0,0) & b_2(0,0) \end{vmatrix} = \begin{vmatrix} c & 0 \\ a_2(0,0) & b_2(0,0) \end{vmatrix} = c\,b_2(0,0),$$

es decir, $b_2(0,0) \neq 0$. Esto nos permite escribir la correspondiente ecuación diferencial en U, $b_2(u,v)\,du = a_2(u,v)\,dv$, de la forma

$$\frac{a_2(u,v)}{b_2(u,v)} = \frac{du}{dv}, \tag{3.3}$$

y de nuevo, la teoría de ecuaciones diferenciales ordinarias nos asegura la existencia de un entorno del $(0,0)$ en el que, dado (u_0,v_0), existe una *única* función diferenciable $u_2(v) = u_2(v;u_0,v_0)$ verificando (3.3) con $u_2(v_0) = u_0$.

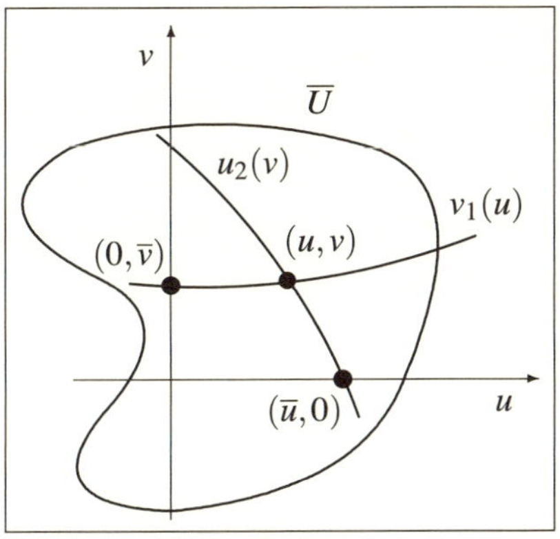

Figura 3.1: Construyendo la parametrización $(\overline{U},\overline{X})$.

Representamos entonces por $\overline{U}$ el entorno del $(0,0)$ donde ambas, (3.2) y (3.3) admiten solución. Así, si $(u,v) \in \overline{U}$, existirá una única función diferenciable $v_1(u)$, solución de (3.2), que podemos ver de la forma $v_1(\cdot) = v_1(\cdot;0,\overline{v})$, siendo $(0,\overline{v})$ el punto de corte de la curva $\big(u, v_1(u)\big)$ con el eje de ordenadas (véase la figura 3.1): obsérvese que este punto de corte siempre existe por la elección que hemos hecho de las coordenadas en nuestra parametrización; recordemos que $\xi_1(p) = cX_u(0,0)$.
Análogamente, podemos encontrar una única función diferenciable $u_2(v)$, solución de la ecuación (3.3), que escribimos de la forma $u_2(\cdot) = u_2(\cdot;\overline{u},0)$, siendo ahora $(\overline{u},0)$ el punto de corte de la curva $\big(u_2(v), v\big)$ con el eje de abscisas (véase la figura 3.1).

La existencia y unicidad antes mencionadas nos permiten asegurar que la aplicación $(u,v) \longmapsto (\overline{u},\overline{v})$ es biyectiva y diferenciable (por las propiedades de dependencia de las soluciones de una ecuación diferencial respecto a las condiciones iniciales). Así, si representamos por ϕ su inversa, se tendrá que $(\overline{U}, \overline{X} = X \circ \phi)$ es una parametrización de S, alrededor de $p = \overline{X}(0,0)$, cuyas curvas coordenadas son de la forma

$$\begin{aligned} \overline{X}(\overline{u},\overline{v}_0) &= X\big(\phi(\overline{u},\overline{v}_0)\big) = X\big(u, v_1(u;0,\overline{v}_0)\big), \\ \overline{X}(\overline{u}_0,\overline{v}) &= X\big(\phi(\overline{u}_0,\overline{v})\big) = X\big(u_2(v;\overline{u}_0,0), v\big). \end{aligned}$$

Dado que $v_1(\cdot;0,\overline{v}_0)$ es solución de (3.2) (y por tanto, la correspondiente curva lo es de (3.1)), entonces $\overline{X}_{\overline{u}}$ es colineal con ξ_1; análogamente, $\overline{X}_{\overline{v}}$ va a ser colineal con ξ_2, lo que concluye la prueba. □

Observación 3.1. Dada una parametrización cualquiera (U,X) de una superficie regular S cubriendo $p \in S$, si definimos los campos de vectores

$$\xi_1 = X_u, \qquad \xi_2 = -\frac{F}{E}X_u + X_v$$

en $X(U)$, como $\xi_1(q)$ y $\xi_2(q)$ son vectores ortogonales para todo $q \in X(U)$, el teorema 3.1.5 nos asegura que siempre va a existir una parametrización ortogonal de S alrededor de p.

3.2. ORIENTACIÓN DE SUPERFICIES

¿Qué quiere decir que una superficie sea *orientable*? Para introducir esta sección vamos a realizar un pequeño experimento mental. Supongamos que somos seres bidimensionales que viven dentro de una superficie y que tenemos un reloj de agujas. Las agujas giran en cierto sentido y esto nos permite identificar una «orientación». Así, podemos convenir lo siguiente: «cuando la aguja del segundero pasa por las 12 horas y yo tengo mi reloj bien situado enfrente de mí, entonces la aguja gira hacia la derecha». Análogamente, es posible definir la «izquierda» como la dirección opuesta. En definitiva, tener una orientación bien definida en un punto es saber decir que algo (un remolino, una peonza) gira a favor de las agujas del reloj (o en contra), es saber decir dónde está la derecha y la izquierda. Esto es tener bien definida una orientación en un punto y, en términos puramente matemáticos, esto equivale a afirmar que es posible orientar el plano tangente del punto en el que nos encontramos.

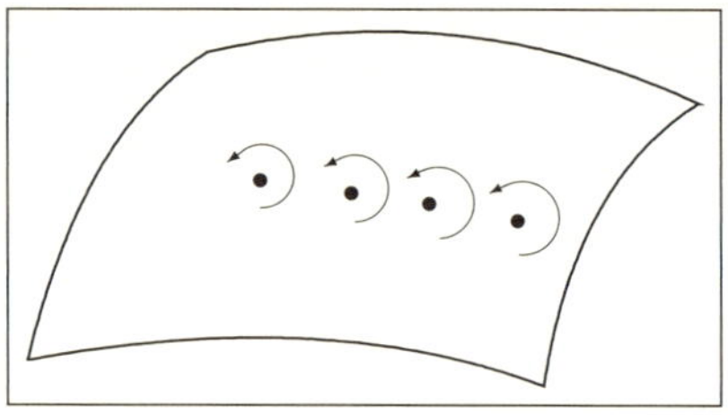

Figura 3.2: Orientación.

Ahora bien, ¿qué ocurre si nos desplazamos a lo largo de la superficie? Parece razonable pensar: «si mi reloj se mueve de esta manera aquí, pues un poco más allá va a seguir haciendo lo mismo, y mi noción de derecha e izquierda no va a cambiar». Esto es así localmente, pues en puntos suficientemente próximos al de partida, el sentido de rotación de las agujas del reloj no va a sufrir cambios bruscos (no va a ser el opuesto).

No obstante, si nos planteamos hacer un largo viaje sobre la superficie en la que vivimos, puede ocurrir que al volver al punto de partida nuestro reloj gire en sentido contrario, y que nuestra definición original para derecha e izquierda se haya invertido. Esto que parece un absurdo no lo es, y vamos a presentar un ejemplo de esta clase de superficies en las que no es posible determinar un «sentido de giro» coherente en todos sus puntos de forma global. Este último adjetivo hace referencia al hecho de que la orientación, en definitiva, es una propiedad no local de una superficie. Así, localmente, cada superficie regular es difeomorfa a un abierto del plano y, por tanto, es orientable (localmente, siempre está bien definida la derecha y la izquierda). Por el contrario, globalmente esto no está asegurado, ya que la orientación es una propiedad que involucra a la totalidad de la superficie.

Veamos dos de los ejemplos más conocidos de superficies regulares no orientables: la banda de Möbius y la botella de Klein.

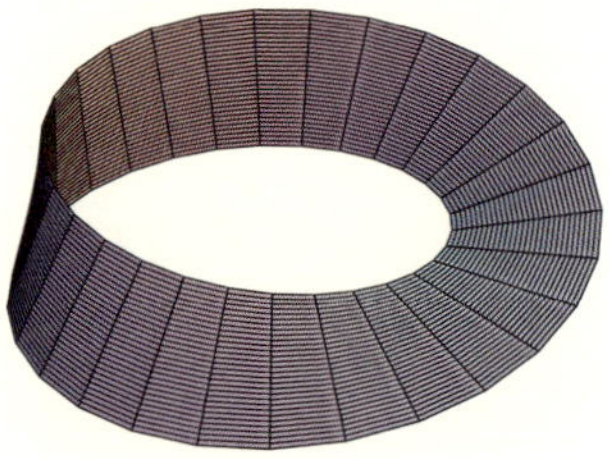

Figura 3.3: La banda de Möbius no es orientable.

Ejemplo 3.1 (La banda de Möbius). La banda de Möbius fue co-descubierta de manera independiente por los matemáticos alemanes August Ferdinand Möbius y Johann Benedict Listing en 1858. Es una superficie regular que puede obtenerse de la siguiente forma: tomamos un rectángulo de papel de base, por ejemplo, 4π y altura 2; entonces, podemos identificar los lados más pequeños del rectángulo, pero invirtiendo sus extremos (véase la figura 3.3). Una parametrización para esta superficie viene dada por

$$X(u,v) = \left(\left(2 - v\operatorname{sen}\frac{u}{2}\right)\operatorname{sen}u, \left(2 - v\operatorname{sen}\frac{u}{2}\right)\cos u, v\cos\frac{u}{2}\right),$$

donde $0 < u < 2\pi$ y $-1 < v < 1$. Para encontrar otra parametrización que cubra por completo la banda de Möbius basta hacer variar el parámetro u entre $-\pi$ y π. En estos términos se puede demostrar, utilizando la teoría que vamos a presentar, que la banda de Möbius es una superficie no orientable. ◊

Ejemplo 3.2 (La botella de Klein). La *botella de Klein* fue descrita por primera vez en 1882 por el matemático alemán Felix Klein, y bautizada originalmente como la «superficie de Klein»; una traducción errónea del alemán (*Fläche* = 'superficie' por *Flasche* = 'botella') hizo que sea conocida hoy en día como la «botella de Klein».

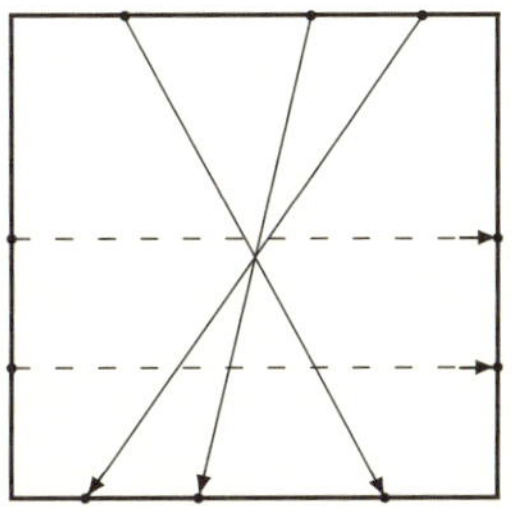

Figura 3.4: Construcción de la botella de Klein.

Para ilustrar cómo es esta superficie, lo más útil es considerar un cuadrado en el plano (igual que en la figura 2.21) con vértices A, B, C y D. Si para obtener el toro la parametrización identificaba los lados $[A,D]$ y $[B,C]$, junto con los lados $[D,C]$ y $[A,B]$, para construir la botella de Klein puede definirse una parametrización que identifica de nuevo los lados $[A,D]$ y $[B,C]$, mientras que el lado $[D,C]$ ahora se identifica con el lado $[B,A]$ (obsérvese el orden de las letras) en una suerte de «inversión» (véase la figura 3.4). Esta «inversión» de los lados obliga a la superficie a retorcerse sobre sí misma, hasta el punto de que para cerrarse por $[A,D]$ y $[B,C]$ presenta finalmente autointersecciones (véase la figura 3.5). Así pues, la botella de Klein no va a tener cabida en el ámbito de este curso, ya que no cumple la condición **S2)** de la definición 2.1.1 de superficie regular.

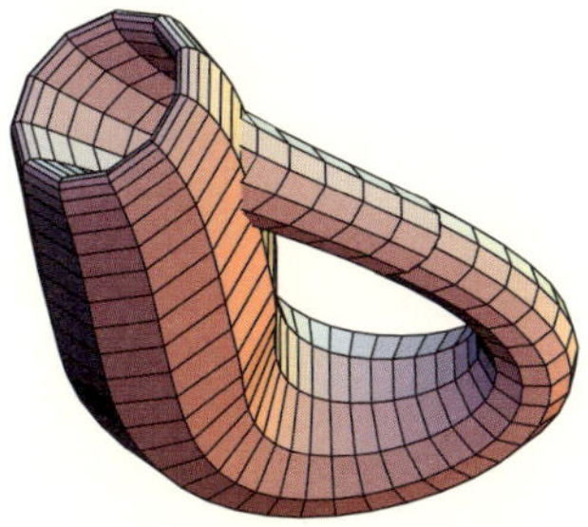
Figura 3.5: La botella de Klein no es orientable.

En este contexto, existe un teorema que demuestra que *toda superficie regular y compacta en* $\mathbb{R}^3$ *es orientable* (teorema de Brouwer-Samelson, véase [49]), por lo que la compacidad de la botella de Klein y su no orientabilidad implican que no puede ser una superficie regular en el sentido de nuestra definición 2.1.1.

La definición y construcción rigurosa de la botella de Klein puede consultarse en [20]. Una parametrización de la misma viene dada por

$$X(u,v) = \left(\lambda(u,v)\cos u, \lambda(u,v)\,\mathrm{sen}\, u, \mathrm{sen}\frac{u}{2}\,\mathrm{sen}\, v + \cos\frac{u}{2}\,\mathrm{sen}(2v)\right),$$

para

$$\lambda(u,v) = a + \cos\frac{u}{2}\,\mathrm{sen}\, v - \mathrm{sen}\frac{u}{2}\,\mathrm{sen}(2v),$$

con $(u,v) \in (-\pi,\pi) \times (0,2\pi)$. Sin embargo, la imagen que todos tenemos de la botella de Klein (véase la figura 3.5) no es la que se obtiene con la parametrización anterior. Las representaciones más usuales de esta superficie pueden verse en las prácticas B.14 y B.15; una de ellas se muestra en la figura 3.5. ◊

La noción de orientabilidad puede formalizarse gracias a la definición que ya conocemos de campo de vectores sobre una superficie (definición 3.1.1).

Definición 3.2.1. *Sea S una superficie regular. Se dice que S es* ***orientable*** *si existe un campo (global) de vectores N sobre S que sea diferenciable, normal y unitario. Si S es orientable, cada campo de vectores N en las condiciones de la definición se llama una* ***orientación*** *de S. Una superficie orientable se dice que está* ***orientada*** *cuando se ha elegido una orientación concreta.*

Esta definición requiere algunos comentarios. Si para cada punto $p \in S$ tenemos un vector normal $N(p)$, esto es equivalente a afirmar que el plano tangente T_pS está orientado y tiene un sentido de giro bien definido por el producto vectorial de $\mathbb{R}^3$. Luego el hecho de tener un campo normal N globalmente definido en la superficie, permite determinar un sentido de giro en todos los puntos de la misma.

Observación 3.2. Obsérvese que no es esencial que el módulo del campo normal sea unitario: una superficie regular S es orientable si, y solo si, existe un campo (global) ξ normal y diferenciable, cumpliendo $\xi(p) \neq \mathbf{0}$ para todo $p \in S$. En efecto, basta tomar $N(p) = \xi(p)/|\xi(p)|$, que es diferenciable, normal y unitario. ◇

Observación 3.3. Si S es orientable, se pueden distinguir dos lados de la superficie: el lado hacia el que apunta N y el lado opuesto. Por ello, las superficies orientables también se denominan *superficies de dos caras*.

Por el contrario, si una superficie no es orientable, tiene una sola cara, tal y como ocurre con la banda de Möbius (véase el ejemplo 3.1): un ser que anduviese sobre esta superficie, llegaría a su posición original pero en el «lado inferior». ◇

Observación 3.4. Si queremos encontrar un campo normal globalmente definido para la banda de Möbius, veremos que es imposible. Podemos hacerlo de cualquier forma en cada uno de los entornos coordenados, pero ocurre que, en la intersección de estos (que tiene dos componentes conexas), los normales no coinciden en todos los puntos, cualquiera que sea la elección que de ellos hagamos. ◇

3.2.1. Otra forma de estudiar la orientabilidad

La orientación puede definirse de forma alternativa, y es lo que nos proponemos en este epígrafe. Sea $p \in S$ y sea (U,X) una parametrización con $p \in V = X(U)$. Consideremos ahora otra parametrización $(\overline{U},\overline{X})$ de S con $p \in \overline{V} = \overline{X}(\overline{U})$. ¿Cuál es la relación entre las bases de T_pS que determinan ambas parametrizaciones? Observemos que esta relación viene dada por

$$\begin{pmatrix} \overline{X}_{\overline{u}} \\ \overline{X}_{\overline{v}} \end{pmatrix} = \begin{pmatrix} \dfrac{\partial u}{\partial \overline{u}} & \dfrac{\partial v}{\partial \overline{u}} \\ \dfrac{\partial u}{\partial \overline{v}} & \dfrac{\partial v}{\partial \overline{v}} \end{pmatrix} \begin{pmatrix} X_u \\ X_v \end{pmatrix}.$$

Es un hecho bien conocido que ambas bases determinan la misma orientación sobre el plano tangente si, y solo si, la matriz del cambio de base tiene determinante positivo. En este caso, la matriz de cambio es el jacobiano del cambio de coordenadas, por lo que ambas parametrizaciones inducen en el plano tangente T_pS una orientación que será la misma si, y solo si, el determinante del jacobiano es positivo.

Este razonamiento puede extenderse a cualquier punto de la intersección $V \cap \overline{V}$, por lo que las orientaciones inducidas por las parametrizaciones en cada uno de los puntos serán idénticas cuando el determinante de dicho jacobiano sea positivo. Desde este punto de vista, podemos dar la siguiente definición.

Definición 3.2.2. *Una superficie regular S es* ***orientable*** *si existe una familia de parametrizaciones cubriendo S de modo que, siempre que dos de ellas se corten, el jacobiano del cambio de coordenadas tenga determinante positivo. Además, estas parametrizaciones determinan una orientación sobre S: para cada $p \in S$ y una base $\{\mathbf{v}, \mathbf{w}\}$ de T_pS, se dice que dicha base es* ***positiva*** *si tiene la misma orientación que la base $\{X_u(q), X_v(q)\}$, siendo (U,X) una parametrización de S con $X(q) = p$.*

Teorema 3.2.3. *Las definiciones 3.2.1 y 3.2.2 son equivalentes.*

Demostración. Veamos en primer lugar que la segunda definición implica la primera. Para ello, supongamos que S es orientable en el sentido de la definición 3.2.2 y sea (U,X) una de las parametrizaciones de la familia. Consideremos el campo

$$N\big(X(u,v)\big) =: N(u,v) = \frac{X_u \wedge X_v}{|X_u \wedge X_v|}(u,v).$$

Observemos que este campo está bien definido sobre $X(U)$, es diferenciable, normal y unitario. Nuestra intención es extender este campo a toda la superficie, y para ello vamos a tomar otra parametrización $(\overline{U}, \overline{X})$ que se corte con la anterior. Definimos

$$\overline{N}(\overline{u},\overline{v}) = \frac{\overline{X}_{\overline{u}} \wedge \overline{X}_{\overline{v}}}{|\overline{X}_{\overline{u}} \wedge \overline{X}_{\overline{v}}|}(\overline{u},\overline{v}).$$

La cuestión ahora es comprobar si $N(u,v) = \overline{N}(\overline{u},\overline{v})$. Para ello, observemos que, si representamos de nuevo por $h(u,v) = \big(\overline{u}(u,v), \overline{v}(u,v)\big)$ el cambio de coordenadas,

$$\overline{N}(\overline{u},\overline{v}) = \frac{\det(Jh^{-1})}{\big|\det(Jh^{-1})\big|} \frac{X_u \wedge X_v}{|X_u \wedge X_v|}\big(u(\overline{u},\overline{v}), v(\overline{u},\overline{v})\big).$$

La hipótesis de que el jacobiano sea positivo se traduce en que la primera de las fracciones vale, precisamente, 1, lo que concluye la prueba.

Demostremos finalmente que la definición 3.2.1 implica 3.2.2. Así, supongamos que en S está definido un campo vectorial $N : S \longrightarrow \mathbb{R}^3$ normal, unitario y diferenciable. Sea (U,X) una parametrización de S en p; sabemos entonces que, si $p = X(q)$,

$$N(p) = \pm \frac{X_u \wedge X_v}{|X_u \wedge X_v|}(q).$$

Sin pérdida de generalidad podemos suponer que $N(p) = \big((X_u \wedge X_v)/|X_u \wedge X_v|\big)(q)$ ya que, si el normal fuese el opuesto, bastaría cambiar la parametrización X por $\overline{X}(u,v) := X(v,u)$ y aplicar la antisimetría del producto vectorial.

En general, es claro que podemos cubrir toda la superficie S con parametrizaciones (U,X) de suerte que se tenga la igualdad

$$N(p) = \frac{X_u \wedge X_v}{|X_u \wedge X_v|}(q)$$

para todo $p \in S$. En esta situación, si (U,X) y $(\overline{U}, \overline{X})$ son dos parametrizaciones de S en un punto $p \in X(U) \cap \overline{X}(\overline{U})$, con $p = X(q) = \overline{X}(\overline{q})$, nos planteamos estudiar el signo del determinante del jacobiano del cambio de coordenadas. Si este fuera negativo, se obtendría que

$$N(p) = \frac{\overline{X}_{\overline{u}} \wedge \overline{X}_{\overline{v}}}{|\overline{X}_{\overline{u}} \wedge \overline{X}_{\overline{v}}|}(\overline{q}) = \frac{\det(Jh^{-1})}{|\det(Jh^{-1})|} \frac{X_u \wedge X_v}{|X_u \wedge X_v|}(q) = -\frac{X_u \wedge X_v}{|X_u \wedge X_v|}(q) = -N(p),$$

lo cual implicaría que $N(p) = \mathbf{0}$, una contradicción, ya que N es unitario. Así, el determinante del cambio de coordenadas es positivo y la superficie es orientable en el sentido de la definición 3.2.2. □

Observación 3.5. A partir de ahora escribiremos frecuentemente $N(u,v)$ para representar $N\big(X(u,v)\big)$ cuando se esté trabajando con una parametrización $X(u,v)$ de una superficie. Así, hablaremos, por ejemplo, de las «parciales del normal» N_u, N_v. Utilizaremos la misma notación con otras funciones definidas sobre una superficie que estudiaremos en breve (curvaturas de Gauss y media, curvaturas principales...).

Observación 3.6. i) El concepto de orientabilidad es topológico y puede enunciarse exclusivamente en términos de continuidad.

ii) Toda superficie orientable admite, al menos, dos orientaciones: si tiene una, también admite su contraria.

iii) La orientabilidad es un concepto global; localmente, cualquier superficie es orientable.

iv) Toda superficie que pueda cubrirse con una parametrización es orientable. ◇

A continuación, veamos algunos ejemplos de superficies orientables.

Ejemplo 3.3 (El plano es orientable). Sea $\Pi \subset \mathbb{R}^3$ una plano afín de $\mathbb{R}^3$ y sea $\mathbf{a}$ un vector normal al plano y unitario. Entonces $N(p) = \mathbf{a}$ para todo $p \in \Pi$, es un campo normal, global y unitario, por lo que el plano es orientable (observemos que otra elección posible sería $N \equiv -\mathbf{a}$). ◇

Ejemplo 3.4 (La esfera es orientable). Parametricemos la esfera con las dos cartas de la proyección estereográfica, que representamos por (U,X) y $(\overline{U},\overline{X})$. Como $X(U) = \mathbb{S}^2 \backslash \{\mathsf{N}\}$ y $\overline{X}(\overline{U}) = \mathbb{S}^2 \backslash \{\mathsf{S}\}$, entonces $X(U) \cap \overline{X}(\overline{U}) = \mathbb{S}^2 \backslash \{\mathsf{N}, \mathsf{S}\}$, que es un subconjunto conexo de la esfera. Además, al tener dos parametrizaciones, el cambio de coordenadas es un difeomorfismo y su jacobiano no se anula en ningún punto, siendo su dominio $X^{-1}\big(X(U) \cap \overline{X}(\overline{U})\big)$ un conexo de $\mathbb{R}^2$. Luego podemos pensar que este es siempre positivo (en caso contrario, basta cambiar el orden de las variables (u,v) por (v,u) en alguna de las parametrizaciones). Por tanto, la esfera es orientable.

Otra forma más directa de demostrar que la esfera es orientable es observando que $N(p) = p$ es un campo normal, unitario y globalmente definido para la esfera $\mathbb{S}^2$. Otro tanto se puede decir con $N(p) = -p$. ◇

Observación 3.7. El argumento expuesto en el ejemplo anterior se aplica a cualquier superficie regular S que se cubra con dos parametrizaciones, de forma que la intersección de los entornos coordenados sea un *conexo* de S. En estas condiciones, la superficie S siempre es orientable. ◇

Ejemplo 3.5 (Las superficies de nivel son orientables). Sea S una superficie de nivel, es decir, $S = \{(x,y,z) \in \mathbb{R}^3 : f(x,y,z) = c\} = f^{-1}(c)$, donde $f : \mathbb{R}^3 \longrightarrow \mathbb{R}$ es una función diferenciable y c un valor regular de f. Consideramos el gradiente de f en un punto $p \in S$, esto es, el vector de $\mathbb{R}^3$ dado por $\nabla f(p) = (f_x(p), f_y(p), f_z(p))$. Vamos a demostrar que $\nabla f(p)$ es un vector normal a la superficie. Para ello, sean $\mathbf{v} \in T_pS$ y $\alpha(t) = (x(t), y(t), z(t))$ una curva diferenciable en S con condiciones iniciales p y $\mathbf{v}$. Como $\alpha(t) \in S$, se tiene que $f(x(t), y(t), z(t)) = c$ y, derivando, obtenemos

$$f_x(\alpha(t))x'(t) + f_y(\alpha(t))y'(t) + f_z(\alpha(t))z'(t) = 0.$$

Por lo tanto,

$$\Big(f_x(\alpha(t)), f_y(\alpha(t)), f_z(\alpha(t))\Big) \perp (x'(t), y'(t), z'(t)),$$

y para $t = 0$, obtenemos que $\nabla f(p) = (f_x(p), f_y(p), f_z(p)) \perp \mathbf{v}$. Como esto es cierto para un $\mathbf{v}$ arbitrario, podemos concluir que $\nabla f(p) \in (T_pS)^\perp$. Por otro lado, observemos que $\nabla f(p) \neq \mathbf{0}$ para todo $p \in S$, ya que $p \in f^{-1}(c) = S$ y c es un valor regular de f. Por tanto, podemos definir

$$N(p) = \frac{\nabla f(p)}{|\nabla f(p)|},$$

y N es un campo normal, unitario, diferenciable y globalmente definido sobre S. $\diamondsuit$

Ejemplo 3.6 (Los grafos son orientables). Sea S una superficie regular dada por el grafo de una función $f : U \subset \mathbb{R}^2 \longrightarrow \mathbb{R}$. Una parametrización para S está dada por $X(u,v) = (u, v, f(u,v))$ y es claro que, al cubrirse por una única parametrización, S es orientable. ¿Cuál sería un campo normal? Si tenemos en cuenta que $X_u = (1, 0, f_u)$ y que $X_v = (0, 1, f_v)$, entonces

$$N(u,v) = \frac{X_u \wedge X_v}{|X_u \wedge X_v|} = \frac{1}{\sqrt{1 + f_u^2 + f_v^2}}(-f_u, -f_v, 1). \qquad \diamondsuit$$

Proposición 3.2.4. *Sea S una superficie regular, conexa y orientable. Entonces, existen exactamente dos campos normales, unitarios y diferenciables sobre S.*

Demostración. Al ser S orientable, existe un campo normal, unitario y globalmente definido, N. Representamos por $N_1 = N$ y $N_2 = -N$, y vamos a demostrar que no puede haber más posibilidades: supongamos que existe un campo normal N_3, unitario y globalmente definido. Como N_3 es normal, entonces $N_3 = \lambda N_1$ para una cierta función diferenciable $\lambda = \langle N_1, N_3 \rangle$. Por otra parte, como N_1 y N_3 son unitarios se tiene que $1 = |N_3| = |\lambda||N_1| = |\lambda|$, por lo que $\lambda \equiv \pm 1$. Finalmente, al estar definida la función λ sobre la superficie S que es conexa, se llega a que $\lambda = 1$ y $N_1 = N_3$, o $\lambda = -1$ y $N_1 = N_2$. $\square$

Observación 3.8. La prueba de la proposición anterior puede extenderse al caso de una superficie con varias componentes conexas. Por ejemplo, si $S = \Pi_1 \cup \Pi_2$, siendo Π_1 y Π_2 dos planos paralelos, es evidente que es posible elegir 4 orientaciones distintas para S. En general, el número de orientaciones posibles para una superficie S es $2^{\#S}$, siendo $\#S$ el número de componentes conexas de S. $\diamondsuit$

3.2.2. La estructura compleja de una superficie

Sean S una superficie regular orientable y N una orientación en S. Para cada $p \in S$ podemos establecer un sentido positivo para rotar vectores en T_pS: así, definimos la *rotación positiva* de ángulo θ en p como la aplicación $R_\theta : T_pS \longrightarrow T_pS$ dada por

$$R_\theta(\mathbf{v}) = \cos\theta\, \mathbf{v} + \operatorname{sen}\theta\, \big(N(p) \wedge \mathbf{v}\big).$$

Claramente se verifican las siguientes propiedades:

i) R_θ es lineal,

ii) R_θ tiene inversa y $R_\theta^{-1} = R_{-\theta}$,

iii) $R_{\theta_1} \circ R_{\theta_2} = R_{\theta_1+\theta_2} = R_{\theta_2} \circ R_{\theta_1}$.

Algunos casos especiales de rotaciones son:

i) si $\theta = 0$, entonces $R_0 = 1_{T_pS}$;

ii) si $\theta = \pi$, entonces $R_\pi = -1_{T_pS}$;

iii) si $\theta = \pi/2$ entonces $R_{\pi/2}(\mathbf{v}) := \mathrm{J}_p\mathbf{v} = N(p) \wedge \mathbf{v}$; J_p se denomina la *estructura compleja* de S en p. Recibe este nombre porque $(\mathrm{J}_p)^2 = \mathrm{J}_p \circ \mathrm{J}_p = -1_{T_pS}$.

3.2.3. Bases positivas y negativas

Sea S una superficie orientable y sea N una orientación para S. Dado un punto $p \in S$, la orientación estándar para una base $B = \{\mathbf{v}_1, \mathbf{v}_2\}$ del plano tangente T_pS es la siguiente: diremos que B está *positivamente orientada* (o que es *positiva*) cuando $\{\mathbf{v}_1, \mathbf{v}_2, N(p)\}$ sea una base positivamente orientada de $\mathbb{R}^3$, esto es, si $\det\big(\mathbf{v}_1, \mathbf{v}_2, N(p)\big) > 0$. En caso contrario, diremos que B es una base *negativamente orientada* (o *negativa*).

Proposición 3.2.5. *Sea $\mathbf{v} \in T_pS$, $\mathbf{v} \neq \mathbf{0}$. Entonces, $\{\mathbf{v}, \mathrm{J}_p\mathbf{v}\}$ es una base ortogonal positiva de T_pS. Además, si $|\mathbf{v}| = 1$, entonces también es una base ortonormal.*

Demostración. En primer lugar, como $\mathrm{J}_p\mathbf{v} = N(p) \wedge \mathbf{v}$, observemos que

$$\big|\mathrm{J}_p\mathbf{v}\big|^2 = \big|N(p) \wedge \mathbf{v}\big|^2 = \big|N(p)\big|^2 |\mathbf{v}|^2 \operatorname{sen}\frac{\pi}{2} = |\mathbf{v}|^2,$$

por lo que $\mathrm{J}_p\mathbf{v}$ es un vector no nulo con igual módulo que $\mathbf{v}$. Además, $\mathbf{v}$ y $\mathrm{J}_p\mathbf{v}$ son vectores ortogonales, pues

$$\langle \mathbf{v}, \mathrm{J}_p\mathbf{v}\rangle = \big\langle \mathbf{v}, N(p) \wedge \mathbf{v}\big\rangle = \det\big(\mathbf{v}, N(p), \mathbf{v}\big) = 0;$$

luego $\{\mathbf{v}, \mathrm{J}_p\mathbf{v}\}$ es una base ortogonal de T_pS. En particular, si $|\mathbf{v}| = 1$, la base es, además, ortonormal.

Por último, veamos que es positiva. Para ello basta comprobar si $\{\mathbf{v}, \mathrm{J}_p\mathbf{v}, N(p)\}$ es una base positiva, esto es, nos preguntamos por el signo de $\det\big(\mathbf{v}, \mathrm{J}_p\mathbf{v}, N(p)\big)$:

$$\begin{aligned}\det\big(\mathbf{v}, \mathrm{J}_p\mathbf{v}, N(p)\big) &= \det\big(\mathbf{v}, N(p) \wedge \mathbf{v}, N(p)\big) = -\det\big(\mathbf{v}, N(p), N(p) \wedge \mathbf{v}\big)\\ &= \det\big(N(p), \mathbf{v}, N(p) \wedge \mathbf{v}\big) = \big|N(p) \wedge \mathbf{v}\big|^2 > 0.\end{aligned}$$ □

3.2.4. Sobre la orientabilidad en este texto

Como ya hemos visto, la noción de orientabilidad es un concepto global pues, localmente, toda superficie es trivialmente orientable a través de las parametrizaciones. A lo largo del libro, y conforme se vayan exponiendo los diferentes conceptos, utilizaremos con frecuencia un campo normal (global) y unitario en la superficie. ¿Quiere esto decir que en las superficies no orientables tales nociones no tendrán sentido? Evidentemente no. Una gran parte de los conceptos que vamos a definir, pese a requerir la existencia de dicho campo normal, no exigen el que este esté definido globalmente. No obstante, en nuestro afán por simplificar la redacción, las demostraciones y las hipótesis, asumiremos su existencia (global), a pesar de que pueden desarrollarse partiendo únicamente de la existencia de un campo local.

A modo de ejemplo, todos los conceptos relativos a la geometría intrínseca son válidos tanto para superficies orientables como no orientables. Aun así, algunas de estas nociones las presentamos y construimos utilizando una aplicación de Gauss N globalmente definida. Se puede probar que, si la aplicación de Gauss solo está localmente definida, entonces dichos conceptos también pueden ser construidos y no dependen de tal circunstancia. Insistimos en que nuestra forma de proceder es para simplificar la redacción y no afecta a lo sustancial. No olvidemos que, en la práctica, la mayor parte de las superficies con las que trabajamos son orientables.

Como criterio para determinar si la orientabilidad es imprescindible como hipótesis basta, por un lado, detectar en la construcción o en la prueba correspondiente si el concepto o las «cuentas» dependen del campo normal (de si es N o $-N$) y, por otro, verificar si la definición es global o no (si excede el ámbito de entornos pequeños). Si se dan estas dos circunstancias, entonces la orientabilidad es un requisito imprescindible.

3.3. LA SEGUNDA FORMA FUNDAMENTAL

La segunda forma fundamental es el objeto que nos va a permitir estudiar la relación que existe entre una superficie y el espacio en el que está contenida. Para entender mejor lo que nos proponemos hacer en esta sección, vamos a establecer una analogía con lo que ya hemos estudiado para el caso de curvas (planas).

Si fuéramos seres uno-dimensionales que viven en curvas planas, podríamos plantearnos la siguiente cuestión: ¿cómo distinguimos si vivimos en una recta o en una circunferencia? En otros términos, ¿es posible diferenciar, haciendo medidas desde una «perspectiva intrínseca», unas curvas de otras? La respuesta a esta pregunta es negativa. Un ser uno-dimensional tiene muy poca libertad para moverse y su geometría se reduce a medir longitudes. Desde esta perspectiva «intrínseca», pues, es imposible distinguir un trozo de parábola de un segmento de línea recta o de circunferencia. No obstante, es obvio que una parábola, una línea recta y una circunferencia son objetos distintos. Lo son en tanto en cuanto estamos viendo estas curvas «desde fuera», al menos, desde una perspectiva bidimensional (si fuéramos seres que viven en el plano que contiene dichas curvas). Ahora bien, ¿cómo podemos reflejar que estas curvas son distintas en lo que concierne a su geometría? La respuesta está dada ya en el primer capítulo. Una forma de explicar que estas curvas son diferentes[2] es utilizar el concepto de *curvatura*: vemos cómo varía el vector tangente y codificamos este cambio en la función curvatura. Vamos a remarcar aquí que una manera análoga de definir la curvatura consiste en estudiar la variación del vector normal a la curva, tal y como se aprecia en las fórmulas de Frenet para curvas planas (véanse las ecuaciones (1.5)). Así pues, aunque desde una perspectiva «intrínseca» no podemos distinguir rectas de circunferencias, si apreciamos las curvas dentro del «ambiente» en el que se encuentran (dentro del plano), entonces sí somos capaces de distinguirlas: desde una perspectiva «extrínseca» esto sí es posible, por ejemplo, a través de su curvatura.

Consideremos a continuación el caso de superficies. Imaginemos pues que somos seres bidimensionales que viven dentro de superficies, y nos planteamos de nuevo la cuestión análoga: ¿cómo distinguimos (en términos geométricos) si vivimos en un plano o en una esfera? De nuevo, se trata de saber si es posible diferenciar desde una «perspectiva intrínseca» unas superficies de otras. La respuesta a esta pregunta en el caso de superficies es bastante más compleja que para curvas, y en ella subyace la cuestión fundamental de la geometría de superficies. De hecho, solo al final del capítulo estaremos en condiciones de responder con propiedad a esta cuestión.

No obstante, todos sabemos que un plano es muy distinto a una esfera. Y esto lo sabemos porque vemos las cosas desde una perspectiva «extrínseca», desde fuera, desde nuestra posición privilegiada como habitantes de un espacio en tres dimensiones. Ahora bien, podemos plantearnos de nuevo la pregunta: ¿cómo reflejamos que estas dos superficies son diferentes?

Para responder a esta cuestión vamos a estudiar, en clara analogía al caso de curvas, cómo varía el vector normal a la superficie. Ahora, el normal es una aplicación definida sobre la superficie, y el estudio de su variación es más rico y complejo, pues existe un grado más de libertad: en lugar de la derivada debemos usar la diferencial. La información proporcionada por esta diferencial es, en definitiva, una matriz cuadrada de orden 2, que constituye la segunda forma fundamental. En dicho objeto está codificada la «forma de estar» la superficie dentro del espacio.[3]

Así pues, consideremos una superficie regular S, orientada por un campo normal $N : S \longrightarrow \mathbb{R}^3$. Como N es unitario, podemos verlo como una aplicación diferenciable entre dos superficies, de la forma $N : S \longrightarrow \mathbb{S}^2$. Esta aplicación se denomina *aplicación de Gauss* de S. Su imagen, $\mathrm{Im} N = N(S) \subset \mathbb{S}^2$, es la *imagen esférica* de S, esto es, el conjunto de direcciones que son normales a la superficie (véase la figura 3.6).

---

[2] Evidentemente, hay otras muchas formas de justificar que estas curvas son diferentes. Por ejemplo, un círculo es una curva cerrada, mientras que la parábola y la recta no lo son. Pero insistimos en que aquí nos centramos en un punto de vista muy particular: el geométrico.

[3] Un ejemplo sencillo a esta observación lo encontramos en el plano y el cilindro: «intrínsecamente» son la misma superficie, aunque su «forma de estar» en $\mathbb{R}^3$ es obviamente diferente.

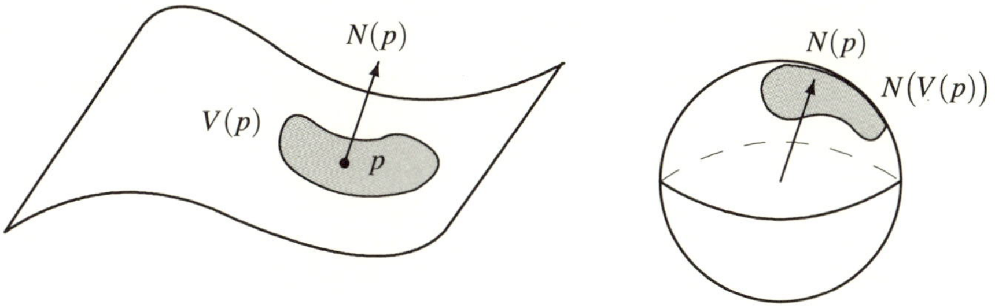

Figura 3.6: Aplicación de Gauss.

Ejemplo 3.7 (La imagen esférica de algunas superficies). Veamos varios ejemplos en los que es sencillo determinar la imagen esférica:

i) Si $S = \Pi = \mathbf{a}^{\perp}$ es un plano, con $|\mathbf{a}| = 1$, entonces $N(\Pi) = \{\mathbf{a}\}$ es un único punto de la esfera.

ii) Si $S = \mathbb{S}^2(r)$, entonces, claramente, $N(\mathbb{S}^2(r)) = \mathbb{S}^2$.

iii) Si S es un grafo dado por la función $f(u,v)$, su aplicación de Gauss es de la forma
$$N(u,v) = \frac{1}{\sqrt{1+f_u^2+f_v^2}}(-f_u, -f_v, 1),$$
y al ser la coordenada z de la aplicación de Gauss siempre positiva, entonces se tiene que $N(S)$ está contenido en el hemisferio norte de $\mathbb{S}^2$.

iv) Si S es un cilindro, la imagen esférica $N(S)$ es un círculo máximo de la esfera (véase la figura 3.7).

v) Si S es un catenoide (véase el ejercicio 2.9), entonces $N(S) = \mathbb{S}^2 \setminus \{\mathsf{N}, \mathsf{S}\}$ (véanse la figura 3.7 y el ejercicio 5.15). ◇

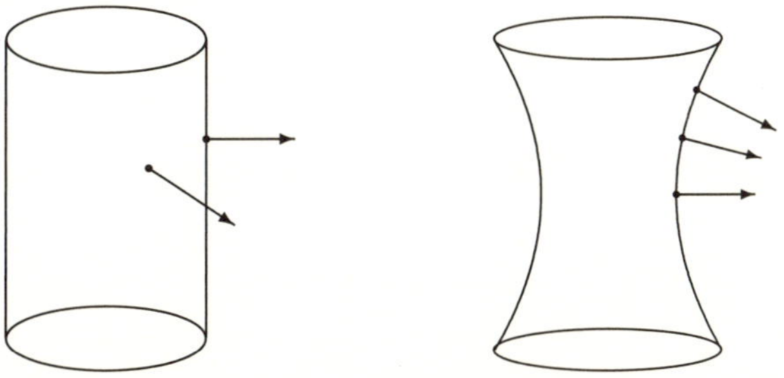

Figura 3.7: Aplicación de Gauss del cilindro y el catenoide.

Más que la propia aplicación N en sí, es mucho más interesante estudiar su variación conforme nos movemos por S, pues nos dice cómo se «dobla» la superficie en todas las direcciones. En otras palabras, nos interesa estudiar la diferencial
$$dN_p : T_pS \longrightarrow T_{N(p)}\mathbb{S}^2, \qquad dN_p(\mathbf{v}) = \left.\frac{d}{dt}\right|_{t=0} (N \circ \alpha)(t),$$
donde $p \in S$, $\mathbf{v} \in T_pS$ y α es una curva diferenciable con condiciones iniciales p y $\mathbf{v}$. Ahora bien, observemos que, para un punto cualquiera $p' \in \mathbb{S}^2$, como $N(p') = \pm p'$, se tiene que $T_{p'}\mathbb{S}^2 = \{\mathbf{v} \in \mathbb{R}^3 : \langle p', \mathbf{v} \rangle = 0\}$. De esta forma,
$$T_{N(p)}\mathbb{S}^2 = \left\{\mathbf{v} \in \mathbb{R}^3 : \langle N(p), \mathbf{v} \rangle = 0\right\} = T_pS.$$

Por tanto, podemos ver la diferencial dN_p como un endomorfismo del plano tangente, $dN_p : T_pS \longrightarrow T_pS$. En este sentido, damos la siguiente definición.

Definición 3.3.1. *Sea S una superficie regular orientada por la aplicación de Gauss $N : S \longrightarrow \mathbb{S}^2$. Se llama **operador forma** o **endomorfismo de Weingarten** en $p \in S$ a la aplicación lineal $\mathrm{A}_p = -dN_p : T_pS \longrightarrow T_pS$, esto es, $\mathrm{A}_p\mathbf{v} = -dN_p(\mathbf{v})$.*

Proposición 3.3.2. *El operador forma A_p es autoadjunto, es decir, para cualesquiera $\mathbf{v}, \mathbf{w} \in T_pS$ se tiene que $\langle \mathrm{A}_p\mathbf{v}, \mathbf{w}\rangle = \langle \mathbf{v}, \mathrm{A}_p\mathbf{w}\rangle$.*

Demostración. Por linealidad, es suficiente demostrarlo para los vectores de una base del plano tangente. Si (U,X) es una parametrización y $p = X(q) = X(u_0, v_0)$, tomamos la base $\{X_u(q), X_v(q)\}$ de T_pS, y vamos a calcular $dN_p(X_u(q))$. Para ello, si consideramos la curva coordenada $\alpha(u) = X(u+u_0, v_0)$, claramente se tiene que α es una curva en S con condiciones iniciales $\alpha(0) = p$ y $\alpha'(0) = X_u(q)$. Entonces,

$$dN_p(X_u(q)) = \left.\frac{d}{du}\right|_{u=0} (N \circ X)(u+u_0, v_0) = (N \circ X)_u(u_0, v_0) \equiv N_u(u_0, v_0),$$

donde, como ya hemos hecho otras veces, estamos identificando $N \circ X \equiv N$. Análogamente, $dN_p(X_v(q)) = N_v(u_0, v_0)$. Si probamos que $\langle N_u, X_v\rangle = \langle N_v, X_u\rangle$, entonces se tendrá el resultado. Para ello, sabemos que $\langle N, X_u\rangle = 0 = \langle N, X_v\rangle$; derivando la primera identidad respecto a v y la segunda respecto a u, se tiene que

$$\langle N_v, X_u\rangle + \langle N, X_{uv}\rangle = 0 \quad \text{y} \quad \langle N_u, X_v\rangle + \langle N, X_{vu}\rangle = 0.$$

De la igualdad $X_{uv} = X_{vu}$ se llega finalmente a que $\langle N_u, X_v\rangle = \langle N_v, X_u\rangle$. □

Ejemplo 3.8. Veamos cuál es el operador forma para distintas superficies.

i) Para un plano Π, el normal N es un vector fijo y unitario de suerte que $N \equiv \mathbf{a}$. Entonces, $\mathrm{A}_p \equiv 0$ para todo punto p de Π.

ii) En la esfera $\mathbb{S}^2(r)$ se tiene $N(p) = \pm(1/r)p$, por lo que $\mathrm{A}_p = \mp(1/r)1_{T_p\mathbb{S}^2(r)}$.

iii) Si C es el cilindro (circular recto) dado por la ecuación $x^2+y^2=r^2$, ya sabemos que una parametrización para C viene dada por $X(u,v) = (r\cos u, r\,\mathrm{sen}\,u, v)$ (véase el ejemplo 2.19); entonces, un cálculo sencillo nos lleva a que el[4] vector normal a C en $X(u,v)$ es $N(u,v) \equiv (N \circ X)(u,v) = (\cos u, \mathrm{sen}\,u, 0)$. Vamos a calcular ahora la aplicación lineal dN_p, viendo simplemente cómo actúa sobre los vectores de la base $\{X_u, X_v\}$. Para ello, observemos que

$$N_u = (-\,\mathrm{sen}\,u, \cos u, 0) = aX_u + bX_v = a(-r\,\mathrm{sen}\,u, r\cos u, 0) + b(0,0,1),$$

de donde $a = 1/r$ y $b = 0$. Análogamente, $N_v = (0,0,0) = cX_u + dX_v$, por lo que $c = d = 0$. Así, la matriz de $\mathrm{A}_p = -dN_p$ respecto a la base $\{X_u, X_v\}$ es

$$\mathrm{A}_p \equiv \begin{pmatrix} -1/r & 0 \\ 0 & 0 \end{pmatrix}.$$

[4] Abusamos del artículo determinado aun cuando es obvio que hablamos de «un» normal entre los dos posibles.

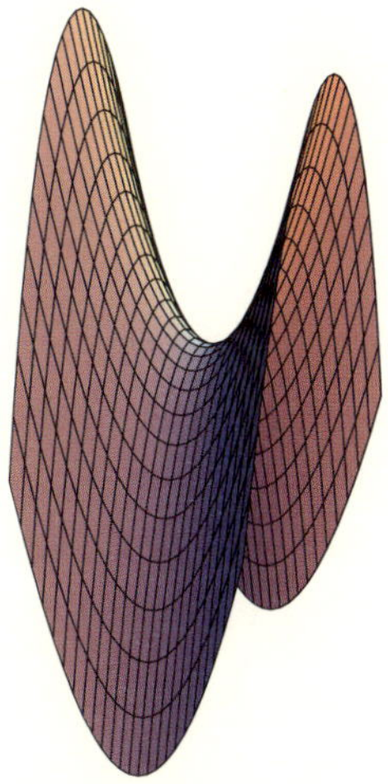

Figura 3.8: El paraboloide hiperbólico o silla de montar.

iv) Sea S el *paraboloide hiperbólico*, superficie también conocida con el nombre de *silla de montar*, que viene dada por el grafo de la función $z = y^2 - x^2$ (véase la figura 3.8). Trivialmente, una parametrización para esta superficie es $X(u,v) = (u,v,v^2-u^2)$. Entonces $X_u = (1,0,-2u)$ y $X_v = (0,1,2v)$, y el normal viene dado por la expresión

$$N(u,v) = \left(\frac{2u}{\sqrt{1+4u^2+4v^2}}, \frac{-2v}{\sqrt{1+4u^2+4v^2}}, \frac{1}{\sqrt{1+4u^2+4v^2}}\right).$$

Si ahora derivamos respecto a u obtenemos

$$N_u = \left(\frac{2(1+4v^2)}{(1+4u^2+4v^2)^{3/2}}, \frac{8uv}{(1+4u^2+4v^2)^{3/2}}, \frac{-4u}{(1+4u^2+4v^2)^{3/2}}\right).$$

Así, en el punto $p = X(0,0) = (0,0,0)$ se tiene que

$$N_u(0,0) = (2,0,0) = aX_u(0,0) + bX_v(0,0) = a(1,0,0) + b(0,1,0),$$

de donde se deduce que $a = 2$ y $b = 0$. Cálculos análogos demuestran que

$$N_v(0,0) = (0,-2,0) = c(1,0,0) + d(0,1,0),$$

por lo que $c = 0$ y $d = -2$. Finalmente, la matriz asociada al operador forma en el origen es

$$\mathrm{A}_p \equiv \begin{pmatrix} -2 & 0 \\ 0 & 2 \end{pmatrix}.$$

Obsérvese que las matrices obtenidas, tanto en este ejemplo como en los anteriores, son diagonales; en breve estudiaremos cuál es el significado que se esconde detrás de este hecho (véase la sección 3.5). ◇

Sean S una superficie regular orientada y $p \in S$, y consideremos el operador forma $\mathrm{A}_p : T_pS \longrightarrow T_pS$ de S en p, que es un endomorfismo de espacios vectoriales, autoadjunto respecto al producto escalar definido en T_pS. Por lo tanto, esta aplicación lineal tiene asociada, de forma unívoca, una forma bilineal simétrica

$$\sigma_p : T_pS \times T_pS \longrightarrow \mathbb{R} \quad \text{dada por} \quad \sigma_p(\mathbf{v},\mathbf{w}) = \langle \mathrm{A}_p\mathbf{v}, \mathbf{w}\rangle .$$

Además, a toda forma bilineal simétrica $\sigma_p : T_pS \times T_pS \longrightarrow \mathbb{R}$ se le asocia (también de forma unívoca) una forma cuadrática

$$\mathrm{I\!I}_p : T_pS \longrightarrow \mathbb{R} \quad \text{dada por} \quad \mathrm{I\!I}_p(\mathbf{v}) = \sigma_p(\mathbf{v},\mathbf{v}) = \langle \mathrm{A}_p\mathbf{v}, \mathbf{v}\rangle .$$

Definición 3.3.3. *La aplicación* $\mathrm{I\!I}_p : T_pS \longrightarrow \mathbb{R}$ *dada por* $\mathrm{I\!I}_p(\mathbf{v}) = \langle \mathrm{A}_p\mathbf{v}, \mathbf{v}\rangle$ *se denomina la* ***segunda forma fundamental*** *de* S *en* p.

Observación 3.9. Tanto el operador forma A_p, como σ_p y $\mathrm{I\!I}_p$, proporcionan la misma información. Así, es posible recuperar σ_p a partir de $\mathrm{I\!I}_p$ utilizando la clásica *identidad de polarización*:

$$\sigma_p(\mathbf{v},\mathbf{w}) = \frac{1}{2}\left[\mathrm{I\!I}_p(\mathbf{v}+\mathbf{w}) - \mathrm{I\!I}_p(\mathbf{v}) - \mathrm{I\!I}_p(\mathbf{w})\right].$$

A partir de σ_p, está claro que también es posible obtener $\mathrm{A}_p\mathbf{v}$ para un vector fijo $\mathbf{v}$, ya que conocemos el valor de $\langle \mathrm{A}_p\mathbf{v}, \mathbf{w}\rangle$ para todo $\mathbf{w} \in T_pS$. ◇

3.4. LA ACELERACIÓN DE UNA CURVA: CURVATURAS GEODÉSICA Y NORMAL

Sean S una superficie regular orientada por la aplicación de Gauss N y $\alpha : I \longrightarrow S$ una curva en la superficie. A partir de este momento, y salvo que se indique lo contrario, todas nuestras curvas serán regulares y, por tanto, diferenciables. Evidentemente, $\alpha'(t) \in T_{\alpha(t)}S$ para cada $t \in I$, pero... ¿qué ocurre con $\alpha''(t)$? En general, el vector aceleración de la curva no es tangente a la superficie. Un ejemplo inmediato que ilustra tal situación es la curva $\alpha : I \longrightarrow \mathbb{S}^2$ dada por $\alpha(t) = (\cos t, \operatorname{sen} t, 0)$: el vector aceleración de esta curva es normal a la superficie en los puntos correspondientes.

En esta sección nos planteamos la siguiente cuestión: si somos seres bidimensionales que se mueven en una superficie, ¿qué tipo de aceleración experimentamos? Está claro que nuestra trayectoria se puede describir mediante una curva y que nuestra velocidad es el vector tangente a dicha curva. Ahora bien, la aceleración que experimentamos debe ser tangente a la superficie, porque nosotros, como seres estrictamente bidimensionales, no podemos experimentar sensación alguna en direcciones que no estén «contenidas» en la superficie.

Para responder con precisión esta cuestión recordemos, en primer lugar, que podemos descomponer el espacio vectorial $\mathbb{R}^3$ como $\mathbb{R}^3 = T_{\alpha(t)}S \oplus \operatorname{span}\{N(\alpha(t))\}$. Entonces, $\alpha''(t) \in \mathbb{R}^3$ se escribe de forma única como $\alpha''(t) = \alpha''(t)^\top + \alpha''(t)^\perp$. En estos términos, el vector $\alpha''(t)^\top$ se denomina *aceleración tangencial* o *intrínseca* de la curva α, y representa la aceleración que experimenta una partícula bidimensional cuya trayectoria está descrita por α. Por otra parte, el vector $\alpha''(t)^\perp$ se denomina *aceleración normal* o *extrínseca*. En particular se tendrá $\alpha''(t)^\perp = \lambda(t)N(\alpha(t))$ para una cierta función diferenciable $\lambda(t)$. Ahora bien, ¿cuál es el valor de λ? Obviamente, este vendrá dado por el producto escalar $\lambda(t) = \langle \alpha''(t), N(\alpha(t)) \rangle$, lo que permite escribir $\alpha''(t)^\perp = \langle \alpha''(t), N(\alpha(t)) \rangle N(\alpha(t))$. Por otro lado, es usual la notación

$$\alpha''(t)^\top = \frac{D\alpha'}{dt}(t),$$

lo que quedará justificado cuando se estudie el capítulo 4 dedicado a las geodésicas de una superficie, por lo que podemos escribir

$$\alpha''(t) = \frac{D\alpha'}{dt}(t) + \langle \alpha''(t), N(\alpha(t)) \rangle N(\alpha(t)). \tag{3.4}$$

A continuación, vamos a estudiar cada uno de los dos sumandos que aparecen en esta igualdad. El primero de ellos define una magnitud conocida como curvatura geodésica y el segundo determina la llamada curvatura normal.

3.4.1. La curvatura geodésica

Sean $\alpha : I \longrightarrow S$ una curva regular p.p.a. y S una superficie regular orientada por N. Al calcular la derivada segunda de α acabamos de obtener la igualdad

$$\alpha''(s) = \frac{D\alpha'}{ds}(s) + \langle \alpha''(s), N(\alpha(s)) \rangle N(\alpha(s)),$$

donde remarcamos que ahora el parámetro s es la longitud de arco. Esta restricción no es esencial en la discusión, pero sí conveniente (las razones son similares a la necesidad de parametrizar por el arco al definir la curvatura de una curva). Queremos expresar el vector $(D\alpha'/ds)(s) \in T_{\alpha(s)}S$ en términos de la base $\{\alpha'(s), \mathrm{J}\alpha'(s), N(\alpha(s))\}$. Esta es una base ortonormal positivamente orientada de $\mathbb{R}^3$, que se denomina el *triedro de Darboux*. Ahora bien, como $(D\alpha'/ds)(s)$ es un vector tangente,

$$\frac{D\alpha'}{ds}(s) = a(s)\alpha'(s) + b(s)\mathrm{J}\alpha'(s),$$

donde a y b son dos funciones definidas sobre I. Para calcularlas, multiplicamos escalarmente en ambos miembros de la ecuación:

$$\begin{aligned} a(s) &= \left\langle \frac{D\alpha'}{ds}(s), \alpha'(s) \right\rangle = \left\langle \alpha''(s) - \langle \alpha''(s), N(\alpha(s)) \rangle N(\alpha(s)), \alpha'(s) \right\rangle \\ &= \langle \alpha''(s), \alpha'(s) \rangle - \langle \alpha''(s), N(\alpha(s)) \rangle \langle N(\alpha(s)), \alpha'(s) \rangle = 0. \end{aligned}$$

Esta última igualdad se verifica porque la curva está parametrizada por el arco. Así, el vector $(D\alpha'/ds)(s)$ es colineal con $\mathrm{J}\alpha'(s)$, y se puede escribir

$$\frac{D\alpha'}{ds}(s) = k_g(s)\mathrm{J}\alpha'(s),$$

donde la función $k_g(s)$ se denomina *curvatura geodésica* de α en s. Concretamente,

$$k_g(s) = \left\langle \frac{D\alpha'}{ds}(s), \mathrm{J}\alpha'(s) \right\rangle = \langle \alpha''(s), \mathrm{J}\alpha'(s) \rangle.$$

Volveremos sobre este concepto en el capítulo 4; allí estudiaremos con mayor profundidad esta curvatura y veremos toda la información geométrica que encierra.

Observación 3.10. La curvatura geodésica depende de la orientación de la superficie: su signo varía según la elección que hagamos de N. ◇

3.4.2. La curvatura normal

Nos vamos a ocupar ahora de la componente normal de la aceleración en la descomposición dada en (3.4). Para ello veamos el siguiente resultado.

Proposición 3.4.1. *Sea S una superficie regular orientada por el normal N. Sean $p \in S$ y $\mathbf{v} \in T_pS$. Si $\alpha : I \longrightarrow S$ es una curva regular con condiciones iniciales p y $\mathbf{v}$, entonces*

$$\mathrm{II}_p(\mathbf{v}) = \langle \alpha''(0), N(p) \rangle.$$

Demostración. Dado que $\alpha'(t) \in T_{\alpha(t)}S$, entonces $\langle \alpha'(t), N(\alpha(t)) \rangle = 0$ para cada valor de t. Derivando, se tiene que $\langle \alpha''(t), N(\alpha(t)) \rangle + \langle \alpha'(t), (N \circ \alpha)'(t) \rangle = 0$. Como $(N \circ \alpha)'(t) = dN_{\alpha(t)}(\alpha'(t))$, entonces

$$\langle \alpha''(t), N(\alpha(t)) \rangle = -\langle \alpha'(t), dN_{\alpha(t)}(\alpha'(t)) \rangle = \langle \alpha'(t), \mathrm{A}_{\alpha(t)}\alpha'(t) \rangle. \quad (3.5)$$

En particular, para $t = 0$ se tendrá que $\langle \alpha''(0), N(p) \rangle = \langle \mathbf{v}, \mathrm{A}_p\mathbf{v} \rangle = \mathrm{II}_p(\mathbf{v})$, como queríamos demostrar. □

Observemos también que la igualdad (3.5) se cumple para todo $t \in I$, por lo que, en general,

$$\alpha''(t) = \frac{D\alpha'}{dt}(t) + \mathrm{II}_{\alpha(t)}\big(\alpha'(t)\big)N\big(\alpha(t)\big).$$

Dado $\mathbf{v} \in T_pS$, el valor $\mathrm{II}_p(\mathbf{v})$ es una medida de la aceleración en la dirección normal a S. Observemos que esta medida es independiente de la curva elegida: solo depende del punto y la dirección, por lo que tiene sentido la siguiente definición.

Definición 3.4.2. *Sea $\mathbf{v} \in T_pS$ un vector unitario. El valor $\mathrm{II}_p(\mathbf{v})$ se denomina **curvatura normal de S en p en la dirección de $\mathbf{v}$** y se representa por $k_n(\mathbf{v}, p)$.*

Por tanto, $k_n(\mathbf{v}, p) = \mathrm{II}_p(\mathbf{v}) = \big\langle \alpha''(0), N(p) \big\rangle$, siendo $\alpha : I \longrightarrow S$ cualquier curva regular con condiciones iniciales p y $\mathbf{v}$.

Finalmente, si $\alpha : I \longrightarrow S$ está parametrizada por la longitud de arco s, podemos escribir $\alpha''(s) = k_g(s)\mathrm{J}\alpha'(s) + k_n(s)N\big(\alpha(s)\big)$, siendo

$$k_n(s) := k_n\big(\alpha'(s), \alpha(s)\big) = \mathrm{II}_{\alpha(s)}(\alpha'(s)) = \big\langle \alpha''(s), N\big(\alpha(s)\big) \big\rangle$$

la curvatura normal de la curva α en s y $k_g(s)$ su curvatura geodésica. Si ahora tomamos módulos, se obtiene la importante relación

$$k(s)^2 = k_g(s)^2 + k_n(s)^2, \tag{3.6}$$

la cual nos dice que la curvatura de una curva en el espacio se descompone como una suma de la curvatura geodésica (intrínseca) y la curvatura normal (extrínseca).

3.4.3. Interpretación geométrica de la curvatura normal

¿Qué representa geométricamente la curvatura normal? Vamos a ver que el valor $k_n(\mathbf{v}, p)$, donde $p \in S$ y $\mathbf{v} \in T_pS$, es, precisamente, la curvatura de la curva plana determinada por la intersección de S con el plano afín que pasa por p y que está generado (y orientado) por los vectores $\{\mathbf{v}, N(p)\}$. Para demostrar esta afirmación, vamos a denotar por $\Pi_v = \mathrm{span}\{\mathbf{v}, N(p)\}$ dicho plano.

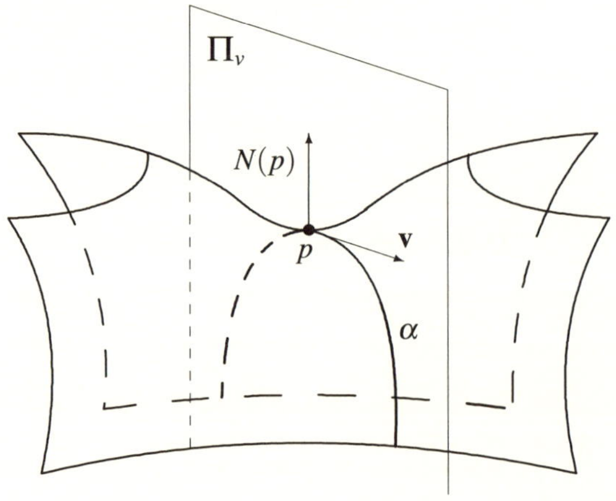

Figura 3.9: Interpretación geométrica de la curvatura normal.

Se define la *sección normal* C_v como la curva[5] que resulta al intersecar la superficie S con el plano Π_v (véase la figura 3.9, donde se ha representado una sección normal de la silla de montar en el origen de coordenadas). Así, $C_v = \Pi_v \cap S$, y podemos encontrar una parametrización (por la longitud de arco) de C_v dada por $\alpha : I \longrightarrow C_v \subset S$ de suerte que $\alpha(0) = p$ y $\alpha'(0) = \mathbf{v}$. Como $\mathbf{v} \in T_pS$, entonces $\mathbf{v} \perp N(p)$ y la curva α tiene como vector normal $\mathbf{n} = \mathrm{J}_{\Pi_v}\mathbf{v} = N(p)$, donde J_{Π_v} representa la estructura compleja en el plano Π_v. Entonces

$$k_n(\mathbf{v},p) = \mathrm{II}_p(\mathbf{v}) = \big\langle \alpha''(0), N(p) \big\rangle = \big\langle k(0)\mathbf{n}(0), N(p) \big\rangle = k(0),$$

siendo k la curvatura de α como curva plana dentro del plano vectorial Π_v orientado por la base ortonormal positivamente orientada $\{\mathbf{v}, N(p)\}$.

Observación 3.11. La curvatura normal depende de la orientación de la superficie: su signo varía según la elección que hagamos de N. $\diamondsuit$

Ejemplo 3.9 (Secciones normales del plano). Si $S = \Pi$ es un plano, entonces sabemos que el operador forma en un punto cualquiera $p \in \Pi$ siempre es nulo (véase el ejemplo 3.8). Por lo tanto, $k_n(\mathbf{v},p) = \mathrm{II}_p(\mathbf{v}) = \langle \mathrm{A}_p\mathbf{v}, \mathbf{v} \rangle = 0$, y esto es cierto para cualquier dirección $\mathbf{v} \in T_pS$. El motivo por el que $k_n \equiv 0$ en todo punto y dirección es que todas las secciones normales del plano son rectas, cuya curvatura, como curva plana, es cero. $\diamondsuit$

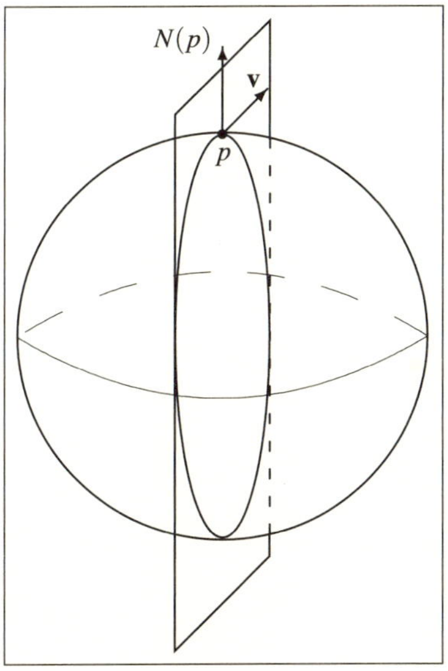

Figura 3.10: Secciones normales de la esfera $\mathbb{S}^2$.

Ejemplo 3.10 (Secciones normales de la esfera). Consideremos la esfera de radio r, $\mathbb{S}^2(r)$, que suponemos orientada por el normal exterior $N(p) = (1/r)p$ (véase la figura 3.10). Si $\mathbf{v} \in T_p\mathbb{S}^2(r)$, entonces

$$k_n(\mathbf{v},p) = \langle \mathrm{A}_p\mathbf{v}, \mathbf{v} \rangle = \left\langle \frac{-1}{r}\mathbf{v}, \mathbf{v} \right\rangle = -\frac{1}{r}|\mathbf{v}|^2 = -\frac{1}{r},$$

ya que el vector $\mathbf{v}$ es unitario por definición y el operador forma es la aplicación $\mathrm{A}_p \equiv (-1/r)1_{T_p\mathbb{S}^2(r)}$.
Por tanto, la curvatura normal en un punto arbitrario y en cualquier dirección del tangente a dicho punto toma el valor $-1/r$. Esto se debe a que las secciones normales son las circunferencias máximas de la esfera (véase la figura 3.10), esto es, circunferencias de radio r cuya curvatura, como curva plana, es $-1/r$. Obsérvese que el signo negativo se debe a la orientación escogida: la aceleración de las secciones normales siempre apunta hacia el interior, mientras que hemos elegido como orientación de la superficie la dada por el normal exterior. $\diamondsuit$

Observación 3.12. Observemos que la curvatura normal en estos dos ejemplos concretos (plano y esfera) cumple dos propiedades muy destacadas:

i) fijado el punto $p \in S$, $k_n(\mathbf{v},p)$ no depende del vector $\mathbf{v} \in T_pS$, y más aún,

ii) la curvatura normal no depende de p y toma un valor constante en todo S.

[5] Se demuestra que la intersección de dos superficies regulares es, en general, una curva regular.

Si en un punto p la curvatura normal verifica la primera propiedad,[6] es porque todas sus secciones normales tienen la misma curvatura (como curvas planas) en ese punto. Intuitivamente, esto significa que la superficie se curva por igual en todas las direcciones que salen de p; o en otras palabras: la superficie es «la misma» en todas direcciones (vista desde dicho punto p). La segunda propiedad es aún más restrictiva: la curvatura normal se mantiene constante en todo punto. Esto significa que la superficie se curva por igual en todas direcciones y en todo punto, y que la forma de la superficie no cambia en ninguna dirección y en ningún sitio.[7] Las únicas superficies con esta propiedad son las (porciones de) esferas y planos. ◇

Veamos un ejemplo en el cual la curvatura normal cambia según la dirección.

Ejemplo 3.11 (Secciones normales del cilindro). Sea C el cilindro dado por la ecuación $x^2+y^2=r^2$ (el cilindro cuyas generatrices son paralelas al eje z) y vamos a considerar el punto $p=(0,r,0)$. El plano tangente T_pC está generado por los vectores $\mathbf{v}_1=(1,0,0)$ y $\mathbf{v}_2=(0,0,1)$, mientras que el normal es $N(p)=(0,1,0)$, donde estamos escogiendo la orientación hacia fuera.

El plano Π_{v_2} no es más que el plano $x=0$, por lo que su intersección con C es

$$\Pi_{v_2}\cap C=\left\{(x,y,z)\in\mathbb{R}^3 : x^2+y^2=r^2, x=0\right\}=\left\{(x,y,z)\in\mathbb{R}^3 : y=\pm r,\ x=0\right\},$$

que son dos rectas paralelas (véase la figura 3.11). Ahora bien, la única que pasa por p es $\{y=r, x=0\}$, y así, $k_n(\mathbf{v}_2,p)=0$, ya que la curvatura de una recta es 0.

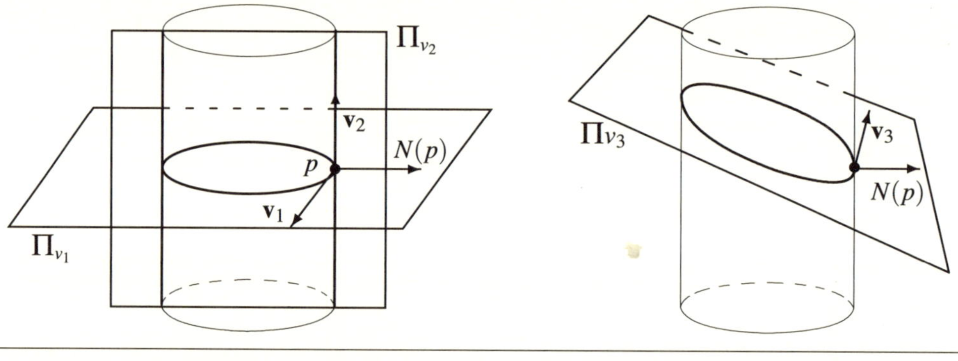

Figura 3.11: Secciones normales del cilindro.

Por otra parte, el plano Π_{v_1} no es otro que $z=0$, de modo que su intersección con el cilindro viene dada por

$$\Pi_{v_1}\cap C=\left\{(x,y,z)\in\mathbb{R}^3 : x^2+y^2=r^2,\ z=0\right\},$$

que es una circunferencia de radio r en el plano $z=0$ (véase la figura 3.11). En consecuencia, $k_n(\mathbf{v}_1,p)=-1/r$ (el signo negativo se debe a que el vector normal al cilindro apunta en dirección contraria a la aceleración de la circunferencia).

[6] Se dice entonces que la superficie es *isótropa* en dicho punto.

[7] Hay superficies que no se curvan por igual en todas direcciones y, no obstante, el comportamiento de la curvatura normal es el mismo en todo punto. Estas superficies se llaman «homogéneas», pues la geometría es idéntica en todos los puntos, no hay lugares distinguidos. Un ejemplo es el cilindro.

Para terminar, si tomamos $\mathbf{v}_3 = a\mathbf{v}_1 + b\mathbf{v}_2$ con $a, b \neq 0$, entonces un sencillo cálculo demuestra que $\Pi_{v_3} \cap C$ es una elipse (véase la figura 3.11). Su curvatura está comprendida entre $-1/r$ y 0. Como ya hemos comentado, esta discusión es la misma para cualquier otro punto del cilindro: todos sus puntos son indistinguibles desde el punto de vista geométrico.[8] ◇

En el ejemplo anterior, para el punto $p = (0, r, 0)$ hemos visto que la curvatura normal $k_n(\mathbf{v}, p)$, con $\mathbf{v}$ unitario, depende, evidentemente, del vector $\mathbf{v}$. Como la función $k_n(\cdot, p) : \mathbb{S}^1 \longrightarrow \mathbb{R}$ está definida sobre un compacto, esta alcanza un máximo y un mínimo en dicho conjunto. En el caso del cilindro, y con la orientación elegida, el mínimo es $-1/r$ y el máximo es 0. Esta situación no es exclusiva del cilindro, sino que se da en cualquier superficie. Lo vemos a continuación.

3.5. LAS CURVATURAS PRINCIPALES

Sean S una superficie regular orientada por N y $p \in S$ un punto arbitrario. El operador $\mathrm{A}_p : T_pS \longrightarrow T_pS$ es una aplicación lineal autoadjunta. Por tanto, su matriz respecto a cualquier base ortonormal es simétrica y, en consecuencia, diagonalizable. Sean entonces $\mathbf{e}_1$, $\mathbf{e}_2$ dos vectores propios que diagonalizan A_p. Si en la diagonalización los valores propios son distintos, es un ejercicio inmediato probar que los dos vectores son ortogonales (si los valores propios son idénticos, todos los vectores son propios, y siempre podemos escoger dos ortogonales) y, sin pérdida de generalidad, supondremos que son unitarios. Si $k_1(p)$ y $k_2(p)$ son los valores propios asociados a dichos vectores propios, entonces $\mathrm{A}_p\mathbf{e}_1 = k_1(p)\mathbf{e}_1$ y $\mathrm{A}_p\mathbf{e}_2 = k_2(p)\mathbf{e}_2$. Estos dos números se denominan las *curvaturas principales* de S en p y, por convenio, supondremos que $k_1(p) \leq k_2(p)$. ¿Tienen estos valores algún significado preciso? Observemos que

$$k_n(\mathbf{e}_1, p) = \mathrm{II}_p(\mathbf{e}_1) = \langle \mathrm{A}_p\mathbf{e}_1, \mathbf{e}_1 \rangle = \big\langle k_1(p)\mathbf{e}_1, \mathbf{e}_1 \big\rangle = k_1(p)$$

y $k_n(\mathbf{e}_2, p) = k_2(p)$, por lo que $k_1(p)$ y $k_2(p)$ son las curvaturas normales en las direcciones $\mathbf{e}_1$ y $\mathbf{e}_2$. Además, se puede demostrar (y lo veremos posteriormente, página 135) que $k_1(p)$ y $k_2(p)$ son los extremos de la función real $k_n(\cdot, p) : \mathbb{S}^1 \longrightarrow \mathbb{R}$. Los vectores $\mathbf{e}_1$ y $\mathbf{e}_2$ que determinan las curvaturas principales se denominan *direcciones principales* (cuando $k_1(p) = k_2(p)$ todas las direcciones son direcciones principales).

Observación 3.13. Las curvaturas principales están determinadas salvo el signo, pues este depende de la orientación escogida para la superficie. ◇

Ejemplo 3.12 (Direcciones principales en el plano y la esfera). Si $S = \Pi$, ya hemos visto que $k_n(\mathbf{v}, p) \equiv 0$, por lo que $k_1(p) = k_2(p) = 0$ también. Por tanto, todas las direcciones son principales, ya que todas son autovectores del operador forma.

Si $S = \mathbb{S}^2(r)$, entonces $k_n(\mathbf{v}, p) \equiv -1/r$ (tomando el normal hacia el exterior). Por tanto, $k_1(p) = k_2(p) = -1/r$, y de nuevo todas las direcciones son principales. Estas

[8] Un simple movimiento rígido coloca cualquier cilindro y un punto suyo en la misma configuración geométrica que la presentada en este ejemplo.

son las únicas dos superficies en las que todas las direcciones son principales en todo punto (hay superficies en las que esto ocurre para un punto concreto).[9] ◇

Ejemplo 3.13 (Direcciones principales en el cilindro). Si $S = C$ es el cilindro del ejemplo 3.11 con el normal apuntando hacia el exterior, obtenemos que una dirección principal viene dada por $\mathbf{v}_1$ y que la otra está dada por $\mathbf{v}_2$, siendo $k_1(p) = -1/r$ y $k_2(p) = 0$. Así, las direcciones principales son tangentes a las generatrices del cilindro (rectas verticales) y a los paralelos (circunferencias). ◇

Ejemplo 3.14 (Direcciones principales en la silla de montar). Consideremos la silla de montar parametrizada por $X(u,v) = (u,v,v^2 - u^2)$, y vamos a estudiar sus direcciones principales en el punto $p = X(0,0) = (0,0,0)$. La matriz asociada al operador forma en el origen, respecto a la base $\{X_u(0,0), X_v(0,0)\}$, es

$$A_p \equiv \begin{pmatrix} -2 & 0 \\ 0 & 2 \end{pmatrix}$$

(véase el ejemplo 3.8). En consecuencia, $\{X_u(0,0), X_v(0,0)\}$ son las direcciones principales, siendo sus autovalores correspondientes -2 y 2. ◇

En ocasiones, resulta conveniente «integrar» las direcciones principales para obtener una curva en la superficie cuyos vectores velocidad sean todos direcciones principales. De esta forma, se llega a la siguiente definición.

Definición 3.5.1. *Sea S una superficie regular orientada y sea $\alpha : I \longrightarrow S$ una curva regular de forma que $\alpha'(t)$ es una dirección principal en $\alpha(t)$ para todo $t \in I$. Se dice entonces que α es una* ***línea de curvatura*** *de S.*

Evidentemente, si $\alpha : I \longrightarrow S$ es una línea de curvatura, cualquier reparametrización de α sigue siendo línea de curvatura de S. De hecho, si en un abierto $V \subset S$ las curvaturas principales no coinciden, entonces por cada punto p de V pasan dos y únicamente dos líneas de curvatura, y además estas se cortan de forma ortogonal. Esto permite considerar en V dos familias de curvas correspondientes a cada una de las direcciones principales (véase [20] para una justificación precisa). Además, utilizando el teorema 3.1.5, se demuestra que existe una parametrización en un entorno de p de modo que las dos familias de curvas coordenadas coinciden con las líneas de curvatura, tomando como campos ξ_1 y ξ_2 los determinados por las direcciones principales.[10] Insistimos también en que es esencial tener determinadas exactamente dos direcciones principales en cada punto.

A continuación vamos a probar que, esencialmente, las curvaturas principales determinan por completo la curvatura normal en cualquier dirección, siempre y cuando conozcamos el ángulo que forma dicho vector con una de las direcciones principales.

---

[9] Considérese la rotación de la curva $z = y^4$ alrededor del eje z. En el punto $(0,0,0)$ de esta superficie de revolución todas las direcciones son principales, y el valor de las dos curvaturas principales es 0 (véase el ejemplo 3.15).

[10] En realidad, lo único que se puede asegurar es que la traza de las curvas coordenadas coincide con la de las líneas de curvatura.

Teorema 3.5.2 (La fórmula de Euler). *Sea S una superficie regular orientada por N. Sean $k_1(p) \leq k_2(p)$ las curvaturas principales de S en un punto $p \in S$, y $\mathbf{e}_1, \mathbf{e}_2$ las direcciones principales asociadas a dichas curvaturas, respectivamente. Si $\mathbf{v}_\theta \in T_pS$ es unitario,*

$$k_n(\mathbf{v}_\theta, p) = k_1(p)\cos^2\theta + k_2(p)\,\mathrm{sen}^2\,\theta, \tag{3.7}$$

donde θ es el ángulo tal que $\cos\theta = \langle \mathbf{e}_1, \mathbf{v}_\theta \rangle$.

Demostración. Como $\{\mathbf{e}_1, \mathbf{e}_2\}$ es una base ortonormal del plano tangente, entonces podemos expresar $\mathbf{v}_\theta = \cos\theta\mathbf{e}_1 + \mathrm{sen}\,\theta\mathbf{e}_2$. Ahora bien,

$$k_n(\mathbf{v}_\theta, p) = \mathrm{I\!I}_p(\mathbf{v}_\theta) = \langle \mathrm{A}_p\mathbf{v}_\theta, \mathbf{v}_\theta \rangle = \big\langle \mathrm{A}_p(\cos\theta\mathbf{e}_1 + \mathrm{sen}\,\theta\mathbf{e}_2), \cos\theta\mathbf{e}_1 + \mathrm{sen}\,\theta\mathbf{e}_2 \big\rangle.$$

Aplicando la linealidad de A_p nos queda

$$\begin{aligned} k_n(\mathbf{v}_\theta, p) &= \big\langle k_1(p)\cos\theta\mathbf{e}_1 + k_2(p)\,\mathrm{sen}\,\theta\mathbf{e}_2, \cos\theta\mathbf{e}_1 + \mathrm{sen}\,\theta\mathbf{e}_2 \big\rangle \\ &= k_1(p)\cos^2\theta + k_2(p)\,\mathrm{sen}^2\,\theta. \end{aligned}$$

□

En este teorema se refleja claramente que

$$k_1(p) = \mathrm{mín}\big\{k_n(\mathbf{v}, p) : |\mathbf{v}| = 1\big\} \quad \text{y} \quad k_2(p) = \mathrm{máx}\big\{k_n(\mathbf{v}, p) : |\mathbf{v}| = 1\big\},$$

pues observemos que

$$\begin{aligned} k_n(\mathbf{v}, p) &= k_1(p)\cos^2\theta + k_2(p)\,\mathrm{sen}^2\,\theta = k_1(p)(1 - \mathrm{sen}^2\,\theta) + k_2(p)\,\mathrm{sen}^2\,\theta \\ &= k_1(p) + \big(k_2(p) - k_1(p)\big)\,\mathrm{sen}^2\,\theta \geq k_1(p), \end{aligned}$$

ya que $k_2(p) - k_1(p) \geq 0$. Análogamente, y por el mismo motivo, se tiene que

$$k_n(\mathbf{v}, p) = k_1(p)\cos^2\theta + k_2(p)(1 - \cos^2\theta) = k_2(p) - \big(k_2(p) - k_1(p)\big)\cos^2\theta \leq k_2(p).$$

Definición 3.5.3. *Sea S una superficie regular orientada por N. Se denomina* ***curvatura de Gauss*** *de S en $p \in S$ al valor*

$$K(p) = \det \mathrm{A}_p = \det(-dN_p). \tag{3.8}$$

En definitiva,

$$K(p) = k_1(p)k_2(p).$$

Además, se llama ***curvatura media*** *de S en $p \in S$ al valor*

$$H(p) = \frac{1}{2}\,\mathrm{tr}\,\mathrm{A}_p = \frac{1}{2}\,\mathrm{tr}(-dN_p). \tag{3.9}$$

En otros términos,

$$H(p) = \frac{k_1(p) + k_2(p)}{2}.$$

Proposición 3.5.4. *La curvatura de Gauss no depende de la orientación escogida para la superficie. La curvatura media cambia de signo al cambiar la orientación.*

Demostración. Al cambiar la orientación estamos cambiando N por $-N$, por lo que el signo de las curvaturas principales varía. Entonces, el producto de estas no cambia de signo, pero su suma sí. □

Dependiendo del signo de la curvatura de Gauss, los puntos de una superficie se clasifican de la siguiente forma.

Definición 3.5.5. *Sea S una superficie regular orientada y sea $p \in S$. Entonces,*

*i) se dice que $p \in S$ es **elíptico** si $K(p) > 0$;*

*ii) se dice que $p \in S$ es **hiperbólico** si $K(p) < 0$;*

*iii) se dice que $p \in S$ es **parabólico** si $K(p) = 0$ pero $\mathrm{A}_p \not\equiv 0$, esto es, cuando una de las dos curvaturas principales en p se anula y la otra es distinta de cero;*

*iv) se dice que $p \in S$ es **plano** cuando $\mathrm{A}_p \equiv 0$, esto es, si $k_1(p) = k_2(p) = 0$.*

Ejemplo 3.15. Veamos ejemplos de cómo son los puntos de algunas superficies:

i) Todos los puntos de una esfera son elípticos, pues $K \equiv 1/r^2 > 0$.

ii) En la silla de montar parametrizada por $X(u,v) = (u,v,v^2-u^2)$ (véase la figura 3.8) el punto $p = (0,0,0)$ es hiperbólico, ya que $k_1(p) = -2$ y $k_2(p) = 2$, y por tanto, $K(p) = -4 < 0$.

iii) Todos los puntos del cilindro son parabólicos, pues $k_1 \equiv -1/r$ y $k_2 \equiv 0$. Por lo tanto, $K \equiv 0$, pero $\mathrm{A}_p \not\equiv 0$ para todo p.

iv) Todos los puntos del plano son planos, aunque no son los únicos ejemplos de puntos planos: si tomamos la superficie de revolución generada por $z = y^4$ (revolución alrededor del eje z, véase la figura 3.12), entonces el origen de coordenadas es un punto plano en una superficie que no es un plano. ◇

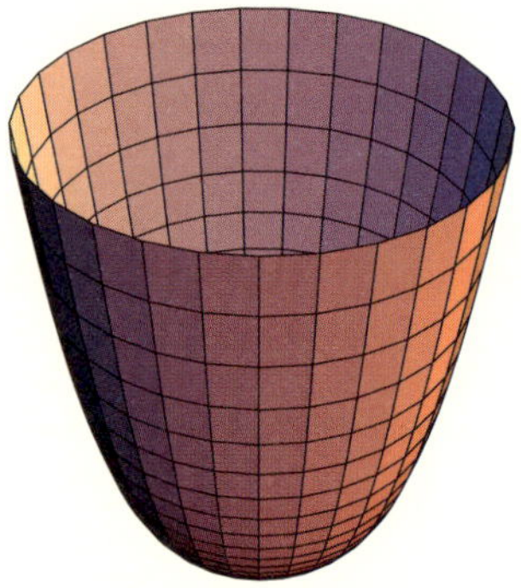

Figura 3.12: La superficie de revolución generada por $z = y^4$.

Además de clasificar los puntos de una superficie en términos del signo de la curvatura de Gauss, podemos plantearnos qué pasa cuando las dos curvaturas principales coinciden. De ello nos ocupamos en el siguiente epígrafe.

3.5.1. Puntos umbilicales

Definición 3.5.6. *Se dice que un punto p de una superficie regular orientada S es un **punto umbilical** si $k_1(p) = k_2(p)$. Una superficie S se dice que es **totalmente umbilical** si todos sus puntos son umbilicales.*

Observación 3.14. Ya hemos presentado anteriormente esta propiedad. Un punto umbilical es aquel en el que la superficie se curva por igual en todas las direcciones: la superficie es *isótropa* en p. Por otra parte, las superficies totalmente umbilicales resultan ser, a la postre, superficies homogéneas e isótropas. Veremos que, esencialmente, solo hay dos superficies que cumplen ambas condiciones: el plano y la esfera (véase el teorema 3.5.7). ◇

Ejemplo 3.16. El plano es una superficie totalmente umbilical, pues todos sus puntos satisfacen $k_1 = k_2 \equiv 0$. La esfera $\mathbb{S}^2(r)$ también tiene la misma propiedad, y ocurre que $k_1 = k_2 \equiv \pm 1/r$ (en función del normal escogido). ◇

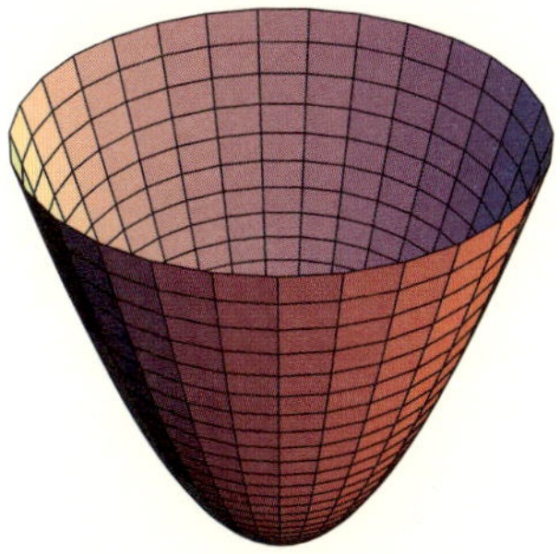

Figura 3.13: El paraboloide elíptico.

Ejemplo 3.17. El *paraboloide elíptico* o *de revolución* es la superficie definida por $z = x^2 + y^2$ (véase la figura 3.13). Veamos que el punto $p = (0,0,0)$ es umbilical. Para ello, tomamos la parametrización $X(u,v) = (u,v,u^2+v^2)$, cuyo normal está dado por

$$N(u,v) = \frac{1}{\sqrt{1+4u^2+4v^2}}(-2u,-2v,1).$$

Un sencillo cálculo muestra que $N_u(0,0) = (-2,0,0)$ y $N_v(0,0) = (0,-2,0)$. Luego $k_1(p) = k_2(p) = 2$ y el operador forma se escribe

$$\mathrm{A}_p \equiv \begin{pmatrix} 2 & 0 \\ 0 & 2 \end{pmatrix}.$$

Por último, observemos que $K(p) = 4$: p es un punto elíptico. ◇

Observación 3.15. Ningún punto parabólico o hiperbólico puede ser umbilical. El primero por definición; el segundo porque, si fuera umbilical, el producto de sus curvaturas principales sería no negativo. ◇

Teorema 3.5.7 (Caracterización de las superficies totalmente umbilicales). *Sea S una superficie regular, orientable, conexa y totalmente umbilical. Entonces S es un trozo de esfera o un trozo de plano.*

Demostración. Como todos los puntos son umbilicales, $k_1(p) = k_2(p)$ para todo $p \in S$. En particular, $H(p) = k_1(p) = k_2(p)$, y el operador forma A_p puede escribirse de la forma

$$\mathrm{A}_p \equiv \begin{pmatrix} H(p) & 0 \\ 0 & H(p) \end{pmatrix}$$

en un punto $p \in S$ arbitrario. En otras palabras, se tiene que $\mathrm{A}_p = H(p) 1_{T_pS}$, donde $H : S \longrightarrow \mathbb{R}$ es una función diferenciable. Nuestro objetivo ahora es demostrar que H es constante. Sean $p \in S$ un punto arbitrario y (U,X) una parametrización de S en p con $X(q) = p$ y $q = (u_0, v_0)$. Consideremos la base $\{X_u(q), X_v(q)\}$; entonces

$$dH_p\big(X_u(q)\big) = \left.\frac{d}{du}\right|_{u=0} (H \circ \alpha)(u),$$

donde $\alpha(u) = X(u+u_0, v_0)$ (es decir, una curva diferenciable en S con condiciones iniciales p y $X_u(q)$). De esta forma,

$$dH_p\big(X_u(q)\big) = \left.\frac{d}{du}\right|_{u=0} (H \circ X)(u+u_0, v_0) = (H \circ X)_u(q).$$

Análogamente, $dH_p\big(X_v(q)\big) = (H \circ X)_v(q)$. Como $\mathrm{A}_p = H(p) 1_{T_pS}$, entonces

$$(H \circ X)(q) X_u(q) = H(p) X_u(q) = \mathrm{A}_p\big(X_u(q)\big) = -dN_p\big(X_u(q)\big) = -(N \circ X)_u(q).$$

Dado que esto es cierto para todo $q \in U$, entonces se tendrá que

$$-(H \circ X)X_u = (N \circ X)_u$$

en los puntos de U. De la misma forma, se demuestra que $-(H \circ X)X_v = (N \circ X)_v$. Derivando la primera igualdad respecto a v y la segunda respecto a u obtenemos

$$\begin{aligned}(N \circ X)_{uv} &= -(H \circ X)_v X_u - (H \circ X)X_{uv} \qquad \text{y}\\ (N \circ X)_{vu} &= -(H \circ X)_u X_v - (H \circ X)X_{vu}.\end{aligned}$$

Y dado que las segundas derivadas (cruzadas) coinciden, restando ambas igualdades se obtiene que, en los puntos del abierto U, se verifica

$$-(H \circ X)_v X_u + (H \circ X)_u X_v = \mathbf{0}.$$

Como los vectores X_u y X_v forman una base de T_pS, los coeficientes de esta combinación lineal deben ser idénticamente nulos. Así, $(H \circ X)_u = (H \circ X)_v \equiv 0$ en U, y por tanto, se llega a que $dH_p\big(X_u(q)\big) = dH_p\big(X_v(q)\big) = 0$ para todo $p \in X(U)$. En consecuencia, $dH_p \equiv 0$ y, al ser S conexa, podemos concluir que la función H es constante, esto es, $H \equiv c$ para un cierto valor real c. Distinguimos ahora dos casos:

i) Si $c = 0$, entonces $H \equiv 0$ y el operador forma se escribe

$$\mathrm{A}_p \equiv \begin{pmatrix} 0 & 0 \\ 0 & 0 \end{pmatrix},$$

por lo que $dN_p \equiv 0$. Como S es conexa, se tiene que $N : S \longrightarrow \mathbb{S}^2$ es constante, es decir, el normal a la superficie viene dado por $N \equiv \mathbf{a}$, un vector fijo (unitario) de $\mathbb{R}^3$. Definimos a continuación la función $\phi(p) = \langle p, \mathbf{a} \rangle$ para $p \in S$. Si demostramos que ϕ es constante, podremos concluir que S está contenida en un plano ortogonal al vector $\mathbf{a}$. Para ello, sea $\mathbf{v} \in T_pS$ y observemos que

$$d\phi_p(\mathbf{v}) = \left.\frac{d}{dt}\right|_{t=0} (\phi \circ \alpha)(t) = \left.\frac{d}{dt}\right|_{t=0} \big\langle \alpha(t), \mathbf{a} \big\rangle = \big\langle \alpha'(0), \mathbf{a} \big\rangle = \langle \mathbf{v}, \mathbf{a} \rangle = 0,$$

donde α es una curva diferenciable en S con condiciones iniciales p y $\mathbf{v}$; la última igualdad se tiene ya que $\mathbf{v}$ es tangente y $\mathbf{a}$ es normal. Por tanto, S es un (trozo de) plano.

ii) Si $c \neq 0$, definimos la función $\phi : S \longrightarrow \mathbb{R}^3$ dada por $\phi(p) = p + (1/c)N(p)$, que es diferenciable. Si probamos que $\phi \equiv \mathbf{a}$ para un vector fijo $\mathbf{a}$, entonces tendremos que, para todo punto $p \in S$ se verificará $p - \mathbf{a} = -(1/c)N(p)$, lo cual implica, tomando módulos, que $|p - \mathbf{a}|^2 = 1/c^2$; en definitiva, se habrá probado que todos los puntos $p \in S$ están contenidos en una esfera de centro $\mathbf{a}$ y radio $1/|c| = 1/|H|$, como se quería demostrar. Veamos pues que ϕ es constante. Para ello, calculamos su diferencial:

$$\begin{aligned} d\phi_p(\mathbf{v}) &= \left.\frac{d}{dt}\right|_{t=0} (\phi \circ \alpha)(t) = \left.\frac{d}{dt}\right|_{t=0} \left(\alpha(t) + \frac{1}{c} N\big(\alpha(t)\big) \right) \\ &= \alpha'(0) + \frac{1}{c} (N \circ \alpha)'(0), \end{aligned}$$

donde, como es habitual, α es una curva diferenciable en S con condiciones iniciales p y $\mathbf{v}$. Así,

$$d\phi_p(\mathbf{v}) = \alpha'(0) + \frac{1}{c}dN_{\alpha(0)}\big(\alpha'(0)\big) = \mathbf{v} + \frac{1}{c}dN_p(\mathbf{v}) = \mathbf{v} - \frac{1}{c}\mathrm{A}_p\mathbf{v}.$$

Ahora bien, $\mathrm{A}_p = H(p)1_{T_pS}$ y $H \equiv c$, por lo que

$$d\phi_p(\mathbf{v}) = \mathbf{v} - \frac{1}{c}c\,\mathbf{v} = \mathbf{0}.$$

De nuevo, usando la conexión de S, se deduce que ϕ es constante, lo que concluye la demostración. □

Observación 3.16. El resultado que acabamos de demostrar puede resumirse en los siguientes términos: si una superficie se curva por igual en todas las direcciones en cada uno de sus puntos (si una superficie es isótropa en cada uno de sus puntos), entonces la superficie es un plano o una esfera (esto es, la superficie es homogénea).

Por otro lado, también se puede demostrar, utilizando estas técnicas, que el vértice de una superficie de revolución (cualquier punto de la curva que rota, que corte al eje de revolución) siempre es umbilical. ◇

3.6. EXPRESIÓN LOCAL DE LA SEGUNDA FORMA FUNDAMENTAL, LA CURVATURA DE GAUSS Y LA CURVATURA MEDIA

En esta sección nos vamos a ocupar de encontrar expresiones explícitas para los objetos que hemos definido en las secciones anteriores, en términos de una parametrización y sus derivadas. La mayor parte de las fórmulas que aquí aparecen son difíciles de recordar, pero resultan imprescindibles a la hora de estudiar la geometría de cualquier superficie. En la práctica, y salvo que la superficie sea muy simple, es necesario aplicarlas para alguna parametrización adecuada.

Sean S una superficie regular orientada, $p \in S$ y (U,X) una parametrización en p. Dado un vector $\mathbf{v} \in T_pS$, nos preguntamos por el valor de la segunda forma fundamental $\mathrm{II}_p(\mathbf{v})$ en términos de dicha parametrización. Para responder a esta cuestión, consideremos una curva diferenciable α en S con condiciones iniciales p y $\mathbf{v}$, de modo que $\mathbf{v} = \alpha'(0) = u'(0)X_u\big(u(0),v(0)\big) + v'(0)X_v\big(u(0),v(0)\big)$ y $p = X\big(u(0),v(0)\big)$. En lo que sigue, X_u, X_v y demás funcionales estarán evaluados en el punto $\big(u(0),v(0)\big)$, aunque lo omitiremos por brevedad. Entonces,

$$dN_p(\mathbf{v}) = dN_p\big(\alpha'(0)\big) = u'(0)dN_p(X_u) + v'(0)dN_p(X_v) = u'(0)N_u + v'(0)N_v.$$

Como N_u y N_v son vectores tangentes a S en p, podemos escribir

$$N_u = a_{11}X_u + a_{21}X_v \quad \text{y} \quad N_v = a_{12}X_u + a_{22}X_v,$$

y de esta forma, $dN_p(\mathbf{v}) = u'(0)(a_{11}X_u + a_{21}X_v) + v'(0)(a_{12}X_u + a_{22}X_v)$. Es decir,

$$dN_p(\mathbf{v}) = \big(a_{11}u'(0) + a_{12}v'(0)\big)X_u + \big(a_{21}u'(0) + a_{22}v'(0)\big)X_v.$$

Como $\mathbf{v} = u'(0)X_u + v'(0)X_v$, la matriz de dN_p respecto a la base $\{X_u, X_v\}$ es

$$dN_p \equiv \begin{pmatrix} a_{11} & a_{12} \\ a_{21} & a_{22} \end{pmatrix}.$$

Nuestro objetivo es calcular de forma explícita los coeficientes a_{ij} de esta matriz. Para ello, observemos que

$$\mathrm{II}_p(\mathbf{v}) = \langle \mathrm{A}_p\mathbf{v}, \mathbf{v} \rangle = -\langle dN_p(\mathbf{v}), \mathbf{v} \rangle = -\left\langle u'(0)N_u + v'(0)N_v, u'(0)X_u + v'(0)X_v \right\rangle,$$

y la bilinealidad del producto escalar nos lleva a

$$\mathrm{II}_p(\mathbf{v}) = -u'(0)^2 \langle N_u, X_u \rangle - u'(0)v'(0) \langle N_u, X_v \rangle - u'(0)v'(0) \langle N_v, X_u \rangle - v'(0)^2 \langle N_v, X_v \rangle.$$

Por otro lado, sabemos que $\langle N, X_u \rangle = \langle N, X_v \rangle = 0$. Si derivamos ambas expresiones respecto a u y v obtenemos

$$\begin{aligned} \langle N_u, X_u \rangle + \langle N, X_{uu} \rangle &= 0, & \langle N_v, X_u \rangle + \langle N, X_{uv} \rangle &= 0, \\ \langle N_u, X_v \rangle + \langle N, X_{vu} \rangle &= 0, & \langle N_v, X_v \rangle + \langle N, X_{vv} \rangle &= 0. \end{aligned}$$

Así, despejando los primeros sumandos de estas cuatro igualdades se tiene que

$$\begin{aligned} -\langle N_u, X_u \rangle &= \langle N, X_{uu} \rangle := e, \\ -\langle N_v, X_u \rangle &= \langle N, X_{uv} \rangle := f, \\ -\langle N_u, X_v \rangle &= \langle N, X_{vu} \rangle := f, \\ -\langle N_v, X_v \rangle &= \langle N, X_{vv} \rangle := g. \end{aligned}$$

Las funciones e, f, g están definidas sobre el abierto U, y se denominan los *coeficientes de la segunda forma fundamental*. Así, en términos de estos coeficientes, la segunda forma fundamental se expresa de la forma

$$\mathrm{II}_p(\mathbf{v}) = \mathrm{II}_p\big(\alpha'(0)\big) = u'(0)^2 e + 2u'(0)v'(0)f + v'(0)^2 g.$$

Observación 3.17. En relación a las líneas de curvatura ya sabemos que, siempre que no hayan puntos umbilicales, es posible encontrar una parametrización $X(u, v)$ de suerte que las curvas coordenadas sean líneas de curvatura (teorema 3.1.5). Estas curvas coordenadas son entonces ortogonales, por lo que $F = 0$. Además, al ser X_u una dirección principal, el vector

$$N_u = dN_p(X_u) = -\mathrm{A}_p(X_u) = \lambda X_u$$

es colineal con X_u, de donde $f = -\langle N_u, X_v \rangle = 0$. Es por ello que estas parametrizaciones también se llaman *doblemente ortogonales*. ◇

En general, si $\mathbf{v} = v_1 X_u + v_2 X_v$, se tendrá $\mathrm{II}_p(\mathbf{v}) = v_1^2 e + 2v_1 v_2 f + v_2^2 g$. Además,

$$\begin{aligned} -e &= \langle N_u, X_u \rangle = \langle a_{11}X_u + a_{21}X_v, X_u \rangle = a_{11}E + a_{21}F, \\ -f &= \langle N_v, X_u \rangle = \langle a_{12}X_u + a_{22}X_v, X_u \rangle = a_{12}E + a_{22}F, \\ -f &= \langle N_u, X_v \rangle = \langle a_{11}X_u + a_{21}X_v, X_v \rangle = a_{11}F + a_{21}G, \\ -g &= \langle N_v, X_v \rangle = \langle a_{12}X_u + a_{22}X_v, X_v \rangle = a_{12}F + a_{22}G. \end{aligned}$$

Si escribimos el sistema anterior en forma matricial obtenemos

$$\begin{pmatrix} -e & -f \\ -f & -g \end{pmatrix} = \begin{pmatrix} a_{11} & a_{21} \\ a_{12} & a_{22} \end{pmatrix} \begin{pmatrix} E & F \\ F & G \end{pmatrix}.$$

La matriz de los coeficientes de la primera forma fundamental es invertible, ya que su determinante, $EG - F^2$, es siempre estrictamente positivo. Por tanto, podemos despejar la matriz de las variables, y se tiene que

$$\begin{pmatrix} a_{11} & a_{21} \\ a_{12} & a_{22} \end{pmatrix} = -\begin{pmatrix} e & f \\ f & g \end{pmatrix} \begin{pmatrix} E & F \\ F & G \end{pmatrix}^{-1} = \frac{-1}{EG-F^2} \begin{pmatrix} e & f \\ f & g \end{pmatrix} \begin{pmatrix} G & -F \\ -F & E \end{pmatrix}.$$

Haciendo las operaciones oportunas en estas matrices, e igualando coeficiente a coeficiente, se llega finalmente a que

$$\begin{aligned} a_{11} &= \frac{fF - eG}{EG-F^2}, & a_{12} &= \frac{gF - fG}{EG-F^2}, \\ a_{21} &= \frac{eF - fE}{EG-F^2}, & a_{22} &= \frac{fF - gE}{EG-F^2}. \end{aligned} \tag{3.10}$$

Recordemos que los a_{ij} son los coeficientes de la matriz de la aplicación dN_p respecto a la base $\{X_u, X_v\}$. Por tanto, podemos calcular su determinante (la curvatura de Gauss $K(p) = \det(-dN_p) = \det(dN_p)$) y su traza (que dará la curvatura media) en términos de los coeficientes de la primera y la segunda formas fundamentales. Así,

$$K(p) = \det(dN_p) = \frac{1}{(EG-F^2)^2}\left[(fF - eG)(fF - gE) - (gF - fG)(eF - fE)\right].$$

Simplificando esta expresión se llega a que la curvatura de Gauss viene dada por

$$K(p) = \frac{eg - f^2}{EG - F^2}. \tag{3.11}$$

Por otra parte, la curvatura media es

$$H(p) = -\frac{1}{2}\operatorname{tr}(dN_p) = -\frac{a_{11} + a_{22}}{2} = \frac{1}{2}\frac{eG + gE - 2fF}{EG - F^2}. \tag{3.12}$$

Ahora nos preguntamos: ¿es posible calcular las curvaturas principales a partir de $K(p)$ y de $H(p)$? Observemos que λ es un valor propio del operador forma A_p si, y solo si, $-dN_p(\mathbf{v}) = \lambda\mathbf{v}$, lo que equivale a su vez a que $dN_p(\mathbf{v}) + \lambda\mathbf{v} = \mathbf{0}$; en definitiva si, y solo si,

$$\left(dN_p + \lambda 1_{T_pS}\right)(\mathbf{v}) = \mathbf{0} \tag{3.13}$$

para cierto $\mathbf{v} \in T_pS$. Pero existirá $\mathbf{v} = (v_1, v_2)$ en tales condiciones si, y solo si, el sistema (3.13), con incógnitas v_1, v_2, admite solución no trivial; esto es, si

$$\det\left(dN_p + \lambda 1_{T_pS}\right) = \begin{vmatrix} a_{11} + \lambda & a_{12} \\ a_{21} & a_{22} + \lambda \end{vmatrix} = 0.$$

Desarrollando el determinante anterior se llega a que

$$0 = (a_{11}+\lambda)(a_{22}+\lambda) - a_{12}a_{21} = \lambda^2 + (a_{11}+a_{22})\lambda + a_{11}a_{22} - a_{12}a_{21}.$$

Ahora, recordando que $a_{11}+a_{22} = -2H(p)$ y $a_{11}a_{22} - a_{12}a_{21} = K(p)$, la ecuación anterior se reescribe

$$\lambda^2 - 2H(p)\lambda + K(p) = 0, \tag{3.14}$$

siendo sus soluciones $\lambda = H(p) \pm \sqrt{H(p)^2 - K(p)}$. Por lo tanto, las curvaturas principales son

$$k_1(p) = H(p) - \sqrt{H(p)^2 - K(p)} \quad \text{y} \quad k_2(p) = H(p) + \sqrt{H(p)^2 - K(p)}. \tag{3.15}$$

Finalmente, observemos que un punto p es umbilical si, y solo si, $H(p)^2 = K(p)$.

Ejemplo 3.18 (Las curvaturas del toro). Consideremos la parametrización del toro $\mathbb{T}^2$ ya usual para nosotros,

$$X(u,v) = \big((r\cos u + a)\cos v, (r\cos u + a)\operatorname{sen} v, r\operatorname{sen} u\big),$$

para la cual $E = r^2$, $F = 0$ y $G = (r\cos u + a)^2$. Un sencillo cálculo muestra que

$$\begin{aligned}
X_{uu} &= (-r\cos u\cos v, -r\cos u\operatorname{sen} v, -r\operatorname{sen} u),\\
X_{uv} &= (r\operatorname{sen} u\operatorname{sen} v, -r\operatorname{sen} u\cos v, 0),\\
X_{vv} &= \big(-(r\cos u + a)\cos v, -(r\cos u + a)\operatorname{sen} v, 0\big).
\end{aligned}$$

Entonces, se ve fácilmente que

$$\begin{aligned}
e = \langle N, X_{uu}\rangle &= \frac{1}{\sqrt{EG-F^2}}\langle X_u \wedge X_v, X_{uu}\rangle = \frac{1}{\sqrt{EG-F^2}}\det(X_u, X_v, X_{uu}) = r,\\
f = \langle N, X_{uv}\rangle &= \frac{1}{\sqrt{EG-F^2}}\det(X_u, X_v, X_{uv}) = 0,\\
g = \langle N, X_{vv}\rangle &= \frac{1}{\sqrt{EG-F^2}}\det(X_u, X_v, X_{vv}) = \cos u(r\cos u + a).
\end{aligned}$$

Aplicando las fórmulas (3.11) y (3.12) se llega a que la curvatura de Gauss vale

$$K(u,v) = \frac{eg - f^2}{EG - F^2} = \frac{\cos u}{r(r\cos u + a)},$$

mientras que la curvatura media es

$$H(u,v) = \frac{1}{2}\frac{eG + gE - 2fF}{EG - F^2} = \frac{1}{2}\frac{2r\cos u + a}{r(r\cos u + a)}.$$

Aquí, $K(u,v) = K\big(X(u,v)\big)$ (análogamente para $H(u,v)$, véase la observación 3.5).

A modo de ejemplo, nos podemos preguntar cuáles son los puntos parabólicos del toro. Esto ocurre cuando $K \equiv 0$, es decir, cuando $\cos u \equiv 0$. Por tanto, los puntos situados en los paralelos $u = \pi/2$ y $u = 3\pi/2$ (los paralelos superior e inferior) son parabólicos; no son planos pues $H \not\equiv 0$ en dichos paralelos (véase la figura 3.14).

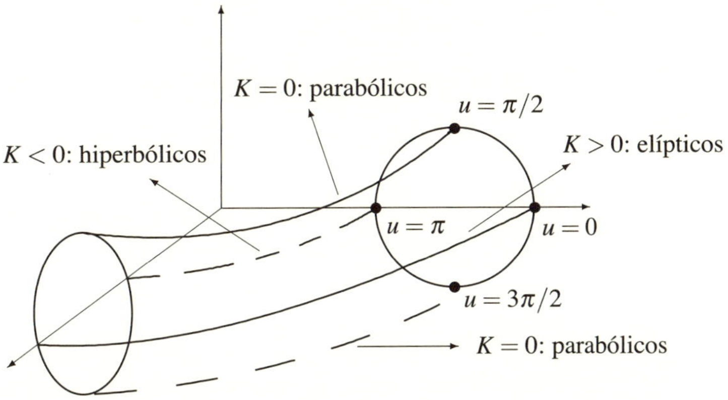

Figura 3.14: Tipos de puntos en el toro.

Por otro lado, si $\pi/2 < u < 3\pi/2$, entonces $\cos u < 0$ y la curvatura de Gauss verifica $K < 0$. Así, todos los puntos de la cara interior del toro son hiperbólicos. Finalmente, si $u < \pi/2$ o $u > 3\pi/2$, entonces $K > 0$; los puntos son elípticos. ◇

El ejemplo anterior nos sirve también para introducir el siguiente resultado. Observemos que, al considerar el plano tangente (visto como plano afín) en un punto hiperbólico del toro, hay partes de $\mathbb{T}^2$ que quedan a uno y otro lado del plano. Sin embargo, cuando tomamos el plano tangente en un punto elíptico, la superficie queda contenida a un lado de dicho plano. Esto siempre es cierto (al menos localmente), tal y como demuestra el siguiente teorema (obsérvese la analogía existente con la proposición 1.2.11 de curvas planas) .

Teorema 3.6.1. *Sea S una superficie regular y orientable. Si $p_0 \in S$ es elíptico, existe un entorno $V(p_0) \subset S$ tal que V está totalmente contenido en uno de los semiespacios determinados por el plano tangente $T_{p_0}S$. Si $p_0 \in S$ es hiperbólico, para todo entorno $V(p_0) \subset S$ existen puntos de V a ambos lados de $T_{p_0}S$.*

Demostración. Sea (U,X) una parametrización de S en p_0 y supongamos, por simplicidad, que $p_0 = X(0,0)$. Sea $p = X(u,v)$ otro punto de la superficie en $X(U)$. Entonces, llamando $N(p_0) = N_0$, definimos la función

$$d(u,v) = \langle p - p_0, N_0 \rangle = \langle X(u,v) - X(0,0), N_0 \rangle = \left| X(u,v) - X(0,0) \right| \cos \varphi,$$

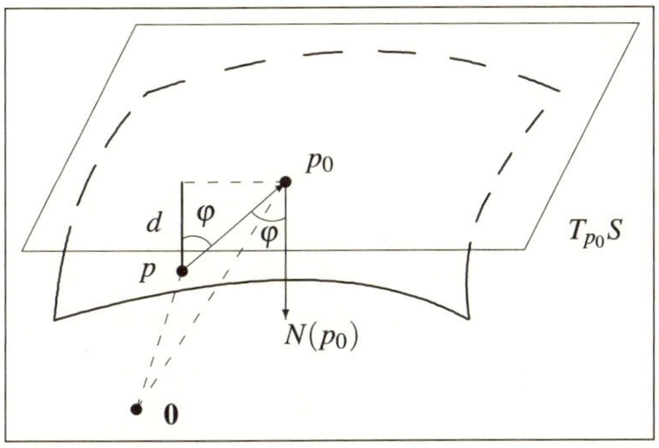

Figura 3.15: La distancia al plano tangente.

donde φ representa el ángulo determinado por los vectores $p - p_0$ y N_0; en definitiva, esta función $d(u,v)$ no es más que la distancia (con signo) del punto $p = X(u,v)$ al plano tangente $T_{p_0}S$ (véase la figura 3.15). Por otro lado, como $X(u,v)$ es una función diferenciable, si hacemos su desarrollo de Taylor hasta el segundo orden en el punto $(0,0)$, obtenemos

$$\begin{aligned} X(u,v) =& X(0,0) + \big(X_u(0,0)u + X_v(0,0)v\big) \\ &+ \frac{1}{2}\big(X_{uu}(0,0)u^2 + 2X_{uv}(0,0)uv + X_{vv}(0,0)v^2\big) + R(u,v), \end{aligned}$$

donde la función $R(u,v)$ verifica $\lim_{(u,v)\to(0,0)} R(u,v)/(u^2+v^2) = \mathbf{0}$.

Introduciendo finalmente la expresión anterior para $X(u,v)$ en la función distancia d previamente definida, obtenemos que

$$\begin{aligned} d(u,v) &= \frac{1}{2}u^2 \langle X_{uu}(0,0), N_0 \rangle + uv \langle X_{uv}(0,0), N_0 \rangle + \frac{1}{2}v^2 \langle X_{vv}(0,0), N_0 \rangle + \overline{R}(u,v) \\ &= \frac{1}{2}\left(u^2 e(0,0) + 2uv f(0,0) + v^2 g(0,0)\right) + \overline{R}(u,v) = \frac{1}{2}\mathrm{II}_{p_0}(\mathbf{w}) + \overline{R}(u,v), \end{aligned}$$

siendo $\overline{R}(u,v) = \langle R(u,v), N_0 \rangle$ y $\mathbf{w} = uX_u(0,0) + vX_v(0,0) \in T_{p_0}S$.

Supongamos ahora que p_0 es elíptico; entonces $K(p_0) > 0$, y las dos curvaturas principales tienen el mismo signo. Así, $\mathrm{II}_{p_0}(\mathbf{w}) = k_1(p_0)\cos^2\theta + k_2(p_0)\,\mathrm{sen}^2\,\theta$ también tiene signo fijo (es siempre positivo o siempre negativo) para todo $\mathbf{w} \in T_{p_0}S$. Por otro lado, observemos que $\overline{R}$ es un infinitésimo de orden 2 y, en consecuencia, para (u,v) suficientemente próximo a $(0,0)$, $\mathrm{II}_{p_0}(\mathbf{w})$ determina el signo de la función $d(u,v)$, ya que $\mathrm{II}_{p_0}(\mathbf{w})$ es un polinomio en u y v de segundo grado. Así pues, el signo de d es siempre positivo o siempre negativo en un entorno de $(0,0)$, y esto implica que un entorno de la superficie está enteramente contenido en uno de los semiespacios que determina el plano tangente $T_{p_0}S$.

El mismo razonamiento puede aplicarse en un punto hiperbólico p_0 para probar que la función $d(u,v)$ toma valores positivos y negativos en puntos arbitrariamente próximos a $(0,0)$, con lo que se demuestra que hay puntos de la superficie a ambos lados del plano tangente. □

Para puntos planos y parabólicos no se puede asegurar nada, tal y como ilustramos en los siguientes ejemplos.

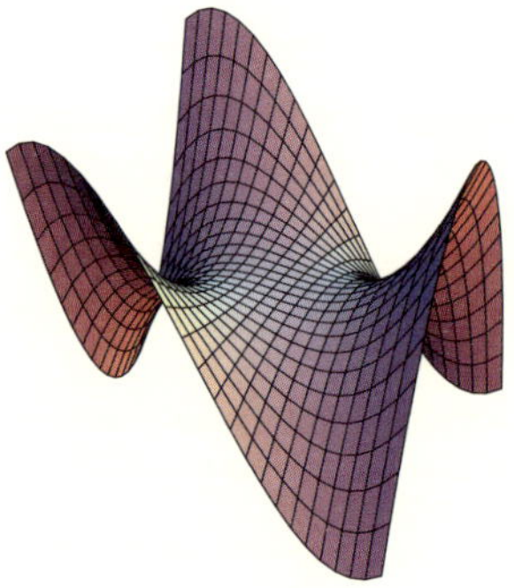

Figura 3.16: La silla de montar del mono.

Ejemplo 3.19. Consideremos la superficie conocida como *silla de montar del mono*, dada por el grafo $X(u,v) = (u,v,u^3 - 3uv^2)$ (véase la figura 3.16). Entonces se tiene que $X(0,0) = (0,0,0)$ es un punto plano, su plano tangente es precisamente el plano afín $z = 0$ y, obviamente, existen puntos de la silla de montar del mono a ambos lados de dicho plano en cualquier entorno del origen.

Por otro lado, si tomamos la superficie de revolución generada por la rotación de la curva $z = y^4$ alrededor del eje z (véase la figura 3.12), se tiene que el punto $(0,0,0)$ es plano, y su plano tangente es $z = 0$. En este caso, la superficie está enteramente contenida en el semiespacio $z \geq 0$. ◇

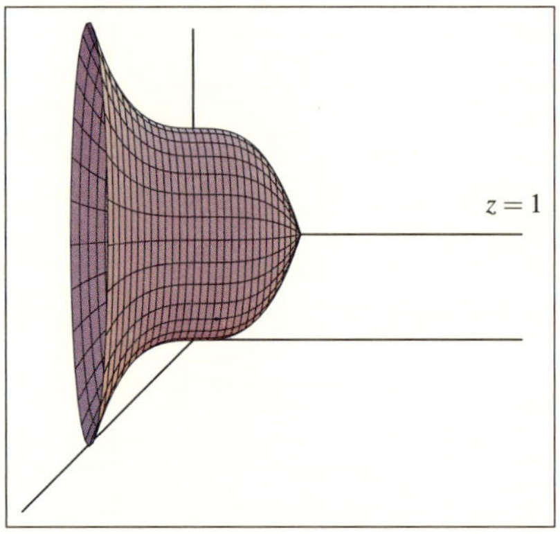

Figura 3.17: La superficie de revolución generada por $z = y^3$.

Ejemplo 3.20. Si nos centramos ahora en el caso de puntos parabólicos, un ejemplo inmediato lo encontramos en el cilindro: se trata de una superficie cuyos puntos son todos parabólicos y, para uno de ellos en concreto, la superficie queda enteramente contenida en uno de los semiespacios que determina su plano tangente.

Por otra parte, si consideramos la cúbica $z = y^3$, con $-1 < z < 1$, contenida en el plano yz, y la hacemos rotar alrededor de la recta $z = 1$ (véase la figura 3.17), todos los puntos generados por la rotación del $(0,0)$ son parabólicos. Y en cualquiera de ellos, existen puntos de la superficie a ambos lados de su plano tangente. ◇

3.7. LA GEOMETRÍA DE LA CURVATURA DE GAUSS

En esta sección damos una interpretación geométrica de la curvatura de Gauss en términos de la aplicación de Gauss $N : S \longrightarrow \mathbb{S}^2$, que fue, en realidad, la forma en la que Gauss introdujo «su curvatura». Para ello, vamos a establecer el siguiente convenio. Sean S y $\overline{S}$ dos superficies regulares orientadas. Se dice que una aplicación diferenciable $F : S \longrightarrow \overline{S}$ *conserva la orientación* en un punto $p \in S$ si, dada una base positiva $\{\mathbf{v}_1, \mathbf{v}_2\}$ de T_pS, entonces $\{dF_p(\mathbf{v}_1), dF_p(\mathbf{v}_2)\}$ es una base positiva de $T_{F(p)}\overline{S}$. En caso contrario se dice que F *invierte la orientación* en p.

Sea S una superficie regular orientada por $N : S \longrightarrow \mathbb{S}^2$, donde consideramos la esfera $\mathbb{S}^2$ orientada por el normal «exterior», $N_{\mathbb{S}^2}(p) = p$. Si $\{\mathbf{v}_1, \mathbf{v}_2\}$ es una base ortonormal positivamente orientada de T_pS (véase también el ejercicio 3.27),

$$dN_p(\mathbf{v}_1) \wedge dN_p(\mathbf{v}_2) = \det(dN_p)(\mathbf{v}_1 \wedge \mathbf{v}_2) = K(p)N(p); \qquad (3.16)$$

en consecuencia, la aplicación de Gauss conserva la orientación si $K(p) > 0$ (si p es elíptico) y la invierte si $K(p) < 0$ (para p hiperbólico) ya que, por definición, $\{dN_p(\mathbf{v}_1), dN_p(\mathbf{v}_2)\}$ es una base positivamente orientada de $T_{N(p)}\mathbb{S}^2$ si, y solo si, $\{dN_p(\mathbf{v}_1), dN_p(\mathbf{v}_2), N_{\mathbb{S}^2}(N(p)) = N(p)\}$ es una base positivamente orientada de $\mathbb{R}^3$.

Intuitivamente, esto significa lo siguiente. Sean $p \in S$ elíptico y $\alpha : I \longrightarrow S$ una curva cerrada en S tal que p está contenido en el interior de la región que α determina. Tomemos puntos $p_1, p_2, p_3, p_4 \in \alpha(I)$ y sus imágenes por la aplicación de Gauss, $N(p_1), N(p_2), N(p_3), N(p_4)$, los cuales se encuentran sobre la curva imagen $N \circ \alpha$ en la esfera (véase la figura 3.18). Si elegimos una orientación para α, entonces podemos ver que la curva imagen se recorre de la misma forma: N conserva la orientación.

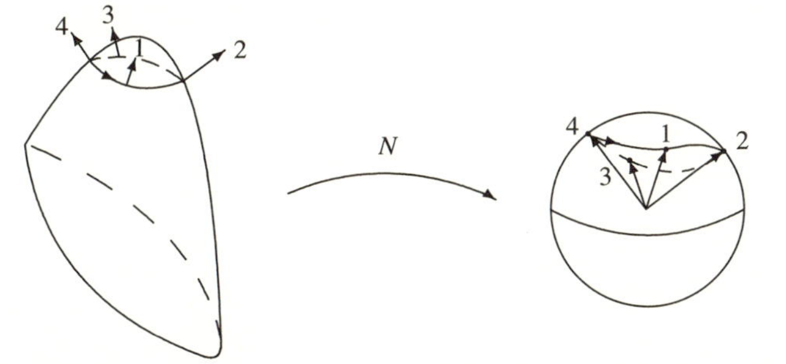

Figura 3.18: En un punto elíptico la aplicación de Gauss conserva la orientación.

Por el contrario, si el punto p es hiperbólico, al tomar los puntos imagen de p_1, p_2, p_3, $p_4 \in \alpha(I)$ sobre la curva $N \circ \alpha$, $N(p_1)$, $N(p_2)$, $N(p_3)$, $N(p_4)$, podemos ver claramente cómo la orientación se invierte: la curva $N \circ \alpha$ se recorre en el sentido opuesto a α. Luego, en este caso, N invierte la orientación (véase la figura 3.19).

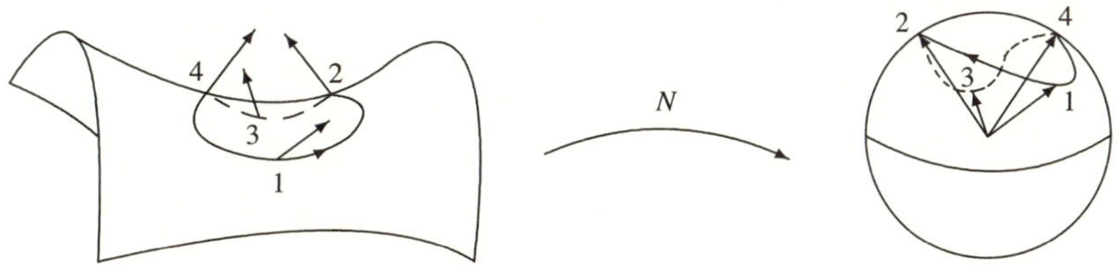

Figura 3.19: En un punto hiperbólico la aplicación de Gauss invierte la orientación.

Así, se establece el siguiente convenio: si N conserva la orientación en p (p es elíptico), se elige el signo $+$ para la curvatura de Gauss en p; si por el contrario N invierte la orientación en p (p es hiperbólico), entonces se elige el signo $-$ para $K(p)$. Siguiendo esta notación, vamos a demostrar el siguiente teorema, el cual proporciona una bonita interpretación geométrica del valor de la curvatura de Gauss en un punto.

Teorema 3.7.1 (Interpretación geométrica de la curvatura de Gauss). *Sean S una superficie regular orientada, con aplicación de Gauss N, y $p \in S$ tal que $K(p) \neq 0$. Si (U,X) es una parametrización de S que cubre a $p = X(q)$, entonces*

$$K(p) = \pm \lim_{\varepsilon \to 0} \frac{A\big(N(V_\varepsilon)\big)}{A(V_\varepsilon)},$$

donde $V_\varepsilon = X\big(D(q,\varepsilon)\big)$, con $D(q,\varepsilon) \subset U$.

Demostración. Como $\det(dN_p) = K(p) \neq 0$, sabemos que N es un difeomorfismo local. Luego existe un abierto $U' \subset U$ tal que $N|_{X(U')} : X(U') \longrightarrow N\big(X(U')\big)$ es un difeomorfismo (global). En tal caso, $(U', N \circ X)$ es una parametrización de la esfera $\mathbb{S}^2$. Además, $D(q,\varepsilon) = (N \circ X)^{-1}\big(N(V_\varepsilon)\big)$ para $\varepsilon > 0$ suficientemente pequeño. Luego, claramente, las áreas de V_ε y $N(V_\varepsilon)$ vienen dadas por

$$A(V_\varepsilon) = \iint_{D(q,\varepsilon)} |X_u \wedge X_v| \, dudv \quad \text{y} \quad A\big(N(V_\varepsilon)\big) = \iint_{D(q,\varepsilon)} \big|(N \circ X)_u \wedge (N \circ X)_v\big| \, dudv.$$

La fórmula (3.16) aplicada a los vectores de la base X_u y X_v permite escribir

$$A\big(N(V_\varepsilon)\big) = \iint_{D(q,\varepsilon)} \big|dN_{X(u,v)}(X_u) \wedge dN_{X(u,v)}(X_v)\big| dudv = \iint_{D(q,\varepsilon)} (K \circ X)\, |X_u \wedge X_v| \, dudv,$$

y utilizando el teorema del valor medio para integrales dobles, podemos concluir finalmente que existen $q_0, q' \in D(q,\varepsilon)$ de modo que

$$\begin{aligned}
\lim_{\varepsilon \to 0} \frac{A\big(N(V_\varepsilon)\big)}{A(V_\varepsilon)} &= \lim_{\varepsilon \to 0} \frac{\displaystyle\iint_{D(q,\varepsilon)} (K \circ X)\, |X_u \wedge X_v| \, dudv}{\displaystyle\iint_{D(q,\varepsilon)} |X_u \wedge X_v| \, dudv} \\
&= \lim_{\varepsilon \to 0} \frac{(K \circ X)(q_0)\, |X_u \wedge X_v|(q_0) A\big(D(q,\varepsilon)\big)}{|X_u \wedge X_v|\,(q') A\big(D(q,\varepsilon)\big)} = (K \circ X)(q) = K(p). \quad \square
\end{aligned}$$

3.8. ISOMETRÍAS LOCALES

En el capítulo anterior hemos considerado la primera forma fundamental como la herramienta que nos permite hacer geometría en una superficie regular. Una pregunta natural en este contexto sería la siguiente: dadas dos superficies regulares, ¿cómo podemos comparar las geometrías de ambas? En otras palabras, ¿es posible precisar si dos superficies tienen, o no, la misma geometría? Para que esta discusión tenga sentido debemos clarificar qué entendemos por «la misma geometría». Evidentemente, nos estamos refiriendo a que las medidas, relaciones y propiedades que se dan en una superficie, se presentan de forma idéntica en la otra. De un modo más preciso, nos referimos a la posibilidad de ser capaces de construir una aplicación entre ambas superficies que relacione los objetos y que conserve las propiedades métricas de estos. Si tal cosa es factible, entonces ambas superficies tendrán la «misma geometría» y las mismas propiedades geométricas. Estas aplicaciones serán las «isometrías», que dan título a la sección que nos ocupa.

Observemos que, si una isometría es una aplicación que conserva las propiedades métricas de los objetos, el quid de la cuestión radica en identificar qué determina las propiedades métricas de una superficie. La respuesta a esta pregunta la conocemos ya: la primera forma fundamental es lo que nos permite construir y hablar de geometría en una superficie. Por tanto, una isometría debe ser una aplicación entre superficies que conserve la primera forma fundamental. Antes de explicitar tal definición con rigor, vamos a ilustrar esta situación con un ejemplo que trataremos con detalle un poco más adelante. Es un hecho bien conocido que es posible tomar una hoja de papel y doblarla de modo que se obtenga un cilindro. Si previamente hemos dibujado sobre el papel cualquier cosa, las propiedades de dicho dibujo no se ven alteradas: el área encerrada, los ángulos con los que se cortan las curvas, las longitudes de estas... En este sentido, el plano y el cilindro son, como superficies regulares, métricamente equivalentes. De hecho, la primera forma fundamental para ambas superficies es idéntica (siempre y cuando se utilicen parametrizaciones apropiadas). Ahora bien, ¿quiere esto decir que las geometrías del cilindro y del plano son la misma en todos los aspectos? ¿Realmente se tiene esta identificación para todas las cuestiones geométricas?

La respuesta a esta pregunta es negativa. El cilindro y el plano son «casi» idénticos desde el punto de vista métrico. Pero, ¿qué es lo que falta para una equivalencia total? Sencillamente, que en geometría no solo intervienen los aspectos métricos, sino también una serie de propiedades que pueden modificar y alterar la geometría, y que para nada son características geométricas. En el caso que nos ocupa, el hecho de que el plano y el cilindro no sean homeomorfos (que no tengan la misma topología) implica la ruptura de la equivalencia en determinadas propiedades muy concretas. A modo de ejemplo, es bien sabido que por dos puntos del plano pasa una única línea de mínima longitud (una única recta). Pero esta propiedad, que es plenamente métrica, no se tiene en el cilindro, pues por dos puntos «opuestos» (situados en generatrices opuestas y a la misma altura) pasan dos líneas (curvas) con longitud mínima; este hecho se estudiará con detalle más adelante, en el capítulo 4. No obstante, si nos restringimos a entornos suficientemente pequeños en el cilindro, entonces todos los aspectos geométricos de ambas superficies sí son idénticos.

En resumen: la noción de equivalencia geométrica entre dos superficies regulares viene dada por las aplicaciones que conservan la primera forma fundamental. Ahora bien, esta equivalencia solo se da de «forma local». Para poder encontrar una identificación total entre dos superficies es necesario además que ambas sean idénticas desde el punto de vista topológico y diferenciable. Se requiere, pues, efectuar una distinción entre lo «local» y lo «global». Precisemos estas ideas con rigor.

Definición 3.8.1. *Una **isometría local** entre dos superficies regulares S_1 y S_2 es una aplicación diferenciable $\phi : S_1 \longrightarrow S_2$ que conserva la primera forma fundamental, es decir, que conserva el producto escalar: para cada $p \in S_1$ y cualesquiera $\mathbf{v}, \mathbf{w} \in T_pS_1$,*

$$\big\langle d\phi_p(\mathbf{v}), d\phi_p(\mathbf{w})\big\rangle = \langle \mathbf{v}, \mathbf{w} \rangle .$$

Así, ϕ es una isometría local si, y solo si, es una aplicación diferenciable cuya diferencial $d\phi_p : T_pS_1 \longrightarrow T_{\phi(p)}S_2$ es una isometría lineal. Como las isometrías locales conservan el producto escalar, también conservan los ángulos, longitudes y áreas (al menos localmente) de los objetos correspondientes por la aplicación.

Un matiz importante a reseñar en la definición anterior es que la existencia de una isometría local $\phi : S_1 \longrightarrow S_2$ no garantiza la existencia de otra aplicación, digamos $\psi : S_2 \longrightarrow S_1$ que sea también una isometría local. Esto motiva el siguiente concepto, mucho más restrictivo, que implica el que acabamos de ver, y que involucra no solo los aspectos locales, sino también los globales, tal y como hemos apuntado al comienzo de la sección.

Definición 3.8.2. *Una **isometría (global)** entre dos superficies regulares S_1 y S_2 es una isometría local que es, a su vez, un difeomorfismo global. En esta situación se dice que S_1 y S_2 son **(globalmente) isométricas**. Además, S_1 y S_2 son **localmente isométricas** si, para todo $p \in S_1$, existen un entorno $V \subset S_1$ de p y una isometría global $\phi : V \longrightarrow \phi(V) \subset S_2$, y análogamente para S_2.*

Por lo tanto, si dos superficies regulares son (globalmente) *isométricas*, entonces son «iguales» desde los puntos de vista topológico, diferenciable y métrico. Desde luego, existen superficies localmente isométricas que no lo son globalmente. Veamos el ejemplo que proponíamos al comienzo de la sección.

Ejemplo 3.21. Demostraremos que existe una isometría local entre el plano y el cilindro (lo que implica, en particular, que son localmente isométricos), y que ambas superficies no son globalmente isométricas. Comenzamos por la última afirmación: el cilindro y el plano no pueden ser globalmente isométricos ya que ni siquiera son homeomorfos, pues tienen grupos fundamentales distintos. Una demostración intuitiva de este hecho es la siguiente: en el plano, toda curva cerrada y simple puede deformarse de modo continuo hasta convertirse en un punto. Sin embargo, en el cilindro hay curvas cerradas y simples (como los paralelos –circunferencias ortogonales a las generatrices) que no pueden deformarse continuamente en un punto.

Para probar que plano y cilindro son localmente isométricos, consideramos el plano $\Pi = \big\{(x,y,z) \in \mathbb{R}^3 : z = 0\big\}$ y el cilindro $C = \big\{(x,y,z) \in \mathbb{R}^3 : x^2 + y^2 = 1\big\}$. Definimos la aplicación

$$\phi : \Pi \longrightarrow C \quad \text{dada por} \quad \phi(x,y,0) = (\cos x, \operatorname{sen} x, y),$$

que es claramente diferenciable. El cálculo de su diferencial es muy sencillo: dado $p = (x,y,0) \in \Pi$, como $T_p\Pi \equiv \Pi$, entonces cualquier vector $\mathbf{v} \in T_p\Pi$ es de la forma

$\mathbf{v} = (v_1, v_2, 0)$; tomando como curva $\alpha : I \longrightarrow \Pi$ la recta $\alpha(t) = p + t\mathbf{v}$ (que verifica $\alpha(0) = p$, $\alpha'(0) = \mathbf{v}$), la diferencial $d\phi_p : \Pi \longrightarrow T_{\phi(p)}C$ viene dada por

$$\begin{aligned} d\phi_p(\mathbf{v}) &= \left.\frac{d}{dt}\right|_{t=0} (\phi \circ \alpha)(t) = \left.\frac{d}{dt}\right|_{t=0} \big(\cos(x+tv_1), \operatorname{sen}(x+tv_1), y+tv_2\big) \\ &= (-v_1 \operatorname{sen} x, v_1 \cos x, v_2). \end{aligned}$$

Ahora, ver que ϕ conserva el producto escalar es equivalente a comprobar que conserva módulos: $\left|d\phi_p(\mathbf{v})\right|^2 = v_1^2 \operatorname{sen}^2 x + v_1^2 \cos^2 x + v_2^2 = v_1^2 + v_2^2 = |\mathbf{v}|^2$, lo que demuestra que ϕ es una isometría local. ◇

Si dos superficies S_1, S_2 son localmente isométricas, es posible elegir parametrizaciones para cada una de ellas, con dominio común, y con la particularidad de que los coeficientes de la primera forma fundamental coinciden en ambas. Veámoslo.

Teorema 3.8.3. *Sea $\phi : S_1 \longrightarrow S_2$ una isometría local entre superficies regulares. Entonces, para todo $p \in S_1$, existen parametrizaciones $X : U \longrightarrow S_1$, $\overline{X} : U \longrightarrow S_2$ cubriendo $p \in S_1$ y $\phi(p) \in S_2$, respectivamente, tales que $E = \overline{E}$, $F = \overline{F}$ y $G = \overline{G}$.*

Demostración. Dada $X : U \longrightarrow S_1$ una parametrización cualquiera de S_1, consideremos la composición $\overline{X} = \phi \circ X : U \longrightarrow S_2$ que, tomando U suficientemente pequeño, es claramente una parametrización[11] para la superficie S_2. Vamos a demostrar que, dado $p = X(u_0, v_0) \in S_1$, entonces

$$d\phi_p\big(X_u(u_0,v_0)\big) = \overline{X}_u(u_0,v_0) \quad \text{y} \quad d\phi_p\big(X_v(u_0,v_0)\big) = \overline{X}_v(u_0,v_0).$$

Para ello, observemos que

$$\begin{aligned} \overline{X}_u(u_0,v_0) &= \left.\frac{d}{du}\right|_{u=0} \overline{X}(u+u_0,v_0) = \left.\frac{d}{du}\right|_{u=0} (\phi \circ X)(u+u_0,v_0) \\ &= d\phi_{X(u_0,v_0)}\big(X_u(u_0,v_0)\big) = d\phi_p\big(X_u(u_0,v_0)\big), \end{aligned}$$

utilizando la regla de la cadena. Análogamente, $\overline{X}_v(u_0,v_0) = d\phi_p\big(X_v(u_0,v_0)\big)$. De esta forma, gracias al hecho de que ϕ es una isometría local, se tiene

$$\begin{aligned} \overline{E} &= \langle \overline{X}_u, \overline{X}_u \rangle = \langle d\phi_p(X_u), d\phi_p(X_u) \rangle = \langle X_u, X_u \rangle = E, \\ \overline{F} &= \langle \overline{X}_u, \overline{X}_v \rangle = \langle d\phi_p(X_u), d\phi_p(X_v) \rangle = \langle X_u, X_v \rangle = F, \\ \overline{G} &= \langle \overline{X}_v, \overline{X}_v \rangle = \langle d\phi_p(X_v), d\phi_p(X_v) \rangle = \langle X_v, X_v \rangle = G \end{aligned}$$

(en el par (u_0, v_0), que omitimos por brevedad), como se que quería demostrar. □

Una suerte de recíproco para este resultado es el siguiente.

Teorema 3.8.4. *Sean S_1, S_2 superficies regulares y $X : U \longrightarrow S_1$, $\overline{X} : U \longrightarrow S_2$ parametrizaciones de S_1 y S_2, respectivamente, tales que $E = \overline{E}$, $F = \overline{F}$ y $G = \overline{G}$. Entonces, la aplicación $\phi = \overline{X} \circ X^{-1} : X(U) \subset S_1 \longrightarrow \overline{X}(U) \subset S_2$ es una isometría (global) entre los abiertos $X(U)$ y $\overline{X}(U)$ de las superficies S_1 y S_2.*

[11] Demuéstrese como ejercicio esta afirmación.

Demostración. Supongamos que $X : U \longrightarrow S_1$ y $\overline{X} : U \longrightarrow S_2$ son parametrizaciones de S_1 y S_2, respectivamente, tales que $E = \overline{E}$, $F = \overline{F}$ y $G = \overline{G}$, y consideremos la composición $\phi = \overline{X} \circ X^{-1} : X(U) \longrightarrow \overline{X}(U)$. Por ser las parametrizaciones difeomorfismos, es claro que la aplicación ϕ también es un difeomorfismo entre superficies. Por tanto, solo nos queda demostrar que se trata de una isometría.

Consideremos $p = X(u_0, v_0) \in S_1$ y $X_u(u_0, v_0) \in T_pS_1$. Claramente, la curva coordenada $X(u + u_0, v_0)$ tiene como condiciones iniciales p y $X_u(u_0, v_0)$; entonces

$$\begin{aligned} d\phi_p\big(X_u(u_0, v_0)\big) &= \left.\frac{d}{du}\right|_{u=0} (\phi \circ X)(u + u_0, v_0) \\ &= \left.\frac{d}{du}\right|_{u=0} (\overline{X} \circ X^{-1} \circ X)(u + u_0, v_0) = \overline{X}_u(u_0, v_0). \end{aligned}$$

Análogamente, se tiene que $d\phi_p\big(X_v(u_0, v_0)\big) = \overline{X}_v(u_0, v_0)$. Por tanto,

$$\big\langle d\phi_p(X_u), d\phi_p(X_u)\big\rangle = \big\langle \overline{X}_u, \overline{X}_u\big\rangle = \overline{E} = E = \langle X_u, X_u\rangle$$

(en el par (u_0, v_0), omitido por brevedad), y la diferencial $d\phi_p$ conserva el módulo del vector $X_u(u_0, v_0)$. Utilizando ahora que $\overline{F} = F$ y $\overline{G} = G$, se demuestra que

$$\big\langle d\phi_p(X_u), d\phi_p(X_v)\big\rangle = \langle X_u, X_v\rangle \quad \text{y} \quad \big\langle d\phi_p(X_v), d\phi_p(X_v)\big\rangle = \langle X_v, X_v\rangle$$

(estas dos últimas expresiones evaluadas también en (u_0, v_0)). De estas tres igualdades, y por tratarse $\{X_u, X_v\}$ de una base, se deduce que $\big\langle d\phi_p(\mathbf{v}), d\phi_p(\mathbf{v})\big\rangle = \langle \mathbf{v}, \mathbf{v}\rangle$ para todo vector $\mathbf{v} \in T_pS$, por lo que ϕ es una isometría local. □

3.9. EL TEOREMA *EGREGIUM* DE GAUSS

En esta sección presentamos el resultado fundamental de la Geometría clásica de Superficies en el espacio. En pocas palabras, lo que afirma este teorema es que la curvatura de Gauss es un objeto intrínseco, es decir, depende exclusivamente de la primera forma fundamental.

Recordemos que, para definir la curvatura de Gauss, hemos recorrido un camino más o menos largo en el que la principal protagonista ha sido la aplicación de Gauss $N : S \longrightarrow \mathbb{S}^2$. A partir de ella, calculamos su diferencial y definimos dicha curvatura como el determinante de esta diferencial. Todo hace pensar que un concepto definido en términos de algo extrínseco como el normal N y su diferencial, también debe ser, evidentemente, extrínseco. Sin embargo, se puede probar, usando las expresiones en coordenadas que hemos encontrado para la segunda forma fundamental y las fórmulas de Gauss y Weingarten (que veremos a continuación), que la especial combinación de factores dada por

$$K = \frac{eg - f^2}{EG - F^2}$$

admite una expresión en términos, únicamente, de (los coeficientes de) la primera forma fundamental y sus derivadas sucesivas. Esto demuestra que K solo depende de dichos coeficientes y, por tanto, de la primera forma fundamental. Por extensión, una isometría local (que conserva la primera forma fundamental) preserva la curvatura de Gauss en puntos correspondientes.

Un corolario interesantísimo del resultado de Gauss es que si dos superficies tienen funciones curvatura de Gauss distintas,[12] no es posible encontrar una isometría (local) entre ambas. Por ejemplo, el plano y la esfera no pueden ser localmente isométricos, ya que las curvaturas de Gauss son constantes y distintas (en el plano es nula y en la esfera estrictamente positiva). Este ejemplo nos remite a la última sección de este capítulo, donde trataremos el problema de la representación de la superficie terrestre en un plano, que es el problema fundamental de la Cartografía.

Un último comentario en relación a estos temas que estamos tratando es el siguiente. El teorema *Egregium* de Gauss supuso el cierre a un debate abierto durante decenas de años por identificar la curvatura primordial de una superficie. Así, entre los defensores de la curvatura de Gauss K por un lado y los partidarios de la curvatura media H por otro, se prolongó un discusión analizando los pros y los contras de cada una de ellas hasta el advenimiento del resultado de Gauss. El hecho de que K fuera intrínseca, terminó por decantar la balanza hacia el determinante de la aplicación de Gauss. La traza tendría otras particularidades también muy interesantes, que estudiaremos en los próximos capítulos.[13]

3.9.1. Las fórmulas de Gauss y de Weingarten

Sea S una superficie regular orientada por N y sea $X : U \longrightarrow V$ una *parametrización de S positivamente orientada*, es decir, tal que $\{X_u, X_v, N\}$ es una base de $\mathbb{R}^3$ positivamente orientada. Queremos expresar las derivadas de estos vectores en función de la propia base $\{X_u, X_v, N\}$.

Recordemos que (véase (3.10), en la sección 3.6)

$$\begin{cases} N_u = a_{11}X_u + a_{21}X_v, \\ N_v = a_{12}X_u + a_{22}X_v, \end{cases} \quad \text{donde}$$
$$a_{11} = \frac{fF - eG}{EG - F^2},\ a_{12} = \frac{gF - fG}{EG - F^2},\ a_{21} = \frac{eF - fE}{EG - F^2},\ a_{22} = \frac{fF - gE}{EG - F^2}. \tag{3.17}$$

---

[12] La precisión de esta hipótesis no está aquí suficientemente detallada, pero basta señalar como ejemplo que una superficie con curvatura de Gauss constante no puede ser isométrica a otra que tenga curvatura de Gauss no constante.

[13] No solo el teorema *Egregium* de Gauss dio la razón a los partidarios de la curvatura de Gauss como la curvatura más importante. La entrada en juego de las geometrías no euclídeas vino a poner de manifiesto la posibilidad de definir superficies abstractas en términos de conjuntos más o menos «buenos», dotados de una primera forma fundamental o métrica. Esta métrica podía tomarse tan «extraña» como se quisiera, hasta el punto de que algunas de tales métricas no eran concebibles como el resultado de superficies dentro del espacio euclídeo que heredan el producto escalar usual. Sin embargo, siempre y cuando dichas métricas estuvieran formalmente bien definidas, daban lugar a geometrías sumamente interesantes y a curvaturas de Gauss nunca vistas como, por ejemplo, el caso del plano hiperbólico: superficie con curvatura de Gauss constante y negativa. Hablaremos más sobre ello posteriormente.

Las ecuaciones (3.17) se conocen con el nombre de *fórmulas de Weingarten*. Estudiemos a continuación los vectores X_{uu}, X_{uv}, X_{vu}, X_{vv}. Como son vectores de $\mathbb{R}^3$, los podemos expresar como combinación lineal de la base $\{X_u, X_v, N\}$. Entonces,

$$\begin{cases} X_{uu} = \Gamma_{11}^1 X_u + \Gamma_{11}^2 X_v + A_1 N, \\ X_{uv} = \Gamma_{12}^1 X_u + \Gamma_{12}^2 X_v + A_2 N, \\ X_{vu} = \Gamma_{21}^1 X_u + \Gamma_{21}^2 X_v + A_3 N, \\ X_{vv} = \Gamma_{22}^1 X_u + \Gamma_{22}^2 X_v + A_4 N, \end{cases}$$

para ciertos coeficientes Γ_{ij}^k y A_m, con $i, j, k \in \{1,2\}$ y $m \in \{1,2,3,4\}$. Ahora bien, es evidente que el coeficiente $A_1 = A_1 \langle N, N \rangle = \langle X_{uu}, N \rangle = e$ y, análogamente, que $A_2 = \langle X_{uv}, N \rangle = f$, $A_3 = \langle X_{vu}, N \rangle = f$ y $A_4 = \langle X_{vv}, N \rangle = g$. Las relaciones

$$\begin{cases} X_{uu} = \Gamma_{11}^1 X_u + \Gamma_{11}^2 X_v + eN, \\ X_{uv} = \Gamma_{12}^1 X_u + \Gamma_{12}^2 X_v + fN, \\ X_{vu} = \Gamma_{21}^1 X_u + \Gamma_{21}^2 X_v + fN, \\ X_{vv} = \Gamma_{22}^1 X_u + \Gamma_{22}^2 X_v + gN, \end{cases} \tag{3.18}$$

reciben el nombre de *fórmulas de Gauss*, y los coeficientes Γ_{ij}^k son los *símbolos de Christoffel*. Los símbolos de Christoffel dependen de la parametrización respecto a la cual se calculen, y son simétricos respecto a los subíndices ($\Gamma_{12}^1 = \Gamma_{21}^1$ y $\Gamma_{12}^2 = \Gamma_{21}^2$), ya que $X_{uv} = X_{vu}$.

Pero existe una propiedad mucho más importante de estos coeficientes, y es que, a pesar de aparecer en unas relaciones donde intervienen tanto el propio vector normal como los coeficientes de la segunda forma fundamental, van a depender exclusivamente de la primera forma fundamental de la superficie. Veámoslo.

Si multiplicamos escalarmente las ecuaciones de (3.18) por X_u y X_v, obtenemos

$$\begin{aligned} \langle X_{uu}, X_u \rangle &= \Gamma_{11}^1 E + \Gamma_{11}^2 F, & \langle X_{uu}, X_v \rangle &= \Gamma_{11}^1 F + \Gamma_{11}^2 G, \\ \langle X_{uv}, X_u \rangle &= \Gamma_{12}^1 E + \Gamma_{12}^2 F, & \langle X_{uv}, X_v \rangle &= \Gamma_{12}^1 F + \Gamma_{12}^2 G, \\ \langle X_{vv}, X_u \rangle &= \Gamma_{22}^1 E + \Gamma_{22}^2 F, & \langle X_{vv}, X_v \rangle &= \Gamma_{22}^1 F + \Gamma_{22}^2 G. \end{aligned}$$

Por otro lado, derivando $E = \langle X_u, X_u \rangle$, $F = \langle X_u, X_v \rangle$ y $G = \langle X_v, X_v \rangle$ respecto a u y v de forma adecuada, obtenemos que

$$\begin{aligned} &\langle X_{uu}, X_u \rangle = \frac{1}{2} E_u \quad \text{y} \quad \langle X_{uu}, X_v \rangle = F_u - \langle X_u, X_{vu} \rangle = F_u - \frac{1}{2} E_v, \\ &\langle X_{uv}, X_u \rangle = \frac{1}{2} E_v \quad \text{y} \quad \langle X_{uv}, X_v \rangle = \frac{1}{2} G_u, \\ &\langle X_{vv}, X_u \rangle = F_v - \langle X_{uv}, X_v \rangle = F_v - \frac{1}{2} G_u \quad \text{y} \quad \langle X_{vv}, X_v \rangle = \frac{1}{2} G_v, \end{aligned} \tag{3.19}$$

lo que finalmente permite escribir los símbolos de Christoffel como solución a un sistema lineal de seis ecuaciones con seis incógnitas, en el que coeficientes y términos independientes dependen exclusivamente de la primera forma fundamental:

$$\left\{\begin{aligned}
&\Gamma_{11}^1 E+\Gamma_{11}^2 F=\frac{1}{2}E_u,\\
&\Gamma_{11}^1 F+\Gamma_{11}^2 G=F_u-\frac{1}{2}E_v,\\
&\Gamma_{12}^1 E+\Gamma_{12}^2 F=\frac{1}{2}E_v,\\
&\Gamma_{12}^1 F+\Gamma_{12}^2 G=\frac{1}{2}G_u,\\
&\Gamma_{22}^1 E+\Gamma_{22}^2 F=F_v-\frac{1}{2}G_u,\\
&\Gamma_{22}^1 F+\Gamma_{22}^2 G=\frac{1}{2}G_v.
\end{aligned}\right. \tag{3.20}$$

En efecto, los símbolos de Christoffel solo dependen de la primera forma fundamental de la superficie. Escribiendo la solución a este sistema en forma matricial,

$$\begin{pmatrix} \Gamma_{11}^1 & \Gamma_{12}^1 & \Gamma_{22}^1 \\ \Gamma_{11}^2 & \Gamma_{12}^2 & \Gamma_{22}^2 \end{pmatrix} = \frac{1}{EG-F^2}\begin{pmatrix} G & -F \\ -F & E \end{pmatrix}\begin{pmatrix} \dfrac{E_u}{2} & \dfrac{E_v}{2} & F_v-\dfrac{G_u}{2} \\ F_u-\dfrac{E_v}{2} & \dfrac{G_u}{2} & \dfrac{G_v}{2} \end{pmatrix}. \tag{3.21}$$

3.9.2. Ecuaciones de compatibilidad. Teorema *Egregium* de Gauss

Las fórmulas de Gauss y Weingarten se han deducido estudiando las derivadas parciales primeras de los vectores de la base $\{X_u, X_v, N\}$. Las ecuaciones de compatibilidad se obtienen a partir de sus segundas derivadas; más concretamente, estudiando las identidades $(X_{uu})_v = (X_{uv})_u$, $(X_{vv})_u = (X_{vu})_v$ y $N_{uv} = N_{vu}$. Así, para la primera de ellas, si sustituimos X_{uu} y X_{uv} por las fórmulas de Gauss (3.18) correspondientes y operamos, obtenemos

$$\begin{aligned}
\mathbf{0} = (X_{uu})_v - (X_{uv})_u &= (\Gamma_{11}^1)_v X_u + \Gamma_{11}^1 X_{uv} + (\Gamma_{11}^2)_v X_v + \Gamma_{11}^2 X_{vv} + e_v N + e N_v \\
&\quad - (\Gamma_{12}^1)_u X_u - \Gamma_{12}^1 X_{uu} - (\Gamma_{12}^2)_u X_v - \Gamma_{12}^2 X_{vu} - f_u N - f N_u.
\end{aligned}$$

Sustituyendo de nuevo y utilizando las fórmulas de Weingarten (3.17), llegamos a una expresión en la que únicamente aparecen los vectores de la base $\{X_u, X_v, N\}$, lo que nos permite reagrupar los coeficientes convenientemente y obtener una combinación lineal de tales vectores igualada a cero:

$$\begin{aligned}
\mathbf{0} &= (\Gamma_{11}^1)_v X_u + \Gamma_{11}^1\left(\Gamma_{12}^1 X_u + \Gamma_{12}^2 X_v + fN\right) + (\Gamma_{11}^2)_v X_v + \Gamma_{11}^2\left(\Gamma_{22}^1 X_u + \Gamma_{22}^2 X_v + gN\right) \\
&\quad - (\Gamma_{12}^1)_u X_u - \Gamma_{12}^1\left(\Gamma_{11}^1 X_u + \Gamma_{11}^2 X_v + eN\right) - (\Gamma_{12}^2)_u X_v - \Gamma_{12}^2\left(\Gamma_{12}^1 X_u + \Gamma_{12}^2 X_v + fN\right) \\
&\quad + e_v N + e(a_{12} X_u + a_{22} X_v) - f_u N - f(a_{11} X_u + a_{21} X_v) \\
&= A_1 X_u + B_1 X_v + C_1 N.
\end{aligned}$$

Dado que $\{X_u, X_v, N\}$ es una base de $\mathbb{R}^3$, podemos concluir que los tres coeficientes $A_1 = B_1 = C_1 = 0$. Detengámonos primero en la identidad $B_1 = 0$, esto es,

$$\Gamma_{11}^1\Gamma_{12}^2 + (\Gamma_{11}^2)_v + \Gamma_{11}^2\Gamma_{22}^2 - \Gamma_{12}^1\Gamma_{11}^2 - (\Gamma_{12}^2)_u - \Gamma_{12}^2\Gamma_{12}^2 + e a_{22} - f a_{21} = 0.$$

Un rápido cálculo permite deducir la llamada *ecuación de Gauss* de una superficie:

$$\Gamma_{11}^1\Gamma_{12}^2 + (\Gamma_{11}^2)_v + \Gamma_{11}^2\Gamma_{22}^2 - \Gamma_{12}^1\Gamma_{11}^2 - (\Gamma_{12}^2)_u - \left(\Gamma_{12}^2\right)^2 = f\frac{eF - fE}{EG - F^2} - e\frac{fF - gE}{EG - F^2},$$

es decir,

$$\Gamma_{11}^1\Gamma_{12}^2 + (\Gamma_{11}^2)_v + \Gamma_{11}^2\Gamma_{22}^2 - \Gamma_{12}^1\Gamma_{11}^2 - (\Gamma_{12}^2)_u - \left(\Gamma_{12}^2\right)^2 = EK. \tag{3.22}$$

Esta ecuación supuso uno de los grandes avances de la Geometría Diferencial de superficies, pues con ella se está diciendo, implícitamente, que la curvatura de Gauss solo depende de los símbolos de Christoffel y, por lo tanto, *exclusivamente de la primera forma fundamental*. En otras palabras, K es un concepto *intrínseco*, lo cual resulta bastante sorprendente, tal y como ya hemos comentado, si tenemos en cuenta que la curvatura de Gauss se define a partir de la aplicación de Gauss, esto es, del normal a la superficie.

La ecuación de Gauss permite además demostrar uno de los grandes teoremas de la Geometría Diferencial, el llamado *teorema Egregium de Gauss*. Este resultado fue probado por Carl Friedrich Gauss en 1828, y apareció publicado por primera vez en su gran obra «Disquisitiones generales circa superficies curva» (véase [27]).

Teorema 3.9.1 (*Egregium* de Gauss). *La curvatura de Gauss de una superficie regular es invariante por isometrías locales. Es decir, si $\phi : S_1 \longrightarrow S_2$ es una isometría local, entonces $K_1(p) = K_2\big(\phi(p)\big)$ para todo $p \in S_1$, donde K_1 y K_2 representan, respectivamente, las curvaturas de Gauss de S_1 y S_2.*

Demostración. Si $\phi : S_1 \longrightarrow S_2$ es una isometría local, en particular es un difeomorfismo local. Sean $p \in S_1$ y (U, X) una parametrización de S_1, $p \in X(U) = V$, de forma que $\phi : V \longrightarrow \phi(V)$ es un difeomorfismo. Entonces, $\overline{X} = \phi \circ X : U \longrightarrow S_2$ es una parametrización de S_2 en $\phi(p)$. Como es usual, representamos por E, F, G, Γ_{ij}^k y $\overline{E}$, $\overline{F}$, $\overline{G}$, $\overline{\Gamma}_{ij}^k$, los coeficientes de la primera forma fundamental y los símbolos de Christoffel de las parametrizaciones X y $\overline{X}$, respectivamente.

El teorema 3.8.3 nos asegura que, para las parametrizaciones X y $\overline{X}$, $\overline{E} = E$, $\overline{F} = F$ y $\overline{G} = G$; por tanto, $\overline{\Gamma}_{ij}^k = \Gamma_{ij}^k$ (los símbolos de Christoffel solo dependen de la primera forma fundamental). Finalmente, utilizando la ecuación de Gauss (3.22), podemos concluir que las curvaturas de Gauss coinciden punto a punto. □

El recíproco del teorema *Egregium* de Gauss no es cierto en general (aunque existen situaciones particulares en las que sí lo es, véase el teorema 4.3.14). Basta considerar las superficies S_1 y S_2 parametrizadas por

$$X(u,v) = (u\cos v, u\,\mathrm{sen}\, v, \log u) \quad \text{y} \quad \overline{X}(u,v) = (u\cos v, u\,\mathrm{sen}\, v, v).$$

Es sencillo ver que ambas superficies tienen igual curvatura de Gauss en los puntos $X(u,v)$ y $\overline{X}(u,v)$; concretamente,

$$K_1(u,v) = K_2(u,v) = -\frac{1}{(1+u^2)^2}.$$

Sin embargo, la composición $\phi = \overline{X} \circ X^{-1}$ no va a ser una isometría local; en efecto, si calculamos el módulo de los vectores X_u y $d\phi_p(X_u) = \overline{X}_u$, estos no coinciden: $|\overline{X}_u| = 1 \neq 1 + 1/u^2 = |X_u|$. Este hecho demuestra que el recíproco del teorema *Egregium* de Gauss no es cierto.

Retomemos el cálculo de las ecuaciones de compatibilidad, de las cuales la ecuación de Gauss (3.22) forma parte. Esta se obtenía estudiando la identidad $B_1 = 0$. Si escribimos $A_1 = 0$, se tiene la relación

$$(\Gamma_{11}^1)_v + \Gamma_{11}^2 \Gamma_{22}^1 - (\Gamma_{12}^1)_u - \Gamma_{12}^2 \Gamma_{12}^1 = -FK,$$

que es una variante de la ecuación de Gauss. Sin embargo, esta nueva relación proporciona mucha menos información que la ecuación de Gauss, pues ya sabemos que F puede anularse, mientras que E no. Por tanto, no forma parte de las ecuaciones de compatibilidad. Finalmente, si escribimos $C_1 = 0$, sí que obtenemos una nueva relación de gran importancia:

$$e_v - f_u = e\Gamma_{12}^1 + f\left(\Gamma_{12}^2 - \Gamma_{11}^1\right) - g\Gamma_{11}^2. \tag{3.23}$$

Razonando de manera análoga con la identidad $(X_{vv})_u - (X_{vu})_v = \mathbf{0}$, se llega a una expresión de la forma $A_2X_u + B_2X_v + C_2N = \mathbf{0}$, de donde se deduce de nuevo que $A_2 = B_2 = C_2 = 0$. Las igualdades $A_2 = 0$ y $B_2 = 0$ se traducen en

$$(\Gamma_{22}^1)_u + \Gamma_{11}^1 \Gamma_{22}^1 + \Gamma_{12}^1 \Gamma_{22}^2 - (\Gamma_{12}^1)_v - \Gamma_{12}^2 \Gamma_{22}^1 - \left(\Gamma_{12}^1\right)^2 = GK, \tag{3.24}$$

$$(\Gamma_{22}^2)_u + \Gamma_{11}^2 \Gamma_{22}^1 - (\Gamma_{12}^2)_v - \Gamma_{12}^1 \Gamma_{12}^2 = -FK, \tag{3.25}$$

respectivamente, de nuevo variantes de la ecuación de Gauss; $C_2 = 0$ sí permite escribir una nueva ecuación de especial relevancia:

$$f_v - g_u = e\Gamma_{22}^1 + f\left(\Gamma_{22}^2 - \Gamma_{12}^1\right) - g\Gamma_{12}^2. \tag{3.26}$$

Las ecuaciones (3.23) y (3.26) se denominan *ecuaciones de Mainardi-Codazzi* que, junto con la ecuación de Gauss (3.22) reciben el nombre de *ecuaciones de compatibilidad*. La identidad $N_{uv} = N_{vu}$ no proporciona información adicional.

Una pregunta natural es si existen más relaciones de compatibilidad entre la primera y segunda formas fundamentales que aporten una información relevante. La respuesta es negativa, tal y como demuestra el siguiente teorema.[14]

Teorema 3.9.2 (de Bonnet). *Sean $E, F, G, e, f, g : U_0 \longrightarrow \mathbb{R}$ funciones diferenciables definidas sobre un abierto $U_0 \subset \mathbb{R}^2$, verificando las ecuaciones de compatibilidad* (3.22), (3.23), (3.26) *y las relaciones $E > 0$, $G > 0$, $EG - F^2 > 0$. Entonces, existen un abierto $U \subset U_0$ y un difeomorfismo $X : U \longrightarrow X(U) \subset \mathbb{R}^3$, de forma que $X(U)$ es una superficie regular, parametrizada por X, tal que los coeficientes de su primera y segunda formas fundamentales asociadas son E, F, G y e, f, g, respectivamente.*

[14] Por información relevante queremos decir alguna característica que determine la superficie frente a otras. Lo que se demuestra en este resultado es que, con las relaciones de compatibilidad que hemos presentado, una superficie queda determinada por completo, por lo que el resto de posibles relaciones no aportan información alguna: son redundantes.

Además, si U es conexo y $\overline{X} : U \longrightarrow \overline{X}(U)$ es otro difeomorfismo que satisface también las condiciones anteriores, entonces existe una transformación ortogonal A y una traslación T de forma que $\overline{X} = T \circ A \circ X$ (en otras palabras, existe un movimiento rígido que lleva una superficie a la otra).

Este teorema sería el resultado correspondiente, para superficies, a los teoremas fundamentales de la Teoría Local de curvas en el plano y en el espacio: aquellos afirmaban que una curva queda determinada, salvo movimientos rígidos, por su curvatura (caso plano, teorema 1.2.4), o por su curvatura y su torsión (en $\mathbb{R}^3$, teorema 1.3.7); el teorema de Bonnet prueba que una superficie está determinada, de nuevo salvo movimientos rígidos, por su primera y segunda formas fundamentales. La demostración de este resultado requiere de la teoría de ecuaciones diferenciales en derivadas parciales, lo que excede del nivel del curso donde se ubica esta materia. Por tanto, la omitimos aquí, pudiendo consultarse, por ejemplo, en [20].

Ejemplo 3.22. Un caso particular de especial interés aparece cuando el entorno coordenado no contiene puntos umbilicales y las curvas coordenadas son líneas de curvatura, esto es, cuando $F = f = 0$ (véase la observación 3.17). Por ser $F = 0$, los símbolos de Christoffel tienen una expresión muy sencilla,

$$\Gamma_{11}^1 = \frac{1}{2}\frac{E_u}{E},\ \Gamma_{11}^2 = -\frac{1}{2}\frac{E_v}{G},\ \Gamma_{12}^1 = \frac{1}{2}\frac{E_v}{E},\ \Gamma_{12}^2 = \frac{1}{2}\frac{G_u}{G},\ \Gamma_{22}^1 = -\frac{1}{2}\frac{G_u}{E},\ \Gamma_{22}^2 = \frac{1}{2}\frac{G_v}{G},$$

y las ecuaciones de Mainardi-Codazzi toman la forma

$$e_v = \frac{E_v}{2}\left(\frac{e}{E} + \frac{g}{G}\right) = \frac{E_v}{2}(k_1 + k_2), \quad g_u = \frac{G_u}{2}\left(\frac{e}{E} + \frac{g}{G}\right) = \frac{G_u}{2}(k_1 + k_2). \tag{3.27}$$

En definitiva, se tiene que $e_v = E_v H$ y $g_u = G_u H$. ◇

3.10. APLICACIONES CONFORMES E ISOAREALES. CARTOGRAFÍA

Ya sabemos qué es una isometría local: una aplicación diferenciable que conserva el producto escalar y, por tanto, longitudes, ángulos y áreas (al menos, localmente). Durante muchos años, uno de los problemas más atractivos para los geómetras estaba relacionado directamente con la Cartografía, es decir, la representación de una porción R del globo terráqueo (idealizado como la esfera unidad) en una superficie plana (un mapa); o equivalentemente, la búsqueda de una aplicación $\phi : R \subset \mathbb{S}^2 \longrightarrow \mathbb{R}^2$ inyectiva y diferenciable, con inversa diferenciable, llamada *proyección*. Aquí, cuando sea necesario, identificaremos $\mathbb{R}^2$ con el plano $z = 0$ de $\mathbb{R}^3$. Desde luego, la proyección ideal sería aquella para la cual todas las medidas geométricas relevantes sobre la esfera fuesen preservadas en la imagen: longitudes, ángulos y áreas sobre la esfera deberían ir, por una proyección ideal, a idénticas longitudes, ángulos y áreas sobre el mapa. Necesitaríamos, por tanto, una isometría; pero ya sabemos que esto es imposible: en 1828, Gauss demostró con su famoso teorema que una esfera (curvatura de Gauss constante y estrictamente positiva) y un plano (curvatura de Gauss constante y nula) nunca pueden ser localmente isométricas. En consecuencia, los esfuerzos se dirigieron a la búsqueda de proyecciones que se acercasen a lo «ideal» tanto como fuese posible, en el sentido de que conservasen alguna de las medidas que interesaban en navegación (ángulos, para mantener un rumbo fijo), o en topografía y agrimensura (áreas de recintos).

En esta sección estudiamos este tipo de proyecciones que se acercan a lo ideal. Comenzamos con aquellas que conservan los ángulos.

Definición 3.10.1. *Se dice que un difeomorfismo local $\phi : S_1 \longrightarrow S_2$ entre superficies es una* ***aplicación conforme*** *si existe una función diferenciable $\lambda : S_1 \longrightarrow \mathbb{R}$, que no se anula en ningún punto, tal que, para cualesquiera $p \in S_1$ y $\mathbf{v}, \mathbf{w} \in T_pS_1$,*

$$\big\langle d\phi_p(\mathbf{v}), d\phi_p(\mathbf{w})\big\rangle = \lambda(p)^2 \langle \mathbf{v}, \mathbf{w}\rangle.$$

Por tanto, una isometría local es una aplicación conforme con función $\lambda \equiv 1$.

Teorema 3.10.2. *Un difeomorfismo local $\phi : S_1 \longrightarrow S_2$ es una aplicación conforme si, y solo si, conserva ángulos; esto es, si dadas dos curvas regulares $\alpha, \beta : I \longrightarrow S_1$ tales que $\alpha(0) = \beta(0) = p$, entonces el ángulo entre $\alpha'(0)$ y $\beta'(0)$ en T_pS_1 es el mismo que el determinado por $d\phi_p\big(\alpha'(0)\big)$ y $d\phi_p\big(\beta'(0)\big)$ en $T_{\phi(p)}S_2$.*

Demostración. Supongamos en primer lugar que $\phi : S_1 \longrightarrow S_2$ es una aplicación conforme, y sean $\alpha, \beta : I \longrightarrow S_1$ dos curvas regulares en S_1 que se cortan en $t = 0$: $\alpha(0) = \beta(0) = p$. El ángulo $\theta \in (0, \pi)$ que forman sus vectores tangentes en dicho punto viene dado por

$$\cos\theta = \frac{\big\langle \alpha'(0), \beta'(0)\big\rangle}{\big|\alpha'(0)\big|\,\big|\beta'(0)\big|}.$$

Si ahora consideramos las curvas $\phi \circ \alpha, \phi \circ \beta : I \longrightarrow S_2$, imágenes por ϕ de α y β, respectivamente, estas son curvas en la superficie S_2 que también se cortan en $t = 0$, $\phi\big(\alpha(0)\big) = \phi(p) = \phi\big(\beta(0)\big)$, formando un ángulo φ dado por

$$\cos\varphi = \frac{\big\langle d\phi_p\big(\alpha'(0)\big), d\phi_p\big(\beta'(0)\big)\big\rangle}{\big|d\phi_p\big(\alpha'(0)\big)\big|\,\big|d\phi_p\big(\beta'(0)\big)\big|} = \frac{\lambda(p)^2 \big\langle \alpha'(0), \beta'(0)\big\rangle}{\big|\lambda(p)\big|\,\big|\alpha'(0)\big|\,\big|\lambda(p)\big|\,\big|\beta'(0)\big|} = \cos\theta.$$

Luego una aplicación conforme conserva los ángulos, de ahí su nombre.

Supongamos ahora que la aplicación $\phi : S_1 \longrightarrow S_2$ conserva ángulos. Queremos demostrar que existe una función diferenciable $\lambda : S_1 \longrightarrow \mathbb{R}$, que no se anula nunca, tal que $\big\langle d\phi_p(\mathbf{v}), d\phi_p(\mathbf{w})\big\rangle = \lambda(p)^2 \langle \mathbf{v}, \mathbf{w}\rangle$ para cualesquiera $p \in S_1$ y $\mathbf{v}, \mathbf{w} \in T_pS_1$. Dado $p \in S_1$ arbitrario, tomamos $\{\mathbf{e}_1, \mathbf{e}_2\}$ una base ortonormal de T_pS_1. Claramente, basta probar la relación anterior para los vectores de la base $\{\mathbf{e}_1, \mathbf{e}_2\}$, pues cualquier otro elemento de T_pS_1 se expresa como combinación lineal de ambos. Como ϕ es un difeomorfismo local, los vectores $\big\{d\phi_p(\mathbf{e}_1), d\phi_p(\mathbf{e}_2)\big\}$ (no necesariamente unitarios) determinan una base de $T_{\phi(p)}S_2$, que es, además, ortogonal, pues por hipótesis

$$\text{áng}\big(d\phi_p(\mathbf{e}_1), d\phi_p(\mathbf{e}_2)\big) = \text{áng}(\mathbf{e}_1, \mathbf{e}_2) = \frac{\pi}{2},$$

lo que implica que $\langle d\phi_p(\mathbf{e}_1), d\phi_p(\mathbf{e}_2)\rangle = 0$. Si ahora escribimos $c_1 = |d\phi_p(\mathbf{e}_1)|$ y $c_2 = |d\phi_p(\mathbf{e}_2)|$, entonces,

$$\frac{c_1^2}{c_1\sqrt{c_1^2+c_2^2}} = \frac{\langle d\phi_p(\mathbf{e}_1), d\phi_p(\mathbf{e}_1+\mathbf{e}_2)\rangle}{|d\phi_p(\mathbf{e}_1)|\,|d\phi_p(\mathbf{e}_1+\mathbf{e}_2)|} = \frac{\langle \mathbf{e}_1, \mathbf{e}_1+\mathbf{e}_2\rangle}{|\mathbf{e}_1|\,|\mathbf{e}_1+\mathbf{e}_2|} = \frac{1}{\sqrt{2}},$$

lo cual es equivalente a que $c_1^2 = c_2^2$; o de forma más precisa, a que $c_1 = c_2$, pues ambos $c_1, c_2 > 0$. En definitiva, hemos probado que $|d\phi_p(\mathbf{e}_i)| = c_1\,|\mathbf{e}_i|$ para $i = 1, 2$, lo cual, junto con la identidad trivial $\langle d\phi_p(\mathbf{e}_1), d\phi_p(\mathbf{e}_2)\rangle = 0 = c_1^2\langle \mathbf{e}_1, \mathbf{e}_2\rangle$, demuestra que la aplicación ϕ es conforme en p, siendo el factor de conformidad, precisamente, el valor c_1; obsérvese que c_1 no depende de la base ortonormal escogida.

Para concluir la demostración, tenemos que definir la función $\lambda : S_1 \longrightarrow \mathbb{R}$ y ver que, en efecto, es diferenciable y no se anula. Para ello, sea $X : U \longrightarrow S_1$ una parametrización de S_1. Consideremos la base ortonormal

$$\left\{ E_1(u,v) = \frac{X_u}{\sqrt{E}}(u,v),\, E_2(u,v) = \frac{\sqrt{E}}{\sqrt{EG-F^2}}\left(X_v - \frac{F}{E}X_u\right)(u,v) \right\},$$

obtenida al aplicar la ortogonalización de Gram-Schmidt a la base de las parciales $\{X_u, X_v\}$. Entonces, por lo visto anteriormente, el factor de conformidad en cada punto $p = X(u,v)$ de $X(U)$ viene dado por la función $\lambda : S_1 \longrightarrow \mathbb{R}$ definida por

$$\lambda(p) := \left| d\phi_p\left(\frac{X_u(u,v)}{|X_u(u,v)|}\right)\right| = \left|d\phi_p(E_1(u,v))\right|.$$

Claramente λ es una función diferenciable, ya que E_1 es un campo diferenciable en $X(U)$, que además nunca se anula, lo que concluye la prueba. □

Veamos cómo traducir esto en el caso particular de un mapa del globo terráqueo. Consideremos la parametrización $X(\theta, \varphi) = (\operatorname{sen}\theta\cos\varphi, \operatorname{sen}\theta\operatorname{sen}\varphi, \cos\theta)$ de la esfera dada por las coordenadas geográficas (véase el ejemplo 2.3). Esta permite localizar un punto de la Tierra por su longitud φ, medida desde el meridiano $\varphi = 0$,[15] y su colatitud θ que, tal y como está definida, mide la distancia angular del punto al polo norte, y no al plano ecuatorial, como es habitual (la llamada *latitud*). Esta representación terráquea data del siglo II a.C., y es estándar en Geografía. Un rápido cálculo permite comprobar que los coeficientes de la primera forma fundamental en esta parametrización son

$$E = 1, \quad F = 0, \quad G = \operatorname{sen}^2\theta.$$

Si $\phi : \mathbb{S}^2 \longrightarrow \mathbb{R}^2$ es un difeomorfismo local, $\overline{X} = \phi \circ X$ es una parametrización del plano. Entonces, si ϕ es una aplicación conforme, con factor de conformidad λ,

$$\overline{E} = \langle \overline{X}_\theta, \overline{X}_\theta\rangle = \langle d\phi_p(X_\theta), d\phi_p(X_\theta)\rangle = \lambda(p)^2\langle X_\theta, X_\theta\rangle = \lambda(p)^2 E = \lambda(p)^2,$$
$$\overline{F} = \lambda(p)^2 F = 0 \quad \text{y}$$
$$\overline{G} = \lambda(p)^2 G = \lambda(p)^2\operatorname{sen}^2\theta,$$

[15] Este meridiano es el de *Greenwich* por razones históricas.

para $p = X(\theta, \varphi)$. Y recíprocamente, si $\overline{E} = \lambda(p)^2$, $\overline{F} = 0$ y $\overline{G} = \lambda(p)^2 \operatorname{sen}^2 \theta$ para alguna función diferenciable no nula $\lambda : \mathbb{S}^2 \longrightarrow \mathbb{R}$, entonces ϕ es una aplicación conforme. Hemos establecido así el siguiente resultado:

Corolario 3.10.3. *Sean $\phi : \mathbb{S}^2 \longrightarrow \mathbb{R}^2$ un difeomorfismo local, $X(\theta, \varphi)$ la parametrización de $\mathbb{S}^2$ dada por las coordenadas geográficas y $\overline{X} = \phi \circ X$. Entonces, ϕ es una aplicación conforme si, y solo si, $\overline{E} = \lambda^2$, $\overline{F} = 0$ y $\overline{G} = \lambda^2 \operatorname{sen}^2 \theta$ para alguna función diferenciable $\lambda : \mathbb{S}^2 \longrightarrow \mathbb{R}$ que no se anula en ningún punto.*

Ejemplo 3.23. La proyección estereográfica (véase el ejemplo 2.4)

$$\pi : \mathbb{S}^2 \backslash \{\mathsf{N}\} \longrightarrow \mathbb{R}^2, \qquad \text{dada por} \qquad \pi(x,y,z) = \left(\frac{2x}{1-z}, \frac{2y}{1-z} \right) \equiv \left(\frac{2x}{1-z}, \frac{2y}{1-z}, 0 \right),$$

es una aplicación conforme. En efecto, basta considerar la composición $\overline{X} = \pi \circ X$, con $X(\theta, \varphi)$ las coordenadas geográficas de la esfera, y aplicar el corolario 3.10.3:

$$\overline{X}(\theta, \varphi) = (\pi \circ X)(\theta, \varphi) = \left(\frac{2 \operatorname{sen} \theta \cos \varphi}{1 - \cos \theta}, \frac{2 \operatorname{sen} \theta \operatorname{sen} \varphi}{1 - \cos \theta}, 0 \right)$$

y sus derivadas parciales son

$$\overline{X}_\theta = \left(\frac{-2 \cos \varphi}{1 - \cos \theta}, \frac{-2 \operatorname{sen} \varphi}{1 - \cos \theta}, 0 \right) \quad \text{y} \quad \overline{X}_\varphi = \left(\frac{-2 \operatorname{sen} \theta \operatorname{sen} \varphi}{1 - \cos \theta}, \frac{2 \operatorname{sen} \theta \cos \varphi}{1 - \cos \theta}, 0 \right),$$

por lo que los coeficientes de la primera forma fundamental valen

$$\overline{E} = \frac{4}{(1 - \cos \theta)^2}, \qquad \overline{F} = 0, \qquad \overline{G} = \frac{4 \operatorname{sen}^2 \theta}{(1 - \cos \theta)^2};$$

la función $\lambda\big(X(\theta, \varphi)\big) = 2/(1 - \cos \theta)$ es diferenciable (para $\theta \neq 0$, el polo norte) y no se anula nunca, lo que demuestra que π es conforme. ◇

Ejemplo 3.24. Usando este criterio puede verse que el difeomorfismo de las coordenadas geográficas (con $\phi = X^{-1}$) no conserva ángulos; solo en el ecuador. ◇

A continuación vamos a ocuparnos de las aplicaciones que conservan el área de recintos en una superficie.

Definición 3.10.4. *Sea $\varphi : S_1 \longrightarrow S_2$ un difeomorfismo entre superficies. Se dice que φ es una **aplicación isoareal** si conserva áreas, es decir, si para toda región $R \subset S_1$, se verifica que $A_{S_1}(R) = A_{S_2}\big(\varphi(R)\big)$.*

En lo que al diseño de mapas se refiere, generalmente, la navegación necesita aplicaciones conformes (entre la esfera y el plano), mientras que para diversas facetas gubernamentales son más útiles las isoareales. Lo que nunca podrá darse es una aplicación entre la esfera y el plano que sea, simultáneamente, conforme e isoareal: en tal caso, sería una isometría, como pone de manifiesto el siguiente resultado.

Proposición 3.10.5. *Un difeomorfismo* $\phi : S_1 \longrightarrow S_2$ *entre dos superficies regulares es conforme e isoareal si, y solo si, es una isometría.*

Demostración. Solo hay que probar la implicación directa, pues el recíproco es inmediato: toda isometría conserva ángulos y áreas. Así, sean $\phi : S_1 \longrightarrow S_2$ una aplicación conforme e isoareal, $p \in S_1$ y (U,X) una parametrización de S_1 cubriendo p. Entonces, $(U,\overline{X} = \phi \circ X)$ es una parametrización para S_2. Representamos por E, F, G y $\overline{E}$, $\overline{F}$, $\overline{G}$ los coeficientes de las primeras formas fundamentales de X y $\overline{X}$, respectivamente. Como ϕ es conforme, existe una función diferenciable $\lambda : S_1 \longrightarrow \mathbb{R}$, que no se anula, tal que $\langle d\phi_p(\mathbf{v}), d\phi_p(\mathbf{w})\rangle = \lambda(p)^2 \langle \mathbf{v}, \mathbf{w}\rangle$ para cualesquiera vectores $\mathbf{v}, \mathbf{w} \in T_pS_1$. En particular, se tiene que, para $p = X(u,v)$,

$$\overline{E} = \langle \overline{X}_u, \overline{X}_u \rangle = \langle d\phi_p(X_u), d\phi_p(X_u)\rangle = \lambda(p)^2 \langle X_u, X_u\rangle = \lambda(p)^2 E,$$

y análogamente, que $\overline{F} = \lambda(p)^2 F$ y $\overline{G} = \lambda(p)^2 G$. Sean

$$f(p) = f\big(X(u,v)\big) = \sqrt{EG - F^2}(u,v),$$
$$\overline{f}\big(\phi(p)\big) = \overline{f}\big(\overline{X}(u,v)\big) = \sqrt{\overline{E}\,\overline{G} - \overline{F}^2}(u,v),$$

y supongamos que $f(p) \neq \overline{f}\big(\phi(p)\big)$; podemos asumir, por ejemplo, $f(p) > \overline{f}\big(\phi(p)\big)$. Como f y $\overline{f}$ son funciones continuas, existe un entorno V de p donde se verifica la misma desigualdad en todo punto, es decir, $f(q) > \overline{f}\big(\phi(q)\big)$ para todo $q \in V$. Representamos por $\widetilde{U} := X^{-1}(V)$, y vamos a calcular las áreas de V y de $\phi(V)$. Claramente, $\widetilde{U} = X^{-1}(V) = \overline{X}^{-1}\big(\phi(V)\big)$, luego

$$A(V) = \iint_{\widetilde{U}} \sqrt{EG - F^2}\, du dv = \iint_{\widetilde{U}} f\big(X(u,v)\big)\, du dv,$$
$$A\big(\phi(V)\big) = \iint_{\widetilde{U}} \sqrt{\overline{E}\,\overline{G} - \overline{F}^2}\, du dv = \iint_{\widetilde{U}} \overline{f}\big(\overline{X}(u,v)\big)\, du dv.$$

Como $f\big(X(u,v)\big) > \overline{f}\big(\overline{X}(u,v)\big)$ para todo $(u,v) \in \widetilde{U}$, entonces $A(V) > A\big(\phi(V)\big)$, lo que contradice el hecho de que ϕ sea isoareal. En consecuencia, $f(p) = \overline{f}\big(\phi(p)\big)$ y, por tanto, se tiene que

$$\sqrt{EG - F^2} = \sqrt{\overline{E}\,\overline{G} - \overline{F}^2} = \sqrt{\lambda(p)^2 E \lambda(p)^2 G - \lambda(p)^4 F^2} = \lambda(p)^2 \sqrt{EG - F^2}.$$

Así, obtenemos $\lambda(p)^2 = 1$ y, como el punto p era arbitrario, esto es cierto para todo $p \in S_1$, lo que demuestra que ϕ es una isometría. □

Finalizamos esta sección presentando algunos ejemplos más de proyecciones.

Ejemplo 3.25 (La proyección cilíndrica de Lambert). Es un ejemplo clásico de *proyección cilíndrica*, es decir, aquella en la que la Tierra se proyecta sobre un cilindro, el cual se corta longitudinalmente, y que una vez desplegado sería el mapa.

La llamada proyección cilíndrica de Lambert se debe a Johann Heinrich Lambert (1728-1777). Consideremos la esfera unidad $\mathbb{S}^2$ centrada en el origen de coordenadas

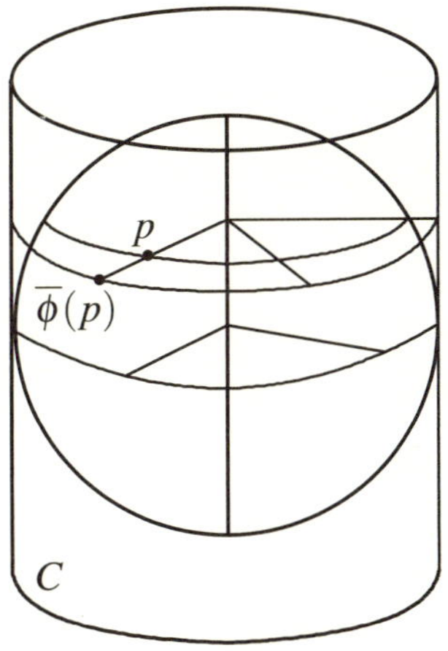

Figura 3.20: La proyección cilíndrica de Lambert.

y sea C el cilindro dado por $C = \{(x,y,z) \in \mathbb{R}^3 : x^2 + y^2 = 1\}$. Sea $\overline{\phi}$ la aplicación $\overline{\phi} : \mathbb{S}^2 \backslash \{\mathsf{N},\mathsf{S}\} \longrightarrow C$ definida como sigue: para cada $p \in \mathbb{S}^2 \backslash \{\mathsf{N},\mathsf{S}\}$ se considera la (única) recta perpendicular al eje z que pasa por p. Sea $\mathfrak{R}$ la semirrecta que empieza en dicho punto del eje y que pasa por p (véase la figura 3.20). Entonces, definimos $\overline{\phi}(p) = C \cap \mathfrak{R}$. Es sencillo comprobar que

$$\overline{\phi}(x,y,z) = \left(\frac{x}{\sqrt{1-z^2}}, \frac{y}{\sqrt{1-z^2}}, z \right).$$

Obsérvese que $\overline{\phi}(p) = p$ solo en los puntos del ecuador de la esfera, donde el cilindro es tangente a la misma.

Finalmente, la composición de $\overline{\phi}$ con la inversa de la parametrización del cilindro nos da la proyección de Lambert:

$$\phi : \mathbb{S}^2 \backslash \{\mathsf{N},\mathsf{S}\} \longrightarrow \mathbb{R}^2, \qquad \phi(x,y,z) = \left(\operatorname{arc\,tg} \frac{y}{x}, z \right)$$

(para evitar problemas, en los puntos del ecuador donde $x = 0$ bastará tomar como primera coordenada $\operatorname{arc\,cotg}(x/y)$).

Geométricamente, lo que se está haciendo es «cortar» el cilindro C longitudinalmente para obtener el mapa (véase la figura 3.21). Además, esta proyección lleva los meridianos a rectas verticales y los paralelos a rectas horizontales.

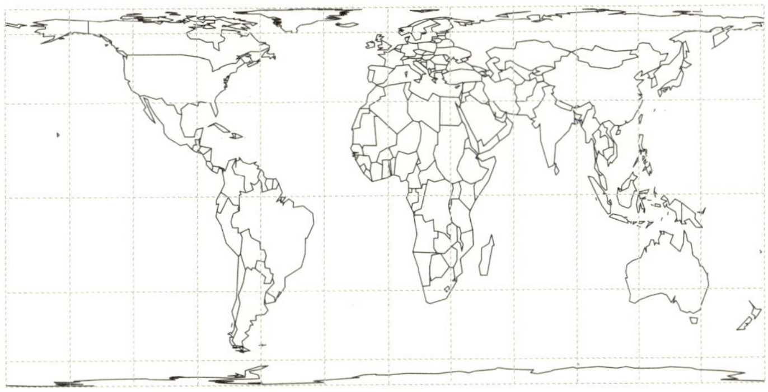

Figura 3.21: Mapa obtenido mediante la proyección de Lambert.

Además, se puede demostrar que ϕ es un difeomorfismo (sobre la imagen) que conserva las áreas. Para ello, basta tomar una parametrización X de la esfera y considerar a continuación la parametrización $\overline{X} = \phi \circ X$ sobre $\mathbb{R}^2$. Si calculamos los coeficientes de la primera forma fundamental de ambas parametrizaciones se llega a que $EG - F^2 = \overline{EG} - \overline{F}^2$, donde la notación es la misma que la utilizada en la demostración anterior. A partir de esta igualdad es claro que la aplicación ϕ es isoareal (véase también el ejercicio 3.41). ◇

Ejemplo 3.26 (La proyección cilíndrica de Mercator). Otra proyección cilíndrica de gran importancia es la llamada *proyección de Mercator*, llamada así en honor al geógrafo flamenco Gerardus Mercator (1512-1594). Esta es la proyección más conocida, pues da lugar a los mapas habituales a los que estamos acostumbrados. Su aparición en 1569 marca el principio de una nueva era en Cartografía.

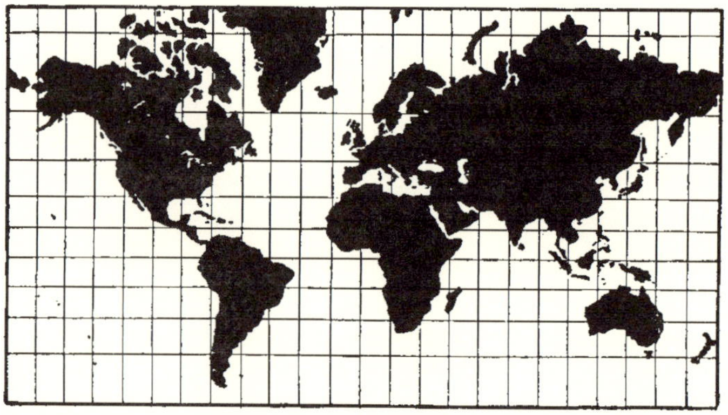

Figura 3.22: Mapa obtenido mediante la proyección de Mercator.

De forma no rigurosa, la proyección de Mercator podría explicarse como aquella que trata la Tierra como un globo hinchable que se introduce en un cilindro y que empieza a inflarse, imprimiendo el mapa en su interior al contacto con el mismo. Su expresión precisa es la siguiente:

$$\phi(x,y,z) = \left(\arccos \frac{x}{\sqrt{1-z^2}}, \frac{1}{2} \log \frac{1+z}{1-z} \right).$$

Obsérvese que, de nuevo, esta proyección no está definida en toda la esfera, pues hay que excluir los polos de su dominio: $\phi : \mathbb{S}^2 \backslash \{\mathsf{N},\mathsf{S}\} \longrightarrow \mathbb{R}^2$. La proyección de Mercator verifica las siguientes importantes propiedades:

- es una aplicación conforme (véase el ejercicio 3.39);
- los meridianos ($\varphi = \varphi_0$) se proyectan en segmentos de recta verticales, y los paralelos ($\theta = \theta_0$) en segmentos horizontales, que se cortan ortogonalmente: en efecto, aplicando ϕ a las curvas $\alpha(\theta) = (\operatorname{sen}\theta \cos\varphi_0, \operatorname{sen}\theta \operatorname{sen}\varphi_0, \cos\theta)$ y $\beta(\varphi) = (\operatorname{sen}\theta_0 \cos\varphi, \operatorname{sen}\theta_0 \operatorname{sen}\varphi, \cos\theta_0)$, con θ_0, φ_0 constantes, se obtienen parametrizaciones de rectas verticales y horizontales, respectivamente.
- las loxodromas (véase el ejercicio 2.8) se proyectan en segmentos de recta: en efecto, las loxodromas de la esfera son las curvas parametrizadas por

  $$\alpha(t) = \big(\operatorname{sen}\theta(t)\cos t, \operatorname{sen}\theta(t)\operatorname{sen} t, \cos\theta(t)\big), \quad \text{con } \theta(t) = 2\operatorname{arctg} e^{b(t+c)},$$

  donde $b \neq 0, c$ son constantes (véase la solución del ejercicio 2.8); un sencillo cálculo muestra que

  $$\phi\big(\alpha(t)\big) = \big(t, -b(t+c)\big),$$

  es decir, una recta.

Como los meridianos determinan las direcciones norte-sur, si un navegante quiere seguir una ruta determinada por la dirección constante que le marca su brújula, debe seguir una loxodroma. En general, las loxodromas no marcan el camino más corto entre dos puntos sobre la esfera, pero sí el más sencillo a la hora de navegar. Siguiendo la ruta determinada por una loxodroma (que no sea un paralelo), se construye un camino en espiral que termina en uno de los polos (véase la figura 2.25).

Obsérvese que, como los meridianos sobre el mapa no convergen como lo hacen sobre la esfera, la relación apropiada entre los ángulos se mantiene, incrementando la distancia entre los paralelos hacia los polos. Esto causa una distorsión notable en el tamaño al aproximarse a los polos; basta echar un rápido vistazo a Alaska para darnos cuenta de ello: aunque en el mapa parece tener una superficie aproximadamente igual a la de Brasil, su tamaño real es $1/5$ de este último. $\diamondsuit$

Existen otros muchos tipos de proyecciones, tanto cilíndricas, como las llamadas *proyecciones azimutales* (obtenidas proyectando una parte del globo terráqueo en un disco plano que es tangente a este), o las *proyecciones cónicas* (una porción de esfera es proyectada en una región del cono, que posteriormente se corta y despliega). Es también digna de mención la llamada *proyección central*, similar a la estereográfica, pero que solo proyecta la semiesfera inferior, siendo ahora el «foco» de la proyección el centro de la esfera (en lugar del polo norte). Hemos querido destacarla aquí porque jugó un papel especialmente importante en el descubrimiento de uno de los modelos de la Geometría Hiperbólica (véase también el ejemplo 7.5).

Para el lector interesado, un estudio más detallado sobre diversos tipos de proyecciones puede consultarse en [46].

EJERCICIOS

Ejercicio 3.1. Sean S_1 y S_2 dos superficies regulares difeomorfas. Demostrar que S_1 es orientable si, y solo si, S_2 es orientable.

Ejercicio 3.2 (La tercera forma fundamental). Sean S una superficie regular sin puntos umbilicales y $N : S \longrightarrow \mathbb{S}^2$ su aplicación de Gauss. Haciendo un abuso de notación, escribiremos $\mathrm{I}_p(\mathbf{v},\mathbf{w}) = \langle \mathbf{v},\mathbf{w}\rangle$ y $\mathrm{II}_p(\mathbf{v},\mathbf{w}) = \langle \mathrm{A}_p\mathbf{v},\mathbf{w}\rangle$. Se define la *tercera forma fundamental* de S en p como

$$\mathrm{III}_p(\mathbf{v},\mathbf{w}) = \langle \mathrm{A}_p\mathbf{v},\mathrm{A}_p\mathbf{w}\rangle.$$

Demostrar que $\mathrm{III}_p = 2H(p)\mathrm{II}_p - K(p)\mathrm{I}_p$.

Ejercicio 3.3. Calcular las curvaturas de Gauss y media de la esfera, el cilindro, el cono, el helicoide, el catenoide, el toro, la pseudoesfera, los paraboloides elíptico e hiperbólico, los hiperboloides de una y dos hojas y la silla de montar del mono.

Ejercicio 3.4 (Direcciones asintóticas). Dada una superficie regular orientada S se dice que $\mathbf{v} \in T_pS$ es una *dirección asintótica* de S en p si $k_n(\mathbf{v},p) = 0$. Probar que $H(p) = 0$ si, y solo si, existen dos direcciones asintóticas ortogonales en p.

Ejercicio 3.5. Demostrar que en un punto hiperbólico de una superficie regular orientada S hay exactamente dos direcciones asintóticas linealmente independientes, y que las direcciones principales las bisectan. ¿Qué ocurre si el punto es elíptico? ¿Existen direcciones asintóticas en un punto umbilical?

Ejercicio 3.6. Demostrar que toda superficie regular compacta tiene, al menos, un punto elíptico.

Ejercicio 3.7. Probar que si una superficie regular contiene una recta, entonces todos los puntos de esa recta tienen curvatura de Gauss menor o igual que cero.

Sea $\alpha : I \longrightarrow S$ una curva regular contenida en una superficie regular S. Si, para todo $t \in I$, $T_{\alpha(t)}S \equiv \Pi$ es un plano fijo de $\mathbb{R}^3$, ¿cómo son los puntos $\alpha(t) \in S$?

Ejercicio 3.8 (Curvas asintóticas). Dada una superficie regular y orientada S, sea $\alpha : I \longrightarrow S$ una curva regular tal que $\alpha'(t)$ es una dirección asintótica en $\alpha(t)$ para todo $t \in I$. Se dice entonces que α es una *curva asintótica* de S. Sea (U,X) una parametrización de S. Demostrar que, en un entorno de un punto hiperbólico, las curvas coordenadas de $X(u,v)$ son curvas asintóticas si, y solo si, $e = g \equiv 0$.

Ejercicio 3.9 (Teorema de Beltrami-Enneper). *Sean S una superficie regular orientada y $\alpha : I \longrightarrow S$ una curva asintótica con curvatura $k(t) \neq 0$ para todo $t \in I$. Entonces su torsión τ verifica $\tau(t)^2 = -K\big(\alpha(t)\big)$.*

Ejercicio 3.10 (Teorema de Olinde-Rodrigues). *Sea $\alpha : I \longrightarrow S$ una curva parametrizada regular contenida en una superficie regular orientada S. Entonces α es una línea de curvatura si, y solo si, existe una función escalar diferenciable $\lambda : I \longrightarrow \mathbb{R}$ tal que $(N \circ \alpha)'(t) = \lambda(t)\alpha'(t)$ para todo $t \in I$.*

Ejercicio 3.11 (Teorema de Joachimstahl). *Sean S_1, S_2 superficies regulares orientadas que se cortan a lo largo de $\alpha : I \longrightarrow S_1 \cap S_2$, que es línea de curvatura de S_1. Sea $\varphi(t) = \text{áng}\big(N_1(\alpha(t)), N_2(\alpha(t))\big)$, siendo N_1, N_2 los vectores normales a S_1, S_2, respectivamente. Entonces α es línea de curvatura de S_2 si, y solo si, $\varphi(t)$ es constante.*

Ejercicio 3.12. Calcular las curvaturas de Gauss, media y principales de una superficie de revolución. ¿Son sus meridianos y paralelos líneas de curvatura?

Ejercicio 3.13. Sea (U,X) una parametrización de una superficie regular orientada. Demostrar que, en un entorno de un punto no umbilical, las curvas coordenadas de $X(u,v)$ son líneas de curvatura si, y solo si, $F = f \equiv 0$.

Ejercicio 3.14. Sean $\alpha : I \longrightarrow S$ una curva regular contenida en una superficie regular orientada S, y $\widetilde{\alpha}(t) = \big(u(t), v(t)\big)$ su expresión en coordenadas respecto a una cierta parametrización $X(u,v)$. Demostrar que α es línea de curvatura de S si, y solo si,

$$\begin{vmatrix} v'(t)^2 & -u'(t)v'(t) & u'(t)^2 \\ E & F & G \\ e & f & g \end{vmatrix} = 0. \tag{3.28}$$

Ejercicio 3.15. Calcular las líneas de curvatura, curvas asintóticas, curvaturas principales, y curvaturas media y de Gauss de la superficie parametrizada por

$$X(u,v) = \left(u - \frac{1}{3}u^3 + uv^2, v - \frac{1}{3}v^3 + u^2v, u^2 - v^2\right).$$

Clasificar sus puntos. Esta superficie se denomina *superficie de Enneper*.

Ejercicio 3.16. Considérese la superficie regular $S = \{(x,y,z) \in \mathbb{R}^3 : x + y = z^2\}$. Calcular sus curvaturas de Gauss y media, y clasificar sus puntos. Determinar las líneas de curvatura y las curvas asintóticas. ¿Cuánto vale la curvatura normal de la curva $\alpha(t) = (t^2, 0, t)$ en un valor cualquiera de t?

Ejercicio 3.17. Sea $\alpha : I \longrightarrow \mathbb{R}^3$ una curva regular p.p.a.. Considérese el tubo regular alrededor de α (véase el ejercicio 2.11). Calcular los coeficientes de su segunda forma fundamental. Determinar la matriz del operador forma, así como las curvaturas de Gauss y media. ¿Qué tipo de puntos tiene esta superficie?

Ejercicio 3.18. Sea $\alpha : I \longrightarrow \mathbb{R}^2$ una curva plana regular p.p.a., con curvatura $k \not\equiv 0$ y sea $\mathbf{a}$, $|\mathbf{a}| = 1$, el vector normal al plano donde α está contenida. Considérese la superficie S parametrizada por $X(s,v) = \alpha(s) + v\mathbf{a}$, con $(s,v) \in I \times \mathbb{R}$.

i) Calcular sus curvaturas de Gauss y media, y clasificar sus puntos.
ii) La curva α, como curva que es de S, ¿es: a) línea de curvatura, b) curva asintótica? ¿Cuánto vale la curvatura normal $k_n\big(\alpha'(s), \alpha(s)\big)$?
iii) ¿Es S isométrica a alguna superficie conocida? Justificar la respuesta.

Ejercicio 3.19. Sea $\alpha : I \longrightarrow S$ una curva p.p.a. de una superficie regular orientada S. ¿Qué se puede decir de α si es, a la vez, línea de curvatura y curva asintótica?

Ejercicio 3.20 (Direcciones conjugadas). Sean S una superficie regular orientada y $p \in S$. Dos vectores $\mathbf{v}_1, \mathbf{v}_2 \in T_pS$ (unitarios) se dice que son *conjugados* si

$$\big\langle dN_p(\mathbf{v}_1), \mathbf{v}_2 \big\rangle = \big\langle \mathbf{v}_1, dN_p(\mathbf{v}_2) \big\rangle = 0.$$

Las direcciones que determinan se llaman *direcciones conjugadas*. Demostrar:

i) Cualquier par de direcciones principales son conjugadas y cualquier dirección asintótica es conjugada respecto de sí misma.

ii) Si p es umbilical cualquier par de direcciones ortogonales son conjugadas.

iii) Si $\{\mathbf{e}_1, \mathbf{e}_2\}$ es la base ortonormal de direcciones principales y $\mathbf{v}_1, \mathbf{v}_2 \in T_pS$ son dos direcciones conjugadas que forman con $\mathbf{e}_1$ ángulos θ y φ, respectivamente, entonces $k_1(p) \cos\theta \cos\varphi = -k_2(p) \operatorname{sen}\theta \operatorname{sen}\varphi$.

Ejercicio 3.21. Sean S una superficie regular, $N : S \longrightarrow \mathbb{S}^2$ su aplicación de Gauss y $\alpha : I \longrightarrow S$ una curva regular p.p.a. que no pasa por ningún punto parabólico o plano de S. Demostrar las siguientes afirmaciones:

i) Los vectores tangentes a α y $N \circ \alpha$ son ortogonales si, y solo si, α es una curva asintótica, mientras que son paralelos si, y solo si, α es línea de curvatura.

ii) Sean k_α y $k_{N\alpha}$, respectivamente, las curvaturas de α y $N \circ \alpha$, vistas como curvas de $\mathbb{R}^3$. Si α es una línea de curvatura, entonces $k_\alpha(t) = \big|k_n(t)\big| k_{N\alpha}(t)$, donde $k_n(t)$ es la curvatura normal $k_n(t) = k_n\big(\alpha'(t), \alpha(t)\big)$.

iii) Si α es una línea de curvatura plana, entonces $N \circ \alpha$ es una circunferencia.

iv) La suma de las curvaturas normales en cualquier par de direcciones ortogonales (en un punto $p \in S$) es constante.

Ejercicio 3.22. Representemos por $k_n(\theta) = k_n(\mathbf{v}_\theta, p)$ la curvatura normal de un punto $p \in S$ en la dirección $\mathbf{v}_\theta \in T_pS$ que forma un ángulo θ con un determinado vector fijo. Demostrar que

$$H(p) = \frac{1}{2\pi} \int_0^{2\pi} k_n(\theta)\, d\theta.$$

Ejercicio 3.23 (Superficies regladas). Una *superficie reglada* es una superficie[16] parametrizada de la forma $X(t,s) = \alpha(t) + s\omega(t)$, donde $\alpha, \omega : \mathbb{R} \longrightarrow \mathbb{R}^3$ son funciones diferenciables. La curva $\alpha(t)$ se denomina *directriz* de la superficie y cada una de las rectas $\alpha(t) + s\omega(t)$, *generatriz* de la misma.

i) Demostrar que el hiperboloide de una hoja, el cono y el cilindro son regladas.

ii) Supongamos que $\big|\omega(t)\big| = 1$ y $\omega'(t) \neq \mathbf{0}$. Probar que existe una curva parametrizada $\beta(t)$ en S, denominada *línea de estricción*, verificando $\big\langle \beta'(t), \omega'(t) \big\rangle = 0$.

---

[16] Una superficie reglada no tiene por qué ser una superficie regular en el sentido de nuestra definición 2.1.1, pues puede presentar autointersecciones o, en general, puntos donde el plano tangente no está bien definido. Por ello, hablaremos de *puntos regulares* de una superficie reglada como aquellos en los que esto no ocurre: el plano tangente existe y es único.

iii) Ahora tómese como curva directriz de la superficie la línea de estricción $\beta(t)$, con lo que $X(t,s) = \beta(t) + s\omega(t)$, y supóngase que $\beta'(t)$ y $\omega(t)$ no son colineales para todo t. Calcular su curvatura de Gauss y clasificar sus puntos.

Ejercicio 3.24 (Superficies desarrollables). Sea $X(t,s) = \alpha(t) + s\omega(t)$ una superficie reglada con $|\omega(t)| = 1$. Se dice que S es *desarrollable* si $\det(\alpha', \omega, \omega') = 0$. Demostrar que una superficie reglada es desarrollable si, y solo si, su curvatura de Gauss $K \equiv 0$ en todo punto.

Ejercicio 3.25. Sea $X(t,s) = \alpha(t) + s\omega(t)$ una superficie desarrollable. Demostrar que en un punto regular se verifica $\langle N_s, X_s \rangle = \langle N_s, X_t \rangle = 0$. Concluir que el plano tangente de una superficie desarrollable es constante a lo largo de los puntos (regulares) de una generatriz $\mathfrak{R}_t(s) = \alpha(t) + s\omega(t)$.

Ejercicio 3.26. Sean $\alpha : I \longrightarrow S$ una curva regular en una superficie regular S, y N el normal a la superficie. Demostrar que α es una línea de curvatura de S si, y solo si, la superficie parametrizada $X(t,s) = \alpha(t) + sN(t)$ es desarrollable, donde $N(t) = N\big(\alpha(t)\big)$ representa el normal a la superficie en los puntos de la curva α.

Ejercicio 3.27. Sean S_1 y S_2 dos superficies regulares y $\phi : S_1 \longrightarrow S_2$ un difeomorfismo. Demostrar que si (U,X) es una parametrización de S_1 y escribimos $\overline{X} = \phi \circ X$, entonces $|\overline{X}_u \wedge \overline{X}_v| = \big|\det\big(d\phi_{X(\cdot)}\big)\big| |X_u \wedge X_v|$.

Ejercicio 3.28 (Teorema de Hadamard). *Sea S una superficie regular, compacta, conexa y orientada, con curvatura de Gauss $K \neq 0$ en todo punto. Entonces la aplicación de Gauss $N : S \longrightarrow \mathbb{S}^2$ es un difeomorfismo.*

Ejercicio 3.29. Sea S una superficie regular orientada, con aplicación de Gauss N. Dado $p_0 \notin S$, definimos $f : S \longrightarrow \mathbb{R}$ por $f(p) = \big\langle p - p_0, N(p) \big\rangle$.

i) Demostrar que f es diferenciable y calcular su diferencial en un punto $p \in S$.

ii) Demostrar que si $p \in S$ es un punto elíptico o hiperbólico, entonces p es un punto crítico de f si, y solo si, la recta $\overline{pp_0}$ es ortogonal a S en p.

Ejercicio 3.30 (Puntos focales). Sea S una superficie regular orientada, con aplicación de Gauss N. Para cada $\lambda \in \mathbb{R}$, sea $\psi_\lambda : S \longrightarrow \mathbb{R}^3$ la aplicación diferenciable dada por $\psi_\lambda(p) = p + \lambda N(p)$. Dado $p \in S$, sea $\mathfrak{R}_p$ la recta ortogonal a S que pasa por p, esto es, $\mathfrak{R}_p = \big\{p + \lambda N(p) : \lambda \in \mathbb{R}\big\}$.

i) Un punto $q \in \mathfrak{R}_p$ es un *punto focal* de S a lo largo de $\mathfrak{R}_p$ si $q = p + \lambda_0 N(p)$ para $\lambda_0 \in \mathbb{R}$, $\lambda_0 \neq 0$, tal que $d(\psi_{\lambda_0})_p : T_pS \longrightarrow \mathbb{R}^3$ no es inyectiva. Probar que los puntos focales de S a lo largo de $\mathfrak{R}_p$ son de la forma $q = p + \big(1/k_i(p)\big)N(p)$, donde las curvaturas principales $k_i(p)$ son no nulas en p. ¿Cuántos puntos focales tiene S a lo largo de $\mathfrak{R}_p$ si p es hiperbólico? ¿Y si es parabólico?

ii) El conjunto de todos los puntos focales de S a lo largo de todas las rectas normales a S se llama el *lugar focal* de S. ¿Depende el lugar focal de la orientación elegida? Calcular el lugar focal de un plano, una esfera de radio r y el cilindro de ecuación $x^2 + y^2 = r^2$.

Ejercicio 3.31. Demostrar que si (U,X) es una parametrización ortogonal de una superficie regular S, entonces se verifica

$$K = -\frac{1}{2\sqrt{EG}}\left[\left(\frac{E_v}{\sqrt{EG}}\right)_v + \left(\frac{G_u}{\sqrt{EG}}\right)_u\right]. \tag{3.29}$$

Ejercicio 3.32. Demostrar la relación $N_u \wedge N_v = K(X_u \wedge X_v)$. Utilizar esta expresión para probar que la curvatura de Gauss puede expresarse como

$$K = \frac{1}{(EG-F^2)^2}\left[\det\begin{pmatrix} -\frac{1}{2}E_{vv} + F_{uv} - \frac{1}{2}G_{uu} & \frac{1}{2}E_u & F_u - \frac{1}{2}E_v \\ F_v - \frac{1}{2}G_u & E & F \\ \frac{1}{2}G_v & F & G \end{pmatrix} - \det\begin{pmatrix} 0 & \frac{1}{2}E_v & \frac{1}{2}G_u \\ \frac{1}{2}E_v & E & F \\ \frac{1}{2}G_u & F & G \end{pmatrix}\right]. \tag{3.30}$$

Ejercicio 3.33 (Caracterización de las isometrías). Sea $f : S \longrightarrow \overline{S}$ una aplicación diferenciable entre dos superficies regulares. Demostrar que f es una isometría local si, y solo si, f conserva la longitud de la curvas.

Ejercicio 3.34. Dada $f : \mathbb{R}^2 \longrightarrow \mathbb{R}$ diferenciable, consideremos la superficie regular $S = \{(x,y,z) : z = f(x,y)\}$. Sea entonces $\phi : \Pi \longrightarrow S$ la aplicación natural entre el plano $\Pi \equiv \{z = 0\}$ y el grafo S dada por $\phi(x,y,0) = (x,y,f(x,y))$.

i) Justificar que ϕ es diferenciable. ¿Es ϕ un difeomorfismo?

ii) ¿Bajo qué condiciones será ϕ una isometría local?

iii) ¿Podemos asegurar entonces que si un grafo no verifica las condiciones del apartado ii), no será isométrico al plano?

Ejercicio 3.35. Sea S una superficie regular cuyos coeficientes de la primera forma fundamental (respecto a una parametrización X) valen $E = 1$, $F = 0$ y $G = u^2 + 1$, y sea $\overline{S}$ otra superficie regular de forma que $\overline{E} = (1+4u^2)^2$, $\overline{F} = 0$ y $\overline{G} = u^2$ (respecto a otra parametrización $\overline{X}$). ¿Pueden ser localmente isométricas?

Ejercicio 3.36. Demostrar que el helicoide y el catenoide son superficies regulares localmente isométricas.

Ejercicio 3.37. ¿Existen superficies regulares $X(u,v)$ tales que:

i) $E = G = 1, F = 0, e = 1, f = 0, g = -1$,

ii) $E = 1, F = 0, G = \cos^2 u, e = \cos^2 u, f = 0, g = 1$?

Ejercicio 3.38. Sean $X : U \longrightarrow S$ y $\overline{X} : U \longrightarrow \overline{S}$ parametrizaciones de S y $\overline{S}$ de forma que $\overline{E} = \lambda^2 E$, $\overline{F} = \lambda^2 F$ y $\overline{G} = \lambda^2 G$, donde $\lambda : U \longrightarrow \mathbb{R}$ es una función diferenciable, distinta de cero en todo punto. Demostrar que, entonces, la aplicación $\varphi = \overline{X} \circ X^{-1}$ es una aplicación (localmente) conforme entre S y $\overline{S}$.

Ejercicio 3.39 (La proyección de Mercator). Considérense la proyección cilíndrica de Mercator,

$$\phi(x,y,z)=\left(\arccos\frac{x}{\sqrt{1-z^2}},\frac{1}{2}\log\frac{1+z}{1-z}\right),$$

y la parametrización $X(\theta,\varphi)$ de $\mathbb{S}^2$ dada por las coordenadas geográficas. Calcular los coeficientes de la primera forma fundamental de la parametrización del plano $\overline{X}=\phi\circ X$. Demostrar que la proyección de Mercator ϕ es una aplicación conforme.

Ejercicio 3.40. Sea (U,X) una parametrización (positivamente orientada) de una superficie regular S con curvatura de Gauss K, y sea $N:S\longrightarrow\mathbb{S}^2$ su aplicación de Gauss. Demostrar, utilizando la relación (3.16), que si N es una aplicación isoareal, entonces $K\equiv\pm1$.

Ejercicio 3.41 (Proyectando de forma isoareal el globo terráqueo en un mapa). Consideremos la parametrización $X(\theta,\varphi)$ de la esfera dada por las coordenadas geográficas. Sea $\phi:\mathbb{S}^2\longrightarrow\mathbb{R}^2$ un difeomorfismo (sobre la imagen) y sea $\overline{X}=\phi\circ X$ la correspondiente parametrización del plano (véase el corolario 3.10.3). Probar que:

i) ϕ es una aplicación isoareal si, y solo si, $\overline{EG}-\overline{F}^2=\operatorname{sen}^2\theta$.

ii) La proyección cilíndrica de Lambert $\phi(x,y,z)=\big(\operatorname{arctg}(y/x),z\big)$ es una aplicación isoareal.

IV

Geodésicas en superficies

Como ya hemos puesto de manifiesto en capítulos anteriores, cuando hablamos de la «geometría intrínseca» de una superficie, nos estamos refiriendo al estudio de las propiedades y conceptos que, como la curvatura de Gauss, se conservan por isometrías locales, es decir, por aquellas aplicaciones diferenciables que conservan la longitud de las curvas. Así pues, otros objetos que, de forma lógica, deberían permanecer invariantes por tales aplicaciones, serían, en caso de existir, las curvas de menor longitud que uniesen dos puntos dados. Tales curvas van a ser las geodésicas, y a su estudio está dedicado este capítulo.

En la primera sección estudiamos la derivada covariante a lo largo de una curva. Se trata de un concepto muy amplio y con entidad propia, por lo que su estudio puede abordarse desde diferentes perspectivas. Nosotros definimos aquí la derivada covariante de un campo de vectores a lo largo de una curva como la «derivada intrínseca» de dicho campo. En el caso de superficies en $\mathbb{R}^3$ su definición es particularmente sencilla, pues basta derivar de forma usual y tomar la proyección sobre el plano tangente. Se demuestra entonces que la derivada covariante es un operador con propiedades muy naturales, que extienden las de la derivada usual de campos en el espacio. De particular interés son aquellos campos cuya derivada covariante es nula. Este tipo de campos se llaman «paralelos», pues generalizan precisamente la noción de paralelismo, en el sentido de que son campos que mantienen una dirección constante con respecto a un «rumbo» o «dirección fija» de la superficie. Los campos paralelos son aquellos que no experimentan variación desde una perspectiva «intrínseca» y, por tanto, permanecen invariantes (o sea, paralelos) con respecto a los habitantes de la superficie. Un campo paralelo está completamente determinado por su valor en un punto concreto. Dicha propiedad (que se deduce de la teoría de ecuaciones diferenciales) nos permite definir el transporte paralelo como un modo de construir campos de vectores paralelos con un valor prefijado. Intuitivamente, el transporte paralelo consiste en trasladar de la forma «más rígida y estática posible» un vector a lo largo de una curva. Curiosamente, esto siempre es posible hacerlo en cualquier superficie regular: siempre se puede encontrar una manera de mover un vector tangente a una superficie de forma que la variación de este con respecto a la superficie sea nula.

En la siguiente sección introducimos el concepto de *geodésica*. Observemos que, de todos los campos a lo largo de una curva, el más interesante de estudiar es su propia velocidad. De esta forma, la derivada covariante de la velocidad resulta ser la aceleración intrínseca, o la aceleración tal y como la perciben los habitantes de la superficie. Por otra parte, cuando este campo es paralelo, lo que se tiene es que la curva tiene aceleración «intrínseca» nula (la variación de su velocidad es cero) y se dice entonces que la curva es una geodésica. Recordemos que esta propiedad caracteriza las líneas rectas del plano, por lo que las geodésicas son «las líneas rectas» de una superficie o, al menos, las «más rectas posibles».

Finalizamos el capítulo introduciendo el concepto de *aplicación exponencial*. Una de las propiedades más destacadas y notables de una geodésica es que está totalmente determinada por un punto (por el que pasa la geodésica) y por su dirección (su velocidad) en dicho punto. Esta propiedad es análoga a la que se da en el plano, pues es obvio que una recta está dada por un punto y una dirección. Así pues, con estos dos datos se puede describir completamente la geodésica con tales «condiciones iniciales». Dicha construcción nos permite definir la aplicación exponencial en un punto determinado como una función que asigna, a cada vector del plano tangente, otro punto en la trayectoria de la geodésica que parte del primero con la dirección de dicho vector. ¿Qué punto en concreto? La respuesta viene dada por un sencillo experimento mental: supongamos que el vector fuera flexible y que lo extendemos a lo largo de la geodésica. Precisamente, el punto de la curva donde termina el vector es el punto imagen de este por la aplicación exponencial.

La aplicación exponencial tiene propiedades muy importantes que la convierten en una herramienta indispensable para estudiar determinadas cuestiones. Por ejemplo, se puede demostrar que una geodésica es también una línea recta en el sentido métrico: minimiza la distancia entre dos puntos dados (cuando están suficientemente próximos). Asimismo, la aplicación exponencial nos permite introducir sistemas de coordenadas distinguidos, a partir de los cuales se demuestran resultados de especial relevancia, como el teorema de Minding, que también presentamos en esta sección.

4.1. La derivada covariante y el transporte paralelo

Ya hemos estudiado los campos de vectores definidos sobre una superficie (véase la sección 3.2). Veamos ahora lo que se entiende por un campo de vectores a lo largo de una curva α. A partir de ahora, utilizaremos la notación $N(t)$ para representar la composición $N\big(\alpha(t)\big)$.

Definición 4.1.1. *Sea S una superficie regular orientada con aplicación de Gauss $N : S \longrightarrow \mathbb{S}^2$ y sea $\alpha : I \longrightarrow S$ una curva diferenciable. Un* ***campo de vectores a lo largo de*** α *es una aplicación $V : I \longrightarrow \mathbb{R}^3$, con $V(t) \in \mathbb{R}^3 = T_{\alpha(t)}S \oplus \operatorname{span}\{N(t)\}$.*

Se dice que V ***diferenciable*** *si lo es como aplicación de I a $\mathbb{R}^3$, $V \in C^\infty(I, \mathbb{R}^3)$; y se dice que es* ***tangente*** *en S a lo largo de α si $V(t) \in T_{\alpha(t)}S$ para todo $t \in I$. La familia de los campos de vectores diferenciables y tangentes a lo largo de una curva α se representa por $\mathfrak{X}(\alpha)$.*

En general, dado un campo de vectores V a lo largo de una curva α, podemos tomar su descomposición $V(t) = V(t)^\top + V(t)^\perp = V(t)^\top + \big\langle V(t), N(t)\big\rangle N(t)$ para cada $t \in I$. Por tanto, siempre $V^\top = V - \langle V, N\rangle N \in \mathfrak{X}(\alpha)$.

Ejemplo 4.1. Sea $\alpha : I \longrightarrow S$ una curva regular p.p.a.

i) El *campo velocidad*, $\alpha' : I \longrightarrow \mathbb{R}^3$, es un campo tangente: $\alpha' \in \mathfrak{X}(\alpha)$.

ii) Consideremos, para cada $t \in I$, el vector

$$\mathrm{J}\big(\alpha'(t)\big) = N(t) \wedge \alpha'(t) \in T_{\alpha(t)}S.$$

Este es claramente un campo diferenciable, que forma con $\alpha'(t)$ una base ortonormal de $T_{\alpha(t)}S$ positivamente orientada. Luego $\mathrm{J}\alpha' \in \mathfrak{X}(\alpha)$, y cualquier campo tangente a lo largo de α se expresa como combinación lineal de α' y $\mathrm{J}\alpha'$.

iii) La aceleración α'' no es, necesariamente, un campo tangente a lo largo de α.

iv) Si $V \in \mathfrak{X}(\alpha)$, podemos considerar su derivada V', que siempre es un campo diferenciable a lo largo de α, aunque no necesariamente tangente. $\diamondsuit$

Definición 4.1.2. *Sea $V \in \mathfrak{X}(\alpha)$ un campo de vectores tangente y diferenciable a lo largo de una curva diferenciable $\alpha : I \longrightarrow S$. Se define la* ***derivada covariante*** *(o* ***intrínseca****) de V como la parte tangente de V', es decir,*

$$\frac{DV}{dt}(t) := V'(t)^{\top} = V'(t) - \big\langle V'(t), N(t)\big\rangle N(t). \tag{4.1}$$

Desde luego, $DV/dt \in \mathfrak{X}(\alpha)$. Además, para una curva diferenciable fija α, la derivada covariante puede verse como un operador, D/dt, de la forma

$$\begin{aligned} \frac{D}{dt}: \quad \mathfrak{X}(\alpha) \quad &\longrightarrow \quad \mathfrak{X}(\alpha) \\ V \quad &\rightsquigarrow \quad \frac{DV}{dt}: \; \begin{array}{ccl} I & \longrightarrow & \mathbb{R}^3 \\ t & \rightsquigarrow & V'(t) - \big\langle V'(t), N(t)\big\rangle N(t). \end{array} \end{aligned}$$

Este operador es independiente de la orientación elegida para la superficie, pues estamos tomando solo la parte tangente de V' (obsérvese que si cambiamos N por $-N$ en la fórmula, el resultado es el mismo). Por otro lado, solo depende de los coeficientes de la primera forma fundamental, afirmación que vamos a probar a continuación. Para ello, sea (U, X) una parametrización de la superficie S y, como viene siendo habitual, $\alpha(t) = X\big(u(t), v(t)\big)$. Si $V \in \mathfrak{X}(\alpha)$, entonces $V(t) \in T_{\alpha(t)}S$, por lo que puede expresarse de la forma

$$V(t) = a(t) X_u\big(u(t), v(t)\big) + b(t) X_v\big(u(t), v(t)\big).$$

Ahora, calculamos $V'(t)$, utilizando las fórmulas de Gauss (3.18) para expresar X_{uu}, X_{uv} y X_{vv} en términos de la base $\{X_u, X_v, N\}$:

$$\begin{aligned} V' &= a'X_u + a(X_{uu}u' + X_{uv}v') + b'X_v + b(X_{vu}u' + X_{vv}v') \\ &= a'X_u + a\Big[\big(\Gamma_{11}^1 X_u + \Gamma_{11}^2 X_v + eN\big)u' + \big(\Gamma_{12}^1 X_u + \Gamma_{12}^2 X_v + fN\big)v'\Big] \\ &\quad + b'X_v + b\Big[\big(\Gamma_{12}^1 X_u + \Gamma_{12}^2 X_v + fN\big)u' + \big(\Gamma_{22}^1 X_u + \Gamma_{22}^2 X_v + gN\big)v'\Big] \\ &= \big(a' + au'\Gamma_{11}^1 + av'\Gamma_{12}^1 + bu'\Gamma_{12}^1 + bv'\Gamma_{22}^1\big)X_u \\ &\quad + \big(b' + au'\Gamma_{11}^2 + av'\Gamma_{12}^2 + bu'\Gamma_{12}^2 + bv'\Gamma_{22}^2\big)X_v + \big(aeu' + afv' + bfu' + bgv'\big)N. \end{aligned}$$

En consecuencia, la derivada covariante $DV/dt = (V')^{\top}$ se escribe como

$$\begin{aligned}\frac{DV}{dt} &= \left(a' + au'\Gamma_{11}^{1} + (av' + bu')\Gamma_{12}^{1} + bv'\Gamma_{22}^{1}\right)X_u \\ &+ \left(b' + au'\Gamma_{11}^{2} + (av' + bu')\Gamma_{12}^{2} + bv'\Gamma_{22}^{2}\right)X_v.\end{aligned} \tag{4.2}$$

Obsérvese que DV/dt depende solo de los símbolos de Christoffel y, por tanto, de la primera forma fundamental exclusivamente. En otras palabras, la derivada covariante[1] es algo intrínseco; sus propiedades permanecen invariantes por isometrías.

Es sencillo comprobar que $\mathfrak{X}(\alpha)$ tiene estructura de módulo respecto a la suma y al producto por funciones de $C^{\infty}(I,\mathbb{R})$; es decir, si $V,W \in \mathfrak{X}(\alpha)$ y $f \in C^{\infty}(I,\mathbb{R})$, entonces $V+W \in \mathfrak{X}(\alpha)$ y $fV \in \mathfrak{X}(\alpha)$. Además, la derivada covariante satisface las siguientes propiedades:

Proposición 4.1.3. *Sean $V,W \in \mathfrak{X}(\alpha)$ y sea $f \in C^{\infty}(I,\mathbb{R})$. Entonces,*

i) $\dfrac{D}{dt}(V+W) = \dfrac{DV}{dt} + \dfrac{DW}{dt}$, *ii)* $\dfrac{D}{dt}(fV) = f'V + f\dfrac{DV}{dt}$,

iii) $\langle V,W\rangle' = \left\langle \dfrac{DV}{dt}, W\right\rangle + \left\langle V, \dfrac{DW}{dt}\right\rangle$.

Demostración. Las tres propiedades se demuestran trivialmente:

i) $\dfrac{D}{dt}(V+W) = \left[(V+W)'\right]^{\top} = (V'+W')^{\top} = (V')^{\top} + (W')^{\top} = \dfrac{DV}{dt} + \dfrac{DW}{dt}$.

ii) $\dfrac{D}{dt}(fV) = \left[(fV)'\right]^{\top} = (f'V + fV')^{\top} = (f'V)^{\top} + (fV')^{\top} = f'V + f\dfrac{DV}{dt}$,

pues $V^{\top} = V$, ya que $V \in \mathfrak{X}(\alpha)$. Finalmente, la propiedad iii) se prueba de forma similar: como $V,W \in \mathfrak{X}(\alpha)$, entonces $\left\langle (V')^{\perp}, W\right\rangle = \left\langle V, (W')^{\perp}\right\rangle = 0$, de donde

$$\begin{aligned}\langle V,W\rangle' &= \langle V',W\rangle + \langle V,W'\rangle = \left\langle (V')^{\top} + (V')^{\perp}, W\right\rangle + \left\langle V, (W')^{\top} + (W')^{\perp}\right\rangle \\ &= \left\langle \frac{DV}{dt}, W\right\rangle + \left\langle V, \frac{DW}{dt}\right\rangle.\end{aligned}$$

□

4.1.1. Campos de vectores paralelos

De especial relevancia son los campos que cumplen la siguiente condición.

Definición 4.1.4. *Se dice que un campo de vectores $V \in \mathfrak{X}(\alpha)$ es **paralelo** a lo largo de una curva diferenciable $\alpha : I \longrightarrow S$, si $DV/dt = \mathbf{0}$.*

[1] El nombre *covariante* se enmarca en el contexto de superficies abstractas, esto es, superficies que no están contenidas en ningún espacio. En tal situación, es imposible derivar un campo tomando la «parte tangente», pues «todo es tangente» y no hay dirección normal. Se define entonces la derivada en términos de coordenadas como en la expresión (4.2). Posteriormente, se demuestra, con bastante esfuerzo, que dicha definición no depende de las coordenadas. Es decir, que la expresión «covaría» según las coordenadas que estemos utilizando (es lo que en otras ocasiones hemos afirmado cuando decimos que la definición no depende de la parametrización).

El siguiente ejemplo justifica, en primera instancia, el porqué de este nombre para tal clase de campos.

Ejemplo 4.2. Estudiemos el caso de un plano Π. Sea $\alpha : I \longrightarrow \Pi$ una curva diferenciable del mismo. Como $T_{\alpha(t)} \equiv \Pi$ para todo $t \in I$, entonces $(V')^{\top} = V'$. Luego $DV/dt = V'$ no es más que la derivada usual en $\mathbb{R}^3$, y así, el campo V será paralelo, si, y solo si, $DV/dt = V' = \mathbf{0}$, esto es, cuando V es constante. El vector $V(t)$ es el mismo en todos los puntos de la curva $\alpha(t)$ (véase la figura 4.1).

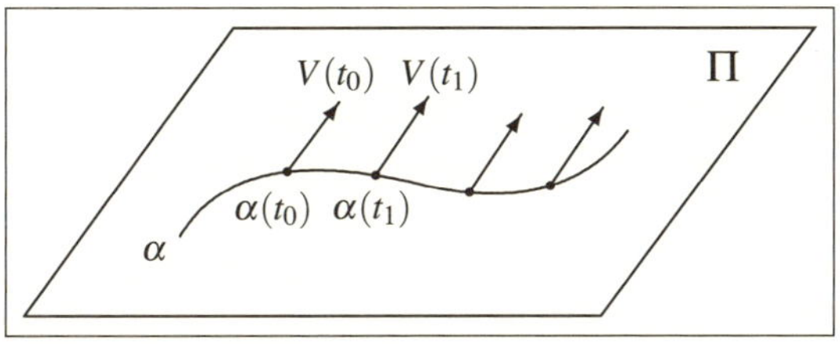

Figura 4.1: Un campo de vectores paralelo en el plano.

En definitiva, en un plano, un campo paralelo está formado por vectores paralelos propiamente dichos. Si consideramos ahora $V = \alpha'$ el campo velocidad de la curva α, podemos preguntarnos cuándo α' es paralelo. Por lo observado antes, para que esto sea así $\alpha'(t)$ debe ser constante; es decir, α tiene que ser una recta. Esto demuestra que, en el plano, las únicas curvas a lo largo de las cuales su campo velocidad es paralelo, son las rectas. $\diamondsuit$

En general, se tiene el siguiente resultado que ilustra un poco más por qué estos campos son «paralelos»:

Proposición 4.1.5. *Sean $V, W \in \mathfrak{X}(\alpha)$ campos paralelos a lo largo de una curva diferenciable $\alpha : I \longrightarrow S$.*

i) Si $a, b \in \mathbb{R}$, entonces $aV + bW$ es un campo paralelo.

ii) El producto $\langle V, W\rangle$ es constante. En particular $|V|$, $\text{áng}(V,W)$ son constantes.

Demostración. La parte i) es trivial. Veamos ii). Al ser $DV/dt = \mathbf{0}$, sabemos que $V'(t)$ está en la dirección del normal a la superficie, y análogamente $W'(t)$. En consecuencia, como $V, W \in \mathfrak{X}(\alpha)$, se tiene que $\langle V, W'\rangle = \langle V', W\rangle = 0$ y, por tanto, $\langle V, W\rangle' = \langle V', W\rangle + \langle V, W'\rangle = 0$. Esto demuestra que $\langle V, W\rangle$ es constante. $\square$

Así pues, si un campo es paralelo, su módulo se mantiene constante. Pero, ¿solo su módulo? Evidentemente no; también su «dirección» permanece constante en cierto sentido, aunque habría que precisar con mayor claridad qué significa «dirección». Observemos que, siempre que se habla de «dirección», hay que fijar previamente una «dirección cero» o «norte» con respecto a la cual comparar cómo varía la nuestra (esto lo hacemos en el plano de forma automática con los ejes coordenados). En una superficie, podríamos convenir que una «dirección cero» (o rumbo fijo) es la dirección que nos marca un campo paralelo arbitrario V_0. Así pues, cualquier otro campo paralelo V mantiene fijo el ángulo con respecto a la «dirección cero» determinada por V_0, y en este sentido se generaliza la situación que se daba en el plano.

Vamos a ilustrar estos comentarios con el siguiente ejemplo.

Ejemplo 4.3. Consideremos la esfera $\mathbb{S}^2$, en la que elegimos el normal $N(p) = p$. Sea $\alpha(t) = (\cos t, \operatorname{sen} t, 0)$ el ecuador de $\mathbb{S}^2$ (con lo cual, $N(t) = (\cos t, \operatorname{sen} t, 0)$), y tomemos el campo de vectores (constante) $V_0(t) = (0,0,1)$. Claramente $V_0 \in \mathfrak{X}(\alpha)$, pues $\langle V_0(t), N(t)\rangle = 0$, y $(DV_0/dt)(t) = \big(V_0'(t)\big)^\top = \mathbf{0}$ para todo t (véase la figura 4.2). Luego V_0 es un campo paralelo a lo largo de α (este campo podría servirnos para determinar una dirección en la esfera: precisamente es la dirección «norte» usual hacia la que apuntaría la brújula de un habitante que caminase por el ecuador).

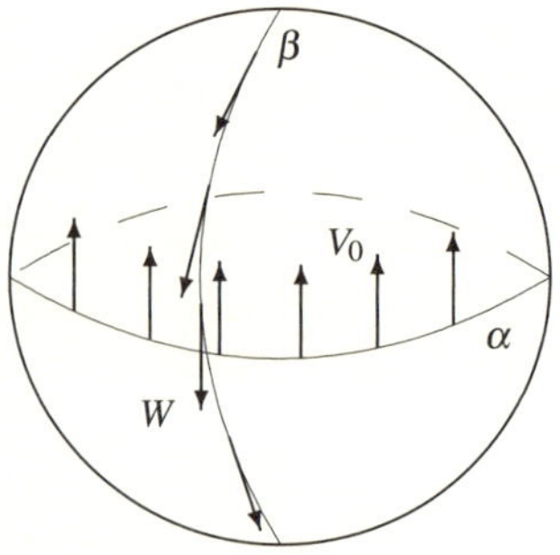

Figura 4.2: Campos paralelos en la esfera.

Sea ahora $V(t) = (-\operatorname{sen} t, \cos t, 1)$, que evidentemente también cumple $V \in \mathfrak{X}(\alpha)$. Entonces $(DV/dt)(t) = \big(V'(t)\big)^\top = (-\cos t, -\operatorname{sen} t, 0)^\top = \mathbf{0}$, por lo que V también es un campo paralelo a lo largo del ecuador. El «rumbo fijo» que marca este campo sería, en términos geográficos, el «noreste», tal y como lo apreciaría un habitante que se mueve por el ecuador. Por último, consideremos el campo velocidad a lo largo de una circunferencia máxima cualquiera, por ejemplo, la dada por $\beta(t) = (\cos t, 0, \operatorname{sen} t)$ (véase la figura 4.2). El campo velocidad de β es $W(t) = \beta'(t) = (-\operatorname{sen} t, 0, \cos t)$. Luego,

$$\frac{DW}{dt}(t) = \big(W'(t)\big)^\top = \big(\beta''(t)\big)^\top = (-\cos t, 0, -\operatorname{sen} t)^\top;$$

como $(-\cos t, 0, -\operatorname{sen} t) = -\beta(t) = -N\big(\beta(t)\big)$, es claro que $(DW/dt)(t) = \mathbf{0}$: el campo W es paralelo. Hemos probado así que el campo velocidad a lo largo de cualquier circunferencia máxima es siempre paralelo (y en este caso concreto, apunta de forma constante hacia el «sur»). $\diamondsuit$

La pregunta que se plantea de forma natural al ver la definición de campo paralelo sería: dada una curva α en una superficie regular S, ¿cuántos campos paralelos existen a lo largo de la misma? La respuesta es que un campo paralelo está totalmente determinado por el valor de este en un punto concreto (y arbitrario) de la curva sobre la que está definido, tal y como se demuestra en el siguiente resultado.[2]

Teorema 4.1.6 (existencia y unicidad de campos paralelos). *Sea $\alpha : I \longrightarrow S$ una curva diferenciable en una superficie regular S, y sea $V_0 \in T_{\alpha(t_0)}S$ para un cierto $t_0 \in I$. Entonces existe un único campo paralelo $V \in \mathfrak{X}(\alpha)$ con $V(t_0) = V_0$.*

Vamos a presentar dos demostraciones muy ilustrativas de este teorema: una primera intrínseca, en la cual no entra en juego el modo en que la superficie se encuentra dentro del ambiente, siendo entonces necesario trabajar con parametrizaciones de la misma; y una segunda extrínseca, donde no se necesitan las parametrizaciones, pero donde el normal (la manera en que la superficie «vive» en $\mathbb{R}^3$) resulta fundamental.

Demostración intrínseca. Hay que encontrar $V \in \mathfrak{X}(\alpha)$ tal que $DV/dt = \mathbf{0}$. Sea (U, X) una parametrización de S con $\alpha(t_0) \in X(U)$, y sea $\alpha(t) = X\big(u(t), v(t)\big)$. Utilizando la expresión (4.2) para la derivada covariante de un campo $V \in \mathfrak{X}(\alpha)$, como $DV/dt = \mathbf{0}$, los coeficientes de los vectores X_u y X_v tienen que anularse; luego si representamos V como $V(t) = a(t)X_u\big(u(t), v(t)\big) + b(t)X_v\big(u(t), v(t)\big)$, se verificará que

$$\begin{cases} a' + au'\Gamma_{11}^1 + (av' + bu')\Gamma_{12}^1 + bv'\Gamma_{22}^1 = 0, \\ b' + au'\Gamma_{11}^2 + (av' + bu')\Gamma_{12}^2 + bv'\Gamma_{22}^2 = 0. \end{cases} \tag{4.3}$$

[2] En otras palabras, se prueba que siempre es posible «fijar un rumbo» en la superficie. Una vez fijado, ya se puede hablar de si se mantiene o no constante la dirección de cualquier otro campo.

Tenemos por tanto un sistema de ecuaciones diferenciales cuya condición inicial es $V(t_0) = V_0 = \big(a(t_0), b(t_0)\big)$. El teorema de existencia y unicidad de soluciones para tales sistemas establece el resultado buscado (además, se puede obtener la solución de forma explícita al resolverlo, siempre y cuando esto sea posible). □

Demostración extrínseca. Debemos encontrar un campo $V \in \mathfrak{X}(\alpha)$ de manera que $DV/dt = \mathbf{0}$. Dado que $(DV/dt)(t) = V'(t) - \big\langle V'(t), N(t)\big\rangle N(t)$ (véase (4.1)), la derivada covariante $DV/dt = \mathbf{0}$ si, y solo si, $V'(t) = \big\langle V'(t), N(t)\big\rangle N(t)$. Por otro lado, como V y N son ortogonales, $\big\langle V(t), N(t)\big\rangle = 0$, y derivando esta expresión obtenemos $\big\langle V'(t), N(t)\big\rangle = -\big\langle V(t), N'(t)\big\rangle$. Luego $DV/dt = \mathbf{0}$ si, y solo si,

$$V'(t) + \big\langle V(t), N'(t)\big\rangle N(t) = \mathbf{0}. \tag{4.4}$$

Escribiendo $V = (V_1, V_2, V_3)$ y $N = (N_1, N_2, N_3)$, la ecuación (4.4) se traduce en

$$0 = V_i'(t) + \left(\sum_{j=1}^{3} V_j(t) N_j'(t)\right) N_i(t) = V_i'(t) + \sum_{j=1}^{3} N_j'(t) N_i(t) V_j(t), \quad i = 1,2,3.$$

Si representamos por $M(t)$ la matriz $M(t) = \big(N_j'(t) N_i(t)\big)_{i,j=1}^{3}$, la expresión anterior se reescribe $V' + MV = \mathbf{0}$. Entonces, el teorema de existencia y unicidad de soluciones de ecuaciones diferenciales de primer orden garantiza la existencia de un único campo de vectores diferenciable V, solución de dicha ecuación (y por tanto de (4.4)) con condición inicial $V(t_0) = V_0$. Desde luego, V es un campo paralelo ya que satisface (4.4). Para concluir la demostración tenemos que probar que V es tangente a S a lo largo de α; es decir, hay que ver que $\big\langle V(t), N(t)\big\rangle = 0$ para todo $t \in I$.

Como $V_0 \in T_{\alpha(t_0)}S$, claramente $\big\langle V_0, N(t_0)\big\rangle = 0$. Por otro lado, dado que V verifica (4.4), se tiene que $\big\langle V'(t), N(t)\big\rangle + \big\langle V(t), N'(t)\big\rangle = 0$. Derivando entonces $\big\langle V(t), N(t)\big\rangle$ y utilizando dicha expresión obtenemos

$$\big\langle V(t), N(t)\big\rangle' = \big\langle V'(t), N(t)\big\rangle + \big\langle V(t), N'(t)\big\rangle = 0.$$

En consecuencia, $\big\langle V(t), N(t)\big\rangle$ es constante y se anula en t_0, lo que demuestra que, en efecto, $\big\langle V(t), N(t)\big\rangle = 0$. □

4.1.2. El transporte paralelo

Sea $\alpha : I \longrightarrow S$ una curva parametrizada diferenciable y sean $t_0, t_1 \in I$ con $\alpha(t_0) = p$ y $\alpha(t_1) = q$. Acabamos de demostrar que, dado un vector $V_0 \in T_pS$, existe un único campo paralelo $V \in \mathfrak{X}(\alpha)$ de forma que $V(t_0) = V_0$. Esta propiedad motiva la siguiente definición.

Definición 4.1.7. *Siguiendo la notación anterior, se define el* ***transporte paralelo de*** V_0 ***a lo largo de*** α ***en el punto*** q *como el vector* $V_1 = V(t_1) \in T_qS$.

El transporte paralelo determina así una aplicación $P_{t_0}^{t_1}(\alpha) : T_pS \longrightarrow T_qS$, dada por $P_{t_0}^{t_1}(\alpha)(V_0) = V_1$. Además, se verifica la siguiente propiedad.

Proposición 4.1.8. *La aplicación transporte paralelo* $P_{t_0}^{t_1}(\alpha): T_pS \longrightarrow T_qS$ *es una isometría lineal.*

Demostración. Veamos en primer lugar que es una aplicación lineal. Para ello, sean $V_0, W_0 \in T_pS$, y sean $V, W \in \mathfrak{X}(\alpha)$ los únicos campos paralelos tales que $V(t_0) = V_0$ y $W(t_0) = W_0$. Entonces $P_{t_0}^{t_1}(\alpha)(V_0) = V(t_1)$ y $P_{t_0}^{t_1}(\alpha)(W_0) = W(t_1)$. Queremos calcular $P_{t_0}^{t_1}(\alpha)(V_0 + W_0)$. Consideremos el campo $V + W \in \mathfrak{X}(\alpha)$, que también es paralelo. Además $(V + W)(t_0) = V_0 + W_0$. Entonces, por el teorema 4.1.6 sabemos que $V + W$ es el único campo paralelo que en t_0 vale $V_0 + W_0$. Por tanto,

$$P_{t_0}^{t_1}(\alpha)(V_0 + W_0) = (V + W)(t_1) = V(t_1) + W(t_1) = P_{t_0}^{t_1}(\alpha)(V_0) + P_{t_0}^{t_1}(\alpha)(W_0).$$

Finalmente, demostrar que $P_{t_0}^{t_1}(\alpha)$ es una isometría es sencillo:

$$\left\langle P_{t_0}^{t_1}(\alpha)(V_0), P_{t_0}^{t_1}(\alpha)(W_0)\right\rangle = \left\langle V(t_1), W(t_1)\right\rangle = \left\langle V(t_0), W(t_0)\right\rangle = \langle V_0, W_0\rangle,$$

ya que, por ser V y W paralelos, su producto escalar es constante. □

Observación 4.1. Sea $\alpha: I \longrightarrow \mathbb{R}^2$ una curva diferenciable. En el ejemplo 4.2 ya vimos que, en el caso del plano, si $V \in \mathfrak{X}(\alpha)$ es paralelo, entonces V es constante. Luego el transporte paralelo en el plano es la aplicación identidad, $P_{t_0}^{t_1}(\alpha)(V) = V$. ◇

Dos sencillas e interesantes propiedades que tiene el transporte paralelo son las siguientes.

Proposición 4.1.9. *Sea* $\alpha: I \longrightarrow S$ *una curva parametrizada diferenciable. Entonces, el transporte paralelo a lo largo de* α *no depende de la parametrización de la curva.*

Demostración. Supongamos que $\beta: J \longrightarrow S$, $\beta(s) = \alpha\big(h(s)\big)$, es una reparametrización de la curva α. Sean $t_0, t_1 \in I$ y $s_0, s_1 \in J$, con $h(s_0) = t_0$ y $h(s_1) = t_1$. Representamos por $p = \alpha(t_0) = \beta(s_0)$, y tomamos $V_0 \in T_pS$. Queremos demostrar que $P_{t_0}^{t_1}(\alpha)(V_0) = P_{s_0}^{s_1}(\beta)(V_0)$. En primer lugar, $P_{t_0}^{t_1}(\alpha)(V_0) = V(t_1)$, donde $V \in \mathfrak{X}(\alpha)$ es el único campo paralelo para el cual $V(t_0) = V_0$. Consideremos entonces el campo $(V \circ h) \in \mathfrak{X}(\beta)$. Claramente, $V\big(h(s_0)\big) = V(t_0) = V_0$. Además,

$$\frac{D}{ds}(V \circ h) = \frac{DV}{dt}\frac{dh}{ds},$$

y como $dh/ds \neq 0$ (al ser h un difeomorfismo), se tiene que V es paralelo (nuestra hipótesis) si, y solo si, $V \circ h$ es paralelo. De nuevo, el teorema 4.1.6 nos asegura que $V \circ h$ es el único campo paralelo a lo largo de β que en s_0 vale V_0. Por lo tanto,

$$P_{s_0}^{s_1}(\beta)(V_0) = (V \circ h)(s_1) = V(t_1) = P_{t_0}^{t_1}(\alpha)(V_0).$$ □

Un sencillo argumento, basado en la definición de derivada covariante como la proyección sobre el plano tangente, nos demuestra también la siguiente proposición; proponemos su demostración como ejercicio.

Proposición 4.1.10. *Si* S_1 *y* S_2 *son dos superficies regulares que son tangentes a lo largo de una curva* α, *entonces el transporte paralelo a lo largo de* α *es independiente de la superficie,* S_1 *o* S_2*; esto es, es el mismo para ambas superficies.*

4.2. GEODÉSICAS

Cuando trabajamos en un plano (o en general, en cualquier superficie que contenga una recta) las rectas son un tipo de curvas que presentan una serie de características muy particulares. Por ejemplo,

i) minimizan la distancia entre dos puntos,

ii) tienen curvatura constantemente nula y

iii) son las únicas curvas en el plano cuyo campo de vectores velocidad es paralelo.

Cabe preguntarse entonces si, cuando trabajamos en una superficie arbitraria S, siempre podemos encontrar curvas con características similares. La respuesta, como veremos en breve, es afirmativa, y tales curvas se denominan las *geodésicas* de S.

Definición 4.2.1. *Sea $\gamma : I \longrightarrow S$ una curva diferenciable. Se dice que γ es una* ***geodésica*** *de S si su campo velocidad γ' es paralelo, es decir, si $D\gamma'/dt = \mathbf{0}$.*

Como vemos, la propia definición de geodésica ya establece una de las propiedades buscadas para este tipo de curvas: a lo largo de ellas, su campo de vectores velocidad es paralelo. De hecho, esta es la propiedad (de las tres que hemos enunciado) más sencilla de generalizar para curvas en superficies, gracias a que hemos construido la derivada covariante. Veamos otras propiedades de las geodésicas que se deducen directamente de la definición (posteriormente veremos qué ocurre entre las geodésicas y la distancia, por un lado, y las geodésicas y la curvatura, por otro).

Observación 4.2 (Propiedades de las geodésicas). Sea $\gamma : I \longrightarrow S$ una geodésica de una superficie regular S.

i) Como el campo velocidad γ' es paralelo, entonces $|\gamma'(t)|$ es constante.

ii) Si suponemos que $\gamma'(t_0) = \mathbf{0}$ en un cierto $t_0 \in I$, entonces, al ser $|\gamma'(t)|$ constante, se tendrá que $|\gamma'(t)| = |\gamma'(t_0)| = 0$ para todo $t \in I$; luego $\gamma'(t) = \mathbf{0}$ para todo t, de donde se deduce que $\gamma(t)$ es constante. Por lo tanto, las geodésicas parametrizadas son, bien curvas regulares, bien una curva constante.

iii) Si γ no está p.p.a., estará parametrizada *proporcionalmente* a la longitud de arco; en efecto, como $|\gamma'(t)| = c$ constante, entonces $\int_0^t |\gamma'(u)|\, du = ct$.

iv) Las geodésicas se conservan por isometrías locales, ya que solo dependen de la derivada covariante y, por tanto, de los símbolos de Christoffel. El concepto de geodésica es un concepto intrínseco.

v) En principio, una geodésica puede admitir autointersecciones (no hay nada en la definición que prevenga esta situación).

vi) Sea $h : J \longrightarrow I$ un cambio de parámetro, y consideremos la reparametrización de nuestra geodésica original, $\beta = \gamma \circ h : J \longrightarrow S$. Vamos a calcular la derivada covariante del campo velocidad de β. Claramente, $\beta'(s) = \gamma'\big(h(s)\big)h'(s)$ y

$\beta''(s) = \gamma''(h(s))h'(s)^2 + \gamma'(h(s))h''(s)$, de donde se tiene que

$$\frac{D\beta'}{ds}(s) = (\beta''(s))^\top = h'(s)^2[\gamma''(h(s))]^\top + h''(s)[\gamma'(h(s))]^\top$$
$$= h'(s)^2 \frac{D\gamma'}{dt}(h(s)) + h''(s)\gamma'(h(s)).$$

Como γ es una geodésica, $D\gamma'/dt = \mathbf{0}$, por lo que $(D\beta'/ds)(s) = h''(s)\gamma'(h(s))$. Luego β será geodésica si, y solo si, $h''(s)\gamma'(h(s)) = \mathbf{0}$, lo cual ocurrirá, suponiendo que γ no es constante, si, y solo si, $h''(s) = 0$, pues $\gamma'(t) \neq \mathbf{0}$ para todo t. En definitiva, la reparametrización β de una geodésica (no constante) será también geodésica si, y solo si, $h(s) = as + b$, con $a, b \in \mathbb{R}$, es decir, cuando el cambio de parámetro es afín. Lo afirmado aquí se puede parafrasear diciendo que el parámetro de una geodésica tiene significado geométrico, ya que el hecho de ser geodésica depende de la forma en que se recorre dicha curva, y no solo de su traza (o imagen). Es más, se dice que una curva es una *pregeodésica* si existe una reparametrización de la misma que es geodésica.

vii) Supongamos que la curva γ está p.p.a. y que $\gamma''(s) \neq \mathbf{0}$ para todo s. Sabemos que γ es geodésica si, y solo si, $(D\gamma'/ds)(s) = (\gamma''(s))^\top = \mathbf{0}$, es decir, si, y solo si, $\gamma''(s) = k_\gamma(s)\mathbf{n}_\gamma(s)$ está en la dirección del vector normal a la superficie (en el punto $\gamma(s)$). Luego γ es una geodésica si, y solo si, $\mathbf{n}_\gamma(s) = \pm N(s)$. ◇

Ejemplo 4.4 (Geodésicas en el plano). Dado un vector $\mathbf{a}$ unitario, consideremos el plano $\Pi = \{p \in \mathbb{R}^3 : \langle \mathbf{a}, p\rangle = c\}$, y tomemos como vector normal $N(p) = \mathbf{a}$ para todo $p \in \Pi$. Sea $\gamma : I \longrightarrow \Pi$ una curva en el plano. Por un lado, tenemos la descomposición (véase la *demostración extrínseca* del teorema 4.1.6)

$$\gamma''(t) = \frac{D\gamma'}{dt}(t) + \langle \gamma''(t), N(t)\rangle N(t);$$

además, como $\langle \gamma'(t), N(t)\rangle = 0$, se tiene $\langle \gamma''(t), N(t)\rangle = -\langle \gamma'(t), N'(t)\rangle$. Luego

$$\frac{D\gamma'}{dt}(t) = \gamma''(t) + \langle \gamma'(t), N'(t)\rangle N(t). \tag{4.5}$$

Por tanto γ es geodésica si, y solo si, $\gamma''(t) + \langle \gamma'(t), N'(t)\rangle N(t) = \mathbf{0}$. En nuestro caso $N'(t) = (N \circ \gamma)'(t) = \mathbf{a}' = \mathbf{0}$. Luego γ es geodésica si, y solo si, $\gamma''(t) = \mathbf{0}$, esto es, $\gamma(t) = p + t\mathbf{v}$. Las únicas geodésicas del plano son, como cabía esperar, las rectas. ◇

Ejemplo 4.5 (Geodésicas en la esfera). Sean $p \in \mathbb{S}^2(r)$ y $\mathbf{v} \in T_p\mathbb{S}^2(r)$. Supongamos que el normal a la esfera es $N(p) = (1/r)p$. Si tomamos el plano determinado por $\mathbf{v}$ y por $N(p)$, su intersección con la esfera es una circunferencia máxima, que es, además, una sección normal. Por lo tanto, el vector normal de esta curva es $\mathbf{n} = \pm N(p)$, lo que demuestra que es una geodésica. Todas las circunferencias máximas son geodésicas en la esfera, y son las únicas. Veámoslo con más detalle.

Sea $\gamma : I \longrightarrow \mathbb{S}^2(r)$ una geodésica con condiciones iniciales $\gamma(0) = p$ y $\gamma'(0) = \mathbf{v}$. Entonces, en particular, el módulo de su velocidad es constante, $|\gamma'(t)| = |\mathbf{v}|$. Usando la relación (4.5) obtenida en el ejemplo anterior, sabemos que γ es geodésica si, y solo si, $\gamma''(t) + \langle \gamma'(t), N'(t) \rangle N(t) = \mathbf{0}$. Como $N(t) = N\big(\gamma(t)\big) = (1/r)\gamma(t)$, entonces $N'(t) = (1/r)\gamma'(t)$, y la condición anterior se traduce en

$$\mathbf{0} = \gamma''(t) + \left\langle \gamma'(t), \frac{1}{r}\gamma'(t) \right\rangle \frac{1}{r}\gamma(t) = \gamma''(t) + \frac{|\gamma'(t)|^2}{r^2}\gamma(t) = \gamma''(t) + \frac{|\mathbf{v}|^2}{r^2}\gamma(t).$$

Es sencillo[3] comprobar que la única solución a esta ecuación diferencial es

$$\gamma(t) = \cos\left(\frac{|\mathbf{v}|}{r}t\right)p + \frac{r}{|\mathbf{v}|}\,\mathrm{sen}\left(\frac{|\mathbf{v}|}{r}t\right)\mathbf{v}, \tag{4.6}$$

es decir, una circunferencia máxima. ◊

Ejemplo 4.6 (Geodésicas en el cilindro). Para calcular las geodésicas del cilindro podemos seguir el proceso anterior, aunque ahora debemos trabajar con las componentes de γ. Sea $\gamma : I \longrightarrow C$, $\gamma(t) = \big(\gamma_1(t), \gamma_2(t), \gamma_3(t)\big)$, una geodésica del cilindro circular recto $C = \big\{(x,y,z) \in \mathbb{R}^3 : x^2 + y^2 = r^2\big\}$, cuyas condiciones iniciales son $\gamma(0) = p = (p_1, p_2, p_3)$ y $\gamma'(0) = \mathbf{v} = (v_1, v_2, v_3) \in T_pC$. Tomamos como vector normal al cilindro C el dado por

$$N(t) = N\big(\gamma(t)\big) = \left(\frac{\gamma_1(t)}{r}, \frac{\gamma_2(t)}{r}, 0\right).$$

Utilizando de nuevo la igualdad (4.5), sabemos que γ es una geodésica si, y solo si,

$$\begin{aligned}
\mathbf{0} &= \gamma''(t) + \langle \gamma'(t), N'(t) \rangle N(t) \\
&= \big(\gamma_1''(t), \gamma_2''(t), \gamma_3''(t)\big) + \left\langle \big(\gamma_1'(t), \gamma_2'(t), \gamma_3'(t)\big), \left(\frac{\gamma_1'(t)}{r}, \frac{\gamma_2'(t)}{r}, 0\right)\right\rangle \left(\frac{\gamma_1(t)}{r}, \frac{\gamma_2(t)}{r}, 0\right) \\
&= \big(\gamma_1''(t), \gamma_2''(t), \gamma_3''(t)\big) + \frac{\gamma_1'(t)^2 + \gamma_2'(t)^2}{r^2}\big(\gamma_1(t), \gamma_2(t), 0\big);
\end{aligned}$$

en definitiva, γ es una geodésica si, y solo si,

$$\begin{cases}
\gamma_1''(t) + \dfrac{\gamma_1'(t)^2 + \gamma_2'(t)^2}{r^2}\gamma_1(t) = 0, \\
\gamma_2''(t) + \dfrac{\gamma_1'(t)^2 + \gamma_2'(t)^2}{r^2}\gamma_2(t) = 0 \quad \text{y} \\
\gamma_3''(t) = 0.
\end{cases}$$

Desde luego, $\gamma_3''(t) = 0$ es equivalente a $\gamma_3'(t) = v_3$, y por tanto, a $\gamma_3(t) = p_3 + v_3 t$. Además, como

$$|\mathbf{v}|^2 = |\gamma'(t)|^2 = \gamma_1'(t)^2 + \gamma_2'(t)^2 + \gamma_3'(t)^2 = \gamma_1'(t)^2 + \gamma_2'(t)^2 + v_3^2,$$

entonces se tiene que $\gamma_1'(t)^2 + \gamma_2'(t)^2 = |\mathbf{v}|^2 - v_3^2 = v_1^2 + v_2^2$, un número constante que no depende de t. Luego las ecuaciones diferenciales anteriores se traducen de nuevo en unas sencillas ecuaciones de segundo orden con coeficientes constantes,

$$\gamma_i''(t) + \frac{v_1^2 + v_2^2}{r^2}\gamma_i(t) = 0, \quad \text{para } i = 1, 2. \tag{4.7}$$

[3] Es una ecuación diferencial de segundo orden con coeficientes constantes.

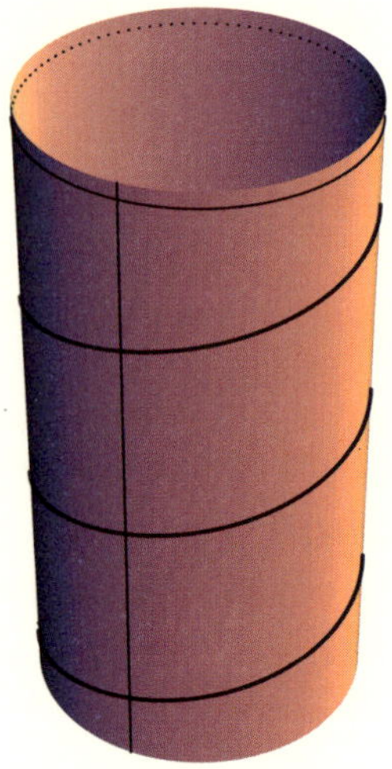

Figura 4.3: Las geodésicas en el cilindro.

Obsérvese que la solución de (4.7) depende de si el vector $\mathbf{v} = (0,0,v_3)$ o no. Así, es sencillo comprobar que dicha solución viene dada por

$$\gamma_i(t) = \begin{cases} p_i & \text{si } \mathbf{v} = (0,0,v_3), \\ p_i \cos\left(\dfrac{\sqrt{|\mathbf{v}|^2 - v_3^2}}{r}\, t\right) + \dfrac{r v_i}{\sqrt{|\mathbf{v}|^2 - v_3^2}} \operatorname{sen}\left(\dfrac{\sqrt{|\mathbf{v}|^2 - v_3^2}}{r}\, t\right) & \text{si } \mathbf{v} \neq (0,0,v_3), \end{cases} \tag{4.8}$$

para $i = 1,2$. En definitiva, γ es una geodésica del cilindro si, y solo si, es una curva de la forma $\gamma(t) = \big(\gamma_1(t), \gamma_2(t), \gamma_3(t)\big)$, donde $\gamma_1(t)$ y $\gamma_2(t)$ vienen dadas por (4.8) y $\gamma_3(t) = p_3 + v_3 t$. En el primer caso, esto es, si $\gamma_i(t) = p_i + v_i t$, $i = 1,2,3$, es evidente que $\gamma(t) = p + \mathbf{v}t$, es decir, $\gamma(t)$ es una recta con vector director $\mathbf{v} = (0,0,v_3)$.

En el segundo caso, $\mathbf{v} \neq (0,0,v_3)$, obtenemos la ecuación de una hélice cilíndrica en su forma más general. Obsérvese que, como un caso particular de estas curvas, aparecen las circunferencias cuando $\mathbf{v} = (v_1, v_2, 0)$. Luego en un cilindro existen tres tipos de geodésicas (véase la figura 4.3): las hélices (no degeneradas, en sentido estricto), las circunferencias (paralelos del cilindro) y las rectas (sus meridianos).

Otro modo de calcular las geodésicas en un cilindro es el siguiente (método que puede ser muy útil en muchos casos): sabemos que el plano y el cilindro son superficies localmente isométricas, y que las geodésicas se conservan por isometrías locales; calculemos pues las geodésicas en la superficie más sencilla (en este caso, el plano), y obtengamos su imagen en la superficie deseada mediante la isometría local. Sabemos que la aplicación

$$\phi : \left\{(x,y,z) \in \mathbb{R}^3 : z = 0\right\} \longrightarrow C \qquad \text{dada por} \qquad \phi(x,y,0) = (r\cos x, r\operatorname{sen} x, y)$$

es una isometría local entre el plano y el cilindro. Las geodésicas del plano son las rectas, que parametrizamos, por ejemplo, de la forma $\widetilde{\gamma}(t) = (at, bt, 0)$. Por lo tanto, las geodésicas del cilindro son las curvas parametrizadas por

$$\gamma(t) = \big(\phi \circ \widetilde{\gamma}\big)(t) = \phi(at, bt, 0) = \big(r\cos(at), r\operatorname{sen}(at), bt\big),$$

es decir, hélices. De nuevo se obtienen, dependiendo del vector director $(a,b,0)$ de la recta original, o bien hélices no degeneradas (si ambos $a, b \neq 0$), o bien circunferencias (cuando $b = 0$), o bien rectas (si $a = 0$). $\diamondsuit$

4.2.1. Existencia y unicidad de geodésicas en una superficie

Sea $\gamma : I \longrightarrow S$ una geodésica de una superficie regular S. Sean $t_0 \in I$ y (U, X) una parametrización de S con $\gamma(t_0) \in X(U)$. Como ya viene siendo habitual, escribimos $\gamma(t) = X\big(u(t), v(t)\big)$. Entonces, usando las ecuaciones (4.3), que establecen la condición para que un campo de vectores sea paralelo, tendremos que γ es una geodésica si, y solo si, su campo velocidad γ' es paralelo, es decir, si, y solo si, sus funciones coordenadas satisfacen las ecuaciones

$$\begin{cases} u'' + (u')^2\Gamma_{11}^1 + 2u'v'\Gamma_{12}^1 + (v')^2\Gamma_{22}^1 = 0, \\ v'' + (u')^2\Gamma_{11}^2 + 2u'v'\Gamma_{12}^2 + (v')^2\Gamma_{22}^2 = 0. \end{cases} \tag{4.9}$$

Así pues, la resolución de este sistema de ecuaciones diferenciales conduce a la determinación de todas las geodésicas de una superficie regular S.

Teorema 4.2.2 (de existencia y unicidad de geodésicas maximales). *Sean S una superficie regular, $p \in S$ y $\mathbf{v} \in T_pS$. Entonces, existe una única geodésica $\gamma_v : I_v \longrightarrow S$, con I_v abierto, verificando las siguientes condiciones:*

i) $0 \in I_v$, $\gamma_v(0) = p$ *y* $\gamma_v'(0) = \mathbf{v}$;

ii) *si* $\alpha : J \longrightarrow S$ *es otra geodésica con* $\alpha(0) = p$ *y* $\alpha'(0) = \mathbf{v}$, *entonces* $J \subset I_v$ *y* $\alpha \equiv \gamma_v|_J$.

La geodésica γ_v se denomina *geodésica maximal con condiciones iniciales p y $\mathbf{v}$*, e I_v es el *intervalo maximal* de existencia.

Demostración. Para $p \in S$ y $\mathbf{v} \in T_pS$ fijos, definimos el conjunto

$$\mathfrak{J}_{p,\mathbf{v}} = \{\gamma : I \longrightarrow S \text{ geodésica} : 0 \in I,\ \gamma(0) = p,\ \gamma'(0) = \mathbf{v}\}.$$

Vamos a dividir la demostración en tres partes.

PASO 1. Veamos en primer lugar que $\mathfrak{J}_{p,\mathbf{v}} \neq \emptyset$.

Sean (U,X) una parametrización de S con $p = X(u_0,v_0) \in X(U)$ y $\mathbf{v} = (v_1,v_2)$ en la base de las parciales: $\mathbf{v} = v_1X_u(u_0,v_0) + v_2X_v(u_0,v_0)$. Para esta parametrización (U,X), consideremos el sistema de ecuaciones diferenciales (4.9) sobre el abierto $U \subset \mathbb{R}^2$, con condiciones iniciales

$$\begin{cases} u(0) = u_0, \\ v(0) = v_0, \end{cases} \quad \text{y} \quad \begin{cases} u'(0) = v_1, \\ v'(0) = v_2. \end{cases}$$

Por el teorema de existencia y unicidad de soluciones para sistemas de ecuaciones diferenciales, sabemos que existe una única curva $\widetilde{\gamma}(t) = \big(u(t), v(t)\big)$ en el abierto U, que es solución de (4.9) con las condiciones iniciales fijadas. Entonces, $\gamma(t) = X\big(\widetilde{\gamma}(t)\big) = X\big(u(t), v(t)\big)$ es una geodésica en S, ya que su expresión en coordenadas satisface el sistema (4.9). Además,

$$\gamma(0) = X\big(\widetilde{\gamma}(0)\big) = X(u_0,v_0) = p \quad \text{y}$$
$$\gamma'(0) = u'(0)X_u(u_0,v_0) + v'(0)X_v(u_0,v_0) = v_1X_u(u_0,v_0) + v_2X_v(u_0,v_0) = \mathbf{v}.$$

Por lo tanto, $\gamma \in \mathfrak{J}_{p,\mathbf{v}}$, que no es vacío.

PASO 2. Ya sabemos lo que sucede en el entorno coordenado $X(U)$. Pero, ¿qué pasa fuera de él? Vamos a demostrar que esta geodésica γ puede «extenderse» más allá de $X(U)$, sin que tengan lugar situaciones, digamos, «extrañas».

Supongamos que $\gamma_1 : I_1 \longrightarrow S$ y $\gamma_2 : I_2 \longrightarrow S$ son dos geodésicas de $\mathfrak{J}_{p,\mathbf{v}}$. Entonces, $0 \in I_1 \cap I_2$, $\gamma_1(0) = \gamma_2(0) = p$ y $\gamma_1'(0) = \gamma_2'(0) = \mathbf{v}$. Vamos a probar que $\gamma_1(t) = \gamma_2(t)$ y $\gamma_1'(t) = \gamma_2'(t)$ en todo $t \in I_1 \cap I_2$. Para ello, definimos

$$A = \{t \in I_1 \cap I_2 : \gamma_1(t) = \gamma_2(t) \text{ y } \gamma_1'(t) = \gamma_2'(t)\}.$$

Claramente, $A \neq \emptyset$, pues $0 \in A$. Si demostramos además que A es abierto y cerrado, como $I_1 \cap I_2$ es conexo, entonces podremos concluir que $A = I_1 \cap I_2$.

Probar que A es cerrado es fácil; basta usar un sencillo argumento topológico: definimos las funciones $f, g : I_1 \cap I_2 \longrightarrow \mathbb{R}^6$ dadas por $f(t) = \big(\gamma_1(t), \gamma_1'(t)\big)$, $g(t) = \big(\gamma_2(t), \gamma_2'(t)\big)$; entonces $A = \big\{t \in I_1 \cap I_2 : f(t) = g(t)\big\}$, que es cerrado.

Demostremos ahora que A es abierto. Para ello, sea $t_0 \in A$, y buscamos $\varepsilon > 0$ tal que $(t_0 - \varepsilon, t_0 + \varepsilon) \subset A$. Como $t_0 \in A$, entonces $\gamma_1(t_0) = \gamma_2(t_0) =: \overline{p} \in S$ y $\gamma_1'(t_0) = \gamma_2'(t_0) =: \mathbf{w} \in T_{\overline{p}}S$. Elegimos una parametrización $(\overline{U}, \overline{X})$ de S de forma que $\overline{p} = \overline{X}(\overline{u}_0, \overline{v}_0) \in \overline{X}(\overline{U})$, y sean

$$\widetilde{\gamma}_1(t) = \overline{X}^{-1}\big(\gamma_1(t)\big) = \big(u_1(t), v_1(t)\big), \quad \widetilde{\gamma}_2(t) = \overline{X}^{-1}\big(\gamma_2(t)\big) = \big(u_2(t), v_2(t)\big).$$

Así, tenemos dos soluciones $\big(u_1(t), v_1(t)\big)$ y $\big(u_2(t), v_2(t)\big)$ del sistema (4.9) con las mismas condiciones iniciales, pues

$$\begin{cases} u_1(t_0) = u_2(t_0) = \overline{u}_0, \\ v_1(t_0) = v_2(t_0) = \overline{v}_0, \end{cases} \quad \text{y} \quad \begin{cases} u_1'(t_0) = u_2'(t_0) = w_1, \\ v_1'(t_0) = v_2'(t_0) = w_2, \end{cases}$$

donde $\mathbf{w} = w_1 \overline{X}_u(\overline{u}_0, \overline{v}_0) + w_2 \overline{X}_v(\overline{u}_0, \overline{v}_0)$. Por la unicidad de soluciones para este tipo de sistemas de ecuaciones diferenciales, podemos asegurar que existe $\varepsilon > 0$ tal que $u_1(t) = u_2(t)$ y $v_1(t) = v_2(t)$ para todo $t \in (t_0 - \varepsilon, t_0 + \varepsilon)$. Luego

$$\gamma_1(t) = \overline{X}\big(u_1(t), v_1(t)\big) = \overline{X}\big(u_2(t), v_2(t)\big) = \gamma_2(t) \quad \text{y} \quad \gamma_1'(t) = \gamma_2'(t)$$

si $t \in (t_0 - \varepsilon, t_0 + \varepsilon)$. Esto prueba que $(t_0 - \varepsilon, t_0 + \varepsilon) \subset A$; es decir, A es abierto.

PASO 3. Finalmente, construimos la geodésica maximal y su intervalo maximal de existencia. Sea

$$I_v = \bigcup_{\substack{\gamma: I \longrightarrow S \\ \gamma \in \mathfrak{J}_{p,\mathbf{v}}}} I.$$

Desde luego, $0 \in I_v$, pues $0 \in I$ para todo I, por la definición de $\mathfrak{J}_{p,\mathbf{v}}$. Definimos la curva $\gamma_v : I_v \longrightarrow S$ del siguiente modo: dado $t \in I_v$, existe una geodésica $\gamma : I \longrightarrow S$, $\gamma \in \mathfrak{J}_{p,\mathbf{v}}$, tal que $t \in I$; entonces, tomamos $\gamma_v(t) := \gamma(t)$. Esta es una buena definición, pues si hubiese otra geodésica $\overline{\gamma} : \overline{I} \longrightarrow S$, $\overline{\gamma} \in \mathfrak{J}_{p,\mathbf{v}}$, con $t \in \overline{I}$, entonces, por lo demostrado en el PASO 2, $\gamma \equiv \overline{\gamma}$ en la intersección de sus dominios, $I \cap \overline{I}$. Además, cumple las propiedades requeridas en el teorema. □

En resumidas cuentas, este resultado expresa que, en cada dirección del plano tangente T_pS, existe una única geodésica que pasa por p con la dirección prefijada, y que dicha geodésica está completamente determinada por tales condiciones iniciales. Esta demostración también es un ejemplo de la clase de dificultades que se pueden encontrar a la hora de probar resultados para superficies cuando estos están apoyados en lo local: la extensión a la globalidad de la superficie puede presentar problemas inesperados que no se dan a nivel local.

Otro concepto relacionado con el resultado anterior es el de *completitud (geodésica)*, que presentamos a continuación.

Definición 4.2.3. *Se dice que una superficie regular S es **geodésicamente completa en un punto** $p \in S$ si $I_{\mathbf{v}} = \mathbb{R}$ para todo $\mathbf{v} \in T_pS$. Se dice además que S es **geodésicamente completa** cuando lo es en todos sus puntos.*

Así pues, podríamos decir que una superficie regular en el espacio euclídeo es geodésicamente completa cuando no tiene «agujeros» ni «bordes» que «entorpezcan» el avance de una geodésica. En la sección 6.1 estudiaremos con mayor profundidad este concepto de completitud y sus implicaciones topológicas. Algunos ejemplos inmediatos son los siguientes.

Ejemplo 4.7. Claramente, el plano, la esfera o el cilindro son superficies geodésicamente completas: en los ejemplos 4.4, 4.5 y 4.6 están calculadas explícitamente las geodésicas de estas superficies (rectas, circunferencias máximas y hélices, respectivamente), que están definidas en todo $\mathbb{R}$. Por el contrario, superficies como el plano agujereado o el cono no son, de forma obvia, geodésicamente completas. $\diamondsuit$

4.2.2. La curvatura geodésica

Volvemos ahora sobre un concepto que ya hemos tratado anteriormente (véase la sección 3.4): el de *curvatura geodésica*. Si S es una superficie regular y $\alpha : I \longrightarrow S$ es una curva p.p.a., en cada punto $\alpha(s)$ podemos considerar el triedro de Darboux $\{\mathbf{t}(s) = \alpha'(s), \mathrm{J}\alpha'(s) = N(s) \wedge \alpha'(s), N(s)\}$. Recordemos que, como $|\mathbf{t}(s)| = 1$, entonces $\alpha''(s) = \mathbf{t}'(s)$ es ortogonal a $\mathbf{t}(s)$, y por tanto, $\alpha''(s) \in \operatorname{span}\{\mathrm{J}\alpha'(s), N(s)\}$. En consecuencia, $\alpha''(s) = \langle \alpha''(s), \mathrm{J}\alpha'(s)\rangle \mathrm{J}\alpha'(s) + k_n(\alpha'(s), \alpha(s))N(s)$, siendo el coeficiente de $\mathrm{J}\alpha'(s)$ la curvatura geodésica de α en $\alpha(s)$:

$$k_g(s) = \langle \alpha''(s), \mathrm{J}\alpha'(s)\rangle = \langle \alpha''(s), N(s) \wedge \alpha'(s)\rangle .$$

El siguiente resultado justifica el nombre asignado a dicha curvatura.

Proposición 4.2.4. *Sea $\alpha : I \longrightarrow S$ una curva p.p.a. (o proporcional al arco) en una superficie regular S. Entonces, α es geodésica si, y solo si, $k_g(s) = 0$ para todo $s \in I$.*

Demostración. La curvatura geodésica $k_g(s) = \langle \alpha''(s), \mathrm{J}\alpha'(s)\rangle = 0$ si, y solo si, $\alpha''(s)$ y $\mathrm{J}\alpha'(s)$ son ortogonales. Ahora bien, como $\langle \alpha''(s), \mathbf{t}(s)\rangle = 0$ siempre, la condición anterior es equivalente a su vez a que el vector aceleración $\alpha''(s)$ se encuentre en la dirección del normal a la superficie $N(s)$. Y esto se verifica si, y solo si, $\alpha''(s)^\top = (D\alpha'/ds)(s) = \mathbf{0}$. Es decir, si, y solamente si, α es una geodésica. $\square$

Por tanto, curvatura geodésica nula caracteriza las pregeodésicas de una superficie y, en cierto sentido, generaliza la noción de curvatura (con signo) de una curva plana. Una característica común con esta es que, como ya se comentó previamente, la curvatura geodésica de una curva $\alpha : I \longrightarrow S$ depende de la orientación elegida en la superficie (recordemos que esta característica es la misma que posee la curvatura de una curva plana en relación a la orientación del plano que la contiene).

Obsérvese que la definición de curvatura geodésica, $k_g(s) = \langle \alpha''(s), \mathrm{J}\alpha'(s) \rangle$, es válida solo si α está parametrizada por el arco. ¿Qué ocurre si no es así? Supongamos que $\alpha : I \longrightarrow S$ es una curva regular que no está p.p.a., y consideremos su reparametrización por la longitud de arco, digamos $\beta = \alpha \circ h : J \longrightarrow S$. Entonces, como ya es habitual, se define la *curvatura geodésica* de α como $k_g^\alpha(t) = k_g^\beta\left(h^{-1}(t)\right)$. Un sencillo cálculo (véanse las proposiciones 1.2.3 y 1.3.5) permite comprobar que

$$k_g^\alpha(t) = \frac{\langle \alpha''(t), \mathrm{J}\alpha'(t) \rangle}{|\alpha'(t)|^3} = \frac{\langle \alpha''(t), N(t) \wedge \alpha'(t) \rangle}{|\alpha'(t)|^3}. \tag{4.10}$$

Concluimos la sección con un ejemplo de cálculo de la curvatura geodésica.

Ejemplo 4.8 (Curvatura geodésica de un paralelo de la esfera). Parametrizamos $\mathbb{S}^2$ con las coordenadas geográficas, $X(\theta,\varphi) = (\operatorname{sen}\theta\cos\varphi, \operatorname{sen}\theta\operatorname{sen}\varphi, \cos\theta)$, con $(\theta,\varphi) \in (0,\pi)\times(0,2\pi)$. Entonces, el paralelo de la esfera correspondiente a un ángulo θ_0 viene dado por $\alpha(\varphi) = X(\theta_0,\varphi) = (\operatorname{sen}\theta_0\cos\varphi, \operatorname{sen}\theta_0\operatorname{sen}\varphi, \cos\theta_0)$. Un sencillo cálculo permite comprobar que

$$\alpha'(\varphi) = (-\operatorname{sen}\theta_0\operatorname{sen}\varphi, \operatorname{sen}\theta_0\cos\varphi, 0), \quad \alpha''(\varphi) = (-\operatorname{sen}\theta_0\cos\varphi, -\operatorname{sen}\theta_0\operatorname{sen}\varphi, 0),$$
$$N(\varphi) = (\operatorname{sen}\theta_0\cos\varphi, \operatorname{sen}\theta_0\operatorname{sen}\varphi, \cos\theta_0).$$

Por tanto

$$k_g(\varphi) = \frac{\langle \alpha''(\varphi), N(\varphi) \wedge \alpha'(\varphi) \rangle}{|\alpha'(\varphi)|^3} = \operatorname{cotg}\theta_0.$$

En el caso de la esfera (y otros muchos), la curvatura geodésica puede calcularse de otro modo, usando la conocida fórmula $k_\alpha^2 = k_g^2 + k_n^2$. El paralelo $\alpha(\varphi)$ en cuestión es una circunferencia de radio $r = \operatorname{sen}\theta_0$; luego su curvatura es $k_\alpha = 1/\operatorname{sen}\theta_0$. Como la curvatura normal en la esfera unidad es constante e igual a ± 1 (según la orientación del normal), $k_g(\varphi)^2 = k_\alpha(\varphi)^2 - k_n(\varphi)^2 = (1/\operatorname{sen}^2\theta_0) - 1 = \operatorname{cotg}^2(\theta_0)$: la curvatura geodésica vale $k_g(\varphi) = \pm\operatorname{cotg}\theta_0$, dependiendo de la orientación elegida.

Finalmente, obsérvese que la curvatura geodésica de un paralelo es cero si, y solo si, $\theta_0 = \pi/2$, esto es, si el paralelo es el ecuador (circunferencia máxima). ◇

4.3. LA APLICACIÓN EXPONENCIAL

Sea S una superficie regular. Sabemos que, para cada $p \in S$ y cada $\mathbf{v} \in T_pS$, existe una única geodésica maximal $\gamma_v : I_v \longrightarrow S$ cuyas condiciones iniciales son $\gamma_v(0) = p$ y $\gamma_v'(0) = \mathbf{v}$. Representamos por D_p el conjunto

$$D_p = \{\mathbf{v} \in T_pS : 1 \in I_v\},$$

que va a ser el dominio de la aplicación exponencial, la cual definimos a continuación.

Definición 4.3.1. *Se define la **aplicación exponencial** en $p \in S$ como la aplicación*

$$\exp_p : D_p \subset T_pS \longrightarrow S \quad \textit{dada por} \quad \begin{cases} \exp_p(\mathbf{v}) = \gamma_v(1), \\ \exp_p(\mathbf{0}) = p. \end{cases} \tag{4.11}$$

Observación 4.3. Obsérvese que si la superficie S es geodésicamente completa, entonces $1 \in I_v$ para cualquier $\mathbf{v} \in T_pS$. Por lo tanto, el dominio de la aplicación exponencial es todo el plano tangente: $D_p \equiv T_pS$. $\diamondsuit$

Antes de estudiar propiedades interesantes de la aplicación exponencial, vamos a probar un lema de gran utilidad: el *lema de homogeneidad de las geodésicas*.

Lema 4.3.2 (de homogeneidad de las geodésicas). *Sean S una superficie regular, $p \in S$ y $\mathbf{v} \in T_pS$. Sea $\gamma_v : I_v \longrightarrow S$ la geodésica maximal con $\gamma_v(0) = p$ y $\gamma_v'(0) = \mathbf{v}$, y sea $\lambda > 0$ un número real positivo*[4]. *Si $(-\varepsilon_1, \varepsilon_2) \subset I_v$, entonces $(-\varepsilon_1/\lambda, \varepsilon_2/\lambda) \subset I_{\lambda v}$, y además $\gamma_{\lambda v}(t) = \gamma_v(\lambda t)$ para todo $t \in (-\varepsilon_1/\lambda, \varepsilon_2/\lambda)$, donde $\gamma_{\lambda v} : I_{\lambda v} \longrightarrow S$ es la única geodésica maximal con condiciones iniciales $\gamma_{\lambda v}(0) = p$ y $\gamma_{\lambda v}'(0) = \lambda\mathbf{v}$.*

Demostración. Definimos una nueva curva $\alpha : I_\alpha \longrightarrow S$ de la forma $\alpha(t) := \gamma_v(\lambda t)$, donde el intervalo de definición $I_\alpha = \{t \in \mathbb{R} : \lambda t \in I_v\}$. Entonces, $\alpha(0) = \gamma_v(0) = p$ y $\alpha'(0) = \lambda\gamma_v'(0) = \lambda\mathbf{v}$. Además,

$$\frac{D\alpha'}{dt}(t) = \big(\alpha''(t)\big)^\top = \big[\lambda^2\gamma_v''(\lambda t)\big]^\top = \lambda^2\frac{D\gamma_v'}{dt}(\lambda t) = \mathbf{0},$$

ya que γ_v es una geodésica. En consecuencia, α es también una geodésica en la superficie S con condiciones iniciales $\alpha(0) = p$ y $\alpha'(0) = \lambda\mathbf{v}$, y por el teorema de existencia y unicidad de geodésicas maximales (véase el teorema 4.2.2), podemos asegurar que $I_\alpha \subset I_{\lambda v}$ y que $\alpha \equiv \gamma_{\lambda v}|_{I_\alpha}$; luego $\gamma_{\lambda v}(t) = \alpha(t) = \gamma_v(\lambda t)$.

Falta demostrar que $(-\varepsilon_1/\lambda, \varepsilon_2/\lambda) \subset I_{\lambda v}$. Concretamente, vamos a probar la inclusión $(-\varepsilon_1/\lambda, \varepsilon_2/\lambda) \subset I_\alpha$, y como ya sabemos que $I_\alpha \subset I_{\lambda v}$, tendremos el resultado. Para ello, si $t \in (-\varepsilon_1/\lambda, \varepsilon_2/\lambda)$, al ser $\lambda > 0$ es claro que $\lambda t \in (-\varepsilon_1, \varepsilon_2) \subset I_v$. Por lo tanto, $t \in I_\alpha$. $\square$

A continuación vamos a estudiar algunas propiedades importantes que verifica la aplicación exponencial. Pero antes de ello, retomemos el sistema (4.9) por un momento, y hagamos algunas consideraciones previas.

Si $\gamma : I \longrightarrow S$ es una geodésica de una superficie regular S y, como viene siendo habitual, escribimos $\gamma(t) = X\big(u(t), v(t)\big)$ para una parametrización (U, X) de S, entonces sus funciones coordenadas satisfacen las ecuaciones dadas en (4.9),

$$\begin{cases} u'' + (u')^2\Gamma_{11}^1 + 2u'v'\Gamma_{12}^1 + (v')^2\Gamma_{22}^1 = 0, \\ v'' + (u')^2\Gamma_{11}^2 + 2u'v'\Gamma_{12}^2 + (v')^2\Gamma_{22}^2 = 0, \end{cases}$$

que es un sistema de ecuaciones diferenciales ordinarias de segundo orden. Recordemos que los símbolos de Christoffel Γ_{ij}^k dependen de $\big(u(t), v(t)\big)$, aunque suprimimos

[4] El hecho de tomar $\lambda > 0$ es un mero requisito técnico para simplificar la demostración a la hora de trabajar con un intervalo no simétrico $(-\varepsilon_1, \varepsilon_2)$. Pero esta condición no es restrictiva, y el resultado sigue siendo cierto si $\lambda < 0$.

el parámetro t de las fórmulas por brevedad. Hacemos ahora el cambio de variable $w_1 = u'$ y $w_2 = v'$, lo que permite escribir el sistema anterior de la forma

$$\begin{cases} w_1 = u', \qquad w_2 = v', \\ w_1' = -\left(\Gamma_{11}^1 w_1^2 + 2\Gamma_{12}^1 w_1 w_2 + \Gamma_{22}^1 w_2^2\right), \\ w_2' = -\left(\Gamma_{11}^2 w_1^2 + 2\Gamma_{12}^2 w_1 w_2 + \Gamma_{22}^2 w_2^2\right). \end{cases} \tag{4.12}$$

Representamos por Ψ la aplicación diferenciable $\Psi : U \times \mathbb{R}^2 \longrightarrow \mathbb{R}^4$ dada por

$$\begin{aligned} \Psi(u,v,w_1,w_2) = \Big(w_1, w_2, -\Gamma_{11}^1 w_1^2 - 2\Gamma_{12}^1 w_1 w_2 - \Gamma_{22}^1 w_2^2, \\ -\Gamma_{11}^2 w_1^2 - 2\Gamma_{12}^2 w_1 w_2 - \Gamma_{22}^2 w_2^2\Big), \end{aligned}$$

lo que permite escribir (4.12) de forma más abreviada: $(u', v', w_1', w_2') = \Psi(u, v, w_1, w_2)$.

De esta manera hemos reducido (4.9) a un sistema de ecuaciones diferenciales ordinarias de *primer* orden, aunque hay que pagar el precio de trabajar en 4 dimensiones. Así, el teorema de existencia y unicidad de soluciones para este tipo de sistemas nos garantiza que, dado $(u_0, v_0, w_1^0, w_2^0) \in U \times \mathbb{R}^2$, existe una única curva $\widetilde{\alpha} : (-\delta, \delta) \longrightarrow U \times \mathbb{R}^2$, para $\delta > 0$ adecuado, tal que

$$\widetilde{\alpha}'(t) = \Psi\big(\widetilde{\alpha}(t)\big). \tag{4.13}$$

Además del ya mencionado teorema de existencia y unicidad, la dependencia de la solución respecto a las condiciones iniciales permite asegurar que, dado un punto $(u_0, v_0, w_1^0, w_2^0) \in U \times \mathbb{R}^2$, existen un entorno $U_0 \times W \subset U \times \mathbb{R}^2$ de dicho punto, un intervalo abierto I con $0 \in I$ y una aplicación diferenciable $\widetilde{\alpha} : I \times U_0 \times W \longrightarrow U \times \mathbb{R}^2$ tales que, para cada $(u, v, w_1, w_2) \in U_0 \times W$, la curva $\widetilde{\alpha}(\,\cdot\,; u, v, w_1, w_2)$ cumple (4.13). Ahora bien, ¿qué nos está diciendo este resultado en el caso de trabajar con una superficie regular S?

Fijemos $p \in S$ con $p = X(u_0, v_0)$, y tomemos como condición inicial el punto $(u_0, v_0, 0, 0) \in U \times \mathbb{R}^2$. Entonces, existirán $\delta > 0$, entornos $U_0 \subset U$ de (u_0, v_0) y $W \subset \mathbb{R}^2$ de $(0,0)$, y una aplicación diferenciable $\widetilde{\gamma} : (-\delta, \delta) \times U_0 \times W \longrightarrow U \times \mathbb{R}^2$ tales que, si $(u, v, w_1, w_2) \in U_0 \times W$, la curva $\gamma_w(t) = (X \circ \pi \circ \widetilde{\gamma})(t; u, v, w_1, w_2)$ es la geodésica que pasa por el punto $X(u,v)$ con velocidad $\mathbf{w} = w_1 X_u(u,v) + w_2 X_v(u,v)$, ya que $\widetilde{\gamma}(\,\cdot\,; u, v, w_1, w_2)$ verifica (4.13). Aquí, $\pi : U \times \mathbb{R}^2 \longrightarrow U$ es la proyección en las dos primeras coordenadas, a saber, $\pi(u, v, w_1, w_2) = (u, v)$.

Gracias a lo ya argumentado, y siguiendo la notación anterior, podemos demostrar una primera propiedad importante de la aplicación exponencial.

Proposición 4.3.3. *Dado $p \in S$, existe $\varepsilon > 0$ tal que* $\exp_{\mathrm{p}}$ *está definida en el disco $D(\mathbf{0}, \varepsilon) \subset T_pS$, donde es además diferenciable.*

Demostración. Podemos suponer, sin pérdida alguna de generalidad (véase la observación 3.1), que X es una parametrización ortogonal. Consideremos la aplicación diferenciable $\widetilde{\gamma}$, ahora definida en

$$\widetilde{\gamma} : (-\delta, \delta) \times \big\{(u_0, v_0)\big\} \times W \longrightarrow U \times \mathbb{R}^2.$$

Como $W \subset \mathbb{R}^2$ es un entorno del $(0,0)$, existirá $\varepsilon_0 > 0$ tal que $D\big((0,0),\varepsilon_0\big) \subset W$, con lo que restringimos de nuevo $\widetilde{\gamma}$ a este disco:

$$\widetilde{\gamma}\colon (-\delta,\delta) \times \big\{(u_0,v_0)\big\} \times D\big((0,0),\varepsilon_0\big) \longrightarrow U \times \mathbb{R}^2.$$

Entonces, para cualesquiera $t \in (-\delta,\delta)$ y $\mathbf{w} = w_1X_u(u_0,v_0) + w_2X_v(u_0,v_0) \in T_pS$ con $(w_1,w_2) \in D\big((0,0),\varepsilon_0\big)$, sabemos que $\gamma_w(t) := (X \circ \pi \circ \widetilde{\gamma})(t;u_0,v_0,w_1,w_2)$ es la geodésica en S con condiciones iniciales $\gamma_w(0) = p$ y $\gamma_w'(0) = \mathbf{w}$, estando esta definida cuando $|t| < \delta$ y $w_1^2 + w_2^2 < \varepsilon_0^2$.

Aplicando el lema 4.3.2 de homogeneidad de las geodésicas, se tiene que la nueva geodésica $\gamma_{\delta w/2}(t) = \gamma_w(\delta t/2)$ estará definida para $|t| < 2$ (pues debe cumplirse $|\delta t/2| < \delta$), siempre y cuando $w_1^2 + w_2^2 < \varepsilon_0^2$. Ahora, tomando el disco $D\big((0,0),\varepsilon_1\big)$ con $\varepsilon_1 < \delta\varepsilon_0/2$ concluimos que, si $\mathbf{v} = v_1X_u(u_0,v_0) + v_2X_v(u_0,v_0)$ con $v_1^2 + v_2^2 < \varepsilon_1^2$, la geodésica $\gamma_v(t)$ está definida en $t = 1$: en efecto, como el vector $\mathbf{w} = 2\mathbf{v}/\delta$ verifica $w_1^2 + w_2^2 = 2(v_1^2 + v_2^2)/\delta < \varepsilon_0$, entonces $\gamma_v(t) = \gamma_{\delta w/2}(t)$ existe para todo $t \in (-2,2)$.

En suma, la exponencial $\exp_{\mathrm{p}}(\mathbf{v}) = \gamma_v(1)$ está definida cuando $v_1^2 + v_2^2 < \varepsilon_1^2$, y solo resta expresar esta condición en términos de un disco adecuado del plano tangente T_pS. Pero claramente, dado que nuestra parametrización es ortogonal ($F = 0$), basta tomar $\varepsilon = \varepsilon_1\sqrt{\text{mín}\{E,G\}}$, pues entonces, si $\mathbf{v} \in D(\mathbf{0},\varepsilon)$ se tendrá que

$$v_1^2 + v_2^2 \leq \frac{1}{\text{mín}\{E,G\}}(v_1^2E + v_2^2G) = \frac{1}{\text{mín}\{E,G\}}|\mathbf{v}|^2 < \frac{\varepsilon^2}{\text{mín}\{E,G\}} = \varepsilon_1^2,$$

y $\exp_{\mathrm{p}}(\mathbf{v})$ estará definida. Además, $\exp_{\mathrm{p}}$ será diferenciable por serlo la aplicación $(v_1,v_2) \longmapsto \gamma_v(1) = X \circ \pi \circ \widetilde{\gamma}(1;u_0,v_0,v_1,v_2)$ (para la correspondiente aplicación $\widetilde{\gamma}$), lo que ya sabíamos por las propiedades de dependencia de las soluciones de un sistema de ecuaciones diferenciales respecto a las condiciones iniciales. □

Con un poco más de trabajo se puede probar que todo el dominio D_p de la exponencial es un abierto, siendo entonces $\exp_{\mathrm{p}} : D_p \longrightarrow S$ una aplicación diferenciable. Dado que ya tenemos la diferenciabilidad de $\exp_{\mathrm{p}}$ (proposición 4.3.3), vamos a omitir la prueba de este hecho por su longitud, y por ser un argumento muy técnico que no aporta nada significativo a los objetivos del libro. Esta puede consultarse, por ejemplo, en [1]. Veamos otras propiedades interesantes de la aplicación exponencial.

Teorema 4.3.4 (Propiedades de la aplicación exponencial). *Sean S una superficie regular y $p \in S$. Se verifican las siguientes propiedades:*

i) Para cualesquiera $\mathbf{v} \in T_pS$ y $t \in I_v$ con $t > 0$, se tiene que $t\mathbf{v} \in D_p$. Además, $\exp_{\mathrm{p}}(t\mathbf{v}) = \gamma_v(t)$.

i.a) D_p es estrellado respecto a $\mathbf{0}$.

i.b) Para todo $\mathbf{v} \in T_pS$, existe $\lambda > 0$ tal que $\lambda\mathbf{v} \in D_p$; es decir, todas las direcciones están en D_p para el módulo adecuado.

ii) La aplicación $\exp_{\mathrm{p}}$ es un difeomorfismo local en $\mathbf{0}$, es decir, existe un entorno $U(\mathbf{0}) \subset D_p$ de $\mathbf{0}$ tal que $\exp_{\mathrm{p}}(U) = V$ es un entorno de p en S para el cual $\exp_{\mathrm{p}} : U \longrightarrow V$ es un difeomorfismo.

Demostración. Veamos i). Sean $\mathbf{v} \in T_pS$ y $t \in I_v$, con $\gamma_v : I_v \longrightarrow S$ la correspondiente geodésica maximal. Si $t = 0$, entonces $0\mathbf{v} = \mathbf{0} \in D_p$ (por convenio); luego $\exp_p(0\mathbf{v}) = \exp_p(\mathbf{0}) = p = \gamma_v(0)$. Supongamos por tanto que $t > 0$. Como $t \in I_v$, el lema de homogeneidad 4.3.2 nos asegura que $1 = t/t \in I_{tv}$, donde $\gamma_{tv} : I_{tv} \longrightarrow S$ es la única geodésica maximal con condiciones iniciales $\gamma_{tv}(0) = p$ y $\gamma'_{tv}(0) = t\mathbf{v}$. Esto demuestra que $t\mathbf{v} \in D_p$. Además, por el citado lema, $\exp_p(t\mathbf{v}) = \gamma_{tv}(1) = \gamma_v(t)$.

Los epígrafes i.a), i.b) son consecuencias de i). Para ver i.a), sea $\mathbf{v} \in D_p$. Queremos demostrar que

$$[\mathbf{0}, \mathbf{v}] = \{\lambda \mathbf{v} : 0 \leq \lambda \leq 1\} \subset D_p.$$

Como $\mathbf{v} \in D_p$, por definición $1 \in I_v$, y dado que $0 \in I_v$ siempre, podemos concluir que $[0,1] \subset I_v$. Luego si $\lambda \in [0,1] \subset I_v$, el apartado i) nos asegura que $\lambda \mathbf{v} \in D_p$, como queríamos demostrar. Tomemos ahora $\mathbf{v} \in T_pS$ para probar i.b). Dado que siempre se verifica que $0 \in I_v$, entonces va a existir $\lambda > 0$ con $\lambda \in I_v$. Por i), $\lambda \mathbf{v} \in D_p$.

Finalmente, pasamos a demostrar ii). Para ello, calculamos la diferencial en el origen de la aplicación $\exp_p : D_p \subset T_pS \longrightarrow S$, esto es,

$$d(\exp_p)_{\mathbf{0}} : T_{\mathbf{0}}D_p \equiv T_pS \longrightarrow T_pS$$

dada por

$$d(\exp_p)_{\mathbf{0}}(\mathbf{v}) = \left.\frac{d}{dt}\right|_{t=0} (\exp_p \circ \alpha)(t),$$

donde $\alpha : I \longrightarrow D_p$ es una curva diferenciable en D_p con $\alpha(0) = \mathbf{0}$ y $\alpha'(0) = \mathbf{v}$. Tomemos, por ejemplo, $\alpha(t) = t\mathbf{v}$, curva que está contenida en D_p. Entonces,

$$d(\exp_p)_{\mathbf{0}}(\mathbf{v}) = \left.\frac{d}{dt}\right|_{t=0} \exp_p(t\mathbf{v}) = \left.\frac{d}{dt}\right|_{t=0} \gamma_v(t) = \gamma'_v(0) = \mathbf{v}.$$

En consecuencia, $d(\exp_p)_{\mathbf{0}} = 1_{T_pS}$ es la aplicación identidad en el plano tangente, y por tanto, es un isomorfismo lineal. El teorema de la función inversa nos asegura entonces que $\exp_p$ es un difeomorfismo local en $\mathbf{0}$, como se quería demostrar.[5] □

Geométricamente, la aplicación exponencial nos dice, para cada $\mathbf{v} \in D_p$, cuál es el punto de la geodésica maximal γ_v que parte de p, con velocidad $\mathbf{v}$, que se obtiene cuando la recorremos una distancia $|\mathbf{v}|$. En efecto, como $\exp_p(\mathbf{v}) = \gamma_v(1)$, la longitud de γ_v entre $p = \gamma_v(0)$ y $\exp_p(\mathbf{v}) = \gamma_v(1)$ es

$$L_0^1(\gamma_v) = \int_0^1 |\gamma'_v(t)|\, dt = \int_0^1 |\gamma'_v(0)|\, dt = \int_0^1 |\mathbf{v}|\, dt = |\mathbf{v}|.$$

4.3.1. Entornos normales y uniformemente normales

Comencemos con un ejemplo que motivará la noción principal que perseguimos en este epígrafe: la de entorno normal.

[5] Intuitivamente, este epígrafe prueba que las geodésicas que parten de un punto fijo «rellenan» toda la superficie en un entorno de dicho punto: no dejan «huecos vacíos».

Ejemplo 4.9 (La aplicación exponencial en la esfera). Consideremos la esfera $\mathbb{S}^2(r)$. Sabemos que sus geodésicas son los círculos máximos (véase el ejemplo 4.5), cuya ecuación viene dada por (4.6). Luego $\exp_p : T_p\mathbb{S}^2(r) \longrightarrow \mathbb{S}^2(r)$ es

$$\exp_p(\mathbf{v}) = \gamma_v(1) = \cos\left(\frac{|\mathbf{v}|}{r}\right) p + \frac{r}{|\mathbf{v}|}\,\mathrm{sen}\left(\frac{|\mathbf{v}|}{r}\right)\mathbf{v}. \tag{4.14}$$

Consideremos ahora el ecuador de la esfera (con respecto a p), que puede expresarse como el conjunto de puntos $E = \{q \in \mathbb{S}^2(r) : \langle p,q\rangle = 0\}$. Nos preguntamos entonces: ¿para qué vectores $\mathbf{v} \in T_p\mathbb{S}^2(r)$ su imagen por la aplicación exponencial está sobre el ecuador? Es evidente que $\exp_p(\mathbf{v}) \in E$ si, y solo si, $\langle p, \exp_p(\mathbf{v})\rangle = 0$, es decir, solo si $\cos(|\mathbf{v}|/r) = 0$ (utilizando (4.14), ya que $\langle p,\mathbf{v}\rangle = 0$). Por tanto, $\exp_p(\mathbf{v}) \in E$ si, y solo si, $|\mathbf{v}| = (\pi/2)r$. Además, fijado $q \in E$, el vector $\mathbf{v}$ está determinado de forma única: $\exp_p(\mathbf{v}) = q$ si, y solo si,

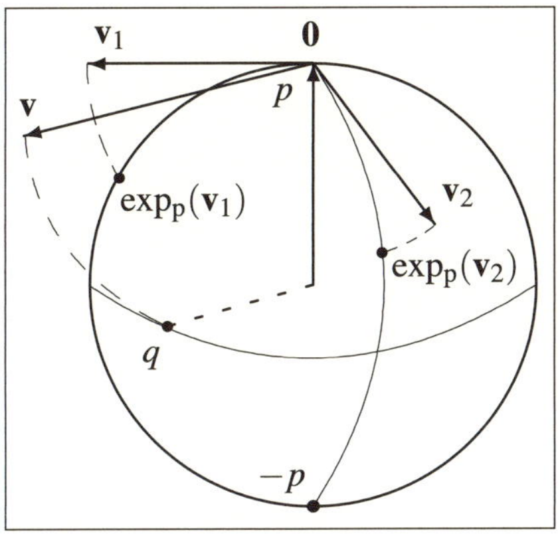

Figura 4.4: La aplicación exponencial en la esfera $\mathbb{S}^2$.

$$\cos\left(\frac{|\mathbf{v}|}{r}\right) = 0 \quad \text{y} \quad \frac{r}{|\mathbf{v}|}\,\mathrm{sen}\left(\frac{|\mathbf{v}|}{r}\right)\mathbf{v} = q;$$

la primera condición es equivalente a que se cumpla $|\mathbf{v}| = (\pi/2)r$, y sustituyendo en la segunda, obtenemos el único vector que verifica ambas condiciones: $\mathbf{v} = (\pi/2)q$.

Ahora nos preguntamos por el punto antípoda: ¿para qué vectores la aplicación exponencial llega a $-p$? De nuevo, usando (4.14), sabemos que $\exp_p(\mathbf{v}) = -p$ si, y solo si,

$$\exp_p(\mathbf{v}) = \cos\left(\frac{|\mathbf{v}|}{r}\right) p + \frac{r}{|\mathbf{v}|}\,\mathrm{sen}\left(\frac{|\mathbf{v}|}{r}\right)\mathbf{v} = -p,$$

lo cual se satisface si, y solo si, $\mathrm{sen}(|\mathbf{v}|/r) = 0$ y $\cos(|\mathbf{v}|/r) = -1$, es decir, cuando $|\mathbf{v}| = \pi r$. Existen, por tanto, infinitos vectores cuya imagen por la aplicación exponencial es el punto $-p$: $\exp_p$ no es inyectiva. En particular,

$$U = \{\mathbf{v} \in T_p\mathbb{S}^2(r) : |\mathbf{v}| < \pi r\} = D(\mathbf{0}, \pi r) \subset T_p\mathbb{S}^2(r)$$

es el mayor entorno del origen $\mathbf{0}$ donde la exponencial $\exp_p|_U : U \longrightarrow \mathbb{S}^2(r)\backslash\{-p\}$ es un difeomorfismo. ♢

Esta situación puede trasladarse a una superficie arbitraria S; se trata por tanto de buscar el mayor entorno de cada punto donde la aplicación exponencial sea un difeomorfismo. Esto motiva la siguiente definición.

Definición 4.3.5. *Un entorno V de $p \in S$ es un* ***entorno normal*** *de p si V es la imagen, por la aplicación exponencial, de un entorno U de $\mathbf{0} \in T_pS$ verificando*

i) U es estrellado respecto a $\mathbf{0}$ y

ii) $\exp_p|_U : U \longrightarrow V$ es un difeomorfismo.

El punto p es el *centro* del entorno normal. Por el apartado ii) del teorema 4.3.4, estos entornos siempre existen para todo punto de una superficie y, como iremos viendo en el desarrollo de este capítulo y posteriores, son esenciales en el estudio de las cuestiones métricas en una superficie.

El resultado que presentamos a continuación es una primera aplicación de los entornos normales. Es bien conocido que, en el plano, si fijamos un punto y cogemos cualquier otro, entonces existe una única línea recta que pasa por ambos. Esto también es cierto para superficies en el ámbito de un entorno normal.

Teorema 4.3.6 (Existencia y unicidad de geodésicas radiales). *Sea V un entorno normal de $p_0 \in S$. Entonces, para todo $p \in V$, existe un único segmento de geodésica $\gamma_p : [0,1] \longrightarrow V$ con $\gamma_p(0) = p_0$, $\gamma_p(1) = p$ y $\gamma_p(t) \in V$ para todo $t \in [0,1]$.*

El segmento de geodésica γ_p se denomina *segmento de geodésica radial*[6] *que une p_0 con p*. En general, e inspirados por la misma situación que tiene lugar en el plano, cualquier entorno V de p_0 verificando las condiciones del teorema se dice que es *estrellado respecto a p_0*.

Demostración. Veamos primero la existencia. Como V es un entorno normal de p_0, entonces $V = \exp_{p_0}(U)$, siendo $U \subset D_{p_0}$ un entorno estrellado del origen $\mathbf{0}$ de $T_{p_0}S$, y verificándose además que $\exp_{p_0}|_U : U \longrightarrow V$ es un difeomorfismo. Por lo tanto, si $p \in V$, existe un único $\mathbf{v} \in U$ tal que $\exp_{p_0}(\mathbf{v}) = p$. Además, por definición, $p = \exp_{p_0}(\mathbf{v}) = \gamma_v(1)$, donde $\gamma_v : I_v \longrightarrow S$ es la geodésica maximal con $\gamma_v(0) = p_0$ y $\gamma_v'(0) = \mathbf{v}$. Definimos entonces el segmento de geodésica radial como $\gamma_p := \gamma_v|_{[0,1]}$. Claramente, $\gamma_p(0) = \gamma_v(0) = p_0$ y $\gamma_p(1) = \gamma_v(1) = p$. Por otro lado, si $t \in [0,1]$, $\gamma_p(t) = \gamma_v(t) = \exp_{p_0}(t\mathbf{v})$; además, como U es estrellado respecto a $\mathbf{0}$ y $t \in [0,1]$, entonces $t\mathbf{v} \in U$, lo que prueba que

$$\gamma_p(t) = \exp_{p_0}(t\mathbf{v}) \in \exp_{p_0}(U) = V.$$

Veamos la unicidad. Sea $\alpha : [0,1] \longrightarrow V$ otro segmento de geodésica con $\alpha(0) = p_0$ y $\alpha(1) = p$. Tenemos que probar que $\alpha \equiv \gamma_p$, siendo $\gamma_p = \gamma_v|_{[0,1]}$ el segmento de geodésica radial que se ha construido en el párrafo anterior. Sea $\mathbf{w} := \alpha'(0) \in T_{p_0}S$, y consideremos la geodésica maximal $\gamma_w : I_w \longrightarrow S$, con $\gamma_w(0) = p_0$ y $\gamma_w'(0) = \mathbf{w}$. Por la unicidad de las geodésicas maximales, $[0,1] \subset I_w$ y $\alpha \equiv \gamma_w|_{[0,1]}$. En particular,

$$\begin{aligned} \alpha(t) = \gamma_w(t) = \exp_{p_0}(t\mathbf{w}) \qquad &\text{para todo } t \in [0,1] \text{ y} \\ p = \alpha(1) = \gamma_w(1) = \exp_{p_0}(\mathbf{w}) \in V. & \end{aligned}$$

Vamos a demostrar que $\mathbf{w} \in U$. Como $\alpha([0,1])$ es un compacto, podemos encontrar un abierto V_0 verificando que $\alpha([0,1]) \subset V_0$ y la clausura $\mathrm{cl}\, V_0 \subset V$. Tomemos entonces ${\exp_{p_0}}^{-1}(V_0) := U_0 \subset U$ (véase la figura 4.5) y la curva

$$\widetilde{\alpha} : [0,1] \longrightarrow U_0 \quad \text{dada por} \quad \widetilde{\alpha}(t) := {\exp_{p_0}}^{-1}\big(\alpha(t)\big).$$

[6] Observemos que, en general, este segmento de geodésica no está parametrizado por el arco.

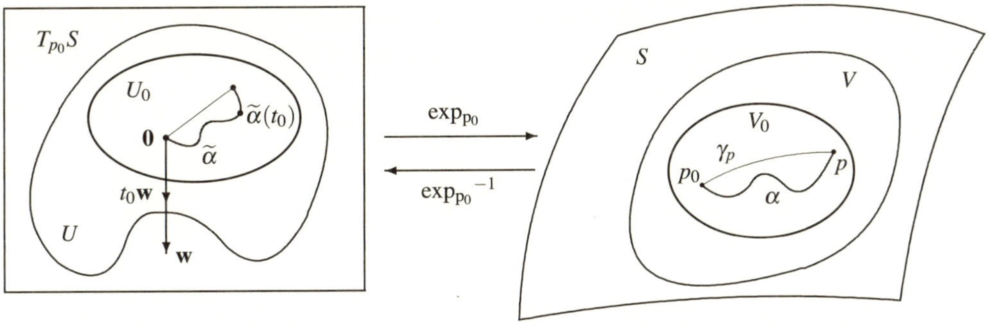

Figura 4.5: Unicidad del segmento de geodésica radial.

Claramente, $\mathbf{0} = \exp_{p_0}{}^{-1}(p_0) = \exp_{p_0}{}^{-1}\big(\alpha(0)\big) = \widetilde{\alpha}(0)$ y además $\widetilde{\alpha}\big([0,1]\big) \subset U_0$, ya que $\alpha\big([0,1]\big) \subset V_0$. Obsérvese por otro lado que, como $\exp_{p_0}$ es un difeomorfismo en V, entonces $\operatorname{cl} U_0 = \exp_{p_0}{}^{-1}(\operatorname{cl} V_0) \subset U$.

Si $\mathbf{w} \notin U_0$, dado que $\operatorname{cl} U_0 \subset U$, ambos U_0, U son conexos y U es estrellado respecto a $\mathbf{0}$, podríamos asegurar la existencia de $t_0 \leq 1$ tal que $t_0\mathbf{w} \notin U_0$ pero $t_0\mathbf{w} \in U$. En tal caso, $\exp_{p_0}(t_0\mathbf{w}) = \gamma_w(t_0) = \alpha(t_0)$. Ahora bien, tal y como hemos definido la curva $\widetilde{\alpha}$, sabemos que $\alpha(t_0) = \exp_{p_0}\big(\widetilde{\alpha}(t_0)\big)$, donde $\widetilde{\alpha}(t_0) \in U_0$ por la construcción de U_0. Habríamos llegado así a que $\exp_{p_0}\big(\widetilde{\alpha}(t_0)\big) = \exp_{p_0}(t_0\mathbf{w})$ con $t_0\mathbf{w} \neq \widetilde{\alpha}(t_0)$, lo que contradiría la inyectividad de $\exp_{p_0}$ (dentro de U).

Por lo tanto, $\mathbf{w} \in U_0 \subset U$. Tenemos entonces que $\exp_{p_0}(\mathbf{v}) = p = \exp_{p_0}(\mathbf{w})$, con $\mathbf{v}, \mathbf{w} \in U$, lo que nos permite concluir que $\mathbf{v} = \mathbf{w}$ por la inyectividad de $\exp_{p_0}$. En consecuencia, $\alpha = \gamma_w|_{[0,1]} = \gamma_v|_{[0,1]} = \gamma_p$, tal y como se quería demostrar. □

Existe otro tipo de entornos que jugarán un papel fundamental cuando estudiemos el teorema de Hopf-Rinow 6.1.7: se trata de los llamados *entornos uniformemente normales*. Veamos a qué nos referimos.

Definición 4.3.7. *Se dice que un abierto $V \subset S$ es un* ***entorno uniformemente normal*** *de S si es entorno normal de todos sus puntos.*

En el caso de los entornos normales, su existencia era una consecuencia directa del teorema 4.3.4 ii). Sin embargo, justificar la existencia de entornos uniformemente normales es algo más complicado, aunque el trabajo previo que ya hemos realizado al principio de la sección nos va a permitir demostrarlo de forma relativamente breve.

Teorema 4.3.8. *Sea S una superficie regular. Dado $p \in S$, existe un entorno uniformemente normal en S que contiene a p.*

Demostración. Fijemos $p \in S$, y sean (U, X) una parametrización de S que cubre a $p = X(u_0, v_0)$ y $V = X(U)$. El argumento de la página 188, previo a la proposición 4.3.3, nos permite asegurar la existencia de números positivos $\delta, \rho, \varepsilon > 0$ y una aplicación diferenciable $\gamma : (-\delta, \delta) \times \mathcal{V} \longrightarrow S$, donde

$$\mathcal{V} = \Big\{ (q, \mathbf{v}) : q \in X\Big(D\big((u_0, v_0), \rho\big)\Big), \mathbf{v} \in D(\mathbf{0}_q, \varepsilon) \subset T_qS \Big\},$$

tales que $\gamma(t,q,\mathbf{v}) = \gamma_v(t)$ es la geodésica de S con condiciones iniciales $\gamma(0,q,\mathbf{v}) = q$ y $\gamma'(0,q,\mathbf{v}) = \mathbf{v}$ cuando $\mathbf{v} \neq \mathbf{0}$, verificándose además que $\gamma(t,q,\mathbf{0}) = q$.

Haciendo $\varepsilon < \delta$, si $(q,\mathbf{v}) \in \mathcal{V}$, la definición de aplicación exponencial nos permite asegurar que $\exp_q$ está definida en $\mathbf{v}$ (ya que $|\mathbf{v}| < \varepsilon < \delta$), y el lema 4.3.2 de homogeneidad de las geodésicas implica que

$$\exp_q(\mathbf{v}) = \gamma_v(1) = \gamma_{v/|\mathbf{v}|}(|\mathbf{v}|) = \gamma\left(|v|, q, \frac{\mathbf{v}}{|\mathbf{v}|}\right).$$

Así, podemos definir la aplicación diferenciable $\varphi : \mathcal{V} \longrightarrow V \times V$, dada por

$$\varphi(q,\mathbf{v}) = \big(q, \exp_q(\mathbf{v})\big).$$

Veamos cuál es el rango de $d\varphi_{(p,\mathbf{0})}$ (obsérvese que $d\varphi_{(p,\mathbf{0})}$ puede verse definida sobre $\mathbb{R}^2 \times \mathbb{R}^2$ y tomando valores en $\mathbb{R}^2 \times \mathbb{R}^2$). Para ello elegimos, por un lado, un vector de la forma $(\mathbf{0},\mathbf{w})$ con $\mathbf{w} \in T_pS$, $\mathbf{w} \neq \mathbf{0}$. Claramente, la curva $\beta_1 : J \longrightarrow \mathcal{V}$, con J adecuado, dada por $\beta_1(t) = (p, t\mathbf{w})$, verifica que $\beta_1(0) = (p,\mathbf{0})$ y $\beta_1'(0) = (\mathbf{0},\mathbf{w})$. Entonces

$$d\varphi_{(p,\mathbf{0})}(\mathbf{0},\mathbf{w}) = \left.\frac{d}{dt}\right|_{t=0} (\varphi \circ \beta_1)(t) = \left.\frac{d}{dt}\right|_{t=0} \big(p, \exp_{\mathrm{p}}(t\mathbf{w})\big) = \big(\mathbf{0}, d(\exp_{\mathrm{p}})_{\mathbf{0}}(\mathbf{w})\big) = (\mathbf{0},\mathbf{w}).$$

Por otro lado, fijada $\alpha : I \longrightarrow S$ diferenciable con $\alpha(0) = p$ e I apropiado, consideramos la curva en $\mathcal{V}$ dada por $\beta_2(t) = \big(\alpha(t),\mathbf{0}\big)$, la cual verifica que $\beta_2(0) = (p,\mathbf{0})$ y $\beta_2'(0) = \big(\alpha'(0),\mathbf{0}\big)$. Para este segundo tipo de vectores se tiene que

$$d\varphi_{(p,\mathbf{0})}\big(\alpha'(0),\mathbf{0}\big) = \left.\frac{d}{dt}\right|_{t=0} (\varphi \circ \beta_2)(t) = \left.\frac{d}{dt}\right|_{t=0} \big(\alpha(t), \exp_{\alpha(t)}(\mathbf{0})\big) = \big(\alpha'(0), \alpha'(0)\big).$$

Así, dada una base de $\mathbb{R}^4$ de la forma $\big\{(\mathbf{0},\mathbf{w}_1),(\mathbf{0},\mathbf{w}_2),(\mathbf{u}_1,\mathbf{0}),(\mathbf{u}_2,\mathbf{0})\big\}$, el argumento anterior permite concluir que su imagen por $d\varphi_{(p,\mathbf{0})}$ es una base de $\mathbb{R}^4$, lo que nos asegura que $d\varphi_{(p,\mathbf{0})}$ tiene rango máximo. El teorema de la función inversa implica entonces la existencia de un entorno $\mathcal{V}_0$ de $(p,\mathbf{0})$ en $\mathcal{V}$ tal que $\varphi|_{\mathcal{V}_0} : \mathcal{V}_0 \longrightarrow \varphi(\mathcal{V}_0)$ es un difeomorfismo, siendo $\varphi(\mathcal{V}_0) \subset V \times V$ un entorno del punto (p,p). El entorno $\mathcal{V}_0$ será de la forma

$$\mathcal{V}_0 = \left\{(q,\mathbf{v}) \in \mathcal{V} : q \in W \subset X\Big(D\big((u_0,v_0),\rho\big)\Big), \mathbf{v} \in D(\mathbf{0}_q,\varepsilon_0) \subset T_qS\right\},$$

$0 < \varepsilon_0 < \varepsilon$. Finalmente, tomamos $W_0 \subset W$ un entorno de p tal que $W_0 \times W_0 \subset \varphi(\mathcal{V}_0)$. Como φ es un difeomorfismo en $\mathcal{V}_0$, la exponencial $\exp_q$ es un difeomorfismo en $D(\mathbf{0}_q,\varepsilon_0)$ para todo $q \in W_0$. Además, fijado $q \in W_0$, el par $(q,p') \in W_0 \times W_0 \subset \varphi(\mathcal{V}_0)$ para todo $p' \in W_0$ y, en consecuencia, utilizando también la definición de aplicación φ, se deduce inmediatamente que

$$(q,p') = \varphi(q,\mathbf{v}) = (q, \exp_q \mathbf{v})$$

para un $\mathbf{v} \in D(\mathbf{0}_q,\varepsilon_0)$. Esto implica que $p' = \exp_q(\mathbf{v}) \in \exp_q\big(D(\mathbf{0}_q,\varepsilon_0)\big)$, de donde obtenemos que $W_0 \subset \exp_q\big(D(\mathbf{0}_q,\varepsilon_0)\big)$. En definitiva, hemos encontrado un entorno W_0 de p tal que, para todo $q \in W_0$, la exponencial $\exp_q$ es un difeomorfismo en $D(\mathbf{0}_q,\varepsilon_0) \subset T_qS$, con $W_0 \subset \exp_q\big(D(\mathbf{0}_q,\varepsilon_0)\big)$; es decir, W_0 es un entorno normal de cualquier $q \in W_0$, como se quería demostrar. □

4.3.2. El lema de Gauss

Sean S una superficie regular y $p \in S$. Elegimos un vector cualquiera $\mathbf{v} \in D_p$, para el que vamos a estudiar la diferencial $d(\exp_p)_{\mathbf{v}} : T_{\mathbf{v}}D_p \equiv T_pS \longrightarrow T_{\exp_p(\mathbf{v})}S$. Sea $\mathbf{w} \in T_pS$. Nos preguntamos entonces qué se puede decir de $d(\exp_p)_{\mathbf{v}}(\mathbf{w})$. El lema de Gauss nos da la respuesta. Desde luego, si $\mathbf{v} = \mathbf{0}$, ya sabemos que $d(\exp_p)_{\mathbf{0}} = 1_{T_pS}$, por lo que vamos a suponer que $\mathbf{v} \neq \mathbf{0}$.

Lema 4.3.9 (de Gauss –primera versión). *Sean S una superficie regular, $p \in S$ y $\mathbf{v} \in D_p$, con $\mathbf{v} \neq \mathbf{0}$. Sea además $\mathbf{w} \in T_pS$.*

i) Si $\mathbf{w}$ y $\mathbf{v}$ son colineales, entonces $|d(\exp_p)_{\mathbf{v}}(\mathbf{w})| = |\mathbf{w}|$.

ii) Si $\mathbf{w}$ y $\mathbf{v}$ son ortogonales, entonces $d(\exp_p)_{\mathbf{v}}(\mathbf{v})$, $d(\exp_p)_{\mathbf{v}}(\mathbf{w})$ son ortogonales.

Demostración. Supongamos primero que $\mathbf{w}$ y $\mathbf{v}$ son colineales, esto es, $\mathbf{w} = \lambda\mathbf{v}$ para un cierto $\lambda > 0$. Entonces, tomando la recta $\alpha(t) = \mathbf{v} + t\mathbf{w} = (1+\lambda t)\mathbf{v}$, que está contenida en D_p (para un entorno suficientemente pequeño de $t = 0$) y verifica $\alpha(0) = \mathbf{v}$, $\alpha'(0) = \mathbf{w}$, se tiene que

$$d(\exp_p)_{\mathbf{v}}(\mathbf{w}) = \left.\frac{d}{dt}\right|_{t=0} \exp_p\big((1+\lambda t)\mathbf{v}\big) = \left.\frac{d}{dt}\right|_{t=0} \gamma_v(1+\lambda t) = \lambda\gamma_v'(1),$$

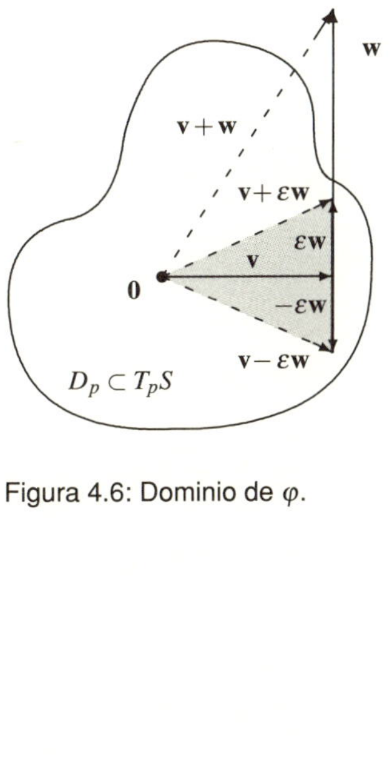

Figura 4.6: Dominio de φ.

donde, como es usual, $\gamma_v : I_v \longrightarrow S$ es la geodésica maximal con $\gamma_v(0) = p$, $\gamma_v'(0) = \mathbf{v}$. Tomando módulos, $|d(\exp_p)_{\mathbf{v}}(\mathbf{w})| = |\lambda|\,|\gamma_v'(1)| = |\lambda|\,|\gamma_v'(0)| = |\lambda|\,|\mathbf{v}| = |\mathbf{w}|$.

Estudiemos ahora el segundo caso, y supongamos por tanto que $\mathbf{w}$ y $\mathbf{v}$ son ortogonales. Definimos $\varphi(s,t) = \exp_p\big(s(\mathbf{v}+t\mathbf{w})\big)$. ¿Cuál es su dominio de definición?

Sea $\alpha(t) = \mathbf{v} + t\mathbf{w}$. Claramente, existe $\varepsilon > 0$ tal que, si $t \in (-\varepsilon, \varepsilon)$, entonces $\alpha(t) = \mathbf{v} + t\mathbf{w} \in D_p$ (véase la figura 4.6). En consecuencia, al ser D_p estrellado respecto al origen $\mathbf{0} \in T_pS$, si $s \in [0,1]$, se tiene que $s\alpha(t) = s(\mathbf{v}+t\mathbf{w}) \in D_p$.

Ahora bien, como D_p es un abierto, podemos asegurar la existencia de $\varepsilon' > 0$ (independiente de t), verificando que $s\alpha(t) \in D_p$ para todo $s \in (-\varepsilon', 1+\varepsilon')$. En efecto, si $D_p = T_pS$ el resultado es trivial. Si $D_p \subset T_pS$ estrictamente y representamos por τ el triángulo con vértices $\mathbf{0}, \mathbf{v}+\varepsilon\mathbf{w}$ y $\mathbf{v}-\varepsilon\mathbf{w}$, que es un compacto (véase la figura 4.6), es evidente que la distancia (euclídea, en T_pS) $\rho = \operatorname{dist}(\tau, T_pS\backslash D_p) > 0$; basta tomar entonces $\varepsilon' > 0$ verificando $\varepsilon' < \rho/2$. Así pues, la aplicación

$$\varphi : (-\varepsilon', 1+\varepsilon') \times (-\varepsilon, \varepsilon) \longrightarrow S, \qquad \text{dada por} \qquad \varphi(s,t) = \exp_p\big(s\alpha(t)\big)$$

está bien definida. Además, es claro que,

$$\frac{\partial\varphi}{\partial t}(1,0) = d(\exp_p)_{\mathbf{v}}(\mathbf{w}) \quad \text{y} \quad \frac{\partial\varphi}{\partial s}(1,0) = d(\exp_p)_{\mathbf{v}}(\mathbf{v}),$$

y por lo tanto, es suficiente demostrar que $\langle \partial\varphi/\partial t, \partial\varphi/\partial s\rangle\,|_{(s,t)=(1,0)} = 0$. Para ello, definimos la función

$$f(s) := \left\langle \frac{\partial\varphi}{\partial t}(s,0), \frac{\partial\varphi}{\partial s}(s,0) \right\rangle, \qquad \text{con } s \in (-\varepsilon', 1+\varepsilon').$$

Claramente se tiene que $f(0) = 0$, ya que $(\partial\varphi/\partial t)(0,0) = d(\exp_p)_{\mathbf{0}}(\mathbf{0}) = \mathbf{0}$, siendo además su derivada

$$f'(s) = \left\langle \frac{\partial^2\varphi}{\partial t\partial s}(s,0), \frac{\partial\varphi}{\partial s}(s,0) \right\rangle + \left\langle \frac{\partial\varphi}{\partial t}(s,0), \frac{\partial^2\varphi}{\partial s^2}(s,0) \right\rangle. \tag{4.15}$$

Estudiemos los dos sumandos de (4.15) separadamente, comenzando por el segundo. Por un lado,

$$\frac{\partial^2\varphi}{\partial s^2}(s,0) = \frac{d^2}{ds^2}\left(\exp_p(s\mathbf{v})\right) = \gamma_v''(s).$$

Como γ_v es una geodésica, el campo velocidad γ_v' es paralelo, y por tanto, $\gamma_v''(s)$ está en la dirección del normal a la superficie en el punto $\varphi(s,0)$. Por otro lado, si $\beta_s : (-\varepsilon,\varepsilon) \longrightarrow S$ representa la curva $\beta_s(t) = \varphi(s,t)$, entonces

$$\frac{\partial\varphi}{\partial t}(s,0) = \left.\frac{d}{dt}\right|_{t=0} \varphi(s,t) = \beta_s'(0) \in T_{\beta_s(0)}S = T_{\varphi(s,0)}S$$

es un vector tangente a S. En consecuencia, $\left\langle (\partial\varphi/\partial t)(s,0), (\partial^2\varphi/\partial s^2)(s,0)\right\rangle = 0$.

Finalmente, estudiamos el primer sumando de (4.15).

$$\begin{aligned}\left\langle \frac{\partial^2\varphi}{\partial t\partial s}(s,0), \frac{\partial\varphi}{\partial s}(s,0) \right\rangle &= \left\langle \left.\frac{\partial}{\partial t}\right|_{t=0} \left(\frac{\partial\varphi}{\partial s}(s,t)\right), \left.\frac{\partial\varphi}{\partial s}(s,t)\right|_{t=0} \right\rangle \\ &= \frac{1}{2}\left.\frac{\partial}{\partial t}\right|_{t=0} \left\langle \frac{\partial\varphi}{\partial s}(s,t), \frac{\partial\varphi}{\partial s}(s,t) \right\rangle = \frac{1}{2}\left.\frac{\partial}{\partial t}\right|_{t=0} \left|\frac{\partial\varphi}{\partial s}(s,t)\right|^2.\end{aligned}$$

Ahora bien,

$$\frac{\partial\varphi}{\partial s}(s,t) = \frac{\partial}{\partial s}\left(\exp_p(s\alpha(t))\right) = \frac{\partial}{\partial s}\left(\gamma_{\alpha(t)}(s)\right) = \gamma_{\alpha(t)}'(s),$$

por lo que

$$\left|\frac{\partial\varphi}{\partial s}(s,t)\right|^2 = \left|\gamma_{\alpha(t)}'(s)\right|^2 = \left|\gamma_{\alpha(t)}'(0)\right|^2 = \left|\alpha(t)\right|^2 = |\mathbf{v}+t\mathbf{w}|^2 = |\mathbf{v}|^2 + 2t\langle\mathbf{v},\mathbf{w}\rangle + t^2|\mathbf{w}|^2.$$

Entonces, se tiene finalmente que

$$\left\langle \frac{\partial^2\varphi}{\partial t\partial s}(s,0), \frac{\partial\varphi}{\partial s}(s,0) \right\rangle = \frac{1}{2}\left.\left(2\langle\mathbf{v},\mathbf{w}\rangle + 2t|\mathbf{w}|^2\right)\right|_{t=0} = \langle\mathbf{v},\mathbf{w}\rangle = 0,$$

ya que, por hipótesis, los vectores $\mathbf{v}$ y $\mathbf{w}$ son ortogonales. En resumen, dado que ambos sumandos en la expresión (4.15) se anulan, entonces $f'(s) = 0$, lo cual implica que f es constante. Como además $f(0) = 0$, podemos concluir que $f \equiv 0$, lo que termina la demostración. □

El lema de Gauss admite una segunda versión, que no es más que la interpretación geométrica del resultado ya demostrado. Para enunciarlo, necesitamos algunas definiciones previas.

Definición 4.3.10. *Sea S una superficie regular y sean $p \in S$ y $r > 0$ de forma que $D(\mathbf{0},r) \subset D_p$. Se denomina **disco geodésico** de centro p y radio r al conjunto*

$$\mathcal{D}(p,r) := \exp_p\Big(\big\{\mathbf{v} \in T_pS : |\mathbf{v}| < r\big\}\Big) = \exp_p\big(D(\mathbf{0},r)\big).$$

*Si $r > 0$ es tal que $S(\mathbf{0},r) \subset D_p$, se define la **circunferencia geodésica de centro** p **y radio** r como*

$$\mathcal{S}(p,r) := \exp_p\Big(\big\{\mathbf{v} \in T_pS : |\mathbf{v}| = r\big\}\Big) = \exp_p\big(S(\mathbf{0},r)\big).$$

*Finalmente, se denomina **radio geodésico que parte de** p a la imagen, por la aplicación exponencial $\exp_p$, de una semirrecta en T_pS que parte de $\mathbf{0}$.*

Observación 4.4. Las siguientes propiedades son inmediatas:

i) Claramente, $S(\mathbf{0},r) = \operatorname{bd} D(\mathbf{0},r)$.

ii) Sea $r > 0$ suficientemente pequeño para que $\operatorname{cl} D(\mathbf{0},r) \subset U$, donde $U \subset D_p$ es un abierto tal que $\exp_p|_U$ es un difeomorfismo. Entonces

$$\mathcal{S}(p,r) = \exp_p\big(S(\mathbf{0},r)\big) = \exp_p\big(\operatorname{bd} D(\mathbf{0},r)\big) = \operatorname{bd}\Big(\exp_p\big(D(\mathbf{0},r)\big)\Big) = \operatorname{bd}\mathcal{D}(p,r).$$

iii) Siempre existen discos geodésicos centrados en cualquier punto p: como D_p es abierto, queda asegurada la existencia de $r > 0$ tal que $D(\mathbf{0},r) \subset D_p$. $\diamondsuit$

Lema 4.3.11 (de Gauss –versión geométrica). *En una superficie regular las circunferencias geodésicas y los radios geodésicos se cortan ortogonalmente.*

Demostración. Demostrar que radio geodésico y circunferencia geodésica se cortan ortogonalmente en un punto es equivalente a probar que los vectores tangentes a tales curvas en dicho punto son ortogonales. Vamos a ver que los vectores $d(\exp_p)_\mathbf{v}(\mathbf{v})$ y $d(\exp_p)_\mathbf{v}(\mathbf{w})$ son los vectores tangentes al radio geodésico y a la circunferencia geodésica, respectivamente, cuando $\mathbf{v}$ y $\mathbf{w}$ son ortogonales. Por definición,

$$d(\exp_p)_\mathbf{v}(\mathbf{v}) = \frac{d}{dt}\bigg|_{t=0} \exp_p\big(\alpha(t)\big) \;\; \text{y} \;\; d(\exp_p)_\mathbf{v}(\mathbf{w}) = \frac{d}{dt}\bigg|_{t=0} \exp_p\big(\beta(t)\big), \quad (4.16)$$

donde α y β son curvas diferenciables en $D_p \subset T_pS$ verificando $\alpha(0) = \mathbf{v}$, $\alpha'(0) = \mathbf{v}$, $\beta(0) = \mathbf{v}$ y $\beta'(0) = \mathbf{w} \perp \mathbf{v}$. Así, si $\alpha(t) = \mathbf{v} + t\mathbf{v}$ es la semirrecta en T_pS que parte de $\mathbf{v}$ con velocidad $\mathbf{v}$, entonces $\exp_p\big(\alpha(t-1)\big)$ es el radio geodésico en S que parte de p. Su vector velocidad en el punto $\exp_p(\mathbf{v})$, es decir, cuando $t = 1$, es precisamente $d(\exp_p)_\mathbf{v}(\mathbf{v})$ (véanse la primera igualdad en (4.16) y la figura 4.7).

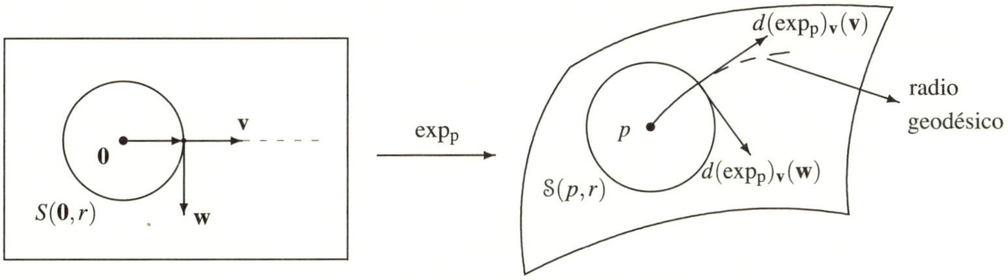

Figura 4.7: Versión geométrica del lema de Gauss.

De modo similar, si tomamos como $\beta(t)$ la circunferencia en T_pS centrada en $\mathbf{0}$ y con radio $|\mathbf{v}|$, que en $t=0$ pasa por el punto $\mathbf{v}$ con velocidad $\mathbf{w}$ (véase la figura 4.7), entonces $\exp_p(\beta(t))$ es la circunferencia geodésica en S de centro p y radio $|\mathbf{v}|$, siendo el vector velocidad en $t=0$ de esta curva, precisamente, su derivada en el cero, es decir, $d(\exp_p)_{\mathbf{v}}(\mathbf{w})$ (véanse la segunda igualdad en (4.16) y la figura 4.7). La primera versión del lema de Gauss (lema 4.3.9) concluye la demostración. □

Este resultado generaliza lo que sucede en el plano euclídeo: una circunferencia y sus radios siempre se cortan ortogonalmente. Por otra parte, también expresa el hecho intuitivo de que la dirección en la que más rápidamente aumenta la distancia con respecto a un punto fijo es la dirección radial.

El siguiente resultado nos remite de nuevo a una de las propiedades de las rectas en el plano. Recordemos que hemos definido las geodésicas como generalizaciones de las rectas, en el sentido de que su aceleración intrínseca (es decir, la derivada covariante de su velocidad) es nula. También hemos efectuado una generalización en términos de su curvatura «intrínseca», ya que son las curvas de una superficie cuya curvatura geodésica es nula. Falta comprobar si las geodésicas también extienden el concepto de línea recta en el plano como curvas de longitud mínima que unen dos puntos dados. Esto es así, pero solo localmente y con bastantes matices: el hecho de que una superficie regular tenga, en general, una «forma» más o menos complicada, nos impide extender directamente este resultado al ámbito de lo global.

Teorema 4.3.12 (Propiedad minimizante de las geodésicas). *Sean S una superficie regular, $V(p_0)$ un entorno normal centrado en $p_0 \in S$ y $p \in V$. El segmento de geodésica radial $\gamma_p : [0,1] \longrightarrow V$ que une $p_0 = \gamma_p(0)$ y $p = \gamma_p(1)$ es la única curva contenida en V de menor longitud uniendo p_0 y p; es decir, si $\alpha : [a,b] \longrightarrow V$ es otra curva diferenciable en V con $\alpha(a) = p_0$ y $\alpha(b) = p$, entonces $L_0^1(\gamma_p) \leq L_a^b(\alpha)$, dándose la igualdad si, y solo si, α es una reparametrización de γ_p.*

Además, si $r > 0$ es tal que $\mathcal{D}(p_0,r) \subset V(p_0)$, dado $p \in \mathcal{D}(p_0,r)$ se tiene que $L_0^1(\gamma_p) \leq L_a^b(\alpha)$ para toda curva $\alpha : [a,b] \longrightarrow S$ verificando $\alpha(a) = p_0$ y $\alpha(b) = p$.

Demostración. Veamos la primera parte. Dado $p \in V$, sabemos que, si $t \in [0,1]$, $\gamma_p(t) = \gamma_v(t) = \exp_{p_0}(t\mathbf{v})$ es la geodésica maximal para el (único) vector $\mathbf{v}$ tal que $\exp_{p_0}(\mathbf{v}) = p$. Sea $\alpha : [a,b] \longrightarrow V$ con $\alpha(a) = p_0$ y $\alpha(b) = p$ una curva diferenciable.

$$L_0^1(\gamma_p) = \int_0^1 |\gamma_p'(t)|\, dt = \int_0^1 |\gamma_v'(t)|\, dt = \int_0^1 |\gamma_v'(0)|\, dt = |\mathbf{v}|.$$

Vamos a demostrar que $L_a^b(\alpha) \geq |\mathbf{v}|$. Para ello, distinguimos dos casos.

i) Supongamos en primer lugar que $p = p_0$. En tal caso, $\mathbf{v} = \mathbf{0}$, por lo que, trivialmente, $L_a^b(\alpha) \geq 0 = |\mathbf{v}|$. Además, si $L_a^b(\alpha) = 0$, entonces α es constante; y como $\alpha(a) = p_0$, podemos concluir que $\alpha \equiv p_0 \equiv \gamma_p$.

ii) Supongamos por tanto que $p \neq p_0$. Por comodidad, reparametrizamos α de manera que $\alpha(0) = p_0$ y $\alpha(1) = p$. Como $\alpha(0) = p_0 \neq p = \alpha(1)$, existirá un $t_0 \geq 0$

tal que $\alpha(t_0) = p_0$ y $\alpha(t) \neq p_0$ para todo $t > t_0$. Tomamos entonces $\alpha|_{[t_0,1]}$. Claramente, $L_0^1(\alpha) \geq L_{t_0}^1(\alpha|_{[t_0,1]})$, por lo que es suficiente trabajar con el trozo de curva $\alpha|_{[t_0,1]}$ y ver que $L_{t_0}^1(\alpha|_{[t_0,1]}) \geq |\mathbf{v}| = L_0^1(\gamma_p)$. Hemos «suprimido» así un posible intervalo en el que, o bien α es constantemente igual a p_0, o bien α es un lazo, esto es, sale de p_0 y vuelve a pasar por dicho punto más adelante. Volvemos entonces a reparametrizar $\alpha|_{[t_0,1]}$ para que $\alpha(0) = p_0$ y $\alpha(1) = p$. Ahora se verifica además la condición adicional de que $\alpha(t) \neq p_0$ para todo $t > 0$.

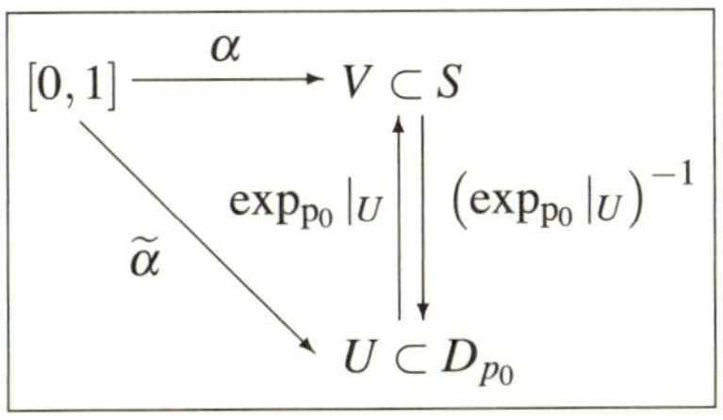

Como V es entorno normal de p_0, sabemos que $V = \exp_{p_0}(U)$, siendo $U \subset D_{p_0}$ un entorno estrellado del origen $\mathbf{0}$ de $T_{p_0}S$ para el cual $\exp_{p_0}|_U : U \longrightarrow V$ es un difeomorfismo. Tomamos entonces la curva en el tangente

$$\widetilde{\alpha}(t) = (\exp_{p_0}|_U)^{-1}(\alpha(t)) \in U \subset D_{p_0}.$$

Obsérvese en primer lugar que $\widetilde{\alpha}(t) \neq \mathbf{0}$ si $t > 0$; en efecto, si $\widetilde{\alpha}(t) = \mathbf{0}$ para algún $t > 0$, se tendría que $\alpha(t) = \exp_{p_0}(\mathbf{0}) = p_0$, una contradicción. Definimos entonces las funciones

$$\begin{cases} r(t) := |\widetilde{\alpha}(t)| > 0 & \text{si } t > 0, \\ r(0) := 0, \end{cases} \quad \text{y} \quad \beta(t) = \frac{\widetilde{\alpha}(t)}{|\widetilde{\alpha}(t)|} = \frac{\widetilde{\alpha}(t)}{r(t)} \quad \text{si } t > 0.$$

Claramente, $|\beta(t)| = 1$, por lo que $\langle \beta'(t), \beta(t) \rangle = 0$; esto es, $\beta(t)$ y $\beta'(t)$ son ortogonales. Además, $\alpha(t) = \exp_{p_0}|_U(\widetilde{\alpha}(t)) = \exp_{p_0}(r(t)\beta(t))$. Derivando esta expresión se tiene

$$\begin{aligned} \alpha'(t) &= d(\exp_{p_0})_{r(t)\beta(t)}(r'(t)\beta(t) + r(t)\beta'(t)) \\ &= r'(t)d(\exp_{p_0})_{r(t)\beta(t)}(\beta(t)) + r(t)d(\exp_{p_0})_{r(t)\beta(t)}(\beta'(t)) \end{aligned}$$

y, finalmente, tomando módulos y aplicando el lema de Gauss 4.3.9, obtenemos

$$\begin{aligned} |\alpha'(t)|^2 &= r'(t)^2 |d(\exp_{p_0})_{r(t)\beta(t)}(\beta(t))|^2 + r(t)^2 |d(\exp_{p_0})_{r(t)\beta(t)}(\beta'(t))|^2 \\ &\quad + 2r(t)r'(t) \langle d(\exp_{p_0})_{r(t)\beta(t)}(\beta(t)), d(\exp_{p_0})_{r(t)\beta(t)}(\beta'(t)) \rangle \\ &= r'(t)^2 |\beta(t)|^2 + r(t)^2 |d(\exp_{p_0})_{r(t)\beta(t)}(\beta'(t))|^2 + 0 \\ &= r'(t)^2 + r(t)^2 |d(\exp_{p_0})_{r(t)\beta(t)}(\beta'(t))|^2 \geq r'(t)^2 \text{ para todo } t \in (0,1]. \end{aligned}$$

Por tanto, $|\alpha'(t)| \geq |r'(t)| \geq r'(t)$ para todo $t \in (0,1]$. Si ahora calculamos la longitud de α, usando la desigualdad anterior se obtiene el resultado buscado:

$$\begin{aligned} L_0^1(\alpha) &= \int_0^1 |\alpha'(t)|\, dt = \lim_{\varepsilon \to 0} \int_\varepsilon^1 |\alpha'(t)|\, dt \geq \lim_{\varepsilon \to 0} \int_\varepsilon^1 r'(t)\, dt = \lim_{\varepsilon \to 0} (r(1) - r(\varepsilon)) \\ &= r(1) - r(0) = |\widetilde{\alpha}(1)| = \left| (\exp_{p_0}|_U)^{-1}(\alpha(1)) \right| = \left| (\exp_{p_0}|_U)^{-1}(p) \right| = |\mathbf{v}|. \end{aligned}$$

Para concluir la demostración de la primera parte del teorema falta caracterizar la igualdad. Si $L_0^1(\alpha) = L_0^1(\gamma_p) = |\mathbf{v}|$, debe darse la igualdad en todas las desigualdades anteriores. Así, $L_0^1(\alpha) = L_0^1(\gamma_p)$ si, y solo si, $|r'(t)| = r'(t)$ y $|d(\exp_{p_0})_{r(t)\beta(t)}(\beta'(t))| = 0$, lo cual es equivalente a su vez a que $r'(t) > 0$ y $d(\exp_{p_0})_{r(t)\beta(t)}(\beta'(t)) = \mathbf{0}$ para todo $t \in (0,1]$. Como $\exp_{p_0}|_U$ es un difeomorfismo en U y $r(t)\beta(t) \in U$, entonces $d(\exp_{p_0})_{r(t)\beta(t)}$ es un isomorfismo lineal. Luego $d(\exp_{p_0})_{r(t)\beta(t)}(\beta'(t)) = \mathbf{0}$ si, y solo si, $\beta'(t) = \mathbf{0}$ para todo $t \in (0,1]$, es decir, si $\beta(t)$ es constante, siendo $\beta(t) = \beta(1) = \widetilde{\alpha}(1)/|\widetilde{\alpha}(1)| = \mathbf{v}/|\mathbf{v}|$. Así,

$$\alpha(t) = \exp_{p_0}(r(t)\beta(t)) = \exp_{p_0}\left(r(t)\frac{\mathbf{v}}{|\mathbf{v}|}\right) = \gamma_v\left(\frac{r(t)}{|\mathbf{v}|}\right) = \gamma_p\left(\frac{r(t)}{|\mathbf{v}|}\right),$$

donde, recordemos, $r(0) = 0$ y $r(1) = |\widetilde{\alpha}(1)| = |\mathbf{v}|$. Por tanto, $\alpha(t)$ es una reparametrización monótona (pues $r'(t) \geq 0$) del segmento de geodésica γ_p.

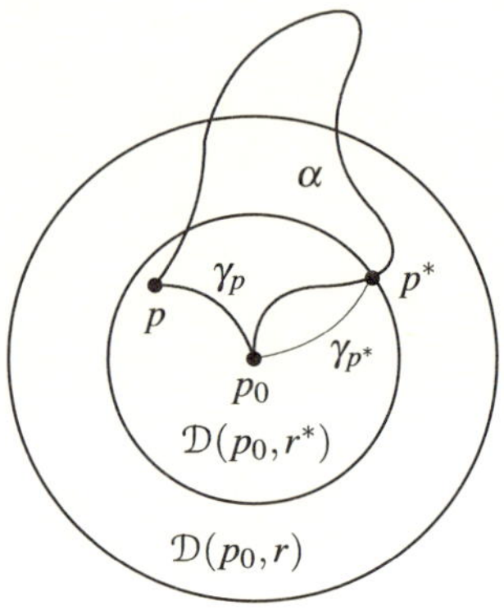

Figura 4.8: γ_p minimiza la longitud en los discos geodésicos.

Probamos ahora la segunda parte del teorema. Sea $r > 0$ de forma que el disco $\mathcal{D}(p_0,r) \subset V(p_0)$, y sea $p \in \mathcal{D}(p_0,r)$. Tenemos que demostrar que $L_0^1(\gamma_p) \leq L_a^b(\alpha)$ para $\alpha : [a,b] \longrightarrow S$ uniendo p_0 y p. Reparametrizamos de nuevo la curva α para que $\alpha(0) = p_0$ y $\alpha(1) = p$. Si $\alpha([0,1]) \subset \mathcal{D}(p_0,r) \subset V$, entonces la primera parte del teorema nos asegura que $L_0^1(\alpha) \geq L_0^1(\gamma_p)$. Vamos a suponer, por tanto, que la imagen de la curva α se sale del disco $\mathcal{D}(p_0,r)$. Sea de nuevo $\mathbf{v} \in U$ el (único) vector verificando que $p = \exp_{p_0}(\mathbf{v})$.

Como el punto $p \in \mathcal{D}(p_0,r) = \exp_{p_0}(D(\mathbf{0},r))$, se tiene que $\mathbf{v} \in D(\mathbf{0},r)$, es decir, $|\mathbf{v}| < r$. Sea entonces $r^* > 0$ tal que $|\mathbf{v}| < r^* < r$, lo que nos asegura que $p \in \mathcal{D}(p_0,r^*)$. Representamos por t_0 el primer valor del parámetro en el que la curva α se sale del disco $\mathcal{D}(p_0,r^*)$, esto es,

$$t_0 = \inf\{t \in [0,1] : \alpha(t) \notin \mathcal{D}(p_0,r^*)\}.$$

Entonces, $\alpha([0,t_0]) \subset \mathcal{D}(p_0,r) \subset V$, y además, en los extremos α verifica $\alpha(0) = p_0$ y $\alpha(t_0) =: p^* \in \mathcal{S}(p_0,r^*) \subset \mathcal{D}(p_0,r)$ (véase la figura 4.8). Bajo tales condiciones, la primera parte del teorema asegura que $L_0^{t_0}(\alpha|_{[0,t_0]}) \geq L_0^1(\gamma_{p^*})$, donde, como ya es habitual, γ_{p^*} representa el segmento de geodésica radial que une $p_0 = \gamma_{p^*}(0)$ con $p^* = \gamma_{p^*}(1)$ (véase la figura 4.8). Denotemos por $\mathbf{v}^* = \gamma'_{p^*}(0)$. Entonces,

$$L_0^{t_0}(\alpha|_{[0,t_0]}) \geq L_0^1(\gamma_{p^*}) = \int_0^1 |\gamma'_{p^*}(t)|\, dt = \int_0^1 |\mathbf{v}^*|\, dt = |\mathbf{v}^*| = \left|(\exp_{p_0}|_U)^{-1}(p^*)\right| = r^*;$$

por lo tanto,

$$L_0^1(\alpha) \geq L_0^{t_0}(\alpha|_{[0,t_0]}) \geq r^* > |\mathbf{v}| = L_0^1(\gamma_p),$$

como se quería demostrar. □

Este teorema nos dice, en resumen, que los segmentos de geodésica radial en un entorno normal minimizan la longitud respecto a *todas las curvas contenidas en dicho entorno*. Si queremos además que un segmento de geodésica radial minimice la longitud respecto a *todas las curvas de la superficie*, debemos trabajar en un disco geodésico (que sea también entorno normal). En el siguiente ejemplo mostramos la necesidad de restringirnos a un disco, en lugar de solo a un entorno normal.

Ejemplo 4.10. Consideremos el cilindro C de radio 1, y la parametrización del mismo dada por $X(u,v) = (\cos u, \operatorname{sen} u, v)$, con $(u,v) \in (0,2\pi) \times \mathbb{R}$. Observemos que X puede verse, no solo como una parametrización de C, sino también como la aplicación exponencial basada en cualquier punto del cilindro (evidentemente, siempre que este esté cubierto por X). El motivo de tal afirmación es que X es una isometría local y conserva las geodésicas: una recta en el plano se aplica por X en la geodésica correspondiente del cilindro, y esta es, precisamente, la definición de aplicación exponencial. Un detalle a tener en cuenta para que X «pase» de ser parametrización a aplicación exponencial es que su dominio, al ser C geodésicamente completa, debe extenderse a todo $\mathbb{R}^2$. En consecuencia, X deja de ser un difeomorfismo, ya que se pierde la inyectividad. Así pues, en lo que sigue, veremos X como aplicación exponencial. Sea

$$U = \{(u, u+s) \in \mathbb{R}^2 : (u,s) \in \mathbb{R} \times (-\pi/2, \pi/2)\}$$

la banda infinita de anchura $\sqrt{2}\pi/2$ que se extiende en la dirección de la recta $u = v$ en $\mathbb{R}^2$ (véase la figura 4.9).

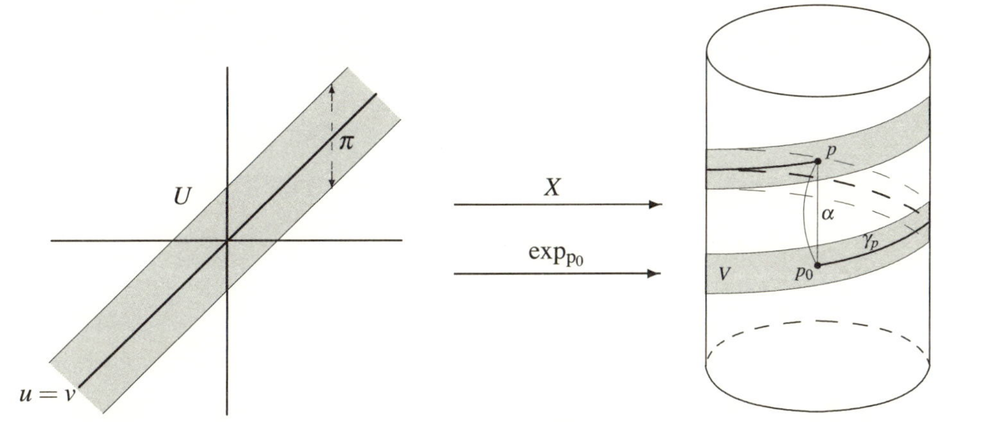

Figura 4.9: Fuera de un entorno normal las geodésicas radiales no minimizan la longitud.

Es sencillo ver que la aplicación X restringida a U es un difeomorfismo global. Por tanto, al ser U un abierto estrellado (respecto a cualquiera de sus puntos) se tiene que $X(U) = V$ es un entorno normal para cualquier punto de V (véase la figura 4.9). Sea ahora $p_0 = X(u_0, u_0 + s_0)$ un punto arbitrario de V, que consideramos el centro del entorno normal. Si tomamos $p = X(u_0 + 2\pi, u_0 + 2\pi + s_0)$, es claro que $p \in V$, situándose además sobre la misma generatriz del cilindro que p_0. El teorema 4.3.12 asegura que el segmento de geodésica radial γ_p que une p_0 con p minimiza la longitud entre todas las curvas que unen dichos puntos y que *están contenidas en* V. La longitud entre p_0 y p de dicha geodésica es exactamente $2\sqrt{2}\pi$.

No obstante, se puede ver fácilmente que existen curvas de menor longitud uniendo ambos puntos p_0 y p: basta tomar la recta

$$\alpha(s) = (\cos u_0, \operatorname{sen} u_0, u_0 + s_0 + s), \qquad \text{con } s \in [0, 2\pi]$$

(o cualquier «pequeña variación» de la misma, véase la figura 4.9). Esta curva une p_0 con p y su longitud es $2\pi < 2\sqrt{2}\pi$. Evidentemente, α no está contenida en V, como puede comprobarse fácilmente. ◇

Por otro lado, la aplicación exponencial va a permitir introducir sistemas de coordenadas (parametrizaciones) distinguidos en una superficie, que serán de gran utilidad frecuentemente, y a partir de los cuales se demuestran resultados de especial relevancia. De ello nos ocupamos en los dos últimos epígrafes de este capítulo.

4.3.3. Las coordenadas normales

Sea $p_0 \in S$ un punto de una superficie regular S, y sea V un entorno normal de p_0. Como ya es usual, representamos por U el abierto estrellado para el cual $\exp_{p_0} : U \longrightarrow V$ es un difeomorfismo. Queremos encontrar una parametrización del entorno V lo más parecida a un referencial cartesiano local en la superficie. Con tal fin, sean $\{\mathbf{e}_1, \mathbf{e}_2\}$ una base ortonormal del plano tangente $T_{p_0}S$ y $\phi : \mathbb{R}^2 \longrightarrow T_{p_0}S$ la aplicación dada por $\phi(u,v) = u\mathbf{e}_1 + v\mathbf{e}_2$; obsérvese que $\phi(0,0) = \mathbf{0} \in U$. En consecuencia, podemos encontrar un abierto $U_0 \subset \mathbb{R}^2$, entorno del $(0,0)$, de forma que $\phi : U_0 \longrightarrow U$ sea un difeomorfismo, abierto que podemos identificar con el propio U, $U_0 \equiv U$. Entonces, la aplicación $X : U \equiv U_0 \subset \mathbb{R}^2 \longrightarrow V \subset S$, dada por

$$X(u,v) = \exp_{p_0}\big(\phi(u,v)\big) = \exp_{p_0}(u\mathbf{e}_1 + v\mathbf{e}_2) \tag{4.17}$$

es composición de difeomorfismos y, por tanto, un difeomorfismo. En definitiva, es una parametrización de V, llamada *sistema de coordenadas normales* en p_0.

Así, si $p \in V$, al ser $\exp_{p_0}$ un difeomorfismo, existe un único $\mathbf{v} \in D_{p_0} \subset T_{p_0}S$ tal que $\exp_{p_0}(\mathbf{v}) = p$, vector que podemos expresar en la base $\{\mathbf{e}_1, \mathbf{e}_2\}$: $\mathbf{v} = v_1\mathbf{e}_1 + v_2\mathbf{e}_2$. El par (v_1, v_2) recibe el nombre de *coordenadas normales del punto* p.

La parametrización dada por el sistema de coordenadas normales verifica algunas propiedades interesantes:

i) $X(0,0) = \exp_{p_0}(\mathbf{0}) = p_0$.

ii) Las derivadas parciales de la parametrización en ciertos puntos concretos son:

$$X_u(u,0) = \frac{d}{du}\big(X(u,0)\big) = \frac{d}{du}\big(\exp_{p_0}(u\mathbf{e}_1)\big) = \frac{d}{du}\big(\gamma_{e_1}(u)\big) = \gamma'_{e_1}(u).$$

Análogamente, $X_v(0,v) = \gamma'_{e_2}(v)$.

iii) En particular, $X_u(0,0) = \mathbf{e}_1$ y $X_v(0,0) = \mathbf{e}_2$.

iv) Respecto a los coeficientes de la primera forma fundamental:

$$\begin{aligned} E(u,0) &= \langle X_u, X_u\rangle (u,0) = \big\langle \gamma'_{e_1}(u), \gamma'_{e_1}(u)\big\rangle = \langle \mathbf{e}_1, \mathbf{e}_1\rangle = 1, \\ F(0,0) &= \langle X_u, X_v\rangle (0,0) = \langle \mathbf{e}_1, \mathbf{e}_2\rangle = 0, \\ G(0,v) &= \langle X_v, X_v\rangle (0,v) = \big\langle \gamma'_{e_2}(v), \gamma'_{e_2}(v)\big\rangle = \langle \mathbf{e}_2, \mathbf{e}_2\rangle = 1. \end{aligned}$$

Obsérvese que solo en el punto $(0,0)$ podemos dar el valor preciso de los tres coeficientes simultáneamente, a saber, $E = 1$, $F = 0$ y $G = 1$.[7]

[7] Se puede demostrar también que en el $(0,0)$ se anulan las primeras derivadas de E, F y G (véase el ejercicio 4.26). Intuitivamente, esto puede interpretarse en el sentido de que la métrica de una superficie, en entornos suficientemente pequeños, es «casi» euclídea.

4.3.4. Las coordenadas geodésicas polares

Sean $p_0 \in S$ un punto de una superficie regular S y V un entorno normal de p_0. De nuevo, representamos por U el abierto estrellado tal que $\exp_{p_0} : U \longrightarrow V$ es un difeomorfismo. Sea además $\{\mathbf{e}_1, \mathbf{e}_2\}$ una base ortonormal del plano tangente $T_{p_0}S$. Entonces, todo vector $\mathbf{v} \in T_{p_0}S$ tiene asociadas unas coordenadas polares respecto a dicha base, es decir, existe un par (r,θ) tal que $\mathbf{v} = r\cos\theta\mathbf{e}_1 + r\operatorname{sen}\theta\mathbf{e}_2$. De ahora en adelante, denotaremos por $\mathbf{v}_{r,\theta}$ el vector cuyas coordenadas polares son (r,θ) (respecto a la base ortonormal prefijada $\{\mathbf{e}_1,\mathbf{e}_2\}$), y simplemente por $\mathbf{v}_\theta = \mathbf{v}_{1,\theta}$.

Sea $L = \{\lambda\mathbf{e}_1 : \lambda \geq 0\}$ la semirrecta cerrada que parte del origen en la dirección positiva del vector $\mathbf{e}_1$, y sea ϕ la aplicación $\phi : (0,\infty)\times(0,2\pi) \longrightarrow T_{p_0}S\backslash L$ dada por $\phi(r,\theta) = \mathbf{v}_{r,\theta} = r\cos\theta\mathbf{e}_1 + r\operatorname{sen}\theta\mathbf{e}_2$, que es un difeomorfismo global (ya que suprimimos L del conjunto imagen, donde no existe inversa). Dado que el conjunto $U\backslash L \subset T_{p_0}S\backslash L$ es un abierto en el tangente, su imagen inversa $U_0 := \phi^{-1}(U\backslash L)$ también es abierto, este en $(0,\infty)\times(0,2\pi)$; así como $V_0 := \exp_{p_0}(U\backslash L)$, que será un abierto de V. Por lo tanto, la aplicación $X : U_0 \longrightarrow V_0$, dada por

$$X(r,\theta) = \exp_{p_0}\big(\phi(r,\theta)\big) = \exp_{p_0}(\mathbf{v}_{r,\theta}) = \exp_{p_0}(r\cos\theta\mathbf{e}_1 + r\operatorname{sen}\theta\mathbf{e}_2) \tag{4.18}$$

es un difeomorfismo entre U_0 y V_0, y, en particular, una parametrización de V_0, que se denomina *sistema de coordenadas geodésicas polares centradas en* p_0.

Así, si $p \in V_0$, al ser $\exp_{p_0}$ un difeomorfismo, existe un único $\mathbf{v} \in U \subset T_{p_0}S$ tal que $\exp_{p_0}(\mathbf{v}) = p$. El par (r,θ) tal que $\mathbf{v} = \mathbf{v}_{r,\theta} = r\cos\theta\mathbf{e}_1 + r\operatorname{sen}\theta\mathbf{e}_2$, recibe el nombre de *coordenadas geodésicas polares del punto p centradas en* p_0.

Obsérvese que $p_0 \notin V_0$, ya que $\mathbf{0} \notin U\backslash L$, por lo que esta parametrización no cubre al propio punto p_0. Pero esto no va a representar un problema:

Teorema 4.3.13. *Sea $X(r,\theta)$ el sistema de coordenadas geodésicas polares centradas en p_0. Entonces se verifica que $E(r,\theta) = 1$, $F(r,\theta) = 0$, $G(r,\theta) > 0$ y además, $\lim_{r\to 0} G(r,\theta) = 0$ y $\lim_{r\to 0}\big(\sqrt{G}\big)_r(r,\theta) = 1$.*

Demostración. Obsérvese que $X(r,\theta) = \exp_{p_0}(\mathbf{v}_{r,\theta}) = \exp_{p_0}(r\mathbf{v}_\theta) = \gamma_{v_\theta}(r)$. En consecuencia, $X_r = \gamma'_{v_\theta}(r)$ y $E = \langle X_r, X_r\rangle = \big\langle \gamma'_{v_\theta}(r), \gamma'_{v_\theta}(r)\big\rangle = \langle \mathbf{v}_\theta, \mathbf{v}_\theta\rangle = 1$.

Ahora bien, $X_\theta = d(\exp_{p_0})_{r\mathbf{v}_\theta}\big(r\mathbf{v}'_\theta(\theta)\big)$, mientras que X_r se puede escribir como $X_r = d(\exp_{p_0})_{r\mathbf{v}_\theta}\big(\mathbf{v}_\theta(\theta)\big)$. Además, al ser $|\mathbf{v}_\theta| = 1$, entonces $\big\langle \mathbf{v}'_\theta(\theta), \mathbf{v}_\theta(\theta)\big\rangle = 0$, es decir, $\mathbf{v}_\theta$ y $\mathbf{v}'_\theta$ son ortogonales. Por lo tanto, el lema de Gauss nos asegura que

$$F = \langle X_r, X_\theta\rangle = \big\langle d(\exp_{p_0})_{r\mathbf{v}_\theta}\big(\mathbf{v}_\theta(\theta)\big), d(\exp_{p_0})_{r\mathbf{v}_\theta}\big(r\mathbf{v}'_\theta(\theta)\big)\big\rangle = 0.$$

Finalmente, $G = \langle X_\theta, X_\theta\rangle = r^2\left|d(\exp_{p_0})_{r\mathbf{v}_\theta}\big(\mathbf{v}'_\theta(\theta)\big)\right|^2 > 0$. Tan solo resta calcular el límite de las funciones G y $\big(\sqrt{G}\big)_r$ cuando $r \to 0$. Por la dependencia diferenciable respecto a las condiciones iniciales de las geodésicas como soluciones de un sistema de ecuaciones diferenciales, podemos calcular el límite

$$\begin{aligned}\lim_{r\to 0}\left|d(\exp_{p_0})_{r\mathbf{v}_\theta}\big(\mathbf{v}'_\theta(\theta)\big)\right| &= \left|d(\exp_{p_0})_{\mathbf{0}}\big(\mathbf{v}'_\theta(\theta)\big)\right| = \left|\mathbf{v}'_\theta(\theta)\right| \\ &= \left|-\operatorname{sen}\theta\mathbf{e}_1 + \cos\theta\mathbf{e}_2\right| = 1.\end{aligned}$$

En consecuencia, $\left|d(\exp_{p_0})_{r\mathbf{v}_\theta}(\mathbf{v}'_\theta(\theta))\right|$ es una función acotada, por lo que

$$\lim_{r\to 0} G = \lim_{r\to 0} r^2 \left|d(\exp_{p_0})_{r\mathbf{v}_\theta}(\mathbf{v}'_\theta(\theta))\right|^2 = 0.$$

Por último, para calcular el límite $\lim_{r\to 0}(\sqrt{G})_r$, vamos a utilizar las coordenadas normales ya estudiadas en el apartado anterior. Elegimos pues la parametrización dada por un sistema de coordenadas normales $\overline{X}(u,v)$ en p_0 de suerte que el cambio de coordenadas $\phi(r,\theta) = (u,v)$ viene dado por $u = r\cos\theta$, $v = r\operatorname{sen}\theta$. Si representamos por $\overline{E},\overline{F},\overline{G}$ los coeficientes de su primera forma fundamental, entonces

$$\begin{aligned}\sqrt{G}(r,\theta) &= \sqrt{EG-F^2}(r,\theta) = \sqrt{\overline{E}\overline{G}-\overline{F}^2}(\phi(r,\theta))\left|\det(J\phi)(r,\theta)\right| \\ &= \sqrt{\overline{E}\overline{G}-\overline{F}^2}(\phi(r,\theta))\begin{vmatrix}\cos\theta & -r\operatorname{sen}\theta \\ \operatorname{sen}\theta & r\cos\theta\end{vmatrix} = r\sqrt{\overline{E}\overline{G}-\overline{F}^2}(\phi(r,\theta))\end{aligned}$$

(véase (5.7)), y un sencillo cálculo muestra que

$$\begin{aligned}(\sqrt{G})_r(r,\theta) &= \sqrt{\overline{E}\overline{G}-\overline{F}^2}(\phi(r,\theta)) + r\frac{\partial}{\partial r}\left(\sqrt{\overline{E}\overline{G}-\overline{F}^2}(\phi(r,\theta))\right) \\ &= \sqrt{\overline{E}\overline{G}-\overline{F}^2}(\phi(r,\theta)) \\ &\quad + r\frac{(\overline{G}\circ\phi)(\overline{E}\circ\phi)_r + (\overline{E}\circ\phi)(\overline{G}\circ\phi)_r - 2(\overline{F}\circ\phi)(\overline{F}\circ\phi)_r}{2\left(\sqrt{\overline{E}\overline{G}-\overline{F}^2}\right)\circ\phi}(r,\theta).\end{aligned}$$

Obsérvese que $(u,v)\to(0,0)$ cuando $r\to 0$, por lo que en el límite obtenemos el punto $p_0 = \overline{X}(0,0)$, en el que las coordenadas normales están bien definidas y valen $\overline{E}(0,0) = \overline{G}(0,0) = 1$ y $\overline{F}(0,0) = 0$.

Además, las primeras derivadas de $\overline{E},\overline{F}$ y $\overline{G}$ (respecto a u y v) también se anulan en el $(0,0)$ (véase el ejercicio 4.26). Luego

$$\begin{aligned}\lim_{r\to 0}\left(\overline{E}\circ\phi\right)_r(r,\theta) &= \lim_{r\to 0}\left[\overline{E}_u(\phi(r,\theta))\frac{\partial u}{\partial r}(r,\theta) + \overline{E}_v(\phi(r,\theta))\frac{\partial v}{\partial r}(r,\theta)\right] \\ &= \overline{E}_u(0,0)\cos\theta + \overline{E}_v(0,0)\operatorname{sen}\theta = 0.\end{aligned}$$

Análogamente $\lim_{r\to 0}\left(\overline{F}\circ\phi\right)_r(r,\theta) = \lim_{r\to 0}\left(\overline{G}\circ\phi\right)_r(r,\theta) = 0$ y, en consecuencia, se obtiene que

$$\lim_{r\to 0}(\sqrt{G})_r = \lim_{r\to 0}\sqrt{\overline{E}\overline{G}-\overline{F}^2}(\phi(r,\theta)) = 1,$$

lo que concluye la prueba. □

Obsérvese que, para las coordenadas geodésicas polares, se tiene $E = 1$ y $F = 0$. Si además se tuviera $G = 1$, podríamos concluir que tal superficie y el plano son localmente isométricos. Por tanto, el coeficiente G mide, de alguna forma, lo «apartada» que está la superficie de ser plana. En la siguiente observación ilustramos precisamente este hecho: dentro de la propia función G está codificada toda la geometría de la superficie, pues a partir de G se puede recuperar la curvatura de Gauss K.

Observación 4.5 (La curvatura de Gauss para las coordenadas geodésicas polares). La parametrización en coordenadas geodésicas polares es ortogonal (esto es, $F = 0$). En tal caso, la fórmula (3.22) para la curvatura de Gauss se reduce a (véase el ejercicio 3.31)

$$K = \frac{-1}{2\sqrt{EG}}\left[\left(\frac{E_\theta}{\sqrt{EG}}\right)_\theta + \left(\frac{G_r}{\sqrt{EG}}\right)_r\right].$$

Como $E = 1$, entonces $E_\theta = 0$, y la expresión para K se reduce a la más sencilla

$$K = \frac{-1}{2\sqrt{G}}\left(\frac{G_r}{\sqrt{G}}\right)_r = \frac{-1}{\sqrt{G}}\left(\frac{G_r}{2\sqrt{G}}\right)_r = \frac{-1}{\sqrt{G}}\left(\sqrt{G}\right)_{rr}.$$

En consecuencia, la curvatura de Gauss satisface la relación

$$\sqrt{G}K + \left(\sqrt{G}\right)_{rr} = 0 \tag{4.19}$$

en la parametrización dada por las coordenadas geodésicas polares. ◇

Ejemplo 4.11 (Cálculo de E, F y G, cuando K es constante, en coordenadas geodésicas polares). La relación (4.19) permite recuperar, de forma explícita, los coeficientes de la primera forma fundamental para la parametrización dada por las coordenadas geodésicas polares, cuando la curvatura de Gauss es constante. Así, si suponemos K constante, podemos distinguir tres casos, dependiendo de que K sea estrictamente positiva, estrictamente negativa o nula.

CASO 1: $K = 0$. La ecuación (4.19) se reduce simplemente a $\left(\sqrt{G}\right)_{rr} = 0$, en cuyo caso, $\left(\sqrt{G}\right)_r = B(\theta)$, una cierta función que solo depende de θ. Ahora bien,

$$1 = \lim_{r\to 0}\left(\sqrt{G}\right)_r = \lim_{r\to 0} B(\theta) = B(\theta) \qquad \text{para todo } \theta,$$

luego $\left(\sqrt{G}\right)_r = 1$. Integrando respecto a r se deduce que $\sqrt{G} = r + A(\theta)$, y utilizando que

$$0 = \lim_{r\to 0}\sqrt{G} = \lim_{r\to 0}\left(r + A(\theta)\right) = A(\theta),$$

concluimos que $\sqrt{G} = r$, esto es, $G = r^2$. Así pues, los coeficientes de la primera forma fundamental son

$$E = 1, \quad F = 0, \quad G = r^2. \tag{4.20}$$

CASO 2: $K > 0$. La solución de la ecuación diferencial (4.19) (su polinomio asociado es $x^2 + K = 0$, que tiene raíces complejas por ser $K > 0$) toma la forma

$$\sqrt{G}(r,\theta) = A(\theta)\cos\left(\sqrt{K}r\right) + B(\theta)\operatorname{sen}\left(\sqrt{K}r\right),$$

con $A(\theta), B(\theta)$ funciones diferenciables. Como $\lim_{r\to 0}\sqrt{G} = 0, A(\theta) = 0$; luego $\sqrt{G} = B(\theta)\operatorname{sen}\left(\sqrt{K}r\right)$. Derivando en r, $\left(\sqrt{G}\right)_r = B(\theta)\sqrt{K}\cos\left(\sqrt{K}r\right)$, y tomando de nuevo límites, $1 = \lim_{r\to 0}\left(\sqrt{G}\right)_r = B(\theta)\sqrt{K}$. Así, $B(\theta) = 1/\sqrt{K}$, constante. Los coeficientes de la primera forma fundamental son

$$E = 1, \quad F = 0, \quad G = \frac{1}{K}\operatorname{sen}^2\left(\sqrt{K}r\right). \tag{4.21}$$

CASO 3: $K<0$. La solución general de la ecuación diferencial (4.19) (el polinomio asociado tiene raíces reales, por ser $K<0$) toma la forma

$$\sqrt{G}(r,\theta)=A(\theta)\cosh\big(\sqrt{-K}\,r\big)+B(\theta)\,\mathrm{senh}\big(\sqrt{-K}\,r\big),$$

con $A(\theta),B(\theta)$ funciones diferenciables. De modo análogo al caso anterior, como $\lim_{r\to 0}\sqrt{G}=0$, $A(\theta)=0$; luego $\sqrt{G}=B(\theta)\,\mathrm{senh}\big(\sqrt{-K}\,r\big)$. Derivando en r se tiene $\big(\sqrt{G}\big)_r=B(\theta)\sqrt{-K}\cosh\big(\sqrt{-K}\,r\big)$, y tomando de nuevo límites, se deduce que $1=\lim_{r\to 0}\big(\sqrt{G}\big)_r=B(\theta)\sqrt{-K}$. Por tanto, $B(\theta)=1/\sqrt{-K}$, constante. Los coeficientes de la primera forma fundamental son

$$E=1,\quad F=0,\quad G=\frac{-1}{K}\,\mathrm{senh}^2\big(\sqrt{-K}\,r\big). \tag{4.22}$$

Obsérvese que, en los tres casos, los coeficientes de la primera forma fundamental nunca dependen del ángulo θ. Tan solo G depende, exclusivamente, de r. ◇

El cálculo realizado en la observación anterior va a permitir probar un recíproco al teorema *Egregium* de Gauss 3.9.1, en el caso particular de superficies regulares con curvatura de Gauss constante. Este resultado fue demostrado por Ernst Ferdinand Minding en 1839, una década después de que Gauss publicase su famoso teorema.

Teorema 4.3.14 (de Minding). *Sean S y $\overline{S}$ dos superficies regulares con igual curvatura de Gauss constante. Entonces, S y $\overline{S}$ son localmente isométricas.*

Demostración. Sean $p\in S$ y $\overline{p}\in\overline{S}$ cualesquiera. Tenemos que demostrar que existen entornos $V(p)\subset S$ de p, $\overline{V}(\overline{p})\subset\overline{S}$ de $\overline{p}$ y un difeomorfismo $\varphi:V\longrightarrow\overline{V}$, tal que φ es una isometría. Tomamos para ello $\{\mathbf{e}_1,\mathbf{e}_2\}$ y $\{\overline{\mathbf{e}}_1,\overline{\mathbf{e}}_2\}$ bases ortonormales de los planos tangentes T_pS y $T_{\overline{p}}\overline{S}$, respectivamente y construimos una isometría lineal entre los espacios vectoriales T_pS y $T_{\overline{p}}\overline{S}$ de la manera natural:

$$\widetilde{\varphi}:T_pS\longrightarrow T_{\overline{p}}\overline{S}\qquad\text{dada por}\qquad \widetilde{\varphi}(u\mathbf{e}_1+v\mathbf{e}_2)=u\overline{\mathbf{e}}_1+v\overline{\mathbf{e}}_2,$$

para la que, claramente, $\widetilde{\varphi}(\mathbf{e}_1)=\overline{\mathbf{e}}_1$ y $\widetilde{\varphi}(\mathbf{e}_2)=\overline{\mathbf{e}}_2$. Consideremos el diagrama

$$\begin{array}{ccc} T_pS & \xrightarrow{\ \widetilde{\varphi}\ } & T_{\overline{p}}\overline{S}\\ {\scriptstyle \exp_p}\big\downarrow & & \big\downarrow{\scriptstyle \exp_{\overline{p}}}\\ S & \longrightarrow & \overline{S}\end{array}$$

Sean V_0 y $\overline{V}_0$ entornos normales de p y $\overline{p}$, respectivamente, y denotemos por $U_0\subset D_p$ y $\overline{U}_0\subset D_{\overline{p}}$ los abiertos estrellados, entornos de $\mathbf{0}_p\in T_pS$ y $\mathbf{0}_{\overline{p}}\in T_{\overline{p}}\overline{S}$, respectivamente, tales que $\exp_p:U_0\longrightarrow V_0$ y $\exp_{\overline{p}}:\overline{U}_0\longrightarrow\overline{V}_0$ son difeomorfismos. Tomemos además los abiertos $U:=\widetilde{\varphi}^{-1}\big(\overline{U}_0\cap\widetilde{\varphi}(U_0)\big)\subset U_0$ y $\overline{U}:=\overline{U}_0\cap\widetilde{\varphi}(U_0)\subset\overline{U}_0$ (obsérvese que $\overline{U}=\widetilde{\varphi}(U)$, véase la figura 4.10). Finalmente, representamos por V y $\overline{V}$ los entornos (de p y $\overline{p}$, respectivamente) $V:=\exp_p(U)\subset V_0$ y $\overline{V}:=\exp_{\overline{p}}(\overline{U})\subset\overline{V}_0$, y definimos la aplicación φ como la composición

$$\varphi=\exp_{\overline{p}}\circ\widetilde{\varphi}\circ{\exp_p}^{-1}:V\longrightarrow\overline{V}.$$

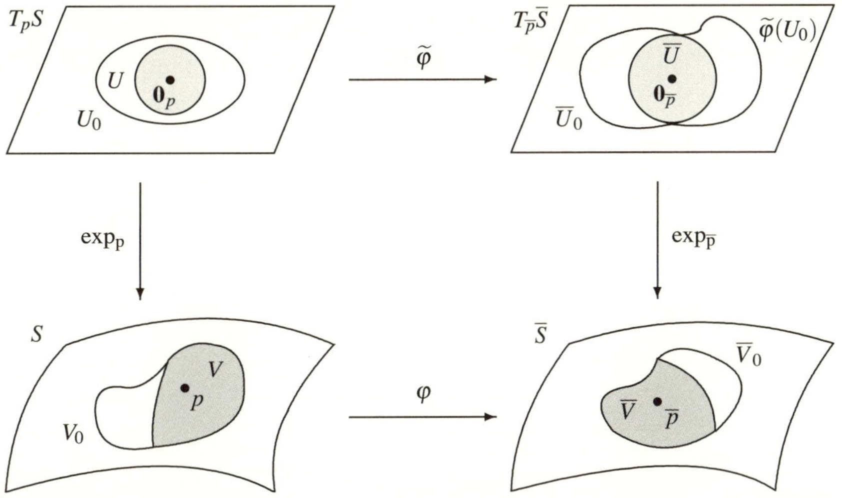

Figura 4.10: Construyendo la isometría φ entre V y $\overline{V}$.

Vamos a demostrar que φ es una isometría (global) entre V y $\overline{V}$. Desde luego, φ es un difeomorfismo, pues es composición de difeomorfismos. Para ver que es una isometría, utilizaremos el teorema 3.8.4: construiremos dos parametrizaciones X y $\overline{X} = \varphi \circ X$, de S y $\overline{S}$, respectivamente, con los mismos coeficientes de la primera forma fundamental.

Para ello, sean $\phi : \mathbb{R}^2 \longrightarrow T_pS$ y $\overline{\phi} : \mathbb{R}^2 \longrightarrow T_{\overline{p}}\overline{S}$ las aplicaciones dadas por

$$\phi(r,\theta) = r\cos\theta\mathbf{e}_1 + r\operatorname{sen}\theta\mathbf{e}_2 \quad \text{y} \quad \overline{\phi}(r,\theta) = r\cos\theta\overline{\mathbf{e}}_1 + r\operatorname{sen}\theta\overline{\mathbf{e}}_2,$$

y consideremos $U' := \phi^{-1}(U) = \overline{\phi}^{-1}(\overline{U})$. Esta es una buena definición pues, si el par $(r,\theta) \in \phi^{-1}(U)$, o lo que es lo mismo, si $\phi(r,\theta) = r\cos\theta\mathbf{e}_1 + r\operatorname{sen}\theta\mathbf{e}_2 \in U$, entonces

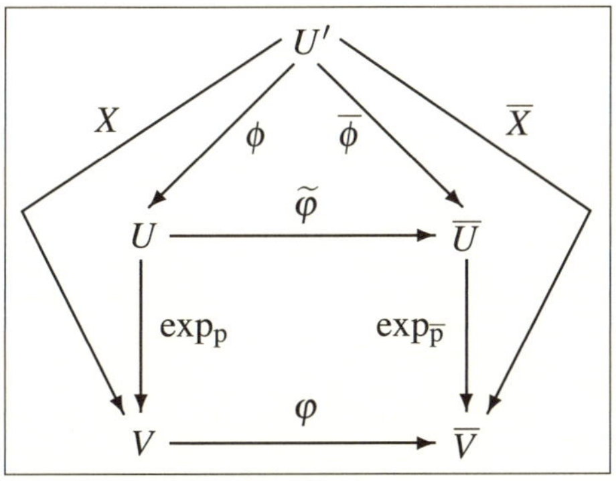

Figura 4.11: Construyendo las parametrizaciones X y $\overline{X} = \varphi \circ X$.

$$\begin{aligned}\overline{\phi}(r,\theta) &= r\cos\theta\overline{\mathbf{e}}_1 + r\operatorname{sen}\theta\overline{\mathbf{e}}_2 = r\cos\theta\widetilde{\varphi}(\mathbf{e}_1) + r\operatorname{sen}\theta\widetilde{\varphi}(\mathbf{e}_2)\\ &= \widetilde{\varphi}(r\cos\theta\mathbf{e}_1 + r\operatorname{sen}\theta\mathbf{e}_2) \in \widetilde{\varphi}(U) = \overline{U},\end{aligned}$$

de donde se deduce que $(r,\theta) \in \overline{\phi}^{-1}(\overline{U})$; el recíproco es análogo. Construimos finalmente las parametrizaciones buscadas para nuestras superficies S y $\overline{S}$ (véase la figura 4.11):

$$X = \exp_p \circ \phi \quad \text{y} \quad \overline{X} = \exp_{\overline{p}} \circ \overline{\phi},$$

respectivamente (en definitiva, no estamos haciendo otra cosa que considerar los sistemas de coordenadas geodésicas polares para cada una de las superficies).

Es muy sencillo comprobar que el nuevo diagrama (véase la figura 4.11) es conmutativo, es decir, que $\overline{X} = \varphi \circ X$. En efecto:

$$\begin{aligned}\overline{X}(r,\theta) &= (\exp_{\overline{p}} \circ \overline{\phi})(r,\theta) = \exp_{\overline{p}}(r\cos\theta\overline{\mathbf{e}}_1 + r\operatorname{sen}\theta\overline{\mathbf{e}}_2)\\ &= (\exp_{\overline{p}} \circ \widetilde{\varphi})(r\cos\theta\mathbf{e}_1 + r\operatorname{sen}\theta\mathbf{e}_2) = (\varphi \circ \exp_p)(r\cos\theta\mathbf{e}_1 + r\operatorname{sen}\theta\mathbf{e}_2)\\ &= (\varphi \circ \exp_p \circ \phi)(r,\theta) = (\varphi \circ X)(r,\theta).\end{aligned}$$

Por lo tanto, $\varphi = \overline{X} \circ X^{-1}$. El teorema 3.8.4 nos asegura entonces que si los coeficientes de la primera forma fundamental de X y $\overline{X}$ coinciden, la aplicación φ es una isometría. Ahora bien, en el ejemplo 4.11 hemos calculado los coeficientes E, F y G correspondientes a los sistemas de coordenadas geodésicas polares, cuando la curvatura de Gauss es constante, relaciones (4.20), (4.21) y (4.22). Así, se tiene que $E = 1 = \overline{E}$ y $F = 0 = \overline{F}$. Además, como por hipótesis $K = \overline{K}$,

$$G = \left\{ \begin{array}{ll} r^2 & \text{si } K = \overline{K} = 0 \\ \dfrac{1}{K}\operatorname{sen}^2\big(\sqrt{K}r\big) = \dfrac{1}{\overline{K}}\operatorname{sen}^2\big(\sqrt{\overline{K}}r\big) & \text{si } K = \overline{K} > 0 \\ \dfrac{-1}{K}\operatorname{senh}^2\big(\sqrt{-K}r\big) = \dfrac{-1}{\overline{K}}\operatorname{senh}^2\big(\sqrt{-\overline{K}}r\big) & \text{si } K = \overline{K} < 0 \end{array} \right\} = \overline{G}.$$

Luego $\varphi = \exp_{\overline{\mathrm{p}}} \circ \widetilde{\varphi} \circ {\exp_{\mathrm{p}}}^{-1}$ es una isometría. □

Observación 4.6. Obsérvese que, para la aplicación $\varphi = \exp_{\overline{\mathrm{p}}} \circ \widetilde{\varphi} \circ {\exp_{\mathrm{p}}}^{-1}$ definida en la demostración del teorema de Minding, se tiene además que $d\varphi_p \equiv \widetilde{\varphi}$:

$$\begin{aligned} d\varphi_p(\mathbf{v}) &= d\big(\exp_{\overline{\mathrm{p}}} \circ \widetilde{\varphi} \circ {\exp_{\mathrm{p}}}^{-1}\big)_p(\mathbf{v}) = d(\exp_{\overline{\mathrm{p}}})_{(\widetilde{\varphi}\circ {\exp_{\mathrm{p}}}^{-1})(p)}\Big(d\big(\widetilde{\varphi} \circ {\exp_{\mathrm{p}}}^{-1}\big)_p(\mathbf{v})\Big) \\ &= d(\exp_{\overline{\mathrm{p}}})_{\mathbf{0}_p}\Big(d\widetilde{\varphi}_{{\exp_{\mathrm{p}}}^{-1}(p)}\big(d({\exp_{\mathrm{p}}}^{-1})_p(\mathbf{v})\big)\Big) = \big(d\widetilde{\varphi}_{\mathbf{0}_p} \circ d({\exp_{\mathrm{p}}}^{-1})_p\big)(\mathbf{v}) \\ &= \Big(\widetilde{\varphi} \circ \big(d(\exp_{\mathrm{p}})_{\mathbf{0}_p}\big)^{-1}\Big)(\mathbf{v}) = \widetilde{\varphi}(\mathbf{v}), \end{aligned}$$

para todo $\mathbf{v} \in T_pS$. En particular, $d\varphi_p(\mathbf{e}_i) = \overline{\mathbf{e}}_i$ para $i = 1, 2$. ◇

EJERCICIOS

Ejercicio 4.1. Sea $V \in \mathfrak{X}(\alpha)$ un campo tangente, unitario y diferenciable a lo largo de una curva diferenciable $\alpha : I \longrightarrow S$ de una superficie regular S. Probar que existe una función diferenciable λ tal que $DV/dt = \lambda(N \wedge V)$. Además, si α está p.p.a. y el campo $V = \alpha'$, entonces la función λ es, precisamente, la curvatura geodésica de α.

Ejercicio 4.2. Sean $V, W \in \mathfrak{X}(\alpha)$ campos vectoriales tangentes, unitarios y diferenciables a lo largo de una curva diferenciable α. Supongamos que V es paralelo. Demostrar que si $W(t)$ es ortogonal a $V(t)$ para todo t, entonces W también es paralelo.

Ejercicio 4.3. Sean S_1 y S_2 dos superficies regulares tales que $S_1 \cap S_2$ es una curva diferenciable, y sea $\alpha : I \longrightarrow S_1 \cap S_2$ una parametrización de dicha curva. Si $V \in \mathfrak{X}(\alpha)$ respecto a ambas superficies, demostrar con un ejemplo que V puede ser paralelo a lo largo de α considerada como curva de S_1, pero no serlo si se considera como curva de S_2 (comparar este resultado con la proposición 4.1.10).

Ejercicio 4.4. Sean $\phi : S_1 \longrightarrow S_2$ una isometría local entre dos superficies regulares y $\alpha : I \longrightarrow S_1$ una curva diferenciable en S_1. Sea $V \in \mathfrak{X}(\alpha)$ un campo de vectores paralelo. Probar que $d\phi_{\alpha(\cdot)}\big(V(\cdot)\big)$ es un campo de vectores paralelo a lo largo de $\phi \circ \alpha$.

Ejercicio 4.5. Sean $S \subset \mathbb{R}^3$ una superficie regular orientada y $\gamma : I \longrightarrow S$ una curva diferenciable en la superficie (no constante).

i) Demostrar que
$$\frac{D(\mathrm{J}\gamma')}{dt} = \mathrm{J}\left(\frac{D\gamma'}{dt}\right).$$

ii) Si γ es una geodésica, probar que $V \in \mathfrak{X}(\gamma)$ es paralelo a lo largo de γ si, y solo si, tanto su módulo $|V|$, como el ángulo áng(γ', V), son constantes.

Ejercicio 4.6. Demostrar que:

i) Si una geodésica es línea de curvatura, entonces es una curva plana.

ii) Si una geodésica es una curva plana, entonces es una línea de curvatura.

iii) Dar un ejemplo de una línea de curvatura plana que no sea una geodésica.

Ejercicio 4.7. Demostrar que si todas las geodésicas de una superficie S conexa son curvas planas, entonces S es un trozo de esfera o un trozo de plano.

Ejercicio 4.8. Demostrar que una curva $\gamma : I \longrightarrow S$ es a la vez asintótica y geodésica si, y solo si, es un segmento de recta.

Ejercicio 4.9. Sea S una superficie regular que es tangente a un plano Π a lo largo de una curva $\alpha \subset S$. ¿Es α una geodésica?

Ejercicio 4.10. Estudiar si los paralelos y los meridianos de una superficie de revolución son geodésicas. Calcular todas sus geodésicas.

Ejercicio 4.11. Considérese el toro de revolución generado por el giro de la circunferencia $(x-a)^2+z^2=r^2$, $y=0$, alrededor del eje z (con $a>r>0$). Los paralelos generados por los puntos $(a+r,0)$, $(a-r,0)$ y (a,r) se denominan, respectivamente, *paralelo máximo*, *paralelo mínimo* y *paralelo superior*. ¿Cuáles de estos paralelos son a) geodésicas, b) curvas asintóticas, c) líneas de curvatura?

Ejercicio 4.12. Calcular la curvatura geodésica del paralelo superior del toro.

Ejercicio 4.13. Sean S una superficie regular orientada con aplicación de Gauss N y $\alpha(s)$ una línea de curvatura de S que está p.p.a. Construimos una nueva superficie $\overline{S}$ parametrizada por $X(s,v)=\alpha(s)+vN\big(\alpha(s)\big)$ (en un abierto adecuado). Calcular las curvaturas geodésicas de las curvas coordenadas $X(s,v_0)$ y $X(s_0,v)$. Concluir que $X(s,v_0)$ es pregeodésica si, y solo si, $T_{\alpha(s)}S$ es constante a lo largo de la curva α.

Ejercicio 4.14. Considérese la catenaria $y=\cosh x$ contenida en el plano $z=0$, y sea S el cilindro recto construido sobre dicha curva. Dar una parametrización de esta superficie y calcular sus geodésicas.

Ejercicio 4.15. Sean S una superficie regular y Π un plano que corta a S en una curva α, que suponemos p.p.a. Demostrar que si Π es un plano de simetría, entonces α es una geodésica. ¿Es cierto el recíproco?

Ejercicio 4.16 (Las fórmulas de Darboux). Sea $\big\{\mathbf{t}(s),\mathbf{Jt}(s),N(s)\big\}$ el triedro de Darboux de una curva regular $\alpha : I \longrightarrow S$ p.p.a. Demostrar que

$$\left\{\begin{aligned} \mathbf{t}'(s) &= k_g(s)\mathbf{Jt}(s)+k_n(s)N(s) \\ (\mathbf{Jt})'(s) &= -k_g(s)\mathbf{t}(s)+\tau_g(s)N(s) \\ N'(s) &= -k_n(s)\mathbf{t}(s)-\tau_g(s)\mathbf{Jt}(s), \end{aligned}\right. \tag{4.23}$$

donde la función $\tau_g(s)=\big\langle \mathrm{A}_{\alpha(s)}\mathbf{t}(s),\mathbf{Jt}(s)\big\rangle$ se denomina la *torsión geodésica* de α. Las relaciones anteriores reciben el nombre de *fórmulas de Darboux*.

Ejercicio 4.17. Sea $\alpha : I \longrightarrow S$ una curva regular p.p.a. en una superficie regular S. Considérense el triedro de Darboux $\big\{\mathbf{t}(s),\mathbf{Jt}(s),N(s)\big\}$ y el triedro de Frenet $\big\{\mathbf{t}(s),\mathbf{n}(s),\mathbf{b}(s)\big\}$ de la curva α. Sea $\big\{\mathbf{e}_1(s),\mathbf{e}_2(s)\big\}$ una base de direcciones principales en $T_{\alpha(s)}S$, $s\in I$. Demostrar:

i) La torsión geodésica toma el valor

$$\tau_g(s)=\cos\varphi(s)\,\mathrm{sen}\,\varphi(s)\Big[k_2\big(\alpha(s)\big)-k_1\big(\alpha(s)\big)\Big],$$

donde $\varphi(s)=\text{áng}\big(\mathbf{e}_1(s),\mathbf{t}(s)\big)$.

ii) Si $\vartheta(s)=\text{áng}\big(\mathbf{n}(s),\mathbf{Jt}(s)\big)$, entonces $\vartheta'(s)=\tau(s)+\tau_g(s)$.

iii) Las líneas de curvatura se caracterizan por tener torsión geodésica nula.

iv) Si α es una geodésica con curvatura normal no nula, entonces $\tau_g\equiv-\tau$.

Ejercicio 4.18 (Referencia de Frenet intrínseca). Sea $\gamma : I \longrightarrow S$ una geodésica contenida en una superficie regular y orientada S. Consideremos los campos de vectores $\mathbf{e}_1(t) = \gamma'(t)/|\gamma'(t)|$ y $\mathbf{e}_2(t) = N(t) \wedge \mathbf{e}_1(t)$. El par $\{\mathbf{e}_1(t), \mathbf{e}_2(t)\}$ es una base ortonormal del plano tangente $T_{\gamma(t)}S$ denominada *referencia de Frenet intrínseca*, y cualquier campo de vectores tangente $V(t)$ a lo largo de γ se expresa de la forma

$$V(t) = \langle V(t), \mathbf{e}_1(t) \rangle \mathbf{e}_1(t) + \langle V(t), \mathbf{e}_2(t) \rangle \mathbf{e}_2(t).$$

i) Demostrar que $V(t)$ es paralelo si, y solo si, los productos $\langle V(t), \mathbf{e}_1(t) \rangle$ y $\langle V(t), \mathbf{e}_2(t) \rangle$ son constantes.

ii) Calcular el transporte paralelo del vector $\mathbf{v} = (0,1,1)$ tangente a la superficie $x^2 + y^2 - z^2 = 1$ en $p = (1,0,0)$, a lo largo de la curva $z = 0$, hasta el punto $q = (0,1,0)$.

Ejercicio 4.19. Calcular la longitud de una circunferencia geodésica en la esfera de radio R, así como el área del correspondiente disco geodésico.

Ejercicio 4.20. Sea $\mathcal{D}(p,r)$ un disco geodésico en una superficie regular S, y sea $\alpha : I \longrightarrow \mathbb{S}^1(r_0) \subset T_pS$ una parametrización por el arco de la circunferencia de radio r_0 en T_pS ($r_0 < r$). Consideremos la parametrización $X : (0,\varepsilon) \times I \longrightarrow S$, para $\varepsilon > 0$ suficientemente pequeño, dada por $X(t,s) = \exp_{\mathrm{p}}(t\alpha(s))$. Calcular los coeficientes de su primera forma fundamental y demostrar que, en los puntos $X(t,s)$, la curvatura de Gauss toma el valor

$$K(X(t,s)) = \frac{-|X_s|_{tt}}{r_0^2|X_s|}(t,s).$$

Ejercicio 4.21. Sean S una superficie regular y $p \in S$. Sea $V : \mathbb{R} \longrightarrow T_pS$ diferenciable con $|V(t)| = 1$ para todo t, y consideremos $X(u,t) = \exp_{\mathrm{p}}(uV(t))$ definida en un abierto adecuado $U \subset \mathbb{R}^2$ para que X sea un homeomorfismo.

i) Probar que X es una parametrización de S si, y solo si, V no es constante.

ii) En tal caso, calcular los coeficientes de la primera forma fundamental de X.

iii) Sea $\alpha : [a,b] \longrightarrow \mathcal{D}(p,\varepsilon) \subset S$ la curva $\alpha(t) = X(u(t),t) = \exp_{\mathrm{p}}(u(t)V(t))$, para una cierta función $u(t)$, $0 < u(t) < \varepsilon$. Demostrar que

$$\int_a^b |\alpha'(t)|\, dt \geq |u(b) - u(a)|,$$

dándose la igualdad si, y solo si, $u(t)$ es monótona y $V(t)$ es constante.

Ejercicio 4.22. Sea $X(r,\theta)$ el sistema de coordenadas geodésicas polares centrado en un punto $p \in S$. Demostrar que:

i) La curvatura de Gauss $K(p)$ se puede calcular como $K(p) = -\mathrm{lím}_{r\to 0}(\sqrt{G})_{rrr}$.

ii) $\sqrt{G} = r - Kr^3/3! + R$, donde $\mathrm{lím}_{r\to 0} R/r^3 = 0$.

iii) $K(p) = \mathrm{lím}_{r\to 0}(3/\pi)(2\pi r - L)/r^3$, donde L es la longitud de $\mathcal{S}(p,r)$.

Ejercicio 4.23. Dado $p \in S$, demostrar que $K(p) = \text{lím}_{r\to 0}(12/\pi)(\pi r^2 - A)/r^4$, donde A es el área de la región delimitada por $\mathcal{S}(p,r)$.

Ejercicio 4.24. Justificar por qué en superficies con un punto elíptico no se verifica la desigualdad isoperimétrica.

Ejercicio 4.25. Demostrar que, en una superficie con curvatura de Gauss constante, las circunferencias geodésicas tienen curvatura geodésica constante.

Ejercicio 4.26. Sea $X(u,v)$ la parametrización dada por las coordenadas normales en una superficie regular S. Demostrar que en $(0,0)$ se anulan las primeras derivadas de E, F y G.

Ejercicio 4.27. Demostrar que una curva regular $\gamma : I \longrightarrow \mathbb{R}^3$ p.p.a. con curvatura $k > 0$ es una hélice generalizada (véase el ejercicio 1.19) si, y solo si, es una geodésica de un *cilindro generalizado* (es decir, un cilindro construido sobre una curva plana).

V

Cálculo variacional en superficies

El cálculo variacional tuvo su origen en el problema de la curva *braquistocrona*, propuesto por Johann Bernoulli en 1696: si un cuerpo parte de un punto inicial con velocidad cero, y se desplaza a lo largo de una curva hasta llegar a un segundo punto, bajo la acción de una fuerza de gravedad constante (y sin que exista fricción) ¿qué curva debe seguir para recorrerla en el menor tiempo posible? La respuesta ya la conocemos: la cicloide (véase el ejercicio 1.13). La solución detallada a esta cuestión puede consultarse, por ejemplo, en [37].

En este capítulo vamos a estudiar lo que se conocen como problemas variacionales en una superficie, es decir, analizaremos qué le ocurre a un determinado funcional definido sobre una superficie cuando lo sometemos a, digamos, «pequeños cambios».

En la primera sección estudiamos el problema variacional asociado a la longitud: dada una curva, consideramos una variación de esta dada por curvas «próximas» en la superficie, y nos preguntamos cómo va cambiando la longitud de estas curvas vecinas. Formalmente, lo que estamos haciendo es estudiar el funcional longitud asociado a la variación de una curva. A continuación, obtenemos la primera derivada del citado funcional y se demuestra que la longitud de la curva de partida es un punto crítico (por tanto, un posible candidato a optimizarlo) si dicha curva es una geodésica. Una vez conocida la naturaleza de la curvas «críticas», nos centramos en el estudio de la segunda derivada. Aquí es donde aparece con total naturalidad la geometría de la superficie de modo que, según sea esta, (la longitud de) una geodésica puede ser un máximo, un mínimo, o simplemente no se puede decir nada sobre ella en relación a la longitud de sus curvas próximas. Las llamadas *fórmulas de variación* (primera y segunda derivadas del funcional longitud) jugarán un papel fundamental a la hora de demostrar el teorema de Hopf-Rinow, que veremos en el capítulo 6, así como un resultado sorprendente, que también interrelaciona la geometría de la superficie con su estructura como espacio métrico: el teorema de Bonnet (véase el apartado 6.1.3).

A continuación nos centramos en el caso de las variaciones del área. Para ello, es necesario llevar a cabo un estudio previo de las técnicas de integración en superficies y así poder, a continuación, aplicarlas al estudio de la variación del área y de las llamadas *superficies minimales*. Comenzamos definiendo el elemento de área métrico como una función que determina el área de una porción infinitesimal de superficie, en términos de la parametrización escogida. Este elemento de área tiene una interpretación geométrica muy clara, y permitirá definir el área de una superficie con total propiedad. A continuación introducimos la integral de una función real definida sobre una superficie. Se trata de una generalización natural del concepto de integral para dominios en el plano, y presentamos algunos resultados relacionados con estas técnicas, como por ejemplo, la interpretación de la curvatura de Gauss como razón entre área de superficie y área esférica.

Las superficies minimales constituyen una clase muy especial desde diversos puntos de vista y a ellas dedicamos la última parte de este capítulo. Así, desde una perspectiva histórica, surgen como óptimos del funcional área asociado a variaciones de un dominio de la superficie con borde prefijado. Una superficie minimal admite varias definiciones y, en esta sección, además de presentarlas y demostrar su equivalencia, efectuamos una revisión histórica de los principales avances y pruebas relacionados con ellas. En el último apartado mostramos algunos ejemplos de superficies minimales cuya construcción está estrechamente relacionada con las definiciones dadas en el apartado previo.

5.1. VARIACIONES DE LA LONGITUD. LAS FÓRMULAS DE VARIACIÓN

En esta sección vamos a tomar una curva en una superficie, y consideraremos una variación de dicha curva. El problema natural que surge consiste en estudiar el funcional longitud asociado a la variación y analizar su comportamiento. Un primer paso consiste en calcular la primera derivada e identificar sus puntos críticos. Así, se demuestra que las geodésicas son los puntos críticos del funcional longitud con respecto a variaciones que dejan fijos los extremos de la curva.[1] Observemos que esto es completamente natural, pues ya conocemos una propiedad esencial de las geodésicas: sabemos que, *localmente*, minimizan la longitud. Lo que estamos probando aquí es que, *a nivel global*,[2] y pese a no poder demostrarse (porque no es cierto) que minimizan la longitud, sí constituyen un punto crítico del citado funcional.

El siguiente paso es calcular la derivada segunda del funcional longitud. Aparece entonces involucrada, como es natural, la curvatura de Gauss, pues observemos que la forma de la superficie influye decisivamente en que la variación suponga un aumento o un decremento de la longitud. Como las geodésicas son los puntos críticos del funcional, el estudio de la segunda derivada se efectúa exclusivamente para variaciones de una geodésica.

A lo largo de esta sección, así como en capítulos posteriores, vamos a trabajar con un tipo de curvas más general: las curvas regulares a trozos. Intuitivamente, esta clase de curvas presentan un número finito de «vértices» o «esquinas» en los que la derivada (la tangente) deja de ser continua. Definamos este concepto con precisión.

Definición 5.1.1. *Una **curva regular a trozos** es una aplicación $\alpha : [a,b] \longrightarrow \mathbb{R}^n$ continua, para la cual existe una partición $a = t_0 < t_1 < \ldots < t_k = b$ tal que, para cada $i = 1,\ldots,k$, $\alpha_i := \alpha|_{[t_{i-1},t_i]}$ es una curva regular.*

---

[1] Si no se fijan los extremos, el problema carece de interés.

[2] No solo en relación con «curvas vecinas», sino respecto a todas las curvas que unen ambos puntos en la superficie.

A partir de ahora, vamos a representar por

$$\alpha'_-(t_i) = \lim_{\substack{t \to t_i \\ t < t_i}} \alpha'(t) = \lim_{t \to t_i} \alpha'_i(t) = \alpha'_i(t_i),$$

$$\alpha'_+(t_i) = \lim_{\substack{t \to t_i \\ t > t_i}} \alpha'(t) = \lim_{t \to t_i} \alpha'_{i+1}(t) = \alpha'_{i+1}(t_i).$$

Diremos entonces que $\alpha(t_i)$ es un *vértice* de la curva α si $\alpha'_-(t_i) \neq \alpha'_+(t_i)$.

Observación 5.1. i) En $t = a$ y $t = b$ solo existe una derivada, excepto si la curva es cerrada, esto es, si $\alpha(a) = \alpha(b)$. En tal caso, tendríamos dos posibilidades: o bien $\alpha'_+(a) = \alpha'_-(b)$, en cuyo caso la curva se cierra «regularmente», o bien $\alpha'_+(a) \neq \alpha'_-(b)$, apareciendo entonces un vértice en $\alpha(a) = \alpha(b)$.

ii) $|\alpha'(t)|$ es una función continua, excepto en los vértices, donde no está definida. ¿Cómo podemos entonces reparametrizar α por la longitud de arco? Tomemos $|\alpha'_i(t_i)| = \lim_{t \to t_i, t < t_i} |\alpha'(t)| < \infty$, los cuales serán los puntos de discontinuidad de $|\alpha'(t)|$, función acotada. Así, calculamos el parámetro arco como

$$s = g(t) = \int_a^t |\alpha'(u)|\, du \quad \text{si } t \neq t_i \quad \text{y} \quad s_i = g(t_i) = \lim_{\substack{t \to t_i \\ t < t_i}} \int_a^t |\alpha'(u)|\, du$$

para $i = 1, \ldots, k$, y la reparametrización viene dada, como ya es usual, por $t = h(s) = g^{-1}(s)$ si $s \neq s_i$, mientras que en los valores s_i se define $h(s_i) := t_i$. En definitiva, cualquier curva regular a trozos siempre puede tomarse p.p.a. $\diamondsuit$

A partir de ahora, y sin pérdida de generalidad, cada vez que la curva α esté p.p.a. escribiremos su intervalo de definición como $[0, \ell]$, en lugar del genérico $[a, b]$. El motivo de utilizar esta notación es puramente estético, pues de este modo, la longitud de α viene representada, precisamente, por ℓ. Además, usaremos la letra s para el parámetro de la curva, independientemente de si esta está o no p.p.a., pues reservamos la t para la segunda variable de la variación.

Como ya hemos anticipado, el concepto central en esta sección es el siguiente.

Definición 5.1.2. *Sean $\alpha : [a, b] \longrightarrow S$ una curva regular a trozos en una superficie regular S y $a = s_0 < s_1 < \ldots < s_k = b$ una partición de $[a, b]$ tal que, para cada $i = 1, \ldots, k$, $\alpha_i := \alpha|_{[s_{i-1}, s_i]}$ es una curva regular. Una **variación** de α es una aplicación continua $\phi : [a, b] \times (-\varepsilon, \varepsilon) \longrightarrow S$, que es diferenciable en cada uno de los rectángulos $[s_{i-1}, s_i] \times (-\varepsilon, \varepsilon)$, y tal que:*

i) $\phi(s, 0) = \phi_0(s) = \alpha(s)$ para todo $s \in [a, b]$;

*ii) para todo $t \in (-\varepsilon, \varepsilon)$, $\alpha_t = \phi(\cdot, t) : [a, b] \longrightarrow S$ es una curva parametrizada regular a trozos, llamada **curva de la variación**.*

*Además, se dice que ϕ es una **variación propia** (o que **tiene extremos fijos**) cuando $\alpha_t(a) = \phi(a, t) = \alpha(a)$ y $\alpha_t(b) = \phi(b, t) = \alpha(b)$ para todo $t \in (-\varepsilon, \varepsilon)$.*

Obsérvese que una variación de una curva es lo análogo a pensar que la curva es como una cuerda que se mueve o que vibra en función del tiempo.

Dada una variación ϕ de una curva α regular a trozos, en cada uno de los segmentos α_i donde la curva es regular se pueden definir los campos de vectores tangentes (y diferenciables) $(\partial\phi/\partial t)(s,t)$ y $(\partial\phi/\partial s)(s,t)$. De hecho, $\partial\phi/\partial t$ es siempre continua sobre el rectángulo completo $[a,b]\times(-\varepsilon,\varepsilon)$: en efecto, por un lado, su valor a lo largo del segmento de recta $\{s_i\}\times(-\varepsilon,\varepsilon)$ depende exclusivamente del valor de ϕ sobre dicho segmento, pues la derivada se calcula solo respecto a t; por otro lado, es continua (de hecho, diferenciable) sobre cada uno de los (sub)rectángulos $[s_{i-1},s_i]\times(-\varepsilon,\varepsilon)$ y $[s_i,s_{i+1}]\times(-\varepsilon,\varepsilon)$, lo cual implica que los límites por la derecha e izquierda en $s=s_i$ deben coincidir. Desde luego, $(\partial\phi/\partial s)(s,t)$ no tiene por qué ser continua en $s=s_i$. Esto permite definir lo que se conoce como el campo variacional de una variación.

Definición 5.1.3. *Sea ϕ una variación de una curva regular a trozos. Se define el* ***campo variacional*** *de ϕ como $Z(s)=(\partial\phi/\partial t)(s,0)$.*

Si consideramos ϕ como una función de t, $\beta_s(t)=\phi(s,t)$, el campo variacional $Z(s)=\beta_s'(0)\in T_{\beta_s(0)}S=T_{\alpha(s)}S$. Luego $Z\in\mathfrak{X}(\alpha)$. Además es continuo en $[a,b]$ y diferenciable en cada uno de los segmentos $[s_{i-1},s_i]$ donde α es regular. Este campo proporciona información muy valiosa y resume bastante bien cómo varían la curvas respecto a la curva inicial α. Si ϕ es propia, $Z(a)=\mathbf{0}$ y $Z(b)=\mathbf{0}$, pues $\phi(a,t)$, $\phi(b,t)$ son constantes en t. En el caso de que α sea regular, esta situación, evidentemente, se corresponde al modelo de una cuerda que vibra y tiene los extremos «atados».

En resumen, una variación ϕ de una curva α proporciona una familia uniparamétrica $\{\alpha_t\}_{t\in(-\varepsilon,\varepsilon)}$ de curvas en la superficie (regulares a trozos), y podemos calcular la longitud de estas. Así, representamos por $L(t)$ el llamado *funcional longitud*:

$$L(t):=L_a^b(\alpha_t)=\sum_{i=1}^{k}L_{s_{i-1}}^{s_i}\left(\alpha_t|_{[s_{i-1},s_i]}\right)=\sum_{i=1}^{k}\int_{s_{i-1}}^{s_i}|\alpha_t'(s)|\,ds=\sum_{i=1}^{k}\int_{s_{i-1}}^{s_i}\left|\frac{\partial\phi}{\partial s}(s,t)\right|ds.$$

Obsérvese que, en la expresión anterior, en cada uno de los extremos s_i se está considerando la correspondiente derivada lateral, $(\alpha_t)_-'$ ó $(\alpha_t)_+'$. La función $L(t)$ mide la longitud de la curva α_t en el intervalo $[a,b]$.

5.1.1. La primera fórmula de variación para la longitud de arco

Una vez que hemos definido el funcional longitud de arco $L(t)$, nos preguntamos cómo varía este en la proximidad de la curva α, esto es, en las cercanías de $t=0$. Una respuesta (parcial) viene dada en el siguiente resultado.

Teorema 5.1.4 (Primera fórmula de variación). *Sean $\alpha:[0,\ell]\longrightarrow S$ una curva regular a trozos p.p.a., ϕ una variación de α y Z su campo variacional. Entonces,*

$$L'(0)=\Big[\langle Z(s),\alpha'(s)\rangle\Big]_0^{\ell}-\sum_{i=1}^{k-1}\langle Z(s_i),\Delta_i\alpha'\rangle-\int_0^{\ell}\left\langle Z(s),\frac{D\alpha'}{ds}(s)\right\rangle ds,\qquad(5.1)$$

donde $\Delta_i\alpha'=\alpha_+'(s_i)-\alpha_-'(s_i)$. En particular, si la variación ϕ es propia,

$$L'(0)=-\sum_{i=1}^{k-1}\langle Z(s_i),\Delta_i\alpha'\rangle-\int_0^{\ell}\left\langle Z(s),\frac{D\alpha'}{ds}(s)\right\rangle ds.$$

En (5.1), cuando hablamos de la derivada de α en los extremos de la curva, nos referimos desde luego a $\alpha'(0) = \alpha'_+(0)$ y $\alpha'(\ell) = \alpha'_-(\ell)$, mientras que con la integral del último término estamos representando una suma de integrales:

$$\int_0^\ell \left\langle Z(s), \frac{D\alpha'}{ds}(s) \right\rangle ds = \sum_{i=1}^k \int_{s_{i-1}}^{s_i} \left\langle Z(s), \frac{D\alpha'}{ds}(s) \right\rangle ds$$

(en s_i solo existen las derivadas laterales de α); lo escribimos así por brevedad.

Demostración. Consideremos el segmento de curva regular $\alpha_i = \alpha|_{[s_{i-1},s_i]}$. En este intervalo la función $L_i : (-\varepsilon, \varepsilon) \longrightarrow \mathbb{R}$ que da la longitud de las curvas $\alpha_t|_{[s_{i-1},s_i]}$,

$$L_i(t) = L_{s_{i-1}}^{s_i}\left(\alpha_t|_{[s_{i-1},s_i]}\right) = \int_{s_{i-1}}^{s_i} \left| \frac{\partial \phi}{\partial s}(s,t) \right| ds = \int_{s_{i-1}}^{s_i} \left\langle \frac{\partial \phi}{\partial s}, \frac{\partial \phi}{\partial s} \right\rangle^{1/2} (s,t)\, ds,$$

es diferenciable. Así, podemos calcular su derivada:

$$L_i'(t) = \int_{s_{i-1}}^{s_i} \frac{\left\langle \frac{\partial^2 \phi}{\partial s \partial t}, \frac{\partial \phi}{\partial s} \right\rangle}{\left\langle \frac{\partial \phi}{\partial s}, \frac{\partial \phi}{\partial s} \right\rangle^{1/2}}(s,t)\, ds = \int_{s_{i-1}}^{s_i} \frac{\left\langle \frac{\partial^2 \phi}{\partial s \partial t}, \frac{\partial \phi}{\partial s} \right\rangle}{\left| \frac{\partial \phi}{\partial s} \right|}(s,t)\, ds = \int_{s_{i-1}}^{s_i} \frac{\left\langle \frac{\partial^2 \phi}{\partial s \partial t}, \frac{\partial \phi}{\partial s} \right\rangle (s,t)}{|\alpha_t'(s)|}\, ds.$$

Ahora bien,

$$\frac{d}{ds} \left\langle \frac{\partial \phi}{\partial t}, \frac{\partial \phi}{\partial s} \right\rangle (s,t) = \left\langle \frac{\partial^2 \phi}{\partial t \partial s}, \frac{\partial \phi}{\partial s} \right\rangle (s,t) + \left\langle \frac{\partial \phi}{\partial t}, \frac{\partial^2 \phi}{\partial s^2} \right\rangle (s,t),$$

de donde, utilizando que las segundas derivadas conmutan, se deduce que

$$L_i'(t) = \int_{s_{i-1}}^{s_i} \frac{1}{|\alpha_t'(s)|} \left[\frac{d}{ds} \left\langle \frac{\partial \phi}{\partial t}, \frac{\partial \phi}{\partial s} \right\rangle - \left\langle \frac{\partial \phi}{\partial t}, \frac{\partial^2 \phi}{\partial s^2} \right\rangle \right] (s,t)\, ds.$$

Sustituyendo en $t = 0$ (obsérvese que $\alpha_0'(s) = \alpha'(s)$, vector unitario pues α está p.p.a.),

$$\begin{aligned} L_i'(0) &= \int_{s_{i-1}}^{s_i} \left[\frac{d}{ds} \langle Z(s), \alpha'(s) \rangle - \langle Z(s), \alpha''(s) \rangle \right] ds \\ &= \langle Z(s_i), \alpha'_-(s_i) \rangle - \langle Z(s_{i-1}), \alpha'_+(s_{i-1}) \rangle - \int_{s_{i-1}}^{s_i} \langle Z(s), \alpha''(s) \rangle\, ds \\ &= \langle Z(s_i), \alpha'_-(s_i) \rangle - \langle Z(s_{i-1}), \alpha'_+(s_{i-1}) \rangle - \int_{s_{i-1}}^{s_i} \left\langle Z(s), \frac{D\alpha'}{ds}(s) \right\rangle ds \end{aligned}$$

ya que, como Z es un campo tangente, entonces $\langle Z(s), \alpha''(s)^\perp \rangle = 0$. Finalmente, sumando en i y reagrupando convenientemente, obtenemos el resultado buscado:

$$\begin{aligned} L'(0) &= \sum_{i=1}^k \langle Z(s_i), \alpha'_-(s_i) \rangle - \sum_{i=1}^k \langle Z(s_{i-1}), \alpha'_+(s_{i-1}) \rangle - \sum_{i=1}^k \int_{s_{i-1}}^{s_i} \left\langle Z(s), \frac{D\alpha'}{ds}(s) \right\rangle ds \\ &= \langle Z(\ell), \alpha'_-(\ell) \rangle + \sum_{i=1}^{k-1} \langle Z(s_i), \alpha'_-(s_i) \rangle - \langle Z(0), \alpha'_+(0) \rangle - \sum_{i=1}^{k-1} \langle Z(s_i), \alpha'_+(s_i) \rangle \\ &\quad - \sum_{i=1}^k \int_{s_{i-1}}^{s_i} \left\langle Z(s), \frac{D\alpha'}{ds}(s) \right\rangle ds \\ &= \Big[\langle Z(s), \alpha'(s) \rangle \Big]_0^\ell - \sum_{i=1}^{k-1} \langle Z(s_i), \Delta_i \alpha' \rangle - \int_0^\ell \left\langle Z(s), \frac{D\alpha'}{ds}(s) \right\rangle ds. \end{aligned}$$

La segunda afirmación es evidente. □

Observemos que, fijada una curva α, el valor de $|L'(0)|$ se hace máximo cuando la variación tiene la misma dirección que la aceleración intrínseca, y que su signo depende de si apunta en el mismo sentido, o no, que la aceleración. Por otro lado, cuando α es una geodésica, con independencia de la variación propia, siempre se verificará $L'(0) = 0$, por lo que tendremos un punto crítico del funcional. El recíproco de esta situación también se cumple; para demostrarlo necesitamos presentar el siguiente resultado.

Proposición 5.1.5. *Sean $\alpha : [0,\ell] \longrightarrow S$ una curva regular a trozos p.p.a. en una superficie regular S y $0 = s_0 < s_1 < \ldots < s_k = \ell$ una partición de $[0,\ell]$ tal que $\alpha|_{[s_{i-1},s_i]}$ es regular para cada $i = 1,\ldots,k$. Sea Z un campo de vectores tangente a lo largo de α, continuo en $[0,\ell]$ y diferenciable en cada subintervalo $[s_{i-1},s_i]$.*

i) Entonces existe una variación ϕ de α cuyo campo variacional es Z.

ii) Si $Z(0) = \mathbf{0}$ y $Z(\ell) = \mathbf{0}$, se puede elegir ϕ de forma que sea variación propia.

Demostración. Para todo $s \in [0,\ell], Z(s) \in T_{\alpha(s)}S$. Luego podemos tomar la geodésica $\gamma(t)$ con condiciones iniciales $\gamma(0) = \alpha(s)$ y $\gamma'(0) = Z(s)$, que verifica

$$\gamma(t) = \gamma_{Z(s)}(t) = \gamma_{tZ(s)}(1) = \exp_{\alpha(s)}(tZ(s)).$$

Además, para cada $s \in [0,\ell]$, existe $\varepsilon(s) > 0$ tal que $\exp_{\alpha(s)}(tZ(s))$ (o lo que es lo mismo, $\gamma(t)$) está definida si $|t| < \varepsilon(s)$. Sea entonces $\varepsilon = \min\{\varepsilon(s) : s \in [0,\ell]\}$ (el mínimo existe al ser $[0,\ell]$ un compacto), y definimos

$$\begin{aligned} \phi : [0,\ell] \times (-\varepsilon,\varepsilon) &\longrightarrow S \\ (s,t) &\longrightarrow \phi(s,t) = \exp_{\alpha(s)}(tZ(s)), \end{aligned} \tag{5.2}$$

que es una aplicación continua en $[0,\ell]$ y diferenciable en cada intervalo $[s_{i-1},s_i]$, siendo $\phi(s,0) = \exp_{\alpha(s)}(\mathbf{0}) = \alpha(s)$. Luego ϕ es una variación de la curva α. Además, para cada $s \in [0,\ell]$ fijo,

$$\frac{\partial\phi}{\partial t}(s,0) = d(\exp_{\alpha(s)})_{tZ(s)}(Z(s))\Big|_{t=0} = d(\exp_{\alpha(s)})_{\mathbf{0}}(Z(s)) = Z(s),$$

lo que demuestra que Z es el campo variacional de la variación construida ϕ. Finalmente, si $Z(0) = \mathbf{0}$, entonces

$$\alpha_t(0) = \phi(0,t) = \exp_{\alpha(0)}(tZ(0)) = \exp_{\alpha(0)}(\mathbf{0}) = \alpha(0) \quad \text{para todo } t$$

y, análogamente, $\alpha_t(\ell) = \alpha(\ell)$ para todo t si $Z(\ell) = \mathbf{0}$; luego ϕ sería propia. □

Así pues, dar una variación y dar un campo variacional son, en lo que respecta al estudio en $t = 0$, cosas equivalentes. En esta situación se prueba que las geodésicas son los puntos críticos del funcional longitud.

Teorema 5.1.6 (Caracterización variacional de las geodésicas). *Sean S una superficie regular y $\alpha : [0,\ell] \longrightarrow S$ una curva regular a trozos p.p.a. Entonces α es un segmento de geodésica si, y solo si, $L'(0) = 0$ para toda variación propia ϕ de α.*

Demostración. Sea $0 = s_0 < s_1 < \ldots < s_k = \ell$ una partición de $[0,\ell]$ tal que $\alpha|_{[s_{i-1},s_i]}$ es una curva regular para $i = 1,\ldots,k$.

Si α es geodésica entonces, en particular, es una curva regular (no tiene vértices). Además $D\alpha'/ds = \mathbf{0}$, y por tanto, la primera fórmula de variación (5.1) se reduce a

$$\begin{aligned} L'(0) &= \Big[\langle Z(s),\alpha'(s)\rangle\Big]_0^\ell - \sum_{i=1}^{k-1}\langle Z(s_i),\Delta_i\alpha'\rangle - \int_0^\ell \left\langle Z(s),\frac{D\alpha'}{ds}(s)\right\rangle ds \\ &= \Big[\langle Z(s),\alpha'(s)\rangle\Big]_0^\ell; \end{aligned}$$

como además la variación ϕ es propia, $Z(0) = \mathbf{0}$ y $Z(\ell) = \mathbf{0}$, de donde $L'(0) = 0$.

Recíprocamente, supongamos que $L'(0) = 0$ para toda variación propia ϕ de α. Entonces, aplicando la primera fórmula de variación (5.1), obtenemos que

$$0 = L'(0) = -\sum_{i=1}^{k-1}\langle Z(s_i),\Delta_i\alpha'\rangle - \int_0^\ell \left\langle Z(s),\frac{D\alpha'}{ds}(s)\right\rangle ds \tag{5.3}$$

para cualquier campo Z que sea el campo variacional de una variación propia de α.

El primer paso consiste en probar que $D\alpha'/ds \equiv \mathbf{0}$ en cada subintervalo $[s_{i-1},s_i]$, de donde podremos concluir que α es una *geodésica a trozos* (esto es, una curva regular a trozos cuyos arcos regulares, $\alpha|_{[s_{i-1},s_i]}$ son geodésicas).

Para demostrarlo, elegimos un subintervalo $[s_{i-1},s_i]$ cualquiera, y consideramos una función diferenciable $f:[0,\ell] \longrightarrow \mathbb{R}$ verificando $f > 0$ en (s_{i-1},s_i) y $f \equiv 0$ en el resto. Tomamos el campo tangente

$$Z = f(s)\frac{D\alpha'}{ds}(s) \in \mathfrak{X}(\alpha);$$

obsérvese que Z es un campo diferenciable en todo su dominio, pues f es una función diferenciable que se anula fuera del intervalo (s_{i-1},s_i), y sobre este, $D\alpha'/ds$ es un campo diferenciable. Para dicho $Z \in \mathfrak{X}(\alpha)$, tomamos una variación ϕ de α de forma que Z sea su campo variacional (la definida mediante la aplicación (5.2)). Como $Z(s_{i-1}) = \mathbf{0}$ y $Z(s_i) = \mathbf{0}$, la variación ϕ es propia, y utilizando (5.3) se tiene

$$0 = -\int_{s_{i-1}}^{s_i}\left\langle Z(s),\frac{D\alpha'}{ds}(s)\right\rangle ds = -\int_{s_{i-1}}^{s_i} f(s)\left|\frac{D\alpha'}{ds}(s)\right|^2 ds.$$

Dado que el integrando es siempre no negativo, podemos concluir que $D\alpha'/ds \equiv \mathbf{0}$ sobre cada subintervalo $[s_{i-1},s_i]$, como se quería demostrar.

Para finalizar la demostración del teorema, es decir, para ver que α es realmente *geodésica*, hay que ver que α no tiene vértices; o lo que es lo mismo, que el vector $\Delta_i\alpha' = \alpha'_+(s_i) - \alpha'_-(s_i) = \mathbf{0}$ para todo $i = 1,\ldots,k-1$. Fijamos $i \in \{1,\ldots,k-1\}$. Si construimos un campo de vectores tangente $Z \in \mathfrak{X}(\alpha)$ a lo largo de α verificando $Z(s_i) = \Delta_i\alpha'$ y $Z(s_j) = \mathbf{0}$ para todo $j \neq i$, entonces (5.3) se reduciría a

$$0 = -\sum_{j=1}^{k-1}\langle Z(s_j),\Delta_j\alpha'\rangle = \langle\Delta_i\alpha',\Delta_i\alpha'\rangle = |\Delta_i\alpha'|^2,$$

de donde se tendría que $\Delta_i\alpha' = \mathbf{0}$. Dado que los vectores velocidad por la izquierda y por la derecha de α coinciden en cada valor s_i del parámetro, se deduce de la unicidad de las geodésicas que $\alpha|_{[s_i,s_{i+1}]}$ es la «continuación» de $\alpha|_{[s_{i-1},s_i]}$ y, por tanto, que α es diferenciable, es decir, no tiene vértices.

Así, para concluir la demostración del teorema, tan solo resta construir el mencionado campo de vectores tangente Z a lo largo de α, verificando $Z(s_i) = \Delta_i\alpha'$ y $Z(s_j) = \mathbf{0}$ para todo $j \neq i$. Para ello, sea (U,X) una parametrización de la superficie S en el punto $p_i = \alpha(s_i)$, con $X(q_i) = p_i$, y sea $V = X(U)$ (véase la figura 5.1). Consideremos la curva $\widetilde{\alpha} = X^{-1} \circ \alpha$ en U, expresión en coordenadas de α. Obsérvese que $\widetilde{\alpha}$ es diferenciable a trozos, y más aún, presenta un vértice en $q_i = \widetilde{\alpha}(s_i)$; en caso contrario, si fuese diferenciable en q_i entonces por la diferenciabilidad de la parametrización X se tendría que α lo es en p_i, donde sabemos que presenta un vértice. Sea ahora $\mathbf{v} = dX_{q_i}^{-1}(\Delta_i\alpha') \in T_{q_i}U \equiv \mathbb{R}^2$, y sea $\varepsilon > 0$ suficientemente pequeño de forma que $s_{i-1} < s_i - \varepsilon, s_i + \varepsilon < s_{i+1}$ y además, $\widetilde{\alpha}\big([s_i - \varepsilon, s_i + \varepsilon]\big) \subset U$.

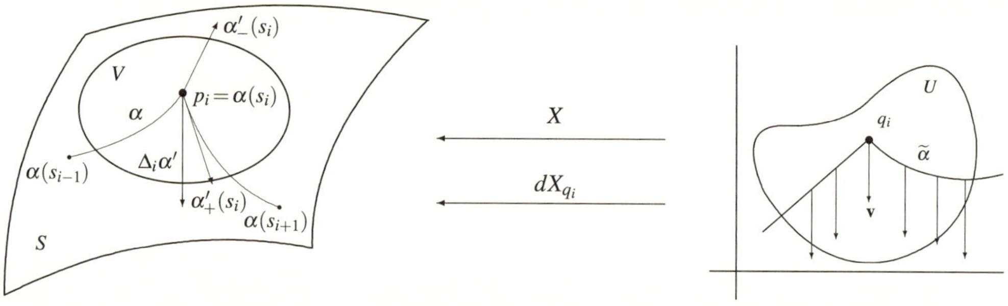

Figura 5.1: Construyendo un campo Z tal que $Z(s_i) = \Delta_i\alpha'$.

Tomemos de nuevo una función diferenciable $f : [0,\ell] \longrightarrow \mathbb{R}$ tal que $f(s_i) = 1$, $f > 0$ en $(s_i - \varepsilon, s_i + \varepsilon)$ y $f \equiv 0$ en el resto, y consideremos el campo (en U) a lo largo de la curva $\widetilde{\alpha}$ dado por $\widetilde{Z}(s) = f(s)\mathbf{v}$. Claramente, la aplicación

$$Z(s) := \begin{cases} dX_{\widetilde{\alpha}(s)}\big(\widetilde{Z}(s)\big) & \text{si } s \in (s_i - \varepsilon, s_i + \varepsilon), \\ \mathbf{0} & \text{en el resto,} \end{cases}$$

define un campo diferenciable (por la construcción) y tangente en la superficie, a lo largo de (toda la curva) α, verificando además que

$$Z(s_i) = dX_{\widetilde{\alpha}(s_i)}\big(\widetilde{Z}(s_i)\big) = dX_{q_i}(\mathbf{v}) = \Delta_i\alpha' \quad \text{y}$$
$$Z(s_j) = \mathbf{0} \quad \text{si } i \neq j,$$

tal y como se quería demostrar. Esto concluye la demostración del teorema. □

La siguiente cuestión que surge de forma natural después de ver este resultado es si podemos decir algo más sobre la naturaleza del punto crítico. Para ello, necesitamos estudiar la segunda derivada del funcional $L(t)$, que es lo que hacemos a continuación. Obsérvese que, como las geodésicas son los puntos críticos del citado funcional, el estudio de la segunda derivada se efectúa exclusivamente para variaciones de una geodésica, y no es necesario considerar curvas regulares a trozos cualesquiera (algo que complicaría sobremanera tanto el resultado, como su demostración).

5.1.2. La segunda fórmula de variación para la longitud de arco

Antes de calcular la segunda variación, veamos una nueva definición.

Definición 5.1.7. *Sea $\alpha : [0,\ell] \longrightarrow S$ una curva regular a trozos en una superficie regular S. Una variación de α se dice* **normal** *si su campo variacional Z es normal a α, esto es, $\langle Z(s), \alpha'(s) \rangle = 0$.*

Obsérvese que el teorema 5.1.6 que nos da la caracterización variacional de las geodésicas podría enunciarse también para variaciones normales de α; esto es, se puede probar que:

Corolario 5.1.8. *Sea $\alpha : [a,b] \longrightarrow S$ una curva regular p.p.a. en una superficie regular S. Entonces α es un segmento de geodésica de S si, y solo si, $L'(0) = 0$ para toda variación normal ϕ de la curva α.*

Para demostrarlo basta observar que, en la prueba del recíproco, la variación ϕ construida es, de hecho, una variación normal: en efecto, como α es una curva p.p.a., $\langle \alpha'(s), (D\alpha'/ds)(s) \rangle = 0$, y por tanto, $\langle \alpha'(s), Z(s) \rangle = \langle \alpha'(s), f(s)(D\alpha'/ds)(s) \rangle = 0$.

Vamos a presentar ya el cálculo de la segunda derivada para este tipo de variaciones. Resulta conveniente precisar que no es restrictivo suponer que la variación es normal cuando además suponemos que es propia. El motivo es el siguiente: si los extremos están fijos y Z es el campo variacional de una variación cualquiera, entonces la parte tangente de Z no contribuye a cambiar la longitud de la curva α, sino que solo lo hace su parte normal. Por tanto, basta considerar variaciones normales para estudiar el comportamiento del funcional longitud.[3]

Teorema 5.1.9 (Segunda fórmula de variación). *Sea ϕ una variación propia y normal de un segmento de geodésica $\gamma : [0,\ell] \longrightarrow S$ que está p.p.a., y sea Z su campo variacional. Entonces*

$$L''(0) = \int_0^\ell \left[\left| \frac{DZ}{ds}(s) \right|^2 - K\big(\gamma(s)\big) \left| Z(s) \right|^2 \right] ds \tag{5.4}$$

donde, como ya es habitual, K representa la curvatura de Gauss de la superficie.

Demostración. En lo que sigue, y para una mayor brevedad en la notación, vamos a suprimir el par (s,t) de las sucesivas expresiones cuando las funciones que aparezcan estén evaluadas en un punto genérico.

Como γ es geodésica, en particular es regular, por lo que la primera derivada de la función $L(t)$ se escribe (véase la demostración del teorema 5.1.4)

$$L'(t) = \int_0^\ell \left\langle \frac{\partial \phi}{\partial s}, \frac{\partial \phi}{\partial s} \right\rangle^{-1/2} \left\langle \frac{\partial^2 \phi}{\partial s \partial t}, \frac{\partial \phi}{\partial s} \right\rangle ds.$$

---

[3] La idea que aquí subyace es análoga a la caracterización variacional que veremos en breve para las superficies minimales. En ella tomaremos también variaciones normales a la superficie. La razón será la misma: una variación tangente a la superficie no modifica su área y no tiene consecuencias en el citado funcional, que será el que entrará en juego en dicho estudio.

Entonces,

$$L''(t) = \int_0^\ell \left[-\left\langle \frac{\partial \phi}{\partial s}, \frac{\partial \phi}{\partial s} \right\rangle^{-3/2} \left\langle \frac{\partial^2 \phi}{\partial s \partial t}, \frac{\partial \phi}{\partial s} \right\rangle^2 + \left\langle \frac{\partial \phi}{\partial s}, \frac{\partial \phi}{\partial s} \right\rangle^{-1/2} \frac{d}{dt} \left\langle \frac{\partial^2 \phi}{\partial s \partial t}, \frac{\partial \phi}{\partial s} \right\rangle \right] ds.$$

En $t = 0$, $(\partial \phi / \partial s)(s,0) = \gamma'(s)$, por lo que $|(\partial \phi / \partial s)(s,0)| = 1$. Además,

$$\begin{aligned} \left\langle \frac{\partial^2 \phi}{\partial s \partial t}, \frac{\partial \phi}{\partial s} \right\rangle \bigg|_{t=0} &= \left[\frac{d}{ds} \left\langle \frac{\partial \phi}{\partial t}, \frac{\partial \phi}{\partial s} \right\rangle - \left\langle \frac{\partial \phi}{\partial t}, \frac{\partial^2 \phi}{\partial s^2} \right\rangle \right]_{t=0} \\ &= \frac{d}{ds} \langle Z(s), \gamma'(s) \rangle - \langle Z(s), \gamma''(s) \rangle = 0 \end{aligned}$$

pues, por un lado, al ser ϕ una variación normal, $\langle Z(s), \gamma'(s) \rangle = 0$, y por otro, al ser γ geodésica, $\langle Z(s), \gamma''(s) \rangle = \langle Z(s), (D\gamma'/ds)(s) + \gamma''(s)^{\perp} \rangle = 0$. Así,

$$\begin{aligned} L''(0) &= \int_0^\ell \frac{d}{dt}\bigg|_{t=0} \left\langle \frac{\partial^2 \phi}{\partial s \partial t}, \frac{\partial \phi}{\partial s} \right\rangle ds = \int_0^\ell \left[\left\langle \frac{\partial^3 \phi}{\partial s \partial t^2}, \frac{\partial \phi}{\partial s} \right\rangle + \left\langle \frac{\partial^2 \phi}{\partial s \partial t}, \frac{\partial^2 \phi}{\partial s \partial t} \right\rangle \right]_{t=0} ds \\ &= \int_0^\ell \left[(A)\big|_{t=0} + (B)\big|_{t=0} \right] ds. \end{aligned} \tag{5.5}$$

Calculemos el valor del integrando anterior, para lo cual, comenzamos estudiando el segundo sumando, (B). Desde luego, el vector $(\partial \phi / \partial t)(s,t) \in T_{\phi(s,t)} S$ y, en consecuencia, $\langle (\partial \phi / \partial t)(s,t), N(\phi(s,t)) \rangle = 0$. Derivando esta expresión obtenemos que $\langle (\partial^2 \phi / \partial t \partial s), N \circ \phi \rangle + \langle \partial \phi / \partial t, \partial (N \circ \phi) / \partial s \rangle = 0$ y, por tanto,

$$\begin{aligned} \frac{d}{ds} \left(\frac{\partial \phi}{\partial t} \right) &= \frac{D}{ds} \left(\frac{\partial \phi}{\partial t} \right) + \left\langle \frac{\partial^2 \phi}{\partial t \partial s}, N \circ \phi \right\rangle (N \circ \phi) \\ &= \frac{D}{ds} \left(\frac{\partial \phi}{\partial t} \right) - \left\langle \frac{\partial \phi}{\partial t}, \frac{\partial (N \circ \phi)}{\partial s} \right\rangle (N \circ \phi). \end{aligned}$$

Como además se tiene que $\partial (N \circ \phi) / \partial s = dN_{\phi(s,t)}(\partial \phi / \partial s)$, entonces

$$\frac{d}{ds} \left(\frac{\partial \phi}{\partial t} \right) = \frac{D}{ds} \left(\frac{\partial \phi}{\partial t} \right) + \left\langle \frac{\partial \phi}{\partial t}, \mathrm{A}_{\phi(s,t)} \left(\frac{\partial \phi}{\partial s} \right) \right\rangle (N \circ \phi).$$

En definitiva,

$$(B) = \left| \frac{\partial^2 \phi}{\partial s \partial t} \right|^2 = \left| \frac{D}{ds} \left(\frac{\partial \phi}{\partial t} \right) \right|^2 + \left\langle \frac{\partial \phi}{\partial t}, \mathrm{A}_{\phi(s,t)} \left(\frac{\partial \phi}{\partial s} \right) \right\rangle^2,$$

y evaluando en $t = 0$,

$$(B)\big|_{t=0} = \left| \frac{DZ}{ds}(s) \right|^2 + \left\langle Z(s), \mathrm{A}_{\gamma(s)}(\gamma'(s)) \right\rangle^2.$$

Estudiamos a continuación el primer sumando, (A), de (5.5). Claramente,

$$(A) = \left\langle \frac{\partial^3 \phi}{\partial s \partial t^2}, \frac{\partial \phi}{\partial s} \right\rangle = \frac{d}{ds} \left\langle \frac{\partial^2 \phi}{\partial t^2}, \frac{\partial \phi}{\partial s} \right\rangle - \left\langle \frac{\partial^2 \phi}{\partial t^2}, \frac{\partial^2 \phi}{\partial s^2} \right\rangle.$$

Veamos cuánto vale el producto escalar $\langle \partial^2\phi/\partial t^2, \partial^2\phi/\partial s^2\rangle$ en $t=0$. Un cálculo análogo al realizado en el estudio de (B) permite concluir que

$$\frac{\partial^2\phi}{\partial t^2} = \frac{D}{dt}\left(\frac{\partial\phi}{\partial t}\right) + \left\langle \frac{\partial\phi}{\partial t}, \mathrm{A}_{\phi(s,t)}\left(\frac{\partial\phi}{\partial t}\right)\right\rangle (N\circ\phi),$$

el cual, evaluado en $t=0$, da

$$\frac{\partial^2\phi}{\partial t^2}(s,0) = \left.\frac{D}{dt}\right|_{t=0}\left(\frac{\partial\phi}{\partial t}(t,s)\right) + \langle Z(s), \mathrm{A}_{\gamma(s)}(Z(s))\rangle N(\gamma(s)).$$

Ahora bien, al ser γ una geodésica,

$$\begin{aligned}\frac{\partial^2\phi}{\partial s^2}(s,0) = \gamma''(s) &= \frac{D\gamma'}{ds}(s) + \left\langle \gamma''(s), N(\gamma(s))\right\rangle N(\gamma(s))\\ &= -\langle \gamma'(s), (N\circ\gamma)'(s)\rangle N(\gamma(s)) = -\left\langle \gamma'(s), dN_{\gamma(s)}(\gamma'(s))\right\rangle N(\gamma(s))\\ &= \left\langle \gamma'(s), \mathrm{A}_{\gamma(s)}(\gamma'(s))\right\rangle N(\gamma(s)),\end{aligned}$$

vector que está en la dirección del normal a la superficie. Por lo tanto,

$$\left.\left\langle \frac{\partial^2\phi}{\partial t^2}, \frac{\partial^2\phi}{\partial s^2}\right\rangle\right|_{t=0} = \left\langle Z(s), \mathrm{A}_{\gamma(s)}(Z(s))\right\rangle\left\langle \gamma'(s), \mathrm{A}_{\gamma(s)}(\gamma'(s))\right\rangle.$$

Sustituyendo los valores obtenidos para $(A)\big|_{t=0}$ y $(B)\big|_{t=0}$ en (5.5), llegamos a que

$$\begin{aligned}L''(0) &= \int_0^\ell \Bigg[\frac{d}{ds}\left.\left\langle \frac{\partial^2\phi}{\partial t^2}, \frac{\partial\phi}{\partial s}\right\rangle\right|_{t=0} - \left\langle Z(s), \mathrm{A}_{\gamma(s)}(Z(s))\right\rangle\left\langle \gamma'(s), \mathrm{A}_{\gamma(s)}(\gamma'(s))\right\rangle\\ &\qquad + \left|\frac{DZ}{ds}(s)\right|^2 + \left\langle Z(s), \mathrm{A}_{\gamma(s)}(\gamma'(s))\right\rangle^2\Bigg]\, ds\\ &= \int_0^\ell \Bigg[\left|\frac{DZ}{ds}(s)\right|^2 - \Bigg(\left\langle Z(s), \mathrm{A}_{\gamma(s)}(Z(s))\right\rangle\left\langle \gamma'(s), \mathrm{A}_{\gamma(s)}(\gamma'(s))\right\rangle\\ &\qquad - \left\langle Z(s), \mathrm{A}_{\gamma(s)}(\gamma'(s))\right\rangle^2\Bigg)\Bigg]\, ds + \left[\left\langle \frac{\partial^2\phi}{\partial t^2}, \frac{\partial\phi}{\partial s}\right\rangle(s,0)\right]_0^\ell\\ &= \int_0^\ell \left[\left|\frac{DZ}{ds}(s)\right|^2 - (C)\right] ds + \left[\left\langle \frac{\partial^2\phi}{\partial t^2}, \frac{\partial\phi}{\partial s}\right\rangle(s,0)\right]_0^\ell.\end{aligned}$$

Obsérvese que, como la variación ϕ es propia, $\phi(\ell,t)=\gamma(\ell)$ para todo t, luego

$$\frac{\partial^2\phi}{\partial t^2}(\ell,0) = \left.\frac{d}{dt}\right|_{t=0}\left(\frac{\partial\phi}{\partial t}(\ell,t)\right) = \left.\frac{d}{dt}\right|_{t=0}\left(\frac{d}{dt}\gamma(\ell)\right) = \mathbf{0};$$

análogamente, $(\partial^2\phi/\partial t^2)(0,0)=\mathbf{0}$. Luego el último sumando en la expresión anterior se anula. Solo resta calcular el valor del término que hemos denominado (C).

Para ello, tengamos en cuenta que, como $Z\in\mathfrak{X}(\gamma)$ y $\langle Z(s), \gamma'(s)\rangle = 0$, entonces $Z(s)$ está en la dirección de $\mathrm{J}\gamma'(s)$ para todo s. Luego $Z = |Z|\,\mathrm{J}\gamma'$. Por otro lado, podemos calcular la matriz de $\mathrm{A}_{\gamma(s)}$ en función de la base $\{\gamma'(s), \mathrm{J}\gamma'(s)\}$: dado que

$$\begin{aligned}\mathrm{A}_{\gamma(s)}(\gamma'(s)) &= \left\langle \mathrm{A}_{\gamma(s)}(\gamma'(s)), \gamma'(s)\right\rangle \gamma'(s) + \left\langle \mathrm{A}_{\gamma(s)}(\gamma'(s)), \mathrm{J}\gamma'(s)\right\rangle \mathrm{J}\gamma'(s),\\ \mathrm{A}_{\gamma(s)}(\mathrm{J}\gamma'(s)) &= \left\langle \mathrm{A}_{\gamma(s)}(\mathrm{J}\gamma'(s)), \gamma'(s)\right\rangle \gamma'(s) + \left\langle \mathrm{A}_{\gamma(s)}(\mathrm{J}\gamma'(s)), \mathrm{J}\gamma'(s)\right\rangle \mathrm{J}\gamma'(s),\end{aligned}$$

se tiene que

$$\mathrm{A}_{\gamma(s)} \equiv \begin{pmatrix} \langle \mathrm{A}_{\gamma(s)}(\gamma'(s)), \gamma'(s) \rangle & \langle \mathrm{A}_{\gamma(s)}(\mathrm{J}\gamma'(s)), \gamma'(s) \rangle \\ \langle \mathrm{A}_{\gamma(s)}(\gamma'(s)), \mathrm{J}\gamma'(s) \rangle & \langle \mathrm{A}_{\gamma(s)}(\mathrm{J}\gamma'(s)), \mathrm{J}\gamma'(s) \rangle \end{pmatrix}.$$

Así, reescribiendo (C) como un determinante, concluimos finalmente que

$$\begin{aligned} (C) &= \begin{vmatrix} \langle \mathrm{Z}(s), \mathrm{A}_{\gamma(s)}(\mathrm{Z}(s)) \rangle & \langle \mathrm{Z}(s), \mathrm{A}_{\gamma(s)}(\gamma'(s)) \rangle \\ \langle \mathrm{Z}(s), \mathrm{A}_{\gamma(s)}(\gamma'(s)) \rangle & \langle \gamma'(s), \mathrm{A}_{\gamma(s)}(\gamma'(s)) \rangle \end{vmatrix} \\ &= \begin{vmatrix} |\mathrm{Z}(s)|^2 \langle \mathrm{J}\gamma'(s), \mathrm{A}_{\gamma(s)}(\mathrm{J}\gamma'(s)) \rangle & |\mathrm{Z}(s)| \langle \mathrm{J}\gamma'(s), \mathrm{A}_{\gamma(s)}(\gamma'(s)) \rangle \\ |\mathrm{Z}(s)| \langle \mathrm{J}\gamma'(s), \mathrm{A}_{\gamma(s)}(\gamma'(s)) \rangle & \langle \gamma'(s), \mathrm{A}_{\gamma(s)}(\gamma'(s)) \rangle \end{vmatrix} \\ &= |\mathrm{Z}(s)|^2 \begin{vmatrix} \langle \mathrm{J}\gamma'(s), \mathrm{A}_{\gamma(s)}(\mathrm{J}\gamma'(s)) \rangle & \langle \mathrm{J}\gamma'(s), \mathrm{A}_{\gamma(s)}(\gamma'(s)) \rangle \\ \langle \gamma'(s), \mathrm{A}_{\gamma(s)}(\mathrm{J}\gamma'(s)) \rangle & \langle \gamma'(s), \mathrm{A}_{\gamma(s)}(\gamma'(s)) \rangle \end{vmatrix} \\ &= |Z(s)|^2 \det(\mathrm{A}_{\gamma(s)}) = |Z(s)|^2 K(\gamma(s)). \end{aligned}$$

□

Observación 5.2. Si la superficie es *llana* ($K \equiv 0$), entonces toda variación de una geodésica (con Z no paralelo) da como resultado $L''(0) > 0$, y la geodésica es un mínimo del funcional longitud.

5.2. INTEGRACIÓN EN SUPERFICIES

Antes de estudiar qué son las variaciones del área en una superficie, vamos a llevar a cabo un breve estudio de las técnicas de integración en superficies, necesarias en lo que veremos a continuación. Comenzaremos definiendo el elemento de área métrico, imprescindible a la hora de definir el área de una (región de una) superficie.

5.2.1. Una aproximación intuitiva al concepto de área

Sea S una superficie regular parametrizada por (U, X). Fijado $q = (u_0, v_0) \in U$, con $X(q) = p$, consideremos el rectángulo $R = [u_0, u_0 + \Delta u] \times [v_0, v_0 + \Delta v] \subset U$ y sea $\widetilde{R} = X(R)$. Claramente, el área de R es $\Delta u \Delta v$. Dado que $\widetilde{R}$ es una región de S, podemos calcular su área. Para ello, tomamos la diferencial $dX_q : \mathbb{R}^2 \longrightarrow T_pS$ y la imagen por la misma de R, digamos $R' = dX_q(R)$, que es un paralelogramo en T_pS, uno de cuyos vértices es $p = X(q)$, y con lados $dX_q(\Delta u, 0)$ y $dX_q(0, \Delta v)$ (véase la figura 5.2).

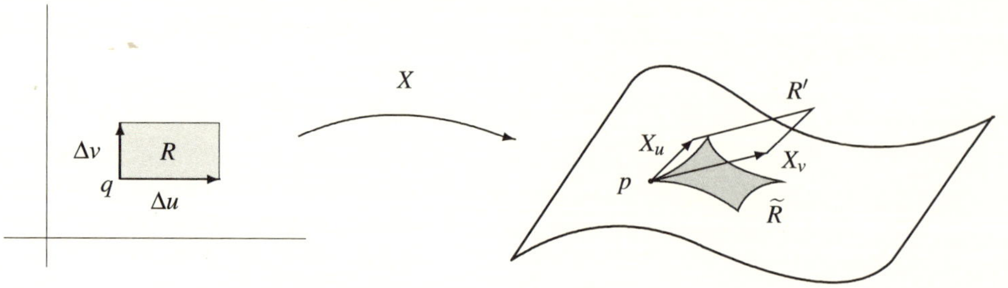

Figura 5.2: Una aproximación intuitiva al concepto de área.

Un sencillo cálculo muestra que el área de R' vale

$$A(R') = \left|dX_q(\Delta u, 0) \wedge dX_q(0, \Delta v)\right| = \Delta u \Delta v \left|dX_q(1,0) \wedge dX_q(0,1)\right|$$
$$= \Delta u \Delta v \left|X_u(q) \wedge X_v(q)\right| = \Delta u \Delta v \sqrt{EG - F^2}(q).$$

El área de $\widetilde{R}$ se puede aproximar a partir del área de R' (para una demostración rigurosa de este hecho véase [20]):

$$A(\widetilde{R}) = A(R') + \Delta u \Delta v\, \delta(\Delta u, \Delta v) = \Delta u \Delta v \sqrt{EG - F^2}(q) + \Delta u \Delta v\, \delta(\Delta u, \Delta v),$$

donde $\lim_{\Delta u, \Delta v \to 0} \delta(\Delta u, \Delta v) = 0$. Por lo tanto,

$$\frac{A(\widetilde{R})}{A(R)} = \frac{A(\widetilde{R})}{\Delta u \Delta v} = \sqrt{EG - F^2}(q) + \delta(\Delta u, \Delta v)$$

y, finalmente,

$$\lim_{\Delta u, \Delta v \to 0} \frac{A(\widetilde{R})}{A(R)} = \sqrt{EG - F^2}(q).$$

Así, en el límite, el cociente entre el área en la superficie y el área en el plano de coordenadas es, precisamente, $\sqrt{EG - F^2}(q)$. Esto motiva la siguiente definición.

Definición 5.2.1. *Sea $S \subset \mathbb{R}^3$ una superficie regular y orientada, con aplicación de Gauss N. Se denomina **elemento de área** de S en un punto $p \in S$ a la aplicación $dA(p) : T_pS \times T_pS \longrightarrow \mathbb{R}$ dada por $dA(p)(\mathbf{v}, \mathbf{w}) = \det(\mathbf{v}, \mathbf{w}, N(p))$.*

Observación 5.3. El elemento de área $dA(p)$ es una forma bilineal antisimétrica, es decir, $dA(p)(\mathbf{v}, \mathbf{w}) = -dA(p)(\mathbf{w}, \mathbf{v})$. ◇

Supongamos ahora que la parametrización (U, X) es positivamente orientada, y sea $p = X(q)$. ¿Cómo actúa el elemento de área sobre los vectores de la base $\{X_u, X_v\}$?

$$dA(p)\big(X_u(q), X_v(q)\big) = \det\big(X_u(q), X_v(q), N(p)\big) = \det\left(X_u(q), X_v(q), \frac{X_u \wedge X_v}{|X_u \wedge X_v|}(q)\right)$$
$$= \frac{1}{|X_u \wedge X_v|} \langle X_u \wedge X_v, X_u \wedge X_v \rangle (q) = |X_u \wedge X_v|(q) = \sqrt{EG - F^2}(q).$$

Así pues, el elemento de área actuando sobre los vectores $\{X_u, X_v\}$ nos proporciona, precisamente, el valor $\sqrt{EG - F^2}$ en q y, por tanto, el límite en q de la razón entre el área (arbitrariamente pequeña) en la superficie y la correspondiente por la parametrización en el plano de coordenadas. De ahí su importancia: para conocer el área en la superficie es suficiente saber qué área medimos en el plano (cosa sencilla) y, en función de los puntos en los que estemos trabajando, el valor del elemento de área aplicado a los vectores de la base dada por la parametrización. Por tanto, tiene sentido la siguiente definición, que ya hemos presentado en el apartado 2.5.1:

Definición 5.2.2. *El área de una región $R \subset S$ viene dada por la expresión*

$$A(R) = \iint_{X^{-1}(R)} \sqrt{EG - F^2}\, du dv,$$

donde (U, X) es cualquier parametrización tal que $X(U)$ contiene a R.

Observemos que esta definición no puede aplicarse a regiones que exceden el dominio de las parametrizaciones. Así pues, *a priori*, no es posible utilizar esta definición en una región del cilindro acotada por dos paralelos a distintas alturas, pues no se puede encontrar una parametrización que contenga dicha región por completo. Este problema lo vamos a subsanar en el siguiente apartado, donde no solo vamos a definir el área para cualquier tipo de regiones, sino también la integral de una función real definida sobre una superficie.

5.2.2. Integración de funciones

Si sabemos medir áreas en superficies, deberíamos ser capaces de construir la integral de una función real definida sobre una superficie. Veremos que esto es así, aunque el problema de encontrar definiciones buenas depende del uso adecuado de las parametrizaciones y de la utilización de las particiones diferenciables de la unidad como herramienta que permite «pegar» objetos definidos en términos locales.

Sea $f : S \longrightarrow \mathbb{R}$ una función real definida sobre una superficie regular orientada S. El *soporte* de f es el conjunto

$$\text{sop}(f) = \text{cl}\{p \in S : f(p) \neq 0\}$$

que, en general, supondremos compacto por razones técnicas (fundamentalmente, para poder integrar y que el valor de estas integrales no se haga infinito). Supongamos que (U,X) es una parametrización de S de forma que $\text{sop}(f) \subset X(U)$. Desde luego, la composición $f \circ X : U \longrightarrow \mathbb{R}$ es una función real en dos variables que sí sabemos integrar, por lo que lo más natural es expresar la integral de f en función de $f \circ X$. Así, si queremos encontrar una definición plausible de integral, lo más lógico sería definirla como

$$\int_S f\,dA := \iint_{X^{-1}(\text{sop}(f))} (f \circ X)(u,v)\,dudv.$$

Veamos si es una buena definición, es decir, si el valor de la integral no depende de la parametrización elegida para calcularla. Para ello, sea $(\overline{U},\overline{X})$ otra parametrización de S tal que $\text{sop}(f) \subset \overline{X}(\overline{U})$. En tal caso, $\text{sop}(f) \subset X(U) \cap \overline{X}(\overline{U})$. Representamos por $\phi = \overline{X}^{-1} \circ X$ el cambio de coordenadas, $\phi(u,v) = (\overline{u},\overline{v})$. Entonces, realizando el cambio de variable dado por ϕ,

$$\begin{aligned}
\iint_{\overline{X}^{-1}(\text{sop}(f))} (f \circ \overline{X})(\overline{u},\overline{v})\,d\overline{u}d\overline{v} &= \iint_{\phi^{-1}(\overline{X}^{-1}(\text{sop}(f)))} (f \circ \overline{X})\big(\phi(u,v)\big)\big|\det(J\phi)(u,v)\big|\,dudv \\
&= \iint_{X^{-1}(\text{sop}(f))} (f \circ X)(u,v)\big|\det(J\phi)(u,v)\big|\,dudv \\
&\neq \iint_{X^{-1}(\text{sop}(f))} (f \circ X)(u,v)\,dudv.
\end{aligned}$$

Luego no es una buena definición, ya que depende de la parametrización escogida. En este sentido, ni siquiera merece la pena preguntarnos si es una medida razonable del área. Vamos a proponer una definición alternativa que sí resultará ser la apropiada.

Definición 5.2.3. *Sea* $f : S \longrightarrow \mathbb{R}$ *una función con soporte compacto, definida sobre una superficie regular orientada* S*, tal que existe una parametrización* (U,X) *de* S *de forma que* $\text{sop}(f) \subset X(U)$*. Se define la* **integral de** f **en** S *como*

$$\int_S f\,dA := \iint_U (f\circ X)(u,v)\sqrt{EG-F^2}(u,v)\,dudv, \tag{5.6}$$

siempre y cuando la integral sobre $U \subset \mathbb{R}^2$ *esté definida.*

Vamos a ver que esta sí es una buena definición. Supongamos que $(\overline{U},\overline{X})$ es otra parametrización de S, con $\text{sop}(f) \subset \overline{X}(\overline{U})$. Luego $\text{sop}(f) \subset X(U)\cap\overline{X}(\overline{U}) =: V$. Sea también $\phi = \overline{X}^{-1}\circ X : X^{-1}(V) \subset U \longrightarrow \overline{X}^{-1}(V) \subset \overline{U}$ el cambio de coordenadas, $\phi(u,v) = (\overline{u},\overline{v})$. Entonces,

$$\begin{aligned}
&\iint_{\overline{X}^{-1}(V)} (f\circ\overline{X})(\overline{u},\overline{v})\sqrt{\overline{E}\overline{G}-\overline{F}^2}(\overline{u},\overline{v})\,d\overline{u}d\overline{v}\\
&\quad= \iint_{\phi^{-1}(\overline{X}^{-1}(V))} (f\circ\overline{X})\big(\phi(u,v)\big)\sqrt{\overline{E}\overline{G}-\overline{F}^2}\big(\phi(u,v)\big)\big|\det(J\phi)(u,v)\big|\,dudv\\
&\quad= \iint_{X^{-1}(V)} (f\circ X)(u,v)\sqrt{\overline{E}\overline{G}-\overline{F}^2}\big(\phi(u,v)\big)\big|\det(J\phi)(u,v)\big|\,dudv.
\end{aligned}$$

Tenemos por tanto que demostrar que

$$\sqrt{\overline{E}\overline{G}-\overline{F}^2}\big(\phi(u,v)\big)\big|\det(J\phi)(u,v)\big| = \sqrt{EG-F^2}(u,v). \tag{5.7}$$

Veámoslo. Sea $q = (u,v) \in X^{-1}(V) \subset U$. Entonces $p = X(q) = \overline{X}\big(\phi(q)\big)$. Disponemos de dos bases de T_pS, $\{X_u(q),X_v(q)\}$ y $\{\overline{X}_{\overline{u}}(\phi(q)),\overline{X}_{\overline{v}}(\phi(q))\}$, y podemos expresar los elementos de una de ellas como combinación lineal de los de la otra:

$$\begin{aligned}
X_u(q) &= \big(\overline{X}\circ\phi\big)_u(q) = \frac{\partial}{\partial u}\overline{X}\big(\overline{u}(u,v),\overline{v}(u,v)\big) = \overline{X}_{\overline{u}}\big(\phi(q)\big)\frac{\partial\overline{u}}{\partial u} + \overline{X}_{\overline{v}}\big(\phi(q)\big)\frac{\partial\overline{v}}{\partial u},\\
X_v(q) &= \overline{X}_{\overline{u}}\big(\phi(q)\big)\frac{\partial\overline{u}}{\partial v} + \overline{X}_{\overline{v}}\big(\phi(q)\big)\frac{\partial\overline{v}}{\partial v}.
\end{aligned}$$

Por tanto,

$$\begin{aligned}
\sqrt{EG-F^2}(q) = |X_u\wedge X_v|(q) &= \left|\det\begin{pmatrix} \frac{\partial\overline{u}}{\partial u} & \frac{\partial\overline{u}}{\partial v}\\ \frac{\partial\overline{v}}{\partial u} & \frac{\partial\overline{v}}{\partial v}\end{pmatrix}\right| \big|\overline{X}_{\overline{u}}\wedge\overline{X}_{\overline{v}}\big|\big(\phi(q)\big)\\
&= \sqrt{\overline{E}\overline{G}-\overline{F}^2}\big(\phi(u,v)\big)\big|\det(J\phi)(u,v)\big|;
\end{aligned}$$

luego es una buena definición, ya que no depende de la parametrización escogida.[4] Más aún, si pensamos en el significado geométrico de esta integral, resulta ser una generalización de la integral para funciones reales definidas en dominios de $\mathbb{R}^2$. Lo que estamos haciendo es llevar la integral sobre la superficie a una integral sobre un dominio plano (donde sí sabemos calcular integrales por el análisis estándar en varias

[4] En líneas generales, y como ya hemos comentado previamente, cuando se tiene una cantidad que no depende de las coordenadas escogidas, dicha cantidad suele tener significado geométrico.

variables). Ahora bien, la manera de «llevar» la integral al plano es importante: no es lo mismo utilizar una parametrización que otra, y esto debe quedar reflejado en nuestra definición. Ése es el sentido de introducir el factor $\sqrt{EG-F^2}$ en el integrando, y lo que provoca que dicha integral sea una medida en el sentido natural del término.

Una vez definida la integral de una función en el caso particular de que su soporte (compacto) esté contenido en el entorno coordenado de una parametrización, tenemos que plantearnos la situación más general de que esto no ocurra. Supongamos, por tanto, que existe una cantidad finita $(U_1,X_1),\ldots,(U_n,X_n)$ de parametrizaciones, tales que $\mathrm{sop}(f)\subset\bigcup_{i=1}^n X_i(U_i)$ (esto siempre es posible por la compacidad del soporte). Comenzamos con una definición.

Definición 5.2.4. *Una **partición diferenciable de la unidad** en una superficie regular S es una colección de funciones diferenciables $f_i : S \longrightarrow \mathbb{R}$, $i=1,\ldots,n$, tales que*

i) $0\leq f_i\leq 1$, $i=1,\ldots,n$, *y*

ii) $\sum_{i=1}^n f_i\equiv 1$.

*Se dice además que la partición $\{f_i\}_{i=1}^n$ está **subordinada a un cubrimiento abierto de S**, $\{V_1,\ldots,V_n\}$, si se cumple que* $\mathrm{sop}(f_i)\subset V_i$, $i=1,\ldots,n$.

Dado cualquier cubrimiento finito $\{V_1,\ldots,V_n\}$ por abiertos de S, siempre existe una partición (diferenciable) de la unidad $\{f_i\}_{i=1}^n$ subordinada al mismo. Por ejemplo, en el caso de no diferenciabilidad, basta tomar

$$f_i(p)=\begin{cases} 0 & \text{si } p\notin V_i,\\ \dfrac{1}{m(p)} & \text{si } p\in V_i,\end{cases}$$

donde $m(p)$ es el número de abiertos del cubrimiento a los que pertenece p.

Volvamos al problema inicial. Claramente, para nuestra superficie S y nuestra función $f : S\longrightarrow\mathbb{R}$, la colección $\big\{S\setminus\mathrm{sop}(f), V_1 := X_1(U_1),\ldots,V_n = X_n(U_n)\big\}$ es un cubrimiento finito por abiertos de S. Sea $\{g,g_1,\ldots,g_n\}$ una partición (diferenciable o no) de la unidad subordinada al cubrimiento anterior. En tal caso, se verifica que $\mathrm{sop}(g)\subset S\setminus\mathrm{sop}(f)$ y $\mathrm{sop}(g_i)\subset V_i$ para $i=1,\ldots,n$. Entonces, si $p\in S$,

$$f(p)=f(p)\cdot 1=f(p)\left(g(p)+\sum_{i=1}^n g_i(p)\right)=\sum_{i=1}^n f(p)g_i(p),$$

ya que $f(p)g(p)=0$ por satisfacerse la condición $\mathrm{sop}(g)\subset S\setminus\mathrm{sop}(f)$. En definitiva, si representamos por $f_i := fg_i$ para $i=1,\ldots,n$, se tiene que $f=\sum_{i=1}^n f_i$. Además,

$$\mathrm{sop}(f_i)=\mathrm{sop}(fg_i)=\mathrm{sop}(f)\cap\mathrm{sop}(g_i)\subset V_i=X_i(U_i),$$

$i=1,\ldots,n$. Así:

Definición 5.2.5. *Con la notación anterior, se define la **integral de f en S** como*

$$\int_S f\,dA := \sum_{i=1}^n\int_S f_i\,dA. \tag{5.8}$$

Se puede demostrar de nuevo que esta es una buena definición, en el sentido de que no depende de la partición de la unidad elegida, aunque omitiremos esta prueba porque estimamos que su interés queda fuera de los objetivos de este libro; una demostración de este hecho puede consultarse en [18] o [43].

Si $R \subset S$ es una región arbitraria (véase la definición 2.5.3), podemos ahora definir su área de la siguiente forma: consideremos la aplicación

$$\chi_R(p) = \begin{cases} 1 & \text{si } p \in R, \\ 0 & \text{si } p \notin R, \end{cases}$$

cuyo soporte $\text{sop}(\chi_R) = \text{cl}\, R$ es compacto; se define el *área* de R como la integral

$$A(R) = \int_S \chi_R \, dA, \tag{5.9}$$

que completa la que ya hemos presentado para áreas de regiones contenidas en el dominio de una parametrización (véase la definición 5.2.2). En el caso particular de que S sea compacta, tomando $R = S$ podemos calcular su área como

$$A(S) = \int_S \chi_S \, dA = \int_S dA.$$

Ejemplo 5.1. Calculemos el área de la esfera $\mathbb{S}^2(r)$. Tomamos la parametrización $X(\theta, \varphi) = (r \operatorname{sen}\theta \cos\varphi, r \operatorname{sen}\theta \operatorname{sen}\varphi, r\cos\theta)$ de las coordenadas geográficas, donde $U = (0, \pi) \times (0, 2\pi)$.

$$A\big(\mathbb{S}^2(r)\big) = \int_{\mathbb{S}^2(r)} dA.$$

Obsérvese que, como la función a integrar es la constantemente igual a 1, su soporte compacto es toda la esfera: $\text{sop}(1) = \text{cl}\{p \in \mathbb{S}^2(r) : 1(p) = 1 \neq 0\} = \mathbb{S}^2(r)$. Ya sabemos que no es posible cubrir $\mathbb{S}^2(r)$ con una única parametrización, luego $V = X(U) \subset \mathbb{S}^2(r)$, lo que, en principio, nos obligaría a emplear la definición de integral en la que se utilizan las particiones de la unidad. Sin embargo, esto no va a ser necesario, pues el conjunto que queda sin cubrir por la parametrización tiene medida nula, lo que no afecta al resultado final (obsérvese que la imagen inversa por la parametrización de dicho conjunto también tiene medida nula en $U \subset \mathbb{R}^2$). Así pues, $A\big(\mathbb{S}^2(r)\big) = A(V)$, que podemos calcular fácilmente:

$$A\big(\mathbb{S}^2(r)\big) = \int_V dA = \iint_U \sqrt{EG - F^2}(\theta, \varphi)\, d\varphi d\theta = \int_0^{\pi}\int_0^{2\pi} r^2 \operatorname{sen}\theta \, d\varphi d\theta = 4\pi r^2. \ \diamondsuit$$

Finalizamos la sección introduciendo un teorema de cambio de variable para integración sobre superficies, que aplicaremos para probar de nuevo la interpretación que hemos dado en el capítulo anterior sobre la curvatura de Gauss en términos de áreas. Obsérvese que, dada una aplicación $\phi : S_1 \longrightarrow S_2$ entre superficies, podemos considerar la función

$$\det(d\phi) : S_1 \longrightarrow \mathbb{R}$$

$$p \longrightarrow \det(d\phi_p)$$

que a cada $p \in S_1$ le asocia el valor del determinante de la aplicación lineal asociada $d\phi_p$. En tales términos, enunciamos el resultado antes mencionado.

Teorema 5.2.6 (del cambio de variable). *Sean S_1 y S_2 dos superficies regulares, conexas y orientadas, cuyos elementos de área representamos por dA_1 y dA_2, respectivamente. Sea $f : S_2 \longrightarrow \mathbb{R}$ una función con soporte compacto. Si $\phi : S_1 \longrightarrow S_2$ es un difeomorfismo, entonces*

$$\int_{S_2} f\,dA_2 = \int_{S_1} (f \circ \phi)\,\big|\det(d\phi)\big|\,dA_1 = \pm \int_{S_1} (f \circ \phi)\det(d\phi)\,dA_1,$$

donde el signo $\pm$ depende de si ϕ conserva o invierte la orientación.

Demostración. Supongamos en primer lugar que existe una parametrización $(U,\overline{X})$ de la superficie S_2 tal que $\mathrm{sop}(f) \subset \overline{X}(U)$. Como ϕ es un difeomorfismo, podemos considerar la composición $X = \phi^{-1} \circ \overline{X}$. Ya sabemos que, entonces, (U,X) es una parametrización de S_1 y vamos a demostrar que, en tal caso, $\mathrm{sop}(f \circ \phi) \subset X(U)$. En efecto, si $p \in \mathrm{sop}(f \circ \phi)$, por definición $f\big(\phi(p)\big) \neq 0$, y en consecuencia se tiene que $\phi(p) \in \mathrm{sop}(f) \subset \overline{X}(U) = \phi\big(X(U)\big)$; luego $p \in X(U)$. Entonces

$$\begin{aligned}
\int_{S_2} f\,dA_2 &= \iint_U (f \circ \overline{X})\sqrt{\overline{E}\overline{G} - \overline{F}^2}(u,v)\,dudv \\
&= \iint_U (f \circ \phi \circ X)\big|\det\big(d\phi_{X(\cdot)}\big)\big|\sqrt{EG - F^2}(u,v)\,dudv \\
&= \int_{S_1} (f \circ \phi)\,\big|\det(d\phi)\big|\,dA_1,
\end{aligned}$$

ya que (véase el ejercicio 3.27)

$$\big|\overline{X}_u \wedge \overline{X}_v\big| = \big|\det\big(d\phi_{X(\cdot)}\big)\big|\,|X_u \wedge X_v|.$$

Supongamos ahora que no existe ninguna parametrización $(U,\overline{X})$ de S_2 tal que $\mathrm{sop}(f) \subset \overline{X}(U)$. Sean entonces $(U_i,\overline{X}_i)$, $i = 1,\ldots,n$, parametrizaciones de S_2 de forma que $\mathrm{sop}(f) \subset \bigcup_{i=1}^n \overline{V}_i$, donde $\overline{V}_i = \overline{X}_i(U_i)$. Claramente, $\big\{S_2 \setminus \mathrm{sop}(f), \overline{V}_1,\ldots,\overline{V}_n\big\}$ es un cubrimiento finito por abiertos de S_2. Tomamos entonces una partición (diferenciable) de la unidad $\{g, g_1,\ldots,g_n\}$ subordinada a dicho cubrimiento, esto es, tal que

$$\mathrm{sop}(g) \subset S_2 \setminus \mathrm{sop}(f) \quad \text{y} \quad \mathrm{sop}(g_i) \subset \overline{V}_i$$

para todo $i = 1,\ldots,n$. Sean finalmente $f_i = f g_i$, $i = 1,\ldots,n$, para las cuales se tiene que $f = \sum_{i=1}^n f_i$ y $\mathrm{sop}(f_i) \subset \overline{V}_i$, $i = 1,\ldots,n$. Aplicando el caso anterior a cada una de las funciones f_i obtenemos

$$\begin{aligned}
\int_{S_2} f\,dA_2 &= \sum_{i=1}^n \int_{S_2} f_i\,dA_2 = \sum_{i=1}^n \int_{S_1} (f_i \circ \phi)\,\big|\det(d\phi)\big|\,dA_1 \\
&= \int_{S_1} \sum_{i=1}^n (f_i \circ \phi)\,\big|\det(d\phi)\big|\,dA_1 = \int_{S_1} (f \circ \phi)\,\big|\det(d\phi)\big|\,dA_1
\end{aligned}$$

pues, claramente,

$$\left(\sum_{i=1}^n (f_i \circ \phi)\right)(p) = \sum_{i=1}^n f_i\big(\phi(p)\big) = f\big(\phi(p)\big) = (f \circ \phi)(p)$$

para todo $p \in S_1$, lo que concluye la demostración. □

Teorema 5.2.7. *Sean S una superficie regular orientada, N su aplicación de Gauss y $p \in S$ con $K(p) \neq 0$. Si $V \subset S$ es un entorno de p donde $N|_V : V \longrightarrow N(V)$ es un difeomorfismo, entonces*

$$A\big(N(V)\big) = \int_V |K|\, dA, \tag{5.10}$$

siempre y cuando esta integral tome un valor finito[5].

Demostración. Obsérvese que el entorno V del enunciado del teorema siempre existe, ya que, al ser $\det(dN_p) = K(p) \neq 0$, la aplicación de Gauss N es un difeomorfismo local. Además, $N(V) \subset \mathbb{S}^2$ es un abierto de la esfera. Entonces, por el teorema 5.2.6 del cambio de variable en superficies, se tiene que

$$A\big(N(V)\big) = \int_{N(V)} dA_{\mathbb{S}^2} = \int_V \big|\det(dN)\big|\, dA_S = \int_V |K|\, dA_S. \qquad \square$$

Como corolario de este resultado obtenemos una nueva prueba del teorema 3.7.1 que daba una interpretación geométrica de la curvatura de Gauss como límite de un cociente de áreas:

$$\big|K(p)\big| = \lim_{\varepsilon \to 0} \frac{A\big(N(V_\varepsilon)\big)}{A(V_\varepsilon)}.$$

Nueva demostración del teorema 3.7.1. Sea $V_\varepsilon = X\big(D(q,\varepsilon)\big)$, donde (U,X) es una parametrización que cubre a $p = X(q)$ y $D(q,\varepsilon) \subset U$. Tomamos además $D(q,\varepsilon)$ de modo que $\operatorname{sop}(K) \subset X\big(D(q,\varepsilon)\big)$.

$$\begin{aligned} A\big(N(V_\varepsilon)\big) &= \int_{V_\varepsilon} |K|\, dA = \iint_{D(q,\varepsilon)} \big|K\big(X(u,v)\big)\big| \sqrt{EG-F^2}(u,v)\, du dv \\ &= \big|K\big(X(q_\varepsilon)\big)\big| \iint_{D(q,\varepsilon)} \sqrt{EG-F^2}(u,v)\, du dv = \big|K\big(X(q_\varepsilon)\big)\big| A(V_\varepsilon), \end{aligned}$$

para cierto $q_\varepsilon \in D(q,\varepsilon)$. En consecuencia,

$$\lim_{\varepsilon \to 0} \frac{A\big(N(V_\varepsilon)\big)}{A(V_\varepsilon)} = \lim_{\varepsilon \to 0} \big|K\big(X(q_\varepsilon)\big)\big| = \big|K\big(X(q)\big)\big| = \big|K(p)\big|. \qquad \square$$

5.3. VARIACIONES DEL ÁREA: LAS SUPERFICIES MINIMALES

Ahora que sabemos cómo integrar en una superficie, podemos estudiar las variaciones del área. Y, así como en el caso de la longitud los puntos críticos del funcional $L(t)$ son unas curvas muy especiales (las geodésicas), las llamadas *superficies minimales* surgirán como puntos críticos del funcional área asociado a variaciones (normales) de un dominio de la superficie con borde prefijado. Veamos a qué nos referimos ahora cuando hablamos de «variaciones de un dominio».

---

[5] Cuando, en lugar de con una superficie, se trabaja con una curva regular $\alpha : [0,\ell] \longrightarrow \mathbb{R}^3$ p.p.a., nos encontramos un funcional análogo al dado por (5.10), la llamada *curvatura total* de α, que no es más que la integral de su curvatura (o de $|k(s)|$ si α es plana): $\int_0^\ell k(s)\, ds$. A este respecto, el teorema de Fenchel es uno de los resultados globales más destacados para curvas en $\mathbb{R}^3$, y afirma que la curvatura total de una curva cerrada y simple es $\geq 2\pi$ (véase el ejercicio 5.7).

Definición 5.3.1. *Sean* $U \subset \mathbb{R}^2$ *un abierto y* $X : U \longrightarrow \mathbb{R}^3$ *una aplicación tales que* $X(U)$ *es una superficie regular. Si* $D \subset \mathbb{R}^2$ *es un disco abierto cuya clausura* $\mathrm{cl}D \subset U$*, entonces* $X(D)$ *es una superficie regular para la cual* $X|_D$ *es una parametrización. Sea* $h : \mathrm{cl}D \longrightarrow \mathbb{R}$ *una función diferenciable que se anula en la frontera de* D*. Se llama* ***variación normal de*** $X(D)$ ***determinada por*** h *a la aplicación* $\phi : \mathrm{cl}D \times (-\varepsilon, \varepsilon) \longrightarrow \mathbb{R}^3$ *definida por*

$$\phi(u,v,t) = X(u,v) + th(u,v)N\big(X(u,v)\big),$$

donde N *es el vector normal unitario y* $\varepsilon > 0$ *es suficientemente pequeño para que la aplicación* $X^t : D \longrightarrow \mathbb{R}^3$ *dada por* $X^t(u,v) = \phi(u,v,t)$ *sea una parametrización de la superficie regular* $X^t(D)$ *para todo* $t \in (-\varepsilon, \varepsilon)$.

En definitiva, lo que se está haciendo es deformar el fragmento de superficie $X(D)$, sin mover su frontera, obteniéndose así una familia continua de superficies con el mismo borde. Esta deformación no tiene que hacerse, necesariamente, en la dirección del normal, aunque si la variación tiene parte tangente puede demostrarse que el área no se ve afectada (siempre y cuando se mantenga fija la frontera). Por este motivo, nosotros trabajaremos con variaciones normales (recordemos que lo mismo ocurría con las variaciones de la longitud; véase la nota a pie en la página 221).

Antes de enunciar y demostrar los resultados principales de esta sección, vamos a hacer un breve recorrido histórico sobre las superficies minimales.

5.3.1. Las superficies minimales: un poco de historia

En capítulos anteriores ya hemos hablado acerca de la controversia que existió durante decenas de años por determinar cuál de las dos curvaturas (curvatura media y curvatura de Gauss) de una superficie era la más importante. La aparición del teorema *Egregium* de Gauss supuso el cierre de este debate, al demostrarse que K era una cantidad intrínseca y su significado, de alguna forma, contenía información sobre la geometría de la propia superficie, con independencia de su inclusión en el espacio euclídeo. No obstante, cabe preguntarse por qué el debate se mantuvo abierto durante tantos años. Esta sección viene a responder dicha cuestión, ilustrando la importancia de la curvatura media H de una superficie.

Recordemos que los años en los que se desarrolla la Geometría Diferencial se corresponden fundamentalmente con el siglo XVIII. En esta época, las Matemáticas gozan de una edad dorada con la consolidación del *Calculus* de Newton y Leibnitz, así como con las aportaciones imprescindibles de Euler y Lagrange y el nacimiento del Cálculo de Variaciones. Más aún, existía entre los científicos en general (y los matemáticos en particular) la creencia de que las formas perfectas de la naturaleza y las leyes más deseables desde un punto de vista científico eran aquellas que, de algún modo, optimizaban alguna cantidad distinguida (esta tendencia se mantiene y ha dado fructíferos resultados). A este respecto, cabe recordar el *Principio de Fermat*, a partir del cual se pueden deducir las leyes básicas sobre la propagación de la luz en lo que concierne a la reflexión y la refracción.[6] Otro enunciado en los mismos términos es el *Principio de Mínima Acción de Maupertuis*, en el que se afirma que «en todo cambio que se produzca en la naturaleza, la cantidad de acción necesaria para tal cambio ha de ser la mínima posible». En definitiva, Pierre Louis Maupertuis sostenía que la «naturaleza es económica en todas sus acciones». En este contexto de búsqueda de óptimos y mínimos para cualquier configuración, adquiere una especial relevancia el problema de estudiar aquellas superficies verificando la siguiente propiedad, que es, en estricto sentido, la primera definición de superficie minimal:

Definición (I). *Una superficie regular S es **minimal** si, para cada punto de la misma, existe un entorno Ω de modo que este es la superficie de menor área entre todas aquellas que tienen como frontera la frontera de Ω.*

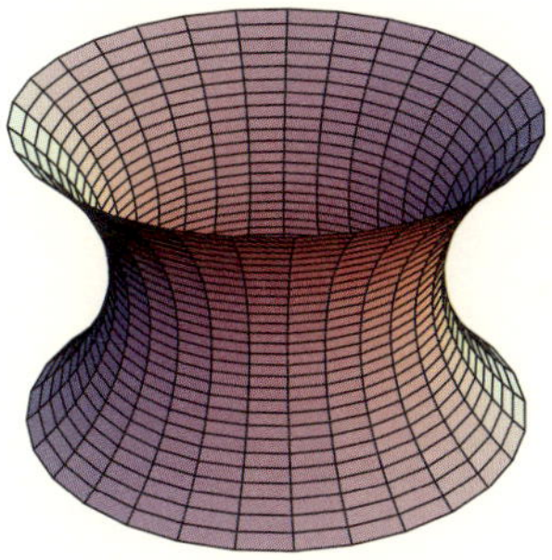

Figura 5.3: Una superficie minimal: el catenoide.

De esta definición se deriva el adjetivo *minimal*, pues en definitiva, las superficies minimales son aquellas que, al menos localmante, «minimizan» el área. Desde luego, el plano satisface esta definición: si la curva que se fija como frontera está contenida en un plano, la solución es el propio plano. Por otra parte, Leonhard Euler, en 1740, ya había resuelto este problema para las superficies de revolución: «la única superficie minimal de revolución no plana es el catenoide» (véase la figura 5.3).

El problema de minimizar el área se aborda también desde el punto de vista del Cálculo Variacional, rama de las Matemáticas desarrollada principalmente por Joseph-Louis Lagrange en 1760. Lagrange estudia grafos, esto es, superficies regulares que globalmente pueden expresarse como la gráfica de una función diferenciable $z = f(x,y)$, e introduce una nueva definición de superficie minimal, a la postre equivalente a la anterior:

Definición (II). *Una superficie es **minimal** si la función diferenciable f que determina su gráfica (esto siempre existe localmente) verifica la ecuación*

$$f_{xx}(1+f_y^2) - 2f_{xy}f_xf_y + f_{yy}(1+f_x^2) = 0. \tag{5.11}$$

La relación (5.11) recibe el nombre de *ecuación de Euler-Lagrange*, y es una ecuación en derivadas parciales, no lineal y elíptica. Por lo tanto, si se quieren encontrar superficies minimales, hay que resolver (5.11). En 1770, Jean Baptiste Meusnier da una interpretación geométrica de la ecuación (5.11), lo que da lugar a una nueva definición, que es la que ha perdurado hasta nuestros días en todos los ámbitos:

Definición (III). *Una superficie es **minimal** si su curvatura media se anula en todo punto, esto es, si $H \equiv 0$.*

---

[6] Este principio afirma que el trayecto seguido por la luz al propagarse de un punto a otro es tal que el tiempo empleado en recorrerlo es mínimo. No obstante, este principio se mejora con un enunciado más general, que permite explicar fenómenos que el original no admitía. Tal generalización afirma que el trayecto seguido por la luz al propagarse de un punto a otro es tal que el tiempo empleado en recorrerlo es *estacionario* respecto a posibles variaciones de la trayectoria (no se exige tiempo mínimo, sino que sea un punto crítico, algo mucho más general). Curiosamente, la definición de superficie minimal también se ha refinado en el mismo sentido, como se verá en este capítulo.

Además, Meusnier encuentra una nueva superficie minimal que ni es un grafo ni es de revolución: el helicoide (véase la figura 2.20). Era el tercer ejemplo de superficie minimal que se conocía. Entre otros aspectos, la dificultad a la hora de resolver la ecuación (5.11) tuvo como consecuencia el que no se pudiesen descubrir nuevas superficies minimales hasta mucho tiempo después. Hay que esperar hasta 1835, cuando Heinrich Ferdinand Scherk encuentra otros dos ejemplos (véase la figura 5.4):

- la *primera superficie de Scherk*: $\{(x,y,z) \in \mathbb{R}^3 : e^z \cos x - \cos y = 0\}$ y
- la *segunda superficie de Scherk*: $\{(x,y,z) \in \mathbb{R}^3 : \operatorname{sen} z - \operatorname{senh} x \operatorname{senh} y = 0\}$.

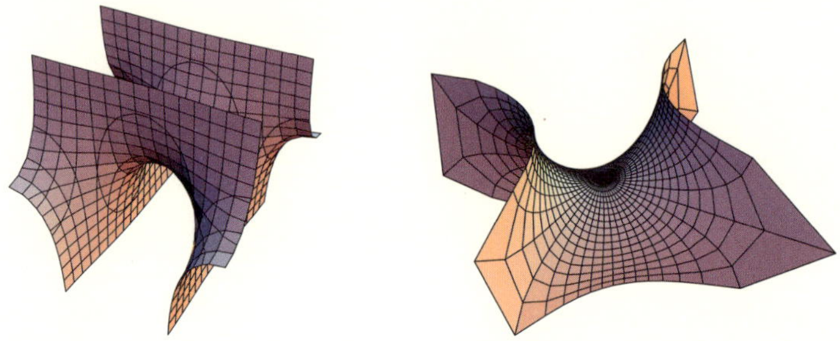

Figura 5.4: La primera y segunda superficies de Scherk.

El propio Scherk proporcionó infinitas soluciones: una familia uniparamétrica de deformaciones isométricas por superficies minimales del helicoide en el catenoide (luego precisaremos con detalle lo que esto significa; véase también la figura 5.5).

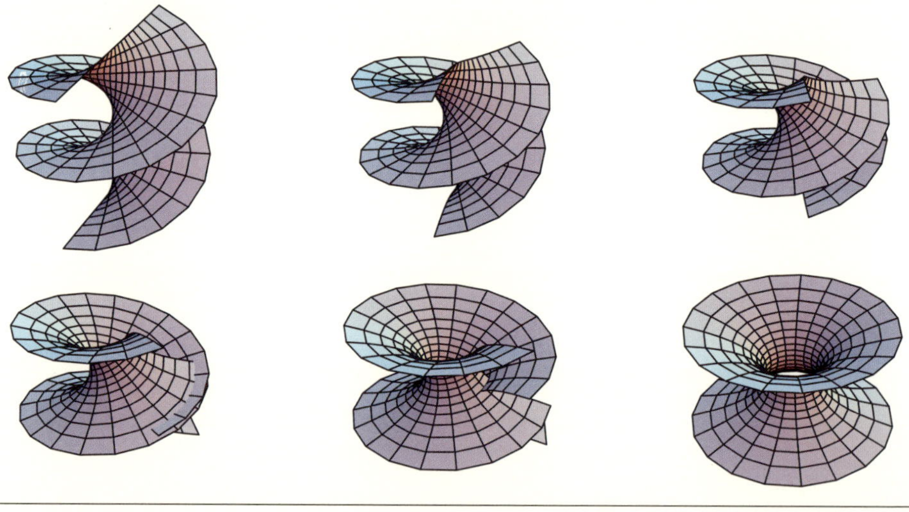

Figura 5.5: Una familia de deformaciones isométricas del helicoide en el catenoide.

En 1863, Elwin Bruno Christoffel observó que la aplicación de Gauss de una superficie minimal era conforme, esto es, verificaba $\langle dN_p(\mathbf{v}), dN_p(\mathbf{w}) \rangle = \lambda(p)^2 \langle \mathbf{v}, \mathbf{w} \rangle$ para una función diferenciable λ, y que este hecho, además, las caracterizaba junto con las esferas (recordemos que el normal a una esfera es esencialmente el vector posición, por lo que su diferencial es un múltiplo constante de la identidad; evidentemente, esta aplicación es conforme). Así, tenemos una nueva definición:

Definición (IV). *Se llama* ***superficie minimal*** *a aquella cuya aplicación de Gauss es conforme y no es una esfera.*

Posteriormente, una definición adicional abrió otro camino para poder encontrar nuevas superficies minimales:

Definición (V). *Sea* $X(u,v) = \big(x(u,v), y(u,v), z(u,v)\big)$ *una parametrización* ***isoterma****, es decir, tal que* $E = G$ *y* $F = 0$*. Entonces, la superficie determinada por* X *es* ***minimal*** *si las funciones coordenadas son armónicas, esto es, si* $\Delta x = \Delta y = \Delta z = 0$.

Esta última definición abrió el camino para encontrar una fructífera relación entre las superficies minimales y el Análisis Complejo. Dicha interrelación se ha mantenido hasta nuestros días, y todavía hoy se siguen presentando artículos de investigación en los que se hace un uso extensivo de esta propiedad.

Finalmente, en 1847, el físico belga Joseph-Antonine Plateau observó que las superficies minimales (compactas y con borde) se podían conseguir sumergiendo, en una disolución jabonosa, un alambre doblado o bastidor que formase una curva cerrada y simple en $\mathbb{R}^3$. El fundamento físico de este experimento estriba en la relación que se da entre las diferencias de presiones δp en las dos caras de una película jabonosa y la curvatura media H de dicha superficie. Así, se tiene la *fórmula de Laplace*, $\delta p \propto H$, donde la constante de proporcionalidad depende del líquido en cuestión. Como una película jabonosa experimenta la misma presión en ambas caras,[7] entonces $\delta p = 0$ y, por tanto, $H = 0$ en todo punto de la superficie. Esto da lugar al conocido *problema de Plateau*, consistente en demostrar que, para cada curva cerrada y simple Γ en $\mathbb{R}^3$, existe una superficie minimal S que tiene a Γ como frontera. El problema de Plateau dio origen a la definición, digamos, *experimental* de superficie minimal:

Definición (VI). *Se denomina* ***superficie minimal*** *a aquella que se puede reproducir mediante una membrana jabonosa.*

Sin embargo, Plateau carecía de todo el bagaje matemático que se necesita para abordar los aspectos teóricos de este problema. Las primeras formulaciones precisas, así como las primeras soluciones parciales de dicho problema, se debieron a Hermann Schwarz, Bernhard Riemann y Karl Weierstrass; aunque no sería resuelto satisfactoriamente hasta 1931 por Jesse Douglas y Tibor Radó (véanse [23, 63]).

5.3.2. Las distintas definiciones de superficie minimal

A continuación, vamos a demostrar las equivalencias entre las distintas definiciones que se han dado históricamente para una superficie minimal (definiciones **(I)**–**(V)**); por su mayor complejidad, omitimos aquí la equivalencia con la definición **(VI)**, para la cual nos remitimos a [23, 63]. Posteriormente, estudiaremos las propiedades mencionadas en este recorrido histórico.

[7] Nos referimos a la presión atmosférica, idéntica a ambos lados de la película. Una situación similar y muy ilustrativa se da con las pompas de jabón (véase la observación 6.8). En ellas, el aire encerrado tiende a escapar, pues está a mayor presión que la presión atmosférica ambiente (del exterior). Solo la tensión superficial de la película jabonosa evita que esto ocurra. Como la presión se reparte por igual en todos los puntos, las superficies de las pompas de jabón tienen curvatura media constante.

Las superficies minimales como puntos críticos del área

Comenzamos analizando la equivalencia entre las nociones **(I)** y **(III)**, aunque no seremos capaces de justificar esta equivalencia hasta el siguiente apartado.

En primer lugar vamos a ver que las superficies minimales son siempre puntos críticos del funcional área. Pero antes de enunciar y demostrar el correspondiente teorema de caracterización, necesitamos un lema previo, que establece la existencia de lo que se conocen usualmente como *funciones meseta*.

Lema 5.3.2 (Existencia de funciones meseta). *Sean D un disco abierto de $\mathbb{R}^2$ y $q \in D$. Entonces, para todo $\varepsilon > 0$ tal que $D(q,\varepsilon) \subset D$, existe una función diferenciable $\widetilde{h} : D \longrightarrow \mathbb{R}$, llamada* ***función meseta****, verificando que*

- $\operatorname{sop}(\widetilde{h}) \subset D(q,\varepsilon)$,
- $0 \le \widetilde{h} \le 1$,
- $\widetilde{h} \equiv 1$ *en el disco* $D(q,\varepsilon/2)$.

Demostración. Vamos a construir la función meseta explícitamente. Para ello, definimos en primer lugar una función $\widetilde{g} : \mathbb{R} \longrightarrow \mathbb{R}$, dada por

$$\widetilde{g}(t) = \begin{cases} 0 & \text{si } t \le 0, \\ e^{-1/t} & \text{si } t > 0. \end{cases}$$

Es sencillo ver que $\widetilde{g}$ es diferenciable. Sea ahora $g : \mathbb{R}^2 \longrightarrow \mathbb{R}$ la función dada por

$$g(x) = \frac{\widetilde{g}\big(\varepsilon^2 - |x|^2\big)}{\widetilde{g}\big(\varepsilon^2 - |x|^2\big) + \widetilde{g}\big(|x|^2 - \frac{1}{4}\varepsilon^2\big)}.$$

Obsérvese, por un lado, que el denominador de $g(x)$ nunca se anula, pues para ello deberían satisfacerse a la vez las desigualdades

$$\varepsilon^2 - |x|^2 \le 0 \quad \text{y} \quad |x|^2 - \frac{\varepsilon^2}{4} \le 0,$$

lo que implicaría que

$$\varepsilon^2 \le |x|^2 \le \frac{\varepsilon^2}{4},$$

un absurdo. Por lo tanto, g es diferenciable.

Además, $g(x) = 0$ si, y solo si, $\varepsilon^2 - |x|^2 \le 0$, es decir, cuando $x \notin D(\mathbf{0},\varepsilon)$. En consecuencia, si $x \in D(\mathbf{0},\varepsilon)$, $g(x)$ es positivo. Esto demuestra que $\operatorname{sop}(g) \subset D(\mathbf{0},\varepsilon)$, verificándose además que $0 \le g \le 1$. Por otro lado, si $0 \le |x| \le \varepsilon/2$, es decir, si $x \in \operatorname{cl} D(\mathbf{0},\varepsilon/2)$, entonces $g(x) \equiv 1$; en particular, $g(x) \equiv 1$ en $D(\mathbf{0},\varepsilon/2)$. Finalmente, dado que la función g anterior cumple todas las condiciones de una función meseta, pero referidas al disco $D(\mathbf{0},\varepsilon)$, basta tomar como la función meseta buscada una simple traslación de g: definimos

$$\widetilde{h} : \mathbb{R}^2 \longrightarrow \mathbb{R} \quad \text{por} \quad \widetilde{h}(x) = g(x-q).$$

Esto concluye la demostración. □

Teorema 5.3.3 (Caracterización de las superficies minimales como puntos críticos del funcional área). *Sean $U \subset \mathbb{R}^2$ abierto y $X : U \longrightarrow \mathbb{R}^3$ una aplicación tal que $X(U)$ es una superficie regular. Sea D un disco abierto en $\mathbb{R}^2$ cuya clausura* $\mathrm{cl}\, D \subset U$. *Entonces, $X(D)$ es una superficie minimal si, y solo si, $A'(0) = 0$ para cualquier variación normal ϕ de $X(D)$, donde $A(t)$ representa el área de la superficie $X^t(D)$ (el llamado* funcional área*).*

Demostración. El área $A(t)$ de la superficie $X^t(D)$ viene dada por

$$A(t) = \int_{X^t(D)} dA = \iint_D \sqrt{E_t G_t - F_t^2}(u,v)\, du dv.$$

Tenemos por tanto que calcular E_t, F_t y G_t para la parametrización

$$X^t(u,v) = \phi(u,v,t) = X(u,v) + th(u,v)N\big(X(u,v)\big).$$

Dado que

$$X_u^t = X_u + th_u N + thN_u \quad \text{y} \quad X_v^t = X_v + th_v N + thN_v,$$

es sencillo comprobar que

$$\begin{cases} E_t = E - 2the + t^2\big(h_u^2 + h^2\langle N_u, N_u\rangle\big) = E - 2the + t^2 R_1, \\ F_t = F - 2thf + t^2\big(h_u h_v + h^2\langle N_u, N_v\rangle\big) = F - 2thf + t^2 R_2, \\ G_t = G - 2thg + t^2\big(h_v^2 + h^2\langle N_v, N_v\rangle\big) = G - 2thg + t^2 R_3, \end{cases}$$

para ciertas funciones R_1, R_2, R_3. Agrupando sumandos convenientemente y representando por R_4 la suma de aquellos términos que están multiplicados por t^2, se tiene

$$\begin{aligned} E_t G_t - F_t^2 &= EG - F^2 - 2ht(gE + eG - 2fF) + t^2 R_4 \\ &= (EG - F^2)\left(1 - 2ht\frac{gE + eG - 2fF}{EG - F^2}\right) + t^2 R_4 = (EG - F^2)(1 - 4htH + t^2 R), \end{aligned}$$

con $R = R_4/(EG - F^2)$. En definitiva,

$$E_t G_t - F_t^2 = (EG - F^2)\left(1 - 4htH + \overline{R}\right),$$

donde $\overline{R} = t^2 R$ satisface que $\lim_{t\to 0}(\overline{R}/t) = 0$. Por tanto, sustituyendo esta expresión en la fórmula del área,

$$A(t) = \iint_D \sqrt{E_t G_t - F_t^2}\, du dv = \iint_D \sqrt{EG - F^2}\sqrt{1 - 4htH + \overline{R}}\, du dv,$$

y derivando a continuación, obtenemos que

$$A'(t) = \iint_D \sqrt{EG - F^2}\frac{-4hH + \widetilde{R}}{2\sqrt{1 - 4htH + \overline{R}}}\, du dv,$$

donde ahora, $\lim_{t\to 0}\widetilde{R} = 0$. En particular, si $t = 0$,

$$A'(0) = -2\iint_D hH\sqrt{EG - F^2}\, du dv.$$

Una vez obtenida la fórmula anterior para $A'(0)$, la implicación directa del teorema es evidente: si $X(D)$ es una superficie minimal, entonces $H \equiv 0$, por lo que $A'(0) = 0$. Veamos por tanto el recíproco.

Supongamos que $A'(0) = 0$ para cualquier variación normal de $X(D)$, pero que existe un punto $p \in X(D)$ para el cual $H(p) \neq 0$. Sea $p = X(q)$. Entonces, existe un cierto disco abierto $D(q,r_1) \subset D$ de forma que $(H \circ X)|_{D(q,r_1)} \neq 0$, manteniendo además el mismo signo que $H(p)$ en todos sus puntos. Podemos suponer, sin pérdida alguna de generalidad y cambiando la orientación si es necesario, que $H(p) > 0$.

Sea ahora $\widetilde{h} : D \longrightarrow \mathbb{R}$ una función meseta para el disco $D(q,r_1)$ (que sabemos siempre existe, véase el lema 5.3.2), es decir, verificando que

- $\widetilde{h}$ es diferenciable,
- $\text{sop}(\widetilde{h}) \subset D(q,r_1)$,
- $0 \leq \widetilde{h} \leq 1$,
- existe $r_2 < r_1$ tal que $\widetilde{h}|_{D(q,r_2)} \equiv 1$.

Como $A'(0) = 0$ para cualquier variación normal de $X(D)$, en particular se anulará para la variación determinada por la función $\widetilde{h}$ previamente definida; además, como $\text{sop}(\widetilde{h}) \subset D(q,r_1)$, podemos escribir

$$\begin{aligned} 0 = A'(0) &= -2\iint_D \widetilde{h}H\sqrt{EG-F^2}\,dudv = -2\iint_{D(q,r_1)} \widetilde{h}H\sqrt{EG-F^2}\,dudv \\ &= -2\iint_{D(q,r_1)\setminus D(q,r_2)} \widetilde{h}H\sqrt{EG-F^2}\,dudv - 2\iint_{D(q,r_2)} \widetilde{h}H\sqrt{EG-F^2}\,dudv. \end{aligned}$$

Obsérvese que, en la suma anterior, tanto H como $\sqrt{EG-F^2}$ son estrictamente positivos (en los dominios respectivos para cada una de las dos integrales); pero, mientras que en la primera integral $\widetilde{h} \geq 0$, en la segunda $\widetilde{h} \equiv 1$, lo que implica que esta última nunca se anula. Por lo tanto, hemos llegado a una contradicción: $0 = A'(0) < 0$ estrictamente, lo que concluye la demostración. □

Las superficies minimales como grafos. La ecuación de Euler-Lagrange

Ya sabemos que una superficie minimal es un prunto crítico del funcional área. Pero, ¿cuándo verificará también que $A''(0) > 0$? Es decir, ¿bajo qué condiciones se va a poder asegurar que ese punto crítico es realmente un mínimo?

Antes de responder a dicha pregunta necesitamos probar la equivalencia entre las definiciones **(III)** y **(IV)**.

Proposición 5.3.4. *Sea S una superficie regular que, localmente, puede expresarse como la gráfica de una función diferenciable $f : \mathbb{R}^2 \longrightarrow \mathbb{R}$. Entonces S es minimal si, y solo si, la función f verifica la ecuación de Euler-Lagrange*

$$f_{xx}(1+f_y^2) - 2f_{xy}f_xf_y + f_{yy}(1+f_x^2) = 0.$$

Demostración. Parametrizamos S de la forma $X(u,v) = \big(u,v,f(u,v)\big)$. Es fácil calcular los coeficientes de la primera y segunda formas fundamentales de $X(u,v)$:

$$E = 1+f_u^2, \qquad F = f_u f_v, \qquad G = 1+f_v^2,$$
$$e = \frac{f_{uu}}{\sqrt{1+f_u^2+f_v^2}}, \qquad f = \frac{f_{uv}}{\sqrt{1+f_u^2+f_v^2}}, \qquad g = \frac{f_{vv}}{\sqrt{1+f_u^2+f_v^2}}.$$

Por tanto, la curvatura media se expresa como

$$H = \frac{1}{2}\frac{f_{uu}(1+f_v^2)+f_{vv}(1+f_u^2)-2f_{uv}f_uf_v}{(1+f_u^2+f_v^2)^{3/2}};$$

luego $H=0$ si, y solo si, $f_{uu}(1+f_v^2)+f_{vv}(1+f_u^2)-2f_{uv}f_uf_v=0$. □

Obsérvese que la proposición 5.3.4 establece un resultado local. De hecho, el teorema de Bernstein (1917) nos asegura que «la única superficie minimal que es la gráfica de una función diferenciable definida sobre todo $\mathbb{R}^2$ (lo que se conoce como un grafo entero) es el plano». Para una demostración de este resultado véase [25].

Ya nos encontramos en condiciones de responder a la pregunta que nos planteábamos al comienzo de este apartado: vamos a probar que, localmente, una superficie minimal minimiza realmente el área, haciendo así honor a su nombre (recordemos que cualquier superficie regular es, localmente, un grafo).

Teorema 5.3.5. *Sea $\overline{S}$ una superficie minimal según la definición* (II)*. Supongamos, sin pérdida de generalidad, que (al menos localmente) la superficie $\overline{S}$ es el grafo de un dominio convexo Ω en $\mathbb{R}^2$. Entonces, para cualquier superficie (no necesariamente un grafo) tal que $S\cap\overline{S} = \operatorname{bd} S = \operatorname{bd}\overline{S}$ se tiene que*

$$A(\overline{S}) \leq A(S).$$

Demostración. Supongamos que $\overline{S}$ es un grafo de la forma

$$\overline{S} = \big\{(x,y,z)\in\mathbb{R}^2 : z = f(x,y)\big\},$$

donde $(x,y)\in\Omega$ y f es una función diferenciable que satisface la ecuación en derivadas parciales dada por

$$\frac{\partial}{\partial x}\left(\frac{f_x}{\sqrt{1+f_x^2+f_y^2}}\right)+\frac{\partial}{\partial y}\left(\frac{f_y}{\sqrt{1+f_x^2+f_y^2}}\right)=0,$$

que no es más que la ecuación (5.11) expresada de modo distinto. Sea ahora S otra superficie arbitraria verificando $\operatorname{bd} S = \operatorname{bd}\overline{S} = S\cap\overline{S}$. Vamos a probar en primer lugar la siguiente propiedad auxiliar (una demostración rigurosa de la misma puede encontrarse en [24]):

Si S no está contenida en el «cilindro sólido» recto $\Omega\times\mathbb{R}$, entonces S puede «proyectarse» sobre dicho cilindro para obtener una nueva superficie S' con $\operatorname{bd} S' = \operatorname{bd} S = \operatorname{bd}\overline{S}$ y $A(S')\leq A(S)$. **(P)**

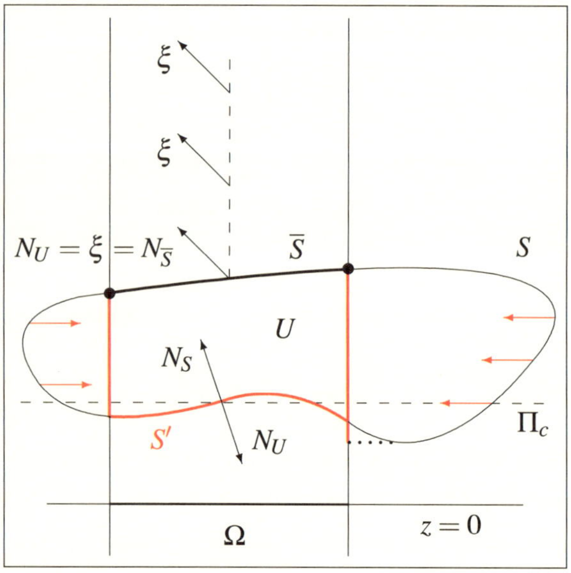

Figura 5.6: Construyendo una superficie S' con menor área.

En efecto, fijado un punto $q \in \Omega$, consideramos, para cada $c \in \mathbb{R}$, los rayos emanando desde $(q,c) \in \mathbb{R}^3$ y contenidos en el plano horizontal $z = c$, el cual representamos por Π_c. A continuación, para cada $c \in \mathbb{R}$ tal que $S \cap \Pi_c \neq \emptyset$, proyectamos los puntos de $S \cap \Pi_c$ que no están en $\Omega \times \mathbb{R}$, a lo largo de estos rayos, sobre el cilindro $\mathrm{bd}\,\Omega \times \mathbb{R}$. Esto permite construir una nueva superficie S' (posiblemente no regular en un conjunto de medida nula, véase la figura 5.6) como la unión de dicha proyección con la parte de S contenida en $\Omega \times \mathbb{R}$, la cual va a tener claramente área menor (o igual) que S. En esta proyección es esencial que el dominio Ω sea convexo para que los rayos corten a su frontera una única vez.

Así, utilizando la propiedad **(P)** anterior, podemos asumir sin pérdida de generalidad que S está contenida en el cilindro sólido $\Omega \times \mathbb{R}$. A continuación, la condición de que $\overline{S}$ y S se cortan únicamente a lo largo de la frontera común implica los siguientes hechos:

i) La unión de ambas superficies, $\overline{S} \cup S$, encierra un dominio 3-dimensional que vamos a representar por U.

ii) Se da la circunstancia de que, o bien S está situada enteramente por encima de $\overline{S}$, o bien $\overline{S}$ está situada por encima de S (en este contexto, *por encima* hace referencia a mayor altura en la componente z del cilindro sólido).

Supongamos, por ejemplo, que la superficie $\overline{S}$ está por encima de la superficie S y definimos el campo ξ en $\Omega \times \mathbb{R}$ dado por

$$\xi(x,y,z) \equiv \xi(x,y) = \frac{1}{\sqrt{1+f_x^2+f_y^2}}(-f_x,-f_y,1).$$

Como f es la función que determina el grafo de $\overline{S}$, es claro que la restricción de ξ a los puntos de $\overline{S}$ coincide con el normal a la superficie: $\xi(p) = N_{\overline{S}}(p)$ para todo $p \in \overline{S}$.

Debemos remarcar que estamos escogiendo aquí de forma explícita una de las dos posibles elecciones del normal a $\overline{S}$. En concreto, hemos elegido el normal que apunta «hacia arriba», pues la tercera coordenada de $N_{\overline{S}}$ siempre es positiva.

Además, el hecho de que $\overline{S}$ sea minimal (definición (II)) implica que la divergencia del campo ξ se anula en todo el cilindro sólido $\Omega \times \mathbb{R}$:

$$\operatorname{div}\xi = \operatorname{div}\frac{1}{\sqrt{1+f_x^2+f_y^2}}(-f_x,-f_y,1) = 0.$$

A continuación, orientamos S de forma que su normal N_S apunte hacia el interior del dominio U. El teorema de la divergencia establece entonces que

$$0 = \int_U \operatorname{div}\xi\, dV_U = \int_{\mathrm{bd}\,U} \langle \xi, N_U \rangle\, dA_{\mathrm{bd}\,U},$$

siendo dV_U el elemento de volumen 3-dimensional del dominio U, N_U el normal exterior a dicho dominio en los puntos de su frontera $\operatorname{bd}U$ y $dA_{\operatorname{bd}U}$ el elemento de área de $\operatorname{bd}U$. Teniendo en cuenta que $N_{\overline{S}} = N_U$ y que $N_S = -N_U$, se llega a que

$$0 = \int_{\operatorname{bd}U} \langle \xi, N_U \rangle \, dA_{\operatorname{bd}U} = \int_{\overline{S}} \langle \xi, N_{\overline{S}} \rangle \, dA_{\overline{S}} - \int_S \langle \xi, N_S \rangle \, dA_S, \tag{5.12}$$

donde $dA_{\overline{S}}$ y dA_S son los elementos de área correspondientes a las superficies $\overline{S}$ y S, respectivamente. Como $\xi = N_{\overline{S}}$ en la superficie $\overline{S}$, entonces el integrando $\langle \xi, N_{\overline{S}} \rangle \equiv 1$, quedando finalmente

$$A(\overline{S}) = \int_S \langle \xi, N_S \rangle \, dA_S \leq \int_S |\xi||N_S| \, dA_S = A(S), \tag{5.13}$$

donde hemos utilizado el hecho de que tanto ξ como N_S son campos unitarios.

En el caso de que la superficie S esté por encima de $\overline{S}$, basta considerar el campo

$$\xi(x,y,z) \equiv \xi(x,y) = \frac{1}{\sqrt{1 + f_x^2 + f_y^2}} (f_x, f_y, -1).$$

De nuevo, ξ es un campo con divergencia cero ya que $\overline{S}$ es una superficie minimal. Además, coincide con el normal a $\overline{S}$ si orientamos esta última con el normal «hacia abajo». Manteniendo la orientación de S de suerte que su normal N_S apunte al interior del dominio U, se concluye el resultado de forma análoga a (5.12) y (5.13). □

Observación 5.4. El resultado es cierto debilitando la hipótesis inicial a la más sencilla $\operatorname{bd}S = \operatorname{bd}\overline{S}$, e incluso permitiendo que S y $\overline{S}$ tengan autointersecciones. En tal caso, se aplicaría el argumento a cada una de las regiones en las que, localmente, una está por encima de la otra, con la precaución de orientar las superficies de modo conveniente para que la prueba anterior funcione. Como el argumento es aditivo, bastaría sumar en todas las regiones para concluir el mismo resultado. Se añade la condición adicional $S \cap \overline{S} = \operatorname{bd}S = \operatorname{bd}\overline{S}$ porque simplifica la demostración a efectos prácticos.◇

La aplicación de Gauss de una superficie minimal

Veamos a continuación la equivalencia de la definición **(III)** con **(IV)**.

Proposición 5.3.6. *Sea S una superficie regular sin puntos umbilicales, con aplicación de Gauss N. Entonces S es minimal si, y solo si, existe $\lambda : S \longrightarrow \mathbb{R}$ diferenciable y no nula tal que $\langle dN_p(\mathbf{v}), dN_p(\mathbf{w}) \rangle = \lambda(p)^2 \langle \mathbf{v}, \mathbf{w} \rangle$ para todo $p \in S$ y cualesquiera $\mathbf{v}, \mathbf{w} \in T_pS$.*

Demostración. Sean $p \in S$ y $\{\mathbf{e}_1, \mathbf{e}_2\}$ la base (ortonormal) de direcciones principales en T_pS. Si $H(p) = 0$ entonces $k_1(p) = -k_2(p)$, y por tanto, $k_1(p)^2 = k_2(p)^2$. Sean $\mathbf{v}$ y $\mathbf{w}$ dos vectores de T_pS, con $\mathbf{v} = v_1\mathbf{e}_1 + v_2\mathbf{e}_2$ y $\mathbf{w} = w_1\mathbf{e}_1 + w_2\mathbf{e}_2$. Un sencillo cálculo permite comprobar que

$$\begin{aligned}\langle dN_p(\mathbf{v}), dN_p(\mathbf{w}) \rangle &= \langle -v_1k_1(p)\mathbf{e}_1 - v_2k_2(p)\mathbf{e}_2, -w_1k_1(p)\mathbf{e}_1 - w_2k_2(p)\mathbf{e}_2 \rangle \\ &= v_1w_1k_1(p)^2 + v_2w_2k_2(p)^2 = (v_1w_1 + v_2w_2)k_1(p)^2 = k_1(p)^2 \langle \mathbf{v}, \mathbf{w} \rangle.\end{aligned}$$

Desde luego, $\lambda(p) = k_1(p)$ es una función diferenciable y no nula, pues si $k_1(p) = 0$, entonces $k_2(p) = 0$, y el punto sería plano y, por tanto, umbilical. Para demostrar el recíproco supongamos que existe una función diferenciable no nula $\lambda : S \longrightarrow \mathbb{R}$ tal que $\langle dN_p(\mathbf{v}), dN_p(\mathbf{w})\rangle = \lambda(p)^2 \langle \mathbf{v}, \mathbf{w}\rangle$ para cualesquiera $\mathbf{v}, \mathbf{w} \in T_pS$. En particular, trabajando con las direcciones principales $\mathbf{e}_1$ y $\mathbf{e}_2$, se tiene que

$$\lambda(p)^2 = \lambda(p)^2 \langle \mathbf{e}_1, \mathbf{e}_1\rangle = \langle dN_p(\mathbf{e}_1), dN_p(\mathbf{e}_1)\rangle = \langle -k_1(p)\mathbf{e}_1, -k_1(p)\mathbf{e}_1\rangle = k_1(p)^2,$$
$$\lambda(p)^2 = \lambda(p)^2 \langle \mathbf{e}_2, \mathbf{e}_2\rangle = \langle dN_p(\mathbf{e}_2), dN_p(\mathbf{e}_2)\rangle = \langle -k_2(p)\mathbf{e}_2, -k_2(p)\mathbf{e}_2\rangle = k_2(p)^2.$$

Luego $k_1(p)^2 = \lambda(p)^2 = k_2(p)^2$, es decir, $k_1(p) = \pm k_2(p)$. Ahora bien, como p no es umbilical, necesariamente $k_1(p) = -k_2(p)$, lo cual implica que $H(p) = 0$. □

La función λ del resultado anterior verifica que $\lambda^2 = k_1^2 = -k_1k_2 = -K$; por lo tanto, en una superficie minimal sin puntos umbilicales, la curvatura de Gauss $K < 0$ y además $\langle dN_p(\mathbf{v}), dN_p(\mathbf{w})\rangle = -K(p)\langle \mathbf{v}, \mathbf{w}\rangle$.

Parametrizaciones isotermas en superficies minimales

Definición 5.3.7. *Se dice que una parametrización $X(u,v)$ es* ***isoterma*** *si los coeficientes de su primera forma fundamental verifican $E = G$ y $F = 0$.*

Proposición 5.3.8. *Sean S una superficie regular, $X(u,v)$ una parametrización isoterma de S y N su vector normal. Entonces, $X_{uu} + X_{vv} = 2EHN$.*

Demostración. Como X es isoterma, $\langle X_u, X_u\rangle = \langle X_v, X_v\rangle$ y $\langle X_u, X_v\rangle = 0$. Derivando respecto a u la primera igualdad y respecto a v la segunda, obtenemos

$$\langle X_{uu}, X_u\rangle = \langle X_{vu}, X_v\rangle \quad \text{y} \quad \langle X_{uv}, X_v\rangle = -\langle X_u, X_{vv}\rangle,$$

de donde se deduce que $\langle X_{uu} + X_{vv}, X_u\rangle = 0$. Análogamente se demuestra la identidad $\langle X_{uu} + X_{vv}, X_v\rangle = 0$. En definitiva, estamos diciendo que el vector $X_{uu} + X_{vv}$ es ortogonal a la base $\{X_u, X_v\}$, lo que nos asegura que se encuentra en la dirección del normal N a la superficie. Luego $X_{uu} + X_{vv} = \lambda N$. Pero, ¿qué vale λ? Un sencillo cálculo permite comprobar que

$$\lambda = \lambda\langle N, N\rangle = \langle X_{uu} + X_{vv}, N\rangle = e + g.$$

Por otro lado, como $E = G$ y $F = 0$, la curvatura media se reduce a una expresión mucho más sencilla,

$$H = \frac{e+g}{2E};$$

en consecuencia, $\lambda = e + g = 2EH$, lo que concluye la demostración. □

Proposición 5.3.9. *Sea $X(u,v) = \big(x(u,v), y(u,v), z(u,v)\big)$ una parametrización isoterma de una superficie regular. Entonces X es minimal si, y solo si, las funciones coordenadas son armónicas, esto es, si, y solo si, $\Delta x = \Delta y = \Delta z = 0$.*

Demostración. Como X es isoterma, $X_{uu}+X_{vv}=2EHN$ (proposición 5.3.8). Entonces, X es minimal si, y solo si, $X_{uu}+X_{vv}=\mathbf{0}$, condición que, en términos de las coordenadas x,y,z, se escribe $\big(x_{uu},y_{uu},z_{uu}\big)+\big(x_{vv},y_{vv},z_{vv}\big)=\mathbf{0}$; es decir,

$$\Delta x = x_{uu}+x_{vv}=0, \quad \Delta y = y_{uu}+y_{vv}=0 \quad \text{y} \quad \Delta z = z_{uu}+z_{vv}=0. \qquad \square$$

Observación 5.5. La condición dada en la proposición 5.3.9 para caracterizar las superficies minimales es extremadamente útil. Se puede probar que, dada una superficie regular S, siempre existe una parametrización isoterma de la misma. La demostración de este resultado es muy complicada, por lo que no entraremos aquí en ella (esta puede consultarse en [16]), aunque haremos uso de él cuando sea conveniente. Por lo tanto, una superficie S es minimal si, y solo si, $X_{uu}+X_{vv}=\mathbf{0}$ para una parametrización isoterma X de S que, sabemos, siempre existe. ◇

5.3.3. Los primeros ejemplos de superficies minimales

Tras el ejemplo trivial del plano, la primera superficie minimal encontrada fue el catenoide (Euler, 1740). En este sentido, se tiene el siguiente resultado de unicidad.

Proposición 5.3.10. *Si S es una superficie de revolución minimal, no plana, entonces es un trozo de catenoide.*

Demostración. Sea $\alpha(v)=\big(f(v),0,g(v)\big)$, con $f,g: I \longrightarrow \mathbb{R}$, la curva que genera la superficie S, que suponemos contenida en el plano $y=0$. Como S no es un plano, $g(v)$ no puede ser una función constante, luego existe un abierto de $\mathbb{R}$ donde $g'(v)\neq 0$. Entonces, por el teorema de la función inversa, podemos reparametrizar α mediante el cambio de parámetro $v=g^{-1}(s)$ en dicho abierto. Así, tomamos como punto de partida una curva $\beta(s)=\big(f(g^{-1}(s)),0,s\big)=\big(\varphi(s),0,s\big)$ (definida en un entorno adecuado). Parametrizamos la superficie de revolución S generada por β de la forma $X(\theta,s)=\big(\varphi(s)\cos\theta,\varphi(s)\,\mathrm{sen}\,\theta,s\big)$, siendo las curvaturas principales

$$k_1\big(\beta(s)\big)=\frac{-\varphi''(s)}{\big(1+\varphi'(s)^2\big)^{3/2}} \quad \text{y} \quad k_2\big(\beta(s)\big)=\frac{1}{\varphi(s)\big(1+\varphi'(s)^2\big)^{1/2}}.$$

Por lo tanto, S es minimal si, y solo si, $H=(k_1+k_2)/2=0$, lo que equivale a

$$\frac{-\varphi''(s)}{\big(1+\varphi'(s)^2\big)^{3/2}}+\frac{1}{\varphi(s)\big(1+\varphi'(s)^2\big)^{1/2}}=0.$$

Esta ecuación diferencial es la misma que la más sencilla $\varphi(s)\varphi''(s)-\varphi'(s)^2=1$, cuya solución se obtiene fácilmente: $\varphi(s)=a\cosh\big((s+b)/a\big)$, con $a>0, b\geq 0$. Así pues, la curva β que genera nuestra superficie es $\beta(s)=\big(a\cosh\big((s+b)/a\big),0,s\big)$, una catenaria. S es, por tanto, un (trozo de) catenoide. $\square$

Tal y como se ha comentado en la introducción histórica, tras el plano y el catenoide, las siguientes superficies minimales que se encontraron fueron el helicoide y las superficies de Scherk. Merece la pena comentar que el helicoide también satisface una propiedad, en la línea de lo que le ocurre al catenoide, que lo hace «único»: en 1843, Eugène Catalan demostró que «el helicoide es la única superficie minimal reglada no plana» (la definición de superficie reglada está recogida en el ejercicio 3.23). Una prueba de este resultado, conocido en la literatura como el teorema de Catalan, puede consultarse en [25].

Scherk probó también que es posible encontrar una familia uniparamétrica de deformaciones isométricas, mediante superficies minimales, del helicoide en el catenoide (véase la figura 5.5). Vamos a demostrar un resultado más general, del que se podrá obtener, como consecuencia, la mencionada familia de deformaciones isométricas por superficies minimales. Comenzamos con una sencilla definición.

Definición 5.3.11. *Dos funciones diferenciables $f,g:\mathbb{R}^2 \longrightarrow \mathbb{R}$ verificando las* ***ecuaciones de Cauchy-Riemann****, $f_u = g_v$ y $f_v = -g_u$, son siempre armónicas, y reciben el nombre de* ***armónicas conjugadas****.*

Se dice que dos superficies regulares minimales son ***minimales conjugadas*** *si existen parametrizaciones isotermas de las mismas de forma que sus funciones coordenadas son armónicas conjugadas dos a dos.*

Proposición 5.3.12. *Sean $S,\overline{S}$ superficies minimales conjugadas y $X,\overline{X}$ las parametrizaciones isotermas que así lo determinan. Entonces, la superficie parametrizada por $Z_t(u,v) = \cos t X(u,v) + \operatorname{sen} t \overline{X}(u,v)$ es minimal para todo $t \in \mathbb{R}$. Además, todas las superficies de esta familia tienen la misma primera forma fundamental.*

Demostración. Dado que S y $\overline{S}$ son minimales conjugadas (lo cual implica que, para las parametrizaciones $X,\overline{X}$, se tiene que $X_u = \overline{X}_v$ y $X_v = -\overline{X}_u$), las derivadas parciales de la parametrización $Z_t = \cos t X(u,v) + \operatorname{sen} t \overline{X}(u,v)$ son

$$\begin{aligned}(Z_t)_u &= \cos t X_u + \operatorname{sen} t \overline{X}_u = \cos t X_u - \operatorname{sen} t X_v \quad \text{y}\\ (Z_t)_v &= \cos t X_v + \operatorname{sen} t \overline{X}_v = \cos t X_v + \operatorname{sen} t X_u;\end{aligned}$$

entonces, utilizando que X y $\overline{X}$ son isotermas, se obtiene que los coeficientes de su primera forma fundamental valen

$$\begin{aligned}E_t &= \cos^2 t E + \operatorname{sen}^2 t G = E, \qquad F_t = \cos t \operatorname{sen} t (E - G) = 0,\\ G_t &= \cos^2 t G + \operatorname{sen}^2 t E = E.\end{aligned}$$

Luego todas las superficies $Z_t(u,v)$ tienen la misma primera forma fundamental (por tanto, todas son localmente isométricas), siendo además parametrizaciones isotermas. Además, $(Z_t)_{uu} = \cos t X_{uu} - \operatorname{sen} t X_{uv}$ y $(Z_t)_{vv} = \cos t X_{vv} + \operatorname{sen} t X_{uv}$. Entonces,

$$(Z_t)_{uu} + (Z_t)_{vv} = \cos t (X_{uu} + X_{vv}) = \mathbf{0},$$

pues S es una superficie minimal y X es isoterma. En definitiva, hemos demostrado que Z_t es una parametrización isoterma que verifica $(Z_t)_{uu} + (Z_t)_{vv} = \mathbf{0}$; podemos concluir así que la superficie parametrizada por $Z_t(u,v)$ también es minimal. □

El siguiente corolario es una consecuencia inmediata de esta proposición.

Corolario 5.3.13. *Dos superficies minimales conjugadas pueden «unirse» siempre mediante una familia uniparamétrica de superficies minimales, todas ellas localmente isométricas entre sí.*

Es sencillo ver que el helicoide $X(u,v) = (a \operatorname{senh} v \cos u, a \operatorname{senh} v \operatorname{sen} u, au)$ y el catenoide $\overline{X}(u,v) = (-a \cosh v \operatorname{sen} u, a \cosh v \cos u, av)$ son superficies minimales conjugadas. Por lo tanto, la familia $Z_t(u,v) = \cos t X(u,v) + \operatorname{sen} t \overline{X}(u,v)$ nos da la familia uniparamétrica buscada de deformaciones isométricas, mediante superficies minimales, entre ambas superficies.

Las superficies minimales son, quizá, las superficies más estudiadas en Geometría Diferencial, siendo todavía uno de los campos más atractivos de la investigación actual en Geometría. La belleza de los problemas que aquí se plantean, normalmente de sencillo enunciado, contrasta con la enorme dificultad que, en muchos casos, entraña su resolución. La teoría de las superficies minimales tiene profundas conexiones con las funciones analíticas de variable compleja y con las ecuaciones en derivadas parciales. Valga como ejemplo el siguiente resultado, que no demostraremos por su gran dificultad (su demostración, así como otros resultados sobre superficies minimales, puede consultarse en el excelente *survey* [58]):

Teorema 5.3.14 (de Osserman, 1959). *Sea S una superficie regular, cerrada (como subconjunto de $\mathbb{R}^3$) y minimal, que no es un plano. Entonces, la imagen de la aplicación de Gauss $N : S \longrightarrow \mathbb{S}^2$ es un conjunto denso en la esfera $\mathbb{S}^2$.*

Sin embargo, todos los ejemplos conocidos de superficies regulares minimales cerradas, aparte del plano, tenían como imagen por la aplicación de Gauss toda la esfera excepto cuatro puntos. Osserman se planteó entonces la siguiente pregunta: ¿pueden los normales a una superficie minimal cerrada, no plana, omitir más de cuatro direcciones? Esta cuestión se mantuvo sin respuesta durante un largo periodo de tiempo. Tras varios resultados parciales intermedios (del propio Osserman, Frederico Xavier, Francisco López, Antonio Ros...), en los que se fue reduciendo el número de puntos de la esfera que no se encuentran en la imagen $N(S)$, Hirotaka Fujimoto responde afirmativamente a la pregunta en 1988 (véase [26]):

Teorema 5.3.15 (de Fujimoto, 1988). *La aplicación de Gauss N de una superficie minimal, cerrada y no plana de $\mathbb{R}^3$ omite, a lo sumo, cuatro puntos distintos de la esfera $\mathbb{S}^2$.*

La cota en el teorema de Fujimoto es la mejor posible pues, por ejemplo, la aplicación de Gauss de la primera superficie de Scherk omite exactamente 4 puntos.

EJERCICIOS

Ejercicio 5.1. Sea $\gamma\colon [0,\ell] \longrightarrow S$ un segmento de geodésica en una superficie regular S y sea $\phi : [0,\ell]\times(-\varepsilon,\varepsilon) \longrightarrow S$ una variación de γ tal que las curvas de la variación $\gamma_t(s)$ son geodésicas para todo $t\in(-\varepsilon,\varepsilon)$, ortogonales a la curva $\beta_0(t)=\phi(0,t)$ y su velocidad $\gamma_t'(s)$ tiene módulo constante (no depende ni de t ni de s). Demostrar que las curvas de la variación son ortogonales a las curvas transversales $\beta_s(t)=\phi(s,t)$.

Ejercicio 5.2 (Campos de Jacobi). Sea $\gamma\colon [0,\ell] \longrightarrow S$ un segmento de geodésica p.p.a. en una superficie S geodésicamente completa. Si $\phi : [0,\ell]\times(-\varepsilon,\varepsilon) \longrightarrow S$ es una variación de γ tal que $\gamma_t(s)=\phi(s,t)$ es geodésica para todo $t\in(-\varepsilon,\varepsilon)$, entonces se dice que el campo variacional $J(s)=(\partial\phi/\partial t)(s,0)$ es un *campo de Jacobi*.

i) Sea $v(t)$, con $t\in(-\varepsilon,\varepsilon)$, una curva parametrizada en T_pS, $p=\gamma(0)$, con $v(0)=\gamma'(0)=\mathbf{v}$ y $v'(0)=\mathbf{w}$, y considérese la aplicación $\phi(s,t)=\exp_{\mathrm{p}}\big(sv(t)\big)$. Justificar que ϕ es una variación de γ, y demostrar que $J(s)=s\,d(\exp_{\mathrm{p}})_{s\mathbf{v}}(\mathbf{w})$ es un campo de Jacobi verificando $J(0)=\mathbf{0}$ y $(DJ/ds)(0)=\mathbf{w}$.

ii) Comprobar que $L_0^\ell\big(\gamma_t(s)\big)=L_0^\ell(\gamma)\,|v(t)|$, para todo $t\in(-\varepsilon,\varepsilon)$.

iii) Demostrar que el campo velocidad $\gamma'(s)$ también es un campo de Jacobi.

Ejercicio 5.3 (El funcional energía). Sea $\alpha : [a,b] \longrightarrow S$ una curva regular en una superficie S con $\alpha(a)=p$ y $\alpha(b)=q$ (no necesariamente p.p.a.). Se define la *energía* de α como

$$E(\alpha)=\int_a^b |\alpha'(t)|^2 dt.$$

i) Demostrar que $L_a^b(\alpha)^2 \le (b-a)E(\alpha)$, dándose la igualdad si, y solo si, α está parametrizada proporcional al arco.

ii) Demostrar que si $\gamma\colon [a,b] \longrightarrow S$ es una curva regular p.p.a., con $\gamma(a)=p$ y $\gamma(b)=q$, y tal que $L_a^b(\gamma)\le L_a^b(\alpha)$, entonces $E(\gamma)\le E(\alpha)$.

iii) Sean $\phi : [a,b]\times(-\varepsilon,\varepsilon) \longrightarrow S$ una variación de α, $Z(s)=(\partial\phi/\partial t)(s,0)$ el campo variacional asociado y $\alpha_t(s)=\phi(s,t)$. Sea $E(t)=E(\alpha_t)$. Probar que

$$\frac{1}{2}E'(0)=\big\langle Z(s),\alpha'(s)\big\rangle\Big|_a^b-\int_a^b\big\langle Z(s),\alpha''(s)\big\rangle ds.$$

iv) Concluir que α es un segmento de geodésica si, y solo si, $E'(0)=0$ para toda variación propia de α.

Ejercicio 5.4. Calcular la integral sobre la esfera de la función $f : \mathbb{S}^2 \longrightarrow \mathbb{R}$ dada por $f(x,y,z)=z$.

Ejercicio 5.5. Sea $X(u,v)=(u\cos v, u\,\mathrm{sen}\,v, u^2)$, con $U=(0,1)\times(0,2\pi)$, una parametrización de la superficie $S=\big\{(x,y,z)\in\mathbb{R}^3 : z=x^2+y^2, 0<z<1\big\}$ (un abierto del paraboloide de revolución). Calcular la integral

$$\int_S \sqrt{1+4z}\,dA.$$

Ejercicio 5.6. Sea S una superficie regular y sea p un punto de S. Dada una aplicación diferenciable $V:\mathbb{R}\longrightarrow\{\mathbf{v}\in T_pS:|\mathbf{v}|=1\}$, consideremos la parametrización $X(s,t)=\exp_p\big(sV(t)\big)$ definida en un abierto U adecuado. Supongamos que el rectángulo $R=[0,a]\times[0,b]\subset U$. Demostrar que

$$A(R)=\int_{X(R)}G^{-1/2}dA.$$

Ejercicio 5.7 (Teorema de Fenchel). *Sea $\alpha:[0,\ell]\longrightarrow\mathbb{R}^3$ una curva regular, p.p.a, cerrada y simple. Entonces*[8]

$$\int_0^\ell k(s)\,ds\geq 2\pi.$$

Ejercicio 5.8. Demostrar que el catenoide, el helicoide, las dos superficies de Scherk y la superficie de Enneper $X(u,v)=\big(u-u^3/3+uv^2,v-v^3/3+u^2v,u^2-v^2\big)$ (véase el ejercicio 3.15) son superficies minimales.

Ejercicio 5.9. Sea S una superficie regular que viene dada por el grafo de una función diferenciable $z=f(x,y)$ definida sobre un abierto $\Omega\subset\mathbb{R}^2$. Sabemos que S es una superficie minimal si, y solo si, satisface la ecuación de Euler-Lagrange (5.11).

i) Sea f una solución de (5.11) definida sobre Ω. Demostrar que las *curvas de nivel*[9] de f son rectas si, y solo si, f es armónica, es decir, $\Delta f=0$, sobre Ω.

ii) Demostrar que las únicas soluciones de (5.11) cuyas curvas de nivel son rectas están dadas por

$$f(x,y)=a\operatorname{arctg}\left(\frac{y-y_0}{x-x_0}\right)+b,$$

donde a,b,x_0 e y_0 son constantes.

Ejercicio 5.10. Demostrar que no existen superficies minimales compactas en $\mathbb{R}^3$.

Ejercicio 5.11. Sea S una superficie minimal. Demostrar que su curvatura de Gauss verifica $K(p)\leq 0$ en todo punto $p\in S$. ¿Qué se puede decir de un punto $p\in S$ en el que $K(p)=0$?

Ejercicio 5.12. Sea $\phi:S_1\longrightarrow S_2$ una isometría local. Supongamos que S_1 es minimal. ¿Lo es también S_2?

---

[8] El teorema de Fenchel establece también el caso de igualdad: $\int_0^\ell|k(s)|\,ds=2\pi$ si, y solo si, α es una curva plana convexa. La demostración de esta afirmación puede consultarse en [22].

[9] Sea $f:\Omega\longrightarrow\mathbb{R}$ una función diferenciable definida sobre un abierto $\Omega\subset\mathbb{R}^2$ y sea $c\in\mathbb{R}$. Se denomina *curva de nivel* determinada por c al conjunto $\Gamma_c=f^{-1}(c)=\{(x,y)\in\Omega:f(x,y)=c\}$. Admítase, sin necesidad de demostración, que si $c\in\mathbb{R}$ es tal que se verifica la condición $f_x^2+f_y^2>0$ para todo $(x,y)\in\Gamma_c$, entonces Γ_c es una curva regular plana (en el sentido generalizado, véase la observación 2.3) cuya curvatura viene dada por

$$k=\frac{-f_{xx}f_y^2+2f_{xy}f_xf_y-f_{yy}f_x^2}{(f_x^2+f_y^2)^{3/2}}.$$

Ejercicio 5.13. Sea (U,X) una parametrización ortogonal de una superficie regular cuyas curvas coordenadas son líneas de curvatura, verificando además que los coeficientes e,g de su segunda forma fundamental son constantes. Demostrar que, o bien $X(U)$ es minimal, o existe un abierto $V \subset X(U)$ que es isométrico al plano.

Ejercicio 5.14. Demostrar que una superficie regular sin puntos umbilicales es minimal si, y solo si, existe una función diferenciable $\lambda : S \longrightarrow \mathbb{R}$ tal que la tercera forma fundamental III_p (véase el ejercicio 3.2) verifica

$$\mathrm{III}_p = \lambda(p)\,\mathrm{I}_p,$$

para todo punto $p \in S$.

Ejercicio 5.15. Demostrar que la aplicación de Gauss del catenoide omite exactamente 2 puntos.

VI

Geometría Diferencial Global

En este capítulo presentamos algunos resultados para superficies que reflejan los métodos y la forma habitual de trabajar en Geometría Diferencial de superficies a nivel global. Se llaman así porque estos resultados relacionan propiedades locales de la superficie con otras de carácter global. La elección que hemos realizado de estos ha sido arbitraria, pero pensamos que ilustran fielmente la potencia de estas técnicas en Geometría Diferencial.

Una primera parte del capítulo está dedicada al teorema de Hopf-Rinow y al estudio de las propiedades de una superficie como espacio métrico en el que hemos definido una distancia natural. Este es un resultado en el que se relacionan propiedades métricas de la superficie y su geometría intrínseca en términos de geodésicas. En concreto, se demuestra que, en una superficie sin «agujeros» ni «bordes», siempre es posible prolongar las geodésicas de forma indefinida, y que esta cualidad geométrica es equivalente a la siguiente propiedad métrica: las sucesiones de Cauchy convergen. Un aspecto sorprendente de la demostración es que, si es posible prolongar las geodésicas indefinidamente desde un punto fijo, también lo es desde cualquier otro punto. La sección finaliza con la demostración del teorema de Bonnet, un resultado notable que relaciona una característica local (la curvatura de Gauss) con una propiedad global (si la superficie está acotada como espacio métrico).

En la segunda parte del capítulo analizamos dos resultados especialmente relevantes que nos dicen qué superficies podemos encontrarnos si exigimos que su curvatura de Gauss sea constante, bien positiva, bien negativa. En primer lugar presentamos el teorema de rigidez de la esfera como uno de los puntos de partida de la moderna Geometría Diferencial del último siglo. Dicho teorema establece que la esfera es «rígida», en el sentido de que no es posible deformarla si está fabricada con un material flexible e inelástico. Presentamos una prueba posterior al resultado en sí, que nos sirve para adentrarnos en teoremas más generales, como el de Cohn-Vossen y el teorema para ovaloides de curvatura media constante de Liebmann. Finalmente, apuntamos algunas generalizaciones de los mismos, que han constituido desarrollos notables de la Geometría Diferencial en los últimos tiempos.

En lo que respecta a las superficies con curvatura de Gauss negativa y constante, es ineludible hacer referencia al teorema de Hilbert. En este resultado se establece la no existencia de superficies geodésicamente completas con curvatura constante y negativa dentro del espacio $\mathbb{R}^3$. El teorema de Hilbert supone el colofón a una historia de muchos siglos en la resolución del enigma del famoso Quinto Postulado de Euclides. En el último capítulo de este libro, dedicado al teorema de Gauss-Bonnet, veremos que existen otras posibles geometrías que resultan de la negación de dicho postulado. De modo independiente, y en la primera mitad del siglo XIX, Gauss, János Bolyai y Nikolái Lobachetvski demostraron la posibilidad de una geometría consistente (la hiperbólica) en la que existían infinitas paralelas. Pasaron los años y esta geometría no acababa de afirmarse precisamente por la ausencia de un modelo. La solución a este impasse vino por dos caminos diferentes. De un lado, la creación de la geometría de Riemann y el genio de Eugenio Beltrami permitieron el diseño de un modelo abstracto para esta geometría en el último tercio del siglo XIX. De otro, el teorema de Hilbert a comienzos del siglo XX, demostró la imposibilidad de construir un ejemplo para dicha geometría dentro del espacio $\mathbb{R}^3$. En este capítulo presentamos este último resultado cuyo interés no estriba únicamente en lo que afirma, sino que también merece nuestra atención por las herramientas utilizadas en la demostración.

Desde luego, para que el cuadro quede completo en lo que a superficies con curvatura de Gauss constante se refiere, faltaría considerar el caso $K \equiv 0$. Se puede demostrar que «si una superficie regular y geodésicamente completa tiene curvatura de Gauss nula, entonces, o es un cilindro, o es un plano». La justificación de este resultado requiere técnicas bastante más elaboradas que las de los dos casos anteriores, lo que se escapa a las pretensiones de este libro. El lector interesado puede consultar [22] para una prueba detallada del mismo. Desde luego, si eliminamos la hipótesis de completitud geodésica, el abanico de ejemplos de superficies con $K \equiv 0$ aumenta, apareciendo, por ejemplo, el cono (o todas las regladas desarrollables, véase el ejercicio 3.24).

6.1. COMPLETITUD. EL TEOREMA DE HOPF-RINOW

Hasta ahora hemos hablado de medidas en la superficie en lo que se refiere a longitudes de curvas, ángulos y áreas. No obstante, todavía está en el aire la siguiente pregunta: ¿es una superficie un espacio topológico metrizable? Esto es, ¿es posible definir una distancia en una superficie regular que sea «coherente» con la topología que tenemos como subespacio del espacio euclídeo? La respuesta a esta cuestión es afirmativa. La manera de construir dicha función distancia no es trivial, y consiste en definirla mediante la curva que «mejor» conecta dos puntos dados, donde por «mejor» entendemos la curva de menor longitud (usualmente se dice que esta curva «realiza» la distancia entre esos dos puntos; obsérvese también que dicha curva puede no existir, aunque esto no será problema en nuestra definición). Se demuestra entonces que esta función es una distancia y que, además, la topología que generan sus bolas métricas coincide con la topología de la superficie como subespacio euclídeo.

En capítulos previos hemos estudiado la relación entre el concepto de geodésica y sus propiedades como curva que minimiza la longitud. De esta forma, parece natural pensar que las curvas que «realizan la distancia» entre dos puntos, puesto que son claramente un mínimo del funcional longitud, deben estar relacionadas de alguna manera con el concepto de geodésica. Así es, y se puede demostrar que, si una curva es, lo que denominaremos en breve *minimizante*, entonces es una geodésica. Este resultado, junto con un lema técnico que presentamos posteriormente, constituyen la base para la prueba del teorema de Hopf-Rinow. En este se relacionan propiedades puramente intrínsecas de la superficie en lo que se refiere a la geometría (la posibilidad de prolongar indefinidamente una geodésica) con otras esencialmente métricas (que la superficie sea un espacio completo) o topológicas (que se verifique el teorema de Heine-Borel).

El teorema de Hopf-Rinow demuestra el hecho intuitivo siguiente: si una superficie tiene «agujeros», «bordes» o trozos «incompletos», al menos una de sus geodésicas «choca» precisamente contra estos en un tiempo finito. Es un teorema de gran importancia, pues permite utilizar en superficies la topología y el análisis de espacios métricos completos con un gran abanico de resultados y aplicaciones.

Finalmente, veremos cómo las fórmulas de variación estudiadas en el capítulo anterior se utilizan para demostrar un resultado sorprendente, que interrelaciona la geometría de una superficie con su estructura como espacio métrico, en la misma línea que el ya mencionado teorema de Hopf-Rinow. En concreto, presentaremos el teorema de Bonnet, el cual afirma, esencialmente, que una superficie que consta únicamente de puntos elípticos, de modo que estos no se «hacen suficientemente planos o parabólicos» es, necesariamente, compacta. Además, se ofrece una estimación de su diámetro «intrínseco» que depende, exclusivamente, de una cota en términos de la curvatura de Gauss.

6.1.1. Distancia intrínseca en una superficie

Sea S una superficie regular y conexa. Consideremos el espacio métrico $\left(\mathbb{R}^3, |\cdot|\right)$ y sea τ_u la topología usual en $\mathbb{R}^3$ inducida por la distancia euclídea $|\cdot|$. Entonces, la superficie $S \subset \mathbb{R}^3$ hereda la topología de $\mathbb{R}^3$ como subespacio topológico de $(\mathbb{R}^3, \tau_u)$. Esta la denotaremos por (S, τ_u).

Dados dos puntos $p, q \in S$, definimos el conjunto

$$\begin{aligned}\Omega(p,q) =& \Big\{\alpha : [a,b] \longrightarrow S : \alpha \text{ regular a trozos}, \alpha(a) = p, \alpha(b) = q\Big\} \\ & \cup \big\{\alpha : \{a\} \longrightarrow S : \alpha(a) = p \text{ si } p = q\big\}.\end{aligned}$$

Definición 6.1.1. *La función* ***distancia intrínseca*** *en la supercicie S es la aplicación $d : S \times S \longrightarrow \mathbb{R}$ dada por*

$$d(p,q) := \inf\big\{L_a^b(\alpha) : \alpha \in \Omega(p,q)\big\}. \tag{6.1}$$

En lo que sigue, y siempre y cuando no sea relevante, escribiremos simplemente $L(\alpha)$ en lugar de $L_a^b(\alpha)$, por comodidad, omitiendo los valores a y b del parámetro.

Demostramos, antes de nada, que la función d está bien definida y que, de hecho, es una distancia en el sentido usual del término. Para ello, tenemos que ver:

1) $\Omega(p,q) \neq \emptyset$, *esto es, cualesquiera dos puntos de S pueden unirse mediante una curva regular a trozos (o con la curva constantemente igual al punto):*

   Sea $p \in S$ fijo y sea $A = \{q \in S : \text{existe } \alpha \in \Omega(p,q)\}$. Desde luego, $A \neq \emptyset$, pues $p \in A$. Como $A \subset S$ conexa, si demostramos que A es abierto y cerrado, entonces podremos asegurar que $A \equiv S$, con lo que se tendrá que $\Omega(p,q) \neq \emptyset$.

   i) Veamos que A es abierto. Para ello, sean $q \in A$ y $\varepsilon > 0$ tal que el disco geodésico $\mathcal{D}(q,\varepsilon)$ es entorno normal de q (luego es un abierto de S). Vamos a ver que $\mathcal{D}(q,\varepsilon) \subset A$. En efecto, si $q' \in \mathcal{D}(q,\varepsilon)$, sea $\gamma_{q'} : [0,1] \longrightarrow \mathcal{D}(q,\varepsilon)$ la geodésica radial uniendo $\gamma_{q'}(0) = q$ y $\gamma_{q'}(1) = q'$ (teorema 4.3.6). Por otro lado, como $q \in A$, por definición del conjunto A, existe $\alpha \in \Omega(p,q)$, que une p con q. Basta tomar entonces la yuxtaposición $\alpha \wedge \gamma_{q'}$, que es una curva regular a trozos uniendo p con q'; luego $q' \in A$. Esto demuestra que $\mathcal{D}(q,\varepsilon) \subset A$, y por tanto, que A es abierto.

   ii) Veamos que A es cerrado. Para ello, probaremos que $S \backslash A$ es abierto. Sea $q \in S \backslash A$, es decir, $q \notin A$. Tomamos de nuevo $\varepsilon > 0$ tal que $\mathcal{D}(q,\varepsilon)$ es entorno normal de q. Si vemos que $\mathcal{D}(q,\varepsilon) \cap A = \emptyset$, entonces tendremos que $\mathcal{D}(q,\varepsilon) \subset S \backslash A$, por lo que $S \backslash A$ será abierto. Para ello, supongamos que existe $q' \in \mathcal{D}(q,\varepsilon) \cap A$. Como $q' \in A$, por definición existe una curva $\alpha \in \Omega(p,q')$ que une p y q'. Por otro lado, dado que $q' \in \mathcal{D}(q,\varepsilon)$, podemos considerar la geodésica radial $\gamma_{q'}$ que une q' con q. Entonces, la yuxtaposición $\alpha \wedge \gamma_{q'} \in \Omega(p,q)$, lo que prueba que $q \in A$, una contradicción.

2) *Existe el ínfimo en la definición de distancia dada en* (6.1):

   Desde luego, $L(\alpha) \geq 0$ para toda $\alpha \in \Omega(p,q)$. Por tanto, $\{L(\alpha) : \alpha \in \Omega(p,q)\}$ es un conjunto de números reales acotado inferiormente, lo que nos asegura que tiene un ínfimo que es, además, no negativo.

3) *La distancia intrínseca es una distancia*:

   Para demostrarlo, tenemos que probar que d cumple las tres propiedades que caracterizan una distancia. Veámoslo.

   i) Como $L(\alpha)$ es siempre un número no negativo, se verifica trivialmente que $d(p,q) \geq 0$. Veamos ahora que $d(p,q) = 0$ si, y solo si, $p = q$.

      Supongamos que $p = q$. Entonces, la curva constante $\alpha(t) \equiv p \in \Omega(p,p)$ y su longitud es $L(\alpha) = 0$. Luego $d(p,p) = \inf\{L(\alpha) : \alpha \in \Omega(p,p)\} = 0$. Y recíprocamente. Supongamos que $d(p,q) = 0$. Vamos a representar por

$$\begin{aligned}\widetilde{\Omega}(p,q) =& \{\alpha : [a,b] \longrightarrow \mathbb{R}^3 : \alpha \text{ regular a trozos}, \alpha(a) = p, \alpha(b) = q\} \\ & \cup \{\alpha : \{a\} \longrightarrow \mathbb{R}^3 : \alpha(a) = p \text{ si } p = q\}.\end{aligned}$$

      Claramente, como $S \subset \mathbb{R}^3$, se tiene que $\Omega(p,q) \subset \widetilde{\Omega}(p,q)$. Entonces,

$$|p-q| = \inf\{L(\alpha) \colon \alpha \in \widetilde{\Omega}(p,q)\} \leq \inf\{L(\alpha) \colon \alpha \in \Omega(p,q)\} = d(p,q) = 0,$$

ya que la distancia más corta entre dos puntos, *en* $\mathbb{R}^3$, la da el segmento de recta que los une. Luego $|p-q|=0$, de donde se deduce que $p=q$.

ii) Para probar que $d(p,q)=d(q,p)$ es suficiente demostrar que a cada curva de $\Omega(p,q)$ le corresponde una única curva en $\Omega(q,p)$ (y viceversa): la que se recorre en sentido contrario. Como la longitud no depende del sentido, se tendrá la igualdad en las distancias. Así, sea $\alpha \in \Omega(p,q)$, es decir, una curva regular a trozos con $\alpha(a)=p$, $\alpha(b)=q$. Tomamos la reparametrización de α dada por $\overline{\alpha}(t)=\alpha(a-t+b)$. Claramente, $\overline{\alpha}(a)=\alpha(b)=q$ y $\overline{\alpha}(b)=\alpha(a)=p$. Por tanto, $\overline{\alpha} \in \Omega(q,p)$, y además $L_a^b(\alpha)=L_a^b(\overline{\alpha})$, lo que concluye la prueba.

iii) Sean $\alpha \in \Omega(p,r)$ y $\beta \in \Omega(r,q)$. Entonces, la curva $\alpha \wedge \beta \in \Omega(p,q)$, y además es evidente que $d(p,q) \leq L(\alpha \wedge \beta)=L(\alpha)+L(\beta)$; o lo que es lo mismo, $d(p,q)-L(\beta) \leq L(\alpha)$ para toda curva $\alpha \in \Omega(p,r)$. Luego, en particular, se tendrá que $d(p,q)-L(\beta) \leq \inf\{L(\alpha) : \alpha \in \Omega(p,r)\}=d(p,r)$. En consecuencia, se tiene que $d(p,q)-d(p,r) \leq L(\beta)$ para cualquier curva $\beta \in \Omega(r,q)$. Por tanto, podemos afirmar de nuevo que

$$d(p,q)-d(p,r) \leq \inf\{L(\beta) : \beta \in \Omega(r,q)\}=d(r,q).$$

Esto demuestra que

$$d(p,q) \leq d(p,r)+d(r,q). \tag{6.2}$$

Otra característica relevante de la distancia intrínseca, que necesitaremos en diversas ocasiones, es que, vista como una aplicación $d(p_0,\cdot) : S \longrightarrow \mathbb{R}$ para $p_0 \in S$ fijo, *es continua* (véase el ejercicio 6.1). De hecho, esta propiedad permite caracterizar el caso de igualdad en la desigualdad triangular (6.2), algo que será extremadamente útil en este capítulo. Lo vemos en el siguiente resultado.

Lema 6.1.2. *Sean S una superficie regular, $p_0 \in S$ y V un entorno normal de p_0. Sea $r>0$ tal que $\exp_{p_0}$ está definida en $S(\mathbf{0},r)$ y el disco geodésico $\mathcal{D}(p_0,r) \subset V$. Si $p \in S \backslash \mathcal{D}(p_0,r)$ y $m \in \mathcal{S}(p_0,r)$ es tal que $d(m,p)=\text{mín}\{d(m',p) : m' \in \mathcal{S}(p_0,r)\}$, entonces $d(p_0,p)=d(p_0,m)+d(m,p)$.*

Demostración. Por la desigualdad triangular (6.2), $d(p_0,p) \leq d(p_0,m)+d(m,p)$. Supongamos entonces que $d(p_0,p)<d(p_0,m)+d(m,p)$ *estrictamente*, lo cual implica que debe existir una curva $\alpha \in \Omega(p_0,p)$, es decir, una curva $\alpha : [0,b] \longrightarrow S$ regular a trozos, uniendo p_0 y p, cuya longitud $L_0^b(\alpha)<d(p_0,m)+d(m,p)$ (véase la figura 6.1).

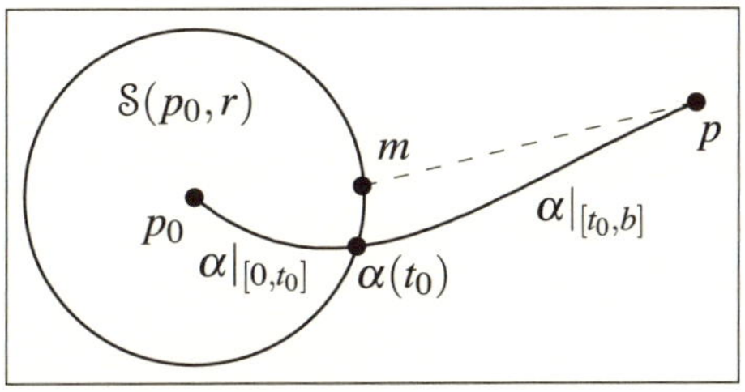

Figura 6.1: Igualdad en la desigualdad triangular si $d(m,p)=\text{mín}\{d(q,p) : q \in \mathcal{S}(p_0,\varepsilon)\}$.

Obsérvese por un lado que, como α es continua y $p \notin \mathcal{D}(p_0,r)$, existe $t_0 \in (0,b)$ de forma que $\alpha(t_0) \in \mathcal{S}(p_0,r)$.

Por otro lado, al ser $m \in \mathcal{S}(p_0,r)$, podemos encontrar $\mathbf{v} \in S(\mathbf{0},r)$ (no necesariamente único) tal que $m=\exp_{p_0}(\mathbf{v})$. Tomamos entonces la geodésica maximal γ_v con condiciones iniciales $\gamma_v(0)=p_0$ y $\gamma_v'(0)=\mathbf{v}$.

Claramente, $\gamma_v(1) = \exp_{p_0}(\mathbf{v}) = m$, es decir, γ_v une p_0 y m. Además, $\gamma_v(t) \in \mathcal{D}(p_0,r)$ para todo $t \in [0,1)$, pues $\gamma_v(t) = \exp_{p_0}(t\mathbf{v})$ con $|t\mathbf{v}| = tr < r$. Así, $\gamma_v(t) \in \mathcal{D}(p_0,r) \subset V$, lo que nos permite asegurar (teorema 4.3.12) que el segmento de geodésica $\gamma_v|_{[0,t]}$, $t \in [0,1)$, es la única curva de menor longitud uniendo p_0 y $\gamma_v(t)$, y por tanto,

$$d\big(p_0,\gamma_v(t)\big) = L_0^t(\gamma_v) = \int_0^t \big|\gamma_v'(s)\big|\, ds = t\,|\mathbf{v}| = tr.$$

Tomando límites, la continuidad de la distancia intrínseca permite concluir que

$$d(p_0,m) = \lim_{t\to 1^-} d\big(p_0,\gamma_v(t)\big) = \lim_{t\to 1^-} tr = r.$$

En consecuencia,

$$d(p_0,m) + d(m,p) > L_0^b(\alpha) = L_0^{t_0}(\alpha) + L_{t_0}^b(\alpha) \geq r + L_{t_0}^b(\alpha) = d(p_0,m) + L_{t_0}^b(\alpha),$$

luego $d\big(\alpha(t_0),p\big) \leq L_{t_0}^b(\alpha) < d(m,p)$. Hemos encontrado un $\alpha(t_0) \in \mathcal{S}(p_0,r)$ cuya distancia a p es estrictamente menor que $d(m,p)$, una contradicción. □

Una vez comprobado que d es una distancia, podemos considerar la *bola* (abierta) *en la distancia intrínseca* de centro p y radio r, $B_d(p,r) = \{q \in S : d(p,q) < r\}$. Dado que tenemos definida una estructura «similar» sobre la superficie, el disco geodésico, resulta natural preguntarse cuándo $B_d(p,r)$ y $\mathcal{D}(p,r)$ coinciden. Para conocer la respuesta a esta cuestión, necesitamos estudiar aún alguna propiedad más de las geodésicas, aunque podemos adelantar que ambos coincidirán siempre y cuando el disco esté definido (véase la proposición 6.1.6). De momento, realizamos la siguiente observación, que será de utilidad en algunas demostraciones que veremos en breve.

Observación 6.1. i) *Dado $p_0 \in S$, siempre se verifica que $\mathcal{D}(p_0,r) \subset B_d(p_0,r)$.*

Si $p \in \mathcal{D}(p_0,r) = \exp_{p_0}\big(D(\mathbf{0},r)\big)$, podemos escribir $p = \exp_{p_0}(\mathbf{v})$, con $|\mathbf{v}| < r$. Consideremos la geodésica $\gamma_v(t) = \exp_{p_0}(t\mathbf{v})$, que une $p_0 = \gamma_v(0)$ y $p = \gamma_v(1)$. Claramente

$$d(p_0,p) \leq L_0^1(\gamma_v) = \int_0^1 \big|\gamma_v'(t)\big|\, dt = |\mathbf{v}| < r,$$

de donde se deduce que $p \in B_d(p_0,r)$.

ii) *Dados $p_0 \in S$ y $R > 0$, existe $r > 0$ tal que $B_d(p_0,r) \subset \mathcal{D}(p_0,R)$.*

La demostración de esta afirmación se recoge en el ejercicio 6.3.

iii) *Sean $p_0 \in S$ y $R > 0$ tales que $\mathcal{D}(p_0,R)$ es entorno normal de p_0. Entonces, para todo $r > 0$ tal que $B_d(p_0,r) \subset \mathcal{D}(p_0,R)$, se tiene que $\mathcal{D}(p_0,r) = B_d(p_0,r)$.*

Si $p \in B_d(p_0,r) \subset \mathcal{D}(p_0,R)$, entonces (teoremas 4.3.6 y 4.3.12) el segmento de geodésica radial $\gamma_p : [0,1] \longrightarrow \mathcal{D}(p_0,R)$, $\gamma_p(t) = \exp_{p_0}(t\mathbf{v})$, es la única curva de menor longitud uniendo p_0 y p, con $\mathbf{v} = \gamma_p'(0)$. Luego $d(p_0,p) = L_0^1(\gamma_p) = |\mathbf{v}|$. Como $p \in B_d(p_0,r)$, se tiene que $|\mathbf{v}| = d(p_0,p) < r$, de donde se deduce que

$$p = \exp_{p_0}(\mathbf{v}) \in \exp_{p_0}\big(D(\mathbf{0},r)\big) = \mathcal{D}(p_0,r).$$

La otra inclusión siempre se da. ◇

La distancia d permite considerar el espacio topológico (S,τ_d), donde τ_d es la topología inducida por la distancia intrínseca d. Vamos a demostrar que las topologías τ_u y τ_d coinciden, lo que, en cualquier caso, es un ejercicio de Topología.

Teorema 6.1.3. *Sobre el conjunto S, las topologías τ_u y τ_d coinciden.*

Demostración. Obsérvese que las intersecciones de abiertos de $\mathbb{R}^3$ con la propia superficie son abiertos de τ_u; en particular, si (U,X) es una parametrización de S, entonces $V = X(U)$ es abierto en τ_u. Así, los abiertos básicos para la topología τ_u son las intersecciones de las bolas euclídeas con la superficie. Por otra parte, al cumplirse que $d(p,q) \geq |p-q|$ para dos puntos cualesquiera $p,q \in S$, se tiene que la bola en la distancia intrínseca $B_d(p,r)$ de centro p y radio r está siempre contenida en la intersección de S con la bola euclídea de centro p y radio r, $B_{|\cdot|}(p,r) \cap S$. Esto implica que $\tau_u \subset \tau_d$, es decir, la topología τ_d es más fina que τ_u.

Veamos que coinciden. Dados un punto $p \in S$ y un disco geodésico $\mathcal{D}(p,R)$ que es a su vez entorno normal de p, la observación 6.1 ii) nos asegura que siempre podemos encontrar una bola $B_d(p,r) \subset \mathcal{D}(p,R)$ para $r > 0$ suficientemente pequeño. Entonces, $B_d(p,r) = \mathcal{D}(p,r)$ (véase la observación 6.1 iii)), lo que permite considerar la parametrización X de nuestra superficie S (en p) dada por las coordenadas normales (4.17), para la cual $X\big(D(\mathbf{0},r)\big) = \exp_{\mathrm{p}}\big(D(\mathbf{0},r)\big) = \mathcal{D}(p,r) = B_d(p,r)$. En consecuencia, $B_d(p,r)$ es un entorno coordenado de una parametrización, y por tanto, un abierto en S con la topología inducida: $B_d(p,r) = W \cap S$, siendo W un abierto euclídeo. Esto demuestra que la bola en la distancia d es un abierto en la topología τ_u, lo que concluye la prueba. □

6.1.2. El teorema de Hopf-Rinow

Algunos resultados previos

Antes de enunciar y demostrar el teorema de Hopf-Rinow, vamos a probar dos lemas previos que son la base de su demostración. A partir de ahora, diremos que una curva $\alpha \in \Omega(p,q)$ es *minimizante*, si minimiza la longitud entre todas las curvas de la superficie que unen p y q. En tal caso diremos además que α *realiza* la distancia entre esos dos puntos. Por tanto, si $\alpha \in \Omega(p,q)$ es minimizante, entonces $d(p,q) = L(\alpha)$.

Observación 6.2. La existencia y unicidad de esta clase de curvas es una cuestión que admite una amplia casuística. Con respecto a la existencia, si consideramos el plano agujereado $\mathbb{R}^2 \backslash \{(0,0)\}$, no existe una curva minimizante uniendo $(1,0)$ y $(-1,0)$. Por otro lado, y en relación a la unicidad, también pueden presentarse diferentes situaciones. En un plano es claro que, dados dos puntos, existe una única curva minimizante, la recta, que los une. Si consideramos un toro y dos puntos, el primero de ellos situado en el paralelo superior y el segundo en el inferior y en la misma vertical, existen dos curvas minimizantes uniendo ambos puntos. Por último, en una esfera, dados dos puntos antipodales, existen infinitas curvas minimizantes que los unen: todos los semicírculos máximos que pasan por ellos. ◇

Como vemos, la existencia y unicidad de curvas minimizantes no es una cuestión sencilla. No obstante, toda curva minimizante es un tipo especial de curva que ya conocemos bien, tal y como se demuestra en el primero de los lemas fundamentales para la prueba del teorema de Hopf-Rinow.

Lema 6.1.4. *Sean S una superficie regular y $\alpha : [a,b] \longrightarrow S$ una curva regular a trozos uniendo $p = \alpha(a)$ con $q = \alpha(b)$. Si α es minimizante, entonces α es un segmento de geodésica (salvo reparametrizaciones). En particular, α es diferenciable en todos sus puntos, esto es, no tiene vértices.*

Demostración. Podemos suponer, sin pérdida de generalidad, que $\alpha : [0,\ell] \longrightarrow S$ está p.p.a. Sea $0 = s_0 < s_1 < \ldots < s_k = \ell$ una partición de $[0,\ell]$ tal que $\alpha|_{[s_{i-1},s_i]}$ es una curva regular para $i = 1,\ldots,k$, y sea $\phi : [0,\ell] \times (-\varepsilon,\varepsilon) \longrightarrow S$ una variación propia de α. Como α es minimizante (y dado que las curvas $\alpha_t = \phi(\cdot,t)$ tienen como extremos p y q por ser ϕ propia), el funcional longitud $L(t) = L_0^\ell(\alpha_t)$ presenta un mínimo en $s = 0$. Entonces $L'(0) = 0$, y aplicando el teorema 5.1.6 podemos concluir que α es una geodésica (y por tanto, diferenciable). □

El segundo lema que vamos a probar está relacionado con las propiedades de los discos geodésicos. Recordemos que, en un disco geodésico de radio suficientemente pequeño (para que sea entorno normal), todo punto puede unirse a su centro mediante una única curva minimizante: la geodésica radial (véase el teorema 4.3.12). Esta propiedad no tiene sentido para radios arbitrarios, tal y como ponen de manifiesto los ejemplos de la esfera y el cilindro. No obstante, en el siguiente lema se prueba que, sea cual sea el radio del disco geodésico, dado un punto en el interior de este, existe *al menos* una curva (la geodésica radial) minimizante uniendo el centro con dicho punto. La diferencia con lo que ya sabíamos es que, para radios arbitrarios, quizá haya «distintas maneras» de alcanzar un punto en el interior del disco (incluso infinitas formas de hacerlo). El hecho de que el radio sea arbitrario y no se dé inyectividad en la aplicación exponencial, complica la demostración hasta extremos insospechados. Ciertamente, el teorema de Hopf-Rinow se apoya de forma esencial en este lema.

Lema 6.1.5. *Sean $p_0 \in S$ un punto de una superficie regular S y $r > 0$ de forma que la aplicación $\exp_{p_0}$ está definida en $D(\mathbf{0},r) \subset T_{p_0}S$. Entonces, todo punto $p \in \mathcal{D}(p_0,r)$ puede unirse con p_0 mediante (al menos) un segmento de geodésica minimizante.*

Obsérvese que el segmento de geodésica minimizante que asegura el teorema no tiene por qué ser único; basta tomar un punto y su antípoda en la esfera para darnos cuenta: existen infinitos segmentos de geodésica minimizante que los unen.

Demostración. Sabemos que, dado $p_0 \in S$, existe U abierto estrellado respecto a $\mathbf{0} \in T_{p_0}S$ tal que $\exp_{p_0} : U \longrightarrow V$ es un difeomorfismo, con V el correspondiente entorno normal. Sea $\varepsilon > 0$ suficientemente pequeño para que $\operatorname{cl}\mathcal{D}(p_0,\varepsilon) \subset V$, y sea $p \in \mathcal{D}(p_0,r)$. Distinguimos dos casos, según $p \in \mathcal{D}(p_0,\varepsilon)$ ó $p \notin \mathcal{D}(p_0,\varepsilon)$. Para hacer más sencilla la demostración la dividimos en varios pasos.

PASO 1: Si $p \in \mathcal{D}(p_0, \varepsilon) \subset V$, el teorema 4.3.12 nos asegura que el segmento de geodésica radial γ_p es la curva de menor longitud entre todas las que unen dichos puntos: $d(p_0, p) = L(\gamma_p)$.

PASO 2: Supongamos, a partir de ahora, que $p \notin \mathcal{D}(p_0, \varepsilon)$. Ya sabemos que la función $d(\cdot, p) : S \longrightarrow \mathbb{R}$ que da la distancia al punto p es continua. Además, la circunferencia geodésica $\mathcal{S}(p_0, \varepsilon)$ es un compacto en S, ya que $\mathcal{S}(p_0, \varepsilon) = \exp_{p_0}(\mathrm{bd}\, D(\mathbf{0}, \varepsilon))$ y $\mathrm{bd}\, D(\mathbf{0}, \varepsilon)$ es compacto. Si consideramos la función continua $d(\cdot, p)$ definida sobre el compacto $\mathcal{S}(p_0, \varepsilon)$, entonces podemos asegurar la existencia de $m \in \mathcal{S}(p_0, \varepsilon)$ donde $d(\cdot, p)$ alcanza el mínimo. Como $m \in \mathrm{cl}\, \mathcal{D}(p_0, \varepsilon) \subset V$ entorno normal de p_0, sabemos que existe $\mathbf{w} \in \mathrm{cl}\, D(\mathbf{0}, \varepsilon)$ de forma que $\exp_{p_0}(\mathbf{w}) = m$; además, en este caso, $|\mathbf{w}| = \varepsilon$. Definimos entonces $\mathbf{v} = \mathbf{w}/|\mathbf{w}| = \mathbf{w}/\varepsilon$, y consideramos la geodésica maximal $\gamma_v(t)$ con condiciones iniciales $\gamma_v(0) = p_0$ y $\gamma_v'(0) = \mathbf{v}$ (véase la figura 6.2).

Observemos las siguientes dos propiedades que presenta el punto m:

(a) La geodésica γ_v pasa por m: $\gamma_v(\varepsilon) = \gamma_{\varepsilon v}(1) = \exp_{p_0}(\varepsilon \mathbf{v}) = \exp_{p_0}(\mathbf{w}) = m$.

(b) Al ser $m \in \mathcal{S}(p_0, \varepsilon)$ el punto de mínima distancia a p, el lema 6.1.2 nos asegura que $d(p_0, p) = d(p_0, m) + d(m, p)$.

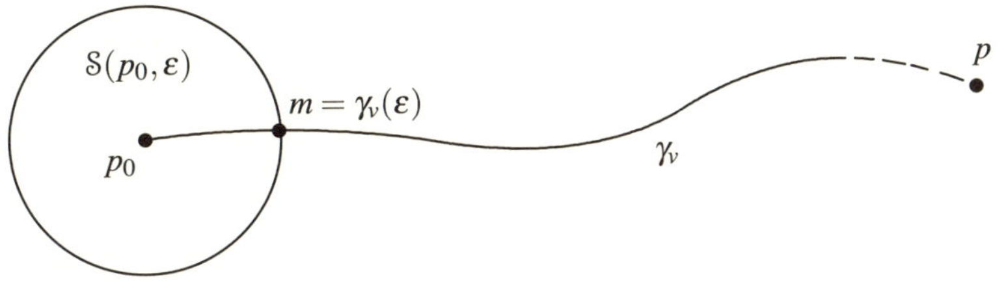

Figura 6.2: ¿La geodésica γ_v pasa por p?

Por otro lado, como $\gamma_v(t) = \exp_{p_0}(t\mathbf{v})$ y $\exp_{p_0}$ está definida en $D(\mathbf{0}, r)$, la geodésica γ_v estará definida siempre y cuando $|t\mathbf{v}| < r$, es decir, si $|t| < r$. Luego podemos considerar $\gamma_v : [0, r) \longrightarrow S$, que está bien definida.

Sea $\delta = d(p_0, p)$. Obsérvese que, al verificarse siempre (observación 6.1) que $\mathcal{D}(p_0, r) \subset B_d(p_0, r)$, entonces $p \in B_d(p_0, r)$; por tanto $d(p_0, p) < r$. *Afirmamos que* $\gamma_v(\delta) = p$, lo cual tiene sentido pues, al ser $\delta = d(p_0, p) < r$, la geodésica γ_v está definida en δ. Si esto es así, habríamos demostrado el resultado buscado, pues

$$L_0^\delta(\gamma_v|_{[0,\delta]}) = \int_0^\delta |\gamma_v'(t)|\, dt = \int_0^\delta |\gamma_v'(0)|\, dt = \int_0^\delta |\mathbf{v}|\, dt = \delta = d(p_0, p),$$

lo que implica que γ_v es un segmento de geodésica minimizante uniendo p_0 y p.

PASO 3: El problema se ha reducido a demostrar que $\gamma_v(\delta) = p$. Consideremos el conjunto

$$T = \left\{ t \in [0, \delta] : d(\gamma_v(t), p) = \delta - t \right\}.$$

Si probamos que $\delta \in T$, entonces se verificará que $d(\gamma_v(\delta), p) = 0$, lo cual equivale a que $\gamma_v(\delta) = p$, y habremos concluido.

PASO 4: Veamos que $\delta \in T$. Obsérvese, en primer lugar, que $T \neq \emptyset$, pues $0 \in T$; en efecto, $d(\gamma_v(0), p) = d(p_0, p) = \delta = \delta - 0$. Por otro lado, si definimos la función $f : [0, \delta] \longrightarrow \mathbb{R}$ dada por $f(t) = d(\gamma_v(t), p) + t$ (que es continua), es claro que

$$f^{-1}(\delta) = \{t \in [0, \delta] : f(t) = \delta\} = \Big\{t \in [0, \delta] : d(\gamma_v(t), p) + t = \delta\Big\} = T.$$

Como $\{\delta\}$ es un cerrado, entonces $T = f^{-1}(\{\delta\})$ también lo es; además, T es un cerrado contenido en $[0, \delta]$ compacto, lo cual implica que T es compacto. Si demostramos que $\delta = \sup T$, al ser T compacto podremos concluir que $\delta \in T$.

PASO 5: El problema se ha reducido ahora a probar que $\delta = \sup T$. Como $T \subset [0, \delta]$ es un subconjunto compacto y no vacío de $[0, \delta]$, tendrá un supremo, que vamos a representar por $a := \sup T$. Desde luego, por la compacidad de T $a \in T$, esto es, $a \leq \delta$, y además $a > 0$: en efecto, las propiedades (a) y (b) demostradas en el PASO 2 permiten deducir que

$$d(\gamma_v(\varepsilon), p) = d(m, p) = d(p_0, p) - d(p_0, m) = \delta - \varepsilon,$$

es decir, $\varepsilon \in T$; por lo tanto, $a \geq \varepsilon > 0$. Queremos demostrar que $a = \delta$, para lo cual vamos a suponer que $a < \delta$. Esto nos llevará a una contradicción que concluirá la prueba. Veámoslo en el siguiente (y último) paso.

PASO 6: Supongamos, por tanto, que $a < \delta$. Como $a \in T$, entonces

$$d(\gamma_v(a), p) = \delta - a > 0, \tag{6.3}$$

es decir, $p \neq \gamma_v(a)$. Sea $\varepsilon' > 0$ suficientemente pequeño tal que $p \notin \mathcal{D}(\gamma_v(a), \varepsilon')$, la circunferencia geodésica $\mathcal{S}(\gamma_v(a), \varepsilon')$ está definida y, además, $\mathcal{D}(\gamma_v(a), \varepsilon') \subset V_a$, donde V_a es un entorno normal centrado en $\gamma_v(a)$. Sea m' el punto de $\mathcal{S}(\gamma_v(a), \varepsilon')$ cuya distancia a p es mínima (véase la figura 6.3), es decir,

$$d(m', p) = \text{mín}\{d(p', p) : p' \in \mathcal{S}(\gamma_v(a), \varepsilon')\}.$$

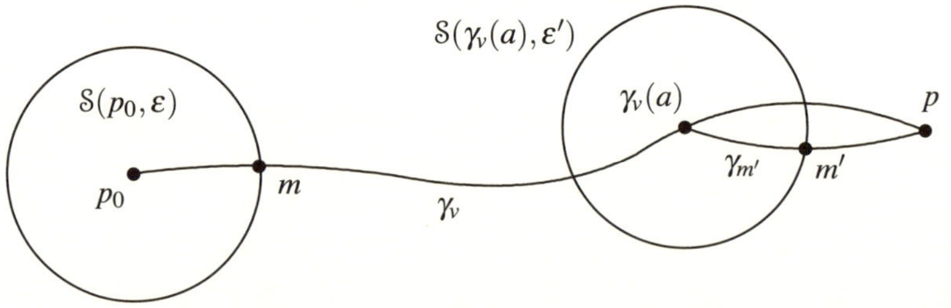

Figura 6.3: Igualdad en la desigualdad triangular si $d(m', p) = \text{mín}\{d(p', p) : p' \in \mathcal{S}(\gamma_v(a), \varepsilon')\}$.

El lema 6.1.2 aplicado a los puntos $\gamma_v(a), m', p$ nos asegura entonces que

$$d(\gamma_v(a), p) = d(\gamma_v(a), m') + d(m', p). \tag{6.4}$$

Sea ahora $\gamma_{m'} : [0, 1] \longrightarrow S$ el segmento de geodésica radial que une $\gamma_v(a)$ con m' dentro del entorno normal V_a, y consideremos la curva $\gamma_v|_{[0,a]} \wedge \gamma_{m'}$, que une los puntos p_0 y m' (véase la figura 6.3). Entonces,

$$d(p_0, m') \leq L(\gamma_v|_{[0,a]} \wedge \gamma_{m'}) = L_0^a(\gamma_v|_{[0,a]}) + L_0^1(\gamma_{m'}) = a + \varepsilon'. \tag{6.5}$$

Ahora bien, utilizando las relaciones (6.3) y (6.4) se tiene que

$$\delta - a = d\big(\gamma_v(a), p\big) = d\big(\gamma_v(a), m'\big) + d(m', p) = \varepsilon' + d(m', p), \qquad (6.6)$$

o lo que es lo mismo, $a + \varepsilon' = \delta - d(m', p) = d(p_0, p) - d(m', p)$, igualdad que, junto con (6.5), permite afirmar que $d(p_0, m') \leq d(p_0, p) - d(m', p)$. Por otro lado, la desigualdad triangular nos dice que $d(p_0, m') \geq d(p_0, p) - d(m', p)$ y, en consecuencia, se tiene la identidad

$$d(p_0, m') = d(p_0, p) - d(m', p).$$

Esto implica que, en particular, se tiene que dar la igualdad en la desigualdad (6.5), es decir, $d(p_0, m') = L\big(\gamma_v|_{[0,a]} \wedge \gamma_{m'}\big)$, lo cual nos asegura que la curva regular a trozos $\gamma_v|_{[0,a]} \wedge \gamma_{m'}$ es minimizante. Por el lema 6.1.4, $\gamma_v|_{[0,a]} \wedge \gamma_{m'}$ es un segmento de geodésica y, por tanto, diferenciable; es decir, $\gamma_v(a)$ no es un vértice, y los dos segmentos de geodésica $\gamma_v|_{[0,a]}$ y $\gamma_{m'}$ se «pegan» en $\gamma_v(a)$ de forma diferenciable, de lo que se deduce que, realmente, $\gamma_v|_{[0,a]}$ y $\gamma_{m'}$ son la «misma» geodésica: $\gamma_{m'} \equiv \gamma_v$ entre los puntos $\gamma_v(a)$ y m'. Entonces, $\gamma_{m'}(1) = m' = \gamma_v(a + \varepsilon')$ y, en consecuencia, utilizando (6.6),

$$d\big(\gamma_v(a + \varepsilon'), p\big) = d(m', p) = \delta - a - \varepsilon' = \delta - (a + \varepsilon').$$

Esto prueba que $a + \varepsilon' \in T$, lo que contradice el hecho de que a sea el supremo del conjunto T. Así concluye la demostración. □

Como dijimos al comienzo de la sección, resulta natural preguntarse cuándo la bola $B_d(p, r)$ y el disco geodésico $\mathcal{D}(p, r)$ coinciden. Ya vimos que esto ocurre en el caso particular de que $B_d(p, r)$ esté contenida en un disco geodésico que sea a su vez entorno normal (observación 6.1). El lema 6.1.5 que acabamos de demostrar permite suprimir la hipótesis que involucra al entorno normal: basta con que el disco geodésico esté definido.

Proposición 6.1.6. *Sean $p_0 \in S$ un punto de una superficie regular S y $r > 0$ de forma que la aplicación $\exp_{p_0}$ está definida en el disco $D(\mathbf{0}, r) \subset T_{p_0}S$. Entonces $\mathcal{D}(p_0, r) = B_d(p_0, r)$.*

Demostración. Ya sabemos (véase la observación 6.1) que $\mathcal{D}(p_0, r) \subset B_d(p_0, r)$. Para demostrar la igualdad, vamos a suponer que existe $p \in B_d(p_0, r) \backslash \mathcal{D}(p_0, r)$, lo que llevará a una contradicción que probará el resultado.

Dado $p \in B_d(p_0, r) \backslash \mathcal{D}(p_0, r)$, podemos asegurar la existencia de $\varepsilon > 0$ tal que $p \in B_d(p_0, r - \varepsilon) \backslash \mathcal{D}(p_0, r)$; en efecto, si representamos por $\delta = d(p_0, p)$, como (S, d) es un espacio métrico, basta tomar $\varepsilon = (r - \delta)/2 > 0$, para el que claramente se verifica que $d(p_0, p) = \delta = r - 2\varepsilon < r - \varepsilon$, es decir, $p \in B_d(p_0, r - \varepsilon)$. Además, $\mathcal{S}(p_0, r - \varepsilon) \subset \mathcal{D}(p_0, r)$ estrictamente y $p \notin \operatorname{cl} \mathcal{D}(p_0, r - \varepsilon)$.

Como ya sabemos, la función $d(\,\cdot\,, p) : S \longrightarrow \mathbb{R}$ que da la distancia al punto p es continua. Además, la circunferencia geodésica $\mathcal{S}(p_0, r - \varepsilon)$ es un compacto. Así pues, si consideramos $d(\,\cdot\,, p)$ restringida sobre $\mathcal{S}(p_0, r - \varepsilon)$, podemos asegurar la existencia de $m \in \mathcal{S}(p_0, r - \varepsilon)$ donde $d(\,\cdot\,, p)$ alcanza el mínimo.

Por otro lado, como $m \in \mathcal{S}(p_0, r-\varepsilon) \subset \mathcal{D}(p_0, r)$, sabemos que existe un segmento de geodésica *minimizante* $\gamma\colon [0,1] \longrightarrow S$ uniendo $p_0 = \gamma(0)$ y $m = \gamma(1)$ (véase el lema 6.1.5), lo que implica además que $d(p_0, m) = L_0^1(\gamma) = |\gamma'(0)| = r - \varepsilon$. Ahora, un argumento análogo al utilizado en la demostración del lema 6.1.2 nos permite asegurar que $d(p_0, p) = d(p_0, m) + d(m, p)$: en efecto, obsérvese que, aunque no sabemos si $\mathcal{D}(p_0, r-\varepsilon)$ está contenido en un entorno normal, esta condición no es necesaria en este caso pues $d(p_0, m) = r - \varepsilon$ al ser γ minimizante. Esto conduce a la contradicción deseada, pues obtenemos que

$$r - \varepsilon > d(p_0, p) = d(p_0, m) + d(m, p) = r - \varepsilon + d(m, p),$$

siendo además $d(m, p) > 0$ ya que $m \in \mathcal{S}(p_0, r-\varepsilon)$ y $p \notin \operatorname{cl}\mathcal{D}(p_0, r-\varepsilon)$. □

Observación 6.3. En esta propiedad radica la ventaja que, en muy diversas ocasiones, presentan las bolas en la distancia intrínseca frente a los discos geodésicos: estos últimos pueden no estar definidos para ciertos valores del radio, mientras que los primeros sí que pueden estarlo (verificando también excelentes propiedades). Veamos un sencillo ejemplo. Basta considerar el plano agujereado $\mathbb{R}^2 \setminus \{(0,0)\}$ y en él, el punto $p = (-1, 0)$ y cualquier valor $r > 1$. En tal situación, el disco geodésico $\mathcal{D}(p, r)$ no está definido, ya que $D(\mathbf{0}, r) \not\subset D_p$. Por el contrario, la bola en la distancia intrínseca es

$$B_d(p, r) = \{(x, y) \in \mathbb{R}^2 : (x+1)^2 + y^2 < r\} \setminus \{(0,0)\},$$

pues cualquier punto de $\{(x, 0) : 0 < x < r - 1\}$ verifica $d\big((x, 0), p\big) < r$: obsérvese que, aunque la recta que une p y $(x, 0)$ no está contenida en la superficie, la distancia intrínseca es el *ínfimo* –no mínimo– de las longitudes de las curvas uniendo ambos puntos, esto es, $d\big(p, (x, 0)\big) = |p - (x, 0)|$ (véase la figura 6.4). ◇

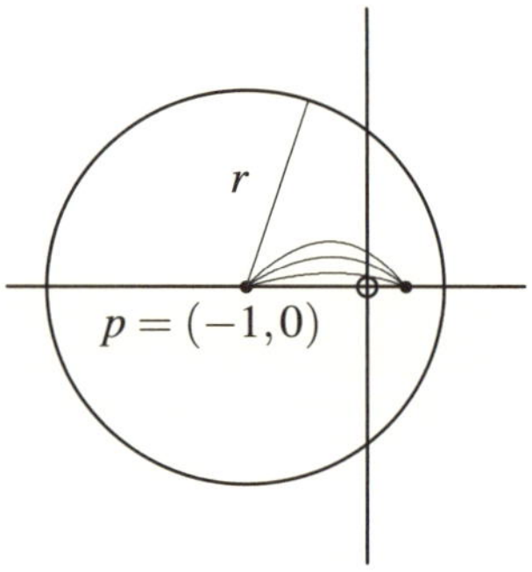

Figura 6.4: $B_d(p,r)$ en el plano agujereado.

Una vez demostrado el lema 6.1.5, nos encontramos en condiciones de abordar la prueba del teorema de Hopf-Rinow.

El teorema de Hopf-Rinow

Teorema 6.1.7 (de Hopf-Rinow). *Sea S una superficie regular conexa. Las siguientes propiedades son equivalentes:*

i) El espacio métrico (S, d) es completo.

ii) S es geodésicamente completa.

iii) S es geodésicamente completa en un punto.

iv) Se verifica el teorema de Heine-Borel: los conjuntos cerrados (en S) y acotados (en la distancia intrínseca d) son compactos.

Si se cumple una de las condiciones anteriores (y por tanto, todas ellas), diremos simplemente que la superficie S es *completa*. En tal caso, dos puntos cualesquiera de S pueden unirse mediante un segmento de geodésica minimizante. Muchos autores enuncian esta propiedad como el propio teorema de Hopf-Rinow.

Demostración. Veamos que i) implica ii). Supongamos que el espacio métrico (S,d) es completo, pero que S no es geodésicamente completa. Entonces, existen $p_0 \in S$ y $\mathbf{v} \in T_{p_0}S$, tales que $\gamma_v(1)$ no está definida; podemos suponer, sin pérdida de generalidad, que $\gamma_v : [0,1) \longrightarrow S$. Sea $\{t_n\}_{n\in\mathbb{N}}$ una sucesión en $[0,1)$ con $\lim_{n\to\infty} t_n = 1$. Como $\{t_n\}_{n\in\mathbb{N}}$ es convergente, en particular es de Cauchy. Por tanto, dado $\varepsilon > 0$, existe $N > 0$ tal que, para cualesquiera $n,m \geq N$, entonces $|t_m - t_n| < \varepsilon$. Ahora bien,

$$d\big(\gamma_v(t_n),\gamma_v(t_m)\big) \leq L_{t_n}^{t_m}\big(\gamma_v|_{[t_n,t_m]}\big) = \int_{t_n}^{t_m} \big|\gamma_v'(t)\big|\, dt = \int_{t_n}^{t_m} |\mathbf{v}|\, dt = |\mathbf{v}|\,(t_m - t_n)$$

(suponiendo, por ejemplo, $t_n < t_m$). En consecuencia, dado $\varepsilon > 0$, para el $N > 0$ anterior, si $n,m \geq N$, entonces se cumple que

$$d\big(\gamma_v(t_n),\gamma_v(t_m)\big) \leq |\mathbf{v}|\,(t_m - t_n) \leq |\mathbf{v}|\,\varepsilon.$$

Luego $\big\{\gamma_v(t_n)\big\}_{n\in\mathbb{N}}$ es una sucesión de Cauchy en (S,d). Como por hipótesis este espacio métrico es completo, $\big\{\gamma_v(t_n)\big\}_{n\in\mathbb{N}}$ es convergente, por lo que podemos asegurar que existe un punto $p \in S$ tal que $p = \lim_{n\to\infty}\gamma_v(t_n)$.

Hay que demostrar que $p = \lim_{t\to 1^-}\gamma_v(t)$. Para ello, sea $\{s_n\}_{n\in\mathbb{N}}$ una sucesión cualquiera del intervalo $[0,1)$ con $\lim_{n\to\infty} s_n = 1$. Con un razonamiento análogo al anterior podemos deducir de nuevo que la sucesión de puntos $\big\{\gamma_v(s_n)\big\}_{n\in\mathbb{N}} \subset (S,d)$ es de Cauchy, y por tanto, convergente. Sea $p' = \lim_{n\to\infty}\gamma_v(s_n)$. Dado que

$$0 \leq d\big(\gamma_v(s_n),\gamma_v(t_n)\big) \leq L_{s_n}^{t_n}\big(\gamma_v|_{[s_n,t_n]}\big) = |\mathbf{v}|\,|t_n - s_n|,$$

tomando límites cuando $n \to \infty$ se tiene $0 \leq d(p',p) \leq |\mathbf{v}| \lim_{n\to\infty}|t_n - s_n| = 0$, de donde se deduce que $d(p',p) = 0$, es decir, $p' = p$. Esto prueba que $\lim_{t\to 1^-}\gamma_v(t) = p$, y podemos definir $\gamma_v(1) := p$, «extendiendo» así γ_v hasta $t = 1$ de *forma continua*. Pero esto no prueba que γ_v sea una *geodésica* en p. Para demostrar que sí lo es, sea W un entorno uniformemente normal de p (el teorema 4.3.8 nos asegura su existencia), y sea $a < 1$ suficientemente próximo a 1 para que $\gamma_v(a) \in W$. Entonces, al ser W un entorno normal de $\gamma_v(a)$, existe el segmento de geodésica radial γ_p que une $\gamma_v(a)$ con p. Por la unicidad de las geodésicas en entornos normales, γ_p coincide con γ_v, luego γ_v «llega» a p «como geodésica».

La condición ii) implica iii) trivialmente.

Veamos que de iii) se deduce iv). Sea A un subconjunto de S cerrado y d-acotado, y sea $p_0 \in S$ un punto donde S es geodésicamente completa. Esto implica que $\exp_{p_0}$ está definida en todo $T_{p_0}S$. Por otro lado, como A es d-acotado, existe $M > 0$ tal que $A \subset B_d(p_0,M)$. Además, al ser S conexa y estar $\exp_{p_0}$ definida en todo $T_{p_0}S$, el lema 6.1.5 nos asegura que, dado $p \in A$, existe un segmento de geodésica minimizante γ uniendo $p_0 = \gamma(0)$ y $p = \gamma(a)$. Sea $\mathbf{v} = \gamma'(0)$ (lo cual implica que $\gamma \equiv \gamma_v$). Entonces

$$M > d(p_0,p) = L_0^a\big(\gamma|_{[0,a]}\big) = \int_0^a \big|\gamma'(t)\big|\, dt = \int_0^a |\mathbf{v}|\, dt = a\,|\mathbf{v}|,$$

de donde se deduce que $|a\mathbf{v}| < M$, o lo que es lo mismo, $a\mathbf{v} \in D(\mathbf{0},M)$. Luego

$$p = \gamma(a) = \gamma_v(a) = \gamma_{av}(1) = \exp_{p_0}(a\mathbf{v}) \in \exp_{p_0}\big(D(\mathbf{0},M)\big).$$

Por tanto, $A \subset \exp_{p_0}\big(D(\mathbf{0},M)\big) \subset \exp_{p_0}\big(\mathrm{cl}\,D(\mathbf{0},M)\big)$, siendo este último un compacto (imagen por la aplicación continua $\exp_{p_0}$ de un compacto). En consecuencia, tenemos A cerrado contenido en un compacto, lo que implica que A es compacto.

Recíprocamente, sea $A \subset S$ un compacto. Si $\{B_d(p_0,n) : n \in \mathbb{N}\}$ es un cubrimiento de A (compacto) para $p_0 \in S$, existe un subcubrimiento finito, lo que prueba que A es d-acotado. Además, todo compacto contenido en un Hausdorff (S lo es) es cerrado.

Veamos finalmente que iv) implica i). Sea $\{p_n\}_{n\in\mathbb{N}}$ una sucesión de Cauchy en S, y sea $A = \{p_n : n \in \mathbb{N}\}$ el conjunto de tales puntos. Por ser una sucesión de Cauchy, dado $\varepsilon > 0$, existe $N > 0$ tal que, para cualesquiera $n, m \geq N$, entonces $d(p_n, p_m) < \varepsilon$. Fijamos un punto $p \in S$ y un número natural $n > N$. Claramente,

$$d(p,p_n) \leq d(p,p_N) + d(p_N,p_n) < d(p,p_N) + \varepsilon.$$

Como p_N es un punto fijo, existe $r_0 > 0$ tal que $r_0 > d(p,p_N) + \varepsilon$. En consecuencia, $d(p,p_n) < r_0$ para todo $n \geq N$. Obsérvese que solo queda una cantidad finita de puntos en A que no tienen por qué cumplir esta condición: $p_1, \ldots, p_{N-1}$. Basta tomar entonces $r = \max\{r_0, d(p,p_1), \ldots, d(p,p_{N-1})\}$ para poder asegurar que $d(p,p_m) < r$ para *todo* $p_m \in A$; es decir, A es d-acotado, ya que $A \subset B_d(p,r)$. En particular, su clausura $\mathrm{cl}\,A$ es d-acotado y cerrado, lo que implica, por hipótesis (teorema de Heine-Borel), que $\mathrm{cl}\,A$ es compacto. Como $\{p_n\}_{n\in\mathbb{N}} \subset \mathrm{cl}\,A$ es una sucesión contenida en un compacto, existe una subsucesión convergente; ahora bien, dado que la sucesión original es de Cauchy y tiene una subsucesión convergente, podemos asegurar que la propia sucesión $\{p_n\}_{n\in\mathbb{N}}$ es convergente, lo que demuestra que (S,d) es completo. □

Consecuencias del teorema de Hopf-Rinow

En este apartado vamos a ver que, pese a ser un resultado intrínseco, el teorema de Hopf-Rinow está relacionando de alguna manera propiedades intrínsecas de la superficie (el ser geodésicamente completa) con otras que tienen que ver con cómo la superficie está incluida dentro de $\mathbb{R}^3$. Una primera consecuencia es que, si como subespacio topológico la superficie es cerrada, entonces también es completa.

Proposición 6.1.8. *Toda superficie regular y cerrada en $\mathbb{R}^3$ es completa.*

Demostración. Supongamos que S es una superficie regular cerrada. Para ver que es completa, probamos que el espacio métrico (S,d) es completo. Sea $\{p_n\}_{n\in\mathbb{N}}$ una sucesión de Cauchy en (S,d). Como $|p_n - p_m| \leq d(p_n,p_m)$, entonces $\{p_n\}_{n\in\mathbb{N}}$ también es una sucesión de Cauchy en el espacio métrico $(\mathbb{R}^3, |\cdot|)$. Luego existe límite en $(\mathbb{R}^3, |\cdot|)$. Sea $p = \lim_{n\to\infty} p_n$ este límite. Dado que S es cerrada (en $\mathbb{R}^3$), podemos asegurar que $p \in S$. En definitiva, tenemos que $p = \lim_{n\to\infty} p_n$ en $(S, |\cdot|)$, lo cual implica que $p = \lim_{n\to\infty} p_n$ en (S,d), pues ambas topologías son equivalentes. □

En particular, también se tiene que:

Corolario 6.1.9. *Toda superficie regular y compacta es completa.*

Podemos afinar un poco más y añadir una nueva definición que, como veremos más tarde, introduce una clase nueva de superficies «comprendida» entre las superficies regulares y las superficies completas.

Definición 6.1.10. *Una superficie regular S es* ***extendible*** *si existe otra superficie regular $\overline{S}$ con igual número de componentes conexas,*[1] *tal que $S \subset \overline{S}$* estrictamente.

Se puede probar entonces el siguiente resultado:

Proposición 6.1.11. *Toda superficie regular y completa es no extendible.*

Demostración. Supongamos que S es conexa (lo que no supone restricción alguna en la demostración; en caso contrario, bastaría argumentar con el número de componentes conexas de S), completa y *extendible*. Entonces, por definición, existe otra superficie regular y conexa $\overline{S}$ tal que $S \subset \overline{S}$ estrictamente. Además, la frontera de S no es vacía: en efecto, como $\overline{S} = \text{int}(\overline{S}\backslash S) \cup S \cup \text{bd}\, S$ (que es una unión disjunta), si $\text{bd}\, S = \emptyset$, entonces $\overline{S} = \text{int}(\overline{S}\backslash S) \cup S$ podría expresarse como unión disjunta de dos abiertos, lo que contradiría la conexión de $\overline{S}$.

Por tanto, existe $p_0 \in \text{bd}\, S \cap \overline{S}$, con $p_0 \notin S$ (ya que S es abierta en $\overline{S}$ y $S \neq \overline{S}$). Como $p_0 \in \overline{S}$, podemos tomar un entorno normal $\overline{V}$ de p_0 en $\overline{S}$. Ahora bien, $p_0 \in \text{bd}\, S$, lo que implica $\overline{V} \cap S \neq \emptyset$; luego existe $p \in \overline{V} \cap S$. Consideremos el segmento de geodésica radial $\gamma_p : [0,1] \longrightarrow \overline{V}$ tal que $\gamma_p(0) = p_0$ y $\gamma_p(1) = p$. Dado que $\gamma_p(0) = p_0 \in \overline{S}$ y $\gamma_p(1) = p \in S$, existirá un $t_0 \in [0,1]$ tal que $\gamma_p|_{(t_0,1]}$ no se sale de $\overline{V} \cap S$, es decir,

$$t_0 = \inf\{t \in [0,1] : \gamma_p(t) \in \overline{V} \cap S \text{ para todo } t > t_0\}.$$

Así, podemos construir $\gamma(t) = \gamma_p(1-t)$, con $t \in [0, 1-t_0]$, que es un segmento de geodésica uniendo $\gamma(0) = \gamma_p(1) = p \in S$ y $\gamma(1-t_0) = \gamma_p(t_0) \in \text{bd}\, S \not\subset S$, con $\gamma|_{[0,1-t_0)}$ *contenida en* S. Esto nos dice que *en* S, la geodésica $\gamma : [0, 1-t_0) \longrightarrow S$ no puede extenderse a $\gamma(1-t_0)$, y por tanto no está definida en todo $\mathbb{R}$, lo que contradice la completitud de S. □

Tenemos por tanto la siguiente cadena de inclusiones *estrictas*:

$$\left\{\begin{array}{c}\text{Superficies}\\ \text{regulares}\end{array}\right\} \supset \left\{\begin{array}{c}\text{Superficies}\\ \text{no extendibles}\end{array}\right\} \supset \left\{\begin{array}{c}\text{Superficies}\\ \text{completas}\end{array}\right\} \supset \left\{\begin{array}{c}\text{Superficies}\\ \text{cerradas}\end{array}\right\} \supset \left\{\begin{array}{c}\text{Superficies}\\ \text{compactas}\end{array}\right\}$$

Los siguientes ejemplos demuestran que, en efecto, las inclusiones son estrictas:

i) *Superficie regular extendible*: un hemisferio (abierto) de la esfera.

ii) *Superficie no extendible y no completa*: el cono de una hoja (*sin* el vértice); no es completa pues los meridianos (geodésicas) no están definidos en todo $\mathbb{R}$; es no extendible ya que, si se añade el vértice, deja de ser una superficie regular.

[1] Para evitar situaciones triviales.

iii) *Superficie completa y no cerrada*: el cilindro recto construido sobre una espiral asintótica a una circunferencia (véase la figura 6.5, izquierda). Claramente, esta superficie es completa, pero no es cerrada; en efecto, si tomamos la sucesión de puntos en S obtenidos como intersección de S con una recta ortogonal al eje del cilindro, el punto límite, que está en la circunferencia, no pertenece a la superficie (véase la figura 6.5, derecha).

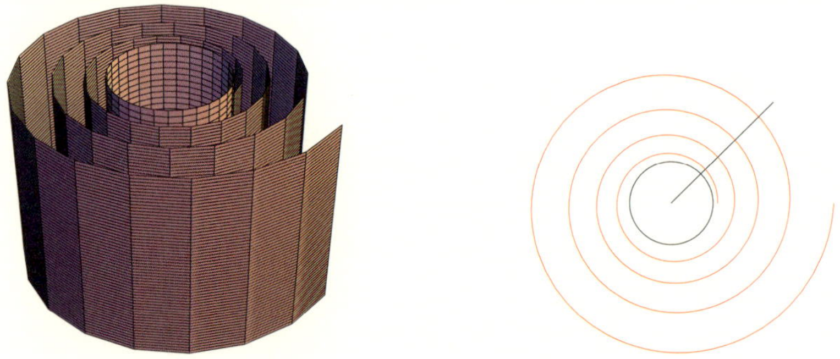

Figura 6.5: Una superficie completa y no cerrada.

iv) *Una superficie cerrada y no compacta*: el cilindro.

6.1.3. El teorema de Bonnet

La segunda fórmula de variación establecida en el teorema 5.1.9 permite probar un teorema sorprendente, conocido como el teorema de Bonnet. Para enunciarlo necesitamos la siguiente definición:

Definición 6.1.12. *Se define el* ***diámetro (intrínseco)*** *de una superficie regular y compacta S como*

$$D(S) := \text{máx}\{d(p,q) : p,q \in S\}.$$

Observemos que la distancia euclídea siempre es menor o igual que la intrínseca. Así pues, el diámetro de una superficie está acotado inferiormente por el diámetro de S como subconjunto del espacio métrico $(\mathbb{R}^3, |\cdot|)$. En este contexto, se tiene el siguiente resultado.

Teorema 6.1.13 (de Bonnet). *Sea S una superficie regular y completa, tal que su curvatura de Gauss K satisface la condición $K(p) \geq \delta > 0$ para todo $p \in S$. Entonces S es compacta y su diámetro $D(S)$ verifica*

$$D(S) \leq \frac{\pi}{\sqrt{\delta}}.$$

Demostración. Procedamos por reducción al absurdo. Así pues, supongamos que $D(S) > \pi/\sqrt{\delta}$. Entonces, existen puntos p,q en S tales que $d(p,q) =: \ell > \pi/\sqrt{\delta}$. Por otro lado, como la superficie es completa, podemos asegurar la existencia de un segmento de geodésica minimizante $\gamma\colon [0,\ell] \longrightarrow S$ de forma que $\gamma(0) = p$ y $\gamma(\ell) = q$, cuya longitud $L_0^\ell(\gamma) = \ell > \pi/\sqrt{\delta}$. Consideremos el vector velocidad de la geodésica en p, $\gamma'(0) \in T_pS$, y sea $\mathbf{v}_0 \in T_pS$ tal que $|\mathbf{v}_0| = 1$ y $\langle \mathbf{v}_0, \gamma'(0) \rangle = 0$. Tomamos entonces el transporte paralelo de $\mathbf{v}_0$ a lo largo de γ, $P_0^s(\gamma)(\mathbf{v}_0) = V(s)$, el cual verifica que $|V(s)| = |\mathbf{v}_0| = 1$ para todo s, siendo $V(0) = \mathbf{v}_0$. Además, como γ es una geodésica, su campo velocidad es paralelo, por lo que $\langle V(s), \gamma'(s) \rangle = \langle \mathbf{v}_0, \gamma'(0) \rangle = 0$. En consecuencia, $V(s)$ y $\gamma'(s)$ son ortogonales para todo $s \in [0, \ell]$.

Consideremos ahora el campo de vectores tangente $Z \in \mathfrak{X}(\gamma)$ dado por

$$Z(s) = \operatorname{sen}\left(\frac{\pi}{\ell}s\right) V(s),$$

el cual verifica que

$$Z(0) = \mathbf{0}, \quad Z(\ell) = \operatorname{sen}\pi V(\ell) = \mathbf{0} \quad \text{y} \quad \langle Z(s), \gamma'(s) \rangle = 0.$$

En consecuencia, Z determina una variación propia y normal ϕ de la geodésica γ, de la cual Z es su campo variacional. Se satisfacen entonces las condiciones del teorema 5.1.9, por lo que podemos utilizar la segunda fórmula de variación: como V es paralelo (y por tanto, unitario),

$$\frac{DZ}{ds}(s) = \frac{\pi}{\ell}\cos\left(\frac{\pi}{\ell}s\right) V(s) + \operatorname{sen}\left(\frac{\pi}{\ell}s\right)\frac{DV}{ds}(s) = \frac{\pi}{\ell}\cos\left(\frac{\pi}{\ell}s\right) V(s),$$

luego se tiene que

$$\begin{aligned} L''(0) &= \int_0^\ell \left[\left| \frac{DZ}{ds}(s) \right|^2 - K(\gamma(s)) |Z(s)|^2 \right] ds \\ &= \int_0^\ell \left[\frac{\pi^2}{\ell^2}\cos^2\left(\frac{\pi}{\ell}s\right) - K(\gamma(s))\operatorname{sen}^2\left(\frac{\pi}{\ell}s\right) \right] ds. \end{aligned}$$

Ahora bien, como estamos suponiendo que $\ell > \pi/\sqrt{\delta}$, lo cual es equivalente a que $\delta > \pi^2/\ell^2$, tenemos la desigualdad estricta $K(\gamma(s)) \geq \delta > \pi^2/\ell^2$. Entonces,

$$L''(0) < \int_0^\ell \frac{\pi^2}{\ell^2}\left[\cos^2\left(\frac{\pi}{\ell}s\right) - \operatorname{sen}^2\left(\frac{\pi}{\ell}s\right)\right] ds = \frac{\pi^2}{\ell^2}\int_0^\ell \cos\left(2\frac{\pi}{\ell}s\right) ds = 0,$$

una contradicción, ya que al ser γ un segmento de geodésica minimizante, su longitud va a ser menor (o igual) que la de cualquier otra curva que una p con q, y por tanto, cualquier variación de γ debe verificar que $L'(0) = 0$ y $L''(0) \geq 0$.

Hemos demostrado así que el diámetro $D(s) \leq \pi/\sqrt{\delta}$. Esto implica además que la superficie es d-acotada. Como, de forma obvia, S es cerrada en S y estamos suponiendo que es completa, el teorema de Hopf-Rinow nos asegura que S es compacta, lo que concluye la prueba. □

Observación 6.4. La hipótesis $K \geq \delta > 0$ no puede debilitarse suponiendo solo que la curvatura de Gauss verifica $K > 0$: consideremos, por ejemplo, el paraboloide elíptico dado por $S = \{(x,y,z) \in \mathbb{R}^3 : z = x^2 + y^2\}$, superficie que, desde luego, no es compacta; un rápido cálculo permite comprobar que su curvatura de Gauss vale $K = 4/(1+4z)^2 > 0$ (véase el ejercicio 3.3), y que $\lim_{z\to\infty} 4/(1+4z)^2 = 0$, por lo que es imposible encontrar un $\delta > 0$ tal que $K \geq \delta > 0$. La curvatura de Gauss K debe estar acotada inferiormente por un número *estrictamente positivo*. ◇

Observación 6.5. La cota $\pi/\sqrt{\delta}$ establecida para el diámetro es la mejor posible, pues existen superficies para las que se da la igualdad: considérese la esfera $\mathbb{S}^2(r)$, cuya curvatura de Gauss es $K = 1/r^2$; tomando $\delta = 1/r^2$ (que satisface trivialmente la condición $K \geq \delta > 0$), se tiene que

$$\frac{\pi}{\sqrt{\delta}} = \pi r = D\big(\mathbb{S}^2(r)\big),$$

pues en la esfera, $d(p,q) \leq \pi r$, dándose la igualdad si, y solo si, p y q son puntos antipodales. $\diamondsuit$

Observación 6.6. Como $|p-q| \leq d(p,q)$, el diámetro de una superficie S en la distancia euclídea es siempre menor o igual que el diámetro en la distancia intrínseca; así, si se dan las condiciones del teorema de Bonnet, $D_{|\cdot|}(S) \leq D(S) \leq \pi/\sqrt{\delta}$, lo que prueba que este resultado también se cumple para la distancia euclídea. $\diamondsuit$

6.2. EL TEOREMA DE RIGIDEZ DE LA ESFERA

En esta sección vamos a estudiar otro ejemplo típico de lo que se conoce como un resultado global. Se trata de demostrar que la esfera es rígida en el siguiente sentido: si $\phi : \mathbb{S}^2(r) \longrightarrow S$ es una isometría global de una esfera de radio r en una superficie regular S, entonces S también es una esfera del mismo radio. ¿Qué significa geométricamente este resultado? En pocas palabras, lo que estamos afirmando es que no es posible deformar una esfera fabricada con un material flexible e inelástico. Para ilustrar esta respuesta, vamos a estudiar, en primer lugar, y de un modo intuitivo, qué tipo de aplicaciones se dan entre dos superficies arbitrarias S y S'.

- En un primer nivel, podemos considerar un difeomorfismo entre S y S'. Dos superficies difeomorfas son idénticas desde el punto de vista de la diferenciabilidad (y por supuesto, de la topología). Así, podemos ver S' como una deformación de S, donde entendemos que S está fabricada con un material elástico y flexible que permite dicha deformación.
- En un segundo nivel, tenemos una isometría (global) entre S y S'. Claramente este nivel engloba al primero (toda isometría es un difeomorfismo), aunque ahora, lo que podemos es ver S' como una deformación de S, donde S está fabricada con un material flexible e inelástico (si tuviera elasticidad, se modificarían las longitudes de las curvas dentro de la superficie, y no tendríamos isometría).
- Finalmente, en un tercer nivel, se tiene un movimiento rígido entre S y S'. Si queremos dar una interpretación análoga a las anteriores podemos concluir que, en realidad, lo único que estamos haciendo es cambiar la posición en el espacio de la superficie S, que no puede ser flexible ni elástica.

Como ya hemos anticipado al comienzo de la sección, vamos a demostrar que la esfera es rígida, lo que se obtendrá como una consecuencia del siguiente resultado (véase el corolario 6.2.3):

Teorema 6.2.1 (Liebmann, 1899). *Sea S una superficie regular, conexa y compacta, con curvatura de Gauss K constante. Entonces S es una esfera.*

Para la demostración del teorema de Liebmann 6.2.1 necesitamos el siguiente lema previo, cuya prueba se debe a Shiing-Shen Chern [15].

Lema 6.2.2. *Sea S una superficie regular y sea $p \in S$ tal que*

i) $K(p) > 0$,

ii) p *es un máximo de* k_2 *y*

iii) p *es un mínimo de* k_1.

Entonces p es un punto umbilical.

Demostración. Recordemos que, por convenio, siempre suponemos que $k_1 \leq k_2$. Además, las curvaturas principales son funciones diferenciables, excepto en los puntos umbilicales. En lo que sigue, suprimiremos por comodidad las variables (u,v) de todas las expresiones y, como viene siendo habitual, escribiremos simplemente $(k_i)_u$ para abreviar la expresión $(k_i \circ X)_u(u,v)$.

Una vez hecha esta aclaración, supongamos que p no es umbilical, y vamos a llegar a una contradicción. En tal caso, $k_1(p) \neq k_2(p)$ y, en consecuencia, existen dos direcciones principales en p. Además, siempre es posible encontrar una parametrización $X : U \subset \mathbb{R}^2 \longrightarrow V(p)$ en p doblemente ortogonal, es decir, tal que las curvas coordenadas $u \rightsquigarrow X(u,v)$, $v \rightsquigarrow X(u,v)$ son líneas de curvatura (véase la observación 3.17). Ya sabemos que, para dicha parametrización X, se verifica $F = f = 0$ (observación 3.17), por lo que

$$2H = \frac{eG + gE}{EG} \quad \text{y} \quad K = \frac{eg}{EG}.$$

En consecuencia, las curvaturas principales toman los valores $k_1 = e/E$ y $k_2 = g/G$ (si fuese necesario, podemos intercambiar u y v para que $k_1 \leq k_2$). Recordemos además que las ecuaciones de Mainardi-Codazzi en este caso (véase el ejemplo 3.22) se reducen a las expresiones

$$e_v = \frac{E_v}{2}\left(\frac{e}{E} + \frac{g}{G}\right), \qquad g_u = \frac{G_u}{2}\left(\frac{e}{E} + \frac{g}{G}\right),$$

por lo que

$$e_v = \frac{E_v}{2}(k_1 + k_2) \quad \text{y} \quad g_u = \frac{G_u}{2}(k_1 + k_2). \tag{6.7}$$

Si derivamos $k_1 = e/E$ respecto a v se obtiene

$$(k_1)_v = \frac{e_v E - e E_v}{E^2},$$

de donde $E(k_1)_v = e_v - (e/E)E_v = e_v - k_1 E_v$. Sustituyendo la expresión para e_v recogida en (6.7) en esta última igualdad, se llega a que

$$E(k_1)_v = \frac{E_v}{2}(k_1 + k_2) - k_1 E_v = \frac{E_v}{2}(-k_1 + k_2),$$

es decir,

$$E_v = 2E\frac{(k_1)_v}{-k_1+k_2}. \tag{6.8}$$

Análogamente, si derivamos $k_2 = g/G$ respecto a u obtenemos

$$(k_2)_u = \frac{g_uG - gG_u}{G^2},$$

de donde $G(k_2)_u = g_u - (g/G)G_u = g_u - k_2G_u$. De nuevo, sustituyendo la expresión para g_u que aparece en (6.7), se llega a que

$$G(k_2)_u = \frac{G_u}{2}(k_1+k_2) - k_2G_u = \frac{G_u}{2}(k_1-k_2),$$

es decir,

$$G_u = 2G\frac{(k_2)_u}{k_1-k_2}. \tag{6.9}$$

Recordemos que la curvatura de Gauss en una parametrización ortogonal, como la que nos ocupa, se escribe en los siguientes términos (véase el ejercicio 3.31):

$$K = \frac{-1}{2\sqrt{EG}}\left[\left(\frac{E_v}{\sqrt{EG}}\right)_v + \left(\frac{G_u}{\sqrt{EG}}\right)_u\right].$$

Desarrollando las derivadas que aparecen en dicha fórmula se llega a la expresión

$$-2K\sqrt{EG} = \frac{E_{vv}+G_{uu}}{\sqrt{EG}} - \frac{1}{EG}\left[E_v\left(\sqrt{EG}\right)_v + G_u\left(\sqrt{EG}\right)_u\right],$$

y sustituyendo en ella las relaciones (6.8) y (6.9) se obtiene

$$-2KEG = E_{vv} + G_{uu} - \frac{1}{\sqrt{EG}}\left[\frac{2E\left(\sqrt{EG}\right)_v}{k_2-k_1}(k_1)_v - \frac{2G\left(\sqrt{EG}\right)_u}{k_2-k_1}(k_2)_u\right].$$

Vamos a reescribir esta igualdad de la forma

$$-2KEG = E_{vv} + G_{uu} + M(u,v)(k_1)_v + N(u,v)(k_2)_u, \tag{6.10}$$

donde

$$M(u,v) = -\frac{1}{\sqrt{EG}}\frac{2E\left(\sqrt{EG}\right)_v}{k_2-k_1} \quad \text{y} \quad N(u,v) = \frac{1}{\sqrt{EG}}\frac{2G\left(\sqrt{EG}\right)_u}{k_2-k_1}.$$

Obsérvese que, al estar trabajando en un punto p que no es umbilical, las funciones $M(u,v)$ y $N(u,v)$ están bien definidas, y son diferenciables en un entorno de dicho punto. A continuación, vamos a calcular E_{vv} y G_{uu}. De (6.8) se obtiene que

$$E_{vv} = \left(\frac{2E}{k_2-k_1}\right)_v (k_1)_v + \frac{2E}{k_2-k_1}(k_1)_{vv},$$

mientras que, partiendo de (6.9), se llega a que

$$G_{uu} = \left(\frac{2G}{k_1-k_2}\right)_u (k_2)_u + \frac{2G}{k_1-k_2}(k_2)_{uu}.$$

Introduciendo estas dos expresiones en (6.10) se tiene que

$$-2KEG = \frac{2E}{k_2 - k_1}(k_1)_{vv} + \frac{2G}{k_1 - k_2}(k_2)_{uu} + \widetilde{M}(u,v)(k_1)_v + \widetilde{N}(u,v)(k_2)_u,$$

donde ahora

$$\widetilde{M}(u,v) = \left(\frac{2E}{k_2 - k_1}\right)_v + M(u,v) \quad \text{y} \quad \widetilde{N}(u,v) = \left(\frac{2G}{k_1 - k_2}\right)_u + N(u,v).$$

Finalmente, multiplicando la ecuación por $k_2 - k_1$, se obtiene

$$-2KEG(k_2 - k_1) = 2E(k_1)_{vv} - 2G(k_2)_{uu} + \overline{M}(u,v)(k_1)_v + \overline{N}(u,v)(k_2)_u, \tag{6.11}$$

con $\overline{M}(u,v) = (k_2 - k_1)\widetilde{M}(u,v)$ y $\overline{N}(u,v) = (k_2 - k_1)\widetilde{N}(u,v)$, siendo cierta la igualdad para todos los puntos de un entorno de p. Si evaluamos esta expresión en dicho punto $p = X(q)$, entonces, sabemos por hipótesis que

i) el punto p es elíptico, es decir, $K(p) > 0$;

ii) el punto p es un máximo de k_2, luego $(k_2)_u(q) = 0$ y $(k_2)_{uu}(q) \leq 0$;

iii) el punto p es un mínimo de k_1, luego $(k_1)_v(q) = 0$ y $(k_1)_{vv}(q) \geq 0$.

En consecuencia, el lado izquierdo de la ecuación (6.11) cumple

$$-2K(p)E(q)G(q)\big(k_2(p) - k_1(p)\big) < 0,$$

pues $k_1 \leq k_2$ por hipótesis, y solo se da la igualdad si p es umbilical, que no es el caso. Por otra parte, el lado derecho de (6.11) verifica

$$2E(q)(k_1)_{vv}(q) - 2G(q)(k_2)_{uu}(q) \geq 0,$$

ya que $(k_1)_v(q) = (k_2)_u(q) = 0$. Hemos llegado así a una contradicción, lo que demuestra que el punto p debe ser umbilical. □

Estamos ya en disposición de demostrar el teorema de Liebmann 6.2.1.

Demostración del teorema 6.2.1. Como S es compacta, existe un punto elíptico p_0 (véase el ejercicio 3.6), de modo que $K(p_0) > 0$. Así, $K \equiv c$, siendo c una constante positiva. Por otro lado, dado que k_2 es una función continua definida en S, que es compacto, existe un punto p donde k_2 alcanza el máximo (recordemos que, por convenio, $k_2 \geq k_1$). Ahora bien, como $K = k_1 k_2 = c$, entonces $k_2 \neq 0$ en todo punto, y podemos despejar $k_1 = c/k_2$. En consecuencia, k_1 alcanza un mínimo en el punto p.

Luego se cumplen las tres hipótesis del lema 6.2.2, lo que nos asegura que el punto p es umbilical, es decir, $k_1(p) = k_2(p)$. Además, para todo $p' \in S$, al ser p el máximo y el mínimo de k_2 y k_1, respectivamente, se tiene que

$$k_2(p) \geq k_2(p') \geq k_1(p') \geq k_1(p),$$

y como los números en los extremos de esta cadena de desigualdades coinciden, se tiene $k_1(p') = k_2(p')$ para todo $p' \in S$; en consecuencia, S es totalmente umbilical.

Pero sabemos (teorema 3.5.7) que las únicas superficies totalmente umbilicales son aquellas formadas exclusivamente por trozos de plano o de esfera. Del hecho de que $K > 0$ y por ser S conexa, se tiene que $S \subset \mathbb{S}^2(r)$, donde $r^2 = 1/K$. Finalmente observemos que, al ser S compacta, entonces es cerrada (en $\mathbb{S}^2(r)$), y que por ser S superficie regular, es abierta (en $\mathbb{S}^2(r)$); luego S es toda la esfera $\mathbb{S}^2(r)$. □

Corolario 6.2.3 (Teorema de rigidez de la esfera). *Sean S una superficie regular y $\phi : \mathbb{S}^2(r) \longrightarrow S$ una isometría. Entonces S es una esfera de radio r.*

Demostración. La «rigidez de la esfera» se deduce de forma inmediata a partir del teorema de Liebman 6.2.1: si $\phi : \mathbb{S}^2(r) \longrightarrow S$ es una isometría entonces

- la superficie S tiene curvatura de Gauss constante K y
- la superficie S es conexa y compacta, pues ϕ es un difeomorfismo.

Por tanto, la superficie S se encuentra en las condiciones del teorema, y resulta ser una esfera del mismo radio. □

Observación 6.7. En la demostración del lema 6.2.2 no se llega a contradicción alguna si se supone que k_1 tiene un máximo local en p y k_2 un mínimo local en dicho punto. De hecho, existen ejemplos de superficies con curvatura de Gauss positiva y constante, donde se da esta situación en un punto p, sin ser este umbilical. Mostramos uno de ellos a continuación. ◇

Ejemplo 6.1. Consideremos la superficie de revolución parametrizada por

$$X(u,v) = \big(c\cos v \cos u, c\cos v \operatorname{sen} u, g(v)\big),$$

donde $(u,v) \in U = (0,2\pi) \times \big(-\operatorname{arc\,sen}(1/c), \operatorname{arc\,sen}(1/c)\big)$, siendo $c > 1$ y

$$g(v) = \int_0^v \sqrt{1 - c^2 \operatorname{sen}^2 t}\, dt$$

(véase la figura 6.6 para distintos valores de $c > 1$).

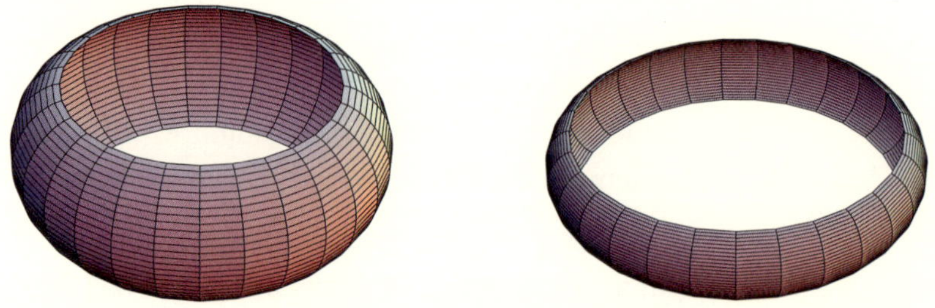

Figura 6.6: La superficie de revolución $X(u,v)$ para $c = 1{,}5$ (izquierda) y $c = 2$ (derecha).

Los coeficientes de su primera forma fundamental son $E = c^2 \cos^2 v$, $F = 0$ y $G = 1$, mientras que los de su segunda forma fundamental son

$$e = -c\sqrt{1 - c^2 \operatorname{sen}^2 v} \cos v, \quad f = 0 \quad \text{y} \quad g = -\frac{c\cos v}{\sqrt{1 - c^2 \operatorname{sen}^2 v}}.$$

Al tratarse de una parametrización para la cual $F = f = 0$ (es decir, una parametrización doblemente ortogonal, cuyas curvas coordenadas son además líneas de curvatura, véase el ejercicio 3.13), se tiene que

$$k_1 = \frac{g}{G} = -\frac{c\cos v}{\sqrt{1-c^2\operatorname{sen}^2 v}} \quad \text{y} \quad k_2 = \frac{e}{E} = -\frac{\sqrt{1-c^2\operatorname{sen}^2 v}}{c\cos v},$$

pues, al ser $c > 1$, entonces $k_1 \leq k_2$. Además, la curvatura de Gauss es estrictamente positiva y constante: $K = k_1 k_2 \equiv 1 > 0$.

Por otro lado, es sencillo ver que $k_1 < k_2$; en efecto, $k_1 = k_2$ si, y solo si, $c^2 = 1$, lo cual es imposible pues $c > 1$ por hipótesis. Luego S no tiene puntos umbilicales. Más aún,

$$k_2(u,v) = -\frac{\sqrt{1-c^2\operatorname{sen}^2 v}}{c\cos v} > -\frac{1}{c} = k_2(u,0),$$

lo que nos asegura que k_2 alcanza el mínimo en los puntos del paralelo $v = 0$. De esta forma, al ser K constante, k_1 alcanza el máximo en dichos puntos. Observemos, por último, que esta superficie no es compacta. ◊

La superficie del ejemplo anterior adolece también de una carencia clave: no es completa. Si lo fuese, la única opción posible para S (con $K > 0$ constante) sería la esfera. Esto también es una consecuencia directa del teorema de Liebman:

Corolario 6.2.4. *Sea S una superficie regular, conexa y completa, con curvatura de Gauss $K > 0$ constante. Entonces S es una esfera.*

Demostración. Como S es completa y tiene curvatura de Gauss constante y positiva, el teorema de Bonnet 6.1.13 (para $\delta = K$), nos permite asegurar que la superficie S es compacta. Finalmente, aplicando el teorema de Liebmann 6.2.1 podemos conlcuir que S es una esfera. □

Una superficie regular, conexa y compacta, con curvatura de Gauss positiva en todos sus puntos, se denomina un *ovaloide*. Existe un resultado de rigidez para ovaloides análogo al que hemos presentado para la esfera, cuya demostración excede las pretensiones de este libro, y que se conoce como teorema de Cohn-Vossen (1927, véase [71]). No obstante, y en relación con los ovaloides, sí podemos estudiar el siguiente resultado de unicidad en términos de la curvatura media; su demostración es muy sencilla utilizando las técnicas de la rigidez de la esfera.

Corolario 6.2.5. *Si S es una superficie regular, conexa y compacta, con curvatura de Gauss $K > 0$ (no necesariamente constante) y curvatura media H constante, entonces S es una esfera. En otras palabras, todo ovaloide con curvatura media constante es una esfera.*

Demostración. Recordemos que $2c \equiv 2H = k_1 + k_2$, y podemos suponer, cambiando la orientación si es necesario, que $H \equiv c \geq 0$. Por otra parte, $c > 0$, ya que si $c = 0$, entonces $k_1 = -k_2$ y $K \leq 0$, lo que contradice nuestra hipótesis.

De nuevo, la compacidad de S nos asegura la existencia de un punto p donde k_2 alcanza un máximo y, por tanto, k_1 un mínimo (pues $k_1 + k_2 = 2c > 0$). Como $K(p) > 0$ el lema 6.2.2 nos asegura que $k_1(p) = k_2(p)$, y un razonamiento análogo al desarrollado en la demostración del teorema de Liebmann 6.2.1 nos permite concluir que S es una esfera. □

En relación a este último resultado obsérvese que, si S es un ovaloide, el teorema de Gauss-Bonnet nos asegura que

$$0 < \int_S K\, dA = 2\pi\chi(S).$$

Por tanto $\chi(S) > 0$, y la única posibilidad es $\chi(S) = 2$, de donde se deduce que S es homeomorfa a la esfera. Evidentemente, el recíproco no es cierto, pues existen superficies homeomorfas a la esfera que no son ovaloides (véase la figura 7.9).

Algunos resultados que generalizan el teorema para ovaloides con curvatura media constante, a un tipo de superficies más generales, son los siguientes:

Teorema 6.2.6 (Hopf, 1951). *Una superficie «regular» homeomorfa a la esfera y con curvatura media constante es una esfera.*

Este resultado es mucho más profundo de lo que podemos reflejar con la teoría desarrollada en este texto. Hopf [30] trabaja con «superficies abstractas», esto es, espacios topológicos localmente homeomorfos a abiertos del plano. Tales superficies abstractas están «inmersas» (contenidas) en el espacio euclídeo vía una cierta aplicación (una «inmersión»), que es un homeomorfismo local sobre la imagen. Sin embargo, la topología de la superficie abstracta no coincide, en general, con la topología de la imagen como subconjunto del espacio euclídeo. Pues bien, lo que afirma Hopf es que una superficie abstracta homeomorfa a una esfera, que además está inmersa en el espacio euclídeo, y cuya inmersión (cuya superficie imagen) tiene curvatura media constante en todos sus puntos, es necesariamente una esfera propiamente dicha. La demostración del teorema de Hopf introduce herramientas y técnicas realmente audaces, que han supuesto avances muy importantes en la Teoría de Superficies con curvatura media constante, así como en otras clases más amplias de superficies.

Un resultado similar al de Hopf, pero que versa sobre superficies regulares como las que estudiamos en este libro, es el siguiente:

Teorema 6.2.7 (Aleksandrov, 1955). *Una superficie regular, conexa, compacta y con curvatura media constante es una esfera.*

El teorema de Aleksandrov (véanse [4, 30]) no es ni una generalización ni un caso especial del teorema de Hopf anterior, ya que las hipótesis de partida son diferentes. Así, este resultado no impone ninguna condición sobre el tipo topológico[2] de superficie, aunque sí exige (en contraste con el resultado anterior de Hopf) que esta sea una superficie regular.

---

[2] Solo exige compacidad. La conexión es una hipótesis trivialmente necesaria.

Es evidente que la prueba elaborada por Aleksandr Aleksandrov, siendo como es un teorema distinto al de Hopf, necesita técnicas muy diferentes. De hecho, Aleksandrov inventa su «método de reflexión», de resultados sorprendentes y aplicaciones diversas, con el que demuestra que una superficie, en las hipótesis del enunciado, tiene infinitos planos de simetría, con lo que necesariamente es una esfera (esta propiedad caracteriza las esferas).

Al igual que el resultado de Hopf, el teorema de Aleksandrov se caracteriza, no por ser un «punto de llegada» a un resultado más o menos esperado, sino por constituirse en el lugar de partida de algunas de las ramas más sobresalientes y fructíferas de la Geometría Diferencial moderna.

Observación 6.8. El teorema de Aleksandrov puede enunciarse en los siguientes términos: *las pompas de jabón siempre son redondas*. Una pompa de jabón no es otra cosa que una superficie (formada por el líquido jabonoso) cuya consistencia se debe a las fuerzas de tensión superficial presentes en cualquier sustancia líquida. La pompa encierra dentro aire a una cierta presión p_1, mientras que en el exterior de la misma el aire se encuentra a la presión atmosférica p_0. Precisamente porque hemos soplado para hacer la pompa, ocurre que $p_1 > p_0$. Más aún, la fórmula de Laplace demuestra que, en cada punto de la superficie jabonosa,

$$p_1 - p_0 \propto H.$$

Como las presiones en el interior y en el exterior son constantes (los gases se reparten de forma homogénea, y no hay perturbaciones dinámicas o térmicas), entonces la película jabonosa tiene curvatura media constante. Por lo tanto, toda pompa de jabón tiene curvatura media constante, además de presentar la topología de la esfera. Así pues, el teorema de Aleksandrov obliga a que dicha pompa tenga forma esférica (hecho que, experimentalmente, está más que comprobado). ◇

6.3. EL TEOREMA DE HILBERT

En la sección previa hemos demostrado que la única superficie regular completa, con curvatura de Gauss constante y positiva, es la esfera. Ahora bien, ¿qué podemos esperar si cambiamos «positiva» por «negativa» en el resultado anterior? Ya conocemos un posible candidato a resolver este problema: la pseudoesfera es una superficie con curvatura de Gauss constante y negativa (véanse los ejercicios 2.10 y 3.3); sin embargo, esta adolece de un «defecto»: no es completa. El teorema de Hilbert dará la respuesta a dicha pregunta (y esta no podría ser más simple: «no hay»), y a él está dedicado este epígrafe.

Para ser capaces de llevar a cabo la prueba de este teorema, necesitamos hacer algunas consideraciones previas, así como demostrar varios resultados accesorios de gran importancia.

Para comenzar, recordemos una propiedad que ya conocemos: si (U,X) es una parametrización (alrededor de un punto hiperbólico) cuyas curvas coordenadas son líneas asintóticas, se tiene inmediatamente que $e = g \equiv 0$ (véase el ejercicio 3.8). En tal caso, las ecuaciones de Mainardi-Codazzi (3.23) y (3.26) se escriben de la forma

$$f_u = f(\Gamma_{11}^1 - \Gamma_{12}^2) \quad \text{y} \quad f_v = f(\Gamma_{22}^2 - \Gamma_{12}^1).$$

Sustituyendo los símbolos de Christoffel en términos de los coeficientes de la primera forma fundamental y sus derivadas (véase (3.21)), se llega a

$$f_u = \frac{f}{EG-F^2}\left(\frac{1}{2}(EG-F^2)_u + FE_v - EG_u\right) \tag{6.12}$$

y a que

$$f_v = \frac{f}{EG-F^2}\left(\frac{1}{2}(EG-F^2)_v + FG_u - GE_v\right). \tag{6.13}$$

La existencia de estas parametrizaciones está supeditada a que los puntos cubiertos por la misma sean hiperbólicos. Si, además de ser negativa, la curvatura de Gauss es constante, entonces podemos construir una parametrización todavía más singular, tal y como se demuestra en el siguiente resultado.

Proposición 6.3.1. *Sea S una superficie regular con curvatura de Gauss $K \equiv -C^2$ constante y negativa. Entonces, para todo punto $p \in S$, existe una parametrización $\overline{X}$ cubriendo p tal que sus curvas coordenadas son curvas asintóticas y están parametrizadas por el arco.*

Demostración. Sea $p \in S$ y sea (U,X) una parametrización de S cubriendo p tal que sus curvas coordenadas son líneas asintóticas: sabemos que existe tal parametrización en virtud del teorema 3.1.5 y del hecho de que en un punto hiperbólico de una superficie regular hay exactamente dos direcciones asintóticas linealmente independientes (véase el ejercicio 3.5); los campos ξ_1 y ξ_2 serán los determinados por tales direcciones asintóticas. Además, sin pérdida de generalidad podemos suponer que $X(0,0) = p$.

Como $e = g = 0$, el valor de la curvatura de Gauss para esta parametrización viene dado por

$$K = \frac{-f^2}{EG-F^2},$$

y al ser $K = -C^2$, se sigue que $f^2 = C^2(EG-F^2)$. Derivando esta igualdad respecto a u obtenemos

$$2ff_u = C^2(EG-F^2)_u,$$

y sustituyendo esta expresión en la fórmula (6.12) podemos concluir que

$$\begin{aligned}(EG-F^2)_u = \frac{2ff_u}{C^2} &= \frac{f^2}{C^2(EG-F^2)}\Big((EG-F^2)_u + 2FE_v - 2EG_u\Big)\\ &= (EG-F^2)_u + 2FE_v - 2EG_u,\end{aligned}$$

lo cual implica, evidentemente, que $FE_v = EG_u$. De modo análogo, pero usando la ecuación (6.13), se llega a $FG_u = GE_v$.

Multiplicamos ahora cada una de las dos identidades anteriores por la función F para obtener

$$F^2E_v = EFG_u = EGE_v \quad \text{y} \quad F^2G_u = GFE_v = GEG_u,$$

de donde se sigue que

$$(EG-F^2)E_v = 0 \quad \text{y} \quad (EG-F^2)G_u = 0.$$

Como $EG-F^2 > 0$, se deduce finalmente que $E_v = G_u = 0$, o lo que es lo mismo, $E = E(u)$ y $G = G(v)$. Así, podemos definir el cambio de coordenadas

$$\overline{u}(u) = \int_0^u E(t)^{1/2}dt, \qquad \overline{v}(v) = \int_0^v G(t)^{1/2}dt,$$

que, observemos, no es más que la reparametrización de las curvas coordenadas por la longitud de arco. La aplicación $(u,v) \longmapsto \big(\overline{u}(u), \overline{v}(v)\big)$ es claramente diferenciable y su matriz jacobiana es diagonal con rango 2, por lo que se trata de un cambio de variables. Basta considerar la función inversa de este cambio y componerla con la parametrización X para obtener la parametrización $\overline{X}$ deseada. □

Dada una superficie regular S y fijado $p \in S$, la proposición 6.3.1 nos asegura la existencia de una parametrización (U,X) cubriendo p, cuyo elemento de línea viene dado por

$$(ds)^2 = (du)^2 + 2F\,dudv + (dv)^2,$$

es decir, con $E = G = 1$. Esta propiedad motiva la siguiente definición, concepto clave a la hora de demostrar el teorema de Hilbert.

Definición 6.3.2. *Sea S una superficie regular y sea $p \in S$. Se denomina* ***red de Tchebychev*** *a una parametrización cubriendo p cuyas curvas coordenadas están parametrizadas por el arco, es decir, tal que $E = G = 1$.*

Además, se dice que una red de Tchebychev es ***asintótica*** *si sus curvas coordenadas son curvas asintóticas.*

Una propiedad inmediata que presenta la construcción de una red de Tchebychev es que las curvas coordenadas forman una malla de cuadriláteros en la superficie (con esto queremos decir que las curvas coordenadas forman paralelogramos en la superficie con la misma longitud en los lados opuestos).

La proposición 6.3.1 nos asegura que, localmente, siempre existe una red de Tchebychev asintótica para una superficie regular S con curvatura de Gauss constante y negativa. El siguiente resultado demuestra aún más: si S es completa entonces podemos extender esta parametrización tan especial a toda la superficie, siendo el dominio de la misma todo $\mathbb{R}^2$.

Proposición 6.3.3. *Sea S una superficie regular y completa, con curvatura de Gauss constante y negativa. Entonces existe una red de Tchebychev asintótica $X : \mathbb{R}^2 \longrightarrow S$.*

Demostración. Sea $p_0 \in S$. Representamos por ℓ el supremo

$$\ell = \sup\{r > 0 : \text{existe una red de Tchebychev asintótica } X : (-r,r)^2 \longrightarrow S \text{ con } X(0,0) = p_0\}. \tag{6.14}$$

Como en una red de Tchebychev las curvas coordenadas están parametrizadas por el arco, para cada $0 < r < \ell$ el correspondiente entorno coordenado $V_r = X\big((-r,r)^2\big)$ va a ser un cuadrado abierto en S (esto es, las curvas coordenadas forman un paralelogramo en la superficie con la misma longitud en todos sus lados, véase la figura 6.7). Entonces, la unión de todos estos entornos coordenados determina una parametrización $X : (-\ell,\ell)^2 \longrightarrow S$.

Sea $V_\ell = X\big((-\ell,\ell)^2\big)$. Su frontera, $\mathrm{bd}\,V_\ell$, es cerrado y acotado, y por ser S completa, el teorema de Hopf-Rinow 6.1.7 nos asegura que es compacto, verificándose además que $\mathrm{bd}\,V_\ell \subset S$.

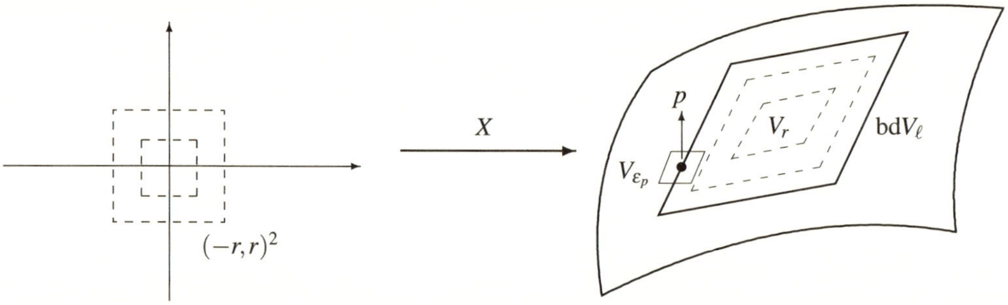

Figura 6.7: Cuadriláteros de una red de Tchebychev.

Así, por la proposición 6.3.1, para cada $p \in \mathrm{bd}\,V_\ell$ podemos encontrar una red de Tchebychev asintótica $X_p : (-\varepsilon_p,\varepsilon_p)^2 \longrightarrow S$ cubriendo p, con $\varepsilon_p > 0$ adecuado (véase la figura 6.7). Los entornos coordenados V_{ε_p} de estas parametrizaciones forman un cubrimiento abierto de $\mathrm{bd}\,V_\ell$, y por compacidad, existirá un subcubrimiento finito, digamos $V_{\varepsilon_{p_i}}$ para $i = 1,\dots,n$. Tomando $\varepsilon = \min\{\varepsilon_i : i = 1,\dots,n\}$, la red de Tchebychev (asintótica) X puede extenderse a un abierto mayor, $(-\ell-\varepsilon,\ell+\varepsilon)^2$, lo que contradice el hecho de que ℓ sea el supremo del conjunto dado en (6.14). Como sabemos que existe una red de Tchebychev cubriendo p_0 (proposición 6.3.1), forzosamente su dominio debe ser todo $\mathbb{R}^2$. □

El último ingrediente que necesitamos antes de demostrar el teorema de Hilbert es un sencillo resultado que prueba que la curvatura de Gauss puede expresarse de un modo muy simple cuando la parametrización de la superficie viene dada por una red de Tchebychev.

Corolario 6.3.4. *Sean S una superficie regular y $X : U \longrightarrow S$ una parametrización dada por una red de Tchebychev. Representamos por $\omega(u,v) = \text{áng}(X_u,X_v)$. Entonces la curvatura de Gauss viene dada por*

$$K = \frac{-1}{\operatorname{sen}\omega}\frac{\partial^2\omega}{\partial u\partial v}.$$

Demostración. Obsérvese en primer lugar que, como $E = G = 1$, se tiene inmediatamente que $F = \langle X_u, X_v \rangle = \cos\omega$ y

$$EG - F^2 = 1 - \cos^2\omega = \operatorname{sen}^2\omega.$$

Entonces, sustituyendo estos valores en la expresión de la curvatura de Gauss (3.30) obtenida en el ejercicio 3.32, podemos concluir el resultado buscado:

$$\begin{aligned}
K &= \frac{1}{(EG-F^2)^2}\left[\det\begin{pmatrix} \dfrac{\partial^2\cos\omega}{\partial u\partial v} & 0 & \dfrac{\partial\cos\omega}{\partial u} \\ \dfrac{\partial\cos\omega}{\partial v} & 1 & \cos\omega \\ 0 & \cos\omega & 1 \end{pmatrix} - \det\begin{pmatrix} 0 & 0 & 0 \\ 0 & 1 & \cos\omega \\ 0 & \cos\omega & 1 \end{pmatrix}\right] \\
&= \frac{1}{\operatorname{sen}^4\omega}\left[(1-\cos^2\omega)\frac{\partial^2\cos\omega}{\partial v\partial u} + \cos\omega\frac{\partial\cos\omega}{\partial u}\frac{\partial\cos\omega}{\partial v}\right] \\
&= \frac{1}{\operatorname{sen}^4\omega}\left[\operatorname{sen}^2\omega\frac{\partial}{\partial u}\left(-\operatorname{sen}\omega\frac{\partial\omega}{\partial v}\right) + \cos\omega\operatorname{sen}^2\omega\frac{\partial\omega}{\partial u}\frac{\partial\omega}{\partial v}\right] \\
&= \frac{1}{\operatorname{sen}^4\omega}\left[-\operatorname{sen}^2\omega\cos\omega\frac{\partial\omega}{\partial u}\frac{\partial\omega}{\partial v} - \operatorname{sen}^3\omega\frac{\partial^2\omega}{\partial u\partial v} + \cos\omega\operatorname{sen}^2\omega\frac{\partial\omega}{\partial u}\frac{\partial\omega}{\partial v}\right] \\
&= \frac{-1}{\operatorname{sen}\omega}\frac{\partial^2\omega}{\partial u\partial v}.
\end{aligned}$$

□

Nos encontramos ya en condiciones de demostrar el teorema de Hilbert. La prueba que vamos a desarrollar no es la original de David Hilbert, mucho más elaborada, y que utiliza técnicas que se escapan a las pretensiones de este libro. Vamos a exponer una demostración de 1902 debida a Erik Holmgren.

Teorema 6.3.5 (de Hilbert). *No existen superficies regulares completas en $\mathbb{R}^3$ con curvatura constante negativa.*

Demostración. Supongamos que existe una superficie regular y completa S con curvatura de Gauss $K = -C^2$ constante y negativa, y llegaremos a una contradicción. Aplicando la proposición 6.3.3 y el corolario 6.3.4, sabemos que nuestra superficie S tiene asociada una función $\omega : \mathbb{R}^2 \longrightarrow \mathbb{R}$, dada por $\omega(u,v) = \text{áng}(X_u, X_v)$ para una red de Tchebychev asintótica X, tal que $0 < \omega(u,v) < \pi$ y

$$\frac{\partial^2\omega}{\partial u\partial v}(u,v) = C^2\operatorname{sen}\omega(u,v). \tag{6.15}$$

Como el seno es positivo en el intervalo $(0,\pi)$, (6.15) implica que

$$\frac{\partial^2\omega}{\partial u\partial v}(u,v) > 0,$$

o lo que es lo mismo, $\partial\omega/\partial u$ es (estrictamente) creciente en v; luego para todo u se tendrá que

$$\frac{\partial\omega}{\partial u}(u,v) > \frac{\partial\omega}{\partial u}(u,0) \quad \text{si } v > 0. \tag{6.16}$$

Integrando ahora respecto a u sobre un intervalo $[a,b]$ obtenemos la desigualdad

$$\int_a^b \frac{\partial \omega}{\partial u}(u,v)\,du > \int_a^b \frac{\partial \omega}{\partial u}(u,0)\,du,$$

de donde se deduce que

$$\omega(b,v) - \omega(a,v) > \omega(b,0) - \omega(a,0), \qquad \text{para } v>0 \text{ y } a<b. \tag{6.17}$$

Por otro lado, integrando la ecuación diferencial (6.15) respecto a v podemos asegurar que $\partial\omega/\partial u$ no es idénticamente nula en el intervalo $(0,\pi)$, lo que permite suponer, sin pérdida de generalidad, que $(\partial\omega/\partial u)(0,0) \neq 0$ (en caso contrario bastaría efectuar una traslación). Además, la función $\overline{\omega}(u,v) = \omega(-u,-v)$ también satisface (6.15), pues claramente se tiene que

$$\begin{aligned}\frac{\partial^2\overline{\omega}}{\partial u\partial v}(u,v) &= \frac{\partial}{\partial v}\left(-\frac{\partial\omega}{\partial u}(-u,-v)\right) = \frac{\partial^2\omega}{\partial u\partial v}(-u,-v) = C^2\operatorname{sen}\big(\omega(-u,-v)\big)\\ &= C^2\operatorname{sen}\big(\overline{\omega}(u,v)\big).\end{aligned}$$

En consecuencia, cambiando la solución si fuese necesario, podemos asumir que $(\partial\omega/\partial u)(0,0) > 0$. Así, por continuidad, existirá $u_3 > 0$ tal que

$$\frac{\partial\omega}{\partial u}(u,0) > 0 \qquad \text{para todo } 0 \le u \le u_3,$$

lo cual, junto con (6.16), nos permite asegurar que

$$\frac{\partial\omega}{\partial u}(u,v) > 0 \qquad \text{si } 0 \le u \le u_3 \text{ y } v \ge 0.$$

Luego ω es creciente en u siempre y cuando $0 \le u \le u_3$ y $v \ge 0$. Elegimos ahora $u_1, u_2 \in (0,u_3)$ con $u_1 < u_2$. Si representamos por

$$\varepsilon = \text{mín}\big\{\omega(u_3,0) - \omega(u_2,0), \omega(u_1,0) - \omega(0,0)\big\},$$

la desigualdad (6.17) nos asegura que, para todo $v > 0$,

$$\begin{aligned}\omega(u_3,v) - \omega(u_2,v) &> \omega(u_3,0) - \omega(u_2,0) \ge \varepsilon \text{ y}\\ \omega(u_1,v) - \omega(0,v) &> \omega(u_1,0) - \omega(0,0) \ge \varepsilon.\end{aligned}$$

Por lo tanto,

$$\omega(u_1,v) \ge \omega(u_1,v) - \omega(0,v) > \varepsilon \quad \text{ y } \quad \omega(u_2,v) < \omega(u_3,v) - \varepsilon < \pi - \varepsilon,$$

y al ser ω creciente en $u \in [0,u_3]$ se tendrá que, para cualesquiera $u_1 \le u \le u_2$ y $v > 0$,

$$\varepsilon < \omega(u_1,v) \le \omega(u,v) \le \omega(u_2,v) < \pi - \varepsilon.$$

Veamos que de ello podemos concluir que

$$\operatorname{sen}\omega(u,v) > \operatorname{sen}\varepsilon \qquad \text{en la banda } [u_1,u_2]\times(0,\infty). \tag{6.18}$$

En efecto, si $\omega(u,v) \leq \pi/2$, como $\varepsilon < \omega(u,v)$, la monotonía de la función seno implica inmediatamente la desigualdad buscada; si, por el contrario, $\omega(u,v) > \pi/2$, entonces utilizando que $\omega(u,v) < \pi - \varepsilon$ obtenemos $\operatorname{sen}\omega(u,v) > \operatorname{sen}(\pi - \varepsilon) = \operatorname{sen}\varepsilon$.

Integrando finalmente la función $C^2 \operatorname{sen}\omega(u,v)$ sobre el rectángulo $[u_1,u_2] \times [0,r]$ para $r > 0$, y usando (6.15) y (6.18), deducimos que

$$\begin{aligned}\int_0^r \int_{u_1}^{u_2} C^2 \operatorname{sen}\omega(u,v)\,dudv &= \int_0^r \int_{u_1}^{u_2} \frac{\partial^2 \omega}{\partial u \partial v}\,dudv \\ &= \omega(u_2,r) - \omega(u_1,r) - \omega(u_2,0) + \omega(u_1,0),\end{aligned}$$

de donde

$$\begin{aligned}\pi > \omega(u_2,r) - \omega(u_1,r) &= \omega(u_2,0) - \omega(u_1,0) + \int_0^r \int_{u_1}^{u_2} C^2 \operatorname{sen}\omega(u,v)\,dudv \\ &> \omega(u_2,0) - \omega(u_1,0) + r(u_2-u_1)C^2 \operatorname{sen}\varepsilon.\end{aligned}$$

Sin embargo, esta desigualdad no es cierta para $r > 0$ suficientemente grande, lo que lleva a una contradicción que demuestra el resultado. □

Un argumento análogo al desarrollado en la prueba anterior permite demostrar que el área de una superficie regular completa con curvatura de Gauss constante y negativa es infinita[3]; en efecto, a partir de la desigualdad (6.18) es un simple cálculo comprobar que, para $u_1 < u_2$ adecuados y $r > 0$,

$$\begin{aligned}A(S) &> \int_0^r \int_{u_1}^{u_2} \sqrt{EG-F^2}\,dudv = \int_0^r \int_{u_1}^{u_2} \operatorname{sen}\omega(u,v)\,dudv > \int_0^r \int_{u_1}^{u_2} \operatorname{sen}\varepsilon\,dudv \\ &= (\operatorname{sen}\varepsilon)(u_2-u_1)r,\end{aligned}$$

expresión que tiende a infinito cuando $r \longrightarrow \infty$.

Esta propiedad permite dar una demostración alternativa al teorema de Hilbert, ya que contradiría un resultado de John Hazzidakis (véase el ejercicio 6.15) que nos asegura que el área de cualquier cuadrilátero en S determinado por curvas coordenadas asintóticas tiene área acotada (superiormente) por $2\pi/(-K)$.

[3] Sabemos que la pseudoesfera tiene área finita, concretamente, $A(S) = 2\pi$ (en el caso $K \equiv -1$, véase el ejercicio 2.10); esto no contradice la propiedad de infinitud mencionada pues, recordemos, la pseudoesfera no es completa.

EJERCICIOS

Ejercicio 6.1. Sean S una superficie regular y p_0 un punto de S. Demostrar que la función $d(p_0,\cdot) : S \longrightarrow \mathbb{R}$ dada por la distancia intrínseca es continua en S.

Ejercicio 6.2. Sea S una superficie regular. Dados $p \in S$ y $\mathbf{v} \in D_p$, demostrar que la distancia intrínseca $d\big(p, \exp_p(\mathbf{v})\big) \leq |\mathbf{v}|$. ¿Bajo qué hipótesis se puede asegurar que $d\big(p, \exp_p(\mathbf{v})\big) = |\mathbf{v}|$?

Ejercicio 6.3. Dados $p_0 \in S$ y un disco geodésico $\mathcal{D}(p_0,R)$, demostrar que existe $r > 0$ tal que $B_d(p_0,r) \subset \mathcal{D}(p_0,R)$.

Ejercicio 6.4. Sean S una superficie regular, $p,q \in S$ y $\alpha \in \Omega(p,q)$ una curva uniendo $p = \alpha(a)$ con $q = \alpha(b)$. Demostrar que si α es minimizante (entre p y q), entonces $\alpha|_{[t_0,t_1]}$ es minimizante entre $\alpha(t_0)$ y $\alpha(t_1)$ para cualesquiera $t_0,t_1 \in [a,b]$.

Ejercicio 6.5. Sea d la distancia intrínseca en la esfera $\mathbb{S}^2(r)$. Demostrar que, para cada par de puntos $p_1, p_2 \in \mathbb{S}^2(r)$ se verifica que $d(p_1,p_2) \leq \pi r$, dándose la igualdad si, y solo si, p_1 y p_2 son puntos antipodales.

Ejercicio 6.6. Dados dos puntos no antipodales $p,q \in \mathbb{S}^2$, demostrar que existe un único $m \in \mathbb{S}^2$ tal que $d(p,q) = 2d(p,m) = 2d(q,m)$, llamado *punto medio de p y q*. Probar que la rotación R_π de π radianes alrededor de m, lleva p a q y q a p.

Ejercicio 6.7. Sea $f : W \longrightarrow \mathbb{R}$ una función diferenciable, donde $W \subset \mathbb{R}^3$ es un abierto. Estudiar la completitud de la superficie de nivel $S = f^{-1}(c)$, $c \in \mathbb{R}$.

Ejercicio 6.8 (Curvas divergentes). Una *curva divergente* en una superficie regular S es una curva diferenciable $\alpha : [0,\infty) \longrightarrow S$ que «se sale de los compactos», es decir, tal que, para cada conjunto compacto $A \subset S$, existe un instante $t_0 < \infty$ para el cual $\alpha(t) \notin A$ si $t > t_0$. Se define entonces la *longitud* de α como

$$L(\alpha) = \lim_{t \to \infty} \int_0^t \big|\alpha'(s)\big|\, ds \leq \infty.$$

Demostrar que S es completa si, y solo si, toda curva divergente tiene longitud infinita. Esta fue, de hecho, la definición original de completitud dada por Hopf y Rinow en su artículo [31].

Ejercicio 6.9 (Rayos). Se dice que una geodésica $\gamma \colon [0,\infty) \longrightarrow S$ es un *rayo* que sale de $p = \gamma(0)$ si γ realiza la distancia entre p y $\gamma(t)$ para todo $t \in [0,\infty)$. Demostrar que si S es una superficie completa y no compacta, y $p \in S$ es un punto cualquiera de S, entonces existe un rayo que sale de p.

Ejercicio 6.10. i) Sea $\phi : S_1 \longrightarrow S_2$ un difeomorfismo entre dos superficies regulares. Probar que si S_2 es completa y existe una constante $c > 0$ tal que

$$c\big|d\phi_p(\mathbf{v})\big| \leq |\mathbf{v}|$$

para todo $p \in S_1$ y todo $\mathbf{v} \in T_pS_1$, entonces S_1 es completa.

ii) Sea $\pi : \mathbb{S}^2\backslash\{\mathsf{N}\} \longrightarrow \mathbb{R}^2$ la proyección estereográfica. Esta es un difeomorfismo entre la esfera menos un punto y el plano, que es además una aplicación conforme (véase el ejemplo 3.23). Por tanto verifica, en particular, que $|d\pi_p(\mathbf{v})| = c|\mathbf{v}|$ para todo $p \in \mathbb{S}^2$ y todo $\mathbf{v} \in T_p\mathbb{S}^2$. Como el plano $\mathbb{R}^2$ es completo, entonces por el apartado i) se tiene que $\mathbb{S}^2\backslash\{\mathsf{N}\}$ es completa. ¿Dónde está el error?

Ejercicio 6.11. Sea $\phi : S_1 \longrightarrow S_2$ una isometría local entre dos superficies regulares y conexas S_1 y S_2. Supongamos que S_1 es completa y que S_2 cumple la siguiente propiedad: dos puntos cualesquiera de S_2 se pueden unir mediante un único segmento de geodésica. Demostrar que ϕ es una isometría global.

Ejercicio 6.12. ¿Es cierto el recíproco del teorema de Bonnet? Es decir, si S es una superficie compacta con diámetro $D(S) \leq \pi/\sqrt{\delta}$, ¿su curvatura de Gauss verifica que $K \geq \delta$?

Ejercicio 6.13. ¿Qué se puede afirmar de una superficie compacta cuya aplicación de Gauss es una isometría?

Ejercicio 6.14.

i) Demostrar que si una superficie regular S, conexa y compacta, tiene curvatura de Gauss estrictamente positiva en todo punto y es tal que el cociente H/K permanece constante, entonces S es una esfera.

ii) Sea S una superficie regular y conexa, con curvatura de Gauss $K > 0$. Demostrar que si S no tiene puntos umbilicales, entonces no puede existir ningún punto en S donde H alcance un máximo y K un mínimo.

Ejercicio 6.15 (Teorema de Hazzidakis). *Sea S una superficie con curvatura de Gauss constante y negativa, y sea $X : U \longrightarrow S$ una parametrización dada por una red de Tchebychev asintótica. Entonces el área de cualquier cuadrilátero R en S determinado por curvas coordenadas de X verifica que*

$$A(R) = \frac{-1}{K}\left(\sum_{i=1}^{4} \phi_i - 2\pi\right) < \frac{-2\pi}{K},$$

donde ϕ_i, $i = 1, \ldots, 4$, representan los ángulos interiores del cuadrilátero.

VII

El teorema de Gauss-Bonnet

En este capítulo estudiamos el teorema de Gauss-Bonnet como último, y uno de los más importantes, si no el que más, ejemplos de un resultado global en Geometría Diferencial de Superficies. A grandes rasgos, este teorema describe la estrecha relación que existe entre la geometría de una superficie y su topología. Se trata de un resultado sorprendente toda vez que la curvatura de Gauss es una cantidad que se define localmente en términos geométricos. De esta forma, pese a ser un objeto que depende de la geometría, y pese a ser un objeto definido localmente, su «promedio» es estrictamente topológico. A modo de ejemplo, dos superficies compactas y homeomorfas siempre tienen la misma *curvatura total* (esto es, la integral de la curvatura de Gauss), con independencia de que sus «formas» sean arbitrariamente distintas, la cual coincide con un invariante topológico: la característica de Euler-Poincaré.

Por otra parte, el teorema de Gauss-Bonnet no solo es importante por establecer esta curiosa relación entre la Geometría y la Topología. Su relevancia también se debe a que supone un especial hito en el camino que conduce hacia las geometrías no euclídeas. Por un lado, generaliza el teorema de Thales clásico sobre los ángulos interiores de un triángulo; por otro, supone una elegante extensión de resultados clásicos de la trigonometría esférica. Si, además, recordamos que las geometrías no euclídeas resultan de negar el quinto postulado de Euclides (que está directamente relacionado con el teorema de Thales y con la Geometría Esférica), parece evidente que la aparición en escena del teorema de Gauss-Bonnet supuso un aliciente más que impulsó el advenimiento y la aceptación de dichas geometrías no convencionales.

El capítulo comienza con una versión «sencilla» y local del teorema, donde se simplifican al máximo las hipótesis de trabajo y se elabora el material esencial de una demostración válida para regiones suficientemente pequeñas y con topología trivial. La siguiente sección demuestra la versión global del resultado, donde se hace uso de las técnicas implicadas en el caso local, para regiones arbitrarias. Estas se reducen al caso sencillo mediante el uso de las llamadas *triangulaciones*. La aditividad de las integrales y un argumento de conteo resultan esenciales para que la demostración del caso global sea factible. Finalmente, se presentan, en la última sección, algunas consecuencias de dicho teorema, así como la ya comentada interrelación existente entre el resultado y las geometrías no euclídeas.

7.1. EL TEOREMA DE GAUSS-BONNET (VERSIÓN LOCAL)

En esta sección presentamos el teorema de Gauss-Bonnet en su versión local, cuyo dominio de validez son las regiones simples de una superficie regular contenidas en el entorno coordenado de una parametrización ortogonal. Podría parecer que esta situación es restrictiva en exceso. No obstante, la versión global del teorema (para cualquier tipo de regiones) se reduce a la local utilizando una serie de hechos topológicos y geométricos.

En el primer capítulo aprendimos los conceptos de ángulo de rotación e índice de rotación de una curva plana regular, y estudiamos el teorema de rotación de las tangentes en el plano (teorema 1.4.12). Todas estas nociones, así como los resultados a los que dan lugar, se pueden generalizar al caso de superficies y curvas contenidas en superficies: ahora, el teorema de rotación de las tangentes nos va a asegurar que el índice de rotación de una curva que determina en la superficie una región simple es, salvo orientación, 1. Además, el resultado va a seguir siendo válido para un tipo de curvas más general: las curvas regulares a trozos.

El siguiente ingrediente de esta sección lo constituye el estudio de las parametrizaciones ortogonales y, más concretamente, el cálculo de la curvatura geodésica de sus curvas coordenadas. A partir de ahí, se obtiene una fórmula para la curvatura geodésica de una curva arbitraria, en términos de la curvatura geodésica de las curvas coordenadas de la parametrización y del ángulo que forma la curva con la curva coordenada. Tal expresión se conoce como la fórmula de Liouville. Dicho estudio está además estrechamente relacionado con la llamada holonomía de una curva, que tratamos en esta sección, y de la que veremos una interesante aplicación en el conocido problema del péndulo de Foucault.

Lo más relevante en esta parte técnica es que la expresión de la curvatura geodésica que hemos obtenido es una uno-forma, cuya diferencial (una dos-forma) da como resultado la curvatura de Gauss de la superficie. Por lo tanto, la integral de línea de la curvatura geodésica puede transformarse en una integral de área de la curvatura de Gauss si la topología es apropiada. Aún así, la transformación no es exacta, y la diferencia entre ambas formas está relacionada con el ángulo de rotación. Además, este último término también podemos expresarlo de manera conveniente gracias al ya conocido teorema de rotación de las tangentes, obteniendo así la fórmula local de Gauss-Bonnet.

Antes de entrar propiamente en el contenido de la sección, comentamos que esta fórmula fue introducida por Gauss en su famoso trabajo [27] para regiones simples contenidas en un entorno coordenado y cuya frontera estaba formada por segmentos de geodésica. La generalización para cualquier tipo de frontera fue llevada a cabo por Pierre Ossian Bonnet en 1848 (véase [11]).

7.1.1. El ángulo de rotación de una curva plana regular a trozos

Sea $\alpha : [0,\ell] \longrightarrow \mathbb{R}^2$ una curva regular a trozos, p.p.a., y consideremos una partición $0 = s_0 < s_1 < \ldots < s_k = \ell$ del intervalo $[0,\ell]$ de forma que $\alpha(s_i)$, $i = 0,\ldots,k$, son los vértices de α. Supongamos además que α es cerrada (esto es, $\alpha(0) = \alpha(\ell)$) y simple. En tal caso, la imagen de la curva α, $\alpha([0,\ell])$, recibe el nombre de *polígono curvado*, y determina una región Ω de $\mathbb{R}^2$ que es simplemente conexa (por estar la curva contenida en un plano). Diremos entonces que (la parametrización de) α está positivamente orientada si $J\alpha'(s)$ apunta al interior de Ω para todo $s \in [0,\ell]$ donde α es regular.

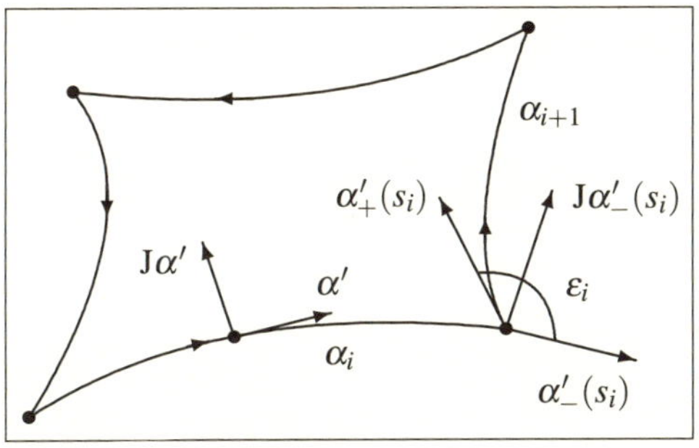

Figura 7.1: Los ángulos externos en una curva regular a trozos.

En cada vértice $\alpha(s_i)$, tomamos los vectores $\{\alpha'_-(s_i), J\alpha'_-(s_i)\}$, que forman una base ortonormal de $T_{\alpha(s_i)}\mathbb{R}^2 \equiv \mathbb{R}^2$ (véase la figura 7.1). Por tanto, existe un único $\varepsilon_i \in (-\pi,\pi]$ tal que

$$\alpha'_+(s_i) = \cos\varepsilon_i\, \alpha'_-(s_i) + \operatorname{sen}\varepsilon_i\, J\alpha'_-(s_i).$$

En definitiva, ε_i es el ángulo que forman los «dos vectores tangentes» a la curva α en cada vértice $\alpha(s_i)$, y se denomina el *ángulo externo* en $\alpha(s_i)$. Obsérvese que, si $\varepsilon_i = 0$, entonces $\alpha'_+(s_i) = \alpha'_-(s_i)$ y $\alpha(s_i)$ no sería un vértice. Luego $\varepsilon_i \neq 0$ para todo $i = 1,\ldots,k$. Cuando $\varepsilon_i = \pi$, el vértice $\alpha(s_i)$ recibe el nombre de *cúspide*.

El teorema de rotación de las tangentes para una curva plana regular (cerrada y simple), teorema 1.4.12, sigue siendo cierto cuando la curva es regular a trozos, aunque ahora van a intervenir, como no podría ser de otra forma, los ángulos externos de los vértices. Este hecho lo asumiremos sin detenernos en su demostración, la cual puede consultarse, por ejemplo, en [32]:

Teorema 7.1.1 (de rotación de las tangentes). *Sea $\alpha : [0,\ell] \longrightarrow \mathbb{R}^2$ una curva regular a trozos, p.p.a., cerrada, simple, con vértices $\alpha(s_i)$, $0 = s_0 < s_1 < \ldots < s_k = \ell$. Sean además ε_i los correspondientes ángulos externos y θ_i el ángulo de rotación de la curva regular $\alpha_i = \alpha|_{[s_{i-1},s_i]}$, $i = 1,\ldots,k$. Entonces,*

$$\sum_{i=1}^{k} \big(\theta_i(s_i) - \theta_i(s_{i-1})\big) + \sum_{i=1}^{k} \varepsilon_i = \pm 2\pi, \tag{7.1}$$

donde el signo $\pm$ depende de la orientación de α.

Este teorema, probado originalmente por Heinz Hopf, establece el hecho intuitivo de que, al cerrar una vuelta, el vector tangente a la curva completa un giro de 2π radianes, bien avanzando «suavemente» por los trozos diferenciables de la curva, bien «saltando» de un trozo a otro en cada uno de los vértices donde se rompe la regularidad.

Al llegar a este punto podemos preguntarnos: ¿se puede extender este resultado al caso de curvas cerradas y simples en una superficie arbitraria? La respuesta es afirmativa, aunque hay que añadir algunas hipótesis adicionales ya que, por un lado, la topología de una superficie puede ser mucho más complicada que la del plano y, por otra parte, en principio no está muy claro con respecto a qué dirección se puede determinar el ángulo de la curva.

Así pues, sean S una superficie regular y orientada y (U,X) una parametrización positiva de S de modo que U es homeomorfo a un disco abierto del plano. Sea ahora

$\alpha : I \longrightarrow S$ una curva regular a trozos en la superficie, p.p.a., cerrada, simple y tal que $\alpha(I) \subset X(U)$. Bajo tales condiciones el teorema de rotación de las tangentes sigue siendo cierto, y la fórmula (7.1) se verifica, pero matizando que:

- los ángulos externos se definen igual que en el plano, aunque ahora J es la estructura compleja de la superficie;
- los ángulos de rotación $\theta_i(s)$ miden el ángulo que forman el vector $X_u\big(\alpha(s)\big)$ y el vector velocidad $\alpha'(s)$ en cada $s \in I$.

El paso clave para generalizar el resultado del plano a superficies consiste en conservar la topología de la curva: esta debe encerrar una región homeomorfa a un disco en la superficie. El resto es un argumento de continuidad que no presentaremos aquí por exceder las pretensiones de este texto.

7.1.2. Holonomía

Introducción: una pequeña historia

En lo que respecta al título de esta sección, una explicación es pertinente: *holonomía* no existe como palabra en el diccionario de la Real Academia Española. Sin embargo, sí es un concepto geométrico de lo más interesante. En cualquier espacio (entiéndase con total libertad lo que significa esta vaga afirmación) podemos considerar una curva cerrada y recorrerla en uno de los dos sentidos que nos permite. Si transportamos con nosotros una pistola láser y apuntamos en una determinada dirección, podemos proponernos el desafío de mantener esa dirección fija conforme avanzamos. Esto no parece tarea ardua ni compleja, así que, desde nuestro especial punto de vista, vamos apuntando siempre en la misma dirección.

No obstante, algún habitante privilegiado que nos pueda observar «desde fuera» de nuestro espacio, apreciará que la dirección de nuestro láser es cambiante (con respecto a la inicial). Él observará este fenómeno mientras nosotros caminamos, ignorándolo, a través de nuestra curva cerrada, hasta que... hasta que finalmente volvemos al punto de partida. ¿Y qué ocurre a la vuelta? Sucede que nuestro láser ya no apunta en la misma dirección que al principio (esto lo sabemos porque cuando comenzamos a caminar, el láser dejó una marca chamuscada en un muro que teníamos enfrente, y ahora apunta a otro sitio completamente distinto).

El habitante privilegiado (porque tiene el privilegio de vivir en una dimensión más) ha escudriñado con atención nuestro periplo y sabe que, en nuestro viaje, hemos ido cambiando la dirección hacia la que apuntábamos, de forma imperceptible para nosotros. A ese cambio se le llama *holonomía*. Si la curva cerrada sobre la que viajamos es un paralelo (como ocurre cada día que transcurre en nuestro planeta Tierra, o cada año alrededor del Sol), nosotros no necesitamos vivir en una dimensión más para darnos cuenta de lo que sucede, pues disponemos de las herramientas geométricas necesarias para entenderlo.

La geometría de la holonomía

Sean S una superficie regular orientada y $\alpha : I \longrightarrow S$ una curva regular contenida en la superficie (no necesariamente p.p.a.). A lo largo de α, siempre es posible definir dos campos de vectores $\mathbf{e}_1(t)$ y $\mathbf{e}_2(t)$ formando una base ortonormal (positiva) del plano tangente $T_{\alpha(t)}S$. Una manera sencilla de definir estos campos sería tomando $\mathbf{e}_1(t) = \alpha'(t)/\left|\alpha'(t)\right|$ y $\mathbf{e}_2(t) = \mathbf{J}\mathbf{e}_1(t)$.

Otra podría ser la siguiente: si $\alpha(I) \subset X(U)$, siendo (U,X) una parametrización de S, consideramos

$$\mathbf{e}_1(t) = \frac{X_u}{\sqrt{E}}\big(u(t),v(t)\big), \qquad \mathbf{e}_2(t) = \mathbf{J}\mathbf{e}_1(t),$$

siendo $\big(u(t),v(t)\big)$ la expresión en coordenadas de la curva. En cualquier caso, debe quedar claro que esta elección es arbitraria y que siempre se puede efectuar. El par $\big\{\mathbf{e}_1(t),\mathbf{e}_2(t)\big\}$ se dice que es un *referencial ortonormal* a lo largo de α.

Consideremos ahora $V \in \mathfrak{X}(\alpha)$ un campo diferenciable, tangente y unitario, a lo largo de la curva α. Como $V(t) \in T_{\alpha(t)}S$ para todo $t \in I$, entonces

$$V(t) = \cos\theta_V(t)\,\mathbf{e}_1(t) + \operatorname{sen}\theta_V(t)\,\mathbf{e}_2(t),$$

donde $\theta_V(t)$ es una determinación del ángulo que forman los vectores $\mathbf{e}_1(t)$ y $V(t)$. Calculemos la derivada covariante del campo V a lo largo de α:

$$\begin{aligned}\frac{DV}{dt}(t) &= -\theta_V'(t)\operatorname{sen}\theta_V(t)\,\mathbf{e}_1(t) + \cos\theta_V(t)\frac{D\mathbf{e}_1}{dt}(t)\\ &\quad + \theta_V'(t)\cos\theta_V(t)\,\mathbf{e}_2(t) + \operatorname{sen}\theta_V(t)\frac{D\mathbf{e}_2}{dt}(t).\end{aligned} \tag{7.2}$$

Para poder continuar necesitamos conocer el valor de la derivada covariante de los vectores del referencial ortonormal. Como $\left|\mathbf{e}_1(t)\right|^2 = 1 = \left|\mathbf{e}_2(t)\right|^2$ y $\big\langle \mathbf{e}_1(t),\mathbf{e}_2(t)\big\rangle = 0$, derivando se obtiene $\big\langle \mathbf{e}_i'(t),\mathbf{e}_i(t)\big\rangle = 0$, $i = 1,2$, y $\big\langle \mathbf{e}_1'(t),\mathbf{e}_2(t)\big\rangle = -\big\langle \mathbf{e}_1(t),\mathbf{e}_2'(t)\big\rangle$, de donde se deduce que

$$\frac{D\mathbf{e}_1}{dt}(t) = \big\langle \mathbf{e}_1'(t),\mathbf{e}_1(t)\big\rangle\mathbf{e}_1(t) + \big\langle \mathbf{e}_1'(t),\mathbf{e}_2(t)\big\rangle\mathbf{e}_2(t) = \big\langle \mathbf{e}_1'(t),\mathbf{e}_2(t)\big\rangle\mathbf{e}_2(t) =: \omega(t)\mathbf{e}_2(t),$$

$$\frac{D\mathbf{e}_2}{dt}(t) = \big\langle \mathbf{e}_2'(t),\mathbf{e}_1(t)\big\rangle\mathbf{e}_1(t) + \big\langle \mathbf{e}_2'(t),\mathbf{e}_2(t)\big\rangle\mathbf{e}_2(t) = -\omega(t)\mathbf{e}_1(t).$$

Introduciendo estas expresiones en la fórmula (7.2) de la derivada covariante de V, obtenemos que

$$\begin{aligned}\frac{DV}{dt}(t) &= \big(-\theta_V'(t) - \omega(t)\big)\operatorname{sen}\theta_V(t)\mathbf{e}_1(t) + \big(\theta_V'(t) + \omega(t)\big)\cos\theta_V(t)\mathbf{e}_2(t)\\ &= \big(\theta_V'(t) + \omega(t)\big)\big(-\operatorname{sen}\theta_V(t)\mathbf{e}_1(t) + \cos\theta_V(t)\mathbf{e}_2(t)\big)\end{aligned} \tag{7.3}$$

donde, como ya sabemos, $\theta_V'(t)$ mide la variación del ángulo que determinan $\mathbf{e}_1(t)$ y $V(t)$, mientras que $\omega(t) = \big\langle \mathbf{e}_1'(t),\mathbf{e}_2(t)\big\rangle = \big\langle (D\mathbf{e}_1/dt)(t),\mathbf{e}_2(t)\big\rangle$. Observemos que ambas son funciones que dependen del referencial ortonormal escogido. Sin embargo, nosotros sabemos que la derivada covariante de un campo es un *concepto geométrico* (no depende de ninguna elección). Por tanto, el módulo de la derivada covariante también es algo geométrico y dicho módulo es, precisamente,

$$\left|\frac{DV}{dt}(t)\right| = \left|\theta_V'(t)+\omega(t)\right|.$$

En consecuencia, pese a que cada una de las funciones (por separado) depende del referencial escogido, no ocurre así con la suma de ambas.

A continuación, observemos que el seno y el coseno no pueden anularse simultáneamente. Entonces, podemos afirmar lo siguiente: el campo V es paralelo si, y solo si, $\theta_V'(t) = -\omega(t)$. En otras palabras, V es paralelo si, y solo si,

$$\theta_V(t) = \theta_V(t_0) - \int_{t_0}^{t} \omega(s)\,ds$$

para $t_0 \in I$. Observemos en primer lugar que la función

$$t \rightsquigarrow \int_{t_0}^{t} \omega(s)\,ds$$

es independiente de la determinación del ángulo θ_V. Además, es muy importante reseñar lo siguiente: la función anterior no depende del campo paralelo V de partida. Esta observación puede justificarse fácilmente si pensamos que ω solo depende del referencial ortonormal escogido. Podemos establecer así la siguiente definición:

Definición 7.1.2. *Con la notación anterior, se denomina* ***holonomía a lo largo de*** α *a la función dada por*

$$\mathfrak{H}_{t_0}(t) = -\int_{t_0}^{t} \omega(s)\,ds. \tag{7.4}$$

Obsérvese que si $W \in \mathfrak{X}(\alpha)$ es otro campo paralelo a lo largo de α, según la construcción anterior únicamente se va a distinguir de V en la condición inicial $\theta_W(t_0)$ (la constante de integración); así, cualquier campo $W \in \mathfrak{X}(\alpha)$ se va a poder expresar como

$$W(t) = \cos\big(\theta_W(t_0) + \mathfrak{H}_{t_0}(t)\big)\mathbf{e}_1(t) + \operatorname{sen}\big(\theta_W(t_0) + \mathfrak{H}_{t_0}(t)\big)\mathbf{e}_2(t).$$

Esto supone una prueba alternativa al hecho ya demostrado de que dos campos paralelos a lo largo de una curva determinan un ángulo constante (proposición 4.1.5).

La holonomía expresa por tanto cuánto varía el ángulo que determina *cualquier* campo paralelo (es la misma cantidad para todos) con respecto a un referencial ortonormal dado. Observemos que esta variación, en principio, solo puede apreciarse desde una «perspectiva extrínseca» pues, desde el punto de vista intrínseco, el campo, al ser paralelo, no cambia de dirección a lo largo de la curva.

¿Quiere esto decir que la holonomía no puede observarse desde «dentro»? La respuesta a esta cuestión es negativa. La holonomía es un concepto intrínseco, pero únicamente se pone de manifiesto si podemos comparar nuestra situación final con la situación de partida. Esto puede hacerse cuando la curva sobre la que estamos trabajando es una curva cerrada. Así, en el caso especial de que $\alpha : [a,b] \longrightarrow S$ sea una curva cerrada, la holonomía $\mathfrak{H}_a(b)$ nos dice cuál es el cambio que experimenta un campo paralelo V a lo largo de la curva cuando se regresa al punto de partida. Y este cambio, evidentemente, sí puede apreciarse desde una perspectiva intrínseca: comparando el valor del campo de salida con el de llegada.

Supongamos ahora que la curva cerrada α es además una geodésica que se cierra regularmente. Entonces es fácil ver que el campo paralelo vuelve al punto de partida en la misma posición inicial, es decir, el ángulo $\theta_V(t)$ que determinan los vectores $V(t)$ y $\mathbf{e}_1(t)$ verifica $\theta_V(b) = \theta_V(a) + 2\pi k$, $k \in \mathbb{Z}$. En efecto, dado que la holonomía no depende del campo paralelo elegido, podemos tomar, para calcularla, el propio campo velocidad de la curva, α', que es paralelo ya que α es una geodésica. En consecuencia, $\omega(t) = -\theta'_{\alpha'}(t)$ y, de forma obvia,

$$\mathfrak{H}_a(b) = -\int_a^b \omega(t)\,dt = \int_a^b \theta'_{\alpha'}(t)\,dt = \theta_{\alpha'}(b) - \theta_{\alpha'}(a) = 2\pi k,$$

ya que α se cierra de forma regular. Luego $\theta_V(b) = \theta_V(a) + \mathfrak{H}_a(b) = \theta_V(a) + 2\pi k$.

El número $k \in \mathbb{Z}$ depende, entre otras cosas, de la elección que se haga del referencial ortonormal. Si este proviene de una parametrización (U,X) y conocemos la topología de U, entonces puede determinarse con precisión el valor del entero k. En cualquier caso, obsérvese el hecho de que un campo paralelo regresa en la misma posición cuando este se desplaza a lo largo de una geodésica, ya que esto solo depende de la geometría intrínseca.

Puede probarse (véase el ejercicio 7.1) que la holonomía a lo largo de una curva cerrada arbitraria (entendida esta como el cambio que experimenta un campo paralelo al desplazarse a lo largo de la curva) no depende del referencial ortonormal escogido.

Ejemplo 7.1 (Holonomía en un paralelo de la esfera). Consideremos la esfera $\mathbb{S}^2(r)$ y su parametrización $X(u,v) = (r \operatorname{sen} u \cos v, r \operatorname{sen} u \operatorname{sen} v, r \cos u)$ dada por las coordenadas geográficas, que es una parametrización ortogonal. Consideremos un paralelo de la misma $\alpha(v) = X(u_0, v)$. Un rápido cálculo muestra que

$$\mathbf{e}_1(v) = (\cos u_0 \cos v, \cos u_0 \operatorname{sen} v, -\operatorname{sen} u_0), \quad \mathbf{e}_2(v) = (-\operatorname{sen} v, \cos v, 0)$$

forman un referencial ortonormal a lo largo del paralelo $u = u_0$, de donde se obtiene $\omega(v) = \langle \mathbf{e}'_1(v), \mathbf{e}_2(v) \rangle = \cos u_0$. En consecuencia, la holonomía a lo largo del paralelo $u = u_0$ viene dada por la función[1]

$$\mathfrak{H}_0(v) = -\int_0^v \omega(t)\,dt = -v \cos u_0.$$

[1] Recuérdese que, aquí, la variable u representa la *colatitud* (distancia angular al polo norte), y no la *latitud* (distancia angular al plano ecuatorial), como suele ser habitual. Si queremos expresar la fórmula para la holonomía en términos de la latitud (que representamos por $\overline{u}$) para el paralelo $\overline{u} = \overline{u}_0$, como $\overline{u}_0 = \pi/2 - u_0$, se obtiene trivialmente que $\mathfrak{H}_0(v) = -v \operatorname{sen} \overline{u}_0$.

En particular,

$$\mathfrak{H}_0(2\pi) = -2\pi\cos u_0.$$

Obsérvese que si $\alpha(v)$ es el paralelo $u = \pi/2$, es decir, el ecuador (una geodésica), $\mathfrak{H}_0(2\pi) = 0$. Si hubiésemos elegido otro referencial ortonormal $\{\bar{\mathbf{e}}_1(s), \bar{\mathbf{e}}_2(s)\}$ a lo largo del paralelo, se obtendría $\mathfrak{H}_0(2\pi) = 2\pi k$ para un cierto $k \in \mathbb{Z}$. ♢

Una aplicación: el péndulo de Foucault

En el año 1851, con vistas a demostrar la rotación de la Tierra, Jean Bernard Léon Foucault (1819-1868) realizó el siguiente experimento en el Panteón de París (también conocido como iglesia de Santa Genoveva):[2] construyó un péndulo que consistía en una bala de cañón de 28 kilogramos suspendida de un alambre de 67 metros de longitud, y acabado en una punta que dibujaba sus oscilaciones sobre un lecho de arena; apartó el péndulo de la posición de equilibrio estable, sosteniéndolo inmóvil mediante una cuerda, a la que se aplicó una llama, hasta que esta se rompió y el péndulo comenzó a oscilar.

Foucault observó que el plano en el que el péndulo oscilaba rotaba alrededor de la vertical y completaba una vuelta después de $24/\cos u_0$ horas, siendo u_0 la *colatitud* en la que el péndulo estaba situado (o $24/\operatorname{sen}\bar{u}_0$ horas, si lo expresamos en términos de la latitud $\bar{u}_0$). La gran altura del techo en el Panteón de París, que permite colocar un péndulo de grandes dimensiones, propició una observación perfecta del fenómeno. En la actualidad, y desde 1995, el péndulo se encuentra de nuevo situado en su ubicación original (véase la fotografía de la figura 7.2).

Figura 7.2: Péndulo de Foucault en el Panteón de París (foto original).

[2] Foucault ya había construido previamente dos péndulos: uno de dos metros en su taller y algo más tarde, en 1850, uno de once metros en la sala central del observatorio de París.

Nuestra intención en este epígrafe es analizar dicho experimento desde el punto de vista de la Geometría Diferencial. Para ello, vamos a suponer que el péndulo está colocado en un punto del globo terráqueo con una colatitud u_0. Además, en lugar de considerar que es la Tierra la que está rotando, vamos a pensar que se encuentra estacionaria y que es el péndulo el que se mueve con velocidad constante alrededor del paralelo, completando una vuelta cada 24 horas. Observemos que esta situación es totalmente equivalente a la que se da en la realidad, en virtud de la simetría rotacional de la Tierra (lo importante en el experimento no es que la Tierra rote, sino que la estructura que sostiene al péndulo –y el propio péndulo– complete un giro alrededor de la Tierra cada 24 horas).

Tomando de nuevo $X(u,v)$ la parametrización dada por las coordenadas geográficas, en cada punto $X(u_0,v)$ del paralelo $u=u_0$ podemos definir un campo de vectores W, donde $W(v)$ es un vector tangente a la Tierra que apunta en la siguiente dirección: cada vez que el péndulo alcanza su punto más bajo, su vector velocidad es tangente a la superficie terrestre; definimos entonces $W(v)$ como dicho vector velocidad. Observemos entonces que el vector $W(v)$ junto con el normal a la superficie terrestre (la vertical) determinan, precisamente, el plano en el que está oscilando el péndulo.

El campo $W(v)$ depende de la posición $X(u_0,v)$ y, en última instancia, del valor v, que es la *longitud* en la que se encuentra el péndulo de Foucault en la Tierra. Ahora bien, el parámetro v también nos sirve como una medida del tiempo, ya que el péndulo completa una vuelta a velocidad constante cada 24 horas. De hecho, al moverse el péndulo a velocidad constante por el paralelo, la variable v es proporcional al tiempo T, digamos $v=aT$. Así pues, el vector velocidad $V(T)=W(aT)=W(v)$, y podemos calcular la aceleración a la que está sometida el péndulo como

$$\frac{dV}{dT}(T)=a\frac{dW}{dv}(v).$$

Por otra parte, la única fuerza que está actuando sobre el péndulo es la gravitatoria.[3] Ahora bien, la gravedad es una fuerza *central*, y actúa siempre en la dirección vertical (la del normal). En consecuencia, la segunda ley de Newton[4] nos asegura que la componente horizontal de la aceleración (su parte tangente) es cero, es decir,

$$\frac{DW}{dv}(v)=\mathbf{0}.$$

Este argumento demuestra que W es un campo paralelo a lo largo de la curva considerada, es decir, el paralelo $u=u_0$ de la Tierra. Ya sabemos (véase el ejemplo 7.1) que la holonomía a lo largo de dicha curva vale $\mathfrak{H}_0(2\pi)=-2\pi\cos u_0$, lo cual nos asegura que el campo W rota un ángulo de $-2\pi\cos u_0$ radianes cada vuelta completa, esto es, cada 24 horas. Así pues, la velocidad angular del péndulo es

$$w=\frac{2\pi\cos u_0}{24}\text{radianes/hora},$$

[3] En realidad, existe una fuerza centrípeta resultante de la rotación alrededor del paralelo, pero es del orden de $1/290$ veces la fuerza de la gravedad, y no interfiere significativamente en los resultados.

[4] La segunda ley de Newton afirma que *la fuerza resultante que actúa sobre un cuerpo es proporcional a la aceleración a la que este se encuentra sometido.*

completando una vuelta cuando han transcurrido

$$T = \frac{2\pi \text{ radianes}}{w \text{ radianes/hora}} = \frac{24}{\cos u_0} \text{horas}.$$

Este es el mismo periodo observado en los experimentos y deducido por los físicos utilizando otros medios alternativos.

En el caso del experimento original, la colatitud de la ciudad de París es aproximadamente $u_0 = 0{,}718$ radianes (su latitud es $\overline{u}_0 \approx 48{,}862222$ grados). Por tanto, el péndulo de Foucault completa una vuelta después de $24/\cos u_0 \approx 31{,}867$ horas.

Obsérvese además que un péndulo situado en el polo norte ($u_0 = 0$) completaría una vuelta en 24 horas, mientras que si este se encuentra en el ecuador ($u_0 = \pi/2$), entonces no rota pues, como ya sabemos, la holonomía es cero.

7.1.3. La curvatura geodésica en una parametrización ortogonal

En esta sección vamos a expresar la curvatura geodésica de una curva arbitraria de forma apropiada, en términos de las curvaturas geodésicas de las curvas coordenadas y del ángulo de rotación que ya hemos estudiado.

La curvatura geodésica de las curvas coordenadas en una parametrización ortogonal

Sean (U,X) una parametrización ortogonal positivamente orientada de una superficie regular orientada S, y $\alpha_1(u) = X(u,v_0)$, $\alpha_2(v) = X(u_0,v)$ sus curvas coordenadas. Sean $k_g^1(u)$ y $k_g^2(v)$ las curvaturas geodésicas de $\alpha_1(u)$ y $\alpha_2(v)$, respectivamente.

Los vectores $\{X_u, X_v\}$ son ortogonales, ya que $F = \langle X_u, X_v\rangle = 0$, pero no necesariamente unitarios. Tomamos entonces $\{\mathbf{e}_1 = X_u/\sqrt{E}, \mathbf{e}_2 = X_v/\sqrt{G}\}$, que sí es una base ortonormal del plano tangente. Además, por ser X positivamente orientada, se tiene que $\mathrm{J}\mathbf{e}_1 = \mathbf{e}_2$ y $\mathrm{J}\mathbf{e}_2 = -\mathbf{e}_1$. Por tanto,

$$\mathrm{J}\alpha_1'(u) = \mathrm{J}X_u(u,v_0) = \mathrm{J}\big(\sqrt{E}\,\mathbf{e}_1\big)(u,v_0) = \big(\sqrt{E}\,\mathbf{e}_2\big)(u,v_0) = \frac{\sqrt{E}}{\sqrt{G}} X_v(u,v_0),$$

y la curvatura geodésica es

$$k_g^1(u) = \frac{\langle \alpha_1''(u), \mathrm{J}\alpha_1'(u)\rangle}{|\alpha_1'(u)|} = \frac{\left\langle X_{uu}, \frac{\sqrt{E}}{\sqrt{G}} X_v \right\rangle}{|X_u|^3}(u,v_0) = \frac{\sqrt{E}}{\sqrt{G}\big(\sqrt{E}\big)^3} \langle X_{uu}, X_v\rangle\,(u,v_0).$$

Como las derivadas parciales de E y F valen

$$E_v = \langle X_u, X_u\rangle_v = 2\,\langle X_{uv}, X_u\rangle \quad \text{y} \quad 0 = F_u = \langle X_u, X_v\rangle_u = \langle X_{uu}, X_v\rangle + \langle X_u, X_{uv}\rangle,$$

sustituyendo en la expresión anterior se obtiene finalmente que

$$k_g^1(u) = \frac{-1}{E\sqrt{G}} \langle X_u, X_{uv}\rangle\,(u,v_0) = \frac{-E_v}{2E\sqrt{G}}(u,v_0). \tag{7.5}$$

Análogamente se calcularía la curvatura geodésica de la segunda curva coordenada:

$$k_g^2(v) = \frac{G_u}{2G\sqrt{E}}(u_0, v). \tag{7.6}$$

La curvatura geodésica de una curva en una parametrización ortogonal

Sea $\alpha : I \longrightarrow S$ una curva regular, p.p.a., contenida en una superficie regular y orientada S, y supongamos que existe una parametrización ortogonal (U, X) positivamente orientada tal que $\alpha(I) \subset X(U)$ (localmente, siempre existe). Representamos por $\widetilde{\alpha}(s) = (X^{-1} \circ \alpha)(s) = \big(u(s), v(s)\big)$ la expresión en coordenadas de α. Por comodidad, escribiremos $X(s) := X\big(\widetilde{\alpha}(s)\big)$, así como para cualquier otro funcional que se evalúe en $\widetilde{\alpha}(s)$. Como la parametrización X es ortogonal, los vectores

$$\left\{ \mathbf{e}_1(s) = \frac{X_u(s)}{\sqrt{E(s)}}, \mathbf{e}_2(s) = \frac{X_v(s)}{\sqrt{G(s)}} \right\}$$

son una base ortonormal de $T_{\alpha(s)}S$, verificándose de nuevo que $\mathrm{J}\mathbf{e}_1 = \mathbf{e}_2$ y $\mathrm{J}\mathbf{e}_2 = -\mathbf{e}_1$. El ángulo de rotación $\theta(s)$ de la curva α respecto a la parametrización X satisface

$$\alpha'(s) = \cos\theta(s)\mathbf{e}_1(s) + \operatorname{sen}\theta(s)\mathbf{e}_2(s),$$

y por tanto,

$$\mathrm{J}\alpha'(s) = \cos\theta(s)\mathbf{e}_2(s) - \operatorname{sen}\theta(s)\mathbf{e}_1(s).$$

Además, basta considerar el campo $V = \alpha'$ en la expresión (7.3) para obtener que

$$\frac{D\alpha'}{ds}(s) = \big(\theta'(s) + \omega(s)\big)\big(-\operatorname{sen}\theta(s)\mathbf{e}_1(s) + \cos\theta(s)\mathbf{e}_2(s)\big),$$

donde $\omega(s) = \big\langle \mathbf{e}_1'(s), \mathbf{e}_2(s) \big\rangle$. Así, un rápido cálculo permite comprobar que la curvatura geodésica de α (curva que está p.p.a.) vale

$$k_g(s) = \big\langle \alpha''(s), \mathrm{J}\alpha'(s) \big\rangle = \left\langle \frac{D\alpha'}{ds}(s), \mathrm{J}\alpha'(s) \right\rangle = \theta'(s) + \omega(s).$$

Por tanto, solo resta calcular el valor de la función $\omega(s) = \big\langle \mathbf{e}_1'(s), \mathbf{e}_2(s) \big\rangle$ de forma explícita. Dado que

$$\mathbf{e}_1'(s) = \frac{d}{ds}\left(\frac{1}{\sqrt{E(s)}}\right) X_u(s) + \frac{1}{\sqrt{E(s)}}\Big(X_{uu}(s)u'(s) + X_{uv}(s)v'(s)\Big)$$

y usando

$$\langle X_{uu}, X_v \rangle = -\langle X_u, X_{uv} \rangle = -\frac{1}{2}E_v \quad \text{y} \quad \langle X_{uv}, X_v \rangle = \frac{1}{2}G_u,$$

se tiene que

$$\begin{aligned} \omega(s) &= \frac{1}{\sqrt{EG(s)}}\Big[u'(s)\big\langle X_{uu}(s), X_v(s)\big\rangle + v'(s)\big\langle X_{uv}(s), X_v(s)\big\rangle\Big] \\ &= \frac{1}{\sqrt{EG(s)}}\left[-\frac{1}{2}u'(s)E_v(s) + \frac{1}{2}v'(s)G_u(s)\right]. \end{aligned}$$

Así, la curvatura geodésica vale

$$k_g(s) = \theta'(s) + \frac{1}{2\sqrt{EG(s)}}\Big[-u'(s)E_v(s) + v'(s)G_u(s)\Big]. \tag{7.7}$$

Como consecuencia directa de (7.7) se obtiene la llamada fórmula de Liouville para la curvatura geodésica, un análogo a la fórmula de Euler (3.7) para la curvatura normal que ya estudiamos en la sección 3.5.

Teorema 7.1.3 (La fórmula de Liouville). *Sean $\alpha : I \longrightarrow S$ una curva regular p.p.a. y (U,X) una parametrización ortogonal de S de forma que $\alpha(I) \subset X(U)$. Entonces, siguiendo la notación anterior, se verifica que*

$$k_g(s) = k_g^1\big(u(s)\big)\cos\theta(s) + k_g^2\big(v(s)\big)\operatorname{sen}\theta(s) + \theta'(s).$$

Demostración. Sustituyendo en (7.7) las fórmulas correspondientes a las curvaturas geodésicas de las curvas coordenadas dadas en (7.5) y (7.6), se obtiene que la curvatura geodésica vale

$$\begin{aligned} k_g(s) &= \theta'(s) + \frac{1}{2\sqrt{EG(s)}}\Big[-u'(s)E_v(s) + v'(s)G_u(s)\Big] \\ &= \theta'(s) - \frac{u'(s)E_v(s)}{2\sqrt{EG(s)}}\frac{\sqrt{E(s)}}{\sqrt{E(s)}} + \frac{v'(s)G_u(s)}{2\sqrt{EG(s)}}\frac{\sqrt{G(s)}}{\sqrt{G(s)}} \\ &= \theta'(s) + k_g^1\big(u(s)\big)u'(s)\sqrt{E(s)} + k_g^2\big(v(s)\big)v'(s)\sqrt{G(s)}. \end{aligned}$$

Ahora bien, dado que

$$\alpha'(s) = u'(s)X_u(s) + v'(s)X_v(s) = u'(s)\sqrt{E(s)}\mathbf{e}_1(s) + v'(s)\sqrt{G(s)}\mathbf{e}_2(s),$$

necesariamente se tiene que $u'(s)\sqrt{E(s)} = \cos\theta(s)$ y $v'(s)\sqrt{G(s)} = \operatorname{sen}\theta(s)$, lo que concluye la demostración de la fórmula de Liouville. □

7.1.4. El teorema de Green en $\mathbb{R}^2$

El último ingrediente que necesitamos para poder demostrar el teorema de Gauss-Bonnet, en su versión local, es el teorema de Green en el plano (véase, por ejemplo, [6]). Recordemos rápidamente su enunciado.

Teorema 7.1.4 (de Green). *Sea $\alpha : [0,\ell] \longrightarrow \mathbb{R}^2$, $\alpha(s) = \big(u(s), v(s)\big)$, una parametrización positivamente orientada de un polígono curvado en $\mathbb{R}^2$, y sea Ω el subconjunto abierto acotado por este. Sean ahora $P, Q : \mathrm{cl}\,\Omega \longrightarrow \mathbb{R}$ funciones diferenciables, $P = P(u,v)$, $Q = Q(u,v)$. Entonces,*

$$\iint_\Omega \left(\frac{\partial Q}{\partial u}(u,v) - \frac{\partial P}{\partial v}(u,v)\right) du dv = \sum_{i=1}^{k}\int_{s_{i-1}}^{s_i}\Big[P(s)u'(s) + Q(s)v'(s)\Big]\,ds,$$

donde $0 = s_0 < s_1 < \ldots < s_k = \ell$ es una partición de $[0,\ell]$ tal que $\alpha|_{[s_{i-1},s_i]}$ es diferenciable para todo $i = 0,\ldots,k$, y $P(s) = P\big(u(s),v(s)\big)$, $Q(s) = Q\big(u(s),v(s)\big)$.

7.1.5. El teorema de Gauss-Bonnet (versión local)

El ámbito de aplicación de este resultado local es el de las *regiones simples* de una superficie, es decir, regiones $R \subset S$ simplemente conexas (véase la definición 2.5.3). La frontera de una región simple es lo que hemos definido como un polígono curvado.

Si $\Gamma \subset S$ es un polígono curvado y $\alpha : [0,\ell] \longrightarrow \Gamma \subset S$ es una parametrización por la longitud de arco de Γ, positivamente orientada, vamos a representar por

$$\int_\Gamma k_g\,ds = \sum_{i=1}^{k} \int_{s_{i-1}}^{s_i} k_g(s)\,ds,$$

donde s es el parámetro arco y $0 = s_0 < s_1 < \ldots < s_k = \ell$ es una partición del intervalo $[0,\ell]$ de forma que $\alpha_i = \alpha|_{[s_{i-1},s_i]}$ es una curva regular.

Otra hipótesis necesaria para este resultado local es que la región R verifique que $R \subset X(U)$, siendo (U,X) una parametrización ortogonal de la superficie. Posteriormente justificaremos que esta hipótesis, *a priori* muy restrictiva, resulta ser no esencial en la prueba global.

Teorema 7.1.5 (de Gauss-Bonnet (versión local)). *Sea $R \subset S$ una región simple de una superficie regular y orientada S, de modo que $R \subset X(U)$, siendo (U,X) una parametrización ortogonal de S. Entonces,*

$$\int_R K\,dA + \int_{\mathrm{bd}R} k_g\,ds + \sum_{i=1}^{k} \varepsilon_i = 2\pi, \tag{7.8}$$

donde ε_i representan los ángulos externos en los vértices del polígono curvado $\mathrm{bd}R$.

Demostración. Podemos suponer, sin pérdida de generalidad, que (U,X) es una parametrización positivamente orientada de S. Sea $\alpha : [0,\ell] \longrightarrow S$ una parametrización por la longitud de arco, positivamente orientada, de $\mathrm{bd}R$, de forma que $\alpha(0) = \alpha(\ell)$ sea un vértice (no trivial). Finalmente, sea $0 = s_0 < s_1 < \ldots < s_k = \ell$ una partición del intervalo $[0,\ell]$ tal que $\alpha(s_i)$ son los vértices de α. Obsérvese que, en el punto $\alpha(0) = \alpha(\ell)$, el vector $\alpha'_+(\ell)$ no existe, aunque sí los vectores $\alpha'_-(\ell), \alpha'_+(0) \in T_{\alpha(0)}S$. Por lo tanto, si consideramos la base $\{\alpha'_-(\ell), \mathrm{J}\alpha'_-(\ell)\}$, el ángulo externo ε_k (correspondiente al valor del parámetro $s_k = \ell$) es el único ángulo en $(-\pi,\pi]$ que satisface $\alpha'_+(0) = \cos\varepsilon_k\,\alpha'_-(\ell) + \operatorname{sen}\varepsilon_k\,\mathrm{J}\alpha'_-(\ell)$.

Dado que $\alpha_i = \alpha|_{[s_{i-1},s_i]}$ es una curva regular, la fórmula (7.7) nos asegura que, en el intervalo $[s_{i-1},s_i]$, su curvatura geodésica vale

$$k_g(s) = \theta_i'(s) + \frac{1}{2\sqrt{EG(s)}}\Big[-u'(s)E_v(s) + v'(s)G_u(s)\Big],$$

donde E, G, E_v, G_u están evaluadas en la curva[5] $\widetilde{\alpha}(s) = X^{-1}\big(\alpha(s)\big) = \big(u(s), v(s)\big)$, y donde, siguiendo la notación que viene siendo habitual, $\theta_i(s) = \text{áng}\big(\mathbf{e}_1(s), \alpha_i'(s)\big)$

[5] Observemos que esta curva determina una región simple en el plano, pues X es un homeomorfismo. Así, podremos aplicar posteriormente el teorema de Green en el plano.

para $\mathbf{e}_1(s) = X_u(s)/\sqrt{E(s)}$ y $s \in (s_{i-1}, s_i)$. Obsérvese que, en los extremos de cada porción α_i de la curva α, el ángulo θ_i vale $\theta_i(s_{i-1}) = \text{áng}\big(\mathbf{e}_1(s_{i-1}), \alpha'_+(s_{i-1})\big)$ y $\theta_i(s_i) = \text{áng}\big(\mathbf{e}_1(s_i), \alpha'_-(s_i)\big)$. Así,

$$\int_{\text{bd}R} k_g\, ds = \sum_{i=1}^{k} \int_{s_{i-1}}^{s_i} k_g(s)\, ds$$
$$= \sum_{i=1}^{k} \int_{s_{i-1}}^{s_i} \frac{1}{2\sqrt{EG(s)}} \Big[-u'(s)E_v(s) + v'(s)G_u(s)\Big]\, ds + \sum_{i=1}^{k} \int_{s_{i-1}}^{s_i} \theta_i'(s)\, ds.$$

Calculamos el valor de ambos sumandos: el segundo es

$$\sum_{i=1}^{k} \int_{s_{i-1}}^{s_i} \theta_i'(s)\, ds = \sum_{i=1}^{k} \big(\theta_i(s_i) - \theta_i(s_{i-1})\big) = 2\pi - \sum_{i=1}^{k} \varepsilon_i,$$

gracias a la fórmula (7.1) que nos da el teorema de rotación de las tangentes (véase el teorema 7.1.1); utilizando ahora el teorema de Green 7.1.4, podemos deducir que el primero vale

$$\sum_{i=1}^{k} \int_{s_{i-1}}^{s_i} \left(\frac{-E_v(s)}{2\sqrt{EG(s)}} u'(s) + \frac{G_u(s)}{2\sqrt{EG(s)}} v'(s) \right) ds = \sum_{i=1}^{k} \int_{s_{i-1}}^{s_i} \Big[P(s)u'(s) + Q(s)v'(s)\Big] ds$$
$$= \iint_{X^{-1}(R)} \left(\frac{\partial Q}{\partial u} - \frac{\partial P}{\partial v} \right) du dv = \iint_{X^{-1}(R)} \frac{1}{2} \left[\left(\frac{G_u}{\sqrt{EG}} \right)_u + \left(\frac{E_v}{\sqrt{EG}} \right)_v \right] du dv$$
$$= \iint_{X^{-1}(R)} -K\sqrt{EG}\, du dv = -\int_R K\, dA$$

por ser X una parametrización ortogonal (véase el ejercicio 3.31). En definitiva, hemos obtenido que

$$\int_{\text{bd}R} k_g\, ds = -\int_R K\, dA + 2\pi - \sum_{i=1}^{k} \varepsilon_i,$$

de donde se deduce inmediatamente el resultado. □

7.2. EL TEOREMA DE GAUSS-BONNET (VERSIÓN GLOBAL)

El teorema de Gauss-Bonnet admite una versión para regiones con topología arbitraria y no necesariamente contenidas en un entorno coordenado. Su demostración se basa en la versión local y se lleva a cabo gracias a una serie de hechos topológicos cuya prueba omitiremos por exceder las pretensiones de este libro.

Un esquema de la prueba para la versión global del teorema de Gauss-Bonnet puede ser el siguiente: dada una región arbitraria, siempre podemos dividirla en regiones más sencillas (concretamente, triángulos) de suerte que estas nuevas regiones se encuentren en las condiciones de la versión local ya demostrada previamente. A continuación, aplicamos la versión local a cada uno de dichos triángulos, sumamos y obtenemos que:

- Las integrales 2-dimensionales de la curvatura de Gauss sobre cada uno de los triángulos se suman sin más, lo que determina la integral de la curvatura de Gauss sobre la región global.
- Análogamente, se suman las integrales 1-dimensionales de las curvaturas geodésicas sobre los lados de cada uno de los triángulos. En esta suma, los lados «interiores» se recorren dos veces con sentidos opuestos, y las integrales correspondientes se cancelan, por lo que únicamente queda la integral 1-dimensional de la curvatura geodésica sobre la frontera de la región original.
- Finalmente, y mediante técnicas de conteo, se analiza la información disponible sobre los ángulos en cada uno de los vértices de los triángulos, apareciendo un invariante topológico de gran importancia conocido como la *característica de Euler-Poincaré*.

Pasamos ya a precisar los conceptos necesarios para esta demostración.

Obsérvese antes de nada que, en una región R, cada uno de los polígonos curvados Γ_i que delimitan su frontera se puede parametrizar mediante una curva regular a trozos, p.p.a. y positivamente orientada $\alpha_i : [0, \ell_i] \longrightarrow \Gamma_i$.

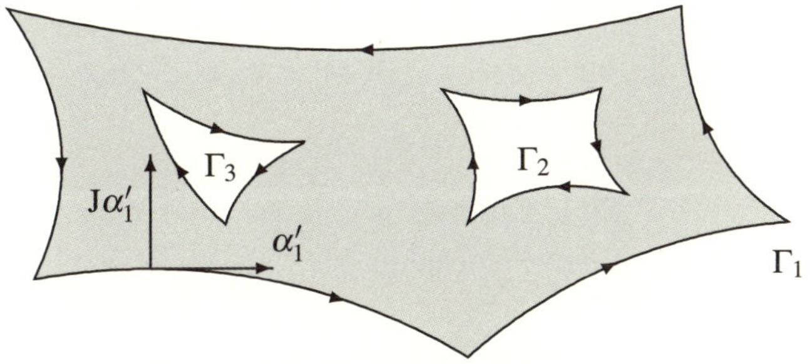

Figura 7.3: Una región de una superficie delimitada por tres polígonos curvados.

Esta parametrización positiva significa de nuevo, geométricamente, que el vector $\mathrm{J}\alpha_i'(s)$ debe «apuntar» hacia el interior de la región (véase la figura 7.3). Obsérvese que, en tal caso, los polígonos «de dentro» siempre están orientados en sentido contrario a los «de fuera».

7.2.1. Triangulaciones. La característica de Euler-Poincaré

Definición 7.2.1. *Dado un polígono curvado parametrizado por una curva α regular a trozos (p.p.a.), con vértices $\alpha(s_0), \ldots, \alpha(s_k)$, llamaremos* ***aristas*** *del polígono a cada uno de los trozos del mismo en los que α es regular, esto es, $\alpha_i := \alpha|_{[s_{i-1}, s_i]}$ para $i = 1, \ldots, k$.*

Definición 7.2.2. *i) Un* ***triángulo*** *en una superficie regular S es una región simple $R \subset S$ tal que $\operatorname{bd} R$ es un polígono curvado con tres vértices.*

ii) Sea R una región de S. Una ***triangulación*** *$\mathfrak{T} = \{\tau_1, \ldots, \tau_n\}$ de R es una colección finita de triángulos τ_i verificando las siguientes condiciones:*

ii.a) $\mathrm{cl}\,R = \bigcup_{i=1}^{n} \mathrm{cl}\,\tau_i$;

ii.b) *si* $i \neq j$, *entonces, o bien* $\mathrm{cl}\,\tau_i \cap \mathrm{cl}\,\tau_j = \emptyset$, *o bien* $\mathrm{cl}\,\tau_i \cap \mathrm{cl}\,\tau_j$ *es una arista común (completa), o bien* $\mathrm{cl}\,\tau_i \cap \mathrm{cl}\,\tau_j$ *es un vértice común.*

iii) Dada una triangulación $\mathfrak{T}$ *de una región* R*, se denominan* ***caras*** *de* $\mathfrak{T}$ *a cada uno de los triángulos* τ_i *que la componen.*

iv) Dada una triangulación $\mathfrak{T}$ *de una región* R*, se define la* ***característica de Euler-Poincaré*** *como*

$$\chi(R, \mathfrak{T}) = C - A + V,$$

donde C*,* A *y* V *representan, respectivamente, el número de caras, aristas y vértices de la triangulación.*

Ejemplo 7.2. La familia de triángulos que cubre la región de la izquierda en la figura 7.4 no es una triangulación, pues una arista de uno de los triángulos es solo parte de la arista de otro que es adyacente.

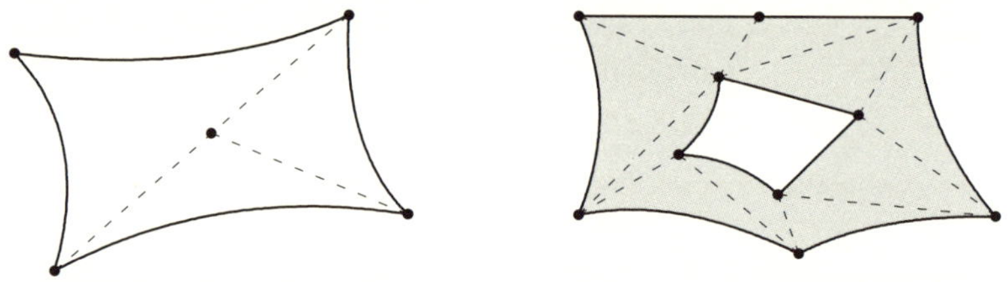

Figura 7.4: La familia de triángulos de la izquierda no es una triangulación; sí lo es la familia de la derecha.

En la figura de la derecha sí tenemos una triangulación $\mathfrak{T}$ de R. Su característica de Euler-Poincaré es $\chi(R, \mathfrak{T}) = 0$, pues $C(\mathfrak{T}) = 10$, $A(\mathfrak{T}) = 20$ y $V(\mathfrak{T}) = 10$. ◇

A continuación, enumeramos una serie de resultados de Topología de Superficies que nos serán de gran utilidad, aunque no demostraremos por salirse fuera de las pretensiones de este libro. Estos pueden consultarse, por ejemplo, en [52].

- Toda región de una superficie S admite una triangulación (véase también [2]).
- La característica de Euler-Poincaré de una región R no depende de la triangulación elegida, luego escribiremos $\chi(R)$ en lugar de $\chi(R, \mathfrak{T})$; más aún, se tiene que es un invariante topológico. Podemos afirmar por tanto que dos regiones R y R' son homeomorfas si, y solo si, $\chi(R) = \chi(R')$ (véase también [44]).
- Si S es una superficie regular orientada, siempre es posible[6] cubrir S con una familia de parametrizaciones ortogonales (U_i, X_i), compatibles con la orientación de S. Más aún, si R es una región de S, existe una triangulación $\mathfrak{T}$ de R tal que cada $\tau \in \mathfrak{T}$ está contenido en algún entorno coordenado $X_i(U_i)$.

[6] Una prueba de este resultado excede las pretensiones de este texto, aunque puede consultarse en [16]. De hecho, lo que se demuestra en esta referencia es incluso más fuerte: podemos cubrir una superficie con parametrizaciones ortogonales ($F = 0$) para las que además $E = F$. Estas son las llamadas *parametrizaciones isotermas*, que ya aparecieron en el contexto de las superficies minimales.

- Al orientar los triángulos de una triangulación positivamente, cada par de triángulos adyacentes determinan orientaciones *opuestas* en la arista común.

Vamos a representar por A_{ext} y A_{int}, respectivamente, el número de *aristas exteriores* (es decir, aristas que pertenecen a la frontera de la región R) e *interiores* (aristas que no componen la frontera bd$R$) de una triangulación $\mathfrak{T}$. El siguiente resultado puede probarse fácilmente por inducción sobre el número de caras de $\mathfrak{T}$, y será de gran utilidad en la demostración del teorema de Gauss-Bonnet.

Lema 7.2.3. *Sea R una región de una superficie regular sobre la que se efectúa una triangulación $\mathfrak{T}$. Entonces se verifica que*

$$3C = 2A_{\text{int}} + A_{\text{ext}}.$$

Demostración. Desde luego, si $C = 1$, entonces $A_{\text{ext}} = 3$ y $A_{\text{int}} = 0$. Luego la fórmula se verifica trivialmente. Supongamos entonces que el resultado es cierto para C triángulos: $3C = 2A_{\text{int}} + A_{\text{ext}}$. Si añadimos un nuevo triángulo a $\mathfrak{T}$, obtenemos una nueva triangulación $\mathfrak{T}'$ en la que el número de caras es siempre $C' = C + 1$, pudiendo aparecer tres posibilidades, que se muestran en la figura 7.5:

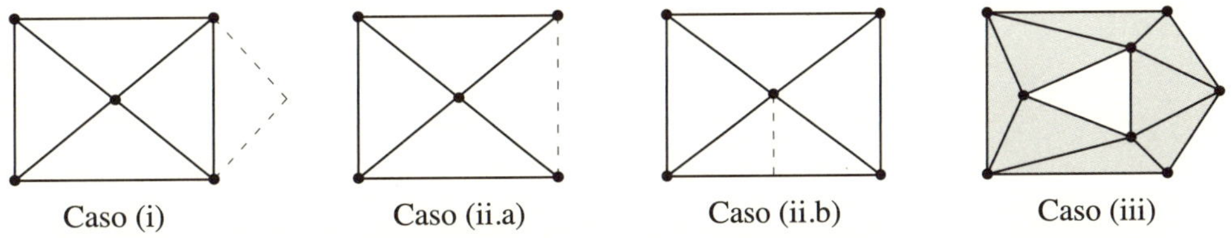

Figura 7.5: Distintas posibilidades al añadir un triángulo en una triangulación.

i) El nuevo triángulo comparte una arista. En tal caso, la arista común pasa a ser una arista interior de la nueva triangulación, por lo que $A'_{\text{int}} = A_{\text{int}} + 1$ y $A'_{\text{ext}} = A_{\text{ext}} - 1 + 2 = A_{\text{ext}} + 1$ (véase la figura 7.5, caso (i)). Un rápido cálculo permite comprobar que la fórmula también se verifica.

ii) El nuevo triángulo comparte dos aristas. Esto puede suceder de dos formas distintas, representadas en los casos (ii.a) y (ii.b) de la figura 7.5:

  ii.a) o bien 2 aristas externas pasan a ser internas, en cuyo caso se tiene que $A'_{\text{int}} = A_{\text{int}} + 2$ y $A'_{\text{ext}} = A_{\text{ext}} - 2 + 1 = A_{\text{ext}} - 1$,

  ii.b) o bien uno de los triángulos originales se divide en dos por una nueva arista, siendo entonces $A'_{\text{int}} = A_{\text{int}} + 1$ y $A'_{\text{ext}} = A_{\text{ext}} + 1$.

  Un rápido cálculo permite comprobar que la fórmula $3C' = 2A'_{\text{int}} + A'_{\text{ext}}$ se verifica en ambos casos.

iii) El nuevo triángulo comparte tres aristas. Para ello, la única posibilidad es que pueda añadirse un triángulo que formaba parte de la frontera (interior) de la región, como se muestra en la figura 7.5, caso (iii). En tal caso, las tres aristas externas se convierten en internas, por lo que $A'_{\text{int}} = A_{\text{int}} + 3$ y $A'_{\text{ext}} = A_{\text{ext}} - 3$. La fórmula también se verifica. □

Obsérvese por otro lado que, si S es una superficie regular *compacta*, entonces S puede verse como una región en sí misma (con frontera vacía), y por tanto, podemos calcular su característica de Euler-Poincaré.

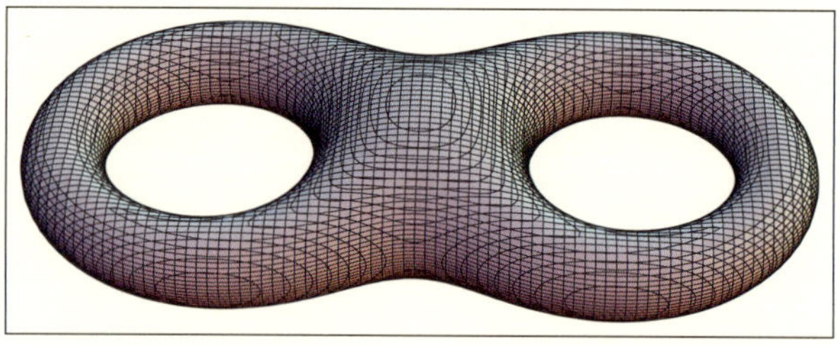

Figura 7.6: El 2-toro $\mathbb{T}^2\#\mathbb{T}^2$.

No es difícil comprobar que, por ejemplo, la característica de Euler-Poincaré de la esfera es $\chi(\mathbb{S}^2) = 2$ (tomando tan solo tres puntos de la esfera que no estén situados sobre una circunferencia máxima, tendremos 2 caras –triángulos, 3 aristas y 3 vértices); la característica del toro es $\chi(\mathbb{T}^2) = 0$, la del *2-toro*, véase la figura 7.6, $\chi(\mathbb{T}^2\#\mathbb{T}^2) = -2$, la del *3-toro* $\chi(\mathbb{T}^2\#\mathbb{T}^2\#\mathbb{T}^2) = -4$, y así sucesivamente.

En general, se tiene el siguiente resultado de clasificación de superficies compactas (véase, por ejemplo, [44]):

Teorema 7.2.4. *Sea S una superficie regular, conexa, orientable y* compacta. *Entonces, su característica de Euler-Poincaré $\chi(S)$ toma uno de los siguientes valores:* $2, 0, -2, -4, \ldots, -2n, \ldots$

En definitiva, como sabemos que dos superficies regulares *compactas* S y S' son homeomorfas si, y solo si, $\chi(S) = \chi(S')$, podemos asegurar que todas las superficies regulares *compactas* son homeomorfas, o bien a la esfera, o al toro, o al 2-toro, o al 3-toro..., dependiendo de que su característica de Euler-Poincaré sea $2, 0, -2, -4, \ldots$

7.2.2. El teorema de Gauss-Bonnet (versión global)

Teorema 7.2.5 (de Gauss-Bonnet (versión global)). *Sea $R \subset S$ una región de una superficie regular y orientada S, y sean $\Gamma_1, \ldots, \Gamma_n$ los polígonos curvados que determinan su frontera. Supongamos que cada Γ_i está positivamente orientado, y sea $\{\varepsilon_1, \ldots, \varepsilon_p\}$ el conjunto de los ángulos externos de las curvas Γ_i. Entonces,*

$$\int_R K\, dA + \sum_{i=1}^{n} \int_{\Gamma_i} k_g\, ds + \sum_{j=1}^{p} \varepsilon_j = 2\pi\chi(R). \tag{7.9}$$

Demostración. Sea $\mathfrak{T} = \{\tau_1, \ldots, \tau_C\}$ una triangulación de R tal que cada triángulo τ_i está contenido en algún entorno coordenado de una familia de parametrizaciones ortogonales, positivamente orientadas. Entonces, $\mathrm{cl}\, R = \bigcup_{i=1}^{C} \mathrm{cl}\, \tau_i$. Cada τ_i es una región simple con tres vértices, cuyos ángulos externos denotaremos por $\{\varepsilon_j^i : j = 1, 2, 3\}$. El teorema de Gauss-Bonnet en su versión local (teorema 7.1.5) asegura entonces que

$$\int_{\tau_i} K\, dA + \int_{\mathrm{bd}\, \tau_i} k_g\, ds + \sum_{j=1}^{3} \varepsilon_j^i = 2\pi$$

para cada τ_i, $i = 1, \ldots, C$, y sumando en i, se tiene que

$$\sum_{i=1}^{C} \int_{\tau_i} K\, dA + \sum_{i=1}^{C} \int_{\mathrm{bd}\, \tau_i} k_g\, ds + \sum_{i=1}^{C} \left(\sum_{j=1}^{3} \varepsilon_j^i \right) = 2\pi C. \tag{7.10}$$

Claramente, por ser $\operatorname{cl} R = \bigcup_{i=1}^{C} \operatorname{cl} \tau_i$, el primer sumatorio vale

$$\sum_{i=1}^{C} \int_{\tau_i} K\, dA = \int_R K\, dA. \tag{7.11}$$

Estudiemos los dos sumandos restantes de la relación (7.10). Si representamos por A_1^i, A_2^i, A_3^i las aristas del triángulo τ_i, el conjunto $\{A_j^i : j = 1,2,3,\, i = 1,\ldots,C\}$ de todas las aristas puede separarse en dos familias, según pertenezcan o no a la frontera de la región R (esto es, dependiendo de que sean aristas exteriores o interiores, véase la figura 7.7). Entonces,

$$\sum_{i=1}^{C} \int_{\operatorname{bd} \tau_i} k_g\, ds = \sum_{i=1}^{C} \sum_{j=1}^{3} \int_{A_j^i} k_g\, ds = \sum_{A_j^i \text{ exterior}} \int_{A_j^i} k_g\, ds + \sum_{A_j^i \text{ interior}} \int_{A_j^i} k_g\, ds.$$

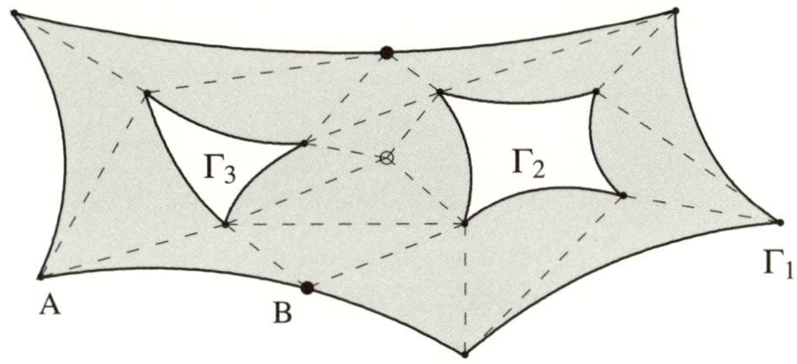

Figura 7.7: Tipos de aristas y vértices en una triangulación.

Ahora bien, obsérvese que todas las aristas interiores aparecen *duplicadas* en el sumatorio anterior, pues cada una de ellas pertenece a dos triángulos. Sabemos que, en una arista común a dos triángulos adyacentes, las orientaciones son opuestas en cada uno de ellos, por lo que las curvaturas geodésicas correspondientes tienen igual valor pero signos contrarios; en definitiva, el segundo sumando se anula. Por tanto,

$$\sum_{i=1}^{C} \int_{\operatorname{bd} \tau_i} k_g\, ds = \sum_{A_j^i \text{ exterior}} \int_{A_j^i} k_g\, ds = \sum_{i=1}^{n} \int_{\Gamma_i} k_g\, ds =: \int_{\operatorname{bd} R} k_g\, ds. \tag{7.12}$$

Estudiemos finalmente el último sumando de (7.10), el correspondiente a los ángulos externos, que vamos a agrupar también en dos familias. En primer lugar, representamos por $\phi_j^i = \pi - \varepsilon_j^i$ el ángulo suplementario de ε_j^i, y distinguimos dos tipos, dependiendo de que el ángulo corresponda a un vértice *externo* (es decir, aquel situado sobre la frontera de R) o a un vértice *interno* (situado en el interior de R). Así pues,

$$\sum_{i=1}^{C} \sum_{j=1}^{3} \varepsilon_j^i = \sum_{i=1}^{C} \sum_{j=1}^{3} (\pi - \phi_j^i) = 3\pi C - \sum_{i=1}^{C} \sum_{j=1}^{3} \phi_j^i = 3\pi C - \left(\sum_{\text{vért. int.}} \phi_j^i + \sum_{\text{vért. ext.}} \phi_j^i \right).$$

Además, los vértices externos pueden ser a su vez de dos tipos, que denominaremos de *tipo* A y de *tipo* B, respectivamente, según sean vértices originales del polígono curvado que delimita R, o se hayan añadido en la frontera al efectuar la triangulación (véase la figura 7.7). Vamos a representar por V_{int}, V_{ext_A} y V_{ext_B} el número de vértices internos, externos de tipo A y externos de tipo B, respectivamente.

Obsérvese que, en un vértice interno, la suma de los ángulos que se apoyan en él es siempre 2π; en un vértice externo de tipo B, los ángulos correspondientes sumarán π; finalmente, en un vértice externo de tipo A, la suma de los ángulos será, precisamente, el suplementario ϕ_k del ángulo externo ε_k correspondiente al susodicho vértice del polígono original (véase de nuevo la figura 7.7). Así,

$$\sum_{\text{vért. int.}} \phi^i_j + \sum_{\text{vért. ext.}} \phi^i_j = \sum_{\text{vért. int.}} \phi^i_j + \sum_{\text{tipo B}} \phi^i_j + \sum_{\text{tipo A}} \phi^i_j = 2\pi V_{\text{int}} + \pi V_{\text{ext}_\text{B}} + \sum_{k=1}^{V_{\text{ext}_\text{A}}} (\pi - \varepsilon_k).$$

Finalmente, usando la identidad obvia $A_{\text{ext}} = V_{\text{ext}}$, la relación $3C = 2A_{\text{int}} + A_{\text{ext}}$ demostrada en el lema 7.2.3 y operando de forma adecuada, podemos concluir que

$$\begin{aligned}
\sum_{i=1}^{C}\sum_{j=1}^{3} \varepsilon^i_j &= 3\pi C - \left[2\pi V_{\text{int}} + \pi V_{\text{ext}_\text{B}} + \pi V_{\text{ext}_\text{A}} - \sum_{k=1}^{V_{\text{ext}_\text{A}}} \varepsilon_k\right] \\
&= \pi(2A_{\text{int}} + A_{\text{ext}}) - 2\pi V_{\text{int}} - \pi V_{\text{ext}_\text{B}} - \pi V_{\text{ext}_\text{A}} - \pi A_{\text{ext}} + \pi A_{\text{ext}} + \sum_{k=1}^{V_{\text{ext}_\text{A}}} \varepsilon_k \\
&= 2\pi(A_{\text{int}} + A_{\text{ext}}) - 2\pi V_{\text{int}} - \pi V_{\text{ext}} - \pi V_{\text{ext}} + \sum_{k=1}^{V_{\text{ext}_\text{A}}} \varepsilon_k = 2\pi A - 2\pi V + \sum_{k=1}^{V_{\text{ext}_\text{A}}} \varepsilon_k. \quad (7.13)
\end{aligned}$$

Sustituyendo (7.11), (7.12) y (7.13) en (7.10), se obtiene la fórmula buscada (con $V_{\text{ext}_\text{A}} = p$ en el enunciado del teorema):

$$\int_R K dA + \int_{\text{bd}R} k_g\, ds = 2\pi C - \sum_{i,j} \varepsilon^i_j = 2\pi C - 2\pi A + 2\pi V - \sum_{k=1}^{V_{\text{ext}_\text{A}}} \varepsilon_k = 2\pi\chi(R) - \sum_{k=1}^{V_{\text{ext}_\text{A}}} \varepsilon_k. \quad \square$$

Como un corolario inmediato de este resultado se obtiene una versión local del teorema de Gauss-Bonnet, aunque ligeramente más general que la establecida en el teorema 7.1.5: ahora, (7.8) se verifica sin necesidad de asumir que $R \subset X(U)$ para (U, X) una parametrización ortogonal, ya que, al ser R una región simple, $\chi(R) = 1$. En definitiva, y como ya habíamos comentado previamente, el teorema 7.1.5, bautizado como «versión local del teorema de Gauss-Bonnet», no es en absoluto restrictivo, pues no es más que una «herramienta» que permite probar el caso más general.

Para concluir esta sección vamos a ver, en un ejemplo detallado, cómo aplicar el teorema de Gauss-Bonnet a una cierta región de una superficie regular.

Ejemplo 7.3. Sea S una superficie regular orientada con curvatura de Gauss constante $K > 0$. Vamos a probar que se verifica el teorema *global* de Gauss-Bonnet para la región R (simple) de S limitada por dos circunferencias geodésicas concéntricas de radios $r_0 < r_1$ y dos radios geodésicos correspondientes a los ángulos $\theta_0 < \theta_1$ (véase la figura 7.8).

Si representamos por X la parametrización dada por las coordenadas geodésicas polares (véase el apartado 4.3.4), nuestra región es $R = X\big((r_0, r_1) \times (\theta_0, \theta_1)\big)$. Además, como $K > 0$ es constante, los coeficientes de la primera forma fundamental de X son $E = 1$, $F = 0$ y $G = (1/K)\,\text{sen}^2\big(\sqrt{K}r\big)$ (ejemplo 4.11), y consideramos la orientación inducida por la base $\{X_r, X_\theta\}$. Ahora parametrizamos cada uno de los segmentos (regulares) Γ_i, $i = 1, \ldots, 4$, del polígono curvado que determina la frontera de R mediante una curva α_i p.p.a., regular y positivamente orientada: ya sabemos que esto significa que el vector $J\alpha_i'(s)$ debe «apuntar» hacia el interior de R, y para ello no tenemos más que orientar el rectángulo $X^{-1}(R)$ positivamente (pues la parametrización X conserva la orientación, véase la figura 7.8).

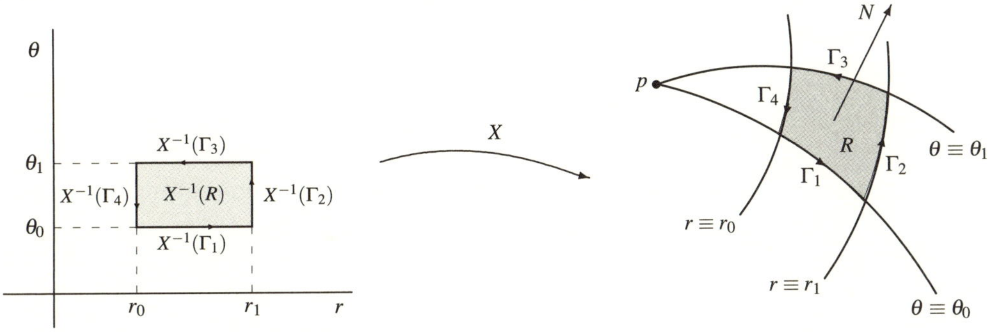

Figura 7.8: Una aplicación del teorema de Gauss-Bonnet.

Así, podemos tomar como parametrizaciones de los arcos de circunferencia geodésica Γ_2 y Γ_4, respectivamente,

$$\begin{aligned} \alpha_2 &: [\theta_0, \theta_1] \longrightarrow \Gamma_2 & \qquad \alpha_4 &: [-\theta_1, -\theta_0] \longrightarrow \Gamma_4 \\ \alpha_2(\theta) &= X(r_1, \theta), & \alpha_4(\theta) &= X(r_0, -\theta), \end{aligned}$$

siendo entonces $|\alpha_2'(\theta)| = |X_\theta|(r_1, \theta)$ y $|\alpha_4'(\theta)| = |X_\theta|(r_0, -\theta)$. Representamos por k_g^i la curvatura geodésica de α_i, $i = 1, \ldots, 4$. Como los radios geodésicos son geodésicas, $k_g^1, k_g^3 \equiv 0$; por otro lado, con un cálculo análogo al realizado en el ejercicio 4.25 obtenemos que la curvatura geodésica de las circunferencias geodésicas α_2, α_4 es

$$k_g^2(\theta) = \frac{G_r}{2G} \quad \text{y} \quad k_g^4(\theta) = -\frac{G_r}{2G},$$

respectivamente (no depende de θ). Obsérvese también que los radios geodésicos y las circunferencias geodésicas se cortan ortogonalmente (lema de Gauss 4.3.11), por lo que $\varepsilon_i = \pi/2$ para $i = 1, \ldots, 4$. Así,

$$\begin{aligned} &\int_R K\,dA + \int_{\mathrm{bd}\,R} k_g\,ds + \sum_{i=1}^{4} \varepsilon_i \\ &= \int_{\theta_0}^{\theta_1}\int_{r_0}^{r_1} K\sqrt{EG - F^2}\,dr\,d\theta + \int_{\theta_0}^{\theta_1} \frac{G_r}{2G}\left|\alpha_2'(\theta)\right| d\theta - \int_{-\theta_1}^{-\theta_0} \frac{G_r}{2G}\left|\alpha_4'(\theta)\right| d\theta + 2\pi \\ &= \int_{\theta_0}^{\theta_1}\int_{r_0}^{r_1} \sqrt{K}\,\mathrm{sen}(\sqrt{K}r)\,dr\,d\theta + \int_{\theta_0}^{\theta_1} \cos(\sqrt{K}r_1)\,d\theta - \int_{-\theta_1}^{-\theta_0} \cos(\sqrt{K}r_0)\,d\theta + 2\pi \\ &= 2\pi = 2\pi\chi(R). \end{aligned}$$

◇

7.3. CONSECUENCIAS DEL TEOREMA DE GAUSS-BONNET

Veamos algunas consecuencias inmediatas del teorema de Gauss-Bonnet que ilustran la estrecha interrelación entre la topología y la geometría de una superficie.

Consecuencia 1. Si S es una superficie regular compacta, entonces S es una región en sí misma cuya frontera es vacía. En tal caso, los sumandos de la relación (7.9) que se evalúan en la frontera se anulan:

$$\int_{\mathrm{bd}R} k_g\, ds = 0 \qquad \text{y} \qquad \sum_{j=1}^{p} \varepsilon_j = 0.$$

En consecuencia, se obtiene la fórmula

$$\int_S K\, dA = 2\pi\chi(S). \tag{7.14}$$

Así por ejemplo, si S es una superficie regular homeomorfa a la esfera, su curvatura total es 4π. Esta afirmación resulta sorprendente: sea cual fuere la forma de una superficie, si esta es homeomorfa a $\mathbb{S}^2$, la integral de su curvatura de Gauss es 4π.

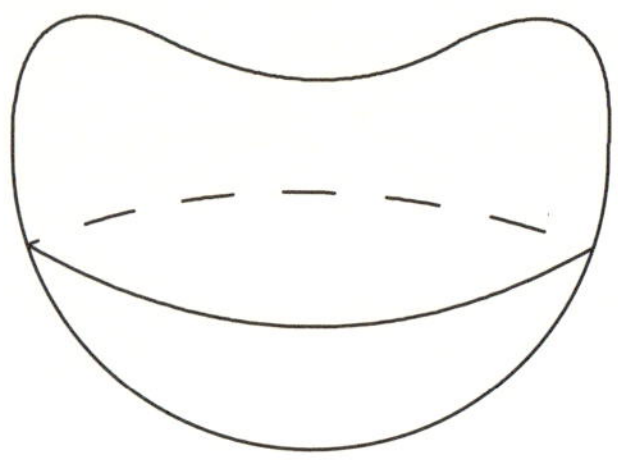

Figura 7.9: Una superficie homeomorfa a la esfera, con puntos donde $K < 0$.

Consecuencia 2. Si S es una superficie regular compacta, cuya curvatura de Gauss es estrictamente positiva, entonces podemos asegurar, gracias a la fórmula (7.14), que $\chi(S) > 0$, lo que implica que S es homeomorfa a la esfera. Pero, desde luego, el recíproco no es cierto. La superficie representada en la figura 7.9 es homeomorfa a la esfera, pero tiene puntos con curvatura de Gauss negativa.

Consecuencia 3. Sea S una superficie regular con curvatura de Gauss $K \leq 0$, y sean γ_1, γ_2 dos geodésicas de S con $\gamma_1(0) = \gamma_2(0) = p \in S$. Supongamos que γ_1 y γ_2 se cortan en otro punto, digamos $\gamma_1(\ell) = \gamma_2(\ell) = q$, con $q \neq p$. Entonces, la región R que determinan ambas curvas *no* puede ser una región simple. Veámoslo.

Supongamos para ello que R es simple, y sean $\varepsilon_1, \varepsilon_2$ los ángulos externos de R en los vértices p, q, respectivamente. Como la frontera de R está formada por geodésicas, la curvatura geodésica se anula, y el teorema de Gauss-Bonnet nos asegura que

$$\int_R K\, dA + \varepsilon_1 + \varepsilon_2 = 2\pi.$$

En consecuencia, $2\pi - \varepsilon_1 - \varepsilon_2 \leq 0$ (al ser $K \leq 0$). Obsérvese además que las geodésicas γ_1, γ_2 no pueden ser mutuamente tangentes, es decir, $\varepsilon_i \neq \pi$ para $i = 1, 2$. En efecto, si, por ejemplo, $\varepsilon_2 = \pi$, estaríamos diciendo que los vectores tangentes a ambas geodésicas en el punto q verifican $\gamma_1'(\ell) = -\gamma_2'(\ell)$; efectuando un simple cambio de parámetro en una de ellas ($t = -s$), los vectores velocidad coincidirían en dicho punto, y el teorema 4.2.2 de existencia y unicidad de geodésicas maximales nos aseguraría entonces que $\gamma_1 \equiv \gamma_2$ en el dominio común, una contradicción. Por tanto, como $\varepsilon_1, \varepsilon_2 \in (-\pi, \pi)$, se tiene que $\varepsilon_1 + \varepsilon_2 < 2\pi$, lo cual implica que $2\pi - \varepsilon_1 - \varepsilon_2 > 0$, un absurdo. Luego R no es simple.

Este resultado nos asegura además que en una superficie regular con curvatura de Gauss $K \leq 0$ no existen geodésicas cerradas encerrando una región simple.

Consecuencia 4. Cualesquiera dos geodésicas cerradas y simples, γ_1, γ_2, en una superficie regular compacta S, con curvatura de Gauss $K > 0$, se cortan.

Para demostrarlo, supongamos que γ_1 y γ_2 no se cortan. Dado que la superficie es compacta con $K > 0$ y, por tanto, homeomorfa a la esfera (consecuencia 2), las geodésicas γ_1 y γ_2 determinan en S una región R que es homeomorfa a una corona circular, siendo por tanto su característica de Euler-Poincaré $\chi(R) = 0$. Además, no hay ángulos, por lo que el teorema de Gauss-Bonnet nos asegura entonces que

$$0 = 2\pi\chi(R) = \int_R K\,dA > 0$$

(por ser $K > 0$), una contradicción.

Consecuencia 5 (La indicatriz normal. Teorema de Jacobi). Sea $\alpha : [0,\ell] \longrightarrow \mathbb{R}^3$ una curva regular, cerrada y p.p.a., con curvatura $k(s) > 0$. Consideremos la función

$$\begin{array}{rcl} \mathbf{n} : [0,\ell] & \longrightarrow & \mathbb{S}^2 \\ s & \longrightarrow & \mathbf{n}(s) = \dfrac{\alpha''(s)}{k(s)} \end{array}$$

dada por el vector normal a α. La curva $\mathbf{n}(s)$ así definida sobre la esfera se denomina la *indicatriz normal de* α. Entonces, si $\mathbf{n}(s)$ es una curva simple, divide a $\mathbb{S}^2$ en dos regiones con igual área. Este resultado se conoce como el *teorema de Jacobi* (1842).

Para calcular el área de cualquiera de las dos regiones delimitadas por $\mathbf{n}(s)$, vamos a utilizar el teorema de Gauss-Bonnet. Dado que la curva $\mathbf{n}(s)$ no tiene vértices, y que la curvatura de Gauss de la esfera unidad es constantemente igual a 1,

$$2\pi = \int_R K\,dA + \int_{\mathrm{bd}R} k_g\,ds = \int_R dA + \int_{\mathrm{bd}R} k_g\,ds = A(R) + \int_{\mathrm{bd}R} k_g\,ds.$$

Por tanto, el problema se reduce a calcular la curvatura geodésica de la curva indicatriz normal. Como viene siendo habitual, representamos por $\mathbf{t}(s), \mathbf{b}(s)$ los otros dos vectores que componen, junto con $\mathbf{n}(s)$, el triedro de Frenet de α, y por $\tau(s)$ su torsión. Entonces, usando las fórmulas de Frenet (1.14), es sencillo ver que

$$\begin{aligned} \mathbf{n}'(s) &= -k(s)\mathbf{t}(s) - \tau(s)\mathbf{b}(s), \\ N(s) \wedge \mathbf{n}'(s) = \mathbf{n}(s) \wedge \mathbf{n}'(s) &= k(s)\mathbf{b}(s) - \tau(s)\mathbf{t}(s), \\ \mathbf{n}''(s) &= -k'(s)\mathbf{t}(s) - \big(k(s)^2 + \tau(s)^2\big)\mathbf{n}(s) - \tau'(s)\mathbf{b}(s), \end{aligned}$$

y por tanto,

$$k_g(s) = \frac{\langle \mathbf{n}''(s), N(s) \wedge \mathbf{n}'(s) \rangle}{|\mathbf{n}'(s)|^3} = \frac{k'(s)\tau(s) - k(s)\tau'(s)}{\big(k(s)^2 + \tau(s)^2\big)^{3/2}}.$$

Como $\mathbf{n}(s)$ es cerrada, suponemos sin pérdida de generalidad que $\mathbf{n}(0) = \mathbf{n}(\ell)$. Entonces, la curvatura $k(s)$ y la torsión $\tau(s)$ toman iguales valores en 0 y ℓ. Luego

$$\begin{aligned} \int_{\mathrm{bd}R} k_g\,ds &= \int_0^\ell k_g(s)\,|\mathbf{n}'(s)|\,ds = \int_0^\ell \frac{k'(s)\tau(s) - k(s)\tau'(s)}{k(s)^2 + \tau(s)^2}\,ds \\ &= -\int_0^\ell \left[\operatorname{arctg}\frac{\tau(s)}{k(s)}\right]'ds = -\left[\operatorname{arctg}\frac{\tau(s)}{k(s)}\right]_0^\ell = 0. \end{aligned}$$

En definitiva, el área de cualquiera de las dos regiones delimitadas por la indicatriz normal $\mathbf{n}(s)$ vale $A(R) = 2\pi$, como se quería demostrar.

Consecuencia 6 (El teorema de Gauss-Bonnet y la holonomía: una nueva interpretación de la curvatura de Gauss). Sea S una superficie regular y considérese una parametrización $X : U \longrightarrow X(U) = V$ de la misma, con $U \subset \mathbb{R}^2$ homeomorfo a un disco. Suponemos V orientado y X, como parametrización de V, positivamente orientada. Sea $\alpha : [0,\ell] \longrightarrow V$ una curva regular p.p.a., cerrada y simple, tal que $\mathrm{J}\alpha'(s)$ apunta al interior de la región (simple) R determinada por α para todo $s \in [0,\ell]$ (es decir, α está positivamente orientada). Finalmente consideramos el referencial ortonormal $\{\mathbf{e}_1(s) = X_u(s)/\sqrt{E(s)}, \mathbf{e}_2(s) = \mathbf{J}\mathbf{e}_1(s)\}$, el cual permite expresar la velocidad de α como $\alpha'(s) = \cos\theta_{\alpha'}(s)\mathbf{e}_1(s) + \operatorname{sen}\theta_{\alpha'}(s)\mathbf{e}_2(s)$, donde $\theta_{\alpha'}(s) = \text{áng}\big(\mathbf{e}_1(s), \alpha'(s)\big)$. Entonces, la fórmula (7.3) para $V = \alpha'$ nos asegura que

$$\frac{D\alpha'}{ds}(s) = \big(\theta'_{\alpha'}(s) + \omega(s)\big)\big(-\operatorname{sen}\theta_{\alpha'}(s)\mathbf{e}_1(s) + \cos\theta_{\alpha'}(s)\mathbf{e}_2(s)\big),$$

con $\omega(s) = \langle \mathbf{e}'_1(s), \mathbf{e}_2(s)\rangle$. Además, al ser $\mathrm{J}\alpha'(s) = \cos\theta_{\alpha'}(s)\mathbf{e}_2(s) - \operatorname{sen}\theta_{\alpha'}(s)\mathbf{e}_1(s)$, se tiene que $k_g(s) = \big\langle (D\alpha'/ds)(s), \mathrm{J}\alpha'(s)\big\rangle = \theta'_{\alpha'}(s) + \omega(s)$. Aplicando el teorema de Gauss-Bonnet obtenemos

$$\begin{aligned} 2\pi &= \int_R K\,dA + \int_{\mathrm{bd}\,R} k_g\,ds = \int_R K\,dA + \int_0^\ell \theta'_{\alpha'}(s)\,ds + \int_0^\ell \omega(s)\,ds \\ &= \int_R K\,dA + \int_0^\ell \omega(s)\,ds + \theta_{\alpha'}(\ell) - \theta_{\alpha'}(0) = \int_R K\,dA + \int_0^\ell \omega(s)\,ds + 2\pi, \end{aligned}$$

donde la última igualdad es consecuencia del teorema 7.1.1 de rotación de las tangentes. Por lo tanto, se tiene que

$$\int_R K\,dA = -\int_0^\ell \omega(s)\,ds = \mathfrak{H}_0(\ell);$$

la curvatura total de la región R coincide pues con la holonomía a lo largo de la curva α que la determina. En particular, dado un campo (cualquiera) $V \in \mathfrak{X}(\alpha)$ diferenciable, unitario y tangente a lo largo de α, que sea *paralelo*, si representamos, como ya viene siendo habitual, por $\theta_V(s) = \text{áng}\big(\mathbf{e}_1(s), V(s)\big)$ para todo $s \in [0,\ell]$, entonces la curvatura total de la región R es

$$\int_R K\,dA = \mathfrak{H}_0(\ell) = \theta_V(\ell) - \theta_V(0).$$

Esto nos va a permitir dar una nueva interpretación de la curvatura de Gauss.

Sean $p \in V$ y $q \in U$ tales que $p = X(q)$. Tomando como región $V_\varepsilon = X\big(D(q,\varepsilon)\big)$ y como curva $\alpha : [0,\ell] \to V$ una parametrización de su frontera, donde $\varepsilon > 0$ es suficientemente pequeño para que $D(q,\varepsilon) \subset U$, el teorema del valor medio nos permite concluir que existe $p_\varepsilon \in V_\varepsilon$ tal que

$$\lim_{\varepsilon\to 0}\frac{\mathfrak{H}_0(\ell)}{A(V_\varepsilon)} = \lim_{\varepsilon\to 0}\frac{\theta_V(\ell) - \theta_V(0)}{A(V_\varepsilon)} = \lim_{\varepsilon\to 0}\frac{\int_{V_\varepsilon} K\,dA}{A(V_\varepsilon)} = \lim_{\varepsilon\to 0}\frac{K(p_\varepsilon)A(V_\varepsilon)}{A(V_\varepsilon)} = K(p).$$

Obsérvese que, en cualquier superficie con curvatura de Gauss $K = 0$, el transporte paralelo a lo largo de una curva cerrada es la identidad, pues $\theta_V(\ell) - \theta_V(0) = 0$.

7.3.1. Una aplicación a la Geometría clásica

El famoso *teorema de Thales* establece que *si ϕ_1, ϕ_2, ϕ_3 son los ángulos interiores de un triángulo en el plano euclídeo, entonces $\phi_1 + \phi_2 + \phi_3 = \pi$*. Este resultado puede obtenerse como una sencilla consecuencia del teorema de Gauss-Bonnet: en el plano, superficie con curvatura de Gauss $K = 0$, las rectas son geodésicas, por lo que el teorema de Gauss-Bonnet se reduce a

$$2\pi = \sum_{i=1}^{3} \varepsilon_i = \sum_{i=1}^{3} (\pi - \phi_i) = 3\pi - (\phi_1 + \phi_2 + \phi_3),$$

lo que prueba el resultado. La demostración clásica del teorema de Thales utiliza uno de los principales axiomas de la *Geometría Euclídea*: el *quinto postulado de Euclides*; este afirma que, *dados una recta en el plano euclídeo y un punto exterior a ella, existe una* única *recta que pasa por dicho punto sin cortar a la primera (se dice que esta recta es su* paralela *por ese punto)*. De esta afirmación se deduce, de forma inmediata, que $\phi_1 + \phi_2 + \phi_3 = \pi$ (véase la figura 7.10).

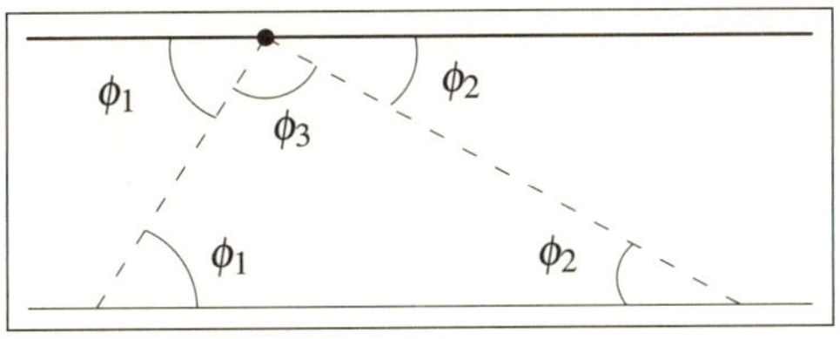

Figura 7.10: El teorema de Thales y el 5º postulado de Euclides.

Luego el quinto postulado de Euclides implica el teorema de Thales, y por tanto, si se trabaja en una geometría donde no se cumpla el teorema de Thales y se tienen como axiomas el resto de postulados de Euclides, el quinto no se verificará, entendido este de la siguiente forma general: *dada una geodésica y un punto exterior a ella, existe una única geodésica que pasa por dicho punto y que no corta a la primera (su paralela)*. Esto hace razonable el considerar las llamadas *Geometrías no Euclídeas*, donde la Geometría Esférica y la Hiperbólica son sus ejemplos más representativos.

Ejemplo 7.4 (La Geometría Esférica). Un *triángulo esférico* es un polígono curvado en la esfera formado por tres arcos de geodésica (circunferencias máximas).

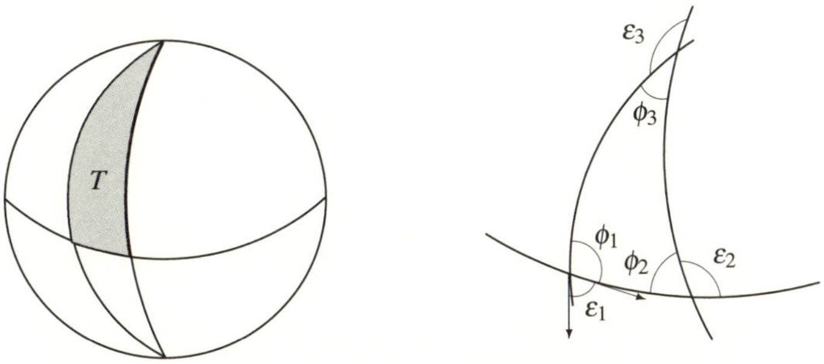

Figura 7.11: El área de un triángulo esférico.

Calculemos la suma de los ángulos (internos) de un triángulo esférico T utilizando el teorema de Gauss-Bonnet (véase la figura 7.11):

$$2\pi = \int_T 1\,dA + \sum_{i=1}^{3} \varepsilon_i = A(T) + \sum_{i=1}^{3} (\pi - \phi_i) = A(T) + 3\pi - \sum_{i=1}^{3} \phi_i;$$

luego

$$\phi_1 + \phi_2 + \phi_3 = \pi + A(T). \tag{7.15}$$

En general, trabajando en la esfera de radio r, $\mathbb{S}^2(r)$, el resultado que se obtiene es $\phi_1+\phi_2+\phi_3=\pi+(1/r^2)A(T)$, es decir,

$$\phi_1+\phi_2+\phi_3=\pi+KA(T).$$

Así, en la esfera, la suma de los ángulos internos de un triángulo (esférico) es *estrictamente mayor* que π, y ese exceso es (proporcional a) el área del triángulo[7] (siendo el factor de proporcionalidad, precisamente, la curvatura de Gauss de la esfera).

Esto demuestra que, en la esfera, el teorema de Thales no se verifica. Por tanto, el quinto postulado de Euclides no es cierto en $\mathbb{S}^2$; en efecto, dada una circunferencia máxima (geodésica) en la esfera y un punto cualquiera exterior a ella, *todas* las circunferencias máximas que pasan por dicho punto cortan a la primera. Así pues, no existen «paralelas» en la Geometría Esférica. $\diamondsuit$

Ejemplo 7.5 (La Geometría Hiperbólica). Un *triángulo hiperbólico* es un polígono curvado en el plano hiperbólico $\mathbb{H}^2$ formado por arcos de geodésica.

Existen varias representaciones del plano hiperbólico,[8] siendo una de las más usuales el llamado *semiplano de Poincaré*, que no es otra cosa que un semiplano (abierto) en el que las distancias están «distorsionadas» de suerte que su curvatura de Gauss es constante con $K<0$. Concretamente, la forma de medir no la da la métrica euclídea dx^2+dy^2 sino

$$\frac{1}{y^2}\,(dx^2+dy^2),$$

lo que, entre otras cosas, hace que conforme nos acerquemos al eje de abcisas las distancias aumenten. En esta superficie (abstracta), las geodésicas resultan ser rectas ortogonales a la línea base que delimita el semiplano y semicircunferencias que cortan ortogonalmente a la misma (véase la figura 7.12).

Consideremos entonces un triángulo hiperbólico T en el plano hiperbólico $\mathbb{H}^2$ de curvatura $K=-1$ (véase la figura 7.12), y calculemos la suma de sus ángulos (internos) utilizando el teorema de Gauss-Bonnet:

$$2\pi=\int_T(-1)\,dA+\sum_{i=1}^{3}\varepsilon_i=-A(T)+\sum_{i=1}^{3}(\pi-\phi_i)=-A(T)+3\pi-\sum_{i=1}^{3}\phi_i;$$

---

[7] Este teorema era ya bien conocido por los griegos, que presentaron una demostración utilizando ángulos triedros. El teorema de Gauss-Bonnet y, más concretamente, la primera versión dada por Gauss, generalizaba este resultado clásico.

[8] El plano hiperbólico es, esencialmente, la única superficie cuya curvatura de Gauss es constante y negativa. En el espacio euclídeo, la única superficie que cumple esta condición es la pseudoesfera (véanse los ejercicios 2.10 y 3.3). Ahora bien, esta realización del plano hiperbólico adolece de un defecto: tiene un borde (circular) y sus geodésicas no se pueden prolongar de manera indefinida porque «tropiezan» con el borde (como ya sabemos, no es completa). Esta propiedad «deseable» (la completitud) sí la tienen el plano y la esfera como modelos de curvatura constante, por lo que durante mucho tiempo se buscó un modelo de superficie regular con curvatura de Gauss constante y negativa, que además permitiera prolongar sus geodésicas de forma indefinida. Finalmente, Hilbert demostró que esto es imposible dentro del espacio euclídeo (véase la sección 6.3): los modelos completos para la Geometría Hiperbólica debían construirse de forma abstracta, sin necesidad de «ver» la superficie dentro del espacio euclídeo usual. Este «inconveniente» retrasó aún más, si cabe, la implantación de las geometrías no euclídeas como geometrías consistentes.

luego en este caso,

$$\phi_1 + \phi_2 + \phi_3 = \pi - A(T). \tag{7.16}$$

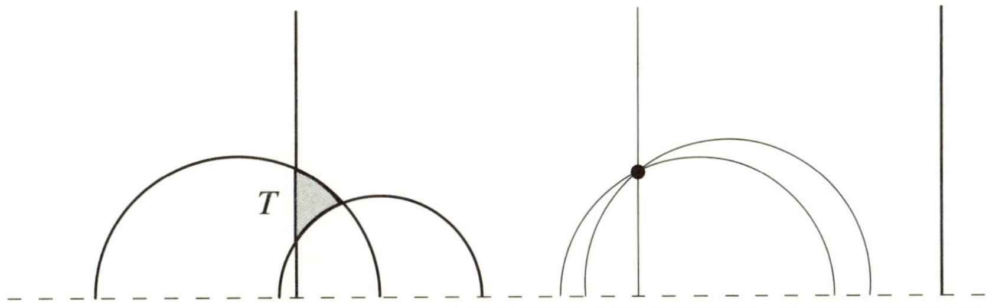

Figura 7.12: El área de un triángulo hiperbólico.

En general, si trabajamos en un plano hiperbólico de curvatura constante $K < 0$, se tiene que $\phi_1 + \phi_2 + \phi_3 = \pi + KA(T)$. Así pues, en el hiperbólico, la suma de los ángulos internos de un triángulo (hiperbólico) es *estrictamente menor* que π, y ese defecto es (proporcional a) el área del triángulo (de nuevo, el factor de proporcionalidad viene dado por la curvatura de Gauss).

Esto demuestra que, en el plano hiperbólico, el teorema de Thales tampoco se verifica, lo cual implica que el quinto postulado de Euclides no es válido en $\mathbb{H}^2$; en efecto, dada una geodésica en el hiperbólico y un punto exterior a ella, *existen infinitas* geodésicas que pasan por dicho punto y que no cortan a la primera (existen infinitas «paralelas», véase la figura 7.12, derecha), lo que contradice ahora la unicidad del postulado.

En el capítulo 8 justificaremos todas las afirmaciones que hemos utilizado en este ejemplo; a saber, que el plano hiperbólico tiene curvatura de Gauss constante y negativa, y que sus geodésicas son las rectas perpendiculares al eje de abcisas y las semicircunferencias centradas en puntos del eje x que lo cortan ortogonalmente. $\diamondsuit$

EJERCICIOS

Ejercicio 7.1. Sea $\alpha : I \longrightarrow S$ una curva regular en una superficie regular y orientada S, y sean $\{\mathbf{e}_1(s), \mathbf{e}_2(s)\}$ y $\{\bar{\mathbf{e}}_1(s), \bar{\mathbf{e}}_2(s)\}$ referenciales ortonormales positivos sobre α. Consideremos las funciones $\omega(s) = \langle \mathbf{e}_1'(s), \mathbf{e}_2(s) \rangle$ y $\overline{\omega}(s) = \langle \bar{\mathbf{e}}_1'(s), \bar{\mathbf{e}}_2(s) \rangle$. Demostrar que $\overline{\omega}(s) = \omega(s) + \lambda'(s)$, donde $\lambda(s) = \text{áng}\big(\mathbf{e}_1(s), \bar{\mathbf{e}}_1(s)\big)$ es una determinación continua del ángulo que forman los vectores $\mathbf{e}_1(s)$ y $\bar{\mathbf{e}}_1(s)$. Deducir que, a lo largo de una curva cerrada, la holonomía no depende del referencial escogido.

Ejercicio 7.2. ¿Dónde está el error en el siguiente razonamiento?:

Consideremos, en la esfera unitaria, las dos regiones R_1 y R_2 determinadas por un paralelo *distinto del ecuador* (dos casquetes esféricos). Si aplicamos el teorema de Gauss-Bonnet a ambas regiones obtenemos:

$$A(R_1) + \int_{\text{bd}\,R_1} k_g\, ds = 2\pi \quad \text{y} \quad A(R_2) + \int_{\text{bd}\,R_2} k_g\, ds = 2\pi.$$

Como la curva que delimita ambas regiones, el paralelo de la esfera, es la misma, es decir, $\text{bd}\,R_1 = \text{bd}\,R_2$, entonces $\int_{\text{bd}\,R_1} k_g\, ds = \int_{\text{bd}\,R_2} k_g\, ds$; por tanto, $A(R_1) = A(R_2)$. De aquí se deduce que *cualquier* paralelo de una esfera divide a esta en dos regiones que tienen la misma área.

Ejercicio 7.3. Sea S una superficie regular, orientable y compacta, que no es homeomorfa a una esfera. Demostrar que existen puntos en S en los que la curvatura de Gauss es positiva, negativa y nula.

Ejercicio 7.4. Considérese la parametrización de la esfera dada por las coordenadas geográficas, $X(u,v) = (r \operatorname{sen} u \cos v, r \operatorname{sen} u \operatorname{sen} v, r \cos u)$. Comprobar que se verifica el teorema de Gauss-Bonnet para la región R limitada por los meridianos de longitudes $v = 0$ y $v = \pi/4$, y un paralelo genérico de colatitud $u = u_0$.

Ejercicio 7.5. Comprobar el teorema de Gauss-Bonnet para la región del toro limitada por los paralelos superior y máximo, y los meridianos $v = 0$, $v = \pi/2$, considerando la parametrización $X(u,v) = \big((a + r\cos u)\cos v, (a + r\cos u)\operatorname{sen} v, r \operatorname{sen} u\big)$.

Ejercicio 7.6. Comprobar que se verifica el teorema de Gauss-Bonnet para la región del cono $X(u,v) = (u\cos v, u \operatorname{sen} v, u)$ delimitada por el paralelo $u = 1$.

Ejercicio 7.7 (Polígonos geodésicos). Sea $P \subset \mathbb{S}^2(r)$ un polígono geodésico (esto es, las curvas que lo forman son segmentos de geodésica) en la esfera con n lados. Si ϕ_i son sus ángulos interiores, demostrar que

$$A(P) = r^2\Big(\sum_{i=1}^{n} \phi_i - (n-2)\pi\Big).$$

Ejercicio 7.8. Sean α una curva regular, cerrada y simple de una superficie regular S y $R \subset S$ la región que esta determina. Sea $p \in S$ tal que $R \subset \exp_p(D_p)$ y $\exp_p$ es una isometría local. Justificar que $\int_{\text{bd}\,R} k_g\, ds = 2\pi$.

Ejercicio 7.9. Demostrar que la curvatura total del toro de revolución $\mathbb{T}^2$ es 0.

Ejercicio 7.10. Sea $\alpha : I \longrightarrow \mathbb{R}^3$ una curva regular p.p.a. no plana. Para cada $s \in I$ considérese la recta que pasa por $\alpha(s)$ con dirección su vector binormal, $\mathbf{b}(s)$. Representamos por S el subconjunto de $\mathbb{R}^3$ obtenido como la unión de todas estas rectas, y suponemos α tal que S es una superficie regular. Una parametrización obvia para dicha superficie viene dada por $X(t,s) = \alpha(s) + t\mathbf{b}(s)$, $(t,s) \in \mathbb{R} \times I$.

i) Calcular las curvaturas geodésicas de las curvas coordenadas.

ii) Supóngase que α tiene torsión constante y considérese la región simple R determinada por las curvas coordenadas correspondientes a los valores $s = 0$, $s = s_0$, $t = 0$ y $t = t_0$, para $t_0, s_0 > 0$. Calcular $\int_R K\, dA$.

Ejercicio 7.11 (Superficies tangentes). Sea S una superficie regular y sea α una curva p.p.a. contenida en S, con curvatura $k \neq 0$ en todo punto. Supongamos que $X(s,v) = \alpha(s) + v\alpha'(s)$ es una parametrización de S, con $(s,v) \in \mathbb{R} \times (0,\infty)$. Este tipo de superficie recibe el nombre de *superficie tangente*.

i) Calcular su curvatura de Gauss.

ii) Sea $\alpha(s) = (\cos s, \operatorname{sen} s, 1)$. ¿Cuál es, en este caso, la superficie S? Comprobar que se verifica el teorema de Gauss-Bonnet para la región de S determinada por las curvas coordenadas $v = v_0$ y $v = v_1$, con $0 < v_0 < v_1$.

Ejercicio 7.12. Sea $\alpha : I \longrightarrow \mathbb{R}^3$ una curva regular p.p.a. Considérese el tubo regular (véase el ejercicio 2.11)

$$X(s,\theta) = \alpha(s) + r\big[\cos\theta\,\mathbf{n}(s) + \operatorname{sen}\theta\,\mathbf{b}(s)\big],$$

donde $r > 0$ es un valor constante adecuado para que $1 - rk(s)\cos\theta > 0$.

i) Calcular la curvatura geodésica de las curvas coordenadas $s = s_0$. Si $\alpha : I \longrightarrow \mathbb{R}^2$ es una curva plana, ¿son pregeodésicas las curvas coordenadas $\theta = \theta_0$?

ii) Comprobar que se verifica el teorema de Gauss-Bonnet para la región R comprendida entre las curvas coordenadas $s = 0$ y $s = s_0$, con $s_0 > 0$.

Ejercicio 7.13. Sea γ una geodésica cerrada y simple en una superficie regular S compacta, conexa y orientada, con $K \neq 0$ en todo punto. Sean R_1, R_2 las regiones de S que tienen a γ como frontera común. Demostrar que $A\big(N(R_1)\big) = A\big(N(R_2)\big)$.

Ejercicio 7.14. Sea S una superficie regular y orientada, con $K < 0$, que es homeomorfa a un cilindro. Demostrar que, a lo sumo, existe una única geodésica simple y cerrada en S.

Ejercicio 7.15. Si α_1 y α_2 son dos semicírculos máximos en la esfera unidad que se cortan formando un ángulo (interior) de θ radianes, demostrar que el área de la región que determinan vale, precisamente, 2θ.

Ejercicio 7.16. Sea S la superficie de revolución generada al rotar, alrededor del eje z, la curva $\alpha(t) = \big(t, 0, g(t)\big)$, donde $g : I \longrightarrow \mathbb{R}$ es una función diferenciable. Comprobar que se verifica el teorema de Gauss-Bonnet para la región R de S determinada por los paralelos $t = t_0$ y $t = t_1$, con $t_0 < t_1$.

Ejercicio 7.17. Sea C el cilindro circular recto $C = \big\{(x,y,z) \in \mathbb{R}^3 : x^2 + y^2 = 1\big\}$ y considérese la curva regular $\alpha : [0, 2\pi] \longrightarrow C$ dada por $\alpha(t) = \big(\cos t, \operatorname{sen} t, z(t)\big)$, donde $z(t)$ es una función diferenciable 2π-periódica arbitraria. Demostrar que su curvatura geodésica verifica $\displaystyle\int_\alpha k_g\, ds = 0$.

Ejercicio 7.18. Comprobar que se verifica el teorema de Gauss-Bonnet para la región R de la pseudoesfera limitada por los paralelos $u = \pi/3$ y $u = \pi/4$, considerando la parametrización $X(u,v) = \big(\operatorname{sen} u \cos v, \operatorname{sen} u \operatorname{sen} v, \cos u + \log \operatorname{tg}(u/2)\big)$.

Ejercicio 7.19. Sea R la región (simple) en la esfera $\mathbb{S}^2$ determinada por tres segmentos de loxodroma que se cortan y que no pasan por los polos. Demostrar que el área de dicha región vale

$$A(R) = \left| \int_{\operatorname{bd} R} k_g\, ds \right|.$$

Ejercicio 7.20. Sea $S = \big\{(x,y,z) \in \mathbb{R}^3 : x^2 + y^{10} + z^6 = 1\big\}$. ¿Cuál es la característica de Euler Poincaré de la superficie S?

VIII

Una introducción a las superficies riemannianas

A lo largo de todos los capítulos de este libro hemos trabajado con superficies regulares en el espacio euclídeo $\mathbb{R}^3$ y hemos sido capaces de elaborar una teoría sólida y consistente sobre la geometría de estos objetos con varios teoremas de largo alcance: Hopf-Rinow, Gauss-Bonnet, Minding, Bonnet, etc.

A los estudiantes curiosos les habrá llamado la atención la constante dicotomía entre conceptos intrínsecos y extrínsecos que se destila en cada una de las definiciones que hemos abordado a lo largo de este volumen. A grandes rasgos, tal y como ya hemos comentado con anterioridad, los conceptos extrínsecos dependen de la forma en la que la superficie está contenida en el espacio euclídeo. En contrapartida, los intrínsecos son conceptos que pueden expresarse en exclusiva utilizando la primera forma fundamental y sus sucesivas derivadas con independencia de la manera en la que esta superficie se despliega en el espacio tres dimensional.

El ejemplo paradigmático de esta situación lo tenemos con el cilindro y el plano. A nivel local, son intrínsecamente la misma superficie en términos geométricos. Sin embargo, su manera de encajarse dentro del espacio euclídeo a nivel global es completamente diferente; también lo es, por supuesto, la topología.

El afán de las matemáticas consiste en explorar y buscar nuevas posibilidades que nos lleven más allá de los resultados y ámbitos ya conocidos. Parece razonable, pues, pensar en un abierto del plano equipado con una forma arbitraria de medir que no venga supeditada por la manera en que la superficie está incluida dentro de un espacio mayor.

Fue Bernhard Riemann quien, a mediados del siglo XIX, propuso este nuevo enfoque en el escenario de un espacio n-dimensional sin hacer mención al ambiente que podría contenerlo. Posteriormente, el matemático italiano Gregorio Ricci-Curbastro y su discípulo Tullio Levi-Civita desarrollaron el cálculo tensorial que permitió sustanciar y sistematizar las ideas de Riemann en objetos matemáticos concretos y bien definidos. Como colofón, la propia teoría de la relatividad formulada por Albert Einstein pudo desarrollarse gracias a estas nuevas matemáticas que estaban siendo publicadas justamente cuando el genio de Ulm proponía su nueva concepción de la gravedad, el espacio y el tiempo.

En este capítulo queremos presentar una pequeña introducción a esta nueva geometría y sus métodos. Nuestra propuesta intentará ser lo más sencilla posible para no exceder las pretensiones de un manual como este que el estudiante tiene entre manos. En este sentido, no ofrecemos un listado de ejercicios específico para este capítulo y nos limitaremos únicamente a indicar qué cálculos o demostraciones se pueden hacer dentro del propio capítulo. Es conveniente remarcar que el desarrollo completo de esta nueva geometría nos llevaría a la publicación de otro libro. Por fortuna, existe una amplia y excelente bibliografía donde consultar. Para los lectores curiosos recomendamos la lectura de [14, 21, 40, 41, 46] o [53], entre otros muchos.

8.1. DEFINICIÓN DE MÉTRICA Y EJEMPLOS

A lo largo de todo este capítulo trabajaremos con un abierto conexo U del plano $\mathbb{R}^2$, donde (u^1, u^2) serán las coordenadas cartesianas (nótese que la hipótesis de conexión no es esencial). Es importante observar que la notación con superíndices para las coordenadas es exclusiva de este capítulo, y responde a la necesidad de simplificar los cálculos, como se verá más adelante. El abierto U es, evidentemente, una superficie regular según nuestra definición 2.1.1. De esta forma, para cada punto $p = (u^1, u^2) \in U$ podemos considerar el plano tangente a p en U, que satisface, de forma natural, la identificación

$$T_pU \equiv T_p\mathbb{R}^2 \equiv \mathbb{R}^2.$$

En nuestra definición de primera forma fundamental, era esencial el hecho de que el plano tangente a una superficie S en cada punto p fuera un subespacio vectorial de $\mathbb{R}^3$. A continuación, inducíamos sobre cada plano el producto escalar usual del espacio 3-dimensional, y así definíamos la primera forma fundamental.

En este caso, vamos a proceder de forma diferente. La idea consiste en considerar, para cada punto p del abierto U, un producto escalar arbitrario en el sentido de que este no viene necesariamente heredado del ambiente. Por supuesto, exigiremos que dicho producto sea diferenciable en el sentido habitual. En realidad, estamos presentando el concepto de métrica arbitraria, que puede definirse en los siguientes términos adaptados a nuestro especial contexto.

Definición 8.1.1. *Dado un abierto U del plano, una **métrica** (arbitraria) sobre U es una terna ordenada de funciones reales y diferenciables (E, F, G) en U verificando las siguientes condiciones:*

- $E, G > 0$ *y*
- $EG - F^2 > 0$.

*Se dice entonces que el par formado por el abierto U y la terna (E, F, G) constituye una **superficie riemanniana**, la cual vamos a denotar por*

$$\Sigma = \big(U, (E, F, G)\big).$$

Observación 8.1. Aunque este capítulo está enfocado a explorar cuestiones geométricas, sabemos ya por nuestra experiencia con superficies regulares que, para poder efectuar medidas, necesitamos una estructura topológica y diferenciable subyacente que sustente el espacio en el que hacemos geometría. En esta ocasión, la topología y la estructura diferenciable con las que vamos a operar son la canónica y usual de plano $\mathbb{R}^2$. En este sentido, y con las limitaciones de nuestra definición, obsérvese que toda superficie riemanniana es, desde el punto de vista topológico, un abierto conexo del plano. $\diamondsuit$

Las funciones E, F y G se denominan las *componentes de la métrica* en coordenadas canónicas. Observemos que una métrica (E,F,G) en U induce, en cada punto $p = (u^1, u^2)$ del abierto, un producto escalar en el plano tangente de la siguiente forma: dados dos vectores tangentes $\mathbf{v}, \mathbf{w}$ en dicho punto p, se define el *producto* de $\mathbf{v}$ y $\mathbf{w}$ como el número real

$$\langle \mathbf{v}, \mathbf{w} \rangle_p := v^1 w^1 E(p) + (v^1 w^2 + v^2 w^1) F(p) + v^2 w^2 G(p),$$

donde el subíndice p en el lado izquierdo de la igualdad hace referencia explícita a que E, F y G están evaluadas en dicho punto (como norma general, no escribiremos dicho subíndice a menos que sea necesario clarificar la notación), mientras que (v^1, v^2) y (w^1, w^2) son las componentes de los vectores $\mathbf{v}$ y $\mathbf{w}$ en la base canónica $\{\mathbf{e}_1 = (1,0), \mathbf{e}_2 = (0,1)\}$ de $\mathbb{R}^2$, teniéndose entonces la identificación habitual

$$\mathbf{v} = v^1 \mathbf{e}_1 + v^2 \mathbf{e}_2 = (v_1, v_2).$$

Debemos remarcar que, aquí, el producto $\langle \cdot, \cdot \rangle$ no es, en general, el producto escalar euclídeo usual, aunque estemos utilizando la misma notación que en el resto del libro.

En virtud de las propiedades de las funciones E, F y G se puede demostrar que la fórmula anterior define un producto escalar en el plano tangente, siendo

- bilineal,
- simétrico y
- definido positivo.

La matriz asociada a dicho producto respecto a la base canónica viene dada por

$$\begin{pmatrix} E(p) & F(p) \\ F(p) & G(p) \end{pmatrix} \tag{8.1}$$

y observemos que, a partir de dicho producto, se pueden definir las primeras nociones para hacer geometría. Por ejemplo, dado un vector tangente $\mathbf{v}$ a U en p, se define su *norma* o *módulo* como

$$|\mathbf{v}| := \sqrt{\langle \mathbf{v}, \mathbf{v} \rangle} = \sqrt{E(p)(v^1)^2 + 2F(p) v^1 v^2 + G(p)(v^2)^2}.$$

Además, por ser este producto definido positivo y verificar la desigualdad de Cauchy-Schwarz, podemos definir asimismo el *ángulo* entre los vectores $\mathbf{v}, \mathbf{w}$ como el único valor $\theta \in [0, 2\pi)$ que satisface la igualdad

$$\cos\theta = \frac{\langle \mathbf{v}, \mathbf{w} \rangle}{|\mathbf{v}|\,|\mathbf{w}|}.$$

8.1.1. Convenio de Einstein y primeras definiciones

Con fines meramente operativos y para simplificar los cálculos que vamos a efectuar en este capítulo, es conveniente adoptar la siguiente notación para las componentes de una métrica:

$$\begin{aligned} g_{11}(p) &:= \langle \mathbf{e}_1, \mathbf{e}_1 \rangle_p = E(p), \\ g_{12}(p) &:= \langle \mathbf{e}_1, \mathbf{e}_2 \rangle_p = F(p) = \langle \mathbf{e}_2, \mathbf{e}_1 \rangle_p =: g_{21}(p), \quad \text{y} \\ g_{22}(p) &:= \langle \mathbf{e}_2, \mathbf{e}_2 \rangle_p = G(p). \end{aligned}$$

Así, la matriz de la métrica (8.1), sin hacer énfasis en el punto p, se escribe como

$$\begin{pmatrix} g_{11} & g_{12} \\ g_{21} & g_{22} \end{pmatrix},$$

y nos referiremos a ella simplemente como (g_{ij}). Por otra parte, como el determinante $EG - F^2$ es distinto de cero, dicha matriz es invertible, y las entradas de la matriz inversa las denotaremos con superíndices, escribiendo dicha matriz así: (g^{ij}). Finalmente, recordemos que esta matriz inversa también es simétrica, como fácilmente puede probarse usando argumentos algebraicos. Ahora, el producto escalar se expresa en estos términos como

$$\langle \mathbf{v}, \mathbf{w} \rangle = v^1 w^1 g_{11} + (v^1 w^2 + v^2 w^1) g_{12} + v^2 w^2 g_{22} = \sum_{i,j=1}^{2} v^i w^j g_{ij} =: v^i w^j g_{ij},$$

donde en la primera igualdad estamos usando que $g_{12} = g_{21}$, y en la última hemos adoptado el *convenio de sumación de Einstein*. Éste consiste en suprimir el símbolo del sumatorio para aquellos índices que aparecen a la misma vez como subíndices y superíndices en una expresión, los cuales se conocen como *índices mudos*, en contraposición a los *índices libres*, que únicamente aparecen como subíndices o como superíndices. Teniendo en mente esta notación, y a modo de ejemplo, se cumple la siguiente igualdad en términos de la matriz de la métrica y su inversa:

$$g_{ij} g^{jk} = \delta_i^k.$$

Aquí estamos multiplicando la i-ésima fila de la matriz (g_{ij}) por la k-ésima columna de la inversa (g^{jk}) (observemos que estamos sumando en j, índice mudo que aparece como superíndice y subíndice en el lado izquierdo de la ecuación); además, el símbolo δ_i^k hace referencia a la delta de Kronecker, la cual vale 1 cuando $i = k$ y 0 si $i \neq k$. Nótese que i, k son los índices libres y no intervienen en el sumatorio.

Ahora, dada una curva diferenciable $\alpha : I \longrightarrow U$, podemos expresarla en coordenadas canónicas como $\alpha(t) = \big(u^1(t), u^2(t)\big)$, siendo t el parámetro de la curva y $u^1(t)$ y $u^2(t)$ las funciones componentes de la misma. Se define entonces la *velocidad* de α de la forma

$$\alpha'(t) := \left(\frac{du^1}{dt}, \frac{du^2}{dt} \right) = \frac{du^1}{dt} \mathbf{e}_1 + \frac{du^2}{dt} \mathbf{e}_2 = \frac{du^i}{dt} \mathbf{e}_i,$$

que es, evidentemente, un vector tangente a U en el punto $\alpha(t)$ en el sentido usual del término.

De forma natural (véase (1.1)), si $[a,b] \subset I$, se define la *longitud* de la curva α entre a y b como

$$L_a^b(\alpha) := \int_a^b |\alpha'(t)|\,dt = \int_a^b \sqrt{g_{ij}\big(\alpha(t)\big)\frac{du^i}{dt}\frac{du^j}{dt}}\,dt$$

donde $g_{ij}\big(\alpha(t)\big)$ representa la entrada (i,j)-ésima de la matriz de la métrica evaluada en el punto $\alpha(t)$. Es un ejercicio inmediato probar que dicha definición no depende de la parametrización escogida para la curva α.

Por otra parte, tal y como hacíamos para curvas en el plano y en el espacio, puede definirse el *parámetro arco* s de la curva α como

$$s(t) := \int_{t_0}^t |\alpha'(u)|\,du,$$

de suerte que, al considerar la función inversa de $s(t)$, que como es usual representamos por $t(s)$, se tiene que $\beta(s) := \alpha\big(t(s)\big)$ es una curva cuya velocidad tiene módulo unitario y el parámetro s tiene carácter geométrico, en el sentido que ya anunciábamos en la definición 1.1.6 (véase la sección 1.1).

Finalmente, si $R \subset U$ es una región de U, se define el *área* de R como la integral

$$A(R) := \int_R \sqrt{\det\big(g_{ij}(u^1,u^2)\big)}\,du^1du^2. \tag{8.2}$$

Observación 8.2. Tal y como ya hemos anunciado anteriormente, en nuestra definición de superficie riemanniana estamos adoptando la versión más simplificada del asunto para no oscurecer los puntos más importantes que deseamos remarcar, a saber, la posibilidad de medir de forma abstracta y la capacidad de reproducir conceptos como derivada covariante, geodésicas y curvatura en esta clase de superficies. No obstante, el lector atento habrá advertido que con esta definición no permitimos que una superficie riemanniana sea compacta. Dejamos fuera de nuestra definición, en este caso, gran cantidad de ejemplos como esferas, toros, todos sus equivalentes topológicos y otras superficies compactas de género mayor.

La definición formal (y real) de superficie riemanniana es mucho más compleja y elaborada. En ella, consideramos diferentes sistemas de coordenadas (parametrizaciones en el caso de superficies regulares, cartas en el caso de superficies abstractas). Esta apertura es ventajosa para permitir toda clase de topologías, pero requiere ir un paso más allá en las definiciones y demostraciones. ¿Por qué? La razón es la siguiente: casi todas las definiciones y construcciones deben efectuarse a partir de coordenadas. Si utilizamos diferentes sistemas de coordenadas, debemos cerciorarnos de que estamos presentando una buena definición, esto es, de que es un concepto independiente del sistema elegido. En los manuales de geometría riemanniana se dice entonces que la definición es *covariante*, *libre de coordenadas* o, de forma más amplia, que es *tensorial*. De hecho, cuando decimos que una construcción es tensorial lo que estamos afirmando es que los objetos geométricos definidos a partir de las coordenadas se transforman de manera adecuada bajo cambios de parametrización.

Un ejemplo sencillo es la fórmula para el área dada en (8.2). Se comprueba fácilmente (con un argumento análogo al del lema 2.5.4) que el área es una buena definición, independiente de las coordenadas. ◇

8.1.2. Ejemplos de superficies riemannianas

Veamos algunos ejemplos de superficies riemannianas muy ilustrativos.

Ejemplo 8.1 (Toda superficie regular es, al menos localmente, una superficie riemanniana.). Sea S una superficie regular. Para cada $p \in S$, sabemos que existe una parametrización $X : U \longrightarrow V \subset S$ tal que $p \in X(U) = V$. Sean E, F y G los coeficientes de la primera forma fundamental de S respecto a X. Entonces, el par

$$\Sigma = \big(U, (E,F,G)\big)$$

es, evidentemente, una superficie riemanniana. En este ejemplo debe quedar claro que la condición *localmente* en el enunciado puede omitirse, aunque exigiría un desarrollo teórico mayor a la hora de precisar lo que es una superficie riemanniana, tal y como ya hemos explicado en la observación 8.2 anterior.

Observemos que todos los objetos intrínsecos que podamos considerar para S coinciden, punto a punto, con los mismos objetos definidos en la superficie riemanniana Σ, incluyendo las medidas de longitud, área y ángulo. También coincidirán, cuando los hayamos definido, otros elementos como los símbolos de Christoffel, la derivada covariante, la noción de geodésica y el concepto de curvatura. ◇

Ejemplo 8.2 (Geometría esférica en un abierto del plano). Para el desarrollo de este ejemplo escribiremos, por comodidad, $u = u^1$ y $v = u^2$. Así, inspirados en el ejemplo previo, sea U el abierto del plano

$$U = \left\{(u,v) \in \mathbb{R}^2 : -\pi < u < \pi,\ -\frac{\pi}{2} < v < \frac{\pi}{2}\right\},$$

y consideremos la métrica dada por la matriz de coeficientes

$$\begin{pmatrix} \cos^2 v & 0 \\ 0 & 1 \end{pmatrix}. \tag{8.3}$$

Es inmediato comprobar que dicha matriz define una métrica en el abierto U.

i) Vamos a comenzar estudiando cómo es la longitud de las curvas coordenadas, esto es, las curvas que tienen alguna de las dos coordenadas, o bien u o bien v, con valor constante. Por ejemplo, si $\alpha_c(t) = (t,c)$ con $-\pi < t < \pi$, entonces $\alpha_c'(t) = (1,0)$, y la longitud de dicha curva horizontal α_c viene dada por

$$L_{-\pi}^{\pi}(\alpha_c) = \int_{-\pi}^{\pi} \left|\alpha_c'(t)\right| dt = \int_{-\pi}^{\pi} \sqrt{\cos^2 c}\, dt = 2\pi \cos c. \tag{8.4}$$

De esta forma, en $c = 0$, la longitud del segmento rectilíneo en U dado por $v = 0$ es exactamente 2π, su propia longitud euclídea. Esto no debería sorprendernos pues, exactamente en $v=0$ y en la dirección en la que discurre la curva, la métrica dada por (8.3) con la que calculamos dicha longitud coincide precisamente con la métrica euclídea habitual. Sin embargo, conforme vamos considerando el mismo segmento rectilíneo $v=c$ con $c\neq 0$, la longitud varía acorde a la expresión (8.4). Por ejemplo, si $c=\pm\pi/4$ la longitud decrece a $\sqrt{2}\pi$. Más aún, cuando c se va acercando a los extremos $\pm\pi/2$ la longitud de dicho segmento tiende a cero.

Podemos extraer así una primera lección de este ejemplo, a saber, que en esta nueva forma de medir, las apariencias engañan. Todos los segmentos horizontales con altura constante $v=c$ en el abierto del plano U parecen abarcar la misma distancia, pues son traslaciones horizontales rígidas. Sin embargo, la longitud de cada uno de ellos es distinta y está dada por la expresión $2\pi\cos c$.

Ahora nos preguntamos: ¿ocurre este mismo fenómeno para los segmentos verticales? Veámoslo. Sea $\beta_c(t)=(c,t)$ con $-\pi/2<t<\pi/2$ un segmento vertical. Como $\beta_c'(t)=(0,1)$, la longitud de β_c es

$$L_{-\pi/2}^{\pi/2}(\beta_c)=\int_{-\pi/2}^{\pi/2}|\beta_c'(t)|\,dt=\int_{-\pi/2}^{\pi/2}\sqrt{1}\,dt=\pi.$$

Queda claro, pues, que los segmentos verticales tienen todos la misma longitud con independencia de la coordenada $u=c$, y que además esta longitud coincide con la euclídea. En esta ocasión, si bien la métrica no es la euclídea para valores de $v\neq 0$, la «parte» que utilizamos de la misma para calcular la longitud de β_c, la entrada g_{22} de la matriz, es siempre constante e igual a uno.

En resumidas cuentas, en esta métrica la distancia vertical es exactamente la distancia euclídea habitual, mientras que con la distancia horizontal no ocurre así: cuanto más nos apartamos del eje de abscisas, más severa es la distorsión en el cómputo de la longitud de los segmentos horizontales con arreglo a la fórmula (8.4).

Continuando con el estudio de la longitud, un problema interesante que nos podríamos plantear es el siguiente. Sean $A=(\pi/4,\pi/4)$ y $B=(3\pi/4,\pi/4)$ dos puntos en el mismo segmento horizontal (véase la figura 8.1). La cuestión es: ¿cuál sería la curva de menor longitud que une A con B?

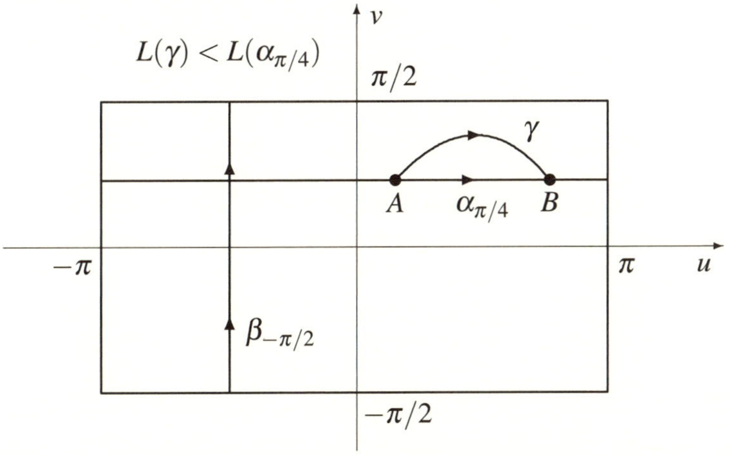

Figura 8.1: Calculando la curva más corta entre A y B.

Una respuesta, posiblemente muy dirigida por nuestra mente euclídea, sería el propio segmento rectilíneo $\alpha_{\pi/4}(t) = (t, \pi/4)$ con $\pi/4 \leq t \leq 3\pi/4$, cuya distancia recorrida es $\sqrt{2}\pi/4$. Consideremos, sin embargo, la curva

$$\gamma(t) = \Big(t, \arctan\big(\sqrt{2}\,\mathrm{sen}\,t\big)\Big), \qquad \text{con } t \in \left[\frac{\pi}{4}, \frac{3\pi}{4}\right].$$

Observemos que $\gamma(\pi/4) = (\pi/4, \pi/4) = A$ y que $\gamma(3\pi/4) = (3\pi/4, \pi/4) = B$. Finalmente, una cuenta sencilla nos lleva a

$$L_{\pi/4}^{3\pi/4}(\gamma) = \frac{\pi}{3} < \sqrt{2}\frac{\pi}{4} = L_{\pi/4}^{3\pi/4}(\alpha_{\pi/4}),$$

de suerte que la distancia recorrida a lo largo de γ entre los puntos A y B es estrictamente menor que la recorrida a través del segmento $\alpha_{\pi/4}$.

Un detalle interesante es que si fuéramos capaces de definir el concepto de geodésica en este contexto, no parece que la curva $\alpha_{\pi/4}$ lo sea, ya que no es un punto crítico del funcional longitud (recuérdese el teorema 5.1.6). Es un cálculo interesante construir una variación por curvas uniendo los puntos A y B del segmento horizontal $\alpha_{\pi/4}$ satisfaciendo $L'(0) \neq 0$.

En realidad, lo que está ocurriendo se puede expresar en los siguientes términos: como las distancias horizontales son cada vez más pequeñas conforme el valor de la ordenada v crece, resulta que la curva γ recorre menos longitud al transcurrir «por encima» del segmento $\alpha_{\pi/4}$, aunque *en apariencia* sea más larga. Un detalle: ¿qué pasaría si planteamos este problema para los puntos $(-\pi/2, 0)$ y $(\pi/2, 0)$? Animamos al lector curioso a responder a esta pregunta.

ii) Vamos a terminar de exprimir este ejemplo haciendo dos cuentas sencillas pero muy ilustrativas. La primera de ellas se refiere a la medida de ángulos. Sea pues la curva $\eta(t) = (t, t)$ con $-\pi/2 < t < \pi/2$. Nos planteamos estudiar el ángulo que forma el vector velocidad de esta curva, $\eta'(t) = (1, 1)$, con el vector $\mathbf{e}_1 = (1, 0)$ tangente a cada punto $\eta(t)$. Observemos que, si $\theta(t)$ es dicho ángulo, se cumple la igualdad

$$\cos\theta(t) = \frac{\langle \eta'(t), \mathbf{e}_1 \rangle}{|\eta'(t)|\,|\mathbf{e}_1|} = \frac{\cos t}{\sqrt{\cos^2 t + 1}}.$$

Claramente, el ángulo $\theta(t)$ no es constante, en contrapartida con nuestra mentalidad euclídea que nos sugiere que este sea $\pi/4$. Todavía más, únicamente coincide con el aparente ángulo euclídeo en $t = 0$, cuando $\theta(0) = \pi/4$ y, en última instancia, si $t \to \pi/2$ el valor de $\theta(t)$ tiende a $\pi/2$.

iii) Para terminar, nos podemos plantear cuál es el área del rectángulo R_ε, contenido en U, dado por

$$R_\varepsilon = \left\{(u, v) \in \mathbb{R}^2 : -\pi + \varepsilon < u < \pi - \varepsilon, -\frac{\pi}{2} + \varepsilon < v < \frac{\pi}{2} - \varepsilon\right\}.$$

Utilizando la fórmula (8.2), una cuenta sencilla nos lleva a que

$$A(R_\varepsilon) = \left(\mathrm{sen}\left(\frac{\pi}{2} - \varepsilon\right) - \mathrm{sen}\left(-\frac{\pi}{2} + \varepsilon\right)\right)(2\pi - 2\varepsilon),$$

y haciendo tender $\varepsilon \to 0$, se obtiene $A(R) = 4\pi$, un área sospechosamente familiar.

¿Qué está pasando aquí? Pues que hemos inducido en un rectángulo del plano la métrica de la esfera de suerte que, en dicho rectángulo, tenemos toda la geometría intrínseca que hemos estudiado para esta superficie. Los segmentos horizontales se corresponden con los paralelos de la esfera de latitud v, mientras que los verticales son los meridianos de longitud u, siendo (u,v) las coordenadas geográficas[1]. Todavía más: el segmento horizontal con extremos A y B se corresponde con el paralelo de latitud $v=\pi/4$ mientras que la curva γ de menor longitud que une A con B es la porción más corta del círculo máximo que une ambos puntos.[2]

Finalmente, la curva η se corresponde con una suerte de espiral que, saliendo desde el ecuador de la esfera, se va enroscando en la esfera manteniendo un ángulo constante de $\pi/4$ con los paralelos hasta terminar en el polo norte; de hecho, esta curva es una loxodroma, pues mantiene un ángulo constante con los meridianos. En cuanto al área calculada, evidentemente, es el área de la esfera de radio 1. ◇

Ejemplo 8.3 (El plano hiperbólico o semiplano de Poincaré). De nuevo, para hacer más sencilla la notación, escribiremos $u^1=x$ y $u^2=y$. Sea entonces U el semiplano dado por

$$U=\{(x,y)\in\mathbb{R}^2 : y>0\},$$

que equipamos con la métrica $E=G=1/y^2$ y $F=0$, o lo que es lo mismo,

$$\begin{pmatrix} 1/y^2 & 0 \\ 0 & 1/y^2 \end{pmatrix}.$$

Esta construcción ya apareció en el ejemplo 7.5 del capítulo 7. Entonces, ya anunciábamos que el semiplano de Poincaré era un modelo de curvatura negativa constante cuyas geodésicas eran las rectas verticales y las semicircunferencias que cortan ortogonalmente al eje de abscisas. Nuestra misión en este capítulo consistirá, entre otras cosas, en justificar estas afirmaciones.

Comenzamos considerando los puntos $A=(\sqrt{3},1)$ y $B=(0,2)$ del semiplano U, y sea α la curva

$$\alpha(t)=(\sqrt{3},1)+t(-\sqrt{3},1) \qquad \text{con } 0\le t\le 1,$$

que no es otra cosa que el segmento rectilíneo que une los puntos A y B (véase la figura 8.2). Vamos a calcular la longitud de dicho segmento:

$$L_0^1(\alpha)=\int_0^1 |\alpha'(t)|\,dt=\int_0^1\sqrt{\frac{1}{(1+t)^2}(3+1)}\,dt=2\,\mathrm{Ln}\,2.$$

[1] En este caso estamos considerando, por conveniencia, las coordenadas geográficas dadas por la parametrización $X(u,v)=(\cos u\cos v,\operatorname{sen} u\cos v,\operatorname{sen} v)$, $(u,v)\in(-\pi,\pi)\times(-\pi/2,\pi/2)$, en contraposición a la que usamos habitualmente en este texto (véase el ejemplo 2.3).

[2] Una forma de comprobar esto consiste en considerar la ya citada parametrización de la esfera dada por $X(u,v)=(\cos u\cos v,\operatorname{sen} u\cos v,\operatorname{sen} v)$, que es precisamente la parametrización que nos proporciona la métrica (8.3) en este ejemplo. Un cálculo rápido prueba que $v=\arctan(\sqrt{2}\operatorname{sen} u)$, por lo que la curva γ es la intersección de la esfera con el plano $z=\sqrt{2}y$ de suerte que γ es un círculo máximo y, en consecuencia, la (única) geodésica minimizante que une A con B (pues no son puntos antipodales).

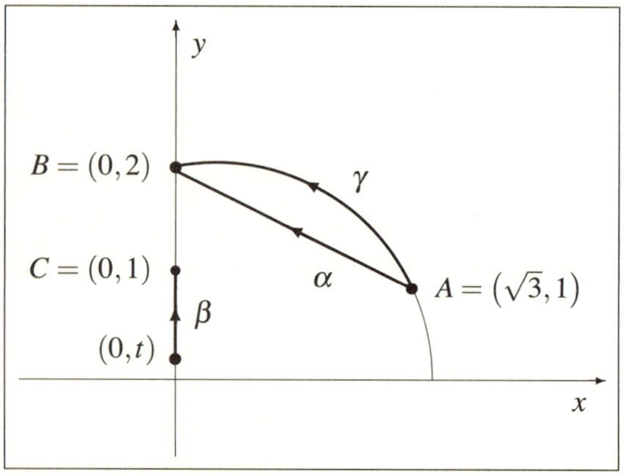

Figura 8.2: El segmento de recta no tiene por qué ser la curva más corta.

Sea ahora γ la curva $\gamma(t)=(2\cos t, 2\operatorname{sen} t)$, donde $t\in[\pi/6,\pi/2]$. Es claro que, en esta ocasión, γ es un arco de circunferencia uniendo los puntos A y B. Vamos a calcular la longitud de esta curva. Observemos que

$$\gamma'(t)=(-2\operatorname{sen} t, 2\cos t),$$

por lo que un rápido cálculo muestra que

$$L_{\pi/6}^{\pi/2}(\gamma)=\int_{\pi/6}^{\pi/2}|\gamma'(t)|\,dt=\int_{\pi/6}^{\pi/2}\frac{1}{\operatorname{sen} t}\,dt=\operatorname{Ln}(2+\sqrt{3}).$$

En conclusión, la distancia recorrida por el arco de circunferencia es menor que la realizada por el segmento rectilíneo.

Una observación sustancial: al hilo de la terminología, en sentido estricto no podemos entender γ como una circunferencia pues no es el lugar geométrico del plano cuyos puntos equidistan a uno dado; no obstante, abusamos de nuestra *contaminación* euclídea para seguir nombrándola de esa forma.

Posteriormente demostraremos que la curva γ es una geodésica del plano hiperbólico, aunque nos llevará bastante trabajo formalizarlo. En cualquier caso, un cálculo rápido puede llevarnos a la misma conclusión: consideramos las coordenadas polares en el semiplano dadas por (ρ,θ) y trabajamos con curvas de la forma

$$\eta:\theta\rightsquigarrow(\rho(\theta),\theta),$$

donde $\theta\in[\pi/6,\pi/2]$. Así, es relativamente rápido escribir la longitud de esta clase de curvas en coordenadas polares, obteniéndose

$$\begin{aligned}L_{\pi/6}^{\pi/2}(\eta)&=\int_{\pi/6}^{\pi/2}\sqrt{\frac{1}{\rho^2\operatorname{sen}^2\theta}\left(\left(\frac{d\rho}{d\theta}\right)^2+\rho^2\right)}\,d\theta\\&\geq\int_{\pi/6}^{\pi/2}\sqrt{\frac{\rho^2}{\rho^2\operatorname{sen}^2\theta}}\,d\theta=\int_{\pi/6}^{\pi/2}\frac{1}{\operatorname{sen}\theta}\,d\theta=\operatorname{Ln}(2+\sqrt{3})=L_{\pi/6}^{\pi/2}(\gamma).\end{aligned}$$

Es decir, acabamos de probar que cualquier curva $\theta\rightsquigarrow(\rho(\theta),\theta)$ uniendo A y B tiene mayor longitud que el arco de circunferencia γ. Además, se da la igualdad si, y sólo si, $d\rho/d\theta=0$, de modo que, en tal caso, $\rho(\theta)\equiv c$ constante, y la curva $\theta\rightsquigarrow(c,\theta)$ es un arco de circunferencia. El resto de curvas que no se pueden expresar de la forma $\theta\rightsquigarrow(\rho(\theta),\theta)$ son *segmentos radiales*. Faltaría probar que, a través de ellos, también se recorre mayor longitud.

Vamos a terminar de estudiar este ejemplo considerando la curva $\beta(t)=(0,t)$, donde $t>0$. A continuación tomamos $C=(0,1)$, y queremos calcular la distancia recorrida a lo largo de β desde un punto $(0,t)$, con $t<1$, hasta el punto $C=\beta(1)$. Ésta viene dada por

$$L_t^1(\beta)=\int_t^1|\beta'(t)|\,dt=\int_t^1\frac{1}{t}\,dt=\operatorname{Ln}1-\operatorname{Ln}t=-\operatorname{Ln}t,$$

y queda claro que, cuando $t \to 0$, la longitud recorrida desde C hasta $(0,t)$ siguiendo el segmento vertical se va a infinito. En otras palabras, no podemos alcanzar la recta $y = 0$. Un cálculo análogo, aunque algo más laborioso, puede hacerse para la curva

$$\gamma(t) = (2\cos t, 2\operatorname{sen} t)$$

cuando $t \to 0$ o $t \to \pi$. En ambos casos, la longitud abarcada por la curva γ también se hace tan grande como queramos y no podemos alcanzar la recta $y = 0$.

Para terminar este ejemplo, remarcamos un hecho notable del plano hiperbólico en relación al plano euclídeo. Si bien la métrica y, por ende, las distancias, no coinciden, sí es cierto que la métrica del plano hiperbólico es conforme a la euclídea, por lo que los ángulos que *vemos* sí que responden a nuestra intuición clásica. $\diamondsuit$

8.2. EL PROBLEMA DE DERIVAR CAMPOS DE VECTORES

Si repasamos gran parte de los conceptos que hemos trabajado en este libro, una característica común que presentan es la necesidad de derivar para destilar las propiedades geométricas de los mismos; en concreto, se requiere derivar campos de vectores para obtener la curvatura de una curva, las curvaturas principales, la curvatura de Gauss, etc.

Dada una superficie riemanniana $\Sigma = \big(U, (E,F,G)\big)$, si aspiramos a hacer geometría en la misma necesitamos derivar campos de vectores definidos a lo largo de curvas en la propia Σ. El problema que tenemos es que, a priori, no existe una definición de derivada natural que se comporte bien en relación a la métrica arbitraria que hemos introducido. Pero, ¿qué significa esta afirmación? Lo ilustramos con el siguiente ejemplo.

Ejemplo 8.4 (Derivando campos en el plano hiperbólico). En el plano hiperbólico definido en el ejemplo 8.3, consideramos la curva $\alpha(t) = (0,t)$ con $t > 0$, y sea V el campo a lo largo de α dado por $V(t) = (1,0)$. Si hacemos la derivada de V utilizando la noción clásica, obtenemos $V'(t) = \mathbf{0}$. Siguiendo la definición 4.1.4 de paralelismo dada en el apartado 4.1.1, tendríamos que V es un campo paralelo, pues la parte tangente de su derivada es nula. No obstante, una cuenta inmediata nos dice que

$$\big|V(t)\big| = \frac{1}{t},$$

por lo que V es un campo cuyo módulo es variable, hecho que es incompatible con nuestra noción de paralelismo; recordemos que un campo paralelo siempre tiene módulo constante. ¿Qué está pasando aquí? Lo que ocurre es que la métrica (E,F,G) que estamos considerando es incompatible con la noción clásica de la derivada de un campo con la que hemos estado trabajando en este libro: no existe *coherencia* entre las afirmaciones de la métrica, por un lado, y la derivada, por otro.

Dándole la vuelta al argumento, podríamos considerar ahora otro campo, el dado por $W(t) = (0,t)$. Claramente, y según la noción habitual, no parece ser un campo paralelo, pues $W'(t) = (0,1) \neq \mathbf{0}$, y su parte tangente es la misma. Sin embargo, su módulo sí es constante; de hecho, es unitario:

$$|W(t)| = \frac{1}{t}\sqrt{0+t^2} = 1.$$

Enseguida seremos capaces de demostrar que dicho campo W sí es paralelo. ◇

Como ya hemos anticipado, este ejemplo nos conduce frente a una situación indeseable ya que las conclusiones a las que llegamos a través de la derivada usual no se corresponden con las deducciones que efectuamos en términos métricos. ¿Cómo resolvemos el problema?

8.2.1. Los símbolos de Christoffel

Lo primero que necesitamos es introducir los símbolos de Christoffel.

Definición 8.2.1. *Dada una superficie riemanniana $\Sigma = \big(U, (E,F,G)\big)$, definimos los símbolos de Christoffel de Σ como*

$$\Gamma^i_{jk} = \frac{1}{2} g^{im} \left(\frac{\partial g_{jm}}{\partial u^k} + \frac{\partial g_{km}}{\partial u^j} - \frac{\partial g_{jk}}{\partial u^m} \right). \tag{8.5}$$

Es un ejercicio sencillo comprobar que estos símbolos son *simétricos* en los índices j y k, de suerte que

$$\Gamma^i_{jk} = \Gamma^i_{kj}.$$

Observación 8.3. También es un ejercicio de cálculo más o menos rápido comprobar que estos símbolos de Christoffel coinciden exactamente con los que hemos definido previamente en el apartado 3.9.1 del capítulo 3, y que pueden expresarse mediante la fórmula (3.21), con la salvaguarda de escribir (u^1,u^2) en lugar de (u,v), así como de sustituir E,F y G por g_{11}, $g_{12}(=g_{21})$ y g_{22}, respectivamente. A este respecto, debemos remarcar la siguiente diferencia: si bien en el apartado 3.9.1 los símbolos de Christoffel emergen como las soluciones de un sistema de ecuaciones al efectuar la segunda derivada de la parametrización, en esta ocasión se presentan directamente como una definición. ◇

Al hilo de la anterior observación, recordemos que la simetría de los símbolos de Christoffel, tal y como se definieron en el capítulo 3, era consecuencia del teorema de Schwarz para las derivadas parciales segundas. En este caso, la simetría se obtiene directamente de la fórmula (8.5) que los define, y es esencial en el desarrollo de toda la teoría. Es habitual además escribir

$$\Gamma_{jk,m} = \frac{1}{2} \left(\frac{\partial g_{jm}}{\partial u^k} + \frac{\partial g_{km}}{\partial u^j} - \frac{\partial g_{jk}}{\partial u^m} \right),$$

donde observemos que j,k y m actúan los tres como subíndices. Esto nos permite definir los *símbolos de Christoffel de primera especie* en contraposición a los Γ^i_{jk}, que serían los *símbolos de Christoffel de segunda especie*. Es obvio que estos símbolos de primera especie son otra vez simétricos en los subíndices j y k, y se tiene además la igualdad

$$\Gamma^i_{jk} = g^{im}\Gamma_{jk,m}.$$

Si queremos expresar los símbolos de segunda especie en términos de los de primera especie, basta multiplicar por g_{il} en la ecuación anterior, de modo que

$$g_{il}\Gamma^i_{jk} = g_{il}g^{im}\Gamma_{jk,m} = \delta^m_l\Gamma_{jk,m} = \Gamma_{jk,l},$$

y así obtenemos finalmente

$$\Gamma_{jk,l} = g_{il}\Gamma^i_{jk}.$$

Es claro que, como la métrica es invertible, disponer de unos u otros es indiferente.

Observación 8.4. Ya hemos comentado que los símbolos de Christoffel aquí introducidos son formalmente idénticos a los que aparecían en la fórmula (3.21) al hacer la segunda derivada de la parametrización. Era esencial entonces suponer que nuestra superficie estaba contenida en el espacio euclídeo. En esta ocasión, los símbolos se presentan de improviso con una definición «a secas». En matemáticas es recomendable, e incluso necesario, justificar las definiciones primordiales, y esta lo es. Así pues, es posible demostrar que los símbolos de Christoffel aparecen de forma natural al considerar el problema de encontrar los puntos críticos del funcional longitud en una métrica arbitraria. Haciendo cálculo de variaciones se llega a que las ecuaciones de Euler-Lagrange del problema contienen, precisamente, la definición de los símbolos. Se trata de un procedimiento muy utilizado en textos de física matemática, y puede encontrarse, por ejemplo, en el apartado 1.1.4 de [34] o en la sección 2.4 de [72]. ◇

8.2.2. La derivada de un campo a lo largo de una curva

Sea $\Sigma = \big(U,(E,F,G)\big)$ una superficie riemanniana y sea $\alpha(t) = \big(u^1(t),u^2(t)\big)$ una curva diferenciable en U. Dado $V(t) = \big(V^1(t),V^2(t)\big)$ un campo de vectores diferenciable a lo largo de α, se define la *derivada (covariante)* de V como

$$\frac{DV}{dt} := \left(\frac{dV^k}{dt} + \Gamma^k_{ij}\frac{du^i}{dt}V^j\right)\mathbf{e}_k = \left(\frac{dV^1}{dt} + \Gamma^1_{ij}\frac{du^i}{dt}V^j, \frac{dV^2}{dt} + \Gamma^2_{ij}\frac{du^i}{dt}V^j\right). \tag{8.6}$$

Al igual que hicimos en la proposición 4.1.3, es inmediato probar que

$$\frac{D}{dt}(V+W) = \frac{DV}{dt} + \frac{DW}{dt}.$$

Asimismo, si $f : I \longrightarrow \mathbb{R}$ es una función diferenciable, entonces

$$\frac{D}{dt}(fV) = f'V + f\frac{DV}{dt},$$

ya que $fV = (fV^1, fV^2)$, e insertando estas dos componentes en la expresión (8.6) se llega fácilmente a la igualdad.

La tercera de las propiedades recogidas en la proposición 4.1.3 se obtenía trivialmente utilizando la expresión del producto escalar euclídeo y su comportamiento cuando se derivan campos de vectores en $\mathbb{R}^3$. El siguiente resultado ilustra a la perfección las dificultades a las que nos enfrentamos cuando definimos una nueva forma de derivar.

Teorema 8.2.2 (Compatibilidad con la métrica). *Dados dos campos diferenciables V y W a lo largo de una curva $\alpha : I \longrightarrow U$, se tiene que*

$$\frac{d}{dt}\langle V(t), W(t)\rangle = \left\langle \frac{DV}{dt}, W(t)\right\rangle + \left\langle V(t), \frac{DW}{dt}\right\rangle.$$

Demostración. En primer lugar, observemos que

$$\langle V(t), W(t)\rangle = g_{ij}\big(u^1(t), u^2(t)\big)V^i(t)W^j(t).$$

Derivando respecto de t y suprimiendo, por brevedad, el argumento entre paréntesis, nos queda

$$\frac{d}{dt}\langle V, W\rangle = \frac{\partial g_{ij}}{\partial u^k}\frac{du^k}{dt}V^iW^j + g_{ij}\frac{dV^i}{dt}W^j + g_{ij}V^i\frac{dW^j}{dt}. \tag{8.7}$$

Por otra parte, es fácil ver que

$$\left\langle \frac{DV}{dt}, W\right\rangle = \left\langle \left(\frac{dV^k}{dt} + \Gamma^k_{ij}\frac{du^i}{dt}\frac{dV^j}{dt}\right)\mathbf{e}_k, W^l\mathbf{e}_l\right\rangle = \frac{dV^k}{dt}W^l g_{kl} + \Gamma^k_{ij}\frac{du^i}{dt}V^jW^l g_{kl}. \tag{8.8}$$

Análogamente, se llega a la expresión

$$\left\langle V, \frac{DW}{dt}\right\rangle = \frac{dW^k}{dt}V^l g_{kl} + \Gamma^k_{ij}\frac{du^i}{dt}W^jV^l g_{kl}, \tag{8.9}$$

donde hemos utilizado la simetría de la métrica por la que $g_{lk} = g_{kl}$. Obsérvese que el segundo y el tercer sumandos en (8.7) coinciden con el primer sumando de (8.8) y el primer sumando de (8.9), respectivamente. Por lo tanto, habremos terminado la demostración si probamos la siguiente igualdad:

$$\frac{\partial g_{ij}}{\partial u^k}\frac{du^k}{dt}V^iW^j = \Gamma^k_{ij}\frac{du^i}{dt}V^jW^l g_{kl} + \Gamma^k_{ij}\frac{du^i}{dt}W^jV^l g_{kl}. \tag{8.10}$$

A continuación, observemos que todos los índices que aparecen son mudos, por lo que es posible permutarlos sin alterar el contenido de la ecuación. Así pues, llevamos a cabo las siguientes acciones:

- en el lado izquierdo de la igualdad, intercambiamos i y k;
- en el primer sumando del lado derecho hacemos la permutación (j, k, l);
- y en el segundo sumando del lado derecho hacemos la permutación (l, k).

En consecuencia, la ecuación (8.10) queda del siguiente modo,

$$\frac{\partial g_{kj}}{\partial u^i}\frac{du^i}{dt}V^kW^j = \Gamma^l_{ik}\frac{du^i}{dt}V^kW^j g_{lj} + \Gamma^l_{ij}\frac{du^i}{dt}W^jV^k g_{lk}, \tag{8.11}$$

y la prueba concluirá si se cumple que

$$\frac{\partial g_{kj}}{\partial u^i} = \Gamma^l_{ik} g_{lj} + \Gamma^l_{ij} g_{lk}. \tag{8.12}$$

Pero esta igualdad es cierta, pues

$$\begin{aligned}\Gamma^l_{ik} g_{lj} + \Gamma^l_{ij} g_{lk} &= \Gamma_{ik,j} + \Gamma_{ij,k} \\ &= \frac{1}{2}\left(\frac{\partial g_{ij}}{\partial u^k} + \frac{\partial g_{kj}}{\partial u^i} - \frac{\partial g_{ik}}{\partial u^j}\right) + \frac{1}{2}\left(\frac{\partial g_{ik}}{\partial u^j} + \frac{\partial g_{kj}}{\partial u^i} - \frac{\partial g_{ij}}{\partial u^k}\right) = \frac{\partial g_{kj}}{\partial u^i},\end{aligned} \tag{8.13}$$

tal y como se quería demostrar. □

Al igual que en el apartado 4.1.1, de esta importante propiedad que acabamos de demostrar surgen diferentes definiciones y resultados.

Definición 8.2.3. *Dadas una superficie riemanniana* $\Sigma = \big(U, (E, F, G)\big)$ *y una curva diferenciable* $\alpha(t) = \big(u^1(t), u^2(t)\big)$ *en* U*, sea* $V(t) = \big(V^1(t), V^2(t)\big)$ *un campo diferenciable a lo largo de* α*. Se dice que* V *es* ***paralelo*** *a lo largo de* α *si su derivada covariante se anula en todo punto.*

Siguiendo con el estudio del plano hiperbólico, veamos qué ocurre con los campos paralelos en el mismo.

Ejemplo 8.5 (Campos paralelos en el plano hiperbólico). Consideremos el plano hiperbólico definido en el ejemplo 8.3. Recordemos que la matriz de los coeficientes de la métrica es

$$\begin{pmatrix} 1/y^2 & 0 \\ 0 & 1/y^2 \end{pmatrix},$$

cuya inversa viene dada por

$$\begin{pmatrix} y^2 & 0 \\ 0 & y^2 \end{pmatrix}.$$

Calculamos en primer lugar los símbolos de Christoffel (de segunda especie) aplicando la fórmula dada en (8.5), obteniéndose

$$\Gamma^1_{12} = \Gamma^1_{21} = -\frac{1}{y}, \qquad \Gamma^2_{11} = \frac{1}{y}, \qquad \Gamma^2_{22} = -\frac{1}{y} \tag{8.14}$$

y $\Gamma^i_{jk} = 0$ el resto. Dadas una curva genérica $\alpha(t) = \big(x(t), y(t)\big)$ y un campo diferenciable $V(t) = \big(V^1(t), V^2(t)\big)$ a lo largo de α, se tiene que

$$\frac{DV}{dt} = \left(\frac{dV^1}{dt} - \frac{1}{y}\Big(\frac{dx}{dt}V^2 + \frac{dy}{dt}V^1\Big)\right)\mathbf{e}_1 + \left(\frac{dV^2}{dt} + \frac{1}{y}\Big(\frac{dx}{dt}V^1 - \frac{dy}{dt}V^2\Big)\right)\mathbf{e}_2.$$

Encontrar un campo paralelo a lo largo de una curva dada consiste en resolver un sistema de dos ecuaciones diferenciales ordinarias de primer orden cuyas incógnitas son las funciones V^1 y V^2. Tomando como caso particular $\alpha(t) = (0, t)$, con $t > 0$, se comprueba fácilmente que $V(t) = (1,0)$ no es paralelo, mientras que $W(t) = (0,t)$ sí lo es, así como $Z(t) = (t,0)$. Una cuenta sencilla que se puede abordar como ejercicio nos lleva a que cualquier campo de la forma $V(t) = (at,bt)$, con a,b constantes, es paralelo a lo largo de α.

Si consideramos ahora la curva $\beta(t) = (t,1)$, un campo V a lo lago de β es paralelo si satisface la ecuación

$$\frac{DV}{dt} = \left(\frac{dV^1}{dt} - V^2, \frac{dV^2}{dt} + V^1\right) = \mathbf{0}.$$

Una solución particular sería $V(t) = (\operatorname{sen} t, \cos t)$, como se puede comprobar fácilmente. Obsérvese que, simplemente dando como condición inicial el valor de V en un punto concreto, se determina globalmente el campo V, estando garantizada esta propiedad por la teoría de ecuaciones diferenciales. $\diamondsuit$

Resulta del todo claro que la teoría desarrollada en el capítulo 4 sobre campos paralelos se traslada de forma inmediata a este nuevo contexto de superficies riemannianas: existencia y unicidad de campos paralelos (teorema 4.1.6) y todos los resultados demostrados en el apartado 4.1.2 sobre el transporte paralelo. Naturalmente, el concepto de geodésica, que también depende en última instancia de la noción de paralelismo, se extiende de modo natural en este nuevo contexto.

8.3. GEODÉSICAS EN UNA SUPERFICIE RIEMANNIANA

Tal y como ya hicimos en el apartado 4.1.2, es inevitable considerar el caso particular en el que $V(t) = \alpha'(t)$ que, claramente, es un campo a lo largo de la propia curva α. En tal caso, se define la *aceleración* de α como la derivada covariante de α'. Obsérvese que, en este caso, la aceleración siempre es tangente a la superficie, porque no existe dirección normal. Esta definición nos lleva a un tipo de curva muy especial que conocemos perfectamente.

Definición 8.3.1. *Dada una superficie riemanniana $\Sigma = \big(U,(E,F,G)\big)$, considérese una curva diferenciable $\alpha(t) = \big(u^1(t),u^2(t)\big)$ en U. Diremos que α es una* ***geodésica*** *de Σ si la aceleración de α se anula en todo punto, esto es, si*

$$\frac{D\alpha'}{dt} = \left(\frac{d^2u^k}{dt^2} + \Gamma^k_{ij}\frac{du^i}{dt}\frac{du^j}{dt}\right)\mathbf{e}_k = \mathbf{0}.$$

En otras palabras, una geodésica es una curva cuyo campo velocidad es paralelo a lo largo de la misma. Evidentemente, la velocidad de una geodésica tiene modulo constante, por lo que podemos suponer, sin pérdida de generalidad, que está parametrizada por el arco.

Todas las propiedades enunciadas en la observación 4.2 siguen siendo válidas en este contexto de superficies riemannianas, salvo, obviamente, la propiedad vii), que se enmarca en el caso particular de superficies regulares dentro del espacio euclídeo.

Así mismo, siguen teniendo vigencia todos los resultados de existencia y unicidad de geodésicas y el concepto de geodésica máximal. Más aún, la noción de completitud dada en la definición 4.2.3 se traslada aquí de forma análoga, así como la definición de aplicación exponencial (definición 4.3.1) y sus propiedades, el lema de homogeneidad de las geodésicas (lema 4.3.2), los entornos normales (definición 4.3.5), el lema de Gauss (lema 4.3.9), la propiedad minimizante de las geodésicas (teorema 4.3.12), las coordenadas normales (4.17) y, en general, todo lo que se define de forma intrínseca en el capítulo 4.

Observación 8.5. Al hilo de la afirmación anterior, incluso un concepto como el de curvatura geodésica (véase el apartado 4.2.2), que se apoya en el normal a la superficie en el espacio euclídeo, admite una generalización al caso de una superficie riemanniana sin necesidad de hacer referencia al ambiente. Para ello, necesitamos únicamente utilizar la orientabilidad de una superficie riemanniana en el sentido de la definición 3.2.2. ◇

Ejemplo 8.6 (Las geodésicas del plano hiperbólico). Si trabajamos con la métrica dada en el ejemplo 8.3, las ecuaciones de las geodésicas para una curva parametrizada por el arco $\alpha(s) = \big(x(s), y(s)\big)$ en el plano hiperbólico son

$$\begin{cases} x''(s) - \dfrac{2}{y(s)} x'(s)y'(s) = 0, \\ y''(s) + \dfrac{1}{y(s)} \left(x'(s)^2 + y'(s)^2\right) = 0, \end{cases} \tag{8.15}$$

donde $'$ representa la derivada respecto al parámetro arco s. Vamos a resolver de forma explícita este sistema de ecuaciones diferenciales; para ello omitiremos, por brevedad, el parámetro s de todos los cálculos.

Si multiplicamos por $1/y^2$ la primera de las dos ecuaciones, se obtiene

$$0 = \frac{x''}{y^2} - \frac{2x'y'}{y^3} = \frac{x''y^2 - 2x'y'y}{y^4} = \left(\frac{x'}{y^2}\right)'.$$

Por tanto, $x' = cy^2$ para una constante c. Si $c = 0$ se llega a que $x(t) = x_0$, y las rectas verticales (parametrizadas de forma adecuada) son geodésicas del plano hiperbólico. Estudiamos ahora el caso $c \neq 0$. Para ello, en lugar de atacar directamente la segunda de las ecuaciones del sistema (8.15), vamos a utilizar el hecho de que la curva está parametrizada por el arco, esto es, que satisface la expresión

$$(x')^2 + (y')^2 = y^2.$$

Si escribimos la derivada respecto a s de forma explícita, tenemos las ecuaciones

$$\frac{dx}{ds} = cy^2 \qquad \text{y} \qquad \left(\frac{dx}{ds}\right)^2 + \left(\frac{dy}{ds}\right)^2 = y^2,$$

que se transforman en

$$\begin{cases} dx = cy^2 ds, \\ dx^2 + dy^2 = y^2 ds^2. \end{cases}$$

Elevando al cuadrado la primera de ellas se llega a $dx^2 = c^2y^2y^2ds^2$, y sustituyendo en la segunda obtenemos

$$dx^2 + dy^2 = \frac{dx^2}{c^2y^2}.$$

Dividiendo ahora por dx^2 se tiene que

$$\frac{dy^2}{dx^2} = \frac{1}{c^2y^2} - 1 = \frac{1-c^2y^2}{c^2y^2},$$

y tras extraer la raíz cuadrada y separar las variables, podemos escribir

$$dx = \frac{cy}{\sqrt{1-c^2y^2}}\, dy.$$

Finalmente, integrando esta ecuación diferencial se obtiene de forma inmediata la expresión

$$x - a = \frac{-1}{c}\sqrt{1-c^2y^2}$$

para una constante a, o equivalentemente,

$$(x-a)^2 + y^2 = \frac{1}{c^2}.$$

Así pues, hemos demostrado que las geodésicas del plano hiperbólico son, o bien líneas rectas verticales, o bien semicircunferencias centradas en el eje de abscisas que lo cortan ortogonalmente. ◇

Con los ingredientes que hemos presentado hasta ahora puede abordarse la sección 5.1 de este libro y encontrar una *caracterización variacional de las geodésicas* para superficies riemannianas en los mismos términos que los presentados en el teorema 5.1.6. La clave de esta prueba es la primera fórmula de variación demostrada en el teorema 5.1.4, cuyo desarrollo es idéntico en este nuevo contexto, pero teniendo en cuenta que, cuando se hace la derivada del funcional longitud, debemos tener presente los dos detalles siguientes:

- para una variación ϕ de parámetros (s,t), las segundas derivadas conmutan en virtud de la simetría de los símbolos de Christoffel;
- podemos intercambiar los roles de t y s en el funcional longitud gracias a la compatibilidad con la métrica.

8.4. LA CURVATURA EN UNA SUPERFICIE RIEMANNIANA

En el desarrollo del capítulo 3 llegamos al concepto central de curvatura de Gauss utilizando el hecho de que la superficie está contenida en el espacio euclídeo. Todo el camino pudo realizarse en virtud de la existencia de la aplicación de Gauss N. A partir de esta y de su diferencial, se desplegó ante nosotros un elenco de funciones curvatura, a saber, la curvatura normal, las curvaturas principales, la curvatura media y, por supuesto, la curvatura de Gauss.

Todas estas curvaturas describen importantes propiedades geométricas de la superficie. Sin embargo, en virtud del teorema *egregium*, queda claro al final del capítulo la importancia y la jerarquía de la curvatura de Gauss como la entidad matemática que encapsula la geometría de una superficie 2-dimensional de la forma más esencial: es invariante frente a isometrías.

Llegados a este punto, pues, nos preguntamos por una definición análoga a la curvatura de Gauss para superficies riemannianas. Obviamente, el camino extrínseco nos está vedado, ya que nuestra superficie no vive en un ambiente 3-dimensional ni disponemos de un indicador tan valioso para estudiar la geometría de la misma como la aplicación de Gauss.

La idea ahora consiste en atender a los prolegómenos de la prueba del teorema *egregium* en el apartado 3.9.2 cuando, utilizando el teorema de Schwarz que nos permite permutar las derivadas segundas de una parametrización, destilamos la ecuación de Gauss de una superficie, en la que se expresa la curvatura K en términos de los símbolos de Christoffel y de los coeficientes de la primera forma fundamental (véase la ecuación (3.22)).

Inspirados en ese cálculo, sea $\Sigma = \big(U,(E,F,G)\big)$ una superficie riemanniana, y sean $\mathbf{e}_1 = (1,0)$ y $\mathbf{e}_2 = (0,1)$ campos de vectores en U globalmente definidos (los podemos denominar *campos básicos*). Observemos que el hecho de hacer terceras derivadas de una parametrización X es equivalente a derivar dos veces estos campos básicos de nuestra superficie riemanniana. Vamos a ello.

Para derivar estos campos (o cualquier otro), hacemos uso de nuestra derivada covariante. En general, si V es un campo de vectores en U, vamos a denotar por

$$\frac{DV}{du^1}(u^1,u^2) \in T_{(u^1,u^2)}U \equiv \mathbb{R}^2$$

la derivada covariante del campo V a lo largo de la curva $t \rightsquigarrow (t,u_2)$ en el punto $t = u^1$. Análogamente, escribiremos

$$\frac{DV}{du^2}(u^1,u^2) \in T_{(u^1,u^2)}U \equiv \mathbb{R}^2$$

en el caso de la curva dada por $t \rightsquigarrow (u^1,t)$ en el punto $t = u^2$. Con esta notación, la conocida expresión

$$(X_{uu})_v - (X_{uv})_u, \tag{8.16}$$

válida para una parametrización X de una superficie regular, se traduce en los siguientes términos para nuestra superficie riemanniana:

$$\frac{D}{du^2}\frac{D\mathbf{e}_1}{du^1} - \frac{D}{du^1}\frac{D\mathbf{e}_1}{du^2}. \tag{8.17}$$

Recordemos que, en virtud del teorema de Schwarz, la expresión (8.16) se anula, y de ahí se obtenía como conclusión la fórmula (3.22) (y por ende el teorema *egregium* de Gauss), además de las otras ecuaciones de compatibilidad (3.23) y (3.26). En esta ocasión, nada nos garantiza que (8.17) se anule (de hecho, no lo hace en general). Sin embargo, esta última expresión nos pone en la pista para fabricar la generalización de la curvatura de Gauss para superficies riemannianas.

Nuestro siguiente paso consiste en extraer toda la información posible de las expresiones del tipo (8.16). Al igual que en el capítulo 3, podemos derivar cualquiera de los dos campos $\mathbf{e}_1$ y $\mathbf{e}_2$, y podemos efectuar dichas derivadas respecto a cualquiera de las dos curvas coordenadas. En definitiva, podemos plantearnos estudiar la diferencia

$$\frac{D}{du^l}\frac{D\mathbf{e}_j}{du^k}-\frac{D}{du^k}\frac{D\mathbf{e}_j}{du^l}, \tag{8.18}$$

que es un campo de vectores sobre U. Luego podemos escribir

$$\frac{D}{du^l}\frac{D\mathbf{e}_j}{du^k}-\frac{D}{du^k}\frac{D\mathbf{e}_j}{du^l}=R^m_{jlk}\mathbf{e}_m, \tag{8.19}$$

siendo R^m_{jlk} funciones diferenciables en U que juegan el mismo papel que A_1, A_2, B_1 y B_2 en el cómputo desarrollado en el apartado 3.9.2. Es una cuenta sencilla calcular estas funciones, las cuales tienen un rol decisivo en nuestro camino a la curvatura. Lo vemos en la siguiente definición.

Definición 8.4.1. *Sea $\Sigma=\big(U,(E,F,G)\big)$ una superficie riemanniana. Se define el* ***tensor curvatura de Riemann*** *como el conjunto de funciones diferenciables en U*

$$\Big\{R^m_{jlk}:U\longrightarrow\mathbb{R}\ \textit{diferenciable}: m,j,l,k\in\{1,2\}\Big\}$$

dadas por

$$R^m_{jlk}=\frac{\partial\Gamma^m_{jk}}{\partial u^l}-\frac{\partial\Gamma^m_{jl}}{\partial u^k}+\Gamma^s_{jk}\Gamma^m_{sl}-\Gamma^s_{jl}\Gamma^m_{sk}.$$

Nótese que, en la expresión anterior, estamos sumando en s, que es un índice mudo, mientras que los índices m, j, l y k son libres. Las funciones R^m_{jlk} se denominan *componentes del tensor curvatura de Riemann* en las coordenadas (u^1,u^2).

Un vistazo rápido a la ecuación (8.19) nos indica que

$$R^m_{jlk}=-R^m_{jkl}.$$

De esta antisimetría se deduce además que $R^m_{jll}=0$. Por lo tanto, aunque a priori podamos pensar que tenemos 16 funciones independientes con las que trabajar, en la práctica hay muchas menos. De hecho, existen más simetrías ocultas en las componentes del tensor curvatura de Riemann, hasta el punto de que con una única función se caracterizan por completo las 15 restantes. Este es un caso muy especial por encontrarnos en dimensión 2. Para dimensiones iguales o mayores que 3, el tensor de Riemann alberga mucha más información.

No podemos soslayar la realidad de que el tensor curvatura de Riemann es un objeto que excede las pretensiones de esta pequeña introducción a la geometría riemanniana. De hecho, la palabra *tensor*, que ya apareció en una observación previa, intuimos que tiene un sentido mucho más profundo del que podemos abarcar en estos momentos. Nuestro objetivo ahora es vincular esta familia de funciones (en nuestro caso de superficies, solo una) con nuestra curvatura de Gauss, mucho más familiar. Para ello, necesitamos la conocida como *versión covariante* del tensor curvatura de Riemann, que está dada por

$$R_{ijlk} = g_{im} R^m_{jlk}.$$

Como la matriz (g_{ij}) es invertible, esta versión covariante guarda la misma información que la definición original. En textos más avanzados se escoge una versión u otra para alcanzar según qué resultados, ya que dicha elección facilita el camino, o lo dificulta enormemente.

Definición 8.4.2. *Sea $\Sigma = \big(U,(E,F,G)\big)$ una superficie riemanniana. Se define la* ***curvatura*** *de la superficie Σ como la función*

$$K_\Sigma := \frac{R_{1212}}{EG - F^2}.$$

La cuestión natural que surge ahora es: ¿qué relación guarda esta curvatura de Σ con la curvatura de Gauss que conocemos del capítulo 3? En otras palabras, consideremos una superficie regular S en $\mathbb{R}^3$ y una parametrización $X : U \longrightarrow S$ de S. Sea ahora $\Sigma = \big(U,(E,F,G)\big)$ la superficie riemanniana que construimos en el ejemplo 8.1. Teniendo esta identificación natural presente, llegamos al siguiente resultado.

Proposición 8.4.3. *Sean S una superficie regular con curvatura de Gauss K, (U,X) una parametrización de S y $\Sigma = \big(U,(E,F,G)\big)$ la superficie riemanniana que se obtiene vía X en el abierto U. Entonces se tiene que*

$$K(p) = K_\Sigma(u^1,u^2),$$

donde $X(u^1,u^2) = p$, para todo $(u^1,u^2) \in U$.

Demostración. Por definición, se tiene que

$$R_{1212} = g_{11}R^1_{212} + g_{12}R^2_{212} = ER^1_{212} + FR^2_{212}.$$

Por otro lado,

$$\begin{aligned} R^1_{212} &= \frac{\partial \Gamma^1_{22}}{\partial u^1} - \frac{\partial \Gamma^1_{21}}{\partial u^2} + \Gamma^s_{22}\Gamma^1_{s1} - \Gamma^s_{21}\Gamma^1_{s2} \\ &= \frac{\partial \Gamma^1_{22}}{\partial u^1} - \frac{\partial \Gamma^1_{21}}{\partial u^2} + \Gamma^1_{22}\Gamma^1_{11} + \Gamma^2_{22}\Gamma^1_{21} - (\Gamma^1_{12})^2 - \Gamma^2_{21}\Gamma^1_{22} = GK, \end{aligned}$$

donde la última igualdad viene dada por la fórmula (3.24). Finalmente

$$\begin{aligned} R^2_{212} &= \frac{\partial \Gamma^2_{22}}{\partial u^1} - \frac{\partial \Gamma^2_{21}}{\partial u^2} + \Gamma^s_{22}\Gamma^2_{s1} - \Gamma^s_{21}\Gamma^2_{s2} \\ &= \frac{\partial \Gamma^2_{22}}{\partial u^1} - \frac{\partial \Gamma^2_{21}}{\partial u^2} + \Gamma^1_{22}\Gamma^2_{11} + \Gamma^2_{22}\Gamma^2_{21} - \Gamma^1_{21}\Gamma^2_{12} - \Gamma^2_{21}\Gamma^2_{22} \\ &= \frac{\partial \Gamma^2_{22}}{\partial u^1} - \frac{\partial \Gamma^2_{21}}{\partial u^2} + \Gamma^1_{22}\Gamma^2_{11} - \Gamma^1_{21}\Gamma^2_{12} = -FK, \end{aligned}$$

donde, de nuevo, en la última igualdad hemos utilizado la fórmula (3.25).

En consecuencia, podemos escribir

$$R_{1212} = ER^1_{212} + FR^2_{212} = EGK - F^2K = (EG - F^2)K,$$

y dado que la definición de curvatura nos dice que

$$R_{1212} = (EG - F^2)K_\Sigma,$$

podemos concluir que $K \equiv K_\Sigma$, lo que termina la demostración. □

En lo que resta de capítulo, escribiremos simplemente K en lugar de K_Σ, y la denominaremos, naturalmente, *curvatura de Gauss* de la superficie riemanniana Σ.

Ejemplo 8.7 (La curvatura del plano hiperbólico). Podemos ahora obtener la curvatura de Gauss del plano hiperbólico aprovechando los cálculos que ya hicimos para el cómputo de los campos paralelos y las geodésicas. Así, utilizando los símbolos de Christoffel de (8.14), llegamos a que las únicas componentes del tensor de Riemann no nulas resultan ser

$$R^1_{212} = -\frac{1}{y^2} = -R^1_{221}, \quad \text{y} \quad R^2_{112} = \frac{1}{y^2} = -R^2_{121}.$$

En consecuencia,

$$R_{1212} = g_{11}R^1_{212} + g_{12}R^2_{212} = \frac{1}{y^2}\left(-\frac{1}{y^2}\right) + 0 = -\frac{1}{y^4}.$$

Finalmente,

$$K = \frac{R_{1212}}{EG - F^2} = \frac{-1/y^4}{1/y^4} = -1,$$

obteniéndose el resultado que ya anunciábamos en el ejemplo 7.5, a saber, que el plano hiperbólico es una superficie con curvatura constante negativa. ◇

8.5. TODO UN MUNDO DE POSIBILIDADES

Vamos a terminar este capítulo presentando, aunque sea someramente, todas las oportunidades y caminos que se vislumbran desde esta nueva forma de entender la geometría. Para ello, iremos desgranando un aspecto detrás de otro y explicaremos cómo la geometría riemanniana es capaz de desarrollarse, elevarse y proporcionar resultados sorprendentes que nos llevan mucho más lejos de lo que jamás habríamos podido soñar cuando empezamos este libro con nuestra teoría de curvas en el plano.

8.5.1. Sobre el espacio de trabajo: dimensión y topología

Tal y como ya hemos expresado en más de una ocasión, el desarrollo de este capítulo se ha llevado a cabo en un abierto del plano $\mathbb{R}^2$. El hecho de trabajar en dimensión 2 es más un deseo de mantenernos en el ámbito familiar de las superficies que un requisito imprescindible de la teoría. Así, podríamos haber presentado todas las secciones para un abierto U del espacio euclídeo n-dimensional $\mathbb{R}^n$ y las piezas habrían seguido encajando a la perfección, con una única salvedad: el tensor curvatura de Riemann en el caso de $\mathbb{R}^n$ guarda muchísima más información, y la equivalencia con la curvatura de Gauss que hemos presentado debemos expresarla en términos de lo que se conoce en la literatura como *curvatura seccional*, algo que escapa de los objetivos de este volumen.

Por otra parte, trabajar en un abierto de $\mathbb{R}^2$ (o de $\mathbb{R}^n$) es un requisito artificial que, en geometría riemanniana, se soslaya concibiendo la geometría dentro de lo que conocemos como una variedad diferenciable n-dimensional, esto es, un espacio topológico cuya textura local es la de un abierto de $\mathbb{R}^n$, equipado además con una capa adicional que nos permite hacer cálculo diferencial. De esta forma, podemos hacer geometría en un espacio cuyos puntos, topología y estándar de diferenciabilidad pueden ser tan exóticos como queramos. Por ejemplo, el conjunto de los planos de $\mathbb{R}^3$ que pasan por el origen admite una estructura de 2-variedad diferenciable, donde cada punto es un plano concreto unívocamente determinado por su normal y la topología de esta 2-variedad es la de un plano proyectivo real.

8.5.2. Sobre el papel de las coordenadas

En esta presentación de la geometría riemanniana, no sólo hemos adoptado la simplificación de trabajar en un abierto del plano $\mathbb{R}^2$, sino que además hemos funcionado siempre con las coordenadas cartesianas del mismo. El lector atento puede preguntarse si la teoría puede desarrollarse con otras coordenadas como, por ejemplo, las polares o, más en general, cualquier difeomorfismo del abierto del plano en otro abierto. Evidentemente, tal posibilidad existe y puede abordarse, aunque exige una presentación mucho más cuidadosa y detallada de los conceptos.

Tal y como ya hemos comentado en la observación 8.2, debemos comprobar que toda definición planteada en términos de coordenadas es independiente de las mismas. En última instancia, necesitamos hacer geometría utilizando un *lenguaje tensorial*, de suerte que, toda propiedad y teorema que destilemos tenga verdadero contenido geométrico sin que nuestras conclusiones estén sesgadas o mediatizadas por el uso de unas coordenadas u otras.

8.5.3. Sobre el espacio tangente

La transición desde curvas y superficies hacia la geometría riemanniana presenta el primer escollo serio a la hora de definir el espacio tangente de una variedad diferenciable. Recordemos que la noción de vector tangente en una superficie regular descansa, en última instancia, en la definición clásica de la derivada como el límite de un cociente incremental. Aquí es esencial la estructura algebraica y afín de $\mathbb{R}^n$ que nos permite restar puntos para obtener vectores.

Sin embargo, en una variedad diferenciable no existe, a priori, el soporte de un andamiaje algebraico que nos permita restar dos puntos de la misma. No tiene sentido, pues, la definición clásica de vector tangente. El truco consiste en aprovechar la estructura diferenciable local en cada punto para definir los vectores como operadores diferenciales que, para el caso de variedades contenidas en $\mathbb{R}^n$, coinciden por supuesto con nuestra definición habitual de vector tangente. A partir de los vectores se erige el edificio global de objetos imprescindibles para estudiar la geometría: desde covectores y campos hasta uno-formas y tensores en su más amplia generalidad.

8.5.4. Sobre la completitud

En una superficie riemanniana tiene pleno sentido la construcción de la aplicación exponencial, la distancia intrínseca y el concepto de completitud en idénticos términos a los ya presentados para el caso de superficies regulares. Así mismo, el teorema de Hopf-Rinow (véase el teorema 6.1.7) se prueba en este contexto general escribiendo la misma demostración, que es puramente intrínseca.

No es complicado verificar que las geodésicas del semiplano de Poincaré están definidas para todos los valores del parámetro arco, por lo que se trata de una superficie completa de curvatura constante negativa. De esta forma, damos respuesta a la cuestión que surge de forma natural en el teorema de Hilbert (véase el teorema 6.3.5) sobre la existencia de un modelo completo para la geometría hiperbólica de curvatura constante negativa.

8.5.5. Sobre el teorema de Gauss-Bonnet

Otro resultado que puede trasladarse al caso de superficies riemannianas sin demasiado esfuerzo es el teorema de Gauss-Bonnet que vimos en el capítulo 7. Todas las nociones que allí presentamos (holonomía, curvatura geodésica, fórmula de Liouville) tienen plena validez en el ámbito de la geometría riemanniana al tratarse de conceptos intrínsecos. Por supuesto, también las versiones local y global de Gauss-Bonnet se demuestran en los mismos términos.

Un ejemplo que ilustra muy bien el alcance y la belleza de este teorema es el siguiente. Consideremos el cuadrado unidad,

$$I^2 = [0,1] \times [0,1],$$

en el plano $\mathbb{R}^2$ con la topología usual, e identifiquemos los puntos de su frontera mediante la relación de equivalencia

$$\begin{cases} (u^1,0) \sim (u^1,1) & \text{para } 0 \leq u^1 \leq 1, \\ (0,u^2) \sim (1,u^2) & \text{para } 0 \leq u^2 \leq 1. \end{cases}$$

El conjunto cociente $I^2/\sim$, dotado de la topología cociente, es un toro topológico que denotaremos por $\mathbb{T}^2$. Podemos hacer geometría en dicho espacio cociente usando la métrica euclídea dada por $E = 1, F = 0$ y $G = 1$. Tenemos así una superficie riemanniana[3] conocida como el *toro llano*, un toro topológico cuya geometría es euclídea y cuya curvatura es cero en todo punto. Si aplicamos Gauss-Bonnet a esta superficie riemanniana se llega a

$$\int_{\mathbb{T}^2} K\,dA = 2\pi\chi(\mathbb{T}^2) = 0,$$

que es lo que debe ocurrir, pues el toro llano sigue siendo un toro topológico cuya característica es cero y cuya curvatura de Gauss es idénticamente nula.

En el mismo cuadrado unidad I^2 podemos hacer ahora la identificación

$$\begin{cases} (u^1,0) \sim (u^1,1) & \text{para } 0 \leq u^1 \leq 1, \\ (0,u^2) \sim (1,1-u^2) & \text{para } 0 \leq u^2 \leq 1, \end{cases}$$

de suerte que, con esta relación, el conjunto cociente dotado de la topología cociente es la botella de Klein (véase el ejemplo 3.2), que denotaremos por $\mathbb{K}^2$. De nuevo, es posible hacer geometría en dicho espacio usando la métrica euclídea, por lo que se sigue verificando el teorema de Gauss-Bonnet para esta superficie riemanniana:

$$\int_{\mathbb{K}^2} K\,dA = 2\pi\chi(\mathbb{K}^2) = 0.$$

Aquí, la curvatura sigue siendo cero y la característica de la botella de Klein también se anula. Este ejemplo, al igual que el del toro llano, pone de manifiesto la posibilidad de trabajar en un mismo espacio topológico con diferentes geometrías. En cualquier caso, sea cual sea la geometría con la que efectuemos nuestras medidas, el teorema de Gauss-Bonnet debe seguir funcionando, y esto es lo maravilloso del asunto.

Para finalizar este epígrafe, vamos a presentar un ejemplo interesante con el que se ilustra el hecho de que no siempre es posible emparejar cualquier topología con una geometría arbitraria, tal y como prescribe el propio teorema de Gauss-Bonnet. Consideramos de nuevo el cuadrado unidad ahora con la siguiente relación de equivalencia:

$$\begin{cases} (u^1,0) \sim (1-u^1,1) & \text{para } 0 \leq u^1 \leq 1, \\ (0,u^2) \sim (1,1-u^2) & \text{para } 0 \leq u^2 \leq 1, \end{cases}$$

El espacio cociente $I^2/\sim$ es un *plano proyectivo*, y se denota por $\mathbb{P}^2$. Si consideramos de nuevo la métrica euclídea dada por nuestros coeficientes $E = 1, F = 0$ y $G = 1$ en este espacio, tendríamos, otra vez, $K \equiv 0$. Ahora bien, la característica de Euler del proyectivo es 1, por lo que Gauss-Bonnet implicaría

$$0 = \int_{\mathbb{P}^2} K\,dA = 2\pi\chi(\mathbb{P}^2) = 2\pi$$

que, obviamente, es una contradicción. En este ejemplo, se pone de manifiesto la imposibilidad de encajar una métrica llana en un plano proyectivo.

[3]Es claro que el cociente $I^2/\sim$ no es un abierto del plano y, por tanto, no satisface nuestra definición de superficie riemanniana. No obstante, $I^2/\sim$ sí es una superficie riemanniana en el sentido generalizado que ya hemos apuntado en el primer epígrafe de esta sección.

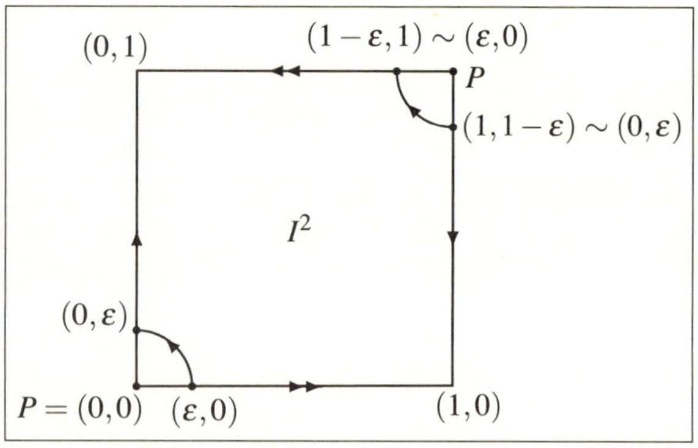

Figura 8.3: El plano proyectivo.

Una mirada más atenta nos lleva a efectuar el siguiente experimento: observemos que en el cuadrado I^2, bajo la relación $\sim$, los puntos $(0,0)$ y $(1,1)$ están en la misma clase de equivalencia. Ahora, en el cociente, rotamos alrededor del punto $P=(0,0)$ en el sentido contrario a las agujas del reloj, comenzando en un punto $(\varepsilon,0)$ con $\varepsilon>0$. Llegamos entonces, tras recorrer $\pi/2$ radianes, al punto $(0,\varepsilon)$ que es el mismo punto que $(1,1-\varepsilon)$ (véase la figura 8.3. Continuamos nuestra rotación (aunque ahora a favor de las agujas del reloj) otros $\pi/2$ radianes, hasta llegar a $(1-\varepsilon,1)$, donde se cierra la circunferencia pues $(1,1-\varepsilon)$ y $(\varepsilon,0)$ pertenecen a la misma clase de equivalencia.

¿Qué ha ocurrido entonces? Pues que hemos recorrido una circunferencia de radio ε alrededor del punto P en el cociente, pero únicamente hemos subtendido un ángulo de π radianes. Esto, evidentemente, es una contradicción, y proviene del hecho de insertar la métrica euclídea en el plano proyectivo.

¿Quiere esto decir que el plano proyectivo no admite métrica alguna? Para nada. En el proyectivo es posible definir diferentes métricas y, de hecho, admite una de curvatura constante positiva. Para ello, se define el proyectivo como el cociente de la esfera $\mathbb{S}^2$ que resulta al identificar puntos antipodales. La métrica de la esfera encaja perfectamente, y entonces se cumple Gauss-Bonnet pues, en este caso,

$$2\pi=\int_{\mathbb{P}^2} K\,dA=2\pi\chi(\mathbb{P}^2)=2\pi,$$

ya que $K\equiv 1$ y el área del proyectivo con esta métrica (al identificar puntos antipodales) es la mitad de la de la esfera usual.

8.5.6. Sobre holonomía y curvatura

En el apartado 7.1.2 presentamos el concepto de holonomía a lo largo de una curva cerrada como la desviación angular que experimenta un vector que es transportado de forma paralela a lo largo de dicha curva. Un poco más adelante, en la sección 7.3 (consecuencia 6), se relaciona la holonomía con la curvatura de Gauss de tal forma que podemos definir esta curvatura en un punto en términos de la holonomía de curvas arbitrariamente pequeñas.

Este hecho supone una nueva oportunidad para definir la curvatura de una superficie riemanniana en términos intrínsecos. Así pues, es posible demostrar que la componente del tensor curvatura de Riemann dada por la función R^m_{jlk} en un punto p es, precisamente, la m-ésima componente del vector tangente en p que resulta de tomar el campo $\mathbf{e}_j$ y hacer el transporte paralelo a lo largo del cuadrilátero infinitesimal $\mathbf{e}_k,\mathbf{e}_l,-\mathbf{e}_k$ y $-\mathbf{e}_l$, donde uno de sus vértices se apoya en p. Una cuenta adicional nos permitiría demostrar, otra vez, la relación entre el tensor curvatura de Riemann y la curvatura de Gauss.

8.5.7. Sobre métricas indefinidas

En la definición de métrica hemos pedido que las funciones E, F y G satisfagan $E, G > 0$ y $EG - F^2 > 0$. Una forma más general de proceder consiste en exigir que estas funciones cumplan únicamente las condiciones más débiles

- $EG \neq 0$ y
- $EG - F^2 \neq 0$.

El producto escalar que se obtiene con estas tres funciones satisface ahora las siguientes propiedades: es bilineal, simétrico y no degenerado. El hecho de que la métrica no sea definida positiva (que sea indefinida) nos conduce a situaciones insólitas, como que el producto de un vector por sí mismo no tiene signo, pudiendo ser cero o negativo. El ejemplo más sencillo para este tipo de métricas es $E = 1, F = 0$ y $G = -1$, que da lugar al *plano de Minkowski*, superficie llana que modela la relatividad especial de Einstein para un espacio-tiempo 1-dimensional. En esta superficie, u^1 es el espacio y u^2 es el tiempo.

Muchas de las construcciones que hemos abordado en este capítulo se trasladan de forma directa al caso de métricas indefinidas: derivada covariante, geodésicas, aplicación exponencial, curvatura de Riemann, etc. Sin embargo, en un repaso detallado a muchas de las pruebas y resultados que ofrecemos, se hace un uso esencial de que la métrica sea definida positiva, a saber, en la definición de distancia riemanniana, en la propiedad minimizante de las geodésicas, en el concepto de área, etc.

La geometría para métricas indefinidas se denomina *pseudo-riemanniana* o *semi-riemanniana* por este motivo, ya que comparte algunos rasgos con la riemanniana, pero no todos. Si bien en un principio fue concebida como una rareza o algo exótico, su desarrollo coincidió con la formulación de la relatividad general de Einstein, y ambas teorías han ido acompañándose a lo largo de los años en uno de los mejores ejemplos de la sinergia existente entre la física y las matemáticas. Pero eso es otra historia, y será contada en otra ocasión.

Prácticas con `Mathematica`®

En este capítulo del libro presentamos una serie de prácticas (desarrolladas) para realizar con el conocido entorno `Mathematica`®. Un gran número de estos ejercicios son originales, desarrollados por los propios autores, mientras que otros se han obtenido de la página web

`http://mathworld.wolfram.com/`

que a su vez es parte del sitio oficial del *software* `Mathematica`®. Finalmente, unos pocos ejercicios han sido extraídos del excelente libro de Gray [28], donde el lector interesado puede encontrar numerosos ejemplos adicionales.

Evidentemente, y debido a las características de un entorno tan potente y sofisticado como es `Mathematica`®, no pretendemos enseñar a utilizar este *software*, ya que para ello está disponible el libro de Gray [28] (véase también [29]). Únicamente pretendemos que el estudiante disponga de una eficaz herramienta para visualizar, profundizar y comprender algunos de los conceptos y ejemplos que hemos presentado a lo largo del curso.

En este sentido podemos, tanto encontrar ejercicios en los que descubrimos curvas que han jugado un papel decisivo a lo largo de la historia, como visualizar superficies cuyas ecuaciones son tan complicadas que apenas nos atreveríamos a empezar los cálculos. Pensamos que es muy importante en Geometría Diferencial saber distinguir entre lo que es verdaderamente decisivo (los conceptos, las definiciones, los resultados) y lo que, en ocasiones, es más accesorio (las cuentas largas y engorrosas), por lo que la utilización de una herramienta informática que aligere la parte computacional puede revelarse como la más eficaz de las armas para lograr una comprensión global del curso.

Apéndice A

Curvas. Prácticas con Mathematica®

A.1. GEOMETRÍA DIFERENCIAL DE CURVAS PLANAS

A.1.1. La curvatura de una curva plana y la longitud de arco

Práctica A.1. Definir la estructura compleja J en $\mathbb{R}^2$ y escribir un programa que calcule la curvatura de una curva plana α.

```
J[{p1_,p2_}]:={-p2,p1}
Kappa[a_][t_]:=∂{tt,2}a[tt].J[∂tta[tt]]/Simplify[∂tta[tt].∂tta[tt]]^(3/2)/.{tt->t}
```

Práctica A.2. Calcular la curvatura de la *figura ocho* y representar su gráfica. Obsérvense los máximos, los mínimos y los puntos en los que se anula la curvatura.

```
ocho[t_]:={Sin[t],Sin[t] Cos[t]}
Kappa[ocho][t]; Simplify[ %]
Plot[Evaluate[Kappa[ocho][t],{t,0,8}]]
```

Práctica A.3. Calcular la curvatura de la elipse y representar gráficamente dicha función. Obsérvese la existencia de los 4 vértices que nos asegura el teorema 1.4.15.

```
elipse[t_]:={Cos[t],2Sin[t]}
Kappa[elipse][t]; Simplify[ %]
Plot[Evaluate[Kappa[elipse][t],{t,0,2Pi}]]
```

Práctica A.4. Definir la función que expresa el módulo del vector velocidad de una curva, y escribir la función longitud de arco como la integral indefinida de dicha función. Finalmente, definir la función longitud, entre dos valores del parámetro, como la integral definida del módulo del vector velocidad de la curva.

```
arcd[alpha_][t_]:=√Simplify[∂ttalpha[tt].∂ttalpha[tt]]/.{tt->t}
arclength[alpha_][t_]:=∫arcd[alpha][tt]ⅆtt/.{tt ->t}
length[a_,b_][alpha_]:=NIntegrate[arcd[alpha][u],{u,a,b}]
```

Práctica A.5. Calcular la función longitud de arco de la parábola semicúbica (t^2, t^3). Calcular su longitud entre los valores 1 y 2 del parámetro.

```
sc[t_]:={t^2,t^3}; arclength[sc][t]
length[1,2][sc]  o también  N[arclength[sc][2]-arclength[sc][1]]
```

Práctica A.6. Definir la función *cicloide* $\alpha(t) = (t - \operatorname{sen} t, 1 - \cos t)$. Calcular la longitud de esta curva desde el valor 0 al valor 2π del parámetro, así como su función longitud de arco.

```
cicloide[t_]:={t-Sin[t],1-Cos[t]}
length[0,2Pi][cicloide]
arclength[cicloide][t]
```

A.1.2. Representación gráfica de curvas

Práctica A.7 (Formas explícita y paramétrica). Representar gráficamente la catenaria, la elipse de semiejes 1 y 2, y la circunferencia de radio 1. La gráfica resultante, ¿es la de una circunferencia? Añadir la opción `AspectRatio->Automatic`.

```
Plot[Cosh[t],{t,-2,2}]
ParametricPlot[{Cos[t],2Sin[t]},{t,0,2Pi}]
ParametricPlot[{Cos[t],Sin[t]},{t,0,2Pi}]
ParametricPlot[{Cos[t],Sin[t]},{t,0,2Pi},AspectRatio->Automatic]
```

Práctica A.8 (Visualización simultánea de varias gráficas). Definir en código `Mathematica`® una función que represente una familia de circunferencias de centro (p,q) y radio a. Dibujar, usando la definición anterior, una circunferencia de radio 2 centrada en el punto $(1,2)$. Dibujar, usando dicha definición, una circunferencia de radio 3 centrada en el punto $(2,0)$. Superponer ambos dibujos.

```
circunfer[a_][p_,q_][t_]:={a*Cos[t]+p,a*Sin[t]+q}
ParametricPlot[Evaluate[circunfer[2][1,2][t]],{t,0,2Pi},AspectRatio->Automatic]
ParametricPlot[Evaluate[circunfer[3][2,0][t]],{t,0,2Pi},AspectRatio->Automatic]
Show[%,%%]
```

A.1.3. Algunos ejemplos de curvas planas clásicas

Práctica A.9. Representar la llamada *lemniscata de Bernoulli*, cuya parametrización es $\alpha(t) = \big(a\cos t/(1+\operatorname{sen}^2 t), a\operatorname{sen} t\cos t/(1+\operatorname{sen}^2 t)\big)$, para $t \in (0,2\pi)$.

```
lemn[a_][t_]:={a Cos[t]/(1+Sin[t]^2), a Sin[t]Cos[t]/(1+Sin[t]^2)}
ParametricPlot[Evaluate[lemn[1][t]],{t,0,2Pi},AspectRatio->Automatic]
```

Práctica A.10. Representar la gráfica de la cicloide para $t \in [0,6\pi]$.

```
cicloide[t_]:={t-Sin[t],1-Cos[t]}
ParametricPlot[Evaluate[cicloide[t]],{t,0,6Pi},AspectRatio->Automatic]
```

Práctica A.11. De la misma familia que la cicloide nos encontramos con las llamadas *trocoides*: un círculo de radio 1 en el plano gira sin deslizarse sobre el eje x; las figuras descritas por un punto interior (trocoide de tipo 1) y por un punto exterior (trocoide de tipo 2) del círculo son las curvas trocoides.

```
troc1[t_]:={2t-Sin[t],2-Cos[t]};
ParametricPlot[Evaluate[troc1[t]],{t,0,4Pi},AspectRatio->Automatic,AxesOrigin->{0,0}]
troc2[t_]:={t/2-Sin[t],1/2-Cos[t]};
ParametricPlot[Evaluate[troc2[t]],{t,0,6Pi},AspectRatio->Automatic]
```

Práctica A.12. Las *epicicloides* e *hipocicloides* se generan de forma similar a la cicloide, pero ahora, un círculo gira sobre otro círculo «base» de mayor radio, bien por el exterior (epicicloide), bien por el interior (hipocicloide).

En la expresión siguiente, a es el radio del círculo base y b el radio del círculo que genera la curva.

```
Epic[a_,b_][t_]:={(a+b)Cos[t]-b*Cos[(a+b)/b t],(a+b)Sin[t]-b*Sin[(a+b)/b t]}
ParametricPlot[{{6Cos[t],6Sin[t]},Evaluate[Epic[6,1][t]]},{t,0,2Pi},
    AspectRatio->Automatic]
```

Modificar el valor del radio de la circunferencia pequeña, b, y comprobar la diferencia entre las curvas que se generan. Probar con los valores $b = 0.5, 2, 3, 4$. En el último caso, $b = 4$, el parámetro t debe moverse en un intervalo mayor (en caso contrario no se llega a definir la curva completa); probar con $t \in (0, 5\pi)$.

```
Hipoc[a_,b_][t_]:={(a-b)Cos[t]+b*Cos[(a-b)/b t],(a-b)Sin[t]-b*Sin[(a-b)/b t]}
ParametricPlot[{{6Cos[t],6Sin[t]},Evaluate[Hipoc[6,1][t]]},{t,0,2Pi},
    AspectRatio->Automatic]
```

Existen dos tipos de hipocicloides especialmente importantes: la *deltoide* y la *astroide*. Estas se obtienen cuando el cociente a/b vale, respectivamente, 3 y 4.

```
Deltoide=ParametricPlot[{{6Cos[t],6Sin[t]},Evaluate[Hipoc[6,2][t]]},{t,0,2Pi},
    AspectRatio->Automatic]
Astroide=ParametricPlot[{{8Cos[t],8Sin[t]},Evaluate[Hipoc[8,2][t]]},{t,0,2Pi},
    AspectRatio->Automatic]
```

Dependiendo del cociente a/b, pueden obtenerse curvas espectaculares.

Práctica A.13. Las *epitrocoides* e *hipotrocoides* son la «mezcla» de las trocoides con las epicicloides y las hipocicloides: el círculo de radio 1 gira sobre otro círculo «base» de radio mayor, bien por el exterior (lo que generará la epitrocoide), bien por el interior (lo que generará la hipotrocoide); las figuras descritas por un punto interior (epitrocoide o hipotrocoide de tipo 1) y por un punto exterior (epitrocoide o hipotrocoide de tipo 2) del círculo son las curvas buscadas.

En la expresión siguiente, a representa el radio de la circunferencia base, b el radio de la que gira y h es la distancia del punto (exterior o interior) que genera la curva propiamente dicha, al centro de la circunferencia pequeña.

```
Htroc[a_,b_,h_][t_]:={(a-b)Cos[t]+h*Cos[(a-b)/b t],(a-b)Sin[t]-h*Sin[(a-b)/b t]}
ParametricPlot[{{5Cos[t],5Sin[t]},Evaluate[Htroc[5,1,2][t]]},{t,0,2Pi},
   AspectRatio->Automatic,Axes->False]
Etroc[a_,b_,h_][t_]:={(a+b)Cos[t]-h*Cos[(a+b)/b t],(a+b)Sin[t]-h*Sin[(a+b)/b t]}
ParametricPlot[{{5Cos[t],5Sin[t]},Evaluate[Etroc[5,1,2][t]]},{t,0,2Pi},
   AspectRatio->Automatic]
```

Práctica A.14. Representar la *cisoide de Diocles*, $\alpha(t)=\big(2t^2/(1+t^2),2t^3/(1+t^2)\big)$.

```
cisoide[t_]:={2t^2/(1+t^2), 2t^3/(1+t^2)}
ParametricPlot[Evaluate[cisoide[t]],{t,-2,2},AspectRatio->Automatic]
```

Práctica A.15. Representar la curva tractriz.

```
tract[t_]:={Sin[t],Cos[t]+Log[Tan[t/2]]}
ParametricPlot[Evaluate[tract[t]],{t,0,Pi},AspectRatio->Automatic]
```

Práctica A.16. Definir una función que represente una familia de elipses centradas en el origen de coordenadas y de semiejes a y b. Representar, usando dicha definición, la elipse de semiejes 3 y 2.

```
el[a_,b_][t_]:={a*Sin[t],b*Cos[t]}
ParametricPlot[Evaluate[el[3,2][t]],{t,0,2Pi},AspectRatio->Automatic]
```

Práctica A.17. Representar algunas de las espirales más conocidas: la *espiral logarítmica* $\alpha(t)=(e^{bt}\cos t, e^{bt}\operatorname{sen} t)$, con $b=0.08$ y $t\in(0,12\pi)$; la *espiral de Arquímedes*, cuya ecuación en polares es $\rho=a\theta$; la *espiral hiperbólica*, $\rho=a/\theta$; la *espiral de Fermat*, $\rho^2=a^2\theta$; y la *espiral de Cornú*.

```
esplog[b_][t_]:={E^(b*t)Cos[t],E^(b*t)Sin[t]}
ParametricPlot[Evaluate[esplog[0.08][t]],{t,0,12Pi},AspectRatio->Automatic]
espArq[t_]:={t*Cos[t],t*Sin[t]}
ParametricPlot[Evaluate[espArq[t]],{t,0,12Pi},AspectRatio->Automatic]
esphip[t_]:={Cos[t]/t,Sin[t]/t}
ParametricPlot[Evaluate[esphip[t]],{t,0,12Pi},AspectRatio->Automatic]
espFer[t_]:={t*Cos[t^2],t*Sin[t^2]}
ParametricPlot[Evaluate[espFer[t]],{t,-4Pi/3,4Pi/3},AspectRatio->Automatic]
espCor[t_]:={∫_0^t Cos[u^2]du,∫_0^t Sin[u^2]du}
ParametricPlot[Evaluate[espCor[t]],{t,-2Pi,2Pi},AspectRatio->Automatic]
```

Práctica A.18. La unión de la curva $\alpha(t)=\big(3at/(1+t^3),3at^2/(1+t^3)\big)$ y su simétrica se denomina *folium de Descartes*. Representarla para $a=1$.

Obsérvese que esta curva tiene como asíntota la recta $y=-x-a$ (en nuestro caso, $y=-x-1$).

```
foli[t_]:={3 t/(1+t^3),3 t^2/(1+t^3)};   foli2[t_]:={3 t^2/(1+t^3),3 t/(1+t^3)}
ParametricPlot[Evaluate[foli[t]],{t,-1,100},AspectRatio->Automatic]
ParametricPlot[Evaluate[foli2[t]],{t,-1,100},AspectRatio->Automatic]
Show[%,%%]
ParametricPlot[{t,-t-1},{t,-30,30},AspectRatio->Automatic]
Show[%,%%]
```

Práctica A.19. Representar la *bruja de Agnesi* (véase la práctica A.38).

```
ParametricPlot[{t,27/(9+t^2)},{t,-10,10},AspectRatio->Automatic]
```

Práctica A.20. Representar la *cardioide*.

```
card[t_]:={2 (1-t^2)/((1+t^2)^2),4 t/((1+t^2)^2)}
ParametricPlot[Evaluate[card[t]],{t,-20,20},AspectRatio->Automatic]
```

Práctica A.21. Representar la *curva de Plateau*.

```
plateau[a_,m_,n_][t_]:={a Sin[(m+n)t]/Sin[(m-n)t], 2a Sin[m*t]Sin[n*t]/Sin[(m-n)t]}
ParametricPlot[Evaluate[plateau[1,5,3][t]],{t,0,Pi},AspectRatio->Automatic,
    PlotRange->{{-3.5,4},{-4,4}}]
```

Práctica A.22. Representar la *curva de Kilroy*.

```
Plot[Log[Abs[Sin[x]/x]],{x,-20,20},PlotPoints->200,PlotRange->{-7,.2}]
```

Práctica A.23. Representar la *cicloide de Ceva*.

```
ParametricPlot[(1+2Cos[2t]){Cos[t],Sin[t]},{t,0,2Pi},AspectRatio->Automatic]
```

Práctica A.24. Representar la *cornoide*.

```
ParametricPlot[{Cos[t](1-2Sin[t]^2),Sin[t](1+2Cos[t]^2)},{t,0,2Pi},
    AspectRatio->Automatic]
```

Práctica A.25. Representar el *trifolium*.

```
ParametricPlot[4/3{Cos[t]-Cos[2t],Sin[t]+Sin[2t]},{t,0,2Pi},Ticks->None,
    AspectRatio->Automatic]
```

Práctica A.26. Representar los *Óvalos de Cassini*.

Para representar curvas cuya ecuación viene dada de forma implícita, hay que cargar el paquete `ImplicitPlot`.

```
<<Graphics`ImplicitPlot`
Show[GraphicsArray[Block[{$DisplayFunction=Identity},
    ImplicitPlot[(x^2+y^2+a^2)^2-4a^2x^2==b^4/.Thread[{a,b}->#],{x,-5,5},
    PlotPoints->50,Ticks->None]&/@({1,#}&/@{1.5,1.05,1,.95})]]]
```

Práctica A.27. Representar las *concoides de Nicomedes.*

Para utilizar distintos colores en las representaciones gráficas es necesario cargar el paquete `Colors`.

```
<<Graphics`Colors`
Show[GraphicsArray[Table[ImplicitPlot[With[{b=1},-b^2x^2+(x-a)^2(x^2+y^2)==0],
    {x,-3,3},Ticks->None,DisplayFunction->Identity,AspectRatio->Automatic,
    PlotRange->{{-1.1,3.1},{-2,2}},PlotStyle->Red],{a,0,2,1/2}]],
    GraphicsSpacing->-.05]
```

Práctica A.28. Representar la *curva de Dumbbell.*

```
ImplicitPlot[y^2==(x^4-x^6),{x,-5,5},AspectRatio->Automatic]
```

Práctica A.29. Representar la *curva nudo.*

```
ImplicitPlot[(x^2-1)^2==y^2(3+2y),{x,-2,2},AspectRatio->Automatic]
```

Práctica A.30. Representar las *rosáceas*, curvas cuya ecuación en coordenadas polares es $r = \cos(n\theta)$. Obsérvese que, si $n \in \mathbb{Z}$ es impar, la rosa tiene n pétalos, mientras que si $n \in \mathbb{Z}$ es par, la rosa presenta $2n$ pétalos.

```
<<Graphics`Graphics`
Show[GraphicsArray[Table[PolarPlot[Cos[n*t],{t,0,(Mod[n+1,2]+1)Pi},
    PlotLabel->TraditionalForm[HoldForm[n]==n],Ticks->None,PlotStyle->Red,
    DisplayFunction->Identity],{n,2,5}]]]
```

Ahora bien, si $n = p/q$ es un número racional, entonces la rosa se cierra en el ángulo $\theta = \pi q \varepsilon$, donde $\varepsilon = 1$ si p es impar y $\varepsilon = 2$ si p es par.

```
Pi Denominator[#]If[EvenQ[#/.Rational[x_,y_]:->x*y],2,1]&/@
    {1/2,1/3,2/3,1/4,3/4,1/5,2/5,3/5}
    Show[GraphicsArray[Partition[PolarPlot[Cos[#t],
    {t,0,Pi Denominator[#]If[EvenQ[#/.Rational[x_,y_]:->x*y],2,1]},
    PlotLabel->TraditionalForm[n==InputForm[#]],PlotPoints->100,
    DisplayFunction->Identity,Ticks->None,PlotStyle->Red]
    &/@{1/2,1/3,2/3,1/4,3/4,1/5,2/5,3/5},4,4,{1,1},{}]]]
```

Finalmente, si n es irracional, la rosa, más espectacular, tiene infinitos pétalos.

```
Show[GraphicsArray[PolarPlot[Cos[#t],{t,0,30Pi},PlotLabel->TraditionalForm[n==#],
    PlotPoints->100,DisplayFunction->Identity,Ticks->None,
    PlotStyle->Red]&/@{E,Pi,√2}]]
```

A.1.4. Gráficas de funciones definidas a trozos

Práctica A.31. Representar gráficamente un triángulo.

```
triangulo[t_]:=If[t<1,t{1,0},
    If[t<2,{1,0}+(t-1){-1/2,√3/2},{1/2,√3/2} +(t-2){-1/2,-√3/2}]]
ParametricPlot[triangulo[t],{t,0,3},AspectRatio->Automatic]
```

Práctica A.32. Representar gráficamente un cuadrado.

```
cuadrado[t_]:=If[t<1,t{1,0},If[t<2,{1,0}+(t-1){0,1},
    If[t<3,{1,1}+(t-2){-1,0},{0,1}+(t-3){0,-1}]]]
ParametricPlot[Evaluate[cuadrado[t]],{t,0,4},AspectRatio->Automatic]
```

Práctica A.33. Representar gráficamente un rombo que tenga una diagonal horizontal y otra vertical.

```
rombo[t_]:=If[t<3,{0,-3}+t{1,1},If[t<6,{3,0}+(t-3){-1,1},
    If[t<9,{0,3}+(t-6){-1,-1},{-3,0}+(t-9){1,-1}]]]
ParametricPlot[Evaluate[rombo[t]],{t,0,12},AspectRatio->Automatic]
```

A.1.5. Generación dinámica de algunas curvas

Práctica A.34. Con los comandos siguientes podemos definir y dibujar puntos, rectas, polígonos, discos y círculos.

```
Point[{1,2}];  Show[Graphics[ %]]
Line[{{0,0},{1,1},{0.5,1}}];  Show[Graphics[ %]]
triangulo=Line[{{0,0},{1,1},{0.5,1},{0,0}}];  Show[Graphics[triangulo]]
Disk[{2,3},1];   Show[Graphics[ %],AspectRatio->Automatic]
Circle[{2,3},1];  Show[Graphics[ %],AspectRatio->Automatic]
```

Práctica A.35. El siguiente programa produce una animación que permite visualizar cómo se genera la cicloide.

```
cicloide[t_]:={t-Sin[t],1-Cos[t]};
lineabase=Line[{{-2,0},{10.5,0}}];
puntos={PointSize[.006]};
Do[AppendTo[puntos,Point[cicloide[t]]];Show[Graphics[
    {{GrayLevel[.8],Disk[{t,1},1]},Line[{{t,1},cicloide[t]}],lineabase,puntos}],
    AspectRatio->Automatic,PlotRange->All],{t,0,59*2Pi/40,2Pi/40}]
```

Práctica A.36. Construir una animación que genere los dos tipos de trocoides (véase la práctica A.11).

```
trocoide1[t_]:={2t-Sin[t],2-Cos[t]};
lineabase=Line[{{-2,0},{21,0}}]; puntos={PointSize[.006]};
Do[AppendTo[puntos,Point[trocoide1[t]]];Show[Graphics[{Circle[{2t,2},2],
   {GrayLevel[.8],Disk[{2t,2},1]},Line[{{2t,2},trocoide1[t]}],lineabase,puntos}],
   AspectRatio->Automatic,PlotRange->{{-2.5,21},{-.5,5}}],{t,0,59*2Pi/40,2Pi/40}]
trocoide2[t_]:={t/2-Sin[t],1/2-Cos[t]};
lineabase=Line[{{-2,0},{10,0}}]; puntos={PointSize[.006]};
Do[AppendTo[puntos,Point[trocoide2[t]]];Show[Graphics[{{GrayLevel[.9],
   Disk[{t/2,1/2},1]},Circle[{t/2,1/2},1/2],Line[{{t/2,1/2},trocoide2[t]}],
   lineabase,puntos}],AspectRatio->Automatic,PlotRange->{{-2.5,21},{-.5,5}}],
   {t,0,100*2Pi/40,2Pi/40}]
```

Práctica A.37. Construir una animación que genere la astroide. Hacer lo mismo para una hipotrocoide y una epitrocoide.

```
astroide[t_]:={6Cos[t]+2Cos[3t],6Sin[t]-2Sin[3t]};
circulobase=Circle[{0,0},8]; puntos={PointSize[.01]};
Do[AppendTo[puntos,Point[astroide[t]]];Show[Graphics[{Circle[{6Cos[t],6Sin[t]},2],
   Line[{{6Cos[t],6Sin[t]},astroide[t]}],circulobase,puntos}],
   AspectRatio->Automatic,PlotRange->All],{t,0,2Pi,.05}]
```

Práctica A.38. Construir una animación que genere la bruja de Agnesi. Esta puede obtenerse de la siguiente forma: tómese una circunferencia de radio r, con centro en el punto $(0,r)$; trácese una recta desde el origen de coordenadas, y sean P y Q los puntos de corte de la misma con la circunferencia y con la recta $y = 2r$, respectivamente. El correspondiente punto de la curva es aquel que tiene como coordenada x la abscisa de Q y como coordenada y la ordenada de P.

```
f1=ParametricPlot[{Cos[t],1+Sin[t]},{t,0,2Pi},DisplayFunction->Identity];
f2=ParametricPlot[{t,0},{t,-6,6},DisplayFunction->Identity];
For[i=0,i<=2.1,i+=0.1,f3=ParametricPlot[{2t,2/(1+t^2)},{t,0,i-0.001},
   DisplayFunction->Identity,PlotStyle->RGBColor[1,0,0]];
  f4=ParametricPlot[{-2t,2/(1+t^2)},{t,0,i-0.001},
   DisplayFunction->Identity,PlotStyle->RGBColor[1,0,0]];
  Show[{f1,f2,f3,f4,Graphics[Line[{{0,0},{2i,2}}]],
  Graphics[Line[{{2i,2},{2i,2/(1+i^2)}}]], Graphics[Line[{{2i,2/(1+i^2)},{2i/(1+i^2),2/(1+i^2)}}]],
  Graphics[Line[{{0,0},{-2i,2}}]], Graphics[Line[{{-2i,2},{-2i,2/(1+i^2)}}]],
  Graphics[Line[{{-2i,2/(1+i^2)},{-2i/(1+i^2),2/(1+i^2)}}]]},
  DisplayFunction->$DisplayFunction,AspectRatio->Automatic,Axes->False,
   PlotRange->All]]
```

Práctica A.39. La siguiente animación muestra cómo se transforman los óvalos de Cassini cuando varía el parámetro (véase la práctica A.26).

```
Table[ImplicitPlot[(x^2+y^2+1)^2-4x^2==b^4,{x,-5,5},PlotPoints->50,
Ticks->None,AspectRatio->Automatic],{b,0.9,1.5,.02}]
```

A.1.6. Evolutas y curvas paralelas

Práctica A.40. Definir en código Mathematica® una función que represente la evoluta de una curva regular plana $\alpha(t)$ (véase la definición 1.2.7).

```
J[{p1_,p2_}]:={-p2,p1}
evoluta[alpha_][t_]:=alpha[tt]+ (∂tt alpha[tt].∂tt alpha[tt] J[∂tt alpha[tt]])/(∂{tt,2} alpha[tt].J[∂tt alpha[tt]]) /.{tt->t}
```

Práctica A.41. Calcular, usando la definición anterior, una parametrización de la evoluta de una elipse de semiejes a y b. Representar gráficamente la elipse de semiejes 1.5 y 1, así como su evoluta.

```
elipse[a_,b_][t_]:={a*Cos[t],b*Sin[t]};  Simplify[evoluta[elipse[a,b]][t]]
ParametricPlot[Evaluate[{elipse[1.5,1][t],evoluta[elipse[1.5,1]][t]}],{t,0,2Pi},
    AspectRatio->Automatic]
```

Práctica A.42. Calcular una parametrización de la evoluta de la cisoide de parámetro a. Representar gráficamente la cisoide de parámetro 1, así como su evoluta.

```
cisoide[a_][t_]:={(2a*t^2)/(1+t^2), (2a*t^3)/(1+t^2)};    Simplify[evoluta[cisoide[a]][t]]
ParametricPlot[Evaluate[{cisoide[1][t],evoluta[cisoide[1]][t]}],{t,-2,2},
    AspectRatio->Automatic]
```

Práctica A.43. Calcular una parametrización de la evoluta de la tractriz. Representar gráficamente la tractriz, así como su evoluta.

```
tractriz[t_]:={Sin[t],Cos[t]+Log[Tan[t/2]]};  Simplify[evoluta[tractriz][t]]
ParametricPlot[Evaluate[{tractriz[t],evoluta[tractriz][t]}],{t,0,Pi},
    AspectRatio->Automatic]
```

Práctica A.44. Calcular una parametrización de la evoluta de la cicloide. Representar gráficamente la cicloide, así como su evoluta. Obsérvese que esta también es una cicloide (véase el ejercicio 1.13).

```
cicloide[t_]:={t-Sin[t],1-Cos[t]};  Simplify[evoluta[cicloide][t]]
ParametricPlot[Evaluate[{cicloide[t],evoluta[cicloide][t]}],{t,0,6Pi},
    AspectRatio->Automatic]
```

Práctica A.45. Diseñar un programa que defina la función curva paralela a distancia s de una curva dada $\alpha(t)$ (véase la definición 1.2.9).

```
curvapar[alpha_][s_][t_]:=alpha[tt]+ (J[∂tt alpha[tt]])/(√(∂tt alpha[tt].∂tt alpha[tt])) /.{tt->t}
```

Práctica A.46. Representar la elipse de semiejes 2 y 1 y cuatro curvas paralelas a dicha elipse para valores de s comprendidos entre 0 y 1.

```
ParametricPlot[Evaluate[elipse[2,1][t]],{t,0,2Pi},AspectRatio->Automatic,
    PlotStyle->RGBColor[1,0,0]]
ParametricPlot[Evaluate[{curvapar[elipse[2,1]][0.2][t],
    curvapar[elipse[2,1]][0.5][t],curvapar[elipse[2,1]][0.7][t],
    curvapar[elipse[2,1]][0.9][t]}],{t,0,2Pi},AspectRatio->Automatic]
Show[ %, %%]
```

Práctica A.47. Representar, en una sola figura, cuatro curvas paralelas a una lemniscata (véase la práctica A.9). Hágase lo mismo para una cardioide (práctica A.20) y una deltoide (práctica A.12).

A.2. GEOMETRÍA DIFERENCIAL DE CURVAS EN EL ESPACIO

A.2.1. Representación gráfica de curvas alabeadas

Práctica A.48. Representar la hélice cilíndrica $\alpha(t) = (a\cos t, a\operatorname{sen} t, bt)$ (véase el ejemplo 1.10), para t entre 0 y 15.

```
hc[a_,b_][t_]:={a*Cos[t],a*Sin[t],b*t}
ParametricPlot3D[Evaluate[hc[1,1][t]],{t,0,15},AspectRatio->Automatic]
```

Práctica A.49. Representar la *cúbica torcida*, $\alpha(t) = (t, t^2, t^3)$.

```
ct[t_]:={t,t^2,t^3}
ParametricPlot3D[Evaluate[ct[t]],{t,-2,2},AspectRatio->Automatic]
```

Práctica A.50. Algunas de las espirales no planas más famosas son las siguientes:

- La *espiral concha*: $\alpha(t) = (ab^t\cos t, ab^t\operatorname{sen} t, cb^t)$.
- La *espiral cónica*: $\alpha(t) = \big((h-t)/hr\cos(at), (h-t)/hr\operatorname{sen}(at), t\big)$.
- La *espiral esférica*: $\alpha(t) = (\cos t\cos\lambda, \operatorname{sen} t\cos\lambda, \pm\operatorname{sen}\lambda)$, con $\lambda = \operatorname{arc\,tg} e^{b(t+c)}$. Esta es la loxodroma de la esfera (véase el ejercicio 2.8).
- La *espiral helicoidal* o *slinky* (es una espiral que se enrolla alrededor de una hélice): $\alpha(t) = \big(\cos t\big[1+a\cos(wt)\big], \operatorname{sen} t\big[1+a\cos(wt)\big], ht + a\operatorname{sen}(wt)\big)$.

```
spiral3d[a_,b_,c_][t_]:={a*b^t*Cos[t],a*b^t*Sin[t],c*b^t}
ParametricPlot3D[Evaluate[spiral3d[1,1.08,1][t]],{t,-10,30},PlotPoints->150,
    ViewPoint->{2,0,.5}]
spiralconica[h_,r_,a_][t_]:={(h-t)/h*r*Cos[a*t],(h-t)/h*r*Sin[a*t],t}
ParametricPlot3D[Evaluate[spiralconica[1,0.8,1.5][t]],{t,0,70},
    PlotPoints->500,ViewPoint->{2,0,.5}]
Sphs[t_]:=Module[{x=ArcTan[e^(0.15t+2)]},{Cos[t]Cos[x],Sin[t]Cos[x],±Sin[x]}]
ParametricPlot3D[Evaluate[Sphs[t]],{t,-10Pi,10Pi},PlotPoints->500]
Slinky[a_,w_,h_][,t_]:={Cos[t](1+a*Cos[w*t]),Sin[t](1+a*Cos[w*t]),h*t+a*Sin[w*t]}
ParametricPlot3D[Evaluate[Slinky[.4,40,.3][t]],{t,0,5Pi]},PlotPoints->1000]
```

Práctica A.51. Representar la *curva de Viviani*, $\alpha(t) = a\big(1+\cos t, \operatorname{sen} t, 2\operatorname{sen}(2t)\big)$. Esta curva puede obtenerse como la intersección de un cilindro y una esfera.

```
viviani[a_][t_]:=a{1+Cos[t],Sin[t],2Sin[t/2]}
ParametricPlot3D[Evaluate[viviani[1][t]],{t,0,4Pi}]
ParametricPlot3D[{{Cos[u]Sin[v],Sin[u]Sin[v],Cos[v]},{(1+Cos[u])/2,Sin[u]/2,v-Pi/2}},
    {u,0,2Pi},{v,0,Pi},Boxed->False,Axes->False]
```

Práctica A.52. Representar la *cardioide espacial*, cuya parametrización viene dada por $\alpha(t) = \big((1+\cos t)\cos t, (1+\cos t)\operatorname{sen} t, \operatorname{sen} t\big)$.

```
card3D[t_]:={(1+Cos[t])Cos[t],(1+Cos[t])Sin[t],Sin[t]}
ParametricPlot3D[Evaluate[card3D[t]],{t,0,2Pi}]
```

A.2.2. El triedro de Frenet, la curvatura y la torsión

Práctica A.53. Escribir un programa que calcule el triedro de Frenet de una curva α en $\mathbb{R}^3$ p.p.a.

```
vtang[alpha_][t_]:=∂tt alpha[tt]/.{tt->t}
vnormal[alpha_][t_]:=(∂{tt,2}alpha[tt])/Sqrt[∂{tt,2}alpha[tt].∂{tt,2}alpha[tt]]/.{tt->t}
vbinor[alpha_][t_]:=Cross[∂tt alpha[tt],(∂{tt,2}alpha[tt])/Sqrt[∂{tt,2}alpha[tt].∂{tt,2}alpha[tt]]/.{tt->t}
Simplify[{vtang[alpha][t],vnormal[alpha][t],vbinorm[alpha][t]}]
```

Práctica A.54. Escribir un programa que calcule la curvatura y la torsión de una curva cualquiera α en $\mathbb{R}^3$. Utilizarlo para calcular la curvatura y la torsión de la hélice cilíndrica.

```
curvat[alpha_][t_]:=(Norm[Cross[∂tt alpha[tt],∂{tt,2}alpha[tt]]])/(Norm[∂tt alpha[tt]]^3)/.{tt->t}
torsion[alpha_][t_]:=(Det[{∂tt alpha[tt],∂{tt,2}alpha[tt],∂{tt,3}alpha[tt]}])/(Norm[Cross[∂tt alpha[tt],∂{tt,2}alpha[tt]]])/.{tt->t}
helice[t_]:={Cos[t],Sin[t],t}
Simplify[triedro[helice][t]]
Simplify[curvat[helice][t]]
Simplify[torsion[helice][t]]
```

Práctica A.55. Aplicar el ejercicio anterior a las curvas alabeadas recogidas en las prácticas anteriores.

Apéndice B

Superficies. Prácticas con Mathematica®

B.1. EJEMPLOS DE SUPERFICIES

Práctica B.1. Representar gráficamente el plano, utilizando distintas parametrizaciones del mismo (obsérvese la diferencia entre las curvas coordenadas).

```
ParametricPlot3D[{u*Cos[v],u*Sin[v],0},{u,0,20},{v,0,2Pi}]
ParametricPlot3D[{u+v,v,0},{u,0,20},{v,0,20}]
ParametricPlot3D[{u,v,0},{u,0,20},{v,0,20}]
```

Práctica B.2. Representar gráficamente la esfera, utilizando la parametrización de las coordenadas geográficas y la de la proyección estereográfica (obsérvese de nuevo la diferencia entre las curvas coordenadas), y el elipsoide.

```
ParametricPlot3D[{Sin[u]Cos[v],Sin[u]Sin[v],Cos[u]},{u,0,Pi},{v,0,2Pi}]
ParametricPlot3D[{4u/(u^2+v^2+4), 4v/(u^2+v^2+4), 2(u^2+v^2)/(u^2+v^2+4)},{u,-20,20},{v,-20,20},PlotRange->All]
ParametricPlot3D[{2Sin[u]Cos[v],Sin[u]Sin[v],Cos[u]},{u,0,Pi},{v,0,2Pi}]
```

La elipse que genera el elipsoide se puede observar fácilmente si efectuamos la rotación solo entre 0 y π:

```
ParametricPlot3D[{2Sin[u]Cos[v],Sin[u]Sin[v],Cos[u]},{u,0,Pi},{v,0,Pi}]
```

Práctica B.3. Representar gráficamente el cilindro y el cono de dos hojas.

```
ParametricPlot3D[{Cos[u],Sin[u],v},{u,0,2Pi},{v,-3,3}]
ParametricPlot3D[{v*Cos[u],v*Sin[u],v},{u,0,2Pi},{v,-3,3}]
```

Práctica B.4. Representar gráficamente el paraboloide elíptico usando dos parametrizaciones (obsérvese la diferencia entre las curvas coordenadas).

```
ParametricPlot3D[{u*Cos[v],u*Sin[v],u^2},{u,-2,2},{v,0,2Pi}]
ParametricPlot3D[{u,v,u^2+v^2},{u,-2,2},{v,-2,2}]
```

Práctica B.5. Representar gráficamente el toro de revolución, dependiendo de la distancia, a, al eje, de la circunferencia que lo genera.

```
Toro[a_][u_,v_]:={(a+Cos[u])Cos[v],(a+Cos[u])Sin[v],Sin[u]}
ParametricPlot3D[Evaluate[Toro[2][u,v]],{u,0,2Pi},{v,0,2Pi},PlotPoints->40]
ParametricPlot3D[Evaluate[Toro[1][u,v]],{u,0,2Pi},{v,0,2Pi},PlotPoints->40]
ParametricPlot3D[Evaluate[Toro[0.5][u,v]],{u,0,2Pi},{v,0,2Pi},PlotPoints->40]
```

Para entender mejor qué ocurre en los últimos casos, evaluar la rotación en $[0,\pi]$. Como se ve, estas superficies tienen puntos singulares, y por tanto no son regulares.

```
ParametricPlot3D[Evaluate[Toro[1][u,v]],{u,0,2Pi},{v,0,Pi},PlotPoints->40]
ParametricPlot3D[Evaluate[Toro[0.5][u,v]],{u,0,2Pi},{v,0,Pi},PlotPoints->40]
```

Práctica B.6. Representar gráficamente los hiperboloides de una y dos hojas.

```
ParametricPlot3D[{Cosh[v]Cos[u],Cosh[v]Sin[u],Sinh[v]},{u,0,2Pi},{v,-2,2}]
ParametricPlot3D[{{u,v,√(u^2+v^2+1)},{u,v,-√(u^2+v^2+1)}},{u,-2,2},{v,-2,2}]
```

Práctica B.7. Representar con una animación la deformación del cilindro en el cono de dos hojas por una familia uniparamétrica de hiperboloides de una hoja.

```
Table[ParametricPlot3D[{Cos[u]+v(Cos[u+t*Pi/20]-Cos[u]),Sin[u]+v(Sin[u+t*Pi/20]-Sin[u]),
    -2+4v},{u,0,2Pi},{v,0,1},Axes->False,Boxed->False,
    PlotRange->{{-1,1},{-1,1},{-2,2}}],{t,0,20}]
```

Práctica B.8. Representar gráficamente el paraboloide hiperbólico, o silla de montar, y la silla de montar del mono.

```
Plot3D[v^2-u^2,{u,-3,3},{v,-3,3},BoxRatios->Automatic]
Plot3D[u^3-3u*v^2,{u,-1,1},{v,-1,1},BoxRatios->Automatic]
```

Práctica B.9. Representar gráficamente la *pseudoesfera*.

```
ParametricPlot3D[{Sin[u]Cos[v],Sin[u]Sin[v],Cos[u]+Log[Tan[u/2]]},
    {u,0.01,1},{v,0,2Pi}]
```

Práctica B.10. Representar el grafo de la función $z = \operatorname{sen}(x + \operatorname{sen} y)$, $x, y \in [0, 4\pi]$. Construir una animación que muestre la rotación de dicha superficie.

```
Plot3D[Sin[x+Sin[y]],{x,0,4Pi},{y,0,4Pi},PlotPoints->30]
Do[Plot3D[Sin[x+Sin[y]],{x,0,4Pi},{y,0,4Pi},PlotPoints->30,SphericalRegion->True,
    Axes->None,ViewPoint->{2Cos[t],2Sin[t],1.3}],{t,0,Pi,Pi/20}]
```

Práctica B.11. Mostrar el *paraguas de Whitney*, $X(u,v) = (uv, u, v^2)$. Obsérvese que no es una superficie regular en todo su rango, pues presenta autointersecciones.

```
ParametricPlot3D[{u*v,u,v^2},{u,-3,3},{v,-3,3},PlotPoints->30]
```

B.1.1. Superficies de revolución

Práctica B.12. Mostrar las superficies de revolución obtenidas al rotar, alrededor del eje z, algunas de las curvas definidas en el apartado A.1.3. Estas deben escribirse en la forma $\alpha(v) = \big(f(v), 0, g(v)\big)$ para que estén contenidas en el plano $y = 0$.

```
revol[u_,v_]:={f[v]Cos[u],f[v]Sin[u],g[v]}
```

a) La circunferencia (genera la esfera).

```
f[v_]:=Sin[v];  g[v_]:=Cos[v]
ParametricPlot3D[Evaluate[revol[u,v]],{u,0,2Pi},{v,0,Pi}]
```

b) La elipse (genera el elipsoide).

```
f[v_]:=2Sin[v];  g[v_]:=Cos[v]
ParametricPlot3D[Evaluate[revol[u,v]],{u,0,2Pi},{v,0,Pi}]
```

c) La tractriz (genera la pseudoesfera).

```
f[v_]:=Sin[v];  g[v_]:=Cos[v]+Log[Tan[v/2]]
ParametricPlot3D[Evaluate[revol[u,v]],{u,0,2Pi},{v,0.01,Pi/2}]
```

d) La parábola (genera el paraboloide elíptico).

```
f[v_]:=v;  g[v_]:=v^2
ParametricPlot3D[Evaluate[revol[u,v]],{u,0,2Pi},{v,0,4}]
```

f) La cisoide de Diocles.

```
f[v_]:=2v^2/(1+v^2);  g[v_]:=2v^3/(1+v^2)
ParametricPlot3D[Evaluate[revol[u,v]],{u,0,2Pi},{v,-2,2}]
```

g) La bruja de Agnesi.

```
f[v_]:=v;  g[v_]:=27/(9+v^2)
ParametricPlot3D[Evaluate[revol[u,v]],{u,0,2Pi},{v,0,10}]
```

h) La figura ocho.

```
f[v_]:=Sin[v];  g[v_]:=Sin[v]Cos[v]
ParametricPlot3D[Evaluate[revol[u,v]],{u,0,2Pi},{v,0,Pi}]
```

Mostrar la gráfica anterior, pero evaluando la rotación solo entre 0 y π. Ahora puede distinguirse claramente la figura ocho.

B.1.2. Superficies no orientables

Práctica B.13. Representar la banda de Möbius (véase el ejemplo 3.1) parametrizada por $X(u,v) = \big(\cos u + v\cos(au/2)\cos u, \operatorname{sen} u + v\cos(au/2)\operatorname{sen} u, v\operatorname{sen}(au/2)\big)$, con $u \in (0,2\pi)$, para distintos valores del parámetro a, y obsérvese lo que representa dicho parámetro en la construcción de la superficie.

```
Mobius[a_][u_,v_]:={Cos[u]+v*Cos[a*u/2]*Cos[u],Sin[u]+v*Cos[a*u/2]*Sin[u],v*Sin[a*u/2]}
ParametricPlot3D[Evaluate[Mobius[1][u,v]],{u,0,2Pi},{v,-0.5,0.5}]
ParametricPlot3D[Evaluate[Mobius[2][u,v]],{u,0,2Pi},{v,-0.5,0.5}]
ParametricPlot3D[Evaluate[Mobius[3][u,v]],{u,0,2Pi},{v,-0.5,0.5}]
ParametricPlot3D[Evaluate[Mobius[5][u,v]],{u,0,2Pi},{v,-0.5,0.5}]
```

Práctica B.14. Representar la *botella de Klein*.

```
kleinb[a_][u_,v_]:={(a+Cos[u/2]Sin[v]-Sin[u/2]Sin[2v])Cos[u],
    (a+Cos[u/2]Sin[v]-Sin[u/2]Sin[2v])Sin[u],Sin[u/2]Sin[v]+Cos[u/2]Sin[2v]}
ParametricPlot3D[Evaluate[kleinb[2][u,v]],{v,0,2Pi},{u,-Pi/4,3Pi/2},
    PlotPoints->32,Axes->None,Boxed->False]
```

Cambiar los valores del parámetro a en la parametrización anterior de la botella de Klein, y obsérvese cómo varía la superficie.

```
ParametricPlot3D[Evaluate[kleinb[4][u,v]],{v,0,2Pi},{u,-Pi/4,3Pi/2},
    PlotPoints->32,Axes->None,Boxed->False]
```

Práctica B.15. Sin embargo, las representaciones de la botella de Klein más conocidas no corresponden a ninguna parametrización real: se construyen a trozos, uniendo de forma adecuada diversas superficies parametrizadas. Representar las «botellas de Klein» más usuales.

a) Primera representación:

```
bottom[u_,v_]:={(2.5+1.5Cos[v])Cos[u],(2.5+1.5Cos[v])Sin[u],-2.5Sin[v]}
fondo=ParametricPlot3D[Evaluate[bottom[u,v]],{u,0,2Pi},{v,0,Pi}]
middle[u_,v_]:={(2.5+1.5Cos[v])Cos[u],(2.5+1.5Cos[v])Sin[u],3v}
medio=ParametricPlot3D[Evaluate[middle[u,v]],{u,0,2Pi},{v,0,Pi}]
handle[u_,v_]:={2-2Cos[v]+Sin[u],Cos[u],3v}
mango=ParametricPlot3D[Evaluate[handle[u,v]],{u,0,2Pi},{v,0,Pi}]
thetop[u_,v_]:={2+(2+Cos[u])Cos[v],Sin[u],3Pi+(2+Cos[u])Sin[v]}
techo=ParametricPlot3D[Evaluate[thetop[u,v]],{u,0,2Pi},{v,0,Pi}]
all=Show[mango,techo,medio,fondo]
```

b) Segunda representación:

```
bx=6Cos[u](1+Sin[u]);  by=16Sin[u];  rad=4(1-Cos[u]/2);
X=If[Pi<u≤2Pi,bx+rad*Cos[v+Pi],bx+rad*Cos[u]Cos[v]];
Y=If[Pi<u≤2Pi,by,by+rad*Sin[u]Cos[v]];  Z=rad*Sin[v];
ParametricPlot3D[Evaluate[{X,Y,Z}],{u,0,2Pi},{v,0,2Pi},PlotPoints->32,
    Axes->False,Boxed->False,ViewPoint->{1.4,-2.6,-1.7}]
```

Práctica B.16. Considerar la siguiente familia de superficies (no orientables) dependiente del parámetro a. Esta familia determina una homotopía (deformación diferenciable) de la llamada *superficie romana* (caso $a = 0$) en la *superficie del niño* (caso $a = 1$), para a entre 0 y 1. Representar la animación.

```
BoyR[u_,v_,a_]:={(√2Cos[2u]Cos[v]^2+Cos[u]Sin[2v])/(2-a√2Sin[3u]Sin[2v]), (√2Sin[2u]Cos[v]^2-Sin[u]Sin[2v])/(2-a√2Sin[3u]Sin[2v]), (3Cos[v]^2)/(2-a√2Sin[3u]Sin[2v])}
BR[a_]:=ParametricPlot3D[Evaluate[BoyR[u,v,a]],{u,-Pi/2,Pi/2},{v,0,Pi},
    PlotPoints->25,ViewPoint->{1,1,1}]
BR[0];  BR[1];  Table[BR[a],{a,0,1,1/8}]
```

B.1.3. Superficies minimales

Práctica B.17. Representar el helicoide, $X(u,v)=(v\cos u, v\,\mathrm{sen}\,u, u)$, y el catenoide, $X(u,v)=(\cosh v\cos u, \cosh v\,\mathrm{sen}\,u, v)$.

```
ParametricPlot3D[{v*Cos[u],v*Sin[u],u},{u,0,4Pi},{v,-4,4}]
ParametricPlot3D[{Cos[u]Cosh[v],Sin[u]Cosh[v],v},{u,0,2Pi},{v,-1.5,1.5}]
```

Práctica B.18. Considerar la siguiente familia de superficies (minimales) dependiente del parámetro a. Esta familia determina una deformación isométrica del catenoide en el helicoide para a entre 0 y $\pi/2$. Representar la animación.

```
X[r_,t_,a_]:={-(Cos[t-a]+r(-2Cos[a]+r*Cos[t+a]))/(2r), (Sin[t-a]+r^2Sin[t+a])/(2r),Cos[a]Log[r]-t*Sin[a]}
gr[a_]:=ParametricPlot3D[Evaluate[X[r^2,t,a]],{r,1/√6,√6},{t,0,2Pi},
    PlotPoints->35,Axes->False,ViewPoint->{-1.481,2.293,2.000}]
gr[0];  gr[Pi/2];  Table[gr[a],{a,0,Pi/2,(Pi/2)/6}]
```

Práctica B.19. Representar la primera superficie de Scherck.

```
scherck[u_,v_]:={u,v,Log[Cos[v]/Cos[u]]}
ParametricPlot3D[Evaluate[scherck[u,v]],{u,-Pi/2,Pi/2},{v,-Pi/2,Pi/2}]
```

La primera superficie de Scherck es una superficie periódica, y usualmente suele representarse del siguiente modo:

```
scherckgen[d_,e_][u_,v_]:={u,v,Log[Cos[v+d]/Cos[u+e]]}
Show[Table[ParametricPlot3D[Evaluate[scherckgen[3d,3e][u,v]],
    {u,-Pi/2-3e,Pi/2-3e},{v,-Pi/2-3d,Pi/2-3d}],{e,0,2},{d,0,2}]]
```

Práctica B.20. Representar la segunda superficie de Scherck.

```
scherck2[u_,v_]:={u,v,ArcSin[Sinh[u]Sinh[v]]}
ParametricPlot3D[Evaluate[scherck2[u,v]],{u,-0.8,0.8},{v,-0.8,0.8}]
```

Práctica B.21. Representar la superficie de Enneper.

```
enneper[u_,v_]:={u-u^3/3+u*v^2,v-v^3/3+u^2v,u^2-v^2}
ParametricPlot3D[Evaluate[enneper[u,v]],{u,-3,3},{v,-3,3}]
```

Como puede verse, tiene autointersecciones, por lo que no es una superficie regular en todo su rango. Si, por ejemplo, $U = (-1.5, 1.5) \times (-1.5, 1.5)$, entonces sí lo es.

```
ParametricPlot3D[Evaluate[enneper[u,v]],{u,-1.5,1.5},{v,-1.5,1.5}]
```

Práctica B.22. Representar la *superficie de Catalan*.

```
Catal[u_,v_]:={1-Cos[u]Cosh[v],4Sin[u/2]Sinh[v/2],u-Sin[u]Sinh[v]}
ParametricPlot3D[Evaluate[Catal[u,v]],{u,0,2Pi},{v,-5,5},ViewPoint->{2,1,1}]
```

Práctica B.23. Representar la *superficie de Riemann*.

```
x[t_,s_]:={a[t]+r[t]Cos[s],b[t]+r[t]Sin[s],t}
solu=NDSolve[{1+2r[t]^4+r'[t]^2-r[t]r''[t]==0,h'[t]==r[t]^2,r[0]==1,
    r'[0]==0.5,h[0]==0},{r[t],h[t]},{t,-2,1},MaxSteps->2000]
ParametricPlot3D[Evaluate[{h[t]+r[t]Cos[s],h[t]+r[t]Sin[s],t}/.solu],
    {t,-1,0.65},{s,0,2Pi},ViewPoint->{1,-6,2},PlotRange->All]
```

B.2. LA CURVATURA DE GAUSS Y LA CURVATURA MEDIA

Práctica B.24. Definir funciones que calculen los coeficientes de la primera forma fundamental de una superficie parametrizada por X.

```
EE[X_][u_,v_]:=Simplify[∂uuX[uu,vv].∂uuX[uu,vv]]/.{uu->u,vv->v}
FF[X_][u_,v_]:=Simplify[∂uuX[uu,vv].∂vvX[uu,vv]]/.{uu->u,vv->v}
GG[X_][u_,v_]:=Simplify[∂vvX[uu,vv].∂vvX[uu,vv]]/.{uu->u,vv->v}
```

Práctica B.25. Definir funciones que calculen los coeficientes de la segunda forma fundamental de una superficie parametrizada por X.

```
ee[X_][u_,v_]:=Simplify[Det[{∂{uu,uu}X[uu,vv],∂uuX[uu,vv],∂vvX[uu,vv]}]/
    (√Simplify[∂uuX[uu,vv].∂uuX[uu,vv]∂vvX[uu,vv].∂vvX[uu,vv]
    -(∂uuX[uu,vv].∂vvX[uu,vv])^2])]/.{uu->u,vv->v}
ff[X_][u_,v_]:=Simplify[Det[{∂{uu,vv}X[uu,vv],∂uuX[uu,vv],∂vvX[uu,vv]}]/
    (√Simplify[∂uuX[uu,vv].∂uuX[uu,vv]∂vvX[uu,vv].∂vvX[uu,vv]
    -(∂uuX[uu,vv].∂vvX[uu,vv])^2])]/.{uu->u,vv->v}
gg[X_][u_,v_]:=Simplify[Det[{∂{vv,vv}X[uu,vv],∂uuX[uu,vv],∂vvX[uu,vv]}]/
    (√Simplify[∂uuX[uu,vv].∂uuX[uu,vv]∂vvX[uu,vv].∂vvX[uu,vv]
    -(∂uuX[uu,vv].∂vvX[uu,vv])^2])]/.{uu->u,vv->v}
```

Práctica B.26. Definir funciones que representen la curvatura de Gauss y la curvatura media de una superficie parametrizada por X.

```
gauss[X_][u_,v_]:=Simplify[(ee[X][u,v]gg[X][u,v]-ff[X][u,v]^2)/(EE[X][u,v]GG[X][u,v]-FF[X][u,v]^2)]
media[X_][u_,v_]:=Simplify[1/2 (ee[X][u,v]GG[X][u,v]+EE[X][u,v]gg[X][u,v]-2FF[X][u,v]ff[X][u,v])/(EE[X][u,v]GG[X][u,v]-FF[X][u,v]^2)]
```

Práctica B.27. Calcular los coeficientes de la primera y segunda formas fundamentales de algunas de las superficies estudiadas en la sección anterior: la esfera, el toro, el paraboloide elíptico, etc.

```
esfera[r_][u_,v_]:=r{Sin[u]Cos[v],Sin[u]Sin[v],Cos[u]}
    {EE[esfera[r]][u,v],FF[esfera[r]][u,v],GG[esfera[r]][u,v]}
    {ee[esfera[r]][u,v],ff[esfera[r]][u,v],gg[esfera[r]][u,v]}
toro[a_,r_][u_,v_]:={(a+r*Cos[u])Cos[v],(a+r*Cos[u])Sin[v],r*Sin[u]}
    {EE[toro[a,r]][u,v],FF[toro[a,r]][u,v],GG[toro[a,r]][u,v]}
    {ee[toro[a,r]][u,v],ff[toro[a,r]][u,v],gg[toro[a,r]][u,v]}
parabel[u_,v_]:={u,v,u^2+v^2}
    {EE[parabel][u,v],FF[parabel][u,v],GG[parabel][u,v]}
    {ee[parabel][u,v],ff[parabel][u,v],gg[parabel][u,v]}
```

Práctica B.28. Calcular la curvatura de Gauss y la curvatura media de las superficies anteriores: la esfera, el toro, el paraboloide elíptico, etc.

```
gauss[esfera[r]][u,v];  gauss[toro[a,r]][u,v];  gauss[parabel][u,v]
media[esfera[r]][u,v];  media[toro[a,r]][u,v];  media[parabel][u,v]
```

Práctica B.29. Representar la gráfica de la curvatura de Gauss y de la curvatura media de las superficies anteriores: la esfera, el toro, el paraboloide elíptico, etc.

```
Plot3D[Evaluate[gauss[esfera[1]][u,v]],{u,0,2Pi},{v,0,2Pi}]
Plot3D[Evaluate[media[esfera[1]][u,v]],{u,0,2Pi},{v,0,2Pi}]
Plot3D[Evaluate[gauss[toro[3,1]][u,v]],{u,0,2Pi},{v,0,2Pi}]
Plot3D[Evaluate[media[toro[3,1]][u,v]],{u,0,2Pi},{v,0,2Pi}]
Plot3D[Evaluate[gauss[parabel][u,v]],{u,-2,2},{v,-2,2}]
Plot3D[Evaluate[media[parabel][u,v]],{u,-2,2},{v,-2,2}]
```

B.3. GEODÉSICAS

Práctica B.30. Definir los símbolos de Christoffel para una parametrización X.

```
W[X_][u_,v_]:=Simplify[EE[X][u,v]GG[X][u,v]-FF[X][u,v]^2]
G111[X_][u_,v_]:=Simplify[(GG[X][uu,vv]∂uuEE[X][uu,vv]-2FF[X][uu,vv]∂uuFF[X][uu,vv]
    +FF[X][uu,vv]∂vvEE[X][uu,vv])/(2W[X][uu,vv])/.{uu->u,vv->v}]
G121[X_][u_,v_]:=Simplify[(GG[X][uu,vv]∂vvEE[X][uu,vv]
    -FF[X][uu,vv]∂uuGG[X][uu,vv])/(2W[X][uu,vv])/.{uu->u,vv->v}]
G221[X_][u_,v_]:=Simplify[(2GG[X][uu,vv]∂vvFF[X][uu,vv]-GG[X][uu,vv]∂uuGG[X][uu,vv]
    -FF[X][uu,vv]∂vvGG[X][uu,vv])/(2W[X][uu,vv])/.{uu->u,vv->v}]
G112[X_][u_,v_]:=Simplify[(2EE[X][uu,vv]∂uuFF[X][uu,vv]-EE[X][uu,vv]∂vvEE[X][uu,vv]
    -FF[X][uu,vv]∂uuEE[X][uu,vv])/(2W[X][uu,vv])/.{uu->u,vv->v}]
G122[X_][u_,v_]:=Simplify[(EE[X][uu,vv]∂uuGG[X][uu,vv]
    -FF[X][uu,vv]∂vvEE[X][uu,vv])/(2W[X][uu,vv])/.{uu->u,vv->v}]
G222[X_][u_,v_]:=Simplify[(EE[X][uu,v]∂vvGG[X][uu,vv]-2FF[X][uu,vv]∂vvFF[X][uu,vv]
    +FF[X][uu,vv]∂uuGG[X][uu,vv])/(2W[X][uu,vv])/.{uu->u,vv->v}]
```

Práctica B.31. Representar las geodésicas de la esfera.

```
X[u_,v_]:={Sin[u]Cos[v],Sin[u]Sin[v],Cos[u]}
s1=NDSolve[{u''[s]+u'[s]^2G111[X][u[s],v[s]]
    +2u'[s]v'[s]G121[X][u[s],v[s]]+v'[s]^2 G221[X][u[s],v[s]]==0,
    v''[s]+u'[s]^2 G112[X][u[s],v[s]]+2u'[s]v'[s]G122[X][u[s],v[s]]
    +v'[s]^2 G222[X][u[s],v[s]]==0,
    u[0]==Pi/2,v[0]==Pi/2,u'[0]==1,v'[0]==1},{u[s],v[s]},{s,-4,4}]
ParametricPlot3D[Evaluate[X[u[s],v[s]]/.s1],{s,-4,4}]
ParametricPlot3D[Evaluate[X[u,v]],{u,0,Pi},{v,0,2Pi}]
Show[%,%%]
```

Práctica B.32. Representar las geodésicas del cilindro.

```
Y[u_,v_]:={Cos[u],Sin[u],v}
s2=NDSolve[{u''[s]+u'[s]^2 G111[Y][u[s],v[s]]
    +2u'[s]v'[s]G121[Y][u[s],v[s]]+v'[s]^2 G221[Y][u[s],v[s]]==0,
    v''[s]+u'[s]^2 G112[Y][u[s],v[s]]+2u'[s]v'[s]G122[Y][u[s],v[s]]
    +v'[s]^2 G222[Y][u[s],v[s]]==0,u[0]==0,v[0]==0,u'[0]==5,v'[0]==1},
    {u[s],v[s]},{s,-4,4}]
ParametricPlot3D[Evaluate[Y[u[s],v[s]]/.s2],{s,-2,2},PlotPoints->100]
ParametricPlot3D[Evaluate[Y[u,v]],{u,0,2Pi},{v,-2,2}]
Show[%,%%]
```

Práctica B.33. Representar las geodésicas del elipsoide.

```
Z[u_,v_]:={2Sin[u]Cos[v],Sin[u]Sin[v],Cos[u]}
s3=NDSolve[{u''[s]+u'[s]^2 G111[Z][u[s],v[s]]
    +2u'[s]v'[s]G121[Z][u[s],v[s]]+v'[s]^2 G221[Z][u[s],v[s]]==0,
    v''[s]+u'[s]^2 G112[Z][u[s],v[s]]+2u'[s]v'[s]G122[Z][u[s],v[s]]
    +v'[s]^2 G222[Z][u[s],v[s]]==0,u[0]==Pi/2,v[0]==0,u'[0]==1,v'[0]==1},
    {u[s],v[s]},{s,-5,5}]
ParametricPlot3D[Evaluate[Z[u[s],v[s]]/.s3],{s,-5,5},PlotRange->All]
ParametricPlot3D[Evaluate[Z[u,v]],{u,0,Pi},{v,0,2Pi}]
Show[%,%%]
```

Apéndice C

Soluciones a los ejercicios

SOLUCIONES A LOS EJERCICIOS DEL CAPÍTULO I

Solución al ejercicio 1.1. Un sencillo cálculo muestra que $|\alpha'(t)| = ae^{bt}\sqrt{1+b^2}$, por lo que la función longitud de arco es

$$s(t) = \int_{t_0}^{t} |\alpha'(u)|\, du = \frac{a}{b}\sqrt{1+b^2}\left(e^{bt} - e^{bt_0}\right).$$

Así pues $t = (1/b)\log\lambda(s)$, con $\lambda(s) = e^{bt_0} + b/\left(a\sqrt{1+b^2}\right)s$, de donde la reparametrización de α por la longitud de arco toma la forma

$$\beta(s) = a\lambda(s)\left(\cos\frac{\log\lambda(s)}{b}, \operatorname{sen}\frac{\log\lambda(s)}{b}\right).$$

Solución al ejercicio 1.2. Un rápido cálculo muestra que el vector velocidad de α es $\alpha'(t) = \left(\cos t, -\operatorname{sen} t + 1/\operatorname{sen} t\right)$, y su recta tangente en un punto $\alpha(t)$,

$$\alpha(t) + \lambda\alpha'(t) = \left(\operatorname{sen} t + \lambda\cos t, \cos t + \log\operatorname{tg}\frac{t}{2} + \lambda\frac{\cos^2 t}{\operatorname{sen} t}\right).$$

Esta recta corta al eje y cuando $\lambda = -\operatorname{tg} t$, es decir, en el punto $p_t = \left(0, \log\operatorname{tg}(t/2)\right)$. Así, la distancia entre p_t y $\alpha(t)$ vale $|\alpha(t) - p_t| = \sqrt{\operatorname{sen}^2 t + \cos^2 t} = 1$ constante.

Calculemos su reparametrización por la longitud de arco. Como $|\alpha'(t)| = \operatorname{cotg} t$,

$$s(t) = \int_{t_0}^{t} |\alpha'(u)|\, du = \log\operatorname{sen} t - \log\operatorname{sen} t_0.$$

Así pues, $t = \operatorname{arc\,sen} e^{s+\log\operatorname{sen} t_0}$, de donde la reparametrización de α por la longitud de arco toma la forma

$$\beta(s) = \left(e^{s+\log\operatorname{sen} t_0}, \sqrt{1 - e^{s+\log\operatorname{sen} t_0}} + \log\operatorname{tg}\frac{\operatorname{arc\,sen} e^{s+\log\operatorname{sen} t_0}}{2}\right).$$

Solución al ejercicio 1.3. Claramente,

$$|\beta'(s)|^2 = \langle\beta'(s), \beta'(s)\rangle = \langle A\alpha'(s), A\alpha'(s)\rangle = |\alpha'(s)|^2 = 1,$$

luego β está p.p.a. Observemos que, entonces,

$$L_a^b(\beta) = \int_a^b |(M\circ\alpha)'(s)|\, ds = \int_a^b |A\alpha'(s)|\, ds = \int_a^b |\alpha'(s)|\, ds = L_a^b(\alpha).$$

Finalmente, como β está p.p.a.,

$$\begin{aligned} k_\beta(s) &= \langle \beta''(s), \mathrm{J}\beta'(s)\rangle = \langle A\alpha''(s), (\mathrm{J}\circ A)\alpha'(s)\rangle = \langle A\alpha''(s), \pm(A\circ \mathrm{J})\alpha'(s)\rangle \\ &= \pm\langle \alpha''(s), \mathrm{J}\alpha'(s)\rangle = \pm k_\alpha(s), \end{aligned}$$

pues $\mathrm{J}\circ A = \pm A\circ \mathrm{J}$, como fácilmente puede comprobarse, dependiendo de que el movimiento rígido sea directo o inverso.

Solución al ejercicio 1.4. Basta aplicar la fórmula (1.7). Así se obtiene que, para $s_0 > 0$ arbitrario, $\theta(s) = \log(s/s_0)$, de donde

$$\alpha(s) = \frac{s}{2}\left(\cos\log\frac{s}{s_0} + \operatorname{sen}\log\frac{s}{s_0} - \frac{s_0}{s}, \operatorname{sen}\log\frac{s}{s_0} - \cos\log\frac{s}{s_0} + \frac{s_0}{s}\right).$$

Solución al ejercicio 1.5. Claramente, si $\alpha(s) = p + s\mathbf{v}$ es un segmento de recta o $\alpha(s) = r\big(\cos(s/r), \operatorname{sen}(s/r)\big)$ es un arco de circunferencia, entonces un rápido cálculo muestra que $k \equiv 0$ o $k \equiv 1/r$, respectivamente, en ambos casos, constante.

Recíprocamente, si la curvatura $k \equiv 0$, entonces $\alpha''(s) = \mathbf{0}$, de donde se deduce que $\alpha'(s) = \mathbf{v}$ constante, y por tanto, que $\alpha(s) = p + s\mathbf{v}$ es una recta. Si ahora suponemos que $k \equiv k_0 \neq 0$, definimos la función $f(s) = \alpha(s) + (1/k_0)\mathbf{n}(s)$. Es fácil ver, utilizando las fórmulas de Frenet (1.5), que $f'(s) = \mathbf{0}$ para todo $s \in I$, es decir, $f(s) = p$ constante. Luego $p - \alpha(s) = (1/k_0)\mathbf{n}(s)$ y, tomando módulos, se obtiene $|\alpha(s) - p|^2 = 1/k_0^2$, que es la ecuación de una circunferencia (con centro p y radio $1/k_0$). Obsérvese que esta implicación puede demostrarse también fácilmente utilizando la fórmula (1.7).

Solución al ejercicio 1.6. Si α es una recta, la implicación directa es trivial, por lo que probaremos el recíproco. El hecho de que todas las rectas tangentes sean paralelas equivale a que $\mathbf{t}' \equiv \mathbf{0}$. Como $\mathbf{t}'(s) = k(s)\mathbf{n}(s) = \mathbf{0}$, entonces $k(s) = 0$ para todo $s \in I$, y el ejercicio 1.5 nos asegura que α es un segmento de recta.

Si α es un arco de circunferencia, de nuevo la implicación directa es trivial. Supongamos por tanto que todas las rectas normales pasan por un punto común, digamos p. Esto se traduce en que $p = \alpha(s) + \lambda(s)\mathbf{n}(s)$ para todo $s \in I$, donde la función $\lambda(s) = \langle p - \alpha(s), \mathbf{n}(s)\rangle$ es diferenciable. Derivando esta expresión obtenemos que $\big(1 - \lambda(s)k(s)\big)\mathbf{t}(s) + \lambda'(s)\mathbf{n}(s) = \mathbf{0}$, de donde se deduce, por ser $\{\mathbf{t}(s), \mathbf{n}(s)\}$ vectores linealmente independientes, que $1 - \lambda(s)k(s) = \lambda'(s) = 0$. En consecuencia, λ es constante y $k(s) = 1/\lambda$ es constante y no nula (obsérvese que si $\lambda = 0$ entonces $\alpha(s) \equiv p$ y el resultado sería trivial). De nuevo, el ejercicio 1.5 nos asegura que α es un arco de circunferencia.

Solución al ejercicio 1.7. La implicación directa es trivial. Supongamos por tanto que todas las rectas tangentes equidistan de un punto p, lo que se traduce en que $\langle \alpha(s) - p, \mathbf{n}(s)\rangle = c$ constante. Derivando esta expresión y utilizando las fórmulas de Frenet (1.5) obtenemos que

$$-k(s)\langle \alpha(s) - p, \mathbf{t}(s)\rangle = 0.$$

Llegados a este punto, debemos distinguir dos casos, y llevar cierto cuidado. Claramente, si $k(s) = 0$ para todo $s \in I$, el ejercicio 1.5 nos dice que esto es equivalente a que α sea un segmento de recta.

Así pues, suponemos que existe $s_0 \in I$ tal que $k(s_0) \neq 0$. Como k es continua, $k^{-1}\big(\mathbb{R}\backslash\{0\}\big) = \bar{I} \subset I$ es un abierto, luego tendremos $\bar{I} = \bigcup_{i\in\Lambda} I_i$ (para un cierto conjunto de índices Λ). Obsérvese que I_i es abierto para todo $i \in \Lambda$ y además, $k(s) \neq 0$ para todo $s \in I_i$ y todo $i \in \Lambda$. Supongamos que $\bar{I} \subset I$ estrictamente, y consideremos uno de tales subintervalos, digamos I_0. Entonces, $\big\langle \alpha(s) - p, \mathbf{t}(s)\big\rangle = 0$ para todo $s \in I_0$. Si expresamos $\alpha(s) - p$ en función de la base de Frenet, obtenemos $\alpha(s) - p = \big\langle \alpha(s) - p, \mathbf{t}(s)\big\rangle \mathbf{t}(s) + \big\langle \alpha(s) - p, \mathbf{n}(s)\big\rangle \mathbf{n}(s) = c\,\mathbf{n}(s)$, y tomando módulos, $\big|\alpha(s) - p\big|^2 = c^2$ para todo $s \in I_0$: la ecuación de una circunferencia.

Obsérvese que lo que se ha probado es que el «trozo» de curva $\alpha|_{I_0}$ es un arco de circunferencia con curvatura es $k(s) \equiv 1/c \neq 0$. Razonando de modo análogo para cualquier I_i se obtendría finalmente que $\alpha|_{\bar{I}}$ es un arco de circunferencia, cuya curvatura es $k(s) \equiv 1/c \neq 0$, constante (c es fijo para cualquier $i \in \Lambda$). En consecuencia, como $\bar{I} \subset I$ estrictamente, es decir, existen valores $s \in I\backslash\bar{I}$ donde $k(s) = 0$, obtenemos que la función curvatura en I es localmente constante pero no continua, lo que contradice nuestra definición de curva regular. Así pues, $\bar{I} = I$, por lo que $\alpha : I \longrightarrow \mathbb{R}^2$ es un arco de circunferencia.

Solución al ejercicio 1.8. Claramente $\big|\alpha(s_0)\big| > 0$, pues en caso contrario la curva sería constante. Definimos la función $f(s) = \big|\alpha(s)\big|^2$. Como $f(s) \leq f(s_0)$ para todo $s \in I$, la función tiene un máximo relativo en s_0. Por tanto, $f'(s_0) = 0$ y $f''(s_0) \leq 0$, lo que se traduce en $\big\langle \mathbf{t}(s_0), \alpha(s_0)\big\rangle = 0$ y $\big\langle \mathbf{t}'(s_0), \alpha(s_0)\big\rangle \leq -1$, respectivamente. Dado que $\mathbf{t}(s_0) \perp \alpha(s_0)$, y $\mathbf{t}'(s_0) = k(s_0)\mathbf{n}(s_0) \perp \mathbf{t}(s_0)$, existe $\lambda \in \mathbb{R}$ tal que $\mathbf{t}'(s_0) = \lambda\,\alpha(s_0)$. Despejando λ de la igualdad anterior obtenemos

$$\lambda = \frac{\big\langle \mathbf{t}'(s_0), \alpha(s_0)\big\rangle}{\big|\alpha(s_0)\big|^2} \leq -\frac{1}{\big|\alpha(s_0)\big|^2}.$$

Por otro lado, como $\mathbf{n}(s_0)$ y $\mathbf{t}'(s_0) = \lambda\,\alpha(s_0)$ son vectores colineales y $\mathbf{n}(s_0)$ es unitario, entonces $\mathbf{n}(s_0) = \pm\alpha(s_0)/\big|\alpha(s_0)\big|$, de donde se tiene que

$$-\frac{1}{\big|\alpha(s_0)\big|^2} \geq \lambda = \frac{\big\langle \mathbf{t}'(s_0), \alpha(s_0)\big\rangle}{\big|\alpha(s_0)\big|^2} = \frac{\big\langle k(s_0)\mathbf{n}(s_0), \alpha(s_0)\big\rangle}{\big|\alpha(s_0)\big|^2} = \pm\frac{k(s_0)}{\big|\alpha(s_0)\big|}.$$

Esto demuestra que $\big|k(s_0)\big| \geq 1/\big|\alpha(s_0)\big|$.

Solución al ejercicio 1.9. Supongamos en primer lugar que todas las rectas normales equidistan de $p \in \mathbb{R}^2$. El vector ortogonal a la recta normal a $\alpha(s)$ es $\mathbf{t}(s)$, y la distancia de dicha recta a p viene dada por $\big\langle \alpha(s) - p, \mathbf{t}(s)\big\rangle$. Por tanto, nuestra hipótesis se traduce en $\big\langle \alpha(s) - p, \mathbf{t}(s)\big\rangle = c$ constante. Derivando y usando las fórmulas de Frenet (1.5) se tiene $k(s)\big\langle \alpha(s) - p, \mathbf{n}(s)\big\rangle = -1$, y derivando esta expresión llegamos a que

$$0 = k'(s)\big\langle \alpha(s) - p, \mathbf{n}(s)\big\rangle - k(s)^2\big\langle \alpha(s) - p, \mathbf{t}(s)\big\rangle = -\frac{k'(s)}{k(s)} - ck(s)^2,$$

una ecuación diferencial cuya solución viene dada por $k(s)^2 = 1/\big(2(cs+d)\big)$, con $d \in \mathbb{R}$. En definitiva, escribiendo $a = 2c$, $b = 2d$, se obtiene $k(s) = \pm 1/\sqrt{as+b}$.

Recíprocamente, supongamos que existen $a, b \in \mathbb{R}$ tales que $k(s) = \pm 1/\sqrt{as+b}$ para todo $s \in I$. Entonces $as+b = 1/k(s)^2$, y derivando, $a = -2k'(s)/k(s)^3$. Definimos la función

$$f(s) = \alpha(s) - \frac{a}{2}\mathbf{t}(s) + \frac{1}{k(s)}\mathbf{n}(s).$$

Un sencillo cálculo muestra que $f'(s) = \big(-k'(s)/k(s)^2 - ak(s)/2\big)\mathbf{n}(s) = \mathbf{0}$, luego $f(s) \equiv p$ constante. En consecuencia, $\alpha(s) - p = (a/2)\mathbf{t}(s) - 1/k(s)\,\mathbf{n}(s)$, de donde se concluye que $\big\langle \alpha(s) - p, \mathbf{t}(s)\big\rangle = (a/2)\big\langle \mathbf{t}(s), \mathbf{t}(s)\big\rangle = a/2 \equiv$ constante.

Solución al ejercicio 1.10. Claramente las funciones $\lambda, \mu : I \longrightarrow \mathbb{R}$ son diferenciables y, como α está p.p.a., satisfacen $\lambda(s)^2 + \mu(s)^2 = 1$ para todo $s \in I$. Por otro lado, es evidente que $\theta(s_0) = \theta_0$. Finalmente, si queremos demostrar que $\lambda(s) = \cos\theta(s)$ y $\mu(s) = \operatorname{sen}\theta(s)$, es suficiente comprobar que la expresión

$$\big(\lambda(s) - \cos\theta(s)\big)^2 + \big(\mu(s) - \operatorname{sen}\theta(s)\big)^2 = 2 - 2\big(\lambda(s)\cos\theta(s) + \mu(s)\operatorname{sen}\theta(s)\big)$$

es idénticamente nula. Sea $f(s) = \lambda(s)\cos\theta(s) + \mu(s)\operatorname{sen}\theta(s)$. Por un lado,

$$f(s_0) = \lambda(s_0)\cos\theta_0 + \mu(s_0)\operatorname{sen}\theta_0 = \cos^2\theta_0 + \operatorname{sen}^2\theta_0 = 1.$$

Por otro lado, usando que $\lambda(s)^2 + \mu(s)^2 = 1$, lo que implica a su vez que

$$\lambda(s)\lambda'(s) + \mu(s)\mu'(s) = 0,$$

podemos calcular la derivada de $f(s)$:

$$\begin{aligned}
f'(s) &= \lambda'(s)\cos\theta(s) - \lambda(s)\theta'(s)\operatorname{sen}\theta(s) + \mu'(s)\operatorname{sen}\theta(s) + \mu(s)\theta'(s)\cos\theta(s)\\
&= \cos\theta(s)\Big[\lambda'(s) + \mu(s)\big(\lambda\mu' - \mu\lambda'\big)(s)\Big] + \operatorname{sen}\theta(s)\Big[\mu'(s) - \lambda(s)\big(\lambda\mu' - \mu\lambda'\big)(s)\Big]\\
&= \cos\theta(s)\big(\lambda' + \lambda\mu\mu' - \mu^2\lambda'\big)(s) + \operatorname{sen}\theta(s)\big(\mu' - \lambda^2\mu' + \mu\lambda\lambda'\big)(s)\\
&= \cos\theta(s)\big(\lambda' - \lambda^2\lambda' - \mu^2\lambda'\big)(s) + \operatorname{sen}\theta(s)\big(\mu' - \lambda^2\mu' - \mu^2\mu'\big)(s)\\
&= \cos\theta(s)\big(\lambda' - \lambda'\big)(s) + \operatorname{sen}\theta(s)\big(\mu' - \mu'\big)(s) = 0.
\end{aligned}$$

En consecuencia, $f(s) \equiv 1$, como queríamos demostrar.

Solución al ejercicio 1.11. Sea $\alpha : I \longrightarrow \mathbb{R}^2$ una curva parametrizada regular con parámetro t, y sea $\beta(s) = (\alpha \circ h)(s)$ una reparametrización de α. Tenemos que demostrar que $\alpha_E\big(h(s)\big) = \beta_E(s)$. Claramente,

$$\begin{aligned}
&\beta'(s) = \alpha'\big(h(s)\big)h'(s), \qquad \beta''(s) = \alpha''\big(h(s)\big)h'(s)^2 + \alpha'\big(h(s)\big)h''(s),\\
&\mathrm{J}\beta'(s) = \mathrm{J}\alpha'\big(h(s)\big)h'(s).
\end{aligned}$$

Obsérvese que

$$k_\beta(s) = \frac{\big\langle \beta''(s), \mathrm{J}\beta'(s)\big\rangle}{\big|\beta'(s)\big|^3} = \frac{h'(s)^3\big\langle \alpha''\big(h(s)\big), \mathrm{J}\alpha'\big(h(s)\big)\big\rangle}{\big|h'(s)\big|^3\big|\alpha'\big(h(s)\big)\big|^3} = \pm k_\alpha\big(h(s)\big),$$

dependiendo de que el cambio de parámetro conserve o invierta la orientación. Así,

$$\beta_{E}(s) = \beta(s) + \frac{1}{k_\beta(s)}\frac{\mathrm{J}\beta'(s)}{|\beta'(s)|} = \alpha\big(h(s)\big) + \frac{1}{\pm k_\alpha\big(h(s)\big)}\frac{\mathrm{J}\alpha'\big(h(s)\big)h'(s)}{\big|\alpha'\big(h(s)\big)\big|\,|h'(s)|} = \alpha_{E}\big(h(s)\big).$$

En el caso de la curva paralela a β a distancia ρ,

$$\beta^P_\rho(s) = \beta(s) + \rho\frac{\mathrm{J}\beta'(s)}{|\beta'(s)|} = \alpha\big(h(s)\big) + \rho\frac{\mathrm{J}\alpha'\big(h(s)\big)h'(s)}{\big|\alpha'\big(h(s)\big)\big|\,|h'(s)|} = \pm\alpha^P_\rho\big(h(s)\big),$$

dependiendo de que h conserve o invierta la orientación.

Solución al ejercicio 1.12. Como α está p.p.a., $\beta(s) = \alpha(s) + \big(1/k(s)\big)\mathbf{n}(s)$. Al ser $k'(s) \geq 0$ un rápido cálculo muestra que $|\beta'(s)| = k'(s)/k(s)^2$, luego

$$L^s_a(\beta) = \int_a^s |\beta'(t)|\,dt = \int_a^s \frac{k'(t)}{k(t)^2}\,dt = -\frac{1}{k(s)} + \frac{1}{k(a)}.$$

Observación. Si en un entorno $k'(s) = 0$, entonces $L^s_a(\beta) = 0$, es decir, β es un punto. Además, la evoluta de una curva regular también es regular si $k' \neq 0$.

Solución al ejercicio 1.13. La evoluta de la cicloide es la curva parametrizada $\alpha_{E}(t) = \big(t + \operatorname{sen} t, -1 + \cos t\big)$. Obsérvese que $\alpha_{E}(t) = \alpha(t-\pi) + (\pi, -2)$, es decir, α_{E} también es una cicloide.

Solución al ejercicio 1.14. La evoluta de la espiral logarítmica es la curva parametrizada $\alpha_{E}(t) = ab\,e^{bt}(-\operatorname{sen} t, \cos t)$, que es también una espiral logarítmica.

Solución al ejercicio 1.15. Sean $\mathfrak{R} \equiv \alpha(s_0) + t\alpha'(s_0)$, $t \in \mathbb{R}$, la recta tangente a α en $\alpha(s_0)$, $\mathbf{t}_0 = \alpha'(s_0)$ y $\mathbf{n}_0 = \mathbf{n}(s_0)$, y consideremos la función $f : I \longrightarrow \mathbb{R}$ dada por $f(s) = \operatorname{dist}\big(\alpha(s), \mathfrak{R}\big) = \big\langle \alpha(s) - \alpha(s_0), \mathbf{n}_0 \big\rangle$ (véase el epígrafe 1.2.4). Entonces, es claro que $f(s_0) = 0$ y $f'(s_0) = \langle \mathbf{t}_0, \mathbf{n}_0 \rangle = 0$. Además,

$$f''(s) = k(s)\,\big\langle \mathbf{n}(s), \mathbf{n}_0 \big\rangle,$$

de donde se deduce que $f''(s_0) = k(s_0) = 0$. Finalmente, observemos que podemos asegurar la existencia de un entorno $J(s_0) \subset I$ tal que $\big\langle \mathbf{n}(s), \mathbf{n}_0 \big\rangle > 0$.

i) Para demostrar la primera parte supongamos, sin pérdida de generalidad, que $k(s) < 0$ si $s \in J$ con $s < s_0$, y que $k(s) > 0$ cuando $s > s_0$ en J. En el primer caso se tendrá que $f''(s) < 0$ para todo $s < s_0$ (en el entorno J), lo cual implica que f' es estrictamente decreciente. Análogamente, como $f''(s) > 0$ para todo $s > s_0$, podemos conluir que f' es estrictamente creciente en el rango correspondiente. Este comportamiento, junto con el hecho de que $f'(s_0) = 0$, nos asegura que $f'(s) > 0$ para todo $s \in J$, $s \neq s_0$, con $f(s_0) = 0$. En consecuencia, $f(s) > 0$ si $s > s_0$, y $f(s) < 0$ si $s < s_0$, de donde podemos concluir el resultado: en el entorno J, $\operatorname{dist}\big(\alpha(s), \mathfrak{R}\big) > 0$ cuando $s > s_0$ y $\operatorname{dist}\big(\alpha(s), \mathfrak{R}\big) < 0$ si $s < s_0$, es decir, los puntos $\alpha(s)$ se encuentran a cada uno de los lados de la recta tangente según sea $s < s_0$, o $s > s_0$.

ii) La segunda parte sigue los mismos pasos que la anterior. Supongamos, por ejemplo, que existe un entorno $J(s_0)$ tal que $k(s) \geq 0$ para todo $s \in J$, $s \neq s_0$, y sin pérdida de generalidad asumimos que J es tal que también se cumple $\langle \mathbf{n}(s), \mathbf{n}_0 \rangle > 0$. Entonces $f''(s) \geq 0$ para todo $s \in J, s \neq s_0$, es decir, f' es creciente en dicho entorno. Como $f'(s_0) = 0$, podemos deducir que $f'(s) \leq 0$ si $s < s_0$ y $f'(s) \geq 0$ si $s > s_0$, o lo que es lo mismo, f presenta un mínimo relativo en s_0. Luego

$$\operatorname{dist}(\alpha(s), \mathfrak{R}) = f(s) \geq f(s_0) = 0$$

para todo $s \in J, s \neq s_0$, lo que demuestra que $\alpha(J)$ está contenido a uno de los lados de la recta tangente. Si suponemos que $k(s) \leq 0$ deduciríamos, de forma totalmente análoga, que $\alpha(J)$ está en el lado contrario de la recta $\mathfrak{R}$.

Solución al ejercicio 1.16. $\alpha(s) = p + s\mathbf{v}$ es un segmento de recta si, y solo si, $\alpha''(s) = \mathbf{0}$ para todo $s \in I$, lo que equivale a que $k \equiv 0$.

Si α es un arco de circunferencia, es claro que $k > 0$ es constante y $\tau \equiv 0$. Recíprocamente, si $\tau \equiv 0$, α es plana por la proposición 1.3.4; el ejercicio 1.5 nos asegura que toda curva plana con curvatura constante no nula es un arco de circunferencia.

Solución al ejercicio 1.17. i) La implicación directa es evidente. Supongamos pues que la curvatura $k > 0$ es constante y que $\alpha(I) \subset \mathbb{S}^2(r)$. En tal caso, $|\alpha(s)|^2 = r^2$. Si derivamos esta expresión obtenemos que $\langle \mathbf{t}(s), \alpha(s) \rangle = 0$, y derivando de nuevo, $\langle \mathbf{n}(s), \alpha(s) \rangle = -1/k$. Una tercera y última derivada permite obtener la relación $\tau(s) \langle \mathbf{b}(s), \alpha(s) \rangle = 0$. Si $\tau(s) = 0$ para todo $s \in I$, la proposición 1.3.4 nos asegura que α es una curva plana. Como además $k > 0$ es constante, el ejercicio 1.5 permite concluir que α es un arco de circunferencia.

Supongamos por tanto que existe $s_0 \in I$ tal que $\tau(s_0) \neq 0$. Entonces, podemos encontrar un entorno $I_0(s_0) \subset I$ de modo que $\tau|_{I_0} \neq 0$, en cuyo caso se tendrá que $\langle \mathbf{b}(s), \alpha(s) \rangle = 0$ para todo $s \in I_0$. Expresando $\alpha(s)$ en función de la base dada por el triedro de Frenet y utilizando las igualdades obtenidas,

$$\alpha(s) = \langle \alpha(s), \mathbf{t}(s) \rangle \mathbf{t}(s) + \langle \alpha(s), \mathbf{n}(s) \rangle \mathbf{n}(s) + \langle \alpha(s), \mathbf{b}(s) \rangle \mathbf{b}(s) = -\frac{1}{k}\mathbf{n}(s)$$

para todo $s \in I_0$. Luego

$$\mathbf{t}(s) = \alpha'(s) = -\frac{1}{k}\mathbf{n}'(s) = \mathbf{t}(s) + \left(\frac{\tau(s)}{k}\right)\mathbf{b}(s),$$

es decir, $\tau(s) = 0$ para todo $s \in I_0$, una contradicción.

ii) En el caso de la curva $\alpha(t) = (2\cos t, 2\operatorname{sen} t, t)$, su curvatura vale

$$k(s) = \frac{|\alpha'(t) \wedge \alpha''(s)|}{|\alpha'(t)|^3} = \frac{2}{5},$$

constante. Sin embargo, α no es un arco de circunferencia, pues su traza no está contenida en una esfera: $|\alpha(t)|^2 = 4 + t^2$, que no es constante. Obsérvese que α es la hélice cilíndrica de paso 2π construida sobre el cilindro circular recto de radio 2.

Solución al ejercicio 1.18. i) Veamos la primera parte. Como $\alpha(I) \subset \mathbb{S}^2(r)$ sabemos que $|\alpha(s)|^2 = r^2$ (suponemos $\mathbf{0}$ el centro de la esfera). Derivando esta expresión obtenemos $\langle \mathbf{t}(s), \alpha(s) \rangle = 0$, y de aquí, derivando de nuevo, $k(s) \langle \mathbf{n}(s), \alpha(s) \rangle = -1$. Sea $\varphi(s) = \text{áng}(\mathbf{n}(s), \alpha(s))$. Como $\langle \mathbf{n}(s), \alpha(s) \rangle \neq 0$ y $k(s) > 0$,

$$k(s) = \frac{-1}{\langle \mathbf{n}(s), \alpha(s) \rangle} = \frac{1}{|\alpha(s)| \, |\cos\varphi(s)|} = \frac{1}{r\,|\cos\varphi(s)|} \geq \frac{1}{r}.$$

ii) Demostremos ahora la segunda parte. De nuevo, como $\alpha(I) \subset \mathbb{S}^2(r)$ sabemos que $|\alpha(s)|^2 = r^2$, de donde, derivando, $\langle \mathbf{t}(s), \alpha(s) \rangle = 0$ y $k(s) \langle \mathbf{n}(s), \alpha(s) \rangle = -1$ (en particular, $k(s) \neq 0$). Por otro lado, al ser $\mathbf{b}(s)$ tangente a $\mathbb{S}^2(r)$ en $\alpha(s)$ para todo $s \in I$, entonces $\langle \mathbf{b}(s), \alpha(s) \rangle = 0$. Expresando $\alpha(s)$ en función de la base de Frenet,

$$\alpha(s) = \langle \mathbf{t}(s), \alpha(s) \rangle \mathbf{t}(s) + \langle \mathbf{n}(s), \alpha(s) \rangle \mathbf{n}(s) + \langle \mathbf{b}(s), \alpha(s) \rangle \mathbf{b}(s) = -\frac{1}{k(s)} \mathbf{n}(s),$$

y tomando módulos, $r^2 = |\alpha(s)|^2 = 1/k(s)^2$. Por lo tanto, $k(s) = 1/r$ constante. Además, derivando la relación $\langle \mathbf{b}(s), \alpha(s) \rangle = 0$ se llega a que $\tau(s) \langle \mathbf{n}(s), \alpha(s) \rangle = 0$; como $\langle \mathbf{n}(s), \alpha(s) \rangle \neq 0$, entonces $\tau(s) = 0$ para todo $s \in I$. El ejercicio 1.16 nos asegura que α es un arco de circunferencia, que además es máxima pues tiene radio r.

Solución al ejercicio 1.19. Supongamos primero que α es una hélice generalizada. Entonces existe $\mathbf{u} \in \mathbb{R}^n$ unitario tal que $\langle \mathbf{t}(s), \mathbf{u} \rangle \equiv$ constante. Si escribimos $\varphi(s) = \text{áng}(\mathbf{t}(s), \mathbf{u})$, se tiene que $\langle \mathbf{t}(s), \mathbf{u} \rangle = |\mathbf{t}(s)|\,|\mathbf{u}| \cos\varphi(s) = \cos\varphi(s)$ constante; luego $\varphi(s) \equiv \varphi$ constante. En definitiva, $\langle \mathbf{t}(s), \mathbf{u} \rangle = \cos\varphi$. Derivando esta expresión obtenemos, por ser $k \neq 0$, que $\langle \mathbf{n}(s), \mathbf{u} \rangle = 0$. Finalmente, derivando de nuevo y utilizando las fórmulas de Frenet (1.14), se tiene $-k(s) \langle \mathbf{t}(s), \mathbf{u} \rangle - \tau(s) \langle \mathbf{b}(s), \mathbf{u} \rangle = 0$, es decir, $\tau(s) = -\big(\cos\varphi / \langle \mathbf{b}(s), \mathbf{u} \rangle\big) k(s)$. Para ver la implicación directa solo resta comprobar que $\langle \mathbf{b}(s), \mathbf{u} \rangle \equiv$ constante. Pero es claro que

$$\langle \mathbf{b}(s), \mathbf{u} \rangle' = \langle \mathbf{b}'(s), \mathbf{u} \rangle = \tau(s) \langle \mathbf{n}(s), \mathbf{u} \rangle = 0,$$

como queríamos probar. Obsérvese además que, expresando $\mathbf{u}$ en la base de Frenet,

$$\mathbf{u} = \langle \mathbf{t}(s), \mathbf{u} \rangle \mathbf{t}(s) + \langle \mathbf{n}(s), \mathbf{u} \rangle \mathbf{n}(s) + \langle \mathbf{b}(s), \mathbf{u} \rangle \mathbf{b}(s) = \cos\varphi \mathbf{t}(s) + \langle \mathbf{b}(s), \mathbf{u} \rangle \mathbf{b}(s),$$

de donde, tomando módulos, se obtiene $\langle \mathbf{b}(s), \mathbf{u} \rangle = \sqrt{1 - \cos^2\varphi} = \operatorname{sen}\varphi$. Así pues, $\tau(s) = -\big(\cos\varphi / \operatorname{sen}\varphi\big) k(s) = -\operatorname{cotg}\varphi k(s)$.

Veamos el recíproco. Supongamos que $\tau(s) = ck(s)$ para un cierto $c \in \mathbb{R}$. Sea $\varphi = \operatorname{arccotg}(-c)$, es decir, $\tau(s) = -\operatorname{cotg}\varphi k(s)$. Hay que encontrar un vector unitario y constante $\mathbf{u}$ tal que $\langle \mathbf{t}(s), \mathbf{u} \rangle \equiv$ constante. Sea $\mathbf{u}(s) = \cos\varphi \mathbf{t}(s) + \operatorname{sen}\varphi \mathbf{b}(s)$, que claramente es unitario. Veamos en primer lugar que $\mathbf{u}(s) \equiv \mathbf{u}$ constante: en efecto,

$$\begin{aligned}
\mathbf{u}'(s) &= \cos\varphi \mathbf{t}'(s) + \operatorname{sen}\varphi \mathbf{b}'(s) = \big(\cos\varphi k(s) + \operatorname{sen}\varphi \tau(s)\big) \mathbf{n}(s) \\
&= \left(\cos\varphi k(s) - \operatorname{sen}\varphi \frac{\cos\varphi}{\operatorname{sen}\varphi} k(s) \right) \mathbf{n}(s) = \mathbf{0}.
\end{aligned}$$

Finalmente, $\langle \mathbf{t}(s), \mathbf{u} \rangle = \langle \mathbf{t}(s), \cos\varphi \mathbf{t}(s) + \operatorname{sen}\varphi \mathbf{b}(s) \rangle = \cos\varphi$, constante.

Solución al ejercicio 1.20. i) Por definición, α es una hélice generalizada si, y solo si, existe $\mathbf{u} \in \mathbb{R}^n$ unitario tal que $\langle \mathbf{t}(s), \mathbf{u} \rangle \equiv$ constante, lo cual es equivalente a que $0 = \langle \mathbf{t}(s), \mathbf{u} \rangle' = k(s) \langle \mathbf{n}(s), \mathbf{u} \rangle$. En definitiva, si, y solo si, $\langle \mathbf{n}(s), \mathbf{u} \rangle = 0$ (pues estamos suponiendo que $k(s) \neq 0$ para todo $s \in I$).

ii) Claramente $\beta'(s) = \mathbf{b}(s)$, luego $|\beta'(s)| = 1$, es decir, β está p.p.a. Por tanto, su curvatura es $k_\beta(s) = |\beta''(s)| = |\mathbf{b}'(s)| = |\tau(s)\mathbf{n}(s)| = |\tau(s)|$, y su triedro de Frenet

$$\mathbf{t}_\beta(s) = \mathbf{b}(s), \qquad \mathbf{n}_\beta(s) = \frac{\beta''(s)}{|\beta''(s)|} = \frac{\tau(s)\mathbf{n}(s)}{|\tau(s)|} = \pm\mathbf{n}(s),$$
$$\mathbf{b}_\beta(s) = \mathbf{t}_\beta(s) \wedge \mathbf{n}_\beta(s) = \pm\mathbf{b}(s) \wedge \mathbf{n}(s) = \mp\mathbf{t}(s).$$

Finalmente, $\tau_\beta(s) = \left\langle \mathbf{b}'_\beta(s), \mathbf{n}_\beta(s) \right\rangle = \langle \mp\mathbf{t}'(s), \pm\mathbf{n}(s) \rangle = -k(s)$.

iii) Por i), α es una hélice generalizada si, y solo si, $0 = \langle \mathbf{n}(s), \mathbf{u} \rangle = \langle \pm\mathbf{n}_\beta(s), \mathbf{u} \rangle$, es decir, si, y solo si, β también lo es.

Solución al ejercicio 1.21. Si $\alpha(I) \subset \mathbb{S}^2(r)$ (esfera que suponemos centrada en el origen, por simplicidad), entonces $|\alpha(s)|^2 = r^2$. Derivando dos veces obtenemos las relaciones $\langle \mathbf{t}(s), \alpha(s) \rangle = 0$ y $k(s) \langle \mathbf{n}(s), \alpha(s) \rangle = -1$. Finalmente, si derivamos de nuevo esta segunda expresión y operamos, llegamos a que

$$\begin{aligned} 0 &= k'(s) \langle \mathbf{n}(s), \alpha(s) \rangle + k(s) \Big(\langle \mathbf{n}'(s), \alpha(s) \rangle + \langle \mathbf{n}(s), \mathbf{t}(s) \rangle \Big) \\ &= -\frac{k'(s)}{k(s)} + k(s) \langle -k(s)\mathbf{t}(s) - \tau(s)\mathbf{b}(s), \alpha(s) \rangle = -\frac{k'(s)}{k(s)} - k(s)\tau(s) \langle \mathbf{b}(s), \alpha(s) \rangle. \end{aligned}$$

Así, $\langle \mathbf{b}(s), \alpha(s) \rangle = -k'(s)/\big(k(s)^2\tau(s)\big)$, lo que tiene perfecto sentido pues, por hipótesis, ambas $k(s), \tau(s) \neq 0$. Expresando ahora $\alpha(s)$ en función de la base de Frenet, obtenemos que

$$\begin{aligned} \alpha(s) &= \langle \mathbf{t}(s), \alpha(s) \rangle \mathbf{t}(s) + \langle \mathbf{n}(s), \alpha(s) \rangle \mathbf{n}(s) + \langle \mathbf{b}(s), \alpha(s) \rangle \mathbf{b}(s) \\ &= \frac{-1}{k(s)}\mathbf{n}(s) - \frac{k'(s)}{k(s)^2\tau(s)}\mathbf{b}(s) \end{aligned}$$

y tomando módulos se tiene la relación buscada:

$$r^2 = |\alpha(s)|^2 = \frac{1}{k(s)^2} + \left(\frac{k'(s)}{k(s)^2\tau(s)} \right)^2.$$

Y recíprocamente. Supongamos que $r^2 = 1/k(s)^2 + k'(s)^2/\big(k(s)^4\tau(s)^2\big)$. Derivando esta expresión y simplificando (obsérvese que $k'(s) \neq 0$, salvo en posibles valores aislados que no tienen influencia en el resultado) obtenemos

$$\left(\frac{k'(s)}{k(s)^2\tau(s)} \right)' = \frac{\tau(s)}{k(s)}.$$

Definimos ahora la función

$$f(s) = \alpha(s) + \frac{1}{k(s)}\mathbf{n}(s) + \frac{k'(s)}{k(s)^2\tau(s)}\mathbf{b}(s).$$

Utilizando la relación anterior, un rápido cálculo permite comprobar que

$$f'(s) = \left[\left(\frac{k'(s)}{k(s)^2\tau(s)}\right)' - \frac{\tau(s)}{k(s)}\right]\mathbf{b}(s) = \mathbf{0},$$

es decir, $f(s) \equiv \mathbf{a}$ constante. En consecuencia,

$$\alpha(s) - \mathbf{a} = -\frac{1}{k(s)}\mathbf{n}(s) - \frac{k'(s)}{k(s)^2\tau(s)}\mathbf{b}(s),$$

y tomando módulos,

$$\left|\alpha(s) - \mathbf{a}\right|^2 = \frac{1}{k(s)^2} + \frac{k'(s)^2}{k(s)^4\tau(s)^2} = r^2,$$

es decir, α verifica la ecuación de una esfera, con centro $\mathbf{a}$ y radio r.

Solución al ejercicio 1.22. Supongamos que $\alpha(I) \subset \mathbb{S}^2(r)$. El ejercicio 1.21 nos asegura entonces que

$$\frac{1}{k(s)^2} + \frac{k'(s)^2}{k(s)^4\tau_0^2} = r^2,$$

donde ahora, la torsión es constante. Tenemos en definitiva una ecuación diferencial (en variables separadas), $k'(s) = \tau_0 k(s)\sqrt{r^2k(s)^2 - 1}$, cuya solución es

$$k(s) = \frac{1}{r\cos(\tau_0 s + c)} = \frac{1}{r\big(\cos(\tau_0 s)\cos c - \operatorname{sen}(\tau_0 s)\operatorname{sen} c\big)}$$

para $c \in \mathbb{R}$. Tomando $a = r\cos c$, $b = -r\operatorname{sen} c$ obtenemos el resultado.

Recíprocamente, si $k(s) = 1/\big(a\cos(\tau_0 s) + b\operatorname{sen}(\tau_0 s)\big)$, es sencillo comprobar que

$$\frac{k'(s)^2}{\tau_0^2 k(s)^4} + \frac{1}{k(s)^2} = \big(a\operatorname{sen}(\tau_0 s) - b\cos(\tau_0 s)\big)^2 + \big(a\cos(\tau_0 s) + b\operatorname{sen}(\tau_0 s)\big)^2 = a^2 + b^2.$$

Por tanto, aplicando de nuevo el ejercicio 1.21, concluimos que α está contenida en una esfera de radio $r = \sqrt{a^2 + b^2}$.

Solución al ejercicio 1.23. Supongamos que $\omega(s)$ se expresa, en función de la base de Frenet, como $\omega(s) = \omega_1(s)\mathbf{t}(s) + \omega_2(s)\mathbf{n}(s) + \omega_3(s)\mathbf{b}(s)$, verificando además $\mathbf{t}'(s) = \omega(s) \wedge \mathbf{t}(s)$, $\mathbf{n}'(s) = \omega(s) \wedge \mathbf{n}(s)$ y $\mathbf{b}'(s) = \omega(s) \wedge \mathbf{b}(s)$. Tenemos que encontrar (si existen) las funciones $\omega_1, \omega_2, \omega_3 : I \longrightarrow \mathbb{R}$ que satisfacen las condiciones anteriores. Por un lado,

$$\begin{aligned} k(s)\mathbf{n}(s) = \mathbf{t}'(s) = \omega(s) \wedge \mathbf{t}(s) &= \big(\omega_1(s)\mathbf{t}(s) + \omega_2(s)\mathbf{n}(s) + \omega_3(s)\mathbf{b}(s)\big) \wedge \mathbf{t}(s) \\ &= \omega_2(s)\mathbf{n}(s) \wedge \mathbf{t}(s) + \omega_3(s)\mathbf{b}(s) \wedge \mathbf{t}(s) = -\omega_2(s)\mathbf{b}(s) + \omega_3(s)\mathbf{n}(s). \end{aligned}$$

En consecuencia, $\omega_2(s) = 0$ y $\omega_3(s) = k(s)$. Análogamente, dado que

$$\tau(s)\mathbf{n}(s) = \mathbf{b}'(s) = \omega(s) \wedge \mathbf{b}(s) = -\omega_1(s)\mathbf{n}(s) + \omega_2(s)\mathbf{t}(s),$$

volvemos a obtener $\omega_2(s) = 0$ y, además, $\omega_1(s) = -\tau(s)$. Esto permite ya escribir la curva buscada $\omega : I \longrightarrow \mathbb{R}^3$ como la dada por $\omega(s) = -\tau(s)\mathbf{t}(s) + k(s)\mathbf{b}(s)$. Debemos probar, para finalizar la demostración, que en efecto la curva ω existe, en el sentido de que también debe verificar la tercera condición, $\mathbf{n}'(s) = \omega(s) \wedge \mathbf{n}(s)$:

$$\omega(s) \wedge \mathbf{n}(s) = -\tau(s)\mathbf{b}(s) - k(s)\mathbf{t}(s) = \mathbf{n}'(s).$$

Obsérvese que la velocidad angular $\omega(s)$ es constante si, y solo si, $\tau(s), k(s)$ lo son.

Solución al ejercicio 1.24. Sea α una curva plana cualquiera uniendo p y q de longitud ℓ. Tomemos una circunferencia de modo que el segmento $[p,q]$ sea una cuerda de la misma, y tal que uno de los dos arcos de circunferencia que este segmento determina tenga longitud ℓ. Sean γ la curva que parametriza dicho arco, y β la correspondiente al arco opuesto.

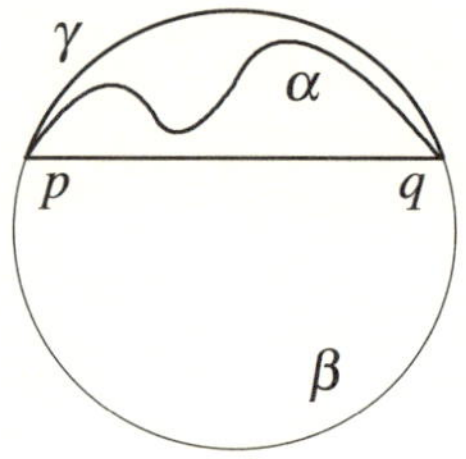

Figura C.1: El problema isoperimétrico.

Consideremos ahora la curva cerrada formada por la yuxtaposición de α y β, $\alpha \wedge \beta$. Obsérvese que β es una curva fija, mientras que α varía entre todas las curvas que unen p y q y que tienen longitud ℓ. La desigualdad isoperimétrica nos asegura que la curva que encierra área máxima es la circunferencia, esto es, $\gamma \wedge \beta$. Dado que β está fijada, y por tanto el área encerrada por esta y el segmento $[p,q]$ es un valor fijo, la porción de área encerrada por α será máxima cuando $\alpha \equiv \gamma$; es decir, cuando α sea un arco de circunferencia.

Solución al ejercicio 1.25. Suponemos, sin pérdida de generalidad, que α está p.p.a. Dado que $k(s) = \theta'(s)$, el teorema de rotación de las tangentes nos asegura que

$$\int_a^b k(s)\,ds = \theta(b) - \theta(a) = 2\pi.$$

Además, como

$$L_a^b(\alpha) = \int_a^b |\alpha'(t)|\,dt = b - a,$$

podemos concluir que

$$2\pi = \int_a^b k(t)\,dt \leq c(b-a) = cL_a^b(\alpha).$$

SOLUCIONES A LOS EJERCICIOS DEL CAPÍTULO II

Solución al ejercicio 2.1. Vamos a ver que $X(u,v) = \big(f(v)\cos u, f(v)\operatorname{sen} u, g(v)\big)$ es una parametrización para S, con $(u,v) \in U = (0,2\pi) \times I$. Dado que quedaría un meridiano sin cubrir, se necesitaría una segunda carta para demostrar que S es una superficie regular, lo que dejamos como ejercicio al lector.

La propiedad **S1)** se verifica trivialmente, pues f y g son diferenciables. Veamos pues **S3)**. Obsérvese que, como α no toca al eje z, entonces $f(v) \neq 0$ para todo $v \in I$;

así, podemos suponer sin pérdida de generalidad que $f(v) > 0$ siempre (véase la figura 2.23). Un rápido cálculo muestra que

$$X_u \wedge X_v = \big(f(v)g'(v)\cos u, f(v)g'(v)\,\mathrm{sen}\,u, -f(v)f'(v)\big),$$

luego $|X_u \wedge X_v| = f(v)\sqrt{f'(v)^2 + g'(v)^2}$. Además, al ser α una curva regular,

$$\big|\alpha'(v)\big| = \sqrt{f'(v)^2 + g'(v)^2} \neq 0,$$

y en consecuencia, $|X_u \wedge X_v| \neq 0$, lo que demuestra que X_u y X_v son linealmente independientes; es decir, $dX_{(u,v)}$ es inyectiva.

Para poder concluir que X es una parametrización, usaremos la proposición 2.1.7, y probaremos que X es inyectiva. En efecto, si existen $(u,v),(u',v') \in U$ tales que $X(u,v) = X(u',v')$, entonces se tiene, en particular, que $g(v) = g(v')$. Además, elevando al cuadrado y sumando las dos primeras coordenadas obtenemos $f(v)^2 = f(v')^2$, esto es, $f(v) = f(v')$ por ser $f > 0$. En consecuencia, $\alpha(v) = \alpha(v')$. Ahora bien, como α no presenta autointersecciones, α debe ser inyectiva, de donde se deduce que $v = v'$. Esto permite concluir finalmente que $u = u'$.

Un rápido cálculo muestra que los coeficientes de la primera forma fundamental de X son $E = f(v)^2$, $F = 0$ y $G = f'(v)^2 + g'(v)^2$. Parametrizando α por la longitud de arco, se tendría que $\big|\alpha'(v)\big|^2 = f'(v)^2 + g'(v)^2 = 1$, lo que prueba el resultado.

Observación. Si se permite que α toque al eje z, esto es, si en algún punto $f(v) = 0$, no siempre se obtiene una superficie regular. Por ejemplo, si la circunferencia que genera el toro de revolución al rotar esta alrededor del eje z es tangente al eje (véase la práctica B.5), la figura obtenida no es una superficie; por el contrario, la esfera, el plano, el paraboloide elíptico (véase el ejemplo 3.17 para su definición)... son superficies de revolución para las cuales, la curva α que las genera (semicírculo, recta, semi-parábola...) corta al eje. De hecho, se puede probar que si α corta al eje *ortogonalmente*, entonces la figura obtenida es siempre una superficie regular.

Solución al ejercicio 2.2. Sabemos que la función distancia no es diferenciable en S si $p_0 \in S$ (véase el ejemplo 2.12). Así pues, supongamos que $p_0 \notin S$, y sean $p \in S$, $\mathbf{v} \in T_pS$ y $\alpha : I \longrightarrow S$ una curva con $\alpha(0) = p$ y $\alpha'(0) = \mathbf{v}$. Entonces

$$df_p(\mathbf{v}) = \left.\frac{d}{dt}\right|_{t=0} (f \circ \alpha)(t) = \left.\frac{d}{dt}\right|_{t=0} \sqrt{\langle \alpha(t) - p_0, \alpha(t) - p_0 \rangle} = \frac{\langle \mathbf{v}, p - p_0 \rangle}{|p - p_0|}.$$

Solución al ejercicio 2.3. i) La aplicación antípoda A es diferenciable, pues $i \circ A$ es la restricción a $\mathbb{S}^2$ de la función $F : \mathbb{R}^3 \longrightarrow \mathbb{R}^3$, $F(x,y,z) = (-x,-y,-z)$, que es diferenciable. Como $A^{-1} = A$ (inversa diferenciable), A es un difeomorfismo. Sean $p \in \mathbb{S}^2$, $\mathbf{v} \in T_p\mathbb{S}^2$ y $\alpha : I \longrightarrow \mathbb{S}^2$ una curva tal que $\alpha(0) = p$ y $\alpha'(0) = \mathbf{v}$. Entonces

$$dA_p(\mathbf{v}) = \left.\frac{d}{dt}\right|_{t=0} (A \circ \alpha)(t) = -\left.\frac{d}{dt}\right|_{t=0} \alpha(t) = -\mathbf{v},$$

es decir, $dA_p = -1_{T_p\mathbb{S}^2}$.

ii) La aplicación F es diferenciable, pues la composición $i \circ F$ es la restricción al cilindro C de la función $G : \mathbb{R}^3 \longrightarrow \mathbb{R}^3$, $G(x,y,z) = \big(\sqrt{1+z^2}\,x, \sqrt{1+z^2}\,y, z\big)$, que es diferenciable. Es sencillo comprobar que su inversa $F^{-1} : H \longrightarrow C$ viene dada por

$$F^{-1}(u,v,w) = \left(\frac{u}{\sqrt{1+w^2}}, \frac{v}{\sqrt{1+w^2}}, w \right),$$

que es diferenciable razonando de modo análogo. Luego F es un difeomorfismo.

Observación. También puede demostrarse que F es diferenciable viendo que su expresión en coordenadas lo es: basta tomar las parametrizaciones

$$X(u,v) = (\cos u, \operatorname{sen} u, v) \quad \text{e} \quad Y(u,v) = \big(\sqrt{1+v^2}\cos u, \sqrt{1+v^2}\operatorname{sen} u, v\big)$$

del cilindro y del hiperboloide, respectivamente; dado que la expresión en coordenadas de F (respecto a X e Y) es $\widetilde{F} = Y^{-1} \circ F \circ X = 1_{(0,2\pi)\times\mathbb{R}}$, entonces F es diferenciable (y análogamente para su inversa).

iii) Es sencillo comprobar que la aplicación $F : \mathbb{S}^2 \backslash \{\mathsf{N}, \mathsf{S}\} \longrightarrow H$ del enunciado viene dada por la expresión

$$F(x,y,z) = \left(x\sqrt{\frac{1+z^2}{1-z^2}}, y\sqrt{\frac{1+z^2}{1-z^2}}, z \right).$$

Para probar que F es diferenciable, consideremos la aplicación $G : W \longrightarrow \mathbb{R}^3$ definida sobre el abierto

$$W = \big\{ (x,y,z) \in \mathbb{R}^3 : -1 < z < 1 \big\} \subset \mathbb{R}^3,$$

dada por $G(x,y,z) = \Big(x\sqrt{(1+z^2)/(1-z^2)}, y\sqrt{(1+z^2)/(1-z^2)}, z \Big)$. Claramente, G es diferenciable (en el sentido ordinario) sobre W, y además $\mathbb{S}^2 \backslash \{\mathsf{N}, \mathsf{S}\} \subset W$. Por tanto, la composición $i \circ F : \mathbb{S}^2 \backslash \{\mathsf{N}, \mathsf{S}\} \longrightarrow \mathbb{R}^3$ es la restricción a $\mathbb{S}^2 \backslash \{\mathsf{N}, \mathsf{S}\}$ de la aplicación diferenciable G, lo que demuestra que F es diferenciable.

Solución al ejercicio 2.4. F es diferenciable pues la composición $i \circ F : S \longrightarrow \mathbb{R}^3$ es la restricción a la superficie S de la aplicación $f : \mathbb{R}^3 \backslash \{p_0\} \longrightarrow \mathbb{R}^3$ dada por $f(p) = (p - p_0)/\,|p - p_0|$, que es diferenciable en sentido ordinario, y $S \subset \mathbb{R}^3 \backslash \{p_0\}$. Así pues, sean $p \in S$, $\mathbf{v} \in T_pS$ y $\alpha : I \longrightarrow S$ una curva con condiciones iniciales $\alpha(0) = p$ y $\alpha'(0) = \mathbf{v}$. Entonces

$$dF_p(\mathbf{v}) = \left.\frac{d}{dt}\right|_{t=0} (F \circ \alpha)(t) = \left.\frac{d}{dt}\right|_{t=0} \frac{\alpha(t) - p_0}{\sqrt{\langle \alpha(t) - p_0, \alpha(t) - p_0 \rangle}}$$
$$= \frac{\mathbf{v}}{|p - p_0|} - \frac{\langle \mathbf{v}, p - p_0 \rangle}{|p - p_0|^3}(p - p_0).$$

Supongamos en primer lugar que $\mathbf{v} \in T_pS$, $\mathbf{v} \neq \mathbf{0}$, está en el núcleo de dF_p. Entonces $dF_p(\mathbf{v}) = \mathbf{0}$, es decir,

$$\frac{\mathbf{v}}{|p - p_0|} - \frac{\langle \mathbf{v}, p - p_0 \rangle}{|p - p_0|^3}(p - p_0) = \mathbf{0}.$$

En definitiva,

$$\mathbf{v} = \frac{\langle \mathbf{v}, p - p_0 \rangle}{|p - p_0|^2}(p - p_0) = \lambda(p - p_0).$$

Y recíprocamente, si $\mathbf{v} = \lambda(p - p_0)$ para un cierto $\lambda \in \mathbb{R}$, entonces

$$dF_p(\mathbf{v}) = dF_p\big(\lambda(p - p_0)\big) = \lambda dF_p(p - p_0) = \lambda\left(\frac{p - p_0}{|p - p_0|} - \frac{|p - p_0|^2}{|p - p_0|^3}(p - p_0)\right) = \mathbf{0}.$$

Obsérvese finalmente que F es un difeomorfismo local si, y solo si, dF_p es un isomorfismo lineal para todo $p \in S$, lo que equivale a que su núcleo $\ker(dF_p) = \{\mathbf{0}\}$. Ahora bien, por lo demostrado anteriormente, $\ker(dF_p) = \{\mathbf{0}\}$ si, y solo si, no existe ningún vector tangente a la superficie de la forma $\mathbf{v} = \lambda(p - p_0)$, lo que nos asegura que no es posible trazar una recta tangente a S desde el punto p_0.

Solución al ejercicio 2.5. i) Claramente $F\big(\mathbb{S}^2 \backslash \{\mathsf{N},\mathsf{S}\}\big) \subset C$, pues si tomamos un punto $(x,y,z) \in \mathbb{S}^2 \backslash \{\mathsf{N},\mathsf{S}\}$, entonces $x^2 + y^2 + z^2 = 1$, de donde se deduce que su imagen $F(x,y,z)$ verifica la ecuación del cilindro C:

$$\left(\frac{x}{\sqrt{1-z^2}}\right)^2 + \left(\frac{y}{\sqrt{1-z^2}}\right)^2 = \frac{x^2+y^2}{1-z^2} = 1.$$

Para demostrar que F es diferenciable, consideremos la aplicación $G : W \longrightarrow \mathbb{R}^3$, dada por $G(x,y,z) = \big(x/\sqrt{1-z^2}, y/\sqrt{1-z^2}, z\big)$, pero definida sobre el abierto de $\mathbb{R}^3$ $W = \big\{(x,y,z) \in \mathbb{R}^3 : -1 < z < 1\big\}$. Claramente, G es diferenciable (en el sentido ordinario) sobre W, y además se tiene que $\mathbb{S}^2 \backslash \{\mathsf{N},\mathsf{S}\} \subset W$. Por tanto, la composición $i \circ F : \mathbb{S}^2 \backslash \{\mathsf{N},\mathsf{S}\} \longrightarrow \mathbb{R}^3$ es la restricción a $\mathbb{S}^2 \backslash \{\mathsf{N},\mathsf{S}\}$ de la aplicación diferenciable G, lo que demuestra que F es diferenciable.

ii) Sean $p = (x_0, y_0, z_0) \in S$, $\mathbf{v} = (v_1, v_2, v_3) \in T_pS$ y $\alpha : I \longrightarrow S$ una curva en S tal que $\alpha(0) = p$ y $\alpha'(0) = \mathbf{v}$. Escribimos $\alpha(t) = \big(x(t), y(t), z(t)\big)$. Entonces

$$\begin{aligned} dF_p(\mathbf{v}) &= \left.\frac{d}{dt}\right|_{t=0} (F \circ \alpha)(t) = \left.\frac{d}{dt}\right|_{t=0} \left(\frac{x(t)}{\sqrt{1-z(t)^2}}, \frac{y(t)}{\sqrt{1-z(t)^2}}, z(t)\right) \\ &= \left(\frac{v_1(1-z_0^2) + x_0 z_0 v_3}{(1-z_0^2)^{3/2}}, \frac{v_2(1-z_0^2) + y_0 z_0 v_3}{(1-z_0^2)^{3/2}}, v_3\right). \end{aligned}$$

Ahora, p es punto crítico de F si, y solo si, $dF_p(\mathbf{v}) = \mathbf{0}$ para todo $\mathbf{v} \in T_p\big(\mathbb{S}^2 \backslash \{\mathsf{N},\mathsf{S}\}\big)$, es decir, si, y solo si, las tres coordenadas en la expresión anterior se anulan:

$$v_1(1-z_0^2) + x_0 z_0 v_3 = 0, \qquad v_2(1-z_0^2) + y_0 z_0 v_3 = 0, \qquad v_3 = 0.$$

Dado que el único vector $\mathbf{v} = (v_1, v_2, v_3)$ que satisface las ecuaciones anteriores es el $(0,0,0)$, podemos concluir que F no tiene puntos críticos.

Solución al ejercicio 2.6. Para demostrar que f es diferenciable, consideremos la aplicación $F : W \longrightarrow \mathbb{R}$ definida sobre el abierto $W = \mathbb{R}^3 \backslash \big\{(0,0,z) : z \in \mathbb{R}\big\}$ de $\mathbb{R}^3$, dada por $F(p) = 1/\left|p \wedge (0,0,1)\right|$ que, claramente, es diferenciable en el sentido ordinario. Como S no corta al eje z, $S \subset W$ y, además, $f = F\big|_S$. Luego f es diferenciable. Así pues, sean $p \in S$, $\mathbf{v} \in T_pS$ y $\alpha : I \longrightarrow S$ una curva con condiciones iniciales $\alpha(0) = p$ y $\alpha'(0) = \mathbf{v}$. Escribimos $\mathbf{e}_3 = (0,0,1)$ para mayor brevedad. Entonces

$$df_p(\mathbf{v}) = \frac{d}{dt}\bigg|_{t=0} (f \circ \alpha)(t) = \frac{d}{dt}\bigg|_{t=0} \frac{1}{\sqrt{\langle \alpha(t) \wedge \mathbf{e}_3, \alpha(t) \wedge \mathbf{e}_3 \rangle}} = -\frac{\langle \mathbf{v} \wedge \mathbf{e}_3, p \wedge \mathbf{e}_3 \rangle}{|p \wedge \mathbf{e}_3|^3}.$$

Obsérvese que p es un punto crítico de f si, y solo si, $df_p \equiv 0$, es decir si, y solo si, $\langle \mathbf{v} \wedge \mathbf{e}_3, p \wedge \mathbf{e}_3 \rangle = 0$ para todo $\mathbf{v} \in T_pS$. Esto es equivalente a su vez, por ser p y $\mathbf{e}_3$ ortogonales, a que $\langle \mathbf{v}, p \rangle = 0$ para todo $\mathbf{v} \in T_pS$. Así pues, p es un punto crítico de f si, y solo si, p es ortogonal al plano tangente T_pS, esto es, si, y solo si, el normal $N(p)$ está en la dirección de p.

Solución al ejercicio 2.7. i) Sea (U,X) una parametrización de S, y supongamos que $\mathfrak{R} = \text{span}\{\mathbf{a}\}$, $|\mathbf{a}| = 1$. Entonces, $N(u,v) \equiv \mathbf{a}$ para todo $(u,v) \in U$ (podemos suponer, sin pérdida de generalidad, que $N(u,v) = \mathbf{a}$ y no $-\mathbf{a}$). Sea $p_0 = X(u_0,v_0) \in U$ y consideremos el plano $\Pi \equiv p_0 + \text{span}\{\mathbf{a}\}^\perp$. Queremos demostrar que $X(u,v) \in \Pi$ para todo $(u,v) \in U$ o, equivalentemente, que $\big\langle X(u,v) - p_0, \mathbf{a} \big\rangle = 0$.

Sea entonces $f(u,v) = \big\langle X(u,v) - p_0, \mathbf{a} \big\rangle$. Claramente, $f_u(u,v) = \big\langle X_u(u,v), \mathbf{a} \big\rangle = 0$ y $f_v(u,v) = \big\langle X_v(u,v), \mathbf{a} \big\rangle = 0$, de donde se deduce, por ser S conexa (podemos tomar U conexo), que f es constante. Como $f(u_0,v_0) = \langle p_0 - p_0, \mathbf{a} \rangle = 0$, entonces $f \equiv 0$.

Obsérvese que esto no demuestra el resultado deseado, pues hemos llegado a que $X(U)$, *y no* S, está contenido en el plano Π. Si tomamos otra parametrización $(\overline{U}, \overline{X})$, un argumento análogo muestra que $\overline{X}(\overline{U}) \subset \overline{\Pi} \equiv \overline{p}_0 + \text{span}\{\mathbf{a}\}^\perp$, es decir, $\overline{X}(\overline{U})$ está contenido en un plano paralelo al anterior. Para ver que ambos planos coinciden, utilizamos la conexión de S. Esta propiedad implica, en particular, que S es conexa por arcos, lo que nos asegura la existencia de una curva $\alpha : [0,1] \longrightarrow S$ continua uniendo $p_0 = \alpha(0)$ y $\overline{p}_0 = \alpha(1)$. Por ser $\alpha\big([0,1]\big)$ compacto, podemos cubrirla con un número finito de entornos coordenados $\big\{X_i(U_i) : i = 1, \ldots, n\big\}$ (suponemos, por ejemplo, que $X_1(U_1) = X(U)$, $X_n(U_n) = \overline{X}(\overline{U})$), cada uno de los cuales verifica que $X_i(U_i) \subset \Pi_i \equiv p_0^i + \text{span}\{\mathbf{a}\}^\perp$ para ciertos $p_0^i \in X_i(U_i)$. Además, dado $i \in \{1, \ldots, n\}$ cualquiera, existe $j \in \{1, \ldots, n\}$, $j \neq i$, tal que $X_i(U_i) \cap X_j(U_j) \neq \emptyset$ (véase la figura C.2). En consecuencia, podemos encontrar un punto $p_i \in \Pi_i \cap \Pi_j$, planos que son paralelos; luego $\Pi_i \equiv \Pi_j$, lo que permite concluir que $\Pi \equiv \overline{\Pi}$.

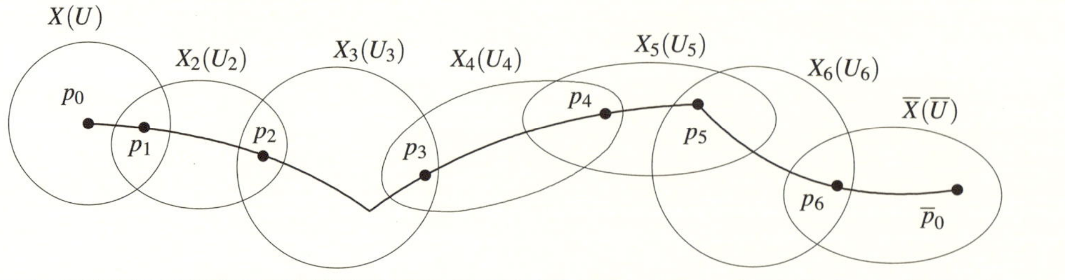

Figura C.2: Cubriendo una curva con entornos coordenados.

El recíproco es evidente.

Observación. Este resultado puede demostrarse sin utilizar parametrizaciones, lo que reduce notablemente la prueba. Consideremos la función altura $h : S \longrightarrow \mathbb{R}$ respecto al plano $\Pi \equiv \mathbf{0} + \text{span}\{\mathbf{a}\}^{\perp}$ (véase el ejemplo 2.13). Ya sabemos (ejemplo 2.15) que $dh_p = \langle \cdot, \mathbf{a} \rangle$. Luego $p \in S$ es un punto crítico de h si, y solo si, $\mathbf{a} \perp T_pS$. Dado que todas las rectas normales a la superficie S son paralelas a $\mathfrak{R} = \text{span}\{\mathbf{a}\}$, el vector $\mathbf{a}$ es ortogonal a todos los planos tangentes T_pS para todo $p \in S$. En consecuencia, cualquier $p \in S$ es un punto crítico de h, lo que implica que $dh_p \equiv 0$ para todo $p \in S$. Por ser S conexa, concluimos que $h \equiv c$ constante. Así pues, $h(p) = \langle p, \mathbf{a} \rangle = c$ para todo $p \in S$, lo que demuestra que $S \subset \{p \in \mathbb{R}^3 : \langle p, \mathbf{a} \rangle = c\}$, un plano paralelo a Π y, por tanto, perpendicular a $\mathfrak{R}$.

ii) Sea (U, X) una parametrización de S. Como las rectas normales son perpendiculares al eje z, entonces $\langle N(u,v), \mathbf{e}_3 \rangle = 0$, donde $\mathbf{e}_3 = (0,0,1)$. Por otro lado, dado $X(u,v) \in X(U)$, existen $\lambda(u,v), \mu(u,v) \in \mathbb{R}$ con $X(u,v) + \lambda(u,v)N(u,v) = \mu(u,v)\mathbf{e}_3$, ya que, también por hipótesis, todas las rectas normales a S cortan al eje z. Multiplicando ahora esta expresión por el vector $\mathbf{e}_3$ obtenemos $\mu(u,v) = \langle X(u,v), \mathbf{e}_3 \rangle$, luego $X(u,v) + \lambda(u,v)N(u,v) = \langle X(u,v), \mathbf{e}_3 \rangle \mathbf{e}_3$. Derivando respecto a u se tiene

$$X_u(u,v) + \lambda(u,v)N_u(u,v) + \lambda_u(u,v)N(u,v) = \langle X_u(u,v), \mathbf{e}_3 \rangle \mathbf{e}_3,$$

y multiplicando ahora por el vector normal $N(u,v)$, obtenemos $\lambda_u(u,v) = 0$. Análogamente se llega a que $\lambda_v(u,v) = 0$, de donde se deduce, por ser S conexa (podemos tomar U conexo), que $\lambda \equiv$ constante. Así pues, $X(u,v) - \langle X(u,v), \mathbf{e}_3 \rangle \mathbf{e}_3 = -\lambda N(u,v)$, y tomando módulos,

$$\left| X(u,v) - \langle X(u,v), \mathbf{e}_3 \rangle \mathbf{e}_3 \right|^2 = \lambda^2.$$

Obsérvese que esto no es más que la ecuación de un cilindro: en efecto, si escribimos $X(u,v) = \big(x(u,v), y(u,v), z(u,v)\big)$, entonces $\langle X(u,v), \mathbf{e}_3 \rangle \mathbf{e}_3 = \big(0,0,z(u,v)\big)$, por lo que la ecuación anterior se reescribe como la más conocida $x(u,v)^2 + y(u,v)^2 = \lambda^2$.

De nuevo, hemos demostrado que el entorno coordenado $X(U)$ (y no S) está contenido en el cilindro recto de radio $|\lambda|$. Un argumento análogo al desarrollado en el apartado i) permite concluir el resultado buscado.

Recíprocamente, consideremos la parametrización $X(u,v) = (r\cos u, r\,\text{sen}\,u, v)$ del cilindro. Un sencillo cálculo muestra que el vector normal en un punto $X(u,v)$ es $N(u,v) = (\cos u, \text{sen}\,u, 0)$. Así, la recta que pasa por $X(u,v)$ en la dirección de $N(u,v)$ es $\mathfrak{R} \equiv X(u,v) + \lambda N(u,v) = (r\cos u + \lambda \cos u, r\,\text{sen}\,u + \lambda\,\text{sen}\,u, v)$. Es fácil ver que $\mathfrak{R}$ corta al eje z ortogonalmente.[4]

iii) Sea (U, X) una parametrización de S. Como todas las rectas normales pasan por un punto fijo p_0, entonces, para cada $X(u,v) \in X(U)$, existirá $\lambda(u,v) \in \mathbb{R}$ de forma

---

[4] Al igual que en el caso del plano (apartado i)), el resultado puede probarse sin utilizar parametrizaciones; basta rehacer dicho argumento considerando ahora la función $h(p) = |p|^2 - \langle p, \mathbf{e}_3 \rangle$.
En el caso de la esfera que vamos a tratar a continuación (apartado iii)), el uso de parametrizaciones puede de nuevo evitarse argumentando de forma análoga con la función $h(p) = |p - p_0|^2$.

que $X(u,v)+\lambda(u,v)N(u,v)=p_0$. Derivando esta igualdad respecto a u obtenemos $X_u(u,v)+\lambda_u(u,v)N(u,v)+\lambda(u,v)N_u(u,v)=\mathbf{0}$, y multiplicando de nuevo por el vector normal se tiene $\lambda_u(u,v)=0$. Análogamente se deduce que $\lambda_v(u,v)=0$, lo que implica, por ser S conexa (podemos tomar U conexo), que $\lambda\equiv$ constante. Luego $X(u,v)-p_0=-\lambda N(u,v)$ y, tomando módulos, $|X(u,v)-p_0|^2=\lambda^2$, que es la ecuación de una esfera. Hemos probado así que el entorno coordenado $X(U)$ (y no S) está contenido en la esfera de radio $|\lambda|$. Un argumento análogo al desarrollado en el apartado i) permite concluir el resultado buscado. El recíproco es evidente.

Solución al ejercicio 2.8. Consideremos la parametrización de la esfera dada por las coordenadas geográficas, $X(u,v)=(\operatorname{sen}u\cos v,\operatorname{sen}u\operatorname{sen}v,\cos u)$, siendo los coeficientes de la primera forma fundamental $E=1$, $F=0$ y $G=\operatorname{sen}^2 u$. Sea ahora $\alpha: I\longrightarrow\mathbb{S}^2$ la curva buscada, que forma un ángulo constante con los meridianos, y, como viene siendo usual, escribimos $\alpha(t)=X\big(u(t),v(t)\big)$. Así pues, en un punto $X\big(u(t),v(t)\big)$, donde la curva $\alpha(t)$ corta al meridiano $v\equiv$ constante, se tendrá que

$$\cos\beta=\frac{\langle X_u,\alpha'(t)\rangle}{|X_u|\,|\alpha'(t)|}=\frac{\langle X_u,u'(t)X_u+v'(t)X_v\rangle}{|X_u|\,|u'(t)X_u+v'(t)X_v|}=\frac{u'(t)}{\sqrt{u'(t)^2+v'(t)^2\operatorname{sen}^2u(t)}}$$

(β constante), o lo que es lo mismo, $u'(t)^2=\cos^2\beta\left[u'(t)^2+v'(t)^2\operatorname{sen}^2u(t)\right]$. Reescribiendo esta expresión obtenemos $\operatorname{tg}^2\beta\,u'(t)^2=v'(t)^2\operatorname{sen}^2u(t)$, que es una sencilla ecuación diferencial en variables separadas, cuya solución viene dada por

$$\log\left(\operatorname{tg}\frac{u}{2}\right)=\pm\operatorname{cotg}\beta(v+c),\qquad c\in\mathbb{R}.$$

Solución al ejercicio 2.9. Parametrizamos la catenaria por $\alpha(v)=(\cosh v,0,v)$, siendo entonces $X(u,v)=(\cosh v\cos u,\cosh v\operatorname{sen}u,v)$, $(u,v)\in(0,2\pi)\times(-\infty,\infty)$, una parametrización del catenoide. Un sencillo cálculo muestra que los coeficientes de su primera forma fundamental son $E=\cosh^2 v$, $F=0$ y $G=\cosh^2 v$. Obsérvese que esta carta no cubre todo R, pues el meridiano $u=0$ no está en $X\big((0,2\pi)\times(-\infty,\infty)\big)$. Así pues, podemos recurrir al «truco» que ya empleamos en el ejemplo 2.21, es decir, calcular el área de la región más pequeña $R_\varepsilon=X\big([\varepsilon,2\pi-\varepsilon]\times[-1,1]\big)$:

$$A(R_\varepsilon)=\int_\varepsilon^{2\pi-\varepsilon}\int_{-1}^{1}\sqrt{EG-F^2}\,dvdu=\int_\varepsilon^{2\pi-\varepsilon}\int_{-1}^{1}\cosh^2 v\,dvdu=(2+\operatorname{senh}2)(\pi-\varepsilon).$$

Tomando límites cuando $\varepsilon\to 0$ obtenemos

$$A(R)=\lim_{\varepsilon\to 0}A(R_\varepsilon)=\lim_{\varepsilon\to 0}(2+\operatorname{senh}2)(\pi-\varepsilon)=\pi(2+\operatorname{senh}2).$$

Observación. El conjunto de puntos de R que queda sin cubrir por la parametrización tiene medida nula, por lo que no va a tener influencia alguna en el resultado final de la integral. Por tanto, en la práctica, no es realmente necesario argumentar de este modo, pudiéndose calcular la integral directamente entre los valores -1, 1 y 0, 2π; en los siguientes ejercicios omitiremos por brevedad este argumento.

Solución al ejercicio 2.10. i) Un sencillo cálculo muestra que

$$X_u(u,v) = \left(\cos u \cos v, \cos u \operatorname{sen} v, \frac{\cos^2 u}{\operatorname{sen} u}\right),$$
$$X_v(u,v) = (-\operatorname{sen} u \operatorname{sen} v, \operatorname{sen} u \cos v, 0),$$

de donde $E = \operatorname{cotg}^2 u$, $F = 0$ y $G = \operatorname{sen}^2 u$.

ii) Sea $\varepsilon > 0$. Como la pseudoesfera no es compacta, vamos a calcular el área de la región $R_\varepsilon = X\big((\varepsilon, \pi/2) \times (0, 2\pi)\big)$. Así, es sencillo comprobar que

$$A(R_\varepsilon) = \int_\varepsilon^{\pi/2} \int_0^{2\pi} \sqrt{EG - F^2}\, dv du = \int_\varepsilon^{\pi/2} \int_0^{2\pi} \cos u \, dv du = 2\pi(1 - \operatorname{sen} \varepsilon).$$

Entonces, el área (total) de la pseudoesfera es

$$\text{Área} = \lim_{\varepsilon \to 0} A(R_\varepsilon) = \lim_{\varepsilon \to 0} = 2\pi(1 - \operatorname{sen} \varepsilon) = 2\pi.$$

Solución al ejercicio 2.11. i) Un sencillo cálculo muestra que

$$X_s(s,\theta) = \big(1 - rk(s)\cos\theta\big)\mathbf{t}(s) + r\tau(s)\operatorname{sen}\theta\,\mathbf{n}(s) - r\tau(s)\cos\theta\,\mathbf{b}(s),$$
$$X_\theta(s,\theta) = -r\operatorname{sen}\theta\,\mathbf{n}(s) + r\cos\theta\,\mathbf{b}(s),$$

de donde $E = \big(1 - rk(s)\cos\theta\big)^2 + r^2\tau(s)^2$, $F = -r^2\tau(s)$ y $G = r^2$.

ii) Sea ℓ la longitud de la curva α. Así pues, podemos suponer que α está p.p.a. y que su intervalo de definición es $[0,\ell]$. Entonces,

$$\text{Área} = \int_0^\ell \int_0^{2\pi} \sqrt{EG - F^2}\, d\theta ds = \int_0^\ell \int_0^{2\pi} r\big(1 - rk(s)\cos\theta\big)\, d\theta ds = 2\pi r\ell.$$

SOLUCIONES A LOS EJERCICIOS DEL CAPÍTULO III

Solución al ejercicio 3.1. Dado que ambas superficies juegan el mismo papel, supondremos, por ejemplo, que S_1 es orientable. Entonces, existe una familia de parametrizaciones (U_i, X_i) cubriendo S_1 de modo que, siempre que dos de ellas se corten, el jacobiano del cambio de coordenadas tiene determinante positivo. Sea $\phi : S_1 \longrightarrow S_2$ el difeomorfismo entre ambas superficies, y consideremos la familia $(U_i, \overline{X}_i = \phi \circ X_i)$. Ya sabemos que $\overline{X}_i$ es una parametrización de S_2 y supongamos, por ejemplo, que $(U_1, \overline{X}_1)$ y $(U_2, \overline{X}_2)$ tienen intersección no vacía. Claramente, $\overline{X}_2^{-1} \circ \overline{X}_1 = X_2^{-1} \circ X_1$, de donde se deduce que el jacobiano del cambio $\overline{X}_2^{-1} \circ \overline{X}_1$ es el mismo que el de $X_2^{-1} \circ X_1$. Como el segundo es positivo por hipótesis, el primero también lo es.

Solución al ejercicio 3.2. Sea $\{\mathbf{e}_1, \mathbf{e}_2\}$ la base de direcciones principales en T_pS. Si $\mathbf{v} = v_1\mathbf{e}_1 + v_2\mathbf{e}_2$ y $\mathbf{w} = w_1\mathbf{e}_1 + w_2\mathbf{e}_2 \in T_pS$, entonces

$$\begin{aligned}
\mathrm{III}_p(\mathbf{v},\mathbf{w}) &= \langle \mathrm{A}_p\mathbf{v}, \mathrm{A}_p\mathbf{w}\rangle = \big\langle v_1k_1(p)\mathbf{e}_1 + v_2k_2(p)\mathbf{e}_2, w_1k_1(p)\mathbf{e}_1 + w_2k_2(p)\mathbf{e}_2\big\rangle \\
&= v_1w_1k_1(p)^2 + v_2w_2k_2(p)^2, \\
\mathrm{II}_p(\mathbf{v},\mathbf{w}) &= \langle \mathrm{A}_p\mathbf{v}, \mathbf{w}\rangle = v_1w_1k_1(p) + v_2w_2k_2(p), \\
\mathrm{I}_p(\mathbf{v},\mathbf{w}) &= \langle \mathbf{v}, \mathbf{w}\rangle = v_1w_1 + v_2w_2.
\end{aligned}$$

Utilizando estas expresiones, un sencillo cálculo muestra que

$$\begin{aligned} 2H(p)\mathrm{I\!I}_p(\mathbf{v},\mathbf{w}) - K(p)\mathrm{I}_p(\mathbf{v},\mathbf{w}) &= \big(k_1+k_2\big)(p)\mathrm{I\!I}_p(\mathbf{v},\mathbf{w}) - (k_1k_2)(p)\mathrm{I}_p(\mathbf{v},\mathbf{w}) \\ &= \mathrm{I\!I\!I}_p(\mathbf{v},\mathbf{w}). \end{aligned}$$

Observación. Puede probarse como consecuencia del teorema de *Cayley-Hamilton*.[5] El polinomio característico de A_p es $t^2-(\operatorname{tr}\mathrm{A}_p)t+\det\mathrm{A}_p = t^2-2H(p)t+K(p)$, por lo que el citado teorema nos asegura que $\mathrm{A}_p^2 - 2H(p)\mathrm{A}_p + K(p)1_{T_pS} \equiv 0$, es decir, $\mathrm{A}_p^2 \equiv 2H(p)\mathrm{A}_p - K(p)1_{T_pS}$. Luego

$$\begin{aligned} \mathrm{I\!I\!I}_p(\mathbf{v},\mathbf{w}) &= \langle \mathrm{A}_p\mathbf{v}, \mathrm{A}_p\mathbf{w}\rangle = \left\langle \mathrm{A}_p^2\mathbf{v},\mathbf{w}\right\rangle = 2H(p)\left\langle \mathrm{A}_p\mathbf{v},\mathbf{w}\right\rangle - K(p)\left\langle \mathbf{v},\mathbf{w}\right\rangle \\ &= 2H(p)\mathrm{I\!I}_p(\mathbf{v},\mathbf{w}) - K(p)\mathrm{I}_p(\mathbf{v},\mathbf{w}). \end{aligned}$$

Solución al ejercicio 3.3. ESFERA: $K = 1/r^2, H = -1/r$.

CILINDRO $X(u,v) = (r\cos u, r\operatorname{sen} u, v)$: $K = 0, H = -1/(2r)$.

CONO $X(u,v) = (v\cos u, v\operatorname{sen} u, v)$: $K = 0, H = -\sqrt{2}/(4v)$.

HELICOIDE $X(u,v) = (v\cos u, v\operatorname{sen} u, au)$: $K = -a^2/(v^2+a^2)^2, H = 0$.

CATENOIDE $X(u,v) = (\cosh v\cos u, \cosh v\operatorname{sen} u, v)$: $K = -\operatorname{sech}^4 v, H = 0$

Observación. Los resultados obtenidos para el helicoide y el catenoide (superficies localmente isométricas) no contradicen el teorema *Egregium* de Gauss: en los puntos correspondientes, la curvatura de Gauss coincide (basta hacer el cambio de variable $\overline{u} = u, \overline{v} = a\operatorname{senh} v$ en la parametrización del helicoide para darnos cuenta).

TORO $X(u,v) = \big((r\cos u + a)\cos v, (r\cos u + a)\operatorname{sen} v, r\operatorname{sen} u\big)$:

$$K = \frac{\cos u}{r(r\cos u + a)}, \qquad H = -\frac{2r\cos u + a}{2r(r\cos u + a)}.$$

PSEUDOESFERA $X(u,v) = \big(\operatorname{sen} u\cos v, \operatorname{sen} u\operatorname{sen} v, \cos u + \log\operatorname{tg}(u/2)\big)$:

$$K = -1, \qquad H = \frac{1}{2}(\operatorname{cotg} u - \operatorname{tg} u).$$

PARABOLOIDE ELÍPTICO $X(u,v) = (u,v,u^2+v^2)$:

$$K = \frac{4}{(1+4u^2+4v^2)^2}, \qquad H = \frac{2+4u^2+4v^2}{(1+4u^2+4v^2)^{3/2}}.$$

PARABOLOIDE HIPERBÓLICO $X(u,v) = (u,v,v^2-u^2)$:

$$K = -\frac{4}{(1+4u^2+4v^2)^2}, \qquad H = \frac{4(u^2-v^2)}{(1+4u^2+4v^2)^{3/2}}.$$

HIPERBOLOIDE DE UNA HOJA $X(u,v) = (\cosh v\cos u, \cosh v\operatorname{sen} u, \operatorname{senh} v)$:

$$K = -\operatorname{sech}^2(2v), \qquad H = -\frac{\operatorname{senh}^2 v}{\cosh(2v)^{3/2}}.$$

[5] El teorema de Cayley-Hamilton afirma que *todo endomorfismo de un espacio vectorial de dimensión finita sobre un cuerpo cualquiera anula su polinomio característico* (véanse [19] o [69]).

HIPERBOLOIDE DE DOS HOJAS $X(u,v) = (\operatorname{senh} v \cos u, \operatorname{senh} v \operatorname{sen} u, \cosh v)$:

$$K = \operatorname{sech}^2(2v), \qquad H = -\frac{\cosh^2 v}{\cosh(2v)^{3/2}}.$$

SILLA DE MONTAR DEL MONO $X(u,v) = (u, v, u^3 - 3uv^2)$:

$$K = -\frac{36(u^2+v^2)}{\left(1+9(u^2+v^2)^2\right)^2}, \qquad H = -\frac{27u(u^4-3v^4-2u^2v^2)}{\left(1+9(u^2+v^2)^2\right)^{3/2}}.$$

Solución al ejercicio 3.4. Si $H(p) = 0$, entonces $k_1(p) = -k_2(p)$. Representamos por $\mathbf{e}_1, \mathbf{e}_2 \in T_pS$ las direcciones principales asociadas a $k_1(p)$ y $k_2(p)$, respectivamente, que forman una base ortonormal del tangente T_pS. Si $k_1(p) = k_2(p) = 0$, entonces los propios vectores $\mathbf{e}_1, \mathbf{e}_2$ son direcciones asintóticas (en realidad, por ser p plano, todas las direcciones son asintóticas, véase el ejercicio 3.5).

Así, supongamos que $k_1(p) = -k_2(p) \neq 0$. Sea $\mathbf{v}_\theta = \cos\theta \mathbf{e}_1 + \operatorname{sen}\theta \mathbf{e}_2 \in T_pS$ un vector unitario cualquiera. Su curvatura normal vale

$$\begin{aligned} k_n(\mathbf{v}_\theta, p) &= \langle \mathrm{A}_p \mathbf{v}_\theta, \mathbf{v}_\theta \rangle = k_1(p)\cos^2\theta + k_2(p)\operatorname{sen}^2\theta = k_1(p)(\cos^2\theta - \operatorname{sen}^2\theta) \\ &= k_1(p)\cos(2\theta). \end{aligned}$$

Luego $k_n(\mathbf{v}_\theta, p) = 0$ si, y solo si, $\theta = \pi/4$ ó $\theta = 3\pi/4$. Esto es, los vectores $\mathbf{v}_{\pi/4}$ y $\mathbf{v}_{3\pi/4}$ son dos direcciones asintóticas y ortogonales de T_pS.

Recíprocamente, sean $\mathbf{v}_1, \mathbf{v}_2 \in T_pS$ dos direcciones asintóticas y ortogonales, y sea $\{\mathbf{e}_1, \mathbf{e}_2\}$ una base de direcciones principales con la misma orientación que $\{\mathbf{v}_1, \mathbf{v}_2\}$. Sea $\theta = \operatorname{áng}(\mathbf{e}_1, \mathbf{v}_1)$. Entonces

$$\begin{aligned} \mathbf{v}_1 &= \cos\theta \mathbf{e}_1 + \operatorname{sen}\theta \mathbf{e}_2, \\ \mathbf{v}_2 &= \cos\left(\theta + \frac{\pi}{2}\right)\mathbf{e}_1 + \operatorname{sen}\left(\theta + \frac{\pi}{2}\right)\mathbf{e}_2 = -\operatorname{sen}\theta \mathbf{e}_1 + \cos\theta \mathbf{e}_2. \end{aligned}$$

Como son direcciones asintóticas, se tiene que

$$\begin{aligned} 0 &= k_n(\mathbf{v}_1, p) = k_1(p)\cos^2\theta + k_2(p)\operatorname{sen}^2\theta, \\ 0 &= k_n(\mathbf{v}_2, p) = k_1(p)\operatorname{sen}^2\theta + k_2(p)\cos^2\theta, \end{aligned}$$

de donde se deduce que $k_1(p) + k_2(p) = 0$, esto es, $H(p) = 0$.

Solución al ejercicio 3.5. Si $p \in S$ es un punto hiperbólico, entonces $K(p) < 0$ y, por tanto, $k_1(p) < 0$ y $k_2(p) > 0$. Tomemos $\{\mathbf{e}_1, \mathbf{e}_2\}$ la base ortonormal de direcciones principales y sea $\mathbf{v}_\theta = \cos\theta \mathbf{e}_1 + \operatorname{sen}\theta \mathbf{e}_2 \in T_pS$ un vector unitario cualquiera. Como $k_n(\mathbf{e}_1, p) < 0$ y $k_n(\mathbf{e}_2, p) > 0$, existe $\theta \in (0, 2\pi)$ tal que $k_n(\mathbf{v}_\theta, p) = 0$ y, claramente,

$$0 = k_n(\mathbf{v}_\theta, p) = k_1(p)\cos^2\theta + k_2(p)\operatorname{sen}^2\theta = k_1(p) + \big(k_2(p) - k_1(p)\big)\operatorname{sen}^2\theta$$

si, y solo si, $\theta = \operatorname{arcsen}\sqrt{k_1/(k_1-k_2)}(p)$ ó $\theta = \operatorname{arcsen}\left(-\sqrt{k_1/(k_1-k_2)}(p)\right)$. Si representamos por θ_1 y $\theta_2 = -\theta_1$ estos dos ángulos, entonces los vectores $\mathbf{v}_{\theta_1}, \mathbf{v}_{\theta_2}$ son direcciones asintóticas, linealmente independientes, bisectadas por $\mathbf{e}_1$ (y $\mathbf{e}_2$).

Si p es un punto elíptico, entonces $K(p) > 0$, y por tanto, o bien $k_1(p), k_2(p) > 0$ o bien $k_1(p), k_2(p) < 0$. Si $k_1(p), k_2(p) > 0$ (respectivamente, $k_1(p), k_2(p) < 0$), entonces, $k_n(\mathbf{v}, p) \geq k_1(p) > 0$ (respectivamente, $k_n(\mathbf{v}, p) \leq k_2(p) < 0$); en cualquier caso, $k_n(\mathbf{v}, p) \neq 0$ para todo $\mathbf{v} \in T_pS$, es decir, no existen direcciones asintóticas.

Si p es umbilical, entonces $k_1(p) = k_2(p)$. En el caso de que $k_1(p) = k_2(p) = 0$, esto es, si el punto fuese plano, entonces $k_n(\mathbf{v}, p) = 0$ para todo vector $\mathbf{v} \in T_pS$, pues $k_1(p) \leq k_n(\mathbf{v}, p) \leq k_2(p)$; en definitiva, todas las direcciones serían asintóticas. Si por el contrario $k_1(p) = k_2(p) \neq 0$, no existirían direcciones asintóticas.

Solución al ejercicio 3.6. Como S es compacta, en particular está acotada. Luego existe $r > 0$ tal que $S \subset \mathbb{S}^2(r)$. Además, si disminuimos el radio de la esfera de forma continua, existirá un $r_0 > 0$ de forma que $\mathbb{S}^2(r_0)$ toca a la superficie en un punto p. Vamos a demostrar que p es elíptico.

Como S y $\mathbb{S}^2(r_0)$ se tocan en p, es sencillo ver que $T_pS \equiv T_p\mathbb{S}^2(r_0)$. En efecto, si consideramos la función $f : S \longrightarrow \mathbb{R}$, $f(p) = |p|^2$, que da el cuadrado de la distancia al origen, claramente $df_p(\mathbf{v}) = 2\langle \mathbf{v}, p\rangle$ para todo $\mathbf{v} \in T_pS$, y al ser p un máximo relativo de f, entonces $2\langle \mathbf{v}, p\rangle = df_p(\mathbf{v}) = 0$ para todo $\mathbf{v} \in T_pS$ (véase la proposición 2.4.6). Luego p es ortogonal a T_pS. Pero, dado que $p \in \mathbb{S}^2(r_0)$ y en la esfera el vector posición es siempre ortogonal al tangente, se deduce que el normal $N(p) = \pm p/|p|$ es el mismo para ambas superficies; o equivalentemente, que $T_pS \equiv T_p\mathbb{S}^2(r_0)$.

Sin pérdida alguna de generalidad, elegimos el (común) vector normal $N(p)$ «apuntando» hacia el interior. Dado $\mathbf{v} \in T_pS \equiv T_p\mathbb{S}^2(r_0)$, y siguiendo la notación del apartado 3.4.3, representamos por $\Pi_v = \operatorname{span}\{\mathbf{v}, N(p)\}$, y por $C_v^1 = \Pi_v \cap S$ y $C_v^2 = \Pi_v \cap \mathbb{S}^2(r_0)$ las correspondientes secciones normales. Sean $\alpha_1 : I \longrightarrow C_v^1$ y $\alpha_2 : I \longrightarrow C_v^2$ parametrizaciones (por el arco) de dichas secciones normales, con $\alpha_1(0) = \alpha_2(0) = p$ y $\alpha_1'(0) = \alpha_2'(0) = \mathbf{v}$. Como $S \subset \mathbb{S}^2(r_0)$, entonces α_1 *está por encima de* α_2 (proposición 1.2.12) y, en consecuencia, $k_{\alpha_1}(0) \geq k_{\alpha_2}(0)$. Además, $k_{\alpha_2}(0) = k_n(\mathbf{v}, p) = 1/r_0$ (k_n medida en la esfera), mientras que $k_{\alpha_1}(0) = k_n(\mathbf{v}, p)$ medida en S. En definitiva, llegamos a que, en la superficie, $k_n(\mathbf{v}, p) \geq 1/r_0$. Como esto es válido para todo $\mathbf{v} \in T_pS$, en particular $k_1(p), k_2(p) \geq 1/r_0$ y, por tanto, $K(p) \geq 1/r_0^2 > 0$: el punto es elíptico.

Solución al ejercicio 3.7. Si $\alpha(s)$ es una recta, $k(s) = 0$ para todo $s \in I$. Como $k(s)^2 = k_g(s)^2 + k_n(s)^2$ (relación (3.6)), en particular, $k_n(s) = 0$ para todo $s \in I$. Luego las curvaturas principales verifican $k_1(\alpha(s)) \leq k_n(s) = 0 \leq k_2(\alpha(s))$ en el punto $\alpha(s)$ y, por tanto,

$$K(\alpha(s)) = k_1(\alpha(s))k_2(\alpha(s)) \leq 0.$$

Supongamos ahora que $\alpha : I \longrightarrow S$ es una curva p.p.a. en S tal que $T_{\alpha(s)}S \equiv \Pi$, es decir, el vector normal $N(\alpha(s)) \equiv$ constante. Entonces, $dN_{\alpha(s)}(\alpha'(s)) = \mathbf{0}$, de donde se deduce que $\alpha'(s)$ es una dirección principal de $T_{\alpha(s)}S$ con valor propio 0. Por lo tanto, al menos una de las curvaturas principales se anula. En consecuencia, $K(\alpha(s)) = 0$ y los puntos pueden ser parabólicos o planos.

Solución al ejercicio 3.8. Sean $q=(u,v)\in U$ y $p=X(q)$. El hecho de que p sea hiperbólico nos permite hablar de dos (únicas) direcciones asintóticas en p (véase el ejercicio 3.5). Así, las curvas coordenadas $\alpha(u)=X(u,v)$, $\beta(v)=X(u,v)$ van a ser asintóticas si, y solo si, $\alpha'(u)=X_u(u,v)$ y $\beta'(v)=X_v(u,v)$ son direcciones asintóticas en p (lo cual tiene sentido, como ya hemos dicho, por ser p hiperbólico). Es decir, si, y solo si, $\mathrm{II}_p\big(X_u(q)\big)=0$ y $\mathrm{II}_p\big(X_v(q)\big)=0$.

Obsérvese además que las coordenadas de los vectores $X_u(q)$ y $X_v(q)$ en función de la base $\{X_u(q),X_v(q)\}$ son $(1,0)$ y $(0,1)$, respectivamente, de donde se tiene que $\mathrm{II}_p\big(X_u(q)\big)=e$ y $\mathrm{II}_p\big(X_v(q)\big)=g$. Luego $X_u(q)$ y $X_v(q)$ son direcciones asintóticas si, y solo si, $e=\mathrm{II}_p\big(X_u(q)\big)=0$ y $g=\mathrm{II}_p\big(X_v(q)\big)=0$.

Solución al ejercicio 3.9. Podemos suponer, sin pérdida de generalidad, que α está p.p.a. Como α es una curva asintótica, entonces $\alpha'(s)$ es una dirección asintótica para todo $s\in I$, es decir,

$$0=k_n\big(\alpha'(s),\alpha(s)\big)=\big\langle\alpha''(s),N\big(\alpha(s)\big)\big\rangle=k(s)\big\langle\mathbf{n}(s),N\big(\alpha(s)\big)\big\rangle.$$

En particular, por ser $k\neq 0$, $\big\langle\mathbf{n}(s),N\big(\alpha(s)\big)\big\rangle=0$. Además, $\big\langle\mathbf{t}(s),N\big(\alpha(s)\big)\big\rangle=0$, luego $N\big(\alpha(s)\big)=\pm\mathbf{b}(s)$ para todo $s\in I$. Así, $\pm\tau(s)\mathbf{n}(s)=\pm\mathbf{b}'(s)=dN_{\alpha(s)}\big(\mathbf{t}(s)\big)$ y, tomando módulos, $\tau(s)^2=\big|dN_{\alpha(s)}\big(\mathbf{t}(s)\big)\big|^2$.

Por otro lado, si $\big\{\mathbf{e}_1(s),\mathbf{e}_2(s)\big\}$ es la base de direcciones principales en $T_{\alpha(s)}S$ para cada $s\in I$, podemos escribir $\alpha'(s)=\mathbf{t}(s)=\cos\theta(s)\mathbf{e}_1(s)+\operatorname{sen}\theta(s)\mathbf{e}_2(s)$, y

$$\begin{aligned}dN_{\alpha(s)}\big(\mathbf{t}(s)\big)&=\cos\theta(s)dN_{\alpha(s)}\big(\mathbf{e}_1(s)\big)+\operatorname{sen}\theta(s)dN_{\alpha(s)}\big(\mathbf{e}_2(s)\big)\\&=-k_1(s)\cos\theta(s)\mathbf{e}_1(s)-k_2(s)\operatorname{sen}\theta(s)\mathbf{e}_2(s),\end{aligned}$$

donde estamos abreviando $k_i(s):=k_i\big(\alpha(s)\big)$. Luego

$$\tau(s)^2=\big|dN_{\alpha(s)}\big(\mathbf{t}(s)\big)\big|^2=k_1(s)^2\cos^2\theta(s)+k_2(s)^2\operatorname{sen}^2\theta(s). \tag{C.1}$$

Además, el hecho de que $\alpha'(s)$ sea una dirección asintótica se traduce también en

$$0=\big\langle \mathrm{A}_{\alpha(s)}\mathbf{t}(s),\mathbf{t}(s)\big\rangle=k_1(s)\cos^2\theta(s)+k_2(s)\operatorname{sen}^2\theta(s).$$

Multiplicando esta relación por $k_1(s)+k_2(s)$ y utilizando (C.1), podemos concluir que $\tau(s)^2=-k_1(s)k_2(s)=-K\big(\alpha(s)\big)$.

Solución al ejercicio 3.10. α es línea de curvatura si, y solo si, $\alpha'(t)$ es dirección principal para todo $t\in I$, es decir si, y solo si, $\alpha'(t)$ es un vector propio del operador forma o, equivalentemente, de $dN_{\alpha(t)}$; en definitiva, α es línea de curvatura si, y solo si, $(N\circ\alpha)'(t)=dN_{\alpha(t)}\big(\alpha'(t)\big)=\lambda(t)\alpha'(t)$ para todo $t\in I$. Obsérvese que

$$\lambda(t)=\frac{\big\langle dN_{\alpha(t)}\big(\alpha'(t)\big),\alpha'(t)\big\rangle}{\big|\alpha'(t)\big|^2},$$

por lo que $\lambda: I\longrightarrow\mathbb{R}$ es una función diferenciable.

Solución al ejercicio 3.11. Supongamos en primer lugar que α es una línea de curvatura de S_2. En tal caso, por ser también línea de curvatura de S_1 se tiene que $d(N_1)_{\alpha(t)}(\alpha'(t)) = \lambda_1(t)\alpha'(t)$ y $d(N_2)_{\alpha(t)}(\alpha'(t)) = \lambda_2(t)\alpha'(t)$. Entonces,

$$\begin{aligned}\langle N_1(\alpha(t)),N_2(\alpha(t))\rangle' &= \langle d(N_1)_{\alpha(t)}(\alpha'(t)),N_2(\alpha(t))\rangle + \langle N_1(\alpha(t)),d(N_2)_{\alpha(t)}(\alpha'(t))\rangle \\ &= \lambda_1(t)\,\langle \alpha'(t),N_2(\alpha(t))\rangle + \lambda_2(t)\,\langle N_1(\alpha(t)),\alpha'(t)\rangle = 0.\end{aligned}$$

Por tanto, $\cos\varphi(t) = \langle N_1(\alpha(t)),N_2(\alpha(t))\rangle$ es constante, y $\varphi(t)$ también lo es.

Recíprocamente, si $\varphi(t)$ es constante, entonces $\langle N_1(\alpha(t)),N_2(\alpha(t))\rangle = \cos\varphi(t)$ también es constante, por lo que su derivada se anula:

$$\langle d(N_1)_{\alpha(t)}(\alpha'(t)),N_2(\alpha(t))\rangle + \langle N_1(\alpha(t)),d(N_2)_{\alpha(t)}(\alpha'(t))\rangle = 0.$$

Como por hipótesis, α es línea de curvatura de S_1, $d(N_1)_{\alpha(t)}(\alpha'(t)) = \lambda_1(t)\alpha'(t)$, y sustituyendo en la identidad anterior obtenemos $\langle N_1(\alpha(t)),d(N_2)_{\alpha(t)}(\alpha'(t))\rangle = 0$, es decir, $d(N_2)_{\alpha(t)}(\alpha'(t)) \in T_{\alpha(t)}S_1$. Por otro lado, al ser N_2 unitario, se tiene que $\langle N_2(\alpha(t)),d(N_2)_{\alpha(t)}(\alpha'(t))\rangle = 0$, sin más que derivar la expresión $|N_2(\alpha(t))|^2 = 1$. En consecuencia, $d(N_2)_{\alpha(t)}(\alpha'(t)) \in T_{\alpha(t)}S_2$. Así,

$$d(N_2)_{\alpha(t)}(\alpha'(t)) \in T_{\alpha(t)}S_1 \cap T_{\alpha(t)}S_2 \qquad \text{para todo } t \in I.$$

Si $T_{\alpha(t)}S_1 \equiv T_{\alpha(t)}S_2$ para todo $t \in I$, entonces $N_1(\alpha(t)) \equiv N_2(\alpha(t))$ en todo $t \in I$ y, por tanto,

$$d(N_2)_{\alpha(t)}(\alpha'(t)) = d(N_1)_{\alpha(t)}(\alpha'(t)) = \lambda_1(t)\alpha'(t);$$

luego α es línea de curvatura de S_2. Si, por el contrario, los planos tangentes no coinciden, su intersección $T_{\alpha(t)}S_1 \cap T_{\alpha(t)}S_2$ es una recta, precisamente la generada por el vector tangente $\alpha'(t)$. Entonces

$$d(N_2)_{\alpha(t)}(\alpha'(t)) \in T_{\alpha(t)}S_1 \cap T_{\alpha(t)}S_2 = \operatorname{span}\{\alpha'(t)\},$$

lo cual implica que $d(N_2)_{\alpha(t)}(\alpha'(t)) = \lambda_2(t)\alpha'(t)$; es decir, α también es una línea de curvatura de S_2, tal y como se quería demostrar.

Solución al ejercicio 3.12. Consideremos la superficie de revolución S generada por la curva $\alpha(v) = (h(v),0,\varphi(v))$ contenida en el plano $y = 0$, con $h,\varphi : I \longrightarrow \mathbb{R}$, que suponemos p.p.a., y que no corta al eje z. Una parametrización de esta superficie es $X(u,v) = (h(v)\cos u, h(v)\operatorname{sen} u, \varphi(v))$, donde $h(v) > 0$ y $(u,v) \in (0,2\pi) \times I$.

Es sencillo comprobar (véase el ejercicio 2.1) que los coeficientes de la primera y segunda formas fundamentales son $E = h(v)^2$, $F = 0$, $G = h'(v)^2 + \varphi'(v)^2 = 1$ (pues α está p.p.a.) y $e = -h(v)\varphi'(v)$, $f = 0$, $g = h''(v)\varphi'(v) - h'(v)\varphi''(v)$, respectivamente. Por lo tanto

$$K = -\frac{\varphi'(v)}{h(v)}\left[h''(v)\varphi'(v) - h'(v)\varphi''(v)\right] = -\frac{h''(v)}{h(v)},$$

ya que

$$h'(v)h''(v) + \varphi'(v)\varphi''(v) = 0 \qquad \text{(C.2)}$$

sin más que derivar la relación $h'(v)^2 + \varphi'(v)^2 = 1$; además,

$$H = \frac{1}{2}\left[h''(v)\varphi'(v) - h'(v)\varphi''(v) - \frac{\varphi'(v)}{h(v)}\right],$$

$$k_1 = -\frac{\varphi'(v)}{h(v)}, \qquad k_2 = h''(v)\varphi'(v) - h'(v)\varphi''(v).$$

Los paralelos y los meridianos de S son las curvas coordenadas $X(u,v_0)$ y $X(u_0,v)$, respectivamente. Luego estas serán líneas de curvatura de la superficie si, y solo si, $N_u = \lambda(u)X_u$ y $N_v = \mu(v)X_v$ para ciertas funciones diferenciables $\lambda(u)$ y $\mu(v)$. Un rápido cálculo muestra que $N = \big(\varphi'(v)\cos u, \varphi'(v)\operatorname{sen} u, -h'(v)\big)$, por lo que:

- En el caso de los paralelos, como
$$N_u = \big(-\varphi'(v)\operatorname{sen} u, \varphi'(v)\cos u, 0\big) = \frac{\varphi'(v)}{h(v)}\big(-h(v)\operatorname{sen} u, h(v)\cos u, 0\big) = \frac{\varphi'(v)}{h(v)}X_u$$
y $h(v) > 0$, la función $\lambda(u) = \varphi'(v)/h(v)$ (constante en u) es diferenciable, lo que demuestra que los paralelos son siempre líneas de curvatura.
- En el caso de los meridianos, $N_v = \mu(v)X_v$, es decir,
$$\big(\varphi''(v)\cos u, \varphi''(v)\operatorname{sen} u, -h''(v)\big) = \mu(v)\big(h'(v)\cos u, h'(v)\operatorname{sen} u, \varphi'(v)\big),$$
si, y solo si,
$$\varphi''(v) = \mu(v)h'(v) \quad \text{y} \quad -h''(v) = \mu(v)\varphi'(v). \tag{C.3}$$
Si en $v \in I$ se tiene $\varphi'(v) \neq 0$, tomamos $\mu(v) = -h''(v)/\varphi'(v)$, que verifica las dos igualdades en (C.3) sin más que utilizar (C.2). Si $v_0 \in I$ es tal que $\varphi'(v_0) = 0$, entonces $h'(v_0) \neq 0$ (pues $h'(v_0)^2 + \varphi'(v_0)^2 = 1$) y $h''(v_0) = 0$ (por (C.2)). En tal caso, tomamos $\mu(v_0) = \varphi''(v_0)/h'(v_0)$, verificándose de nuevo ambas relaciones en (C.3). La función $\mu : I \longrightarrow \mathbb{R}$ así definida es diferenciable, y demuestra que los meridianos también son líneas de curvatura.

Obsérvese que, una vez comprobado que los paralelos (respectivamente, los meridianos) son líneas de curvatura, el hecho de que paralelos y meridianos de una superficie de revolución se corten ortogonalmente ($F = 0$) implica automáticamente que los meridianos (respectivamente, paralelos) también lo son.

Solución al ejercicio 3.13. Para la implicación directa véase la observación 3.17. Supongamos ahora que $F = f \equiv 0$. La curva coordenada $\alpha(u) = X(u,v)$ (por ejemplo) es línea de curvatura si, y solo si, $(N \circ \alpha)'(u) = \lambda(u)\alpha'(u)$ para una función escalar diferenciable λ; es decir, si, y solo si, $N_u(u,v) = \lambda(u)X_u(u,v)$. Como $N_u(u,v) \in T_{X(u,v)}S$, podemos expresarlo en función de la base, $N_u(u,v) = a(u,v)X_u(u,v) + b(u,v)X_v(u,v)$. Además, por ser $F = \langle X_u, X_v\rangle = 0$, es evidente que $a(u,v) = \big(\langle N_u, X_u\rangle/E\big)(u,v)$ y $b(u,v) = \big(\langle N_u, X_v\rangle/G\big)(u,v)$. En consecuencia,

$$\begin{aligned} N_u(u,v) &= \frac{\langle N_u, X_u\rangle}{E}(u,v)X_u(u,v) + \frac{\langle N_u, X_v\rangle}{G}(u,v)X_v(u,v) \\ &= \frac{\langle N_u, X_u\rangle}{E}(u,v)X_u(u,v) - \frac{f}{G}(u,v)X_v(u,v) = \frac{\langle N_u, X_u\rangle}{E}(u,v)X_u(u,v). \end{aligned}$$

Solución al ejercicio 3.14. α es línea de curvatura de S si, y solo si, existe una función diferenciable $\lambda : I \longrightarrow \mathbb{R}$ tal que $dN_{\alpha(t)}\big(\alpha'(t)\big) = (N \circ \alpha)'(t) = \lambda(t)\alpha'(t)$ para todo $t \in I$, lo que, en forma matricial, se escribe como

$$\begin{pmatrix} a_{11} & a_{12} \\ a_{21} & a_{22} \end{pmatrix} \begin{pmatrix} u'(t) \\ v'(t) \end{pmatrix} = \lambda(t) \begin{pmatrix} u'(t) \\ v'(t) \end{pmatrix},$$

donde los a_{ij} vienen dados por (3.17). En definitiva, $u'(t), v'(t)$ deben verificar

$$\frac{fF-eG}{EG-F^2}u'(t) + \frac{gF-fG}{EG-F^2}v'(t) = \lambda(t)u'(t)$$
$$\frac{eF-fE}{EG-F^2}u'(t) + \frac{fF-gE}{EG-F^2}v'(t) = \lambda(t)v'(t).$$

Eliminando $\lambda(t)$ de las ecuaciones anteriores, el sistema queda reducido a

$$(fE-eF)u'(t)^2 + (gE-eG)u'(t)v'(t) + (gF-fG)v'(t)^2 = 0,$$

que no es más que el desarrollo del determinante (3.28).

Solución al ejercicio 3.15. Es sencillo comprobar que los coeficientes de la primera y la segunda formas fundamentales son $E = (1+u^2+v^2)^2, F = 0, G = (1+u^2+v^2)^2$ y $e = 2, f = 0, g = -2$, respectivamente. Luego

$$K = \frac{-4}{(1+u^2+v^2)^4}, \quad H = 0, \quad k_1 = \frac{-2}{(1+u^2+v^2)^2}, \quad k_2 = \frac{2}{(1+u^2+v^2)^2}.$$

Claramente, todos los puntos son hiperbólicos y, por tanto, no existen puntos umbilicales. Por otro lado, como $F = f = 0$, las curvas coordenadas son líneas de curvatura (véase el ejercicio 3.13); obsérvese que son las únicas, pues la superficie no tiene puntos umbilicales. Finalmente, α es una curva asintótica si, y solo si, $\mathrm{II}_{\alpha(t)}\big(\alpha'(t)\big) = 0$. Si representamos por $\big(u'(t), v'(t)\big)$ las coordenadas de $\alpha'(t)$ en la base $\{X_u, X_v\}$, esto se traduce en que

$$0 = \mathrm{II}_{\alpha(t)}\big(\alpha'(t)\big) = u'(t)^2e + 2u'(t)v'(t)f + v'(t)^2g = 2u'(t)^2 - 2v'(t)^2.$$

Es sencillo ver que las soluciones de esta ecuación diferencial son $v(t) = u(t) + c_1$ y $v(t) = -u(t) + c_2$, con $c_1, c_2 \in \mathbb{R}$; las curvas asintóticas son curvas de la forma $X(u, u+c_1)$ y $X(u, -u+c_2)$.

Solución al ejercicio 3.16. Tomamos $X(u,v) = (u, v^2 - u, v)$. Es sencillo ver que los coeficientes de la primera y segunda formas fundamentales son $E = 2, F = -2v$, $G = 1+4v^2$ y $e = 0, f = 0, g = -2/\sqrt{2+4v^2}$, respectivamente. Luego

$$K = 0, \quad H = \frac{-2}{(2+4v^2)^{3/2}}, \quad k_1 = \frac{-4}{(2+4v^2)^{3/2}}, \quad k_2 = 0.$$

Como $k_1 \neq k_2$ siempre, todos los puntos son parabólicos (luego no hay puntos umbilicales ni planos). α es una curva asintótica si, y solo si, $\mathrm{II}_{\alpha(t)}\big(\alpha'(t)\big) = 0$. Si escribimos $\alpha'(t) = \big(u'(t), v'(t)\big)$ (en la base $\{X_u, X_v\}$), esto se traduce en que

$$0 = \mathrm{II}_{\alpha(t)}\big(\alpha'(t)\big) = u'(t)^2e + 2u'(t)v'(t)f + v'(t)^2g = \frac{-2}{\sqrt{2+4v(t)^2}}v'(t)^2.$$

La única solución de esta ecuación diferencial es $v(t) = v_0$ constante. Luego las curvas asintóticas son las curvas coordenadas $X(u, v_0)$ (obsérvese que no hay más, pues todos los puntos son parabólicos). Sabemos que α es una línea de curvatura si, y solo si, satisface (3.28), lo que, en nuestro caso, se traduce en

$$0 = \begin{vmatrix} v'(t)^2 & -u'(t)v'(t) & u'(t)^2 \\ 2 & -2v(t) & 1+4v(t)^2 \\ 0 & 0 & \frac{-2}{\sqrt{2+4v(t)^2}} \end{vmatrix} = \frac{4v(t)}{\sqrt{2+4v(t)^2}} v'(t)^2 - \frac{4}{\sqrt{2+4v(t)^2}} u'(t)v'(t).$$

Las soluciones de esta ecuación diferencial son, por un lado, $v(t) = v_0$ constante y, por otro, las soluciones de la más sencilla $v(t)v'(t) - u'(t) = 0$: $u(t) = v(t)^2/2 + c$, con $c \in \mathbb{R}$. Así pues, las líneas de curvatura son las curvas coordenadas $X(u, v_0)$ y las curvas de la forma $X(v^2/2 + c, v)$.

Obsérvese que $\alpha(t) = (t^2, 0, t)$ no es más que $\alpha(t) = X(t^2, t)$. Consideremos el vector (unitario) $\mathbf{v}^t = \alpha'(t)/|\alpha'(t)| = (2t, 0, 1)/\sqrt{1+4t^2}$. Sus coordenadas (v_1^t, v_2^t) respecto a la base $\{X_u(t^2,t) = (1,-1,0), X_v(t^2,t) = (0,2t,1)\}$ son $v_1^t = 2t/\sqrt{1+4t^2}$ y $v_2^t = 1/\sqrt{1+4t^2}$. Luego la curvatura normal vale

$$k_n(\mathbf{v}^t, \alpha(t)) = \mathrm{II}_{\alpha(t)}(\mathbf{v}^t) = (v_1^t)^2 e + 2v_1^t v_2^t f + (v_2^t)^2 g = \frac{-2}{(1+4t^2)\sqrt{2+4t^2}}.$$

Solución al ejercicio 3.17. Usando las expresiones de X_s y X_θ obtenidas en el ejercicio 2.11, a saber,

$$X_s(s,\theta) = \big(1 - rk(s)\cos\theta\big)\mathbf{t}(s) + r\tau(s)\operatorname{sen}\theta\,\mathbf{n}(s) - r\tau(s)\cos\theta\,\mathbf{b}(s),$$
$$X_\theta(s,\theta) = -r\operatorname{sen}\theta\,\mathbf{n}(s) + r\cos\theta\,\mathbf{b}(s),$$

es fácil ver que $N(s,\theta) = -\cos\theta\,\mathbf{n}(s) - \operatorname{sen}\theta\,\mathbf{b}(s)$, de donde

$$N_s(s,\theta) = k(s)\cos\theta\,\mathbf{t}(s) - \tau(s)\operatorname{sen}\theta\,\mathbf{n}(s) + \tau(s)\cos\theta\,\mathbf{b}(s),$$
$$N_\theta(s,\theta) = \operatorname{sen}\theta\,\mathbf{n}(s) - \cos\theta\,\mathbf{b}(s).$$

Así podemos obtener los coeficientes de la segunda fórmula fundamental:

$$e = -\langle X_s(s,\theta), N_s(s,\theta)\rangle = -k(s)\cos\theta\big(1 - rk(s)\cos\theta\big) + r\tau(s)^2,$$
$$f = -\langle X_s(s,\theta), N_\theta(s,\theta)\rangle = -r\tau(s), \qquad g = -\langle X_\theta(s,\theta), N_\theta(s,\theta)\rangle = r.$$

Óbsérvese además que

$$N_s(s,\theta) = \frac{k(s)\cos\theta}{1 - rk(s)\cos\theta} X_s(s,\theta) + \frac{\tau(s)}{r\big(1 - rk(s)\cos\theta\big)} X_\theta(s,\theta),$$
$$N_\theta(s,\theta) = -\frac{1}{r} X_\theta(s,\theta)$$

y, en consecuencia,

$$\mathrm{A}_{X(s,\theta)} \leftrightarrow \begin{pmatrix} -\dfrac{k(s)\cos\theta}{1 - rk(s)\cos\theta} & 0 \\ -\dfrac{\tau(s)}{r\big(1 - rk(s)\cos\theta\big)} & \dfrac{1}{r} \end{pmatrix}.$$

Por tanto,

$$K = \frac{-k(s)\cos\theta}{r\big(1 - rk(s)\cos\theta\big)}, \quad H = \frac{1 - 2rk(s)\cos\theta}{2r\big(1 - rk(s)\cos\theta\big)}, \quad k_1 = \frac{-k(s)\cos\theta}{1 - rk(s)\cos\theta}, \quad k_2 = \frac{1}{r}.$$

Obsérvese que $K = 0$ si, y solo si, o bien $k(s) = 0$ (en cuyo caso S sería un cilindro), o $\theta = \pi/2$, o $\theta = 3\pi/2$. Luego:

- Para todo $s \in I$ tal que $k(s) = 0$, al ser $k_2 > 0$, $X(s,\theta)$ es un punto parabólico.
- Análogamente, los puntos de las curvas $X(s,\pi/2), X(s,3\pi/2)$ son parabólicos.
- Si $k(s) \neq 0$ y $\pi/2 < \theta < 3\pi/2$ ($\cos\theta < 0$), $X(s,\theta)$ es un punto elíptico.
- Si $k(s) \neq 0$ y $\theta < \pi/2$ o $\theta > 3\pi/2$ ($\cos\theta > 0$), $X(s,\theta)$ es un punto hiperbólico.
- No hay puntos planos ($k_2 > 0$) ni umbilicales, pues $k_1 \neq k_2$ siempre.

Solución al ejercicio 3.18. i) Al ser $\big\{\mathbf{t}(s), \mathbf{n}(s), \mathbf{a}\big\}$ una base ortonormal positivamente orientada de $\mathbb{R}^3$, $N = (X_s \wedge X_v)/\left|X_s \wedge X_v\right| = \big(\mathbf{t}(s) \wedge \mathbf{a}\big)/\left|\mathbf{t}(s) \wedge \mathbf{a}\right| = -\mathbf{n}(s)$. Es sencillo comprobar que los coeficientes de la primera y segunda formas fundamentales son $E = 1$, $F = 0$, $G = 1$ y $e = -k(s)$, $f = 0$, $g = 0$, respectivamente. Luego $K = 0$, $H = -k(s)/2$, $k_1 = -k(s)$ y $k_2 = 0$. Así, aquellos puntos $X(s,v)$ para los que $k(s) \neq 0$ serán parabólicos, mientras que si $X(s,v)$ es tal que $k(s) = 0$, entonces el punto será plano y, por tanto, umbilical.

ii) Como $N(s,v) = -\mathbf{n}(s)$, entonces $(N \circ \alpha)'(s) = -\mathbf{n}'(s) = k(s)\alpha'(s)$. Luego α es línea de curvatura. Sin embargo, α no es curva asintótica, pues

$$\begin{aligned} k_n\big(\alpha'(s), \alpha(s)\big) &= \big\langle \alpha''(s), (N \circ \alpha)(s) \big\rangle = -\big\langle \alpha'(s), (N \circ \alpha)'(s) \big\rangle \\ &= -\big\langle \alpha'(s), k(s)\alpha'(s) \big\rangle = -k(s) \not\equiv 0. \end{aligned}$$

iii) S es localmente isométrica al plano, pues existen parametrizaciones de ambas superficies con los mismos coeficientes de la primera forma fundamental: $E = 1$, $F = 0$, $G = 1$ (véase el ejemplo 2.18).

Solución al ejercicio 3.19. Si α es a la vez línea de curvatura y curva asintótica, entonces $dN_{\alpha(s)}\big(\alpha'(s)\big) = \lambda(s)\alpha'(s)$ para una cierta función diferenciable $\lambda(s)$ y $k_n\big(\alpha'(s), \alpha(s)\big) = 0$. Por tanto,

$$0 = k_n\big(\alpha'(s), \alpha(s)\big) = -\big\langle \alpha'(s), (N \circ \alpha)'(s) \big\rangle = -\big\langle \alpha'(s), \lambda(s)\alpha'(s) \big\rangle = -\lambda(s)$$

para todo $s \in I$, lo cual implica que $(N \circ \alpha)'(s) = dN_{\alpha(s)}\big(\alpha'(s)\big) = \mathbf{0}$. En definitiva, $N\big(\alpha(s)\big) \equiv$ constante, o equivalentemente, el plano tangente $T_{\alpha(s)}S \equiv \Pi$ es el mismo a lo largo de todos los puntos de la curva.

Solución al ejercicio 3.20. i) Sean $\{\mathbf{e}_1, \mathbf{e}_2\}$ direcciones principales en T_pS (que son ortogonales). Entonces $\big\langle dN_p(\mathbf{e}_1), \mathbf{e}_2 \big\rangle = \big\langle -k_1(p)\mathbf{e}_1, \mathbf{e}_2 \big\rangle = 0$ y $\big\langle \mathbf{e}_1, dN_p(\mathbf{e}_2) \big\rangle = 0$. Si $\mathbf{v}$ es una dirección asintótica,

$$\big\langle dN_p(\mathbf{v}), \mathbf{v} \big\rangle = -\mathrm{I\!I}_p(\mathbf{v}) = -k_n(\mathbf{v}, p) = 0.$$

ii) Sean $p \in S$ umbilical y $\mathbf{v}_1, \mathbf{v}_2 \in T_pS$ ortogonales. Como en un punto umbilical todas las direcciones son principales, $\langle dN_p(\mathbf{v}_1), \mathbf{v}_2 \rangle = \langle -k_1(p)\mathbf{v}_1, \mathbf{v}_2 \rangle = 0$ y, análogamente, $\langle \mathbf{v}_1, dN_p(\mathbf{v}_2) \rangle = 0$.

iii) Al ser $\mathbf{v}_1 = \cos\theta \mathbf{e}_1 + \operatorname{sen}\theta \mathbf{e}_2$ y $\mathbf{v}_2 = \cos\varphi \mathbf{e}_1 + \operatorname{sen}\varphi \mathbf{e}_2$ vectores conjugados, se tiene que

$$\begin{aligned} 0 &= \langle dN_p(\mathbf{v}_1), \mathbf{v}_2 \rangle = \langle -k_1(p)\cos\theta \mathbf{e}_1 - k_2(p)\operatorname{sen}\theta \mathbf{e}_2, \cos\varphi \mathbf{e}_1 + \operatorname{sen}\varphi \mathbf{e}_2 \rangle \\ &= -k_1(p)\cos\theta\cos\varphi - k_2(p)\operatorname{sen}\theta\operatorname{sen}\varphi. \end{aligned}$$

Solución al ejercicio 3.21. i) Los vectores tangentes $\mathbf{t}_\alpha$ y $\mathbf{t}_{N\alpha}$ son ortogonales si, y solo si, $0 = -\langle \alpha'(t), dN_{\alpha(t)}(\alpha'(t)) \rangle = k_n(\alpha'(t), \alpha(t))$, esto es, si, y solo si α es una curva asintótica. Por otro lado, $\mathbf{t}_\alpha$ y $\mathbf{t}_{N\alpha}$ son colineales si, y solo si, existe $\lambda(t)$ tal que $dN_{\alpha(t)}(\alpha'(t)) = \lambda(t)\alpha'(t)$ (obsérvese que la función $\lambda(t)$ es diferenciable), lo que equivale a que α sea una línea de curvatura.

ii) Si α es una línea de curvatura, entonces existe una función diferenciable $\lambda(t)$ tal que $(N \circ \alpha)'(t) = dN_{\alpha(t)}(\alpha'(t)) = \lambda(t)\alpha'(t)$. Además, como la curva no pasa por ningún punto plano o parabólico, $\lambda(t) \neq 0$ para todo $t \in I$. Por tanto,

$$\begin{aligned} k_{N\alpha}(t) &= \frac{|(N \circ \alpha)'(t) \wedge (N \circ \alpha)''(t)|}{|(N \circ \alpha)'(t)|^3} = \frac{\left|\lambda(t)\alpha'(t) \wedge [\lambda'(t)\alpha'(t) + \lambda(t)\alpha''(t)]\right|}{|\lambda(t)|^3 |\alpha'(t)|^3} \\ &= \frac{k_\alpha(t)}{|\lambda(t)|}. \end{aligned}$$

Tan solo resta determinar la función λ. Claramente, como $\langle (N \circ \alpha)(t), \alpha'(t) \rangle = 0$, derivando se tiene que $\langle (N \circ \alpha)'(t), \alpha'(t) \rangle + \langle (N \circ \alpha)(t), \alpha''(t) \rangle = 0$, y por tanto,

$$\lambda(t) = \langle (N \circ \alpha)'(t), \alpha'(t) \rangle = -\langle (N \circ \alpha)(t), \alpha''(t) \rangle = -k_n(t).$$

iii) Para ver que $N \circ \alpha$ es un circunferencia, basta demostrar que es una curva plana, ya que su traza está contenida en $\mathbb{S}^2$. Como α es plana, existe $\mathbf{a} \in \mathbb{R}^3$ constante tal que $\langle \alpha'(t), \mathbf{a} \rangle \equiv 0$. Además, por ser línea de curvatura,

$$\langle (N \circ \alpha)'(t), \mathbf{a} \rangle = \langle dN_{\alpha(t)}(\alpha'(t)), \mathbf{a} \rangle = \langle \lambda(t)\alpha'(t), \mathbf{a} \rangle = 0.$$

Luego $N \circ \alpha$ es una curva plana.

iv) Fijada una base de direcciones principales $\{\mathbf{e}_1, \mathbf{e}_2\}$ de T_pS, tomamos dos vectores ortogonales cualesquiera $\mathbf{v}_\theta, \mathbf{v}_{\theta+\pi/2} \in T_pS$. Entonces, por la fórmula de Euler (3.7),

$$\begin{aligned} k_n(\mathbf{v}_\theta, p) + k_n(\mathbf{v}_{\theta+\pi/2}, p) &= k_1(p)\cos^2\theta + k_2(p)\operatorname{sen}^2\theta \\ &\quad + k_1(p)\cos^2\left(\theta + \frac{\pi}{2}\right) + k_2(p)\operatorname{sen}^2\left(\theta + \frac{\pi}{2}\right) \\ &= k_1(p) + k_2(p), \end{aligned}$$

constante (respecto al ángulo θ, es decir, no depende de las direcciones elegidas en el plano tangente T_pS).

Solución al ejercicio 3.22. Aplicando la fórmula de Euler (3.7),

$$\int_0^{2\pi} k_n(\theta)\,d\theta = \int_0^{2\pi} \left[k_1(p)\cos^2\theta + k_2(p)\operatorname{sen}^2\theta\right] d\theta = k_1(p)\pi + k_2(p)\pi = 2\pi H(p).$$

Solución al ejercicio 3.23. i) Una parametrización del hiperboloide de una hoja es $X(t,s) = (\cos t, \operatorname{sen} t, 0) + s(-\operatorname{sen} t, \cos t, 1) = (\cos t - s\operatorname{sen} t, \operatorname{sen} t + s\cos t, s)$, pues verifica que $x^2 + y^2 - z^2 = 1$. Por tanto es reglada.

La parametrización usual del cilindro demuestra que esta es una superficie reglada: $X(t,s) = (\cos t, \operatorname{sen} t, s) = (\cos t, \operatorname{sen} t, 0) + s(0,0,1)$.

$X(t,s) = (\cos t, \operatorname{sen} t, 1) + s(\cos t, \operatorname{sen} t, 1) = \big(\cos t(1+s), \operatorname{sen} t(1+s), 1+s\big)$ es una parametrización para el cono, pues $x^2 + y^2 = z^2$, lo que prueba que es reglada.

ii) Como $\beta(t) \in S$, debe existir una función real $s(t)$ tal que $\beta(t) = \alpha(t) + s(t)\omega(t)$, y tendría que verificarse que

$$\begin{aligned} 0 &= \big\langle \beta'(t), \omega'(t) \big\rangle = \big\langle \alpha'(t) + s'(t)\omega(t) + s(t)\omega'(t), \omega'(t) \big\rangle \\ &= \big\langle \alpha'(t), \omega'(t) \big\rangle + s(t)\left|\omega'(t)\right|^2; \end{aligned}$$

además, al ser $\omega'(t) \neq \mathbf{0}$,

$$s(t) = -\frac{\big\langle \alpha'(t), \omega'(t) \big\rangle}{\left|\omega'(t)\right|^2},$$

que es una función diferenciable. Por tanto, la curva buscada es

$$\beta(t) = \alpha(t) - \frac{\big\langle \alpha'(t), \omega'(t) \big\rangle}{\left|\omega'(t)\right|^2}\omega(t).$$

iii) Como $\big\langle \beta'(t), \omega'(t) \big\rangle = 0$ y $\big\langle \omega(t), \omega'(t) \big\rangle = 0$, entonces $\omega'(t)$ es colineal al vector $\beta'(t) \wedge \omega(t) \neq \mathbf{0}$, es decir, existe una función (diferenciable) $\lambda : \mathbb{R} \longrightarrow \mathbb{R}$ de forma que $\lambda(t)\omega'(t) = \beta'(t) \wedge \omega(t)$. Un rápido cálculo muestra entonces que

$$X_t \wedge X_s = \beta'(t) \wedge \omega(t) + s\big(\omega'(t) \wedge \omega(t)\big) = \lambda(t)\omega'(t) + s\big(\omega'(t) \wedge \omega(t)\big).$$

Luego $|X_t \wedge X_s| = \left|\omega'(t)\right| \sqrt{\lambda(t)^2 + s^2}$. Respecto a los coeficientes de la segunda forma fundamental, se obtiene que $f = \lambda(t)\left|\omega'(t)\right| / \sqrt{\lambda(t)^2 + s^2}$ y $g = 0$ (por lo que se hace innecesario calcular e). Así pues,

$$K = \frac{-\lambda(t)^2}{\big(\lambda(t)^2 + s^2\big)^2} \leq 0.$$

- Si $\lambda(t) \neq 0$, entonces los puntos son hiperbólicos.
- Si $\lambda(t) = 0$ (y $s \neq 0$), los puntos serían parabólicos o planos. Pero, ¿puede darse este caso? Obsérvese que si $\lambda(t) = 0$ entonces $\beta'(t) \wedge \omega(t) = \mathbf{0}$, una contradicción.

Así pues, todos los puntos son hiperbólicos.

Solución al ejercicio 3.24. En una superficie reglada $X(t,s) = \alpha(t) + s\omega(t)$ el coeficiente $g = 0$. Entonces $K = 0$ si, y solo si, $f = 0$. Un rápido cálculo muestra que

$$f = \langle X_{ts}, N\rangle = \left\langle X_{ts}, \frac{X_t \wedge X_s}{|X_t \wedge X_s|}\right\rangle = \frac{\langle \omega'(t), (\alpha'(t) + s\omega'(t)) \wedge \omega(t)\rangle}{|X_t \wedge X_s|}$$
$$= \frac{\langle \omega'(t), \alpha'(t) \wedge \omega(t)\rangle}{|X_t \wedge X_s|} = \frac{\det(\omega'(t), \alpha'(t), \omega(t))}{|X_t \wedge X_s|},$$

luego $f = 0$ (y por tanto K) si, y solo si, la superficie es desarrollable.

Solución al ejercicio 3.25. Como en una superficie reglada se verifica que $X_{ss} = \mathbf{0}$, entonces $\langle X_s, N_s\rangle = -\langle X_{ss}, N\rangle = 0$. Por otro lado, usando el ejercicio 3.24,

$$\langle X_t, N_s\rangle = -\langle X_{ts}, N\rangle = -f = 0.$$

Obsérvese que $N_s(t,s) \in T_{X(t,s)}S$. Por tanto, al ser $\langle X_s, N_s\rangle = \langle X_t, N_s\rangle = 0$, se deduce que $N_s(t,s) \equiv \mathbf{0}$. Es decir, $N(t,s) \equiv N(t)$ es constante respecto a s, o lo que es lo mismo, es constante a lo largo de los puntos (regulares) de una generatriz. Esto equivale a decir que el plano tangente es constante a lo largo de dichos puntos.

Solución al ejercicio 3.26. Si α es una línea de curvatura de S, entonces existe una función diferenciable $\lambda(t)$ tal que $(N \circ \alpha)'(t) = \lambda(t)\alpha'(t)$. En consecuencia,

$$\det(\alpha'(t), N(t), N'(t)) = \det(\alpha'(t), N(t), \lambda(t)\alpha'(t)) = 0,$$

lo que demuestra que la superficie parametrizada $X(t,s)$ es desarrollable.

Recíprocamente, supongamos que $\det(\alpha'(t), N(t), N'(t)) = 0$. Entonces se verifica, en particular, que $N'(t) = \lambda(t)\alpha'(t) + \mu(t)N(t)$ para ciertas funciones diferenciables $\lambda(t)$ y $\mu(t)$. Si demostramos que $\mu(t) \equiv 0$, podremos concluir que α es una línea de curvatura. Pero claramente, despejando $\mu(t)$ de la relación anterior, $\mu(t) = \langle N'(t), N(t)\rangle - \lambda(t)\langle \alpha'(t), N(t)\rangle = 0$.

Solución al ejercicio 3.27. Sean $q \in U$ y $p = X(q) \in S_1$, y tomemos $\mathscr{B}$, $\overline{\mathscr{B}}$ bases ortonormales de T_pS_1 y $T_{\phi(p)}S_2$, respectivamente. Por brevedad, representamos por $\mathscr{M}_{\mathscr{B}\overline{\mathscr{B}}}$ la matriz de la aplicación lineal $d\phi_p : T_pS_1 \longrightarrow T_{\phi(p)}S_2$ *respecto a las bases* $\mathscr{B}, \overline{\mathscr{B}}$. Como $\overline{X}_u(q) = d\phi_p(X_u(q))$ y $\overline{X}_v(q) = d\phi_p(X_v(q))$, si escribimos

$$X_u(q) = (u_1, u_2), \quad X_v(q) = (v_1, v_2) \quad \text{respecto a la base } \mathscr{B} \text{ y}$$
$$\overline{X}_u(q) = (\overline{u}_1, \overline{u}_2), \quad \overline{X}_v(q) = (\overline{v}_1, \overline{v}_2) \quad \text{respecto a la base } \overline{\mathscr{B}},$$

entonces $(\overline{u}_1, \overline{u}_2)^\intercal = \mathscr{M}_{\mathscr{B}\overline{\mathscr{B}}}(u_1, u_2)^\intercal$ y $(\overline{v}_1, \overline{v}_2)^\intercal = \mathscr{M}_{\mathscr{B}\overline{\mathscr{B}}}(v_1, v_2)^\intercal$, de donde

$$\det\begin{pmatrix} \overline{u}_1 & \overline{v}_1 \\ \overline{u}_2 & \overline{v}_2 \end{pmatrix} = \det \mathscr{M}_{\mathscr{B}\overline{\mathscr{B}}} \det\begin{pmatrix} u_1 & v_1 \\ u_2 & v_2 \end{pmatrix}.$$

Además, por ser $\mathscr{B}$ (respectivamente, $\overline{\mathscr{B}}$) una base ortonormal de T_pS_1 ($T_{\phi(p)}S_2$), el conjunto $\{\mathscr{B}, N_1\}$ ($\{\overline{\mathscr{B}}, N_2\}$) es una base ortonormal de $\mathbb{R}^3$, donde N_1 y N_2 representan los vectores normales a las superficies S_1 y S_2, respectivamente. Entonces, es un sencillo cálculo comprobar que

$$|\overline{X}_u(q)\wedge\overline{X}_v(q)| = \left|\det\begin{pmatrix}\overline{u}_1 & \overline{v}_1\\ \overline{u}_2 & \overline{v}_2\end{pmatrix}\right| \quad \text{y} \quad |X_u(q)\wedge X_v(q)| = \left|\det\begin{pmatrix}u_1 & v_1\\ u_2 & v_2\end{pmatrix}\right|.$$

Dado que $\det(d\phi_p) = \det\mathscr{M}_{\mathscr{B}\overline{\mathscr{B}}}$ no depende de las bases $\mathscr{B},\overline{\mathscr{B}}$ elegidas, el resultado queda probado.

Solución al ejercicio 3.28. Dado $p\in S$, la diferencial $dN_p : T_pS \longrightarrow T_pS$ verifica $\det(dN_p) = K(p) \neq 0$. Por tanto, dN_p es un isomorfismo lineal para todo $p\in S$; en definitiva, la aplicación de Gauss N es un *difeomorfismo local*. Tenemos que demostrar que es también un difeomorfismo *global*, para lo cual hay que probar que N es biyectiva, lo que haremos utilizando argumentos puramente topológicos. En realidad, vamos a demostrar que N es una *aplicación recubridora*;[6] en tal caso, al ser $N : S \longrightarrow \mathbb{S}^2$ recubridora, S conexa y $\mathbb{S}^2$ simplemente conexa, podemos concluir finalmente que N es un homeomorfismo (véase [52]).

Por un lado, como N es un difeomorfismo local, en particular es un homeomorfismo local, luego (localmente) lleva abiertos a abiertos. Dado que cualquier abierto es unión (arbitraria) de abiertos, podemos concluir que N es una aplicación abierta. Por otro lado, al ser S compacta, $N(S)$ es un compacto contenido en $\mathbb{S}^2$, que es Hausdorff; luego $N(S)$ es un cerrado. Así, tenemos $N(S)$ abierto y cerrado (y no vacío) en $\mathbb{S}^2$ conexo, lo que implica que $N(S) = \mathbb{S}^2$. En definitiva, N es sobreyectiva y, claramente N es continua. Por tanto, solo queda verificar la última propiedad que define a una aplicación recubridora, lo que demostraremos en dos pasos:

i) *Veamos que $N^{-1}(q)$ es un conjunto finito de puntos para todo $q\in\mathbb{S}^2$.* Supongamos, por reducción al absurdo, que $\{p_n : n\in\mathbb{N}\}\subset N^{-1}(q)$, con $p_n\neq p_m$ para todo $n\neq m$. Tenemos por tanto una sucesión $\{p_n\}_{n\in\mathbb{N}}\subset S$ compacta, lo que implica la existencia de una subsucesión convergente. Podemos suponer, sin pérdida de generalidad, que la propia sucesión $\{p_n\}_{n\in\mathbb{N}}$ es convergente, es decir, existe $\lim_{n\to\infty} p_n = p\in N^{-1}(q)$ (ya que $N^{-1}(q)$ es un cerrado). Entonces, para cualquier entorno $U(p)\subset S$, existe $m\in\mathbb{N}$ tal que $p_n\in U$ para todo $n\geq m$; luego $N(p_n) = N(p) = q$ para todo $n\geq m$, lo que contradice el que N sea un difeomorfismo local.

ii) Por (i), supongamos que $N^{-1}(q) = \{p_1,\dots,p_n\}$. Como N es un difeomorfismo local, para todo $i = 1,\dots,n$ podemos encontrar $\widetilde{U}_i(p_i)\subset S$ mutuamente disjuntos (es decir, tales que $\widetilde{U}_j\cap\widetilde{U}_k = \emptyset$ para cualesquiera $j\neq k$, $j,k\in\{1,\dots,n\}$), de modo que $N|_{\widetilde{U}_i} : \widetilde{U}_i \longrightarrow N(\widetilde{U}_i) = V_i$ es un homeomorfismo. Sea entonces $V = \bigcap_{i=1}^n V_i$, que es un abierto en $\mathbb{S}^2$, y sean $U_i = \left(N|_{\widetilde{U}_i}\right)^{-1}(V)$, $i = 1,\dots,n$. Es sencillo verificar que los abiertos $U_i\subset S$ son disjuntos, y cumplen, para N, la condición de aplicación recubridora.

---

[6] Sea $f : X \longrightarrow Y$ una aplicación continua y sobreyectiva entre espacios topológicos. Se dice que f es *recubridora* si, para todo $q\in Y$, existe un entorno $V(q)$ tal que $f^{-1}(V) = \bigcup_{i\in I} U_i$, unión disjunta, con $U_i\subset X$ tales que $f|_{U_i} : U_i \longrightarrow V$ es un homeomorfismo para todo $i\in I$.

Solución al ejercicio 3.29. i) f es diferenciable por ser la restricción a S de una función diferenciable en todo $\mathbb{R}^3$. Así pues, sean $p \in S$, $\mathbf{v} \in T_pS$ y $\alpha : I \longrightarrow S$ una curva diferenciable con condiciones iniciales $\alpha(0) = p$ y $\alpha'(0) = \mathbf{v}$. Entonces

$$df_p(\mathbf{v}) = \left.\frac{d}{dt}\right|_{t=0} (f \circ \alpha)(t) = \left.\frac{d}{dt}\right|_{t=0} \Big\langle \alpha(t) - p_0, N\big(\alpha(t)\big) \Big\rangle = \big\langle p - p_0, dN_p(\mathbf{v}) \big\rangle.$$

ii) Si p es elíptico o hiperbólico, entonces $K(p) = \det(dN_p) \neq 0$. Luego dN_p es un isomorfismo lineal para todo $p \in S$. Ahora bien, $df_p = 0$ si, y solo si,

$$\big\langle p - p_0, dN_p(\mathbf{v}) \big\rangle = 0$$

para todo $\mathbf{v} \in T_pS$ (ya que $p \neq p_0$ por ser $p_0 \notin S$). Como dN_p es un isomorfismo lineal (en particular es biyectiva), esto es equivalente a que $\langle p - p_0, \mathbf{w} \rangle = 0$ para todo $\mathbf{w} \in T_pS$, es decir, a que la recta $\overline{pp_0}$ esté en la dirección del vector normal $N(p)$.

Solución al ejercicio 3.30. i) La diferencial de $\psi_{\lambda_0} : S \longrightarrow \mathbb{R}^3$ es

$$\begin{aligned} d(\psi_{\lambda_0})_p(\mathbf{v}) &= \left.\frac{d}{dt}\right|_{t=0} (\psi_{\lambda_0} \circ \alpha)(t) = \alpha'(0) + \lambda_0 dN_{\alpha(0)}\big(\alpha'(0)\big) = \mathbf{v} + \lambda_0 dN_p(\mathbf{v}) \\ &= \mathbf{v} - \lambda_0 \mathrm{A}_p \mathbf{v} \end{aligned}$$

para todo $\mathbf{v} \in T_pS$, donde $\alpha : I \longrightarrow S$ es una curva diferenciable en S con condiciones iniciales $\alpha(0) = p$, $\alpha'(0) = \mathbf{v}$. Así, $d(\psi_{\lambda_0})_p$ no será inyectiva si, y solo si, existe $\mathbf{v} \in T_pS$, $\mathbf{v} \neq \mathbf{0}$, tal que $d(\psi_{\lambda_0})_p(\mathbf{v}) = \mathbf{0}$, es decir si, y solo si, $\mathrm{A}_p\mathbf{v} = (1/\lambda_0)\mathbf{v}$. En definitiva, $\mathbf{v}$ debe ser un vector propio de A_p, lo que equivale a que $1/\lambda_0 = k_i(p)$ para $i = 1$ ó $i = 2$. Luego $q \in \mathfrak{R}_p$ es un punto focal de S si, y solo si, $q = p + \big(1/k_i(p)\big)N(p)$ para $i = 1$ ó $i = 2$.

Si p es hiperbólico, $k_1(p) < 0$ y $k_2(p) > 0$ (y no nulas): hay dos puntos focales. Si p es parabólico, $k_1(p) = 0$ y $k_2(p) \neq 0$: hay un único punto focal.

Observación. Si p es plano, no existen puntos focales en $\mathfrak{R}_p$, pues $k_1(p) = k_2(p) = 0$; si p es elíptico, como $k_1(p), k_2(p)$ tienen el mismo signo (positivo o negativo, pero nunca se anulan), podría haber dos puntos focales si $k_1(p) \neq k_2(p)$, o solo uno si $k_1(p) = k_2(p)$.

ii) El lugar focal depende de la orientación elegida en la superficie, pues al cambiar la orientación las curvaturas principales cambian de signo.

- Plano: el lugar focal es el vacío, pues no hay puntos focales al ser todos los puntos planos (véase la observación anterior).
- Esfera: si q es focal, $q = p + \big(1/k_i(p)\big)N(p) = p - r(1/r)p = 0$. El centro es el único punto focal.
- Cilindro: consideremos la parametrización $X(u,v) = (r\cos u, r\operatorname{sen} u, v)$ y un punto cualquiera $p = (r\cos u, r\operatorname{sen} u, v)$. El normal es $N(p) = (\cos u, \operatorname{sen} u, 0)$ y las curvaturas principales son $k_1(p) = -1/r$, $k_2(p) = 0$. Luego un punto focal es de la forma $q = (r\cos u, r\operatorname{sen} u, v) - r(\cos u, \operatorname{sen} u, 0) = (0,0,v)$. El lugar focal es el eje del cilindro.

Solución al ejercicio 3.31. Como $F = 0$, es sencillo calcular los símbolos de Christoffel utilizando el sistema (3.20):

$$\Gamma_{11}^1 = \frac{1}{2}\frac{E_u}{E},\ \Gamma_{11}^2 = -\frac{1}{2}\frac{E_v}{G},\ \Gamma_{12}^1 = \frac{1}{2}\frac{E_v}{E},\ \Gamma_{12}^2 = \frac{1}{2}\frac{G_u}{G},\ \Gamma_{22}^1 = -\frac{1}{2}\frac{G_u}{E},\ \Gamma_{22}^2 = \frac{1}{2}\frac{G_v}{G}.$$

Sustituyendo estos valores en la ecuación de Gauss (3.22) se obtiene

$$EK = \frac{1}{4EG^2}\Big[G(E_v^2 + E_uG_u) + E(E_vG_v + G_u^2) - 2EG(E_{vv} + G_{uu})\Big].$$

Desarrollando por otro lado la expresión (3.29) es fácil comprobar que se llega también a la fórmula anterior.

Solución al ejercicio 3.32. La primera igualdad es consecuencia inmediata de (3.17):

$$\begin{aligned} N_u \wedge N_v &= (a_{11}X_u + a_{21}X_v) \wedge (a_{12}X_u + a_{22}X_v) = (a_{11}a_{22} - a_{12}a_{21})(X_u \wedge X_v) \\ &= K(X_u \wedge X_v). \end{aligned}$$

Aplicando ahora la fórmula de Lagrange[7] para el producto vectorial en la expresión anterior obtenemos

$$\begin{aligned} K(EG - F^2) &= K\,|X_u \wedge X_v|^2 = \langle N_u \wedge N_v, X_u \wedge X_v\rangle \\ &= \langle N_u, X_u\rangle\,\langle N_v, X_v\rangle - \langle N_u, X_v\rangle\,\langle N_v, X_u\rangle\,. \end{aligned} \tag{C.4}$$

Por otro lado, al ser $N = (X_u \wedge X_v)/\sqrt{EG - F^2}$, se tiene

$$\begin{aligned} N_u &= \frac{X_{uu} \wedge X_v + X_u \wedge X_{uv}}{\sqrt{EG - F^2}} + \frac{\partial}{\partial u}\left(\frac{1}{\sqrt{EG - F^2}}\right)(X_u \wedge X_v), \\ N_v &= \frac{X_{uv} \wedge X_v + X_u \wedge X_{vv}}{\sqrt{EG - F^2}} + \frac{\partial}{\partial v}\left(\frac{1}{\sqrt{EG - F^2}}\right)(X_u \wedge X_v), \end{aligned}$$

y sustituyendo estas expresiones en (C.4) llegamos a

$$\begin{aligned} K(EG - F^2)^2 &= \langle X_{uu} \wedge X_v, X_u\rangle\,\langle X_u \wedge X_{vv}, X_v\rangle - \langle X_u \wedge X_{uv}, X_v\rangle\,\langle X_{uv} \wedge X_v, X_u\rangle \\ &= \det(X_{uu}, X_v, X_u)\det(X_u, X_{vv}, X_v) - \det(X_u, X_{uv}, X_v)\det(X_{uv}, X_v, X_u) \\ &= \det\big((X_{uu}, X_v, X_u)^{\intercal}\big)\det(X_u, X_{vv}, X_v) - \det\big((X_u, X_{uv}, X_v)^{\intercal}\big)\det(X_{uv}, X_v, X_u) \\ &= \begin{vmatrix} \langle X_{uu}, X_u\rangle & \langle X_{uu}, X_{vv}\rangle & \langle X_{uu}, X_v\rangle \\ F & \langle X_{vv}, X_v\rangle & G \\ E & \langle X_{vv}, X_u\rangle & F \end{vmatrix} - \begin{vmatrix} \langle X_{uv}, X_u\rangle & F & E \\ |X_{uv}|^2 & \langle X_{uv}, X_v\rangle & \langle X_{uv}, X_u\rangle \\ \langle X_{uv}, X_v\rangle & G & F \end{vmatrix} \\ &= \begin{vmatrix} \langle X_{uu}, X_{vv}\rangle & \langle X_{uu}, X_u\rangle & \langle X_{uu}, X_v\rangle \\ \langle X_{vv}, X_u\rangle & E & F \\ \langle X_{vv}, X_v\rangle & F & G \end{vmatrix} - \begin{vmatrix} |X_{uv}|^2 & \langle X_{uv}, X_u\rangle & \langle X_{uv}, X_v\rangle \\ \langle X_{uv}, X_u\rangle & E & F \\ \langle X_{uv}, X_v\rangle & F & G \end{vmatrix}. \end{aligned}$$

Ahora bien, como $\langle X_{vv}, X_u\rangle = F_v - G_u/2$ (véase (3.19)), derivando en u se tiene que $\langle X_{vvu}, X_u\rangle + \langle X_{vv}, X_{uu}\rangle = F_{uv} - G_{uu}/2$. Además, la relación $\langle X_{uv}, X_u\rangle = E_v/2$ (véase de

[7] Dados vectores cualesquiera $\mathbf{u}, \mathbf{v}, \mathbf{w}, \mathbf{z} \in \mathbb{R}^3$, la *fórmula de Lagrange* para el producto vectorial nos asegura que $\langle \mathbf{u} \wedge \mathbf{v}, \mathbf{w} \wedge \mathbf{z}\rangle = \langle \mathbf{u}, \mathbf{w}\rangle\,\langle \mathbf{v}, \mathbf{z}\rangle - \langle \mathbf{u}, \mathbf{z}\rangle\,\langle \mathbf{v}, \mathbf{w}\rangle$

nuevo (3.19)) implica $\langle X_{uvv}, X_u\rangle + \langle X_{uv}, X_{uv}\rangle = E_{vv}/2$. Por tanto, dado que $X_{vvu} = X_{uvv}$, obtenemos

$$\langle X_{uu}, X_{vv}\rangle = F_{uv} - \frac{1}{2}G_{uu} - \frac{1}{2}E_{vv} + |X_{uv}|^2 .$$

Finalmente, sustituyendo esta expresión en el determinante anterior, así como los productos escalares por sus valores en términos de E, F, G y sus parciales (dados en (3.19)), podemos concluir el resultado:

$$\begin{aligned} K(EG-F^2)^2 &= \begin{vmatrix} F_{uv} - \frac{1}{2}G_{uu} - \frac{1}{2}E_{vv} + |X_{uv}|^2 & \frac{1}{2}E_u & F_u - \frac{1}{2}E_v \\ F_v - \frac{1}{2}G_u & E & F \\ \frac{1}{2}G_v & F & G \end{vmatrix} - \begin{vmatrix} |X_{uv}|^2 & \frac{1}{2}E_v & \frac{1}{2}G_u \\ \frac{1}{2}E_v & E & F \\ \frac{1}{2}G_u & F & G \end{vmatrix} \\ &= \begin{vmatrix} F_{uv} - \frac{1}{2}G_{uu} - \frac{1}{2}E_{vv} & \frac{1}{2}E_u & F_u - \frac{1}{2}E_v \\ F_v - \frac{1}{2}G_u & E & F \\ \frac{1}{2}G_v & F & G \end{vmatrix} + \begin{vmatrix} |X_{uv}|^2 & \frac{1}{2}E_u & F_u - \frac{1}{2}E_v \\ 0 & E & F \\ 0 & F & G \end{vmatrix} \\ &\quad - \begin{vmatrix} 0 & \frac{1}{2}E_v & \frac{1}{2}G_u \\ \frac{1}{2}E_v & E & F \\ \frac{1}{2}G_u & F & G \end{vmatrix} - \begin{vmatrix} |X_{uv}|^2 & \frac{1}{2}E_v & \frac{1}{2}G_u \\ 0 & E & F \\ 0 & F & G \end{vmatrix} \\ &= \begin{vmatrix} F_{uv} - \frac{1}{2}G_{uu} - \frac{1}{2}E_{vv} & \frac{1}{2}E_u & F_u - \frac{1}{2}E_v \\ F_v - \frac{1}{2}G_u & E & F \\ \frac{1}{2}G_v & F & G \end{vmatrix} - \begin{vmatrix} 0 & \frac{1}{2}E_v & \frac{1}{2}G_u \\ \frac{1}{2}E_v & E & F \\ \frac{1}{2}G_u & F & G \end{vmatrix} . \end{aligned}$$

Solución al ejercicio 3.33. La implicación directa es evidente:

$$L_a^b(f\circ\alpha) = \int_a^b \left|(f\circ\alpha)'(t)\right| dt = \int_a^b \left|df_{\alpha(t)}\big(\alpha'(t)\big)\right| dt = \int_a^b \left|\alpha'(t)\right| dt = L_a^b(\alpha)$$

para cualquier curva diferenciable $\alpha : [a,b] \longrightarrow S$. Recíprocamente, si $\mathbf{v} \in T_pS$, entonces existe una curva diferenciable $\alpha : I \longrightarrow S$ con $\alpha(0) = p$ y $\alpha'(0) = \mathbf{v}$. Por hipótesis, $L_{-\varepsilon}^t(f\circ\alpha) = L_{-\varepsilon}^t(\alpha)$, o lo que es lo mismo,

$$\int_{-\varepsilon}^t \left|(f\circ\alpha)'(s)\right| ds = \int_{-\varepsilon}^t \left|\alpha'(s)\right| ds.$$

Derivando en t obtenemos que $\left|(f\circ\alpha)'(t)\right| = \left|\alpha'(t)\right|$ y, en particular, evaluando en $t=0$, se tiene que $\left|df_p(\mathbf{v})\right| = |\mathbf{v}|$. Luego f es una isometría local.

Solución al ejercicio 3.34. i) $\phi : \Pi \longrightarrow S$ es diferenciable pues la composición $i\circ\phi : \Pi \longrightarrow \mathbb{R}^3$ es la restricción al plano Π de la aplicación $\Phi : \mathbb{R}^3 \longrightarrow \mathbb{R}^3$ dada por $\Phi(x,y,z) = \big(x,y,f(x,y)\big)$, que es diferenciable en el sentido ordinario. Además, la aplicación inversa ϕ^{-1} no es más que la proyección ortogonal sobre el plano $z=0$, que es diferenciable. Así pues, ϕ es un difeomorfismo.

ii) Sean $p = (p_1,p_2,0) \in \Pi$, $\mathbf{v} = (v_1,v_2,0) \in T_p\Pi \equiv \Pi$ y $\alpha : I \longrightarrow \Pi$ una curva diferenciable de la forma $\alpha(t) = \big(\alpha_1(t),\alpha_2(t),0\big)$, con $\alpha(0) = p$ y $\alpha'(0) = \mathbf{v}$. Entonces,

$$d\phi_p(\mathbf{v}) = \frac{d}{dt}\bigg|_{t=0} \Big(\alpha_1(t),\alpha_2(t),f\big(\alpha_1(t),\alpha_2(t)\big)\Big) = \big(v_1,v_2,f_x(p)v_1 + f_y(p)v_2\big).$$

Un rápido cálculo muestra que

$$v_1^2+v_2^2+\big(f_x(p)v_1+f_y(p)v_2\big)^2=\big|d\phi_p(\mathbf{v})\big|^2=|\mathbf{v}|^2=v_1^2+v_2^2$$

para todo $\mathbf{v}\in\Pi$ si, y solo si, $f_x(p)=f_y(p)=0$. Luego ϕ será isometría local si, y solo si, $f_x(p)=f_y(p)=0$ para todo $p\in\Pi$, esto es, si, y solo si, $f\equiv$ constante, lo que equivale a decir que S es un *plano paralelo* a Π.

iii) No se puede asegurar. Si no se verificase $f_x(p)=f_y(p)=0$, entonces podríamos afirmar que la aplicación ϕ no es una isometría local, pero esto no implica que no pueda existir otra isometría local entre Π y el grafo S.

Solución al ejercicio 3.35. Como las parametrizaciones son ortogonales, podemos calcular las curvaturas de Gauss utilizando la fórmula (3.29): $K=-1/(1+u^2)^2<0$ y $\overline{K}=8/(1+4u^2)^3>0$. Al ser la primera *estrictamente negativa* siempre, y la segunda *estrictamente positiva*, el teorema *Egregium* de Gauss 3.9.1 nos asegura que nunca podrá encontrarse una isometría $\phi:S\longrightarrow\overline{S}$ de modo que $\overline{K}\big(\phi(p)\big)=K(p)$.

Solución al ejercicio 3.36. Por el teorema 3.8.4, es suficiente encontrar parametrizaciones del helicoide y el catenoide de forma que los coeficientes de la primera forma fundamental coincidan. Basta tomar la parametrización usual del catenoide (como superficie de revolución), $X(u,v)=(a\cosh v\cos u, a\cosh v\operatorname{sen} u, av)$, y para el helicoide la dada por $\overline{X}(u,v)=(a\operatorname{senh} v\cos u, a\operatorname{senh} v\operatorname{sen} u, au)$ (que se obtiene sin más que efectuar el cambio de variable $\overline{u}=u$ y $\overline{v}=a\operatorname{senh} v$ en la parametrización ya conocida $Y(\overline{u},\overline{v})=(\overline{v}\cos\overline{u},\overline{v}\operatorname{sen}\overline{u},a\overline{u})$, véase el ejemplo 2.20). Un rápido cálculo muestra que $E=a^2\cosh^2 v=\overline{E}$, $F=0=\overline{F}$ y $G=a^2\cosh^2 v=\overline{G}$.

Solución al ejercicio 3.37. i) Obsérvese que $K=(eg-f^2)/(EG-F^2)=-1$; sin embargo, utilizando la ecuación de Gauss (3.22) se obtiene $K=0$, ya que todos los símbolos de Christoffel se anulan. Luego no puede existir.

ii) En este caso, $K=(eg-f^2)/(EG-F^2)=1$. Por el teorema de Bonnet 3.9.2 tenemos que comprobar si se verifican las ecuaciones de compatibilidad. Usando el sistema (3.20) obtenemos los símbolos de Christoffel: $\Gamma_{11}^1=\Gamma_{11}^2=\Gamma_{12}^1=\Gamma_{22}^2=0$, $\Gamma_{12}^2=-\operatorname{tg} u$ y $\Gamma_{22}^1=\cos u\operatorname{sen} u$. Es sencillo ver que se cumple la ecuación de Gauss (3.22), así como la primera ecuación de Mainardi-Codazzi (3.23). Sin embargo, no sucede lo mismo con la segunda ecuación de Mainardi-Codazzi (3.26): esta se traduce en $(\operatorname{sen} u/\cos u)(1+\cos^4 u)=0$, lo cual no puede darse (para todo u).

Solución al ejercicio 3.38. Por ser X y $\overline{X}$ difeomorfismos, es claro que la aplicación φ también es un difeomorfismo (local) entre superficies. Por tanto, solo resta demostrar que es conforme. Sean $p=X(q)\in S$, con $q=(u_0,v_0)$, y $X_u(q)\in T_pS$. Entonces

$$d\varphi_p(X_u(q))=\left.\frac{d}{du}\right|_{u=0}(\varphi\circ X)(u+u_0,v_0)=\left.\frac{d}{du}\right|_{u=0}(\overline{X}\circ X^{-1}\circ X)(u+u_0,v_0)=\overline{X}_u(q).$$

Análogamente, $d\varphi_p\big(X_v(q)\big)=\overline{X}_v(q)$. Por tanto (suprimimos el punto q por brevedad),

$$\big\langle d\varphi_p(X_u),d\phi_p(X_u)\big\rangle=\big\langle\overline{X}_u,\overline{X}_u\big\rangle=\overline{E}=\lambda^2E=\lambda^2\langle X_u,X_u\rangle.$$

Utilizando $\overline{F} = \lambda^2 F$ y $\overline{G} = \lambda^2 G$, se demuestra de la misma forma que

$$\big\langle d\varphi_p(X_u), d\varphi_p(X_v)\big\rangle = \lambda^2 \langle X_u, X_v\rangle \quad \text{y} \quad \big\langle d\varphi_p(X_v), d\varphi_p(X_v)\big\rangle = \lambda^2 \langle X_v, X_v\rangle .$$

De estas tres igualdades, y por ser $\{X_u, X_v\}$ una base de T_pS, se deduce que, para todo $\mathbf{v} \in T_pS$, $\big\langle d\varphi_p(\mathbf{v}), d\varphi_p(\mathbf{v})\big\rangle = \lambda^2 \langle \mathbf{v}, \mathbf{v}\rangle$; esto es, φ es una aplicación conforme.

Solución al ejercicio 3.39. La composición $\overline{X} = \phi \circ X$ de la proyección ϕ con la parametrización $X(\theta, \varphi) = (\operatorname{sen}\theta\cos\varphi, \operatorname{sen}\theta\operatorname{sen}\varphi, \cos\theta)$ toma la forma

$$\overline{X}(\theta, \varphi) = \left(\varphi, \frac{1}{2}\log\frac{1+\cos\theta}{1-\cos\theta}\right),$$

que identificamos con el punto $\Big(\varphi, (1/2)\log\big((1+\cos\theta)/(1-\cos\theta)\big), 0\Big)$ del plano $z = 0$. Luego los coeficientes de su primera forma fundamental son $\overline{E} = 1/\operatorname{sen}^2\theta$, $\overline{F} = 0, \overline{G} = 1$. El corolario 3.10.3 aplicado a la función $\lambda(p) = \lambda\big(X(\theta, \varphi)\big) = 1/\operatorname{sen}\theta$ (que es diferenciable y nunca se anula, pues $\theta \in (0, \pi)$) nos asegura que la proyección de Mercator ϕ es una aplicación conforme.

Solución al ejercicio 3.40. Consideremos la parametrización $\overline{X} = N \circ X$ de la esfera $\mathbb{S}^2$. Utilizando la relación (3.16) es sencillo ver que

$$\big|\overline{X}_u \wedge \overline{X}_v\big| = \big|dN_{X(u,v)}(X_u) \wedge dN_{X(u,v)}(X_v)\big| = |K|\,|X_u \wedge X_v| .$$

Supongamos que existe un punto $p \in S$ tal que $K(p) \neq \pm 1$, es decir, $\big|K(p)\big| \neq 1$. Podemos suponer, por ejemplo, que $\big|K(p)\big| > 1$. Entonces, existe un entorno $V(p)$ donde $\big|K(q)\big| > 1$ para todo $q \in V$. Claramente, $X^{-1}(V) = \overline{X}^{-1}\big(N(V)\big)$. Como, por hipótesis, N es una aplicación isoareal, $A(V) = A\big(N(V)\big)$, y por tanto,

$$\begin{aligned}\int_{X^{-1}(V)} |X_u \wedge X_v|\,dudv &= \int_{\overline{X}^{-1}(N(V))} |\overline{X}_u \wedge \overline{X}_v|\,dudv = \int_{X^{-1}(V)} |K|\,|X_u \wedge X_v|\,dudv \\ &> \int_{X^{-1}(V)} |X_u \wedge X_v|\,dudv,\end{aligned}$$

una contradicción. Luego $K \equiv \pm 1$.

Solución al ejercicio 3.41. i) Supongamos primero que ϕ es isoareal y que existe $p = X(\theta_0, \varphi_0) \in \mathbb{S}^2$ con

$$(\overline{E}\overline{G} - \overline{F}^2)(\theta_0, \varphi_0) \neq \operatorname{sen}^2\theta_0 = (EG - F^2)(\theta_0, \varphi_0).$$

Podemos suponer, por ejemplo, que $(\overline{E}\overline{G} - \overline{F}^2)(\theta_0, \varphi_0) > \operatorname{sen}^2\theta_0$. Entonces, existe un entorno $V(p)$ donde $(\overline{E}\overline{G} - \overline{F}^2)(\theta, \varphi) > \operatorname{sen}^2\theta$ para todo $X(\theta, \varphi) \in V$. Claramente, $X^{-1}(V) = \overline{X}^{-1}\big(\phi(V)\big)$. Como ϕ es isoareal, $A(V) = A\big(\phi(V)\big)$, y por tanto,

$$\int_{X^{-1}(V)} \operatorname{sen}^2\theta\, d\theta d\varphi = \int_{\overline{X}^{-1}(\phi(V))} \sqrt{\overline{E}\overline{G} - \overline{F}^2}\, d\theta d\varphi > \int_{X^{-1}(V)} \operatorname{sen}^2\theta\, d\theta d\varphi,$$

una contradicción. Luego $\overline{E}\overline{G} - \overline{F}^2 = \operatorname{sen}^2\theta$.

Recíprocamente, si $\overline{E}\overline{G}-\overline{F}^2=\operatorname{sen}^2\theta=EG-F^2$ entonces, para cualquier región $R\subset X\big(U=(0,\pi)\times(0,2\pi)\big)$, es evidente que $A(R)=A\big(\phi(R)\big)$.

ii) La composición $\overline{X}=\phi\circ X$ de la proyección ϕ con la parametrización dada por las coordenadas geográficas $X(\theta,\varphi)=(\operatorname{sen}\theta\cos\varphi,\operatorname{sen}\theta\operatorname{sen}\varphi,\cos\theta)$ toma la forma $\overline{X}(\theta,\varphi)=(\varphi,\cos\theta)\equiv(\varphi,\cos\theta,0)$. Así pues, los coeficientes de su primera forma fundamental son $\overline{E}=\operatorname{sen}^2\theta,\overline{F}=0,\overline{G}=1$, de donde $\overline{E}\overline{G}-\overline{F}^2=\operatorname{sen}^2\theta$. El apartado i) nos asegura que la proyección de Lambert ϕ es una aplicación isoareal.

SOLUCIONES A LOS EJERCICIOS DEL CAPÍTULO IV

Solución al ejercicio 4.1. Como $\langle V,V\rangle=1$, entonces

$$0=\langle V',V\rangle=\left\langle\frac{DV}{dt}+(V')^{\perp},V\right\rangle=\left\langle\frac{DV}{dt},V\right\rangle.$$

Luego $(DV/dt)\perp V$. Dado que, además, $(DV/dt)\perp N$, podemos concluir que DV/dt está en la dirección de $N\wedge V$, lo que demuestra la existencia de una función diferenciable λ tal que $DV/dt=\lambda(N\wedge V)$. Finalmente obsérvese que, si $V=\alpha'$, entonces $\lambda=\langle D\alpha'/ds,N\wedge\alpha'\rangle=\langle\alpha'',N\wedge\alpha'\rangle=k_g$, ya que $|N\wedge\alpha'|=1$ por estar α p.p.a.

Solución al ejercicio 4.2. Como $\langle V,W\rangle=0$ y V es paralelo, entonces

$$0=\left\langle\frac{DV}{dt},W\right\rangle+\left\langle V,\frac{DW}{dt}\right\rangle=\left\langle V,\frac{DW}{dt}\right\rangle.$$

Por otro lado, al ser $|W|=1$ se tiene que $\langle DW/dt,W\rangle=0$. Así pues, $(DW/dt)(t)$ es ortogonal a $V(t)$ y $W(t)$ para todo t. Como $\{V(t),W(t)\}$ es una base (ortonormal) del tangente, esto implica que $(DW/dt)(t)=\mathbf{0}$ para todo t; es decir, W es paralelo.

Observación. Para que un campo sea paralelo, debe tener módulo constante.

Solución al ejercicio 4.3. Consideremos como $S_1=\mathbb{S}^2$ la esfera (unidad) centrada en el origen de coordenadas y como $S_2=\Pi$ el plano $z=0$, que pasa por su ecuador.

Sea $\alpha=(\cos t,\operatorname{sen}t,0)$ la curva dada por el ecuador de la esfera, que es precisamente la intersección $S_1\cap S_2$, y sea $V=\alpha'$ su campo velocidad. Claramente V es un campo paralelo en la esfera (véase el ejemplo 4.3), pero no lo es en el plano: en efecto, si representamos por $N_\Pi(t)=(0,0,1)$ el vector normal al plano Π, entonces

$$\frac{D\alpha'}{dt}(t)=\alpha''(t)-\big\langle\alpha''(t),N_\Pi(t)\big\rangle N_\Pi(t)=\alpha''(t)=(-\cos t,-\operatorname{sen}t,0)\neq\mathbf{0}.$$

Observación. La proposición 4.1.10 nos asegura que el transporte paralelo es independiente de la superficie, pero siempre y cuando estas sean *tangentes*; en nuestro caso, únicamente se cortan.

Solución al ejercicio 4.4. Si expresamos el campo V de la forma

$$V(t)=a(t)X_u\big(u(t),v(t)\big)+b(t)X_v\big(u(t),v(t)\big)\qquad\text{(C.5)}$$

para una cierta parametrización (U,X) de S_1, entonces la composición $\overline{X} = \phi \circ X$ es una parametrización de S_2 y es claro que

$$d\phi_{\alpha(t)}\big(V(t)\big) = a(t)d\phi_{\alpha(t)}\big(X_u(t)\big) + b(t)d\phi_{\alpha(t)}\big(X_v(t)\big) = a(t)\overline{X}_u(t) + b(t)\overline{X}_v(t),$$

donde estamos escribiendo, por brevedad, $X_u(t) = X_u\big(u(t), v(t)\big)$, y análogamente para los demás funcionales. Así pues, $d\phi_{\alpha(\cdot)}\big(V(\cdot)\big)$ es un campo paralelo si, y solo si, verifica las ecuaciones

$$\begin{cases} a' + au'\overline{\Gamma}_{11}^1 + (av' + bu')\overline{\Gamma}_{12}^1 + bv'\overline{\Gamma}_{22}^1 = 0, \\ b' + au'\overline{\Gamma}_{11}^2 + (av' + bu')\overline{\Gamma}_{12}^2 + bv'\overline{\Gamma}_{22}^2 = 0 \end{cases}$$

(véase (4.3)), donde con $\overline{\Gamma}_{ij}^k$ estamos representando los símbolos de Christoffel asociados a la parametrización $\overline{X}$. Ahora bien, por ser ϕ una isometría local, los símbolos de Christoffel de X y $\overline{X}$ coinciden, $\overline{\Gamma}_{ij}^k = \Gamma_{ij}^k$. Luego el sistema de ecuaciones diferenciales anterior es, precisamente, el correspondiente al campo V para la parametrización original X (véase (C.5)), que se verifica por ser V paralelo.

Solución al ejercicio 4.5. i) Es un rápido cálculo demostrar que

$$\begin{aligned} \frac{D(\mathrm{J}\gamma')}{dt} &= \left[\frac{d(\mathrm{J}\gamma')}{dt}\right]^\top = \left[\frac{d}{dt}(N \wedge \gamma')\right]^\top = \left[(N' \wedge \gamma') + N \wedge \frac{D\gamma'}{dt}\right]^\top \\ &= \left[(N' \wedge \gamma') + \mathrm{J}\Big(\frac{D\gamma'}{dt}\Big)\right]^\top = \mathrm{J}\left(\frac{D\gamma'}{dt}\right), \end{aligned}$$

pues al ser $N'(s), \gamma'(s) \in T_{\gamma(s)}S$ para todo $s \in I$ entonces, o bien el producto vectorial $N' \wedge \gamma' = \mathbf{0}$ si son colineales o, en caso contrario, $N' \wedge \gamma'$ se encuentra en la dirección del normal a la superficie. En cualquier caso, $(N' \wedge \gamma')^\top = \mathbf{0}$.

ii) La implicación directa es evidente por ser V, γ' paralelos (proposición 4.1.5). Para demostrar el recíproco, obsérvese, por un lado, que $\langle V, \gamma' \rangle \equiv$ constante, ya que $\text{áng}(\gamma', V) = \langle V, \gamma' \rangle / \big(|V|\,|\gamma'|\big)$ lo es por hipótesis, así como $|V|$ y $|\gamma'|$. Derivando,

$$0 = \left\langle \frac{DV}{dt}, \gamma' \right\rangle + \left\langle V, \frac{D\gamma'}{dt} \right\rangle = \left\langle \frac{DV}{dt}, \gamma' \right\rangle.$$

Por otro lado, $\big\{\gamma'(s), \mathrm{J}\gamma'(s)\big\}$ es una base del plano tangente $T_{\gamma(s)}S$ para todo $s \in I$; así pues, como $\text{áng}(\gamma', V)$ es constante, $\text{áng}(\mathrm{J}\gamma', V)$ también lo es, de donde se deduce que $\langle V, \mathrm{J}\gamma' \rangle \equiv$ constante. Derivando ahora esta expresión y utilizando el apartado i),

$$0 = \left\langle \frac{DV}{dt}, \mathrm{J}\gamma' \right\rangle + \left\langle V, \frac{D(\mathrm{J}\gamma')}{dt} \right\rangle = \left\langle \frac{DV}{dt}, \mathrm{J}\gamma' \right\rangle + \left\langle V, \mathrm{J}\Big(\frac{D\gamma'}{dt}\Big) \right\rangle = \left\langle \frac{DV}{dt}, \mathrm{J}\gamma' \right\rangle.$$

En consecuencia, por ser $\langle DV/dt, \gamma' \rangle = \langle DV/dt, \mathrm{J}\gamma' \rangle = 0$ y dado que $\{\gamma', \mathrm{J}\gamma'\}$ es una base, se tiene que $DV/dt \equiv \mathbf{0}$, es decir, V es paralelo.

Solución al ejercicio 4.6. i) Por ser α una geodésica (que suponemos p.p.a.), los vectores N y $\mathbf{n}$ son colineales; luego $N(s) = \pm\mathbf{n}(s)$ para todo s, ya que ambos son unitarios. Como α es además una línea de curvatura, existe una función diferenciable λ tal que $N'(s) = \lambda(s)\alpha'(s)$ para todo s. Así pues,

$$\lambda(s)\mathbf{t}(s) = \lambda(s)\alpha'(s) = N'(s) = \pm\mathbf{n}'(s) = \pm\big[-k(s)\mathbf{t}(s) - \tau(s)\mathbf{b}(s)\big],$$

de donde se deduce que $\tau(s) = 0$ para todo s. Por tanto, α es una curva plana.

ii) Como α es una geodésica (que suponemos p.p.a.), $N(s) = \pm\mathbf{n}(s)$ para todo s. Entonces, $N'(s) = \pm\mathbf{n}'(s) = \pm\big[-k(s)\mathbf{t}(s) - \tau(s)\mathbf{b}(s)\big]$. Al ser α una curva plana, $\tau \equiv 0$, y por tanto, $N'(s) = \mp k(s)\mathbf{t}(s)$; esto demuestra que α es línea de curvatura.

iii) Cualquier paralelo de una esfera distinto del ecuador es una línea de curvatura plana; sin embargo, no es una geodésica.

Solución al ejercicio 4.7. Sean $p \in S$ y $\mathbf{v} \in T_pS$, y consideremos la geodésica maximal $\gamma_v : I_v \longrightarrow S$ con $\gamma_v(0) = p$ y $\gamma_v'(0) = \mathbf{v}$. Como por hipótesis γ_v es una curva plana, el ejercicio 4.6 ii) nos asegura que γ_v es, además, una línea de curvatura de S y, en consecuencia, $\gamma_v'(t)$ es dirección principal en $\gamma_v(t)$ para todo $t \in I_v$. En particular, $\mathbf{v} = \gamma_v'(0)$ es una dirección principal en $p = \gamma_v(0)$. Dado que esto se verifica para todo vector $\mathbf{v} \in T_pS$, podemos afirmar que p es un punto umbilical de S. Hemos demostrado que cualquier $p \in S$ es umbilical; por ser S conexa, el teorema 3.5.7 permite concluir que S es un trozo de esfera o un trozo de plano.

Solución al ejercicio 4.8. Cualquier recta es trivialmente una geodésica y una curva asintótica. Demostremos por tanto la implicación directa. Si γ es curva asintótica, $k_n(t) = k_n\big(\gamma'(t), \gamma(t)\big) = 0$ para todo $t \in I$, y por ser geodésica, $k_g(t) = 0$. En consecuencia, $k(t)^2 = k_g(t)^2 + k_n(t)^2 = 0$, es decir, γ es un segmento de recta.

Solución al ejercicio 4.9. Como $\alpha(I) \subset \Pi \equiv T_{\alpha(t)}S$ para todo $t \in I$, entonces el vector normal $\mathbf{n}(t) \in \Pi$, lo cual implica que $\mathbf{n}(t) \perp N\big(\alpha(t)\big)$ para todo $t \in I$. Luego α nunca será una geodésica, a no ser, claro está, que α sea una recta.

Solución al ejercicio 4.10. Sea S la superficie de revolución generada por la rotación de la curva $\alpha(v) = \big(f(v), 0, g(v)\big)$ p.p.a., con $f(v) > 0$, alrededor del eje z, que parametrizamos por $X(u,v) = \big(f(v)\cos u, f(v)\operatorname{sen} u, g(v)\big)$. En tal caso, $E = f(v)^2$, $F = 0$ y $G = f'(v)^2 + g'(v)^2 = 1$, y los símbolos de Christoffel vienen dados por

$$\Gamma_{11}^1 = \Gamma_{12}^2 = \Gamma_{22}^1 = \Gamma_{22}^2 = 0, \quad \Gamma_{11}^2 = -f(v)f'(v), \quad \Gamma_{12}^1 = \frac{f'(v)}{f(v)};$$

luego las ecuaciones de las geodésicas (4.9) se traducen en

$$\begin{cases} u'' + 2u'v'\dfrac{f'(v)}{f(v)} = 0, \\ v'' - (u')^2 f(v)f'(v) = 0. \end{cases} \tag{C.6}$$

i) Los meridianos de la superficie de revolución S son de la forma $u = u_0$ constante. Así, si $\widetilde{\gamma}(s) = \big(u_0, v(s)\big)$ es la expresión en coordenadas de un meridiano, la primera ecuación en (C.6) se verifica trivialmente. La segunda se reduce a $v''(s) = 0$, es decir, $v(s) = cs + v_0$, con $c \neq 0$. Por lo tanto, los meridianos $\gamma(s) = X(u_0, cs + v_0)$ son geodésicas (obsérvese que están parametrizados con velocidad constante).

ii) Los paralelos de la superficie de revolución son de la forma $v = v_0$ constante. Si $\widetilde{\gamma}(s) = \big(u(s), v_0\big)$ es la expresión en coordenadas de un paralelo, la primera ecuación en (C.6) se escribe $u''(s) = 0$, es decir, $u(s) = cs + u_0$, $c \neq 0$; esto nos dice de nuevo que la curva está parametrizada con velocidad constante. La segunda ecuación, por el contrario, no se reduce a una expresión trivial, obteniéndose que $-u'(s)^2 f(v_0) f'(v_0) = 0$, de donde $-c^2 f(v_0) f'(v_0) = 0$. Como $c^2, f(v_0) > 0$, entonces $f'(v_0) = 0$. Así pues, un paralelo es geodésica cuando $f'(v_0) = 0$, es decir, si en el punto $\alpha(v_0)$ que genera dicho paralelo, la recta tangente a la curva $\alpha(v)$ es paralela al eje de revolución.

iii) Vamos a calcular finalmente todas las geodésicas de una superficie de revolución. Sea $\widetilde{\gamma}(s) = \big(u(s), v(s)\big)$ la expresión en coordenadas de una geodésica p.p.a. que no es ni un meridiano ni un paralelo (luego $u'(s), v'(s)$ no se anulan). Para mayor brevedad, suprimiremos el parámetro s de las fórmulas que siguen. Es sencillo comprobar que la primera ecuación de (C.6) se verifica si, y solo si, $\big(f(v)^2 u'\big)' = 0$, es decir, si, y solo si, $f(v)^2 u' = c \neq 0$ constante. Como γ está p.p.a.,

$$1 = (u')^2 E + 2u'v'F + (v')^2 G = (u')^2 f(v)^2 + (v')^2, \tag{C.7}$$

y utilizando la relación $f(v)^2 u' = c$ se tiene que $1 - c^2/f(v)^2 = (v')^2$. Derivando esta expresión respecto a s obtenemos $c^2 f'(v)/f(v)^3 = v''$, y utilizando de nuevo que $f(v)^2 u' = c$ deducimos que $v'' = f(v) f'(v) (u')^2$, es decir, la segunda ecuación en el sistema (C.6). Esto demuestra que ambas relaciones son equivalentes.

Por otro lado, al ser $u' \neq 0$ podemos considerar su inversa $s(u)$, y expresar entonces $v = v(u)$ como una función de u. Multiplicando (C.7) por $s'(u)^2$ y simplificando se llega a que $s'(u)^2 = f(v)^2 + v'(u)^2$. Ahora bien, dado que $f(v)^2 u'(s) = c$, es evidente que $s'(u) = f(v)^2/c$, lo cual, unido a la expresión anterior, permite deducir finalmente que $v'(u) = f(v)\sqrt{f(v)^2 - c^2}/c$ (obsérvese que $f(v)^2 - c^2 \neq 0$ pues $v'(u) \neq 0$). La solución de esta ecuación diferencial nos dice cuáles son todas las geodésicas de la superficie de revolución generada por la rotación de la curva $\alpha(v)$, distintas de los meridianos y los paralelos: $\gamma(v) = X\big(u(v), v\big)$, donde

$$u(v) = c \int \frac{1}{f(v)\sqrt{f(v)^2 - c^2}}\, dv + \text{constante}.$$

Solución al ejercicio 4.11. Los paralelos máximo y mínimo son geodésicas, pues los planos tangentes en cada punto son paralelos al eje z de revolución; no son curvas asintóticas ya que, si lo fuesen, al ser geodésicas deberían ser segmentos de recta (ejercicio 4.8); los paralelos siempre son líneas de curvatura en una superficie de revolución (ejercicio 3.12; esto también se puede argumentar utilizando el hecho de que son geodésicas y curvas planas, ejercicio 4.6).

El paralelo superior no es una geodésica, pues el plano tangente en cualquier punto de la curva no es paralelo al eje z; es una curva asintótica, ya que el vector normal a la curva es ortogonal al vector normal a la superficie, lo que implica que $k_n \equiv 0$; es una línea de curvatura (ejercicio 3.12).

Solución al ejercicio 4.12. Sea $\alpha : I \longrightarrow \mathbb{T}^2$ una parametrización del paralelo superior del toro $\mathbb{T}^2$, que es una circunferencia, y sea R su radio. Obsérvese que $\alpha(I)$ está totalmente contenida en el plano tangente $T_{\alpha(t)}S \equiv \Pi$, que es constante. Luego el normal $N(t) \equiv N$ también es constante en todos los puntos de la curva. Claramente, $k(t) = 1/R$ y $\mathbf{n}(t) \in \Pi$ para todo t, ya que α es plana. Así pues,

$$k_n(t) = \langle \alpha''(t), N \rangle = k(t) \langle \mathbf{n}(t), N \rangle = 0$$

(estamos suponiendo α p.p.a.). En consecuencia, $k_g(t)^2 = k(t)^2 - k_n(t)^2 = 1/R^2$, es decir, la curvatura geodésica vale $k_g(t) = \pm 1/R$, donde el signo dependerá de las orientaciones elegidas.

Observación. Desde luego, también podemos considerar α parametrizada de la forma $\alpha(v) = (a\cos v, a\,\mathrm{sen}\, v, r) = X(\pi/2, v)$, donde $X(u,v)$ es la parametrización usual del toro (véase el ejercicio 2.11), y calcular $k_g(v) = \langle \alpha''(v), \mathrm{J}\alpha'(v) \rangle / |\alpha'(v)|^3 = -1/a$.

Solución al ejercicio 4.13. Por ser α línea de curvatura, $N'(s) = \lambda(s)\alpha'(s)$ para una función diferenciable λ. Así pues, $X_s = \big(1 + v\lambda(s)\big)\alpha'(s)$ y $X_v = N(s)$, por lo que los coeficientes de la primera forma fundamental son $E = \big(1 + v\lambda(s)\big)^2$, $F = 0$ y $G = 1$. Si $\beta_1(s) = X(s,v)$ es una curva coordenada, $\beta_1'(s) = X_s$ y $\beta_1''(s) = X_{ss}$. Además, $\{X_s/\sqrt{E}, X_v\}$ es una base ortonormal de $T_{X(s,v)}\overline{S}$ (considerando $\overline{S}$ con la orientación inducida por $\{X_s, X_v\}$), por lo que $\mathrm{J}X_s = \sqrt{E}\,\mathrm{J}\big(X_s/\sqrt{E}\big) = \sqrt{E}X_v$, donde J representa la estructura compleja en dicho plano tangente. Luego

$$\begin{aligned} k_g^1(s) &= \frac{\langle \beta_1''(s), \mathrm{J}\beta_1'(s) \rangle}{|\beta_1'(s)|^3} = \frac{\langle X_{ss}, \sqrt{E}X_v \rangle}{|\sqrt{E}|^3} = \frac{\langle X_{ss}, X_v \rangle}{E} = \frac{\langle \big(v\lambda'\alpha' + (1+v\lambda)\alpha''\big)(s), N(s) \rangle}{\big(1 + v\lambda(s)\big)^2} \\ &= \frac{\langle \alpha''(s), N(s) \rangle}{1 + v\lambda(s)} = \frac{-\langle \alpha'(s), N'(s) \rangle}{1 + v\lambda(s)} = \frac{-\lambda(s)}{1 + v\lambda(s)}. \end{aligned}$$

Razonando de modo análogo se obtiene que la curva coordenada $\beta_2(v) = X(s,v)$ tiene curvatura geodésica $k_g^2(v) = -\langle X_s, X_{vv} \rangle / G = 0$, estando además p.p.a.

Así pues, las curvas coordenadas $\beta_2(v) = X(s,v)$ siempre son geodésicas (son además las directrices de una superficie reglada véase el ejercicio 3.23). Por otro lado, $\beta_1(s) = X(s,v)$ será una pregeodésica si, y solo si, $\lambda \equiv 0$, lo que equivale a que $N'(s) = 0$; es decir, si, y solo si, N es constante a lo largo de la curva α, o lo que es lo mismo, si, y solo si, el plano tangente $T_{\alpha(s)}S$ es constante a lo largo de α. Esto equivale a su vez a que α sea una curva asintótica de S.

Solución al ejercicio 4.14. Una parametrización de S es $X(u,v) = (u, \cosh u, v)$, $U = \mathbb{R} \times \mathbb{R}$. Sin embargo, esta no va a servir a nuestros propósitos, como veremos en breve. Consideremos la parametrización por la longitud de arco de la catenaria,

$$\beta(s) = \Big(\mathrm{arg\,senh}\, s, \sqrt{1+s^2}\Big) = \Big(\log\big(s + \sqrt{1+s^2}\big), \sqrt{1+s^2}\Big)$$

(véase el ejemplo 1.4), y la correspondiente parametrización de nuestra superficie, $X(u,v) = \Big(\log\big(u + \sqrt{1+u^2}\big), \sqrt{1+u^2}, v\Big)$. Entonces:

- La aplicación $\phi : \Pi = \{(x,y,z) \in \mathbb{R}^3 : z = 0\} \longrightarrow S$ dada por

$$\phi(x,y,0) = \left(\log\left(x + \sqrt{1+x^2}\right), \sqrt{1+x^2}, y\right)$$

es una isometría local entre el plano Π y el cilindro S (de ahí la necesidad de reparametrizar por la longitud de arco la catenaria, para que la propia parametrización de la superficie sea la isometría buscada):

Claramente ϕ es diferenciable. Dado $p = (x,y,0) \in \Pi$, como $T_p\Pi \equiv \Pi$, entonces cualquier vector $\mathbf{v} \in T_p\Pi$ es de la forma $\mathbf{v} = (v_1, v_2, 0)$; tomando como curva $\alpha : I \longrightarrow \Pi$ la recta $\alpha(t) = p + t\mathbf{v}$ (que verifica $\alpha(0) = p$, $\alpha'(0) = \mathbf{v}$), la diferencial $d\phi_p : \Pi \longrightarrow T_{\phi(p)}S$ viene dada por

$$\begin{aligned} d\phi_p(\mathbf{v}) &= \left.\frac{d}{dt}\right|_{t=0} (\phi \circ \alpha)(t) \\ &= \left.\frac{d}{dt}\right|_{t=0} \left(\log\left(x + tv_1 + \sqrt{1+(x+tv_1)^2}\right), \sqrt{1+(x+tv_1)^2}, y + tv_2\right) \\ &= \left(\frac{v_1}{\sqrt{x^2+1}}, \frac{v_1 x}{\sqrt{x^2+1}}, v_2\right). \end{aligned}$$

Luego

$$\left|d\phi_p(\mathbf{v})\right|^2 = \frac{v_1^2}{x^2+1} + \frac{v_1^2 x^2}{x^2+1} + v_2^2 = v_1^2 + v_2^2 = |\mathbf{v}|^2,$$

lo que demuestra que ϕ es una isometría local.

Observación. Esta propiedad también puede probarse usando el teorema 3.8.4: tomando la parametrización $\overline{X}(u,v) = (u,v,0)$ de Π, es claro que $\overline{E} = \overline{G} = 1$ y $\overline{F} = 0$, mientras que para $X(u,v)$ también se tiene $E = G = 1$ y $F = 0$ (gracias a que β está p.p.a.); luego $\phi = X \circ \overline{X}^{-1}$ es una isometría local.

- Como las geodésicas se conservan por isometrías locales, las geodésicas de S serán las imágenes mediante ϕ de las geodésicas del plano Π (rectas), es decir,

$$\gamma(s) = \phi(as, bs, 0) = \left(\log\left(as + \sqrt{1+a^2s^2}\right), \sqrt{1+a^2s^2}, bs\right), \quad a, b \in \mathbb{R}.$$

Solución al ejercicio 4.15. Como $\alpha(I) \subset \Pi$, entonces $\mathbf{t}(s), \mathbf{n}(s) \in \Pi$ para todo $s \in I$. Si demostramos que $N(s) \in \Pi$ para todo $s \in I$, podremos concluir que $\mathbf{n}(s)$ y $N(s)$ son colineales, ya que tendríamos tres vectores $\mathbf{t}(s), \mathbf{n}(s), N(s)$ contenidos en el mismo plano, Π, tales que $\mathbf{n}(s) \perp \mathbf{t}(s)$ y $N(s) \perp \mathbf{t}(s)$; en consecuencia, α será una geodésica. Veamos pues que $N(s) \in \Pi$ para todo $s \in I$. Si $T_{\alpha(s)}S$ y Π no fuesen ortogonales en un cierto punto $\alpha(s)$, por ser Π un plano de simetría, es sencillo ver que el simétrico de $T_{\alpha(s)}S$ respecto a Π también sería un plano tangente a S en $\alpha(s)$, lo que contradiría la unicidad del plano tangente en una superficie regular. Así pues, $T_{\alpha(s)}S \perp \Pi$, lo que prueba que $N(s) \in \Pi$ para todo $s \in I$.

El recíproco no es cierto, tal y como demuestra el siguiente contraejemplo: tómese el cilindro C y un plano Π paralelo al eje del mismo, que no lo contenga. Π corta a C en dos rectas (que son geodésicas), pero no es un plano de simetría.

Solución al ejercicio 4.16. Claramente,

$$\begin{aligned}\mathbf{t}'(s) = \alpha''(s) &= \big\langle \alpha''(s), \mathbf{t}(s) \big\rangle \, \mathbf{t}(s) + \big\langle \alpha''(s), \mathbf{Jt}(s) \big\rangle \, \mathbf{Jt}(s) + \big\langle \alpha''(s), N(s) \big\rangle \, N(s) \\ &= k_g(s)\mathbf{Jt}(s) + k_n(s)N(s).\end{aligned}$$

Por otro lado, $N'(s) = \big\langle N'(s), \mathbf{t}(s) \big\rangle \, \mathbf{t}(s) + \big\langle N'(s), \mathbf{Jt}(s) \big\rangle \, \mathbf{Jt}(s)$. Obsérvese además que, derivando $\big\langle N(s), \mathbf{t}(s) \big\rangle = 0$, se obtiene $\big\langle N'(s), \mathbf{t}(s) \big\rangle = -\big\langle N(s), \mathbf{t}'(s) \big\rangle = -k_n(s)$, y que $N'(s) = dN_{\alpha(s)}\big(\alpha'(s)\big) = -\mathrm{A}_{\alpha(s)}\alpha'(s)$. Así pues,

$$N'(s) = -k_n(s)\mathbf{t}(s) + \big\langle -\mathrm{A}_{\alpha(s)}\mathbf{t}(s), \mathbf{Jt}(s) \big\rangle \, \mathbf{Jt}(s) = -k_n(s)\mathbf{t}(s) - \tau_g(s)\mathbf{Jt}(s).$$

Finalmente, un rápido cálculo muestra que

$$\begin{aligned}(\mathbf{Jt})'(s) = (N \wedge \mathbf{t})'(s) &= N'(s) \wedge \mathbf{t}(s) + N(s) \wedge \mathbf{t}'(s) \\ &= \big[-k_n(s)\mathbf{t}(s) - \tau_g(s)\mathbf{Jt}(s)\big] \wedge \mathbf{t}(s) + N(s) \wedge \big[k_g(s)\mathbf{Jt}(s) + k_n(s)N(s)\big] \\ &= -\tau_g(s)\mathbf{Jt}(s) \wedge \mathbf{t}(s) + k_g(s)N(s) \wedge \mathbf{Jt}(s) = \tau_g(s)N(s) - k_g(s)\mathbf{t}(s).\end{aligned}$$

Solución al ejercicio 4.17. i) Claramente $\mathbf{t}(s) = \cos\varphi(s)\mathbf{e}_1(s) + \operatorname{sen}\varphi(s)\mathbf{e}_2(s)$, de donde se obtiene $\mathbf{Jt}(s) = -\operatorname{sen}\varphi(s)\mathbf{e}_1(s) + \cos\varphi(s)\mathbf{e}_2(s)$. Así pues,

$$\tau_g(s) = \big\langle \mathrm{A}_{\alpha(s)}\mathbf{t}(s), \mathbf{Jt}(s) \big\rangle = -k_1\big(\alpha(s)\big)\cos\varphi(s)\operatorname{sen}\varphi(s) + k_2\big(\alpha(s)\big)\cos\varphi(s)\operatorname{sen}\varphi(s).$$

ii) Dado que ambos triedros son bases ortonormales positivamente orientadas que tienen al vector $\mathbf{t}(s)$ en común, los vectores restantes $\mathbf{n}(s), \mathbf{b}(s), \mathbf{Jt}(s), N(s) \in \mathbf{t}(s)^{\perp}$, por lo que podemos expresar $\mathbf{Jt}(s)$ y $N(s)$ en función de $\mathbf{n}(s)$ y $\mathbf{b}(s)$, a saber,

$$\begin{aligned}\mathbf{Jt}(s) &= \cos\vartheta(s)\mathbf{n}(s) + \operatorname{sen}\vartheta(s)\mathbf{b}(s), \\ N(s) &= -\operatorname{sen}\vartheta(s)\mathbf{n}(s) + \cos\vartheta(s)\mathbf{b}(s).\end{aligned} \tag{C.8}$$

Derivando la segunda relación, utilizando la fórmulas de Frenet (1.14) y reagrupando convenientemente, obtenemos

$$\begin{aligned}N'(s) &= -\vartheta'(s)\cos\vartheta(s)\mathbf{n}(s) - \operatorname{sen}\vartheta(s)\mathbf{n}'(s) - \vartheta'(s)\operatorname{sen}\vartheta(s)\mathbf{b}(s) + \cos\vartheta(s)\mathbf{b}'(s) \\ &= k(s)\operatorname{sen}\vartheta(s)\mathbf{t}(s) + \big[\tau(s)\cos\vartheta(s) - \vartheta'(s)\cos\vartheta(s)\big]\mathbf{n}(s) \\ &\quad + \big[\tau(s)\operatorname{sen}\vartheta(s) - \vartheta'(s)\operatorname{sen}\vartheta(s)\big]\mathbf{b}(s)\end{aligned}$$

donde, como ya es usual, $k(s)$ representa la curvatura de α. Por otro lado, las fórmulas de Darboux (4.23) permiten escribir

$$N'(s) = -k_n(s)\mathbf{t}(s) - \tau_g(s)\mathbf{Jt}(s) = -k_n(s)\mathbf{t}(s) - \tau_g(s)\big[\cos\vartheta(s)\mathbf{n}(s) + \operatorname{sen}\vartheta(s)\mathbf{b}(s)\big],$$

e igualando las expresiones que tenemos para $N'(s)$ deducimos, en particular, que

$$\begin{aligned}\vartheta'(s)\cos\vartheta(s) &= \tau(s)\cos\vartheta(s) + \tau_g(s)\cos\vartheta(s), \\ \vartheta'(s)\operatorname{sen}\vartheta(s) &= \tau(s)\operatorname{sen}\vartheta(s) + \tau_g(s)\operatorname{sen}\vartheta(s).\end{aligned}$$

Dado que las funciones $\operatorname{sen}\vartheta(s)$ y $\cos\vartheta(s)$ no pueden anularse simultáneamente, concluimos que $\vartheta'(s) = \tau(s) + \tau_g(s)$.

iii) Esta propiedad se deduce directamente de las fórmulas de Darboux (4.23): α es línea de curvatura si, y solo si, $N'(s) = \lambda(s)\mathbf{t}(s)$, por lo que $\tau_g(s) = 0$.

iv) Por ser α geodésica, los vectores $\mathbf{n}(s)$ y $N(s)$ son colineales para todo $s \in I$; es más, $N(s) = \pm\mathbf{n}(s)$ (dependiendo de la orientación), pues ambos son unitarios, por lo que $\vartheta(s)$ es constante (véase (C.8)). en consecuencia, $\vartheta'(s) = 0$, de donde se deduce, por el apartado ii), que $\tau(s) + \tau_g(s) = 0$.

Observación. La hipótesis $k_n \neq 0$ es necesaria en el apartado iv): en efecto, si $k_n \equiv 0$, como $k_g \equiv 0$ al ser α geodésica, la fórmula $k^2 = k_n^2 + k_g^2$ implicaría $k \equiv 0$, y el triedro de Frenet no estaría definido (α sería una recta y el problema carecería de sentido).

Solución al ejercicio 4.18. i) $\mathbf{e}_1$ es un campo paralelo pues γ es una geodésica, mientras que $\mathbf{e}_2$ lo es por ser ortogonal a $\mathbf{e}_1$ (que es paralelo) y tener módulo constante (ejercicio 4.2). Así pues, los productos $\langle V(t), \mathbf{e}_1(t)\rangle, \langle V(t), \mathbf{e}_2(t)\rangle$ son constantes (proposición 4.1.5). Recíprocamente, si $\langle V(t), \mathbf{e}_1(t)\rangle$, $\langle V(t), \mathbf{e}_2(t)\rangle$ son constantes, expresando V de la forma $V(t) = \langle V(t), \mathbf{e}_1(t)\rangle \mathbf{e}_1(t) + \langle V(t), \mathbf{e}_2(t)\rangle \mathbf{e}_2(t)$, entonces

$$\frac{DV}{dt}(t) = \langle V(t), \mathbf{e}_1(t)\rangle \frac{D\mathbf{e}_1}{dt}(t) + \langle V(t), \mathbf{e}_2(t)\rangle \frac{D\mathbf{e}_2}{dt}(t) = \mathbf{0}.$$

ii) La curva $z = 0$ no es más que la circunferencia $x^2 + y^2 = 1$, que parametrizamos de la forma $\alpha(s) = (\cos s, \operatorname{sen} s, 0)$. En primer lugar, debemos encontrar el campo paralelo V que va a definir el transporte paralelo. Consideremos los campos de vectores (paralelos y unitarios) $\mathbf{e}_1(s) = \alpha'(s)$ y $\mathbf{e}_2(s) = (N \wedge \mathbf{e}_1)(s)$. Es sencillo comprobar que, en los puntos de la curva α, $N(s) = (-\cos s, -\operatorname{sen} s, 0)$, luego $\mathbf{e}_2(s) \equiv (0,0,-1)$. Así pues, el campo paralelo buscado debe ser de la forma $V(s) = a\mathbf{e}_1(s) + b\mathbf{e}_2(s)$, verificando la condición inicial $V(0) = \mathbf{v} = (0,1,1)$ (ya que $p = (1,0,0) = \alpha(0)$). Un rápido cálculo permite obtener los valores $a = 1$ y $b = -1$, de donde se deduce que $V(s) = \mathbf{e}_1(s) - \mathbf{e}_2(s) = (-\operatorname{sen} s, \cos s, 1)$. Finalmente, como $\alpha(\pi/2) = (0,1,0)$, entonces $P_0^{\pi/2}(\alpha)(\mathbf{v}) = V(\pi/2) = (-1,0,1)$.

Solución al ejercicio 4.19. La esfera tiene curvatura de Gauss $K = 1/R^2$ constante, por lo que, para la parametrización $X(r,\theta)$ de las coordenadas geodésicas polares se obtiene $E = 1$, $F = 0$ y $G = R^2 \operatorname{sen}^2(r/R)$ (ejemplo 4.11). Luego la circunferencia geodésica $\mathcal{S}(p,r) = \exp_p\big(S(\mathbf{0},r)\big)$ es la curva coordenada $\alpha(\theta) = X(r,\theta)$, y así,

$$L\big(\mathcal{S}(p,r)\big) = L_0^{2\pi}(\alpha) = \int_0^{2\pi} |\alpha'(\theta)|\, d\theta = \int_0^{2\pi} |X_\theta|\, d\theta = \int_0^{2\pi} \sqrt{G}\, d\theta = 2\pi R \operatorname{sen}\frac{r}{R},$$

$$A\big(\mathcal{D}(p,r)\big) = \int_0^{2\pi}\int_0^r \sqrt{EG - F^2}\, d\rho\, d\theta = \int_0^{2\pi}\int_0^r \sqrt{G}\, d\rho\, d\theta = 2\pi R^2\left(1 - \cos\frac{r}{R}\right).$$

Solución al ejercicio 4.20. Utilizando el lema de Gauss 4.3.9 se obtiene que

$$E = \left| d(\exp_p)_{t\alpha(s)}\big(\alpha(s)\big)\right|^2 = |\alpha(s)|^2 = r_0^2,$$
$$F = \left\langle d(\exp_p)_{t\alpha(s)}\big(\alpha(s)\big), t\, d(\exp_p)_{t\alpha(s)}\big(\alpha'(s)\big)\right\rangle = 0,$$
$$G = t^2 \left| d(\exp_p)_{t\alpha(s)}\big(\alpha'(s)\big)\right|^2.$$

Finalmente, como se trata de una parametrización ortogonal, podemos utilizar la expresión (3.29) para la curvatura de Gauss, obteniéndose que

$$K\big(X(t,s)\big) = \frac{-1}{2r_0\sqrt{G}}\left(\frac{G_t}{r_0\sqrt{G}}\right)_t(t,s) = \frac{-1}{2r_0^2|X_s|}\left(\frac{2|X_s||X_s|_t}{|X_s|}\right)_t(t,s) = \frac{-|X_s|_{tt}}{r_0^2|X_s|}(t,s).$$

Solución al ejercicio 4.21. i) Claramente X es diferenciable y, por hipótesis, un homeomorfismo. Además, las derivadas parciales de X, $X_u = d(\exp_p)_{uV(t)}\big(V(t)\big)$ y $X_t = d(\exp_p)_{uV(t)}\big(uV'(t)\big)$, son ortogonales (lema de Gauss 4.3.9) siempre y cuando, claro está, $X_u, X_t \neq \mathbf{0}$. Es evidente que $X_u \neq \mathbf{0}$, pues $|V(t)| = 1$, lo que implica que $V(t) \neq \mathbf{0}$. En el caso de la parcial respecto a t, $X_t = \mathbf{0}$ si, y solo si, $V'(t) = \mathbf{0}$ para todo t (pues $u \neq 0$, ya que, en caso contrario, X no sería un homeomorfismo), es decir si, y solo si, $V(t)$ es constante.

ii) Si $X(u,t)$ es una parametrización, el lema de Gauss permite asegurar que $E = 1$ (pues $|V| = 1$), $F = 0$ (V, V' son ortogonales) y $G = u^2\left|d(\exp_p)_{uV(t)}\big(V'(t)\big)\right|^2$.

iii) Utilizando el lema de Gauss 4.3.9, como

$$\begin{aligned}\alpha'(t) &= d(\exp_p)_{u(t)V(t)}\big(u'(t)V(t) + u(t)V'(t)\big)\\ &= u'(t)d(\exp_p)_{u(t)V(t)}\big(V(t)\big) + u(t)d(\exp_p)_{u(t)V(t)}\big(V'(t)\big),\end{aligned}$$

entonces

$$|\alpha'(t)|^2 = |u'(t)|^2 + |u(t)|^2\left|d(\exp_p)_{u(t)V(t)}\big(V'(t)\big)\right|^2 \geq |u'(t)|^2,$$

de donde

$$\int_a^b |\alpha'(t)|\,dt \overset{(1)}{\geq} \int_a^b |u'(t)|\,dt \overset{(2)}{\geq} \left|\int_a^b u'(t)\,dt\right| = |u(b) - u(a)|.$$

La igualdad se tendrá si, y solo si, las dos desigualdades anteriores, (1) y (2), son igualdades. Claramente, (2) es una igualdad si, y solo si, $u(t)$ es monótona (creciente o decreciente). Como, por hipótesis, $u(t) > 0$, la igualdad en (1) se dará si, y solo si, $\left|d(\exp_p)_{u(t)V(t)}\big(V'(t)\big)\right| = 0$, o lo que es lo mismo, $d(\exp_p)_{u(t)V(t)}\big(V'(t)\big) = \mathbf{0}$. Pero esto es equivalente a que $V'(t) = \mathbf{0}$, es decir, $V(t)$ es constante. Como hemos visto en el apartado i), en este caso X no es una parametrización de S.

Solución al ejercicio 4.22. i) Derivando la identidad (4.19) respecto a r se obtiene la relación $K_r\sqrt{G} + K\big(\sqrt{G}\big)_r + \big(\sqrt{G}\big)_{rrr} = 0$; tomando límites cuando $r \to 0$ y utilizando las propiedades de las coordenadas geodésicas polares (proposición 4.3.13) concluimos que $K(p) + \lim_{r\to 0}\big(\sqrt{G}\big)_{rrr} = 0$.

ii) Como $\sqrt{G}$ y sus parciales sucesivas respecto a r son funciones continuas (y acotadas), definimos su valor en $r = 0$ como

$$\begin{aligned}\sqrt{G}(0,\theta) &= \lim_{r\to 0}\sqrt{G}(r,\theta) = 0, \qquad \big(\sqrt{G}\big)_r(0,\theta) = \lim_{r\to 0}\big(\sqrt{G}\big)_r(r,\theta) = 1,\\ \big(\sqrt{G}\big)_{rr}(0,\theta) &= \lim_{r\to 0}\big(\sqrt{G}\big)_{rr}(r,\theta) = -K(p)\lim_{r\to 0}\sqrt{G}(r,\theta) = 0,\\ \big(\sqrt{G}\big)_{rrr}(0,\theta) &= \lim_{r\to 0}\big(\sqrt{G}\big)_{rrr}(r,\theta) = -K(p),\end{aligned}$$

utilizando el apartado i) anterior, la relación (4.19) y las propiedades de las coordenadas geodésicas polares (proposición 4.3.13). Así, podemos tomar el desarrollo de Taylor de la función $\sqrt{G}$ en $r=0$,

$$\begin{aligned}\sqrt{G}(r,\theta) &= \sqrt{G}(0,\theta)+\left(\sqrt{G}\right)_r(0,\theta)r+\left(\sqrt{G}\right)_{rr}(0,\theta)\frac{r^2}{2}+\left(\sqrt{G}\right)_{rrr}(0,\theta)\frac{r^3}{6}+R\\ &= r-K(p)\frac{r^3}{6}+R,\end{aligned}$$

donde R es una función tal que $\lim_{r\to 0} R/r^3=0$.

iii) La circunferencia geodésica $\mathcal{S}(p,r)=\exp_p\big(S(\mathbf{0},r)\big)$ no es más que la curva coordenada $\alpha(\theta)=X(r,\theta)$, por lo que

$$\begin{aligned}L &= \int_0^{2\pi}\left|\alpha'(\theta)\right|d\theta=\int_0^{2\pi}|X_\theta|\,d\theta=\int_0^{2\pi}\sqrt{G}d\theta=\int_0^{2\pi}\left(r-K(p)\frac{r^3}{6}+R\right)d\theta\\ &= 2\pi r-\pi K(p)\frac{r^3}{3}+\widetilde{R},\end{aligned}$$

donde $\widetilde{R}=\int_0^{2\pi}R\,d\theta$ también verifica que $\lim_{r\to 0}\widetilde{R}/r^3=0$. Despejando la curvatura de Gauss de la expresión anterior y tomando límites,

$$K(p)=\frac{3}{\pi}\lim_{r\to 0}\left(\frac{2\pi r-L}{r^3}+\frac{\widetilde{R}}{r^3}\right)=\frac{3}{\pi}\lim_{r\to 0}\frac{2\pi r-L}{r^3}.$$

Solución al ejercicio 4.23. Usando un argumento análogo al del ejercicio 4.22,

$$\begin{aligned}A &= \int_0^{2\pi}\int_0^r\sqrt{EG-F^2}\,d\rho d\theta=\int_0^{2\pi}\int_0^r\sqrt{G}\,d\rho d\theta\\ &= \int_0^{2\pi}\int_0^r\left(\rho-K(p)\frac{\rho^3}{6}+R\right)d\rho d\theta=2\pi\left(\frac{r^2}{2}-K(p)\frac{r^4}{24}\right)+\overline{R}\end{aligned}$$

donde, ahora, $\lim_{r\to 0}\overline{R}/r^4=0$. Despejando K de la expresión anterior y tomando límites,

$$K(p)=\frac{12}{\pi}\lim_{r\to 0}\left(\frac{\pi r^2-A}{r^4}+\frac{\overline{R}}{r^4}\right)=\frac{12}{\pi}\lim_{r\to 0}\frac{\pi r^2-A}{r^4}.$$

Solución al ejercicio 4.24. Utilizando las expresiones para la longitud de una circunferencia geodésica y el área del correspondiente disco geodésico obtenidas en los ejercicios 4.22 y 4.23, es sencillo comprobar que $L^2-4\pi A=-\pi^2K(p)r^4+\widetilde{R}$, donde $\widetilde{R}$ es una función que verifica $\lim_{r\to 0}\widetilde{R}/r^4=0$. Así pues,

$$\lim_{r\to 0}\frac{L^2-4\pi A}{r^4}=-\pi^2K(p),$$

y si p es elíptico, $-\pi^2K(p)<0$. Por tanto, tomando $r>0$ suficientemente pequeño, el valor de $\widetilde{R}/r^4$ es despreciable en comparación a $-\pi^2K(p)$, obteniéndose así que, para discos geodésicos de radio suficientemente pequeño, el déficit isoperimétrico $L^2-4\pi A$ es estrictamente negativo: la desigualdad isoperimétrica no se verifica.

Solución al ejercicio 4.25. La circunferencia geodésica $\mathcal{S}(p,r)$ es la curva coordenada $\alpha(\theta) = X(r,\theta)$ de la parametrización dada por las coordenadas geodésicas polares. Así, $\alpha'(\theta) = X_\theta$ y $\alpha''(\theta) = X_{\theta\theta}$. Además, $\{X_r, X_\theta/\sqrt{G}\}$ es una base ortonormal de $T_{X(r,\theta)}S$ (teorema 4.3.13), por lo que $\mathrm{J}X_\theta = \sqrt{G}\,\mathrm{J}(X_\theta/\sqrt{G}) = -\sqrt{G}X_r$, donde J representa la estructura compleja en dicho plano tangente. Luego

$$k_g(\theta) = \frac{\langle \alpha''(\theta), \mathrm{J}\alpha'(\theta)\rangle}{|\alpha'(\theta)|^3} = \frac{\langle X_{\theta\theta}, \mathrm{J}X_\theta\rangle}{|X_\theta|^3} = \frac{\langle X_{\theta\theta}, -\sqrt{G}X_r\rangle}{|\sqrt{G}|^3}.$$

Por otro lado, derivando las expresiones $\langle X_r, X_\theta\rangle = F = 0$ y $\langle X_\theta, X_\theta\rangle = G$, y combinándolas adecuadamente, se obtiene que $\langle X_r, X_{\theta\theta}\rangle = -G_r/2$; así,

$$k_g(\theta) = \frac{\sqrt{G}G_r}{2|\sqrt{G}|^3} = \frac{G_r}{2G}.$$

Como la superficie tiene curvatura de Gauss constante, ya sabemos que el coeficiente G solo depende de r (ejemplo 4.11), por lo que la curvatura geodésica es constante respecto al parámetro, θ, de la curva.

Solución al ejercicio 4.26. Sea $\{\mathbf{e}_1, \mathbf{e}_2\}$ la base ortonormal de T_pS que define el sistema de coordenadas normales en $p = X(0,0)$. Dado $\mathbf{v} = v_1\mathbf{e}_1 + v_2\mathbf{e}_2 \in T_pS$, el punto $X(v_1,v_2) = \exp_{\mathrm{p}}(v_1\mathbf{e}_1 + v_2\mathbf{e}_2) = \gamma_v(1)$, siendo

$$\gamma_v(t) = \exp_{\mathrm{p}}(t\mathbf{v}) = \exp_{\mathrm{p}}(tv_1\mathbf{e}_1 + tv_2\mathbf{e}_2)$$

la geodésica maximal con condiciones iniciales $\gamma_v(0) = p$, $\gamma_v'(0) = \mathbf{v}$. Así pues, la expresión en coordenadas (respecto a X) de γ_v es $\widetilde{\gamma}_v(t) = \big(u(t), v(t)\big) = (v_1t, v_2t)$. Como γ_v es una geodésica, $\widetilde{\gamma}_v$ verifica las ecuaciones (4.9), es decir,

$$\begin{cases} v_1^2\Gamma_{11}^1(v_1t,v_2t) + 2v_1v_2\Gamma_{12}^1(v_1t,v_2t) + v_2^2\Gamma_{22}^1(v_1t,v_2t) = 0, \\ v_1^2\Gamma_{11}^2(v_1t,v_2t) + 2v_1v_2\Gamma_{12}^2(v_1t,v_2t) + v_2^2\Gamma_{22}^2(v_1t,v_2t) = 0. \end{cases}$$

Obsérvese que estas ecuaciones se satisfacen para todo $\mathbf{v} \in T_pS$; en particular, si $\mathbf{v} = \mathbf{e}_1 = (1,0)$ obtenemos $\Gamma_{11}^1(0,0) = \Gamma_{11}^2(0,0) = 0$; para $\mathbf{v} = \mathbf{e}_2 = (0,1)$ se deduce que $\Gamma_{22}^1(0,0) = \Gamma_{22}^2(0,0) = 0$; finalmente, sustituyendo los valores ya obtenidos para los símbolos de Christoffel y tomando $\mathbf{v} = (v_1,v_2)$, con $v_1, v_2 \neq 0$, se tiene que $\Gamma_{12}^1(0,0) = \Gamma_{12}^2(0,0) = 0$. En consecuencia, $\Gamma_{ij}^k(0,0) = 0$ para todo $i,j,k \in \{1,2\}$ en la parametrización dada por las coordenadas normales. Esto implica a su vez, utilizando el sistema (3.20), que todas las derivadas parciales primeras de los coeficientes E, F, G se anulan en $(0,0)$.

Solución al ejercicio 4.27. Supongamos que γ es una hélice generalizada. Por el teorema de Lancret (ejercicio 1.19), existe una constante c tal que $\tau(s) = ck(s)$ para todo $s \in I$. Sea Π un plano cualquiera de $\mathbb{R}^3$ con normal unitario $\mathbf{a}$, y tomemos la curva plana $\alpha : I \longrightarrow \Pi$, p.p.a, cuya curvatura es $k_\alpha(s) = -(1+c^2)k(s)$, que sabemos única (salvo movimientos rígidos en Π) y viene dada por (1.7). Finalmente, construyamos el cilindro recto C_α sobre dicha curva α, siendo $X(s,t) = \alpha(s) + t\mathbf{a}$, con $(s,t) \in I \times \mathbb{R}$, una parametrización para dicha superficie. Veamos que:

- $\beta(u) = X(u, cu) = \alpha(u) + cu\mathbf{a}$ es una geodésica de C_α:

Obsérvese que $\beta'(u) = \alpha'(u) + c\mathbf{a} = \mathbf{t}_\alpha(u) + c\mathbf{a}$ y $\beta''(u) = \mathbf{t}'_\alpha(u) = k_\alpha(u)\mathbf{n}_\alpha(u)$. Como $\{\mathbf{t}_\alpha(s), \mathbf{n}_\alpha(s), \mathbf{a}\}$ es una base ortonormal de $\mathbb{R}^3$ positivamente orientada, entonces $N(s,t) = (X_s \wedge X_t)/|X_s \wedge X_t| = \mathbf{t}_\alpha(s) \wedge \mathbf{a} = -\mathbf{n}_\alpha(s)$, de donde se obtiene que, en los puntos $\beta(u)$, $N(u) \wedge \beta'(u) = -\mathbf{n}_\alpha(u) \wedge (\mathbf{t}_\alpha(u) + c\mathbf{a}) = \mathbf{a} - c\mathbf{t}_\alpha(u)$. Así,

$$k_g^\beta(u) = \frac{\langle \beta''(u), N(u) \wedge \beta'(u) \rangle}{|\beta'(u)|^3} = \frac{\langle k_\alpha(u)\mathbf{n}_\alpha(u), \mathbf{a} - c\mathbf{t}_\alpha(u) \rangle}{(1+c^2)^{3/2}} = 0.$$

- La curvatura y la torsión de β valen

$$k_\beta(u) = \frac{|\beta'(u) \wedge \beta''(u)|}{|\beta'(u)|^3} = |k_\alpha(u)| \frac{|(\mathbf{t}_\alpha(u) + c\mathbf{a}) \wedge \mathbf{n}_\alpha(u)|}{(1+c^2)^{3/2}} = |k_\alpha(u)| \frac{|\mathbf{a} - c\mathbf{t}_\alpha(u)|}{(1+c^2)^{3/2}}$$
$$= |k_\alpha(u)| \frac{\sqrt{1+c^2}}{(1+c^2)^{3/2}} = \frac{1}{1+c^2} |k_\alpha(u)| = k(u),$$

$$\tau_\beta(u) = -\frac{\langle \beta'(u) \wedge \beta''(u), \beta'''(u) \rangle}{|\beta'(u) \wedge \beta''(u)|^2} = -k_\alpha(u) \frac{\langle \mathbf{a} - c\mathbf{t}_\alpha(u), k'_\alpha(u)\mathbf{n}_\alpha(u) - k_\alpha(u)^2\mathbf{t}_\alpha(u) \rangle}{(1+c^2)k_\alpha(u)^2}$$
$$= -\frac{c}{1+c^2} k_\alpha(u) = ck(u) = \tau(u).$$

En consecuencia, $\gamma \equiv \beta$ salvo movimientos rígidos (teorema 1.3.7 fundamental de curvas en $\mathbb{R}^3$) y, por tanto, γ es una geodésica de C_α.

Recíprocamente, supongamos que γ es una geodésica del cilindro C_α construido sobre una curva plana $\alpha : I \longrightarrow \Pi$, y sea $\mathbf{a}$ el normal unitario a Π (es decir, el eje del cilindro). Tomamos de nuevo la parametrización $X(s,t) = \alpha(s) + t\mathbf{a}$ de C_α. Vamos a probar que $\langle \gamma'(s), \mathbf{a} \rangle \equiv$ constante, lo que demostrará que γ es una hélice generalizada. Para ello, calculamos simplemente su derivada: como $\mathbf{n}_\alpha(s) \in \Pi$ para todo $s \in I$,

$$\langle \gamma'(s), \mathbf{a} \rangle' = \langle \gamma''(s), \mathbf{a} \rangle = \left\langle \frac{D\gamma'}{ds}(s) + \gamma''(s)^\perp, \mathbf{a} \right\rangle = \left\langle \gamma''(s)^\perp, \mathbf{a} \right\rangle = \langle \lambda(s)N(s), \mathbf{a} \rangle$$
$$= -\lambda(s) \langle \mathbf{n}_\alpha(s), \mathbf{a} \rangle = 0.$$

SOLUCIONES A LOS EJERCICIOS DEL CAPÍTULO V

Solución al ejercicio 5.1. Tenemos que probar que las curvas $\gamma_t(s)$ y $\beta_s(t)$ se cortan ortogonalmente, es decir, que $\langle \gamma'_t(s), \beta'_s(t) \rangle = 0$ para todo $(s,t) \in (0,\ell) \times (-\varepsilon, \varepsilon)$, o lo que es lo mismo, que

$$\left\langle \frac{\partial \phi}{\partial s}(s,t), \frac{\partial \phi}{\partial t}(s,t) \right\rangle = 0. \tag{C.9}$$

Para ello, calculamos su derivada respecto a la variable s,

$$\frac{d}{ds} \left\langle \frac{\partial \phi}{\partial s}(s,t), \frac{\partial \phi}{\partial t}(s,t) \right\rangle = \left\langle \frac{\partial^2 \phi}{\partial s^2}(s,t), \frac{\partial \phi}{\partial t}(s,t) \right\rangle + \left\langle \frac{\partial \phi}{\partial s}(s,t), \frac{\partial^2 \phi}{\partial t \partial s}(s,t) \right\rangle,$$

y estudiamos por separado cada uno de los dos sumandos. Por un lado, como por hipótesis γ_t es una geodésica para todo $t \in (-\varepsilon, \varepsilon)$,

$$\left\langle \frac{\partial^2 \phi}{\partial s^2}(s,t), \frac{\partial \phi}{\partial t}(s,t) \right\rangle = \left\langle \gamma_t''(s), \frac{\partial \phi}{\partial t}(s,t) \right\rangle = \left\langle \frac{D\gamma_t'}{ds}(s), \frac{\partial \phi}{\partial t}(s,t) \right\rangle = 0.$$

Por otro lado, al tener $\gamma_t'(s)$ módulo constante, obtenemos que

$$\left\langle \frac{\partial \phi}{\partial s}(s,t), \frac{\partial^2 \phi}{\partial t \partial s}(s,t) \right\rangle = \frac{1}{2}\frac{d}{dt}\left\langle \frac{\partial \phi}{\partial s}(s,t), \frac{\partial \phi}{\partial s}(s,t) \right\rangle = \frac{1}{2}\frac{d}{dt}\left|\gamma_t'(s)\right|^2 = 0.$$

Así pues, $\langle (\partial\phi/\partial s)(s,t), (\partial\phi/\partial t)(s,t)\rangle$ es constante en s, y podemos calcular su valor haciendo $s = 0$:

$$\left\langle \frac{\partial \phi}{\partial s}(s,t), \frac{\partial \phi}{\partial t}(s,t) \right\rangle\bigg|_{s=0} = \left\langle \frac{\partial \phi}{\partial s}(0,t), \frac{\partial \phi}{\partial t}(0,t) \right\rangle = \langle \gamma_t'(0), \beta_0'(t)\rangle = 0$$

por hipótesis. Esto demuestra (C.9), lo que concluye el ejercicio.

Solución al ejercicio 5.2. i) Claramente, $\phi(s,t) = \exp_{\mathrm{p}}\big(sv(t)\big)$ es diferenciable, y $\phi(s,0) = \exp_{\mathrm{p}}(s\mathbf{v}) = \gamma_v(s) = \gamma(s)$; luego ϕ es una variación de γ. Por otro lado, para cada $t \in (-\varepsilon, \varepsilon)$, $\gamma_t(s) = \exp_{\mathrm{p}}\big(sv(t)\big) = \gamma_{v(t)}(s)$ es una geodésica. Además,

$$\frac{\partial \phi}{\partial t}(s,t) = d(\exp_{\mathrm{p}})_{sv(t)}\big(sv'(t)\big) = sd(\exp_{\mathrm{p}})_{sv(t)}\big(v'(t)\big)$$

y, sustituyendo en $t = 0$, $(\partial\phi/\partial t)(s,0) = sd(\exp_{\mathrm{p}})_{s\mathbf{v}}(\mathbf{w}) = J(s)$. Por tanto $J(s)$ es un campo de Jacobi.

Finalmente, es evidente que $J(0) = \mathbf{0}$ y, además,

$$\frac{DJ}{ds}(0) = \left[d(\exp_{\mathrm{p}})_{s\mathbf{v}}(\mathbf{w}) + s\frac{D}{ds}\Big(d(\exp_{\mathrm{p}})_{s\mathbf{v}}(\mathbf{w})\Big)\right]\bigg|_{s=0} = d(\exp_{\mathrm{p}})_{\mathbf{0}}(\mathbf{w}) = \mathbf{w}.$$

ii) Un rápido cálculo muestra que

$$L_0^\ell(\gamma_t(s)) = \int_0^\ell |\gamma_t'(s)|\, ds = \int_0^\ell |\gamma_t'(0)|\, ds = \int_0^\ell |v(t)|\, ds = \ell\,|v(t)| = L_0^\ell(\gamma)\,|v(t)|.$$

iii) Tomamos $\phi(s,t) = \gamma(s+t)$, que es claramente diferenciable, con $\phi(s,0) = \gamma(s)$; luego ϕ es una variación de γ. Además, $\gamma_t(s) = \phi(s,t) = \gamma(s+t)$ es una geodésica para todo t, siendo $(\partial\phi/\partial t)(s,t) = \gamma'(s+t)$. Luego $J(s) = (\partial\phi/\partial t)(s,0) = \gamma'(s)$, lo que demuestra que $J(s) = \gamma'(s)$ es un campo de Jacobi.

Solución al ejercicio 5.3. i) Es consecuencia de la desigualdad de Schwarz:[8]

$$L_a^b(\alpha)^2 = \left[\int_a^b |\alpha'(t)|\, dt\right]^2 \leq \int_a^b 1\, dt \int_a^b |\alpha'(t)|^2\, dt = (b-a)E(\alpha).$$

La igualdad se alcanza si, y solo si, existe una constante c tal que $|\alpha'(t)| = c$, es decir, si, y solo si, α está parametrizada proporcional al arco.

[8] La desigualdad de Schwarz asegura que $\left(\int_a^b fg\,dt\right)^2 \leq \int_a^b f^2 dt \int_a^b g^2 dt$, dándose la igualdad si, y solo si, existe una constante c tal que $g = cf$.

ii) Sabemos que $L_a^b(\gamma) \leq L_a^b(\alpha)$. Como además γ está p.p.a., el apartado i) nos asegura que $L_a^b(\gamma)^2 = (b-a)E(\gamma)$. En consecuencia,

$$(b-a)E(\gamma) = L_a^b(\gamma)^2 \leq L_a^b(\alpha)^2 \leq (b-a)E(\alpha),$$

es decir, $E(\gamma) \leq E(\alpha)$.

iii) Por trabajar con curvas regulares, la función $E : (-\varepsilon, \varepsilon) \longrightarrow \mathbb{R}$,

$$E(t) = \int_a^b \left|\alpha_t'(s)\right|^2 ds = \int_a^b \left|\frac{\partial \phi}{\partial s}(s,t)\right|^2 ds = \int_a^b \left\langle \frac{\partial \phi}{\partial s}, \frac{\partial \phi}{\partial s} \right\rangle (s,t)\, ds,$$

que da la energía de α_t, es diferenciable, y podemos calcular su derivada: como

$$\frac{d}{ds}\left\langle \frac{\partial \phi}{\partial t}, \frac{\partial \phi}{\partial s} \right\rangle (s,t) = \left\langle \frac{\partial^2 \phi}{\partial t \partial s}, \frac{\partial \phi}{\partial s} \right\rangle (s,t) + \left\langle \frac{\partial \phi}{\partial t}, \frac{\partial^2 \phi}{\partial s^2} \right\rangle (s,t),$$

utilizando que las segundas derivadas conmutan, se deduce que

$$E'(t) = 2\int_a^b \left\langle \frac{\partial^2 \phi}{\partial s \partial t}, \frac{\partial \phi}{\partial s} \right\rangle (s,t)\, ds = 2\int_a^b \left[\frac{d}{ds}\left\langle \frac{\partial \phi}{\partial t}, \frac{\partial \phi}{\partial s} \right\rangle - \left\langle \frac{\partial \phi}{\partial t}, \frac{\partial^2 \phi}{\partial s^2} \right\rangle\right] (s,t)\, ds.$$

Ahora, sustituyendo en $t = 0$,

$$\begin{aligned} \frac{1}{2}E'(0) &= \int_a^b \left[\frac{d}{ds}\langle Z(s), \alpha'(s)\rangle - \langle Z(s), \alpha''(s)\rangle\right] ds \\ &= \Big[\langle Z(s), \alpha'(s)\rangle\Big]_a^b - \int_a^b \langle Z(s), \alpha''(s)\rangle\, ds. \end{aligned}$$

iv) Si α es geodésica entonces

$$\langle Z(s), \alpha''(s)\rangle = \left\langle Z(s), \frac{D\alpha'}{ds}(s) + \alpha''(s)^{\perp} \right\rangle = \left\langle Z(s), \alpha''(s)^{\perp} \right\rangle = 0,$$

pues $Z \in \mathfrak{X}(\alpha)$; y por ser la variación propia, $Z(b) = \mathbf{0}$ y $Z(a) = \mathbf{0}$. Luego $E'(0) = 0$ para toda variación propia de una geodésica α.

Recíprocamente, supongamos que $E'(0) = 0$ para toda variación propia ϕ de α. Si α no fuese geodésica, existiría $s_0 \in (a,b)$ con $(D\alpha'/ds)(s_0) \neq \mathbf{0}$. Sea $f : [a,b] \longrightarrow \mathbb{R}$ una función diferenciable verificando $f(a) = f(b) = 0$, $f \geq 0$ y $f(s_0) > 0$, y consideremos el campo vectorial tangente dado por $Z(s) = f(s)(D\alpha'/ds)$. Para dicho $Z \in \mathfrak{X}(\alpha)$, tomamos una variación ϕ de α de forma que Z sea su campo variacional (la definida mediante la aplicación (5.2)). Como $Z(a) = \mathbf{0}$ y $Z(b) = \mathbf{0}$, la variación ϕ es propia, y utilizando el apartado iii) se tiene que

$$\begin{aligned} 0 = E'(0) &= \Big[\langle Z(s), \alpha'(s)\rangle\Big]_a^b - \int_a^b \langle Z(s), \alpha''(s)\rangle\, ds = -\int_a^b \left\langle Z(s), \frac{D\alpha'}{ds}(s) \right\rangle ds \\ &= -\int_a^b \left\langle f(s)\frac{D\alpha'}{ds}(s), \frac{D\alpha'}{ds}(s) \right\rangle ds = -\int_a^b f(s)\left|\frac{D\alpha'}{ds}(s)\right|^2 ds. \end{aligned}$$

Dado que el integrando en la identidad anterior es siempre positivo, podemos asegurar que $E'(0) = 0$ si, y solo si, $f(D\alpha'/ds) \equiv \mathbf{0}$. En particular, debería verificarse $f(s_0)(D\alpha'/ds)(s_0) = \mathbf{0}$; pero $(D\alpha'/ds)(s_0) \neq \mathbf{0}$ y $f(s_0) > 0$, una contradicción.

Solución al ejercicio 5.4. Para la parametrización de la esfera en coordenadas geográficas, $X(\theta,\varphi) = (\operatorname{sen}\theta\cos\varphi, \operatorname{sen}\theta\operatorname{sen}\varphi, \cos\theta)$, con $U = (0,\pi)\times(0,2\pi)$, los coeficientes de la primera forma fundamental son $E = 1, F = 0, G = \operatorname{sen}^2\theta$; luego

$$\int_{\mathbb{S}^2} f\,dA = \iint_U (f\circ X)(\theta,\varphi)\sqrt{EG-F^2}(\theta,\varphi)\,d\theta d\varphi = \int_0^{2\pi}\int_0^{\pi}\cos\theta\operatorname{sen}\theta\,d\theta d\varphi = 0.$$

Solución al ejercicio 5.5. Un sencillo cálculo muestra que los coeficientes de la primera forma fundamental de X son $E = 1+4u^2, F = 0$ y $G = u^2$. Luego

$$\int_S \sqrt{1+4z}\,dA = \iint_U \sqrt{1+4u^2}\sqrt{EG-F^2}\,dudv = \int_0^{2\pi}\int_0^1 u(1+4u^2)\,dudv = 3\pi.$$

Solución al ejercicio 5.6. Como $|V(t)| = 1$ entonces $\langle V(t), V'(t)\rangle = 0$, y el lema de Gauss nos asegura que

$$E = |X_s|^2 = \left|d(\exp_p)_{sV(t)}\big(V(t)\big)\right|^2 = \left|V(t)\right|^2 = 1 \quad \text{y}$$
$$F = \langle X_s, X_t\rangle = \Big\langle d(\exp_p)_{sV(t)}\big(V(t)\big), d(\exp_p)_{sV(t)}\big(sV'(t)\big)\Big\rangle = 0.$$

En consecuencia,

$$\int_{X(R)} G^{-1/2}dA = \int_0^a\int_0^b \frac{1}{\sqrt{G}}\sqrt{EG-F^2}\,dtds = \int_0^a\int_0^b \frac{1}{\sqrt{G}}\sqrt{G}\,dtds = ab = A(R).$$

Solución al ejercicio 5.7. Sea S el tubo regular de radio $r>0$ alrededor de α (véase el ejercicio 2.11), parametrizado por $X(s,\theta) = \alpha(s) + r\big(\cos\theta\,\mathbf{n}(s) + \operatorname{sen}\theta\,\mathbf{b}(s)\big)$, con $(s,\theta)\in[0,\ell]\times(0,2\pi)$, y sea $R\subset S$ la región de S formada por todos los puntos con curvatura de Gauss no negativa. Ya sabemos (véanse los ejercicios 2.11 y 3.17) que los coeficientes de su primera forma fundamental son

$$E = \big(1-rk(s)\cos\theta\big)^2 + r^2\tau(s)^2, \quad F = -r^2\tau(s) \quad \text{y} \quad G = r^2,$$

que su curvatura de Gauss viene dada por

$$K(s,\theta) = \frac{-k(s)\cos\theta}{r\big(1-rk(s)\cos\theta\big)},$$

y que los puntos de S con $K\geq 0$ son aquellos correspondientes a los valores del parámetro $\theta\in[\pi/2, 3\pi/2]$. Así, por un lado,

$$\int_R |K|\,dA = \int_0^\ell\int_{\pi/2}^{3\pi/2}\big|K(s,\theta)\big|\sqrt{EG-F^2}(s,\theta)\,d\theta ds = \int_0^\ell\int_{\pi/2}^{3\pi/2} -k(s)\cos\theta\,d\theta ds$$
$$= 2\int_0^\ell k(s)\,ds.$$

Por otro lado, al ser la curva cerrada, todas las direcciones de la esfera van a ser vectores normales en algún punto de R: en efecto, si tomamos un plano Π que no corte al tubo S, ortogonal a una dirección dada, y lo trasladamos de forma paralela hasta que toque a S, en el punto de tangencia la curvatura de Gauss será $K \geq 0$, es decir, será un punto de R. Esto implica que la imagen esférica $N(R)$ cubre toda la esfera $\mathbb{S}^2$ al menos una vez, y en consecuencia, por (5.10), podemos asegurar que

$$\int_R |K|\, dA \geq A(\mathbb{S}^2) = 4\pi.$$

Luego

$$\int_0^\ell k(s)\, ds \geq 2\pi.$$

Solución al ejercicio 5.8. Tomamos $X(u,v) = (a\cosh v \cos u, a\cosh v \operatorname{sen} u, av)$ como parametrización del catenoide. Entonces, $F = 0$ y $E = G = a^2\cosh^2 v$; luego es isoterma. Además $X_{uu} + X_{vv} = \mathbf{0}$, lo que demuestra que es una superficie minimal.

Para el helicoide, tomamos $X(u,v) = (a\operatorname{senh} v \cos u, a\operatorname{senh} v \operatorname{sen} u, au)$, que es isoterma ($F = 0, E = G = a^2\cosh^2 v$) y verifica $X_{uu} + X_{vv} = \mathbf{0}$. Luego es minimal.

Parametrizamos la primera superficie de Scherk de la forma natural mediante $X(u,v) = \big(u, v, \log(\cos v / \cos u)\big)$. En este caso la parametrización no es isoterma. Calculando entonces su curvatura media se obtiene $H = 0$.

En el caso de la segunda superficie de Scherk, los cálculos son mucho más laboriosos. La parametrización $X(u,v) = \big(u, v, \operatorname{arc\,sen}(\operatorname{senh} u \operatorname{senh} v)\big)$ no es isoterma, y el cómputo de H se complica en extremo. Como estamos viendo la superficie como el grafo de la función diferenciable $f(u,v) = \operatorname{arc\,sen}(\operatorname{senh} u \operatorname{senh} v)$, entonces S es minimal si, y solo si, f verifica la ecuación de Euler-Lagrange (5.11). No es difícil ver que, en efecto, esta relación se satisface.

En el caso de la superficie de Enneper, la parametrización $X(u,v)$ es isoterma ($E = G = (1 + u^2 + v^2)^2, F = 0$) y verifica $X_{uu} + X_{vv} = \mathbf{0}$. Luego es minimal.

Solución al ejercicio 5.9. i) Una curva de nivel de f es una línea recta si, y solo si, su curvatura $k = 0$, es decir, si, y solo si,

$$-f_{xx}f_y^2 + 2f_{xy}f_x f_y - f_{yy}f_x^2 = 0.$$

Dado que f verifica (5.11), es decir,

$$f_{xx}(1 + f_y^2) - 2f_{xy}f_x f_y + f_{yy}(1 + f_x^2) = 0,$$

la relación anterior es equivalente a $f_{xx} + f_{yy} = 0$. Por tanto, una curva de nivel de f es una línea recta si, y solo si, f es armónica.

ii) Las derivadas parciales primeras y segundas de f son

$$f_x = -a\frac{y - y_0}{(x - x_0)^2 + (y - y_0)^2}, \qquad f_y = a\frac{x - x_0}{(x - x_0)^2 + (y - y_0)^2},$$

$$f_{xx} = 2a\frac{(x - x_0)(y - y_0)}{\big((x - x_0)^2 + (y - y_0)^2\big)^2}, \quad f_{yy} = -2a\frac{(x - x_0)(y - y_0)}{\big((x - x_0)^2 + (y - y_0)^2\big)^2},$$

$$f_{xy} = a\frac{(y - y_0)^2 - (x - x_0)^2}{\big((x - x_0)^2 + (y - y_0)^2\big)^2},$$

lo que permite comprobar que $\Delta f = f_{xx} + f_{yy} = 0$ y que f verifica (5.11). El apartado i) y el correspondiente teorema de existencia y unicidad de soluciones de ecuaciones diferenciales demuestra el resultado.

Solución al ejercicio 5.10. Si S es compacta, existe al menos un punto elíptico p (véase el ejercicio 3.6). Luego $K(p) = k_1(p)k_2(p) > 0$, de donde se deduce que $H(p) = \big(k_1(p) + k_2(p)\big)/2 \neq 0$ (ambas curvaturas principales tienen igual signo).

Solución al ejercicio 5.11. Si S es minimal entonces $H(p) = 0$, y por tanto, las curvaturas principales verifican $k_2(p) = -k_1(p)$. Luego $K(p) = k_1(p)k_2(p) \leq 0$.

Si $K(p) = 0$ entonces p es parabólico o plano. En el primer caso, tendríamos $k_1(p) = 0$ y $k_2(p) \neq 0$ (por ejemplo) y, en consecuencia, $H(p) = k_2(p)/2 \neq 0$: S no sería minimal. En definitiva, si $K(p) = 0$ entonces el punto p es plano. Una superficie minimal solo tiene puntos hiperbólicos o planos.

Solución al ejercicio 5.12. No. Basta considerar el plano (minimal) y el cilindro (no minimal), que son superficies localmente isométricas. La curvatura media no se conserva por isometrías locales.

Solución al ejercicio 5.13. Como las curvas coordenadas son líneas de curvatura, entonces $f = 0$ (véase el ejercicio 3.13). Las ecuaciones de Mainardi-Codazzi en el caso particular en que $F = f = 0$ se traducen en (ejemplo 3.22) $e_v = E_v H$ y $g_u = G_u H$. Por ser e, g constantes, tenemos $E_v H = 0$ y $G_u H = 0$, pudiéndose distinguir dos casos:

- si $H = 0$ en todo punto entonces $X(U)$ es minimal;
- si existe $p \in X(U)$ con $H(p) \neq 0$, podemos encontrar un entorno $V(p) \subset X(U)$ con $H(q) \neq 0$ para todo $q \in V$. Entonces, $E_v = G_u = 0$ en dicho entorno, de donde se deduce, utilizando la fórmula (3.29) para la curvatura de Gauss en una parametrización ortogonal, que $K = 0$ en V; el teorema de Minding 4.3.14 nos asegura entonces que V es isométrico al plano (superficie regular con $K = 0$).

Solución al ejercicio 5.14. Sabemos que $\mathrm{III}_p = 2H(p)\,\mathrm{II}_p - K(p)\,\mathrm{I}_p$ (ejercicio 3.2). Si S es minimal, $H(p) = 0$ para todo $p \in S$, por lo que $\mathrm{III}_p = -K(p)\,\mathrm{I}_p$.

Recíprocamente, supongamos que existe una función diferenciable $\lambda : S \longrightarrow \mathbb{R}$ tal que $\mathrm{III}_p = \lambda(p)\,\mathrm{I}_p$ para todo $p \in S$. Entonces,

$$2H(p)\,\mathrm{II}_p = \mathrm{III}_p + K(p)\,\mathrm{I}_p = \big(\lambda(p) + K(p)\big)\,\mathrm{I}_p.$$

Supongamos que $H(p) \neq 0$. En tal caso, escribiendo $c(p) = \big(\lambda(p) + K(p)\big)/\big(2H(p)\big)$, se tendría $\mathrm{II}_p = c(p)\,\mathrm{I}_p$, o lo que es lo mismo, $\langle \mathrm{A}_p\mathbf{v}, \mathbf{w}\rangle = c(p)\,\langle \mathbf{v}, \mathbf{w}\rangle$ para cualesquiera $\mathbf{v}, \mathbf{w} \in T_pS$. En consecuencia, $\big\langle \mathrm{A}_p\mathbf{v} - c(p)\mathbf{v}, \mathbf{w}\big\rangle = 0$ para todo $\mathbf{w} \in T_pS$ y todo $\mathbf{v} \in T_pS$, es decir, $\mathrm{A}_p\mathbf{v} - c(p)\mathbf{v} = \mathbf{0}$ para cualquier $\mathbf{v} \in T_pS$. Así pues,

$$\mathrm{A}_p = c(p)1_{T_pS} \equiv \begin{pmatrix} c(p) & 0 \\ 0 & c(p) \end{pmatrix},$$

y p sería un punto umbilical, lo que contradice nuestra hipótesis.

Solución al ejercicio 5.15. Consideremos la parametrización usual del catenoide $X(u,v) = (\cosh v \cos u, \cosh v \operatorname{sen} u, v)$, con $U = (0,2\pi)\times\mathbb{R}$. Obsérvese que X cubre todo el catenoide excepto el meridiano $u = 0$. Un rápido cálculo muestra que

$$\begin{array}{rcl} N\circ X:\ (0,2\pi)\times\mathbb{R} & \longrightarrow & \mathbb{S}^2 \\ (u,v) & \rightsquigarrow & \left(\dfrac{\cos u}{\cosh v}, \dfrac{\operatorname{sen} u}{\cosh v}, -\dfrac{\operatorname{senh} v}{\cosh v}\right). \end{array}$$

Vamos a demostrar que $(N\circ X)\big((0,2\pi)\times\mathbb{R}\big) = \mathbb{S}^2\backslash M$, donde M representa el meridiano $M = \big\{(x,y,z)\in\mathbb{S}^2 : y = 0,\, x\geq 0\big\}$. Para ello, consideramos las coordenadas geográficas en la esfera,[9] $Y(\theta,\varphi) = (\operatorname{sen}\theta\cos\varphi, \operatorname{sen}\theta\operatorname{sen}\varphi, \cos\theta)$, donde, recordemos, $(\theta,\varphi)\in(0,\pi)\times(0,2\pi)$. Claramente, $Y\big((0,\pi)\times(0,2\pi)\big) = \mathbb{S}^2\backslash M$, por lo que tenemos que probar que

$$(N\circ X)\big((0,2\pi)\times\mathbb{R}\big) = Y\big((0,\pi)\times(0,2\pi)\big).$$

Así, fijado un punto $(\operatorname{sen}\theta\cos\varphi, \operatorname{sen}\theta\operatorname{sen}\varphi, \cos\theta)\in Y\big((0,\pi)\times(0,2\pi)\big)$, vamos a ver que existe un único par $\big(u(\theta,\varphi), v(\theta,\varphi)\big)$ tal que

$$\left(\frac{\cos u}{\cosh v}, \frac{\operatorname{sen} u}{\cosh v}, -\frac{\operatorname{senh} v}{\cosh v}\right) = \big(\operatorname{sen}\theta\cos\varphi, \operatorname{sen}\theta\operatorname{sen}\varphi, \cos\theta\big) \qquad \text{(C.10)}$$

(por brevedad, escribimos simplemente $u = u(\theta,\varphi)$, $v = v(\theta,\varphi)$). Es evidente que $v = \operatorname{arg\,tgh}(-\cos\theta)$ de modo único, pues $\theta\in(0,\pi)$ y $\operatorname{tgh} v$ es un difeomorfismo. Además, como $-\operatorname{senh} v = \cosh v\cos\theta$, entonces $\cosh^2 v\cos^2\theta = \operatorname{senh}^2 v$, o equivalentemente, $\cosh^2 v\operatorname{sen}^2\theta = 1$. Obsérvese que $\theta\in(0,\pi)$, por lo que $\operatorname{sen}\theta > 0$, y al ser $\cosh v > 0$ siempre, se tiene que $\cosh v\operatorname{sen}\theta = 1$. Igualando ahora las dos primeras coordenadas en (C.10) y usando esta expresión, obtenemos que

$$\begin{cases} \cos u = \cosh v\operatorname{sen}\theta\cos\varphi = \cos\varphi, \\ \operatorname{sen} u = \cosh v\operatorname{sen}\theta\operatorname{sen}\varphi = \operatorname{sen}\varphi \end{cases}$$

simultáneamente, y dado que ambos $u,\varphi\in(0,2\pi)$ podemos concluir que $u = \varphi$. Análogamente, fijado

$$\frac{1}{\cosh v}(\cos u, \operatorname{sen} u, -\operatorname{senh} v)\in(N\circ X)\big((0,2\pi)\times\mathbb{R}\big),$$

entonces el par $\big(\theta(u,v) = \arccos(-\operatorname{tgh} v), \varphi(u,v) = u\big)$ verificando (C.10) queda determinado de modo único.

Tomando ahora $\overline{X}(u,v) = \big(\cosh v\cos(u+\pi), \cosh v\operatorname{sen}(u+\pi), v\big)$ como parametrización del catenoide, con $\overline{U} = (0,2\pi)\times\mathbb{R}$, se demuestra de forma análoga que $(N\circ\overline{X})\big((0,2\pi)\times\mathbb{R}\big) = \mathbb{S}^2\backslash\overline{M}$, donde $\overline{M} = \big\{(x,y,z)\in\mathbb{S}^2 : y = 0,\, x\leq 0\big\}$.

Dado que las parametrizaciones X y $\overline{X}$ cubren todo el catenoide, su imagen esférica es $\mathbb{S}^2\backslash(M\cap\overline{M}) = \mathbb{S}^2\backslash\{\mathsf{N},\mathsf{S}\}$.

[9] Esto no es necesario; el resultado puede demostrarse igualmente utilizando coordenadas cartesianas, pero los cálculos son más laboriosos.

SOLUCIONES A LOS EJERCICIOS DEL CAPÍTULO VI

Solución al ejercicio 6.1. Tenemos que demostrar que, para todo $p \in S$, dado $\varepsilon > 0$ existe $\delta > 0$ tal que, si $q \in B(p,\delta) \cap S$, entonces $\left|d(p_0,p) - d(p_0,q)\right| < \varepsilon$, donde $B(p,\delta) = \left\{x \in \mathbb{R}^3 : |x-p| < \delta\right\}$ representa la bola abierta en $\mathbb{R}^3$ centrada en p y de radio δ. Para ello, sea $\varepsilon' < \varepsilon$ tal que $\exp_p : D(\mathbf{0},\varepsilon') \longrightarrow \mathcal{D}(p,\varepsilon')$ es un difeomorfismo, es decir, tal que $\mathcal{D}(p,\varepsilon')$ es un entorno normal. Como $\mathcal{D}(p,\varepsilon')$ es abierto en la superficie, existirá un $\delta > 0$ tal que $B(p,\delta) \cap S \subset \mathcal{D}(p,\varepsilon')$. Tomamos entonces $q \in B(p,\delta) \cap S$. Por un lado, la desigualdad triangular nos asegura que

$$
\begin{aligned}
d(p_0,p) &\leq d(p_0,q) + d(q,p) \quad \text{y} \\
d(p_0,q) &\leq d(p_0,p) + d(p,q),
\end{aligned}
$$

de donde podemos concluir que $-d(p,q) \leq d(p_0,p) - d(p_0,q) \leq d(p,q)$, esto es,

$$
\left|d(p_0,p) - d(p_0,q)\right| \leq d(p,q).
$$

Por otro lado, como $q \in \mathcal{D}(p,\varepsilon')$ que es entorno normal, ya sabemos que $d(p,q) < \varepsilon'$. Así obtenemos que $\left|d(p_0,p) - d(p_0,q)\right| \leq d(p,q) < \varepsilon' < \varepsilon$.

Solución al ejercicio 6.2. Sea γ_v la geodésica maximal con $\gamma_v(0) = p$, $\gamma_v'(0) = \mathbf{v}$, para la cual se tiene que $\gamma_v(1) = \exp_p(\mathbf{v})$. Entonces,

$$
d\big(p, \exp_p(\mathbf{v})\big) \leq L_0^1\big(\gamma_v(t)\big) = \int_0^1 \left|\gamma_v'(t)\right| dt = \int_0^1 |\mathbf{v}|\, dt = |\mathbf{v}|.
$$

La igualdad se alcanzará si, y solo si, la geodésica γ_v es minimizante; por ejemplo, cuando $\exp_p(\mathbf{v}) = \gamma_v(1)$ esté contenido en un entorno normal centrado en p.

Solución al ejercicio 6.3. Suponemos que $B_d(p_0,r) \not\subset \mathcal{D}(p_0,R)$ para todo $r > 0$, y llegaremos a una contradicción. Sea $0 < R' < R$ tal que $\mathcal{D}(p_0,R') \subset \mathcal{D}(p_0,R)$ estrictamente y $\mathrm{cl}\,\mathcal{D}(p_0,R') \subset V$ entorno normal de p_0. Entonces, también se tendrá que $B_d(p_0,r) \not\subset \mathcal{D}(p_0,R')$ para todo $r > 0$, por lo que existirá un punto $q_n \in B_d(p_0,1/n)$ tal que $q_n \notin \mathcal{D}(p_0,R')$ para todo $n \in \mathbb{N}$. Esto determina una sucesión de puntos $(q_n)_{n\in\mathbb{N}}$ que converge a p_0 en la distancia intrínseca, esto es, $\lim_{n\to\infty} d(q_n,p_0) = 0$.

Sea $\varepsilon_n = R'/n$. Dado que $d(q_n,p_0) = \inf\left\{L_0^1(\alpha) : \alpha \in \Omega(q_n,p_0)\right\}$, para cada q_n existe una curva $\alpha_n \in \Omega(q_n,p_0)$ con longitud $L_0^1(\alpha_n) \leq d(q_n,p_0) + \varepsilon_n$ (sin pérdida de generalidad podemos suponer las curvas parametrizadas en el intervalo $[0,1]$). Ahora bien, como $q_n \notin \mathcal{D}(p_0,R')$, la curva α_n corta a la frontera del disco en algún punto, es decir, existe $t_n \in (0,1]$ tal que $\alpha_n(t_n) \in \mathcal{S}(p_0,R')$. Esto implica la existencia de un vector $\mathbf{v}_n \in D_{p_0}$, con $|\mathbf{v}_n| = R'$, de forma que $\alpha_n(t_n) = \exp_{p_0}(\mathbf{v}_n) = \gamma_{\alpha_n(t_n)}(1)$ para todo $n \in \mathbb{N}$, donde, como es usual, $\gamma_{\alpha_n(t_n)}$ representa la geodésica radial que une p_0 con $\alpha_n(t_n)$. Obsérvese que, como $\mathcal{S}(p_0,R') \subset V$, la geodésica radial $\gamma_{\alpha_n(t_n)}$ es minimizante entre p_0 y $\alpha_n(t_n)$. Entonces,

$$
\begin{aligned}
d(q_n,p_0) + \varepsilon_n \geq L_0^1(\alpha_n) &= L_0^{t_n}(\alpha_n) + L_{t_n}^1(\alpha_n) \\
&\geq L_0^1\left(\gamma_{\alpha_n(t_n)}\right) + L_{t_n}^1(\alpha_n) = R' + L_{t_n}^1(\alpha_n) \geq R',
\end{aligned}
$$

y tomando límites cuando $n \to \infty$ llegamos a que $R' \leq 0$, una contradicción.

Solución al ejercicio 6.4. Supongamos que existen $t_0, t_1 \in [a,b]$ tales que $\alpha|_{[t_0,t_1]}$ no es minimizante entre $\alpha(t_0)$ y $\alpha(t_1)$. En tal caso, existiría una curva β uniendo $\alpha(t_0)$ y $\alpha(t_1)$, con $L(\beta) < L\big(\alpha|_{[t_0,t_1]}\big)$. Claramente, $\alpha = \alpha|_{[a,t_0]} \wedge \alpha|_{[t_0,t_1]} \wedge \alpha|_{[t_1,b]}$. Consideremos la yuxtaposición $\alpha|_{[a,t_0]} \wedge \beta \wedge \alpha|_{[t_1,b]}$. Entonces,

$$\begin{aligned} L\big(\alpha|_{[a,t_0]} \wedge \beta \wedge \alpha|_{[t_1,b]}\big) &= L\big(\alpha|_{[a,t_0]}\big) + L(\beta) + L\big(\alpha|_{[t_1,b]}\big) \\ &< L\big(\alpha|_{[a,t_0]}\big) + L\big(\alpha|_{[t_0,t_1]}\big) + L\big(\alpha|_{[t_1,b]}\big) = L\big(\alpha|_{[a,t_0]} \wedge \alpha|_{[t_0,t_1]} \wedge \alpha|_{[t_1,b]}\big) = L(\alpha), \end{aligned}$$

lo que probaría la existencia de otra curva uniendo p y q, $\alpha|_{[a,t_0]} \wedge \beta \wedge \alpha|_{[t_1,b]}$, con menor longitud que α, una contradicción.

Solución al ejercicio 6.5. Dados $p_1, p_2 \in \mathbb{S}^2(r)$, consideremos el único plano Π que pasa por dichos puntos y el centro de la esfera. Entonces, $\Pi \cap \mathbb{S}^2(r)$ es una circunferencia máxima (geodésica), la única además que pasa por p_1 y p_2. Tenemos, por tanto, dos segmentos de geodésica uniendo ambos puntos, siendo el de menor longitud el que determina la distancia intrínseca entre p_1 y p_2. Como la longitud de cualquier circunferencia máxima es $2\pi r$, entonces $d(p_1,p_2) \leq (1/2)2\pi r = \pi r$. La igualdad se alcanzará si, y solo si, los dos segmentos de geodésica tienen la misma longitud, es decir si, y solo si, $p_1 = -p_2$.

Solución al ejercicio 6.6. Como $p, q \in \mathbb{S}^2$ no son antipodales, existe un único arco de geodésica minimizante uniendo ambos puntos (pues q, por ejemplo, está contenido en un disco geodésico, que es también entorno normal, centrado en p, véase el ejemplo 4.9). Sea $\gamma : [0,\delta] \longrightarrow \mathbb{S}^2$ dicho segmento de geodésica, con $\delta = d(p,q)$. Entonces, $\gamma(0) = p$, $\gamma(\delta) = q$ y $L_0^\delta(\gamma) = d(p,q) = \delta$. Tomamos $m = \gamma(\delta/2)$, para el que, claramente, $d(p,m) = L_0^{\delta/2}(\gamma) = d(p,q)/2$. Análogamente, $d(q,m) = d(p,q)/2$.

Para demostrar la unicidad, supongamos que existe otro $m' \in \mathbb{S}^2$, $m' \neq m$, tal que $d(p,q) = 2d(p,m') = 2d(q,m')$. Sean γ_1, γ_2 segmentos de geodésica minimizante que realizan la distancia entre p, m' y q, m', respectivamente. Entonces,

$$d(p,q) = \frac{1}{2}d(p,q) + \frac{1}{2}d(p,q) = d(p,m') + d(m',q) = L(\gamma_1) + L(\gamma_2) = L(\gamma_1 \wedge \gamma_2),$$

por lo que $\gamma_1 \wedge \gamma_2$ es otra curva (geodésica a trozos) uniendo p y q, que es minimizante, lo que contradice la unicidad de γ.

Tomamos ahora $\beta = R_\pi \circ \gamma : [0,\delta] \longrightarrow \mathbb{S}^2$ que, claramente, es una geodésica, pues la rotación R_π es una isometría. Además, $\beta(\delta/2) = R_\pi(m) = m$ (el centro de la rotación queda fijo), y

$$\beta'\left(\frac{\delta}{2}\right) = d(R_\pi)_{\gamma(\delta/2)}\left(\gamma'\left(\frac{\delta}{2}\right)\right) = d(R_\pi)_m\left(\gamma'\left(\frac{\delta}{2}\right)\right) = -\gamma'\left(\frac{\delta}{2}\right)$$

(al ser R_π una aplicación lineal, su diferencial es ella misma: $d(R_\pi)_m$ es la rotación de π radianes en el plano tangente). Si consideramos la reparametrización de γ dada por $\widetilde{\gamma}(t) = \gamma(\delta - t)$ para $t \in [0,\delta]$, claramente $\widetilde{\gamma}$ es un segmento de geodésica el cual verifica que $\widetilde{\gamma}(\delta/2) = m$ y $\widetilde{\gamma}'(\delta/2) = -\gamma'(\delta/2)$. Por la unicidad de las geodésicas, $\beta(t) = \widetilde{\gamma}(t) = \gamma(\delta - t)$; luego $R_\pi(p) = \beta(0) = \gamma(\delta) = q$ y $R_\pi(q) = \beta(\delta) = \gamma(0) = p$, como se quería demostrar.

Solución al ejercicio 6.8. Supongamos, en primer lugar, que S es completa. Sea $\alpha : [0,\infty) \longrightarrow S$ una curva divergente, y definimos $B_n := \mathrm{cl}\, B_d\big(\alpha(0),n\big)$, $n \in \mathbb{N}$. Claramente B_n es cerrado en S y acotado (en la distancia intrínseca). Como S es completa, el teorema de Hopf-Rinow nos asegura que B_n es un compacto y, por ser α una curva divergente, podemos deducir que, para todo $n \in \mathbb{N}$, existe $t_n \in [0,\infty)$ tal que, si $t > t_n$, entonces $\alpha(t) \notin B_n$, es decir, $d\big(\alpha(t),\alpha(0)\big) > n$. En consecuencia, se tiene que $n < d\big(\alpha(t),\alpha(0)\big) \leq L_0^t(\alpha)$ y, tomando límites,

$$L(\alpha) = \lim_{t\to\infty} \int_0^t \big|\alpha'(s)\big|\, ds = \lim_{t\to\infty} L_0^t(\alpha) = \lim_{n\to\infty} L_0^t(\alpha) > \lim_{n\to\infty} n = \infty.$$

Luego α tiene longitud infinita.

Para probar el recíproco, supongamos que cualquier curva divergente tiene longitud infinita, y asumamos que S no es completa. Entonces, existen $p_0 \in S$ y $\mathbf{v} \in T_{p_0}S$ tales que la geodésica maximal γ_v que parte de $p_0 = \gamma_v(0)$ no está definida en, digamos, $t = 1$, no pudiéndose extender a 1. Así pues, suponemos que $\gamma_v : [0,1) \longrightarrow S$ y que no existe el límite $\lim_{t\to 1^-} \gamma_v(t)$ (si existiese, podríamos extender γ_v de forma continua a $t = 1$ y, en consecuencia, también se extendería como geodésica –véase la prueba del teorema de Hopf-Rinow). Claramente,

$$L(\gamma_v) = \lim_{t\to 1^-} \int_0^t \big|\gamma_v'(s)\big|\, ds = |\mathbf{v}| < \infty.$$

Si demostramos que γ_v (o, de forma más precisa, una reparametrización de la misma) es una curva divergente, habremos obtenido la contradicción deseada.

- γ_v se sale de los compactos:

  Supongamos que no es así. Entonces, podemos encontrar A compacto tal que, para todo $t \in (0,1)$, existe $t^* > t$ con $\gamma_v(t^*) \in A$ (es decir, la geodésica siempre "regresa" a A). Sea $\{t_n\}_{n\in\mathbb{N}}$ una sucesión estrictamente creciente en $[0,1)$ con $\lim_{n\to\infty} t_n = 1$, y tal que $\gamma_v(t_n) \in A$ para todo $n \in \mathbb{N}$. Como $\big\{\gamma_v(t_n) : n \in \mathbb{N}\big\} \subset A$ compacto, existe una subsucesión $\big\{\gamma_v(t_{n_k})\big\}_{k\in\mathbb{N}}$ convergente. Por otro lado, por ser $\{t_n\}_{n\in\mathbb{N}}$ convergente, en particular es de Cauchy, luego dado $\varepsilon > 0$, existe $N > 0$ tal que, para cualesquiera $n,m \geq N$, entonces $|t_m - t_n| < \varepsilon$. Ahora bien (suponiendo, por ejemplo, $t_n < t_m$),

$$d\big(\gamma_v(t_n),\gamma_v(t_m)\big) \leq L_{t_n}^{t_m}\big(\gamma_v|_{[t_n,t_m]}\big) = \int_{t_n}^{t_m} \big|\gamma_v'(t)\big|\, dt = |\mathbf{v}|\,(t_m - t_n) < \varepsilon\,|\mathbf{v}|.$$

  En consecuencia, $\big\{\gamma_v(t_n)\big\}_{n\in\mathbb{N}}$ es una sucesión de Cauchy; dado que tiene una subsucesión $\big\{\gamma_v(t_{n_k})\big\}_{k\in\mathbb{N}}$ convergente, podemos concluir finalmente que la propia $\big\{\gamma_v(t_n)\big\}_{n\in\mathbb{N}}$ es convergente. Así, existe $p = \lim_{n\to\infty} \gamma_v(t_n)$.

  Vamos a probar que $p = \lim_{t\to 1^-} \gamma_v(t)$, una contradicción. Para ello, sea $\{s_n\}_{n\in\mathbb{N}}$ una sucesión cualquiera en $[0,1)$ con $\lim_{n\to\infty} s_n = 1$. Dado que

$$\begin{aligned} 0 \leq d\big(\gamma_v(s_n),p\big) &\leq d\big(\gamma_v(s_n),\gamma_v(t_n)\big) + d\big(\gamma_v(t_n),p\big) \\ &\leq L_{s_n}^{t_n}\big(\gamma_v|_{[s_n,t_n]}\big) + d\big(\gamma_v(t_n),p\big) = |\mathbf{v}|\,|t_n - s_n| + d\big(\gamma_v(t_n),p\big), \end{aligned}$$

tomando límites cuando $n \longrightarrow \infty$ se tiene

$$0 \leq \lim_{n\to\infty} d\big(\gamma_v(s_n), p\big) \leq |\mathbf{v}| \lim_{n\to\infty} |t_n - s_n| + \lim_{n\to\infty} d\big(\gamma_v(t_n), p\big) = 0.$$

Esto prueba que $\lim_{t\to 1^-} \gamma_v(t) = p$.

- Hemos encontrado una curva γ_v diferenciable que se sale de los compactos. Para que sea una curva divergente propiamente dicha, debe estar definida en la semirrecta $[0,\infty)$: basta tomar la reparametrización $\alpha(t) = \gamma_v\big(h(\operatorname{arctg} t)\big)$ para un difeomorfismo $h : [0,\pi/2) \longrightarrow [0,1)$.

Solución al ejercicio 6.9. Sea $p \in S$. Como S no es compacta, $S \not\subset B_d(p,n)$ para cualquier $n \in \mathbb{N}$, por lo que existe $q_n \in S$ con $d(q_n, p) > n$ para todo $n \in \mathbb{N}$. Sea $d_n := d(q_n, p)$ que, claramente, verifica $\lim_{n\to\infty} d_n = \infty$, y sea $\gamma_n : [0, d_n] \longrightarrow S$ un segmento de geodésica minimizante uniendo $p = \gamma_n(0)$ y $q_n = \gamma_n(d_n)$ (lema 6.1.5). Finalmente, sea $\mathbf{v}_n = \gamma_n'(0) \in T_pS$ (unitario). Como S es completa, $\gamma_n : \mathbb{R} \longrightarrow S$ está definida en todo $\mathbb{R}$, aunque solo podemos afirmar que es minimizante en el intervalo $[0, d_n]$. Construimos entonces la siguiente geodésica: por estar la sucesión de vectores $\{\mathbf{v}_n\}_{n\in\mathbb{N}} \subset \mathbb{S}^1$, que es un compacto, existe una subsucesión convergente, digamos $\lim_{k\to\infty} \mathbf{v}_{n_k} = \mathbf{v}$, con $|\mathbf{v}| = 1$; tomamos la geodésica maximal $\gamma = \gamma_v : \mathbb{R} \longrightarrow S$ con condiciones iniciales $\gamma(0) = p$ y $\gamma'(0) = \mathbf{v}$. Vamos a probar que γ es el rayo buscado.

Por definición γ es una geodésica y $\gamma(0) = p$. Veamos que γ realiza la distancia entre p y $\gamma(t)$:

Sea $t \in [0,\infty)$ fijo. Como $\lim_{n\to\infty} d_n = \infty$, existe $N > 0$ tal que, para todo $n \geq N$, $t \in [0, d_n]$. Además, γ_n es una geodésica minimizante en $[0, d_n]$, luego

$$d\big(p, \gamma_n(t)\big) = L_0^t\big(\gamma_n|_{[0,t]}\big) = \int_0^t \big|\gamma_n'(s)\big|\, ds = |\mathbf{v}_n| t = t$$

para todo $n \geq N$. Por otro lado, dado que la aplicación exponencial $\exp_{\mathrm{p}}$ es una función continua y t está fijo,

$$\lim_{n\to\infty} \gamma_n(t) = \lim_{n\to\infty} \exp_{\mathrm{p}}(t\mathbf{v}_n) = \exp_{\mathrm{p}}(t\mathbf{v}) = \gamma(t);$$

en consecuencia,

$$d\big(p, \gamma(t)\big) = \lim_{n\to\infty} d\big(p, \gamma_n(t)\big) = \lim_{n\to\infty} t = t = |\mathbf{v}| t = \int_0^t \big|\gamma'(s)\big|\, ds = L_0^t\big(\gamma|_{[0,t]}\big).$$

Solución al ejercicio 6.10. i) Representamos por d_1 y d_2 las distancias intrínsecas en S_1 y S_2, respectivamente. Vamos a probar que (S_1, d_1) es completa como espacio métrico. Veamos en primer lugar cuál es la relación existente, mediante el difeomorfismo ϕ, entre ambas distancias.

Así, si $p, q \in S_1$ y $\alpha \in \Omega(p,q)$ es una curva en S_1 uniendo $\alpha(a) = p$ y $\alpha(b) = q$, entonces $\phi \circ \alpha \in \Omega\big(\phi(p), \phi(q)\big)$ en la superficie S_2 y

$$\begin{aligned} d_2\big(\phi(p), \phi(q)\big) &\leq L_a^b(\phi \circ \alpha) = \int_a^b \big|(\phi \circ \alpha)'(t)\big|\, dt = \int_a^b \big|d\phi_{\alpha(t)}\big(\alpha'(t)\big)\big|\, dt \\ &\leq \int_a^b \frac{1}{c} \big|\alpha'(t)\big|\, dt = \frac{1}{c} L_a^b(\alpha). \end{aligned}$$

Como esto es cierto para toda curva $\alpha \in \Omega(p,q)$, podemos asegurar que

$$d_1(p,q) \geq c d_2\big(\phi(p), \phi(q)\big). \tag{C.11}$$

Sea ahora $\{p_n\}_{n\in\mathbb{N}}$ una sucesión de Cauchy en (S_1, d_1). Entonces, dado $\varepsilon > 0$, existe $N > 0$ tal que, para cualesquiera $n, m \geq N$, se tiene que $d(p_n, p_m) < \varepsilon$. Consideremos la sucesión $\{\phi(p_n)\}_{n\in\mathbb{N}}$ en S_2. Por (C.11),

$$d_2\big(\phi(p_n), \phi(p_m)\big) \leq \frac{1}{c} d_1(p_n, p_m) < \frac{\varepsilon}{c};$$

luego $\{\phi(p_n)\}_{n\in\mathbb{N}}$ es una sucesión de Cauchy en (S_2, d_2), espacio que es completo. En consecuencia $\{\phi(p_n)\}_{n\in\mathbb{N}}$ es convergente: existe $\lim_{n\to\infty} \phi(p_n) = q_2 = \phi(q_1) \in S_2$ (por ser ϕ difeomorfismo). Podemos concluir, por tanto, que $\lim_{n\to\infty} p_n = q_1 \in S_1$, es decir, $\{p_n\}_{n\in\mathbb{N}}$ es convergente.

Observación. Una demostración alternativa a este hecho puede desarrollarse utilizando la caracterización de completitud por curvas divergentes dada en el ejercicio 6.8. Tomando una curva divergente $\alpha : [0, \infty) \longrightarrow S_1$, es sencillo comprobar que su imagen por el difeomorfismo, $\phi \circ \alpha : [0, \infty) \longrightarrow S_2$, también es divergente; como S_2 es completa, $L(\phi \circ \alpha) = \infty$, de donde se obtiene que la longitud de α también es infinita.

ii) El hecho de que la proyección estereográfica sea una aplicación conforme implica que $\langle d\pi_p(\mathbf{v}), d\pi_p(\mathbf{w})\rangle = \lambda(p) \langle \mathbf{v}, \mathbf{w}\rangle$ para todo punto $p \in \mathbb{S}^2 \backslash \{\mathsf{N}\}$ y cualesquiera $\mathbf{v}, \mathbf{w} \in T_p\big(\mathbb{S}^2 \backslash \{\mathsf{N}\}\big)$ y, en particular, que $|d\pi_p(\mathbf{v})| = \lambda(p) |\mathbf{v}|$ para todo $p \in \mathbb{S}^2 \backslash \{\mathsf{N}\}$ y todo $\mathbf{v} \in T_p\big(\mathbb{S}^2 \backslash \{\mathsf{N}\}\big)$, siendo $\lambda : \mathbb{S}^2 \backslash \{\mathsf{N}\} \longrightarrow \mathbb{R}$ diferenciable y *no constante*. El resultado del apartado anterior no puede, por tanto, aplicarse en este caso.

Solución al ejercicio 6.11. Tenemos que demostrar que ϕ es biyectiva. Veamos primero la inyectividad. Si suponemos que ϕ no es inyectiva, existirán $p_1, q_1 \in S_1$, $p_1 \neq q_1$, tales que $\phi(p_1) = \phi(q_1) = p \in S_2$. Como S_1 es conexa y completa, sabemos (lema 6.1.5) que existe un segmento de geodésica minimizante γ uniendo $\gamma(a) = p_1$ y $\gamma(b) = q_1$. Además, por ser ϕ isometría local, $\phi \circ \gamma$ es una geodésica (no trivial) en S_2, que es cerrada, pues

$$(\phi \circ \gamma)(a) = \phi(p_1) = p = \phi(q_1) = (\phi \circ \gamma)(b).$$

En consecuencia, tomando cualquier punto $q = (\phi \circ \gamma)(t)$ con $a < t < b$, obtenemos dos segmentos de geodésica uniendo p y q en S_2, una contradicción.

Demostremos finalmente que ϕ es sobreyectiva: $\phi(S_1) = S_2$. Vamos a representar por d_1 y d_2 las distancias intrínsecas en S_1 y S_2, respectivamente.

Como ϕ es un difeomorfismo local, en particular es un homeomorfismo local, luego (localmente) lleva abiertos a abiertos. Dado que cualquier abierto es unión (arbitraria) de abiertos, podemos concluir que ϕ es una aplicación abierta. Así pues, $\phi(S_1) \subset S_2$ es abierto. Si vemos que $\phi(S_1)$ es cerrado, por ser S_2 conexa podremos concluir que $\phi(S_1) = S_2$. Sea entonces $\{p_n\}_{n\in\mathbb{N}}$ una sucesión convergente en $\phi(S_1)$, y tenemos que ver su límite está en $\phi(S_1)$. Como $\{p_n\}_{n\in\mathbb{N}}$ es convergente, en particular es de Cauchy; luego dado $\varepsilon > 0$ existe $N > 0$ tal que, para cualesquiera $n, m \geq N$, se tiene $d_2(p_n, p_m) < \varepsilon$. Por otro lado, la aplicación $\phi : S_1 \longrightarrow \phi(S_1)$ sí que es una isometría global, y en consecuencia conservará la distancia intrínseca (en la imagen $\phi(S_1)$). Además, la inyectividad de ϕ permite considerar la sucesión (unívocamente determinada) $\{q_n = \phi^{-1}(p_n)\}_{n\in\mathbb{N}}$ en S_1. Así pues, dado $\varepsilon > 0$, para todo $n, m \geq N$ se tiene que

$$d_1(q_n, q_m) = d_2\big(\phi(q_n), \phi(q_m)\big) = d_2(p_n, p_m) < \varepsilon,$$

es decir, $\{q_n\}_{n\in\mathbb{N}}$ es una sucesión de Cauchy en S_1, que es completa por hipótesis. Luego $\{q_n\}_{n\in\mathbb{N}}$ es convergente. Por lo tanto, existe el límite, $q = \lim_{n\to\infty} q_n \in S_1$, de donde podemos concluir que

$$\lim_{n\to\infty} p_n = \lim_{n\to\infty} \phi(q_n) = \phi\left(\lim_{n\to\infty} q_n\right) = \phi(q).$$

Hemos demostrado así que $\lim_{n\to\infty} p_n = \phi(q) \in \phi(S_1)$, esto es, $\phi(S_1)$ es un cerrado, lo que concluye la prueba.

Solución al ejercicio 6.12. Consideremos el toro $\mathbb{T}^2$ parametrizado de la forma usual por $X(u,v) = \big((a + r\cos u)\cos v, (a + r\cos u)\operatorname{sen} v, r\operatorname{sen} u\big)$. Claramente, $\mathbb{T}^2$ es una superficie compacta cuyo diámetro (intrínseco) viene dado por la longitud de la mitad del paralelo máximo, esto es, $D(\mathbb{T}^2) = \pi(a+r)$ (véase el ejemplo 2.7), y tomando $\delta = 1/(a+r)^2 > 0$ se tendrá que $D(\mathbb{T}^2) = \pi/\sqrt{\delta}$. Sin embargo, dado que la curvatura de Gauss del toro vale $K = \cos u/\big(r(a + r\cos u)\big)$ (ejercicio 3.3), existen puntos con curvatura de Gauss nula y negativa. Luego no se cumple que $K \geq \delta$.

Solución al ejercicio 6.13. Si $N : S \longrightarrow \mathbb{S}^2$ es una isometría, el teorema de rigidez de la esfera (corolario 6.2.3) nos asegura que S es la esfera $\mathbb{S}^2$.

Solución al ejercicio 6.14. i) Por ser k_2 una función continua definida en S compacta, existe $p \in S$ donde k_2 alcanza el máximo (suponemos, como viene siendo usual, $k_1 \leq k_2$). Ahora bien, como $2H/K = (k_1 + k_2)/(k_1 k_2) \equiv c$ constante, entonces

$$k_1 = \frac{k_2}{ck_2 - 1}.$$

Obsérvese que $k_2 \neq 1/c$ y que la función $f(x) = x/(cx-1)$ es estrictamente decreciente, por lo que podemos deducir que k_1 alcanza el mínimo en p. Luego se cumplen las tres hipótesis del lema 6.2.2, lo que nos asegura que p es umbilical, es decir, $k_1(p) = k_2(p)$. Además, para todo $p' \in S$, al ser p el máximo y el mínimo de k_2 y k_1, respectivamente, se tiene que $k_2(p) \geq k_2(p') \geq k_1(p') \geq k_1(p)$, y como los extremos de esta cadena de desigualdades coinciden, $k_1(p') = k_2(p')$ para todo $p' \in S$. En consecuencia, S es totalmente umbilical.

Sabemos (teorema 3.5.7) que las únicas superficies totalmente umbilicales son las formadas exclusivamente por trozos de planos o trozos de esferas. Del hecho de que $K > 0$ y de que S sea conexa, se tiene que $S \subset \mathbb{S}^2\big(1/\sqrt{K}\big)$. Finalmente observemos que, al ser S compacta, entonces S es cerrada (en $\mathbb{S}^2\big(1/\sqrt{K}\big)$), y que, al ser S superficie regular, S es abierta (en $\mathbb{S}^2\big(1/\sqrt{K}\big)$); luego S es toda la esfera $\mathbb{S}^2\big(1/\sqrt{K}\big)$.

ii) Supongamos que existe $p_0 \in S$ donde H alcanza el máximo y K el mínimo, es decir, tal que $H(p_0) \geq H(p)$ y $K(p_0) \leq K(p)$ para todo $p \in S$. Entonces,

$$k_1(p_0) + k_2(p_0) \geq k_1(p) + k_2(p), \tag{C.12}$$

$$k_1(p_0)k_2(p_0) \leq k_1(p)k_2(p). \tag{C.13}$$

Como $K > 0$, podemos suponer que $0 < k_1(p) \leq k_2(p)$ para todo $p \in S$ (si ambas curvaturas fuesen negativas el razonamiento sería análogo). Entonces, multiplicando (C.12) por $k_2(p_0)$ y utilizando a continuación (C.13), obtenemos que

$$k_2(p_0)\big[k_1(p) + k_2(p)\big] \leq k_1(p_0)k_2(p_0) + k_2(p_0)^2 \leq k_1(p)k_2(p) + k_2(p_0)^2,$$

o lo que es lo mismo,

$$k_2(p_0)^2 - \big[k_1(p) + k_2(p)\big]k_2(p_0) + k_1(p)k_2(p) \geq 0. \tag{C.14}$$

Es sencillo ver que las raíces del polinomio $x^2 - \big[k_1(p) + k_2(p)\big]x + k_1(p)k_2(p)$ son, precisamente, $k_1(p)$ y $k_2(p)$, por lo que la desigualdad (C.14) se verifica si, y solo si, $k_2(p_0) \leq k_1(p)$ o $k_2(p_0) \geq k_2(p)$. En el primer caso, si $k_2(p_0) \leq k_1(p)$ para todo $p \in S$, en particular se tendría que $k_2(p_0) \leq k_1(p_0) \leq k_2(p_0)$, es decir, p_0 sería un punto umbilical, lo que contradiría nuestra hipótesis. Así pues, $k_2(p_0) \geq k_2(p)$, es decir, p_0 es un máximo para k_2. Entonces, utilizando (C.13),

$$\frac{k_1(p_0)}{k_1(p)} \leq \frac{k_2(p)}{k_2(p_0)} \leq 1,$$

esto es, $k_1(p_0) \leq k_1(p)$ para todo $p \in S$. Luego p_0 es un mínimo para k_1.

Por lo tanto, se cumplen las tres hipótesis del lema 6.2.2, lo que nos asegura que p es umbilical, de nuevo una contradicción.

Solución al ejercicio 6.15. Sean $X(u_i, v_j)$, $i, j = 1, 2$, los vértices del cuadrilátero. Si representamos de nuevo por $\omega(u,v) = \text{áng}(X_u, X_v)$, bajo las condiciones del enunciado sabemos que la curvatura de Gauss verifica la relación (suprimimos las coordenadas (u,v) por brevedad) $-K \operatorname{sen}\omega = \partial^2\omega/\partial u\partial v$ (corolario 6.3.4). Además, al ser X una red de Tchebychev asintótica, los coeficientes de su primera forma fundamental son $E = G = 1$ y $F = \cos\omega$. Luego

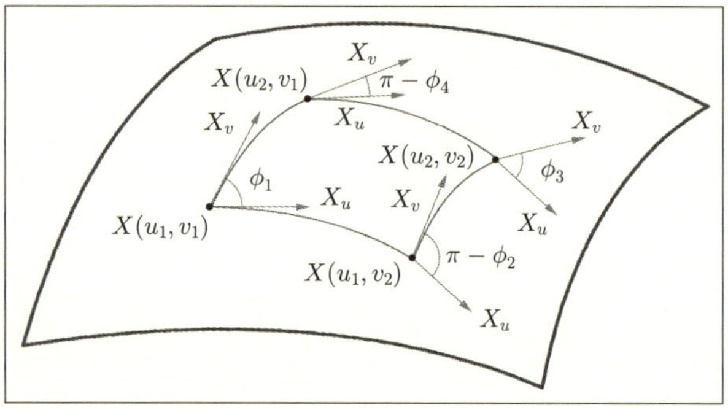

Figura C.3: Los ángulos entre las curvas coordenadas en una red de Tchebychev.

$$\begin{aligned}
-KA(R) &= -K\int_{v_1}^{v_2}\int_{u_1}^{u_2}\sqrt{EG - F^2}\,du\,dv \\
&= \int_{v_1}^{v_2}\int_{u_1}^{u_2} -K \operatorname{sen}\omega\, du\,dv \\
&= \int_{v_1}^{v_2}\int_{u_1}^{u_2} \frac{\partial^2\omega}{\partial u\partial v}\,du\,dv \\
&= \omega(u_2,v_2) - \omega(u_2,v_1) - \omega(u_1,v_2) + \omega(u_1,v_1) \\
&= \phi_3 - (\pi - \phi_4) - (\pi - \phi_2) + \phi_1 = \sum_{i=1}^{4}\phi_i - 2\pi
\end{aligned}$$

(véase la figura C.3). Dado que $\phi_i < \pi$ para todo $i = 1, \ldots, 4$, podemos concluir que $-KA(R) < 2\pi$.

SOLUCIONES A LOS EJERCICIOS DEL CAPÍTULO VII

Solución al ejercicio 7.1. Dado que

$$\bar{\mathbf{e}}_1(s) = \cos\lambda(s)\mathbf{e}_1(s) + \operatorname{sen}\lambda(s)\mathbf{e}_2(s) \quad \text{y}$$
$$\bar{\mathbf{e}}_2(s) = -\operatorname{sen}\lambda(s)\mathbf{e}_1(s) + \cos\lambda(s)\mathbf{e}_2(s),$$

entonces

$$\bar{\mathbf{e}}_1'(s) = -\lambda'(s)\operatorname{sen}\lambda(s)\mathbf{e}_1(s) + \cos\lambda(s)\mathbf{e}_1'(s) + \lambda'(s)\cos\lambda(s)\mathbf{e}_2(s) + \operatorname{sen}\lambda(s)\mathbf{e}_2'(s),$$

de donde se deduce que

$$\begin{aligned}\overline{\omega}(s) &= \langle \bar{\mathbf{e}}_1'(s), \bar{\mathbf{e}}_2(s)\rangle \\ &= \lambda'(s)\operatorname{sen}^2\lambda(s) - \operatorname{sen}^2\lambda(s)\langle \mathbf{e}_1(s), \mathbf{e}_2'(s)\rangle + \cos^2\lambda(s)\langle \mathbf{e}_1'(s), \mathbf{e}_2(s)\rangle \\ &\quad + \lambda'(s)\cos^2\lambda(s) \\ &= \lambda'(s) + \langle \mathbf{e}_1'(s), \mathbf{e}_2(s)\rangle = \lambda'(s) + \omega(s),\end{aligned}$$

pues se tiene que $\langle \mathbf{e}_1'(s), \mathbf{e}_2(s)\rangle = -\langle \mathbf{e}_1(s), \mathbf{e}_2'(s)\rangle$ sin más que derivar la relación $\langle \mathbf{e}_1(s), \mathbf{e}_2(s)\rangle = 0$ (por hipótesis $\{\mathbf{e}_1(s), \mathbf{e}_2(s)\}$ es un referencial ortonormal).

La holonomía a lo largo de α respecto a la base ortonormal $\{\bar{\mathbf{e}}_1(s), \bar{\mathbf{e}}_2(s)\}$ es

$$\overline{\mathfrak{H}}_{s_0}(s) = -\int_{s_0}^{s} \overline{\omega}(t)\,dt = -\int_{s_0}^{s} \big(\lambda'(t) + \omega(t)\big)\,dt = \lambda(s_0) - \lambda(s) - \int_{s_0}^{s} \omega(t)\,dt;$$

en particular, si la curva $\alpha : [0,\ell] \longrightarrow S$ es cerrada, se tiene que, para algún $k \in \mathbb{N}$,

$$\overline{\mathfrak{H}}_0(\ell) = \lambda(0) - \lambda(\ell) - \int_0^{\ell} \omega(t)\,dt = \mathfrak{H}_0(\ell) - 2\pi k.$$

Solución al ejercicio 7.2. El error radica en afirmar que

$$\int_{\operatorname{bd} R_1} k_g\,ds = \int_{\operatorname{bd} R_2} k_g\,ds,$$

pues la curvatura geodésica depende de la orientación de la frontera de la región. En este caso concreto, $\operatorname{bd} R_1 = \operatorname{bd} R_2$, pero la curva está orientada de modo distinto según se vea como frontera de R_1 o de R_2. Así pues, con las orientaciones adecuadas, lo que realmente se deduce es que $A(R_1) + A(R_2) = 4\pi$, lo cual sí es cierto.

Solución al ejercicio 7.3. Como la superficie es compacta, sabemos que existe un punto elíptico (ejercicio 3.6). Luego, por continuidad, hay un abierto donde $K > 0$. Representamos por

$$E = \{p \in S : K(p) > 0\}, \quad H = \{p \in S : K(p) < 0\} \quad \text{y} \quad P = \{p \in S : K(p) = 0\}.$$

Por otro lado, como S no es homeomorfa a la esfera, su característica de Euler-Poincaré $\chi(S) \neq \chi(\mathbb{S}^2) = 2$, es decir, $\chi(S) \leq 0$. Entonces,

$$0 \geq 2\pi\chi(S) = \int_S K\,dA = \int_E K\,dA + \int_H K\,dA + \int_P K\,dA.$$

Dado que $E \neq \emptyset$, la primera integral del lado derecho en la desigualdad es estrictamente positiva, por lo que, necesariamente, la integral sobre H es negativa y no *nula*; luego $H \neq \emptyset$. Finalmente, por continuidad, existen puntos con $K = 0$.

Solución al ejercicio 7.4. Orientamos la esfera de forma compatible con la parametrización X de las coordenadas geográficas, es decir, $\{X_u, X_v\}$ es una base positivamente orientada del tangente, siendo el normal

$$N\big(X(u,v)\big) = \frac{X_u \wedge X_v}{|X_u \wedge X_v|}(u,v) = (\operatorname{sen} u \cos v, \operatorname{sen} u \operatorname{sen} v, \cos u).$$

Con esta orientación, el paralelo y los meridianos que determinan la frontera de R son las curvas coordenadas parametrizadas (positivamente) como $\alpha(v) = X(u_0, v)$ con $0 \leq v \leq \pi/4$, $\beta_0(u) = X(u,0)$ con $0 \leq u \leq u_0$, y $\beta_{\pi/4}(u) = X(-u, \pi/4)$ con $-u_0 \leq u \leq 0$ (véase el ejemplo 7.3). Sabemos que β_0 y $\beta_{\pi/4}$ (los meridianos) son geodésicas, por lo que $k_g = 0$ para ambas, y un rápido cálculo muestra que

$$k_g^\alpha(v) = \frac{\big\langle \alpha''(v), N\big(\alpha(v)\big) \wedge \alpha'(v) \big\rangle}{\big|\alpha'(v)\big|^3} = \frac{1}{r} \operatorname{cotg} u_0.$$

Los paralelos y los meridianos de la esfera se cortan ortogonalmente, por lo que dos de los ángulos externos valen $\varepsilon_1, \varepsilon_2 = \pi/2$; el tercer ángulo es $\varepsilon_3 = \pi - \pi/4 = 3\pi/4$. Además, R es una región simple ($\chi(R) = 1$). Es sencillo comprobar entonces que

$$\begin{aligned}
&\int_R K\, dA + \int_{\operatorname{bd} R} k_g\, ds + \sum_{i=1}^{3} \varepsilon_i \\
&\quad = \int_0^{\pi/4} \int_0^{u_0} \frac{1}{r^2} \sqrt{EG - F^2}\, du dv + \int_0^{\pi/4} \frac{\operatorname{cotg} u_0}{r} \big|\alpha'(v)\big|\, dv + \frac{7\pi}{4} \\
&\quad = \int_0^{\pi/4} \int_0^{u_0} \operatorname{sen} u\, du dv + \int_0^{\pi/4} \cos u_0 dv + \frac{7\pi}{4} = \frac{\pi}{4} + \frac{7\pi}{4} = 2\pi\chi(R).
\end{aligned}$$

Solución al ejercicio 7.5. Suponemos el toro orientado de forma compatible con la parametrización X, es decir, el normal viene dado por

$$N\big(X(u,v)\big) = \frac{X_u \wedge X_v}{|X_u \wedge X_v|}(u,v) = (-\cos u \cos v, -\cos u \operatorname{sen} v, -\operatorname{sen} u).$$

Con tal orientación, los paralelos y los meridianos que determinan la frontera de R son las curvas coordenadas parametrizadas (positivamente) como $\alpha_s(v) = X(\pi/2, v)$ con $0 \leq v \leq \pi/2$ (el paralelo superior), $\alpha_M(v) = X(0, -v)$ con $-\pi/2 \leq v \leq 0$ (el paralelo máximo), $\beta_0(u) = X(u,0)$ con $0 \leq u \leq \pi/2$ y $\beta_{\pi/2}(u) = X(-u, \pi/2)$ con $-\pi/2 \leq u \leq 0$. Sabemos que $\beta_0, \beta_{\pi/2}$ (los meridianos) y α_M son geodésicas, por lo que $k_g = 0$ para todas ellas. Claramente $N\big(\alpha_s(v)\big) = (0,0,-1)$, de donde

$$k_g^S(v) = \frac{\big\langle \alpha_s''(v), N\big(\alpha_s(v)\big) \wedge \alpha_s'(v) \big\rangle}{\big|\alpha_s'(v)\big|^3} = -\frac{1}{a}.$$

Los paralelos y los meridianos de una superficie de revolución se cortan ortogonalmente, luego los ángulos externos $\varepsilon_i = \pi/2$ para $i = 1,\dots,4$. Además, R es una región simple, por lo que $\chi(R) = 1$. Finalmente, la curvatura de Gauss del toro vale $K = \cos u / \big(r(a + r\cos u)\big)$ (véase el ejercicio 3.3). Así, es sencillo comprobar que

$$\begin{aligned}
&\int_R K\,dA + \int_{\operatorname{bd}R} k_g\,ds + \sum_{i=1}^{4}\varepsilon_i \\
&= \int_0^{\pi/2}\int_0^{\pi/2} \frac{\cos u}{r(a+r\cos u)}\sqrt{EG-F^2}\,du\,dv - \int_0^{\pi/2}\frac{1}{a}\left|\alpha_s'(v)\right| dv + 2\pi \\
&= \int_0^{\pi/2}\int_0^{\pi/2}\cos u\,du\,dv - \int_0^{\pi/2} dv + 2\pi = \frac{\pi}{2} - \frac{\pi}{2} + 2\pi = 2\pi\chi(R).
\end{aligned}$$

Solución al ejercicio 7.6. Obsérvese que, dado que el cono no contiene el vértice, la región R delimitada por el paralelo $u = 1$ no es simple: tiene un «agujero». Para poder realizar los cálculos correctamente, consideraremos otro paralelo, $u = \varepsilon$, con $0 < \varepsilon < 1$, valor que haremos tender a cero.

Suponemos el cono orientado de forma compatible con la parametrización X, es decir, el normal viene dado por

$$N\big(X(u,v)\big) = \frac{X_u \wedge X_v}{|X_u \wedge X_v|}(u,v) = \frac{1}{\sqrt{2}}(-\cos v, -\operatorname{sen} v, 1).$$

Con esta orientación, los dos paralelos que determinan la frontera de R son las curvas coordenadas parametrizadas (positivamente) como $\alpha_1(v) = X(1,v)$ con $0 \le v \le 2\pi$ y $\alpha_\varepsilon(v) = X(\varepsilon, -v)$ con $-2\pi \le v \le 0$. Un rápido cálculo muestra que

$$k_g^1(v) = \frac{\big\langle \alpha_1''(v), N\big(\alpha_1(v)\big)\wedge\alpha_1'(v)\big\rangle}{\left|\alpha_1'(v)\right|^3} = \frac{1}{\sqrt{2}} \quad \text{y} \quad k_g^\varepsilon(v) = -\frac{1}{\sqrt{2}\varepsilon}.$$

Como el cono es una superficie regular isométrica al plano, entonces $K \equiv 0$. Además, las curvas que delimitan la región no tienen vértices (luego no hay ángulos); finalmente, $\chi(R) = 0$. Así pues,

$$\begin{aligned}
\int_R K\,dA + \int_{\operatorname{bd}R} k_g\,ds + \sum_{i=1}^{p}\varepsilon_i &= \int_0^{2\pi}\frac{1}{\sqrt{2}}\left|\alpha_1'(v)\right| dv - \int_{-2\pi}^{0}\frac{1}{\sqrt{2}\varepsilon}\left|\alpha_\varepsilon'(v)\right| dv \\
&= \int_0^{2\pi}\frac{1}{\sqrt{2}}dv - \int_{-2\pi}^{0}\frac{1}{\sqrt{2}}dv = \frac{2\pi}{\sqrt{2}} - \frac{2\pi}{\sqrt{2}} = 0 = 2\pi\chi(R).
\end{aligned}$$

Solución al ejercicio 7.7. Como P es un polígono geodésico, la curvatura geodésica de cada una de las curvas regulares que componen su frontera es cero. Luego

$$2\pi = \int_P K\,dA + \int_{\operatorname{bd}R} k_g\,ds + \sum_{i=1}^{n}\varepsilon_i = \int_P \frac{1}{r^2}dA + \sum_{i=1}^{n}(\pi - \phi_i) = \frac{1}{r^2}A(P) + n\pi - \sum_{i=1}^{n}\phi_i,$$

de donde finalmente se deduce que

$$A(P) = r^2\left(2\pi - n\pi + \sum_{i=1}^{n}\phi_i\right) = r^2\left(\sum_{i=1}^{n}\phi_i - (n-2)\pi\right).$$

Solución al ejercicio 7.8. Como $\exp_p : D_p \longrightarrow S$ es una isometría local, la curvatura de Gauss de S es $K \equiv 0$. Además, por ser α una curva regular (no tiene vértices) cerrada y simple, no hay ángulos externos y $\chi(R) = 1$. En consecuencia,

$$2\pi = 2\pi\chi(R) = \int_R K\,dA + \int_{\mathrm{bd}R} k_g\,ds + \sum_{i=1}^{p} \varepsilon_i = \int_{\mathrm{bd}R} k_g\,ds.$$

Solución al ejercicio 7.9. Por el teorema de Gauss-Bonnet,

$$\int_{\mathbb{T}^2} K\,dA = 2\pi\chi(\mathbb{T}^2) = 0.$$

Solución al ejercicio 7.10. i) Suponemos S orientada de forma compatible con la parametrización X. Claramente, $X_t = \mathbf{b}(s)$ y $X_s = \mathbf{t}(s) + t\tau(s)\mathbf{n}(s)$, de donde se obtiene

$$E = 1, \quad F = 0 \quad y \quad G = 1 + t^2\tau(s)^2.$$

Como la parametrización es ortogonal, las curvaturas geodésicas de las curvas coordenadas valen (véase el epígrafe 7.1.3)

$$k_g^1(t) = \frac{-E_s}{2E\sqrt{G}}(t, s_0) = 0, \qquad k_g^2(s) = \frac{G_t}{2G\sqrt{E}}(t_0, s) = \frac{t_0\tau(s)^2}{1 + t_0^2\tau(s)^2}.$$

ii) Obsérvese que las curvas coordenadas $s = 0$, $s = s_0$ y $t = 0$ son geodésicas. Además, las curvas coordenadas se cortan ortogonalmente ($F = 0$), por lo que

$$\int_R K\,dA = 2\pi\chi(R) - \int_{\mathrm{bd}R} k_g\,ds - \sum_{i=1}^{4} \varepsilon_i = 2\pi - \int_0^{s_0} \frac{t_0\tau^2}{1 + t_0^2\tau^2} \left|X_s(t_0, s)\right| ds - 2\pi$$

$$= -\int_0^{s_0} \frac{t_0\tau^2}{\sqrt{1 + t_0^2\tau^2}}\,ds = -\frac{s_0 t_0\tau^2}{\sqrt{1 + t_0^2\tau^2}}.$$

Solución al ejercicio 7.11. i) $X_s = \mathbf{t}(s) + vk(s)\mathbf{n}(s)$ y $X_v = \mathbf{t}(s)$, de donde se tiene $E = 1 + v^2k(s)^2$, $F = G = 1$. Además, $N(s,v) = -\mathbf{b}(s)$. Un rápido cálculo muestra finalmente que $e = vk(s)\tau(s)$ y $f = g = 0$, de donde se deduce que $K \equiv 0$.

ii) Por ser $\alpha(s) = (\cos s, \operatorname{sen} s, 1)$ una curva plana, S es un trozo del plano $z = 1$, que parametrizamos con $X(s,v) = (\cos s - v \operatorname{sen} s, \operatorname{sen} s + v\cos s, 1)$; de forma precisa, $S = \{(x,y,1) \in \mathbb{R}^3 : x^2 + y^2 > 1\}$. Suponemos S orientada de forma compatible con la parametrización X, es decir, $N(s,v) \equiv -\mathbf{b}$. Con esta orientación, la frontera de R está determinada por las curvas coordenadas parametrizadas (positivamente) como $\alpha_0(s) = X(s, v_0)$ con $0 \le s \le 2\pi$ y $\alpha_1(s) = X(-s, v_1)$ con $-2\pi \le s \le 0$. Estas son dos circunferencias concéntricas (a $x^2 + y^2 = 1$) de radios $\sqrt{1 + v_0^2}$ y $\sqrt{1 + v_1^2}$, respectivamente, que determinan una corona circular ($\chi(R) = 0$). Un rápido cálculo muestra que las curvaturas geodésicas de estas circunferencias son

$$k_g^0(s) = -\frac{1}{\sqrt{1 + v_0^2}} \quad \text{y} \quad k_g^1(s) = \frac{1}{\sqrt{1 + v_1^2}}.$$

Teniendo en cuenta que bd$R$ no tiene vértices (no hay ángulos),

$$\int_R K\,dA + \int_{\mathrm{bd}R} k_g\,ds + \sum_{i=1}^{p} \varepsilon_i = \int_0^{2\pi} \frac{-1}{\sqrt{1+v_0^2}}\,|\alpha_0'(s)|\,ds + \int_{-2\pi}^{0} \frac{1}{\sqrt{1+v_1^2}}\,|\alpha_1'(s)|\,ds$$
$$= -\int_0^{2\pi} ds + \int_{-2\pi}^{0} ds = -2\pi + 2\pi = 0 = 2\pi\chi(R).$$

Solución al ejercicio 7.12. i) Ya sabemos que $N(s,\theta) = -\cos\theta\,\mathbf{n}(s) - \operatorname{sen}\theta\,\mathbf{b}(s)$ (véase el ejercicio 3.17). Consideremos la curva coordenada $s = s_0$ parametrizada por $\beta(\theta) = X(s_0,\theta)$. Es un sencillo cálculo comprobar que

$$N(s_0,\theta)\wedge\beta'(\theta) = \big(-\cos\theta\,\mathbf{n}(s_0) - \operatorname{sen}\theta\,\mathbf{b}(s_0)\big)\wedge\big(-r\operatorname{sen}\theta\,\mathbf{n}(s_0) + r\cos\theta\,\mathbf{b}(s_0)\big)$$
$$= -r\,\mathbf{t}(s_0),$$

lo cual implica que

$$\big\langle\beta''(\theta), N(s_0,\theta)\wedge\beta'(\theta)\big\rangle = \big\langle -r\cos\theta\,\mathbf{n}(s_0) - r\operatorname{sen}\theta\,\mathbf{b}(s_0), -r\,\mathbf{t}(s_0)\big\rangle = 0;$$

es decir, $k_g^{\beta}(\theta) = 0$. Obsérvese que, como $|\beta'(\theta)| = r$ constante, β es una geodésica.

Si $\alpha : I \longrightarrow \mathbb{R}^2$ es una curva plana, entonces $\tau \equiv 0$ y el vector binormal $\mathbf{b}$ es constante. Representando por $\overline{\beta}(s) = X(s,\theta_0)$, es sencillo comprobar que

$$\overline{\beta}'(s) = \big(1 - rk(s)\cos\theta_0\big)\mathbf{t}(s),$$
$$\overline{\beta}''(s) = -r\cos\theta_0 k'(s)\mathbf{t}(s) + \big(1 - rk(s)\cos\theta_0\big)k(s)\mathbf{n}(s),$$
$$N(s,\theta_0)\wedge\overline{\beta}'(s) = \cos\theta_0\big(1 - rk(s)\cos\theta_0\big)\mathbf{b} - \operatorname{sen}\theta_0\big(1 - rk(s)\cos\theta_0\big)\mathbf{n}(s),$$

de donde se deduce que

$$k_g^{\overline{\beta}}(s) = \frac{\langle\overline{\beta}''(s), N(s,\theta_0)\wedge\overline{\beta}'(s)\rangle}{|\overline{\beta}'(s)|^3} = \frac{-\operatorname{sen}\theta_0 k(s)}{1 - rk(s)\cos\theta_0}.$$

Por tanto, las curvas coordenadas $\theta = \theta_0$ serán pregeodésicas si, y solo si, o bien $k \equiv 0$, es decir, si, y solo si, α es una recta (y por tanto, el tubo $X(s,\theta)$ un cilindro), en cuyo caso es una geodésica propiamente dicha, o bien $\theta_0 = \pi$. Luego si $k \not\equiv 0$, solo $X(s,\pi)$ es pregeodésica.

ii) Suponemos el tubo orientado de forma compatible con la parametrización X. Las curvas coordenadas $s = 0$ y $s = s_0$ son dos circunferencias de radio r centradas en $\alpha(0)$ y $\alpha(s_0)$, respectivamente, que son geodésicas (apartado i)), no tienen vértices (no hay ángulos), y determinan una corona circular ($\chi(R) = 0$). Luego, utilizando la fórmula para la curvatura de Gauss ya calculada en el ejercicio 3.17, obtenemos

$$\int_R K\,dA + \int_{\mathrm{bd}R} k_g\,ds + \sum_{i=1}^{p}\varepsilon_i = \int_0^{s_0}\int_0^{2\pi} \frac{-k(s)\cos\theta}{r\big(1 - rk(s)\cos\theta\big)}\sqrt{EG-F^2}\,d\theta\,ds$$
$$= -\int_0^{s_0}\int_0^{2\pi} k(s)\cos\theta\,d\theta\,ds = -\int_0^{s_0} k(s)\Big[\operatorname{sen}\theta\Big]_0^{2\pi} ds = 0 = 2\pi\chi(R).$$

Solución al ejercicio 7.13. Como S es compacta, conexa y orientada, con $K \neq 0$ en todo punto, el teorema de Hadamard (véase el ejercicio 3.28) nos asegura que la aplicación de Gauss $N : S \longrightarrow \mathbb{S}^2$ es un difeomorfismo. Así pues, las regiones R_1 y R_2 son simples, y además $\mathbb{S}^2 = N(R_1) \cup N(R_2)$, siendo la unión disjunta. El teorema de Gauss-Bonnet nos asegura entonces que

$$\int_{R_1} K\,dA = 2\pi \quad \text{y} \quad \int_{R_2} K\,dA = 2\pi.$$

Ahora bien,

$$A\big(N(R_1)\big) = \int_{R_1} |K|\,dA \geq \int_{R_1} K\,dA = 2\pi$$

y, análogamente, $A\big(N(R_2)\big) \geq 2\pi$. Dado que

$$4\pi = A(\mathbb{S}^2) = A\big(N(R_1)\big) + A\big(N(R_2)\big) \geq 2\pi + 2\pi = 4\pi,$$

podemos concluir que $A\big(N(R_1)\big) = A\big(N(R_2)\big) = 2\pi$.

Solución al ejercicio 7.14. Supongamos que γ y $\widetilde{\gamma}$ son dos geodésicas cerradas y simples en S. Como S es homeomorfa al cilindro, S es homeomorfa al plano menos un punto (digamos q). Representemos por φ dicho homeomorfismo. Entonces, las imágenes $\varphi \circ \gamma$, $\varphi \circ \widetilde{\gamma}$ son curvas cerradas y simples en el plano agujereado, de forma que las regiones que determinan contienen a q en su interior: en efecto, si no fuese así, $\varphi \circ \gamma$ (por ejemplo) sería homotópicamente nula, propiedad que se conservaría por el homeomorfismo φ^{-1} y que debería verificar γ; luego tendríamos una geodésica γ en una superficie con $K < 0$ encerrando una región simple, una contradicción (véase la consecuencia 3 en la sección 7.3). Un razonamiento análogo permite ver que las curvas $\varphi \circ \gamma$ y $\varphi \circ \widetilde{\gamma}$ (y por tanto, las geodésicas $\gamma, \widetilde{\gamma}$) no pueden cortarse, delimitando así una corona circular R cuya característica de Euler-Poincaré es $\chi(R) = 0$. Luego

$$0 > \int_R K\,dA = 2\pi\chi(R) = 0,$$

un absurdo que demuestra el resultado.

Solución al ejercicio 7.15. R es una región simple ($\chi(R) = 1$) cuya frontera está formada por dos arcos de geodésica ($k_g = 0$ en ambas). Además, la curvatura de Gauss es $K = 1$. Luego

$$2\pi = 2\pi\chi(R) = \int_R K\,dA + \int_{\mathrm{bd}\,R} k_g\,ds + \sum_{i=1}^{2} \varepsilon_i = \int_R 1\,dA + \sum_{i=1}^{2} (\pi - \theta) = A(R) + 2\pi - 2\theta,$$

es decir, $A(R) = 2\theta$.

Solución al ejercicio 7.16. Tomando $X(t,\theta) = \big(t\cos\theta, t\,\mathrm{sen}\,\theta, g(t)\big)$ como parametrización de S, un sencillo cálculo muestra que el normal a la superficie es

$$N(t,\theta) = \frac{1}{\sqrt{1+g'(t)^2}}\big(-g'(t)\cos\theta, -g'(t)\,\mathrm{sen}\,\theta, 1\big),$$

mientras que los coeficientes de la primera y segunda formas fundamentales vienen dados por los valores

$$E = 1 + g'(t)^2, \qquad F = 0, \qquad G = t^2,$$
$$e = \frac{g''(t)}{\sqrt{1+g'(t)^2}}, \qquad f = 0, \qquad g = \frac{t\,g'(t)}{\sqrt{1+g'(t)^2}}.$$

Así, la curvatura de Gauss vale

$$K(t,\theta) = \frac{g'(t)g''(t)}{t\big(1+g'(t)^2\big)^2},$$

y si calculamos su integral obtenemos

$$\begin{aligned}\int_R K\,dA &= \int_0^{2\pi}\int_{t_0}^{t_1} \frac{g'(t)g''(t)}{t\big(1+g'(t)^2\big)^2}\sqrt{EG-F^2}\,dt\,d\theta \\ &= \int_0^{2\pi}\int_{t_0}^{t_1} \frac{g'(t)g''(t)}{\big(1+g'(t)^2\big)^{3/2}}\,dt\,d\theta = 2\pi\int_{t_0}^{t_1}\frac{d}{dt}\left(\frac{-1}{\sqrt{1+g'(t)^2}}\right)dt \\ &= \frac{-2\pi}{\sqrt{1+g'(t_1)^2}} + \frac{2\pi}{\sqrt{1+g'(t_0)^2}}.\end{aligned} \tag{C.15}$$

Por otro lado, las curvas coordenadas $t = t_0$ y $t = t_1$ son dos circunferencias que no presentan vértices (no hay ángulos) y determinan una corona circular ($\chi(R) = 0$), y dado que el normal «apunta hacia dentro» de la superficie, el paralelo inferior ($t = t_0$) está mal orientado. Además, como estamos trabajando con curvas coordenadas, podemos utilizar (7.6) para calcular la curvatura geodésica de ambas curvas (no perdamos de vista que la orientación de $X(t_0,\theta)$ no es la correcta, por lo que bastará cambiar de signo el valor que obtengamos para su curvatura geodésica). Luego

$$k_g^1(\theta) = \frac{G_t}{2G\sqrt{E}}(t_1,\theta) = \frac{1}{t_1\sqrt{1+g'(t_1)^2}} \quad \text{y} \quad k_g^0(\theta) = \frac{-1}{t_0\sqrt{1+g'(t_0)^2}},$$

y en consecuancia,

$$\begin{aligned}\int_{\mathrm{bd}R} k_g\,ds &= \int_0^{2\pi}\frac{1}{t_1\sqrt{1+g'(t_1)^2}}\,t_1\,d\theta + \int_0^{2\pi}\frac{-1}{t_0\sqrt{1+g'(t_0)^2}}\,t_0\,d\theta \\ &= \frac{2\pi}{\sqrt{1+g'(t_1)^2}} - \frac{2\pi}{\sqrt{1+g'(t_0)^2}}.\end{aligned} \tag{C.16}$$

Finalmente, utilizando (C.15) y (C.16) obtenemos

$$\int_R K\,dA + \int_{\mathrm{bd}R} k_g\,ds + \sum_{i=1}^{p}\varepsilon_i = 0 = 2\pi\chi(R).$$

Solución al ejercicio 7.17. Tomando $X(u,v) = (\cos u, \operatorname{sen} u, v)$ como parametrización del cilindro, es sencillo ver que $N\big(\alpha(t)\big) = (\cos t, \operatorname{sen} t, 0)$. Además,

$$\alpha'(t) = \big(-\operatorname{sen} t, \cos t, z'(t)\big), \qquad \alpha''(t) = \big(-\cos t, -\operatorname{sen} t, z''(t)\big) \text{ y}$$
$$N\big(\alpha(t)\big)\wedge\alpha'(t) = \big(z'(t)\operatorname{sen} t, -z'(t)\cos t, 1\big),$$

de donde se deduce que

$$k_g(t) = \frac{\langle \alpha''(t), N(\alpha(t)) \wedge \alpha'(t) \rangle}{|\alpha'(t)|^3} = \frac{z''(t)}{\left(1+z'(t)^2\right)^{3/2}}.$$

Utilizando que z es 2π-periódica, se obtiene finalmente que

$$\int_\alpha k_g\, ds = \int_0^{2\pi} \frac{z''(t)}{\left(1+z'(t)^2\right)^{3/2}} |\alpha'(t)|\, dt = \int_0^{2\pi} \frac{z''(t)}{1+z'(t)^2}\, dt = \Big[\operatorname{arc\,tg} z'(t)\Big]_0^{2\pi} = 0.$$

Solución al ejercicio 7.18. Suponemos la pseudoesfera orientada de forma compatible con la parametrización X, es decir, el normal viene dado por

$$N\big(X(u,v)\big) = \frac{X_u \wedge X_v}{|X_u \wedge X_v|}(u,v) = (-\cos u \cos v, -\cos u \operatorname{sen} v, \operatorname{sen} u).$$

(véase el ejercicio 2.10 para el cálculo de X_u, X_v y los coeficientes de la primera fórmula fundamental).

Con tal orientación, los paralelos que determinan la frontera de nuestra región son las curvas coordenadas parametrizadas (positivamente) como $\alpha_1(v) = X(\pi/3, v)$, con $0 \leq v \leq 2\pi$, y $\alpha_2(v) = X(\pi/4, -v)$, con $-2\pi \leq v \leq 0$. Así, por ejemplo,

$$\alpha_1'(v) = \left(-\frac{\sqrt{3}}{2}\operatorname{sen} v, \frac{\sqrt{3}}{2}\cos v, 0\right), \quad \alpha_1''(v) = \left(-\frac{\sqrt{3}}{2}\cos v, -\frac{\sqrt{3}}{2}\operatorname{sen} v, 0\right) \text{ y}$$

$$N\big(\alpha_1(v)\big) \wedge \alpha_1'(t) = \left(-\frac{3}{4}\cos v, -\frac{3}{4}\operatorname{sen} v, -\frac{\sqrt{3}}{4}\right),$$

de donde se deduce que

$$k_g^1(v) = \frac{\langle \alpha_1''(t), N\big(\alpha_1(t)\big) \wedge \alpha_1'(t) \rangle}{|\alpha_1'(t)|^3} = 1.$$

Análogamente se obtiene $k_g^2(v) = -1$ para $\alpha_2(v)$. Finalmente, los paralelos son circunferencias que no tienen vértices (no hay ángulos) y determinan una corona circular ($\chi(R) = 0$). Como la curvatura de Gauss de la pseudoesfera es $K = -1$ (véase el ejercicio 3.17), es sencillo comprobar entonces que

$$\begin{aligned}
&\int_R K\, dA + \int_{\mathrm{bd}\, R} k_g\, ds + \sum_{i=1}^p \varepsilon_i \\
&= -\int_0^{2\pi}\int_{\pi/4}^{\pi/3} \sqrt{EG-F^2}\, du dv + \int_0^{2\pi} |\alpha_1'(v)|\, dv - \int_{-2\pi}^0 |\alpha_2'(v)|\, dv \\
&= -\int_0^{2\pi}\int_{\pi/4}^{\pi/3} \cos u\, du dv + \int_0^{2\pi} \frac{\sqrt{3}}{2}\, dv - \int_{-2\pi}^0 \frac{\sqrt{2}}{2}\, dv \\
&= -2\pi\left(\frac{\sqrt{3}}{2} - \frac{\sqrt{2}}{2}\right) + \pi\sqrt{3} - \pi\sqrt{2} = 0 = 2\pi\chi(R).
\end{aligned}$$

Solución al ejercicio 7.19. Intentar calcular el ángulo que determinan dos loxodromas arbitrarias que se cortan puede ser complicado. Sin embargo, sabemos que la proyección de Mercator $\phi : \mathbb{S}^2 \setminus \{\mathsf{N}, \mathsf{S}\} \longrightarrow \mathbb{R}^2$ es una aplicación conforme (véase el ejercicio 3.39), por lo que las curvas imagen por dicha proyección se cortan formando los mismos ángulos; obsérvese que, el hecho de que las loxodromas no pasen por los polos asegura que podemos tomar sus imágenes por ϕ, y que estas, en efecto, se van a cortar. Por otro lado, hemos probado (página 162) que las loxodromas se proyectan en segmentos de recta. En consecuencia, la imagen por ϕ de R no es más que un triángulo $T = \phi(R)$ en el plano, la suma de cuyos ángulos interiores es $\phi_1^T + \phi_2^T + \phi_3^T = \pi$. Podemos concluir, por tanto, que la suma de los ángulos interiores en R es

$$\phi_1 + \phi_2 + \phi_3 = \phi_1^T + \phi_2^T + \phi_3^T = \pi,$$

de donde

$$\sum_{i=1}^{3} \varepsilon_i = \sum_{i=1}^{3} (\pi - \phi_i) = 3\pi - \sum_{i=1}^{3} \phi_i = 3\pi - \pi = 2\pi.$$

Aplicando entonces el teorema de Gauss-Bonnet se tiene que

$$\int_R K\, dA + \int_{\mathrm{bd}\, R} k_g\, ds = 2\pi - \sum_{i=1}^{3} \varepsilon_i = 0,$$

y al ser $K \equiv 1$, obtenemos finalmente que

$$A(R) = -\int_{\mathrm{bd}\, R} k_g\, ds = \left| \int_{\mathrm{bd}\, R} k_g\, ds \right|.$$

Solución al ejercicio 7.20. Consideremos la aplicación $\phi : S \longrightarrow \mathbb{R}^3$ definida por $\phi(x,y,z) = (x, y^5, z^3)$. Claramente $\phi(S) = \mathbb{S}^2$ pues

$$x^2 + (y^5)^2 + (z^3)^2 = x^2 + y^{10} + z^6 = 1,$$

siendo además ϕ un homeomorfismo entre la superficie S y la esfera. Entonces, $\chi(S) = \chi(\mathbb{S}^2) = 2$.

Bibliografía

[1] M. Abate y F. Tovena, *Curves and surfaces*, Unitext, vol. 55, Springer, Milan, 2012, Translated from the 2006 Italian original by D. A. Gewurz.

[2] L. V. Ahlfors y L. Sario, *Riemann surfaces*, Princeton Mathematical Series, No. 26, Princeton University Press, Princeton, N.J., 1960.

[3] H. Alencar, W. Santos y G. Silva Neto, *Differential geometry of plane curves*, Student Mathematical Library, vol. 96, American Mathematical Society, Providence, RI, 2022, Revised English version of the 2020 Portuguese.

[4] A. D. Alexandrov, *A characteristic property of spheres*, Ann. Mat. Pura Appl. **58** (1962), no. 4, 303-315.

[5] T. M. Apostol, *Calculus. Vol. I: One-variable calculus, with an introduction to linear algebra*, second ed., Blaisdell Publishing Co. Ginn and Co., Waltham, Mass.-Toronto, Ont.-London, 1967.

[6] T. M. Apostol, *Calculus. Vol. II: Multi-variable calculus and linear algebra, with applications to differential equations and probability*, second ed., Blaisdell Publishing Co. Ginn and Co., Waltham, Mass.-Toronto, Ont.-London, 1969.

[7] P. V. Araújo, *Differential geometry*, Springer, Cham, 2024, Translated from the 1998 Portuguese ed.

[8] M. E. Aydin y S. G. Georgiev, *Differential geometry. Frenet equations and differentiable maps*, Graduate textbooks, De Gruyter, Berlin, 2024.

[9] T. Banchoff y S. Lovett, *Differential geometry of curves and surfaces*, third ed., CRC Press, Boca Raton, FL, 2023.

[10] C. Bär, *Elementary differential geometry. Curved curves and surfaces*, third revised and extended ed., De Gruyter, Berlin, 2024, Translated from the 2001 German original by P. Meerkamp.

[11] P. O. Bonnet, *Mémoire sur la théorie générale des surfaces*, J. de l'Ecole Polytechnique **19** (1848), no. 32, 1-146.

[12] F. Borceux, *A differential approach to geometry – Geometric trilogy III*, Springer, Cham, 2014.

[13] M. Braun, *Differential equations and their applications*, fourth ed., Texts in Applied Mathematics, vol. 11, Springer-Verlag, New York, 1993.

[14] J. J. Callahan, *The geometry of spacetime. An introduction to special and general relativity*, Undergraduate Texts in Mathematics, Springer-Verlag, New York, 2000.

[15] S.-S. Chern, *Some new characterizations of the Euclidean sphere*, Duke Math. J. **12** (1945), 279-290.

[16] S.-S. Chern, *An elementary proof of the existence of isothermal parameters on a surface*, Proc. Amer. Math. Soc. **6** (1955), 771-782.

[17] L. A. Cordero, M. Fernández y A. Gray, *Geometría diferencial de curvas y superficies con Mathematica*, Addison-Wesley Iberoamericana, Wilmington, 1995.

[18] W. D. Curtis y F. R. Miller, *Differential manifolds and theoretical physics*, Pure and Applied Mathematics, vol. 116, Academic Press Inc., Orlando, FL, 1985.

[19] J. de Burgos Román, *Curso de álgebra y geometría*, Alhambra Longman, Madrid, 1994.

[20] M. P. do Carmo, *Geometría diferencial de curvas y superficies*, Alianza Editorial, Madrid, 1992.

[21] M. P. do Carmo, *Riemannian geometry*, Mathematics: Theory & Applications, Birkhäuser, Boston, MA, 1992, Translated from the Portuguese by F. Flaherty.

[22] M. P. do Carmo, *Differential geometry of curves and surfaces*, revised & updated second ed., Dover Publications, Inc., Mineola, NY, 2016.

[23] J. Douglas, *Solution of the problem of Plateau*, Trans. Amer. Math. Soc. **33** (1931), no. 1, 263-321.

[24] H. Federer, *Geometric measure theory*, Classics in Mathematics, Springer-Verlag, Berlin, 1996.

[25] A. T. Fomenko y A. A. Tuzhilin, *Elements of the geometry and topology of minimal surfaces in three-dimensional space*, Translations of Mathematical Monographs, vol. 93, American Mathematical Society, Providence, RI, 1991, Translated from the Russian by E. J. F. Primrose.

[26] H. Fujimoto, *On the number of exceptional values of the Gauss maps of minimal surfaces*, J. Math. Soc. Japan **40** (1988), no. 2, 235-247.

[27] K. F. Gauss, *Disquisitiones generales circa superficies curvas*, Typis Dieterichianis, Göttingen, Dieterich, 1828.

[28] A. Gray, *Modern differential geometry of curves and surfaces with Mathematica*, second ed., CRC Press, Boca Raton, FL, 1998.

[29] A. Gray, E. Abbena y S. Salamon, *Modern differential geometry of curves and surfaces with Mathematica®*, third ed., Studies in Advanced Mathematics, Chapman & Hall/CRC, Boca Raton, FL, 2006.

[30] H. Hopf, *Differential geometry in the large*, second ed., Lecture Notes in Mathematics, vol. 1000, Springer-Verlag, Berlin, 1989, Notes taken by P. Lax and J. W. Gray, with prefaces by S. S. Chern and K. Voss.

[31] H. Hopf y W. Rinow, *Über den Begriff der vollständigen differentialgeometrischen Fläche*, Comment. Math. Helv. **3** (1931), no. 1, 209-225.

[32] C.-C. Hsiung, *A first course in differential geometry*, International Press, Cambridge, MA, 1997.

[33] V. Jiménez López, *Ecuaciones diferenciales: cómo aprenderlas, cómo enseñarlas*, Universidad de Murcia, Murcia, 2000.

[34] J. Jost, *Geometry and physics*, Springer-Verlag, Berlin, 2009.

[35] W. Klingenberg, *Curso de geometría diferencial*, Alhambra, Madrid, 1978, Translated from the 1973 German ed.

[36] S. Kobayashi, *Differential geometry of curves and surfaces*, revised ed., Undergraduate Mathematics Series, Springer, Singapore, 2021, Translated from the Japanese by E. S. Nagumo and M. S. Tanaka.

[37] M. Kot, *A first course in the calculus of variations*, Student Mathematical Library, vol. 72, American Mathematical Society, Providence, RI, 2014.

[38] W. Kühnel, *Differential geometry: Curves–Surfaces–Manifolds*, third ed., Student Mathematical Library, vol. 77, American Mathematical Society, Providence, RI, 2015, Translated from the 2013 German ed. by B. Hunt, with corrections and additions by the author.

[39] H. K. Lee, *The first adventures on differential geometry. A friendly guide for beginners*, World Scientific, Singapore, 2025.

[40] J. M. Lee, *Riemannian manifolds. An introduction to curvature*, Graduate Texts in Mathematics, vol. 176, Springer-Verlag, New York, 1997.

[41] J. M. Lee, *Introduction to Riemannian manifolds*, second ed., Graduate Texts in Mathematics, vol. 176, Springer, Cham, 2018.

[42] E. Malkowsky, Ć. Dolićanin y V. Velicković, *Differential geometry and its visualization*, CRC Press, Boca Raton, FL, 2024.

[43] D. Martin, *Manifold theory: Introduction for mathematical physicists*, Horwood Publishing Series in Mathematics & Applications, Horwood Publishing Limited, Chichester, 2002, Revised reprint of the 1991 ed.

[44] W. S. Massey, *Algebraic topology: An introduction*, Graduate Texts in Mathematics, vol. 56, Springer-Verlag, New York, 1977, Reprint of the 1967 ed.

[45] W. S. Massey, *A basic course in algebraic topology*, Graduate Texts in Mathematics, vol. 127, Springer-Verlag, New York, 1991.

[46] J. McCleary, *Geometry from a differentiable viewpoint*, second ed., Cambridge University Press, Cambridge, 2013.

[47] W. H. Meeks III y J. Pérez, *A survey on classical minimal surface theory*, University Lecture Series, vol. 60, American Mathematical Society, Providence, RI, 2012.

[48] L. M. Merino y E. Santos, *Álgebra lineal con métodos elementales*, segunda ed., Thomson-Paraninfo, Madrid, 2006.

[49] S. Montiel y A. Ros, *Curvas y superficies*, Proyecto Sur de Ediciones, Granada, 1997.

[50] S. Montiel y A. Ros, *Curves and surfaces*, second ed., Graduate Studies in Mathematics, vol. 69, American Mathematical Society, Providence, RI; Real Sociedad Matemática Española, Madrid, 2009, Translated from the 1997 Spanish original by Montiel and edited by D. Babbitt.

[51] S. Mukhopadhyaya, *New methods in the geometry of a plane arc*, Bull. Calcutta Math. Soc. **1** (1909), 21-27.

[52] J. R. Munkres, *Topology*, second ed., Prentice Hall, Inc., Upper Saddle River, NJ, 2000.

[53] T. Needham, *Visual differential geometry and forms. A mathematical drama in five acts*, Princeton University Press, Princeton, NJ, 2021.

[54] J. C. Nitsche, *Lectures on minimal surfaces. Volume 1*, Cambridge University Press, Cambridge, 1989, Translated from the German by J. M. Feinberg, With a German foreword.

[55] B. O'Neill, *Elementary differential geometry*, second ed., Elsevier/Academic Press, Amsterdam, 2006.

[56] R. Osserman, *The isoperimetric inequality*, Bull. Amer. Math. Soc. **84** (1978), no. 6, 1182-1238.

[57] R. Osserman, *The four-or-more vertex theorem*, Amer. Math. Monthly **92** (1985), no. 5, 332-337.

[58] R. Osserman, *A survey of minimal surfaces*, second ed., Dover Publications, Inc., New York, 1986.

[59] R. Osserman, *Curvature in the eighties*, Amer. Math. Monthly **97** (1990), no. 8, 731-756.

[60] U. Pinkall y O. Gross, *Differential geometry. From elastic curves to Willmore surfaces*, Compact Textbooks in Mathematics, Birkhäuser/Springer, Cham, 2024.

[61] A. V. Pogorélov, *Geometría diferencial*, Editorial Mir, Moscow, 1977, Translated from the Russian by C. Vega.

[62] A. Pressley, *Elementary differential geometry*, second ed., Springer Undergraduate Mathematics Series, Springer-Verlag London, Ltd., London, 2010.

[63] T. Radó, *On the functional of Mr. Douglas*, Ann. Math. **32** (1931), no. 2, 785-803.

[64] J. Rogawski, *Cálculo. Varias variables*, segunda ed., Editorial Reverté, Barcelona, 2012.

[65] J. Rogawski, *Cálculo. Una variable*, segunda ed., Editorial Reverté, Barcelona, 2016.

[66] E. Schmidt, *Über das isoperimetrische Problem in Raum von n Dimensionen*, Math. Z. **44** (1939), 689-788.

[67] I. M. Singer y J. A. Thorpe, *Lecture notes on elementary topology and geometry*, Undergraduate Texts in Mathematics, Springer-Verlag, New York, 1976, Reprint of the 1967 ed.

[68] J. Sotomayor, *Lições de equações diferenciais ordinárias*, Projeto Euclides, vol. 11, Instituto de Matemática Pura e Aplicada, Rio de Janeiro, 1979.

[69] K. Spindler, *Abstract algebra with applications. Volume I. Vector spaces and groups*, Marcel Dekker Inc., New York, 1994.

[70] M. Spivak, *Calculus on manifolds. A modern approach to classical theorems of advanced calculus*, W. A. Benjamin, Inc., New York-Amsterdam, 1965.

[71] M. Spivak, *A comprehensive introduction to differential geometry. Vol. I, II, III, IV, V*, second ed., Publish or Perish Inc., Wilmington, Del., 1979.

[72] J. L. Synge y A. Schild, *Tensor calculus*, Dover Publications, Inc., New York, 1978, Reprinted from 1949 original.

[73] K. Tapp, *Differential geometry of curves and surfaces*, Undergraduate Texts in Mathematics, Springer, Cham, 2016.

[74] J. A. Thorpe, *Elementary topics in differential geometry*, Undergraduate Texts in Mathematics, Springer-Verlag, New York, 1994, Corrected reprint of the 1979 original.

[75] V. A. Toponogov, *Differential geometry of curves and surfaces. A concise guide*, Birkhäuser Boston Inc., Boston, MA, 2006, With the editorial assistance of V. Y. Rovenski.

[76] M. Umehara y K. Yamada, *Differential geometry of curves and surfaces*, World Scientific Publishing Co. Pte. Ltd., Hackensack, NJ, 2017, Translated from the second (2015) Japanese ed. by W. Rossman.

[77] L. M. Woodward y J. Bolton, *A first course in differential geometry. Surfaces in Euclidean space*, Cambridge University Press, Cambridge, 2019.

Índice terminológico

S

T

V